华为HCIA-Datacom学习指南

王 达◎主编

人民邮电出版社
北京

图书在版编目（CIP）数据

华为HCIA-Datacom学习指南 / 王达主编. -- 北京 : 人民邮电出版社, 2021.11（2024.1重印）
ISBN 978-7-115-56380-4

Ⅰ. ①华… Ⅱ. ①王… Ⅲ. ①计算机网络－指南 Ⅳ. ①TP393-62

中国版本图书馆CIP数据核字(2021)第066754号

内 容 提 要

本书共 17 章，主要包括数据通信与网络基础、构建互联互通的 IP 网络、构建以太交换网络、网络安全基础与网络接入、网络服务与应用、WLAN 基础、广域网基础、网络管理与运维、IPv6 基础、SDN、自动化运维基础等模块。

本书内容系统全面、原理剖析深入、配置思路清晰，不仅有专业的网络技术基础知识介绍，还有深入浅出的技术原理解剖，既可以作为准备参加华为 HCIA-Datacom 认证考试的学员自学用书，也可以作为高等院校、培训机构的教学用书。

◆ 主　　编　王　达
责任编辑　李　静
责任印制　陈　犇

◆ 人民邮电出版社出版发行　　北京市丰台区成寿寺路 11 号
邮编　100164　　电子邮件　315@ptpress.com.cn
网址　https://www.ptpress.com.cn
北京七彩京通数码快印有限公司印刷

◆ 开本：787×1092　1/16
印张：30　　2021 年 11 月第 1 版
字数：711 千字　　2024 年 1 月北京第 8 次印刷

定价：169.80 元

读者服务热线：(010)81055493　印装质量热线：(010)81055316
反盗版热线：(010)81055315
广告经营许可证：京东市监广登字 20170147 号

前　言

2020年4月18日，华为技术有限公司（以下简称“华为”）发布了新的认证系列——Datacom（数通）系列。该系列是华为职业认证体系的重构，是对原来RS认证系列的全面升级。

本书的创作背景

华为对数通领域的认证体系划分进行了重构，把技能需求从原来横向的路由交换向纵向的中小企业网络运维做了全方位覆盖，所以新的HCIA-Datacom认证体系大纲比原来HCIA-RS 2.5认证大纲的内容多了许多，而且难度也相应增加。

虽然考试难度增加了，但HCIA证书的含金量也大大提高。当然，这对于初级网络求职人员来说，入门的门槛高了许多，迫切需要一本与新的认证体系大纲相匹配的教材，于是作者编写了本书。

本书的主要特色

本书是在经过仔细查阅华为官方相关资料、深入理解考试大纲要求后，在充分满足大纲要求的基础上结合作者约20年专注计算机网络的经验和企业网络运维需求编写而成的。

- 内容丰富、系统

本书内容丰富且系统，不仅有专业的网络技术基础知识介绍，还有深入浅出的技术原理剖析，有不少实战案例及相关知识点的延伸介绍，方便阅读和学习。

- 内容专业

本书作者是国内资深的网络技术专家，同时也是IT图书作者、多部华为官方ICT认证培训教材的作者、国家网管师认证教材指定作者。20年来，作者出版了近80部计算机网络著作，并有多部图书版权输出到了国外，获得过数十项各级荣誉。

- 作者经验丰富

作者拥有20多年在工作、学习、图书创作、课程录制和直播培训过程中所积累的大量独家、实用且专业的经验。本书内容是作者宝贵经验的体现。

服务与支持

本书由长沙达哥网络科技有限公司（原名“王达大讲堂”）组织编写，并由该公司创始人王达先生负责统稿。感谢华为技术有限公司为作者提供了大量的学习资源，本书在具体的配置命令参数介绍，以及各种华为私有解决方案介绍中均对其有部分内容引用。

由于编者水平有限，尽管花了大量的时间和精力校验，但书中难免存在一些错误和瑕疵，敬请各位读得批评指正，万分感谢！

目　　录

第 1 章　计算机网络基础……2

1.1　计算机网络的基本组成……4
1.1.1　计算机网络硬件系统……4
1.1.2　计算机网络软件系统……5
1.2　计算机网络拓扑结构……6
1.3　通信模式……7
1.3.1　单工通信模式……7
1.3.2　半双工通信模式……8
1.3.3　全双工通信模式……8
1.4　冲突域及冲突避免机制……9
1.5　计算机网络体系结构……10
1.5.1　计算机网络体系结构的发展历程……10
1.5.2　OSI/RM 各层主要功能……14
1.5.3　局域网体系结构……15
1.6　计算机网络通信基本原理……15
1.6.1　计算机网络通信基本流程……15
1.6.2　对等层通信原理……16
1.7　报文封装和解封装……17
1.8　以太网帧格式……18
1.8.1　Ethernet Ⅱ帧格式……18
1.8.2　IEEE 802.3 帧格式……19
1.9　MAC 地址……21
1.9.1　MAC 地址类型……21
1.9.2　二层交换机的数据帧转发行为……22
1.9.3　二层交换示例……24

第 2 章　IPv4 协议及子网划分与聚合……26

2.1　IPv4 数据包格式……28
2.2　IPv4 数据包分片与重组……29
2.2.1　IPv4 数据包分片……30
2.2.2　IPv4 数据包分片重组……31
2.3　IPv4 地址……31
2.3.1　IPv4 地址基本格式……31
2.3.2　子网掩码、网络地址和广播地址……32
2.3.3　4 种主要的进制及相互转换方法……33
2.3.4　IPv4 地址分类……35
2.3.5　公网/私网 IPv4 地址……38
2.3.6　特殊的 IPv4 地址……39
2.4　IPv4 子网划分与聚合……39

2.4.1 VLSM 子网划分的基本思想 40
2.4.2 广播地址的分类 41
2.4.3 IPv4 子网划分方法及示例 41
2.4.4 CIDR 子网聚合的基本思想 43
2.4.5 子网聚合方法及示例 44
2.4.6 网络地址、广播地址和主机地址的注意事项 46
2.5 IPv4 网络的 3 种数据包传输方式 46
2.5.1 单播传输方式 47
2.5.2 广播传输方式 47
2.5.3 组播传输方式 48

第 3 章 TCP/IP 协议栈中其他主要协议 50

3.1 ICMP 52
3.1.1 ICMP 数据包格式 52
3.1.2 ICMP 的典型应用 54
3.1.3 Tracert 的工作原理 56
3.2 ARP 57
3.2.1 ARP 数据包格式 57
3.2.2 ARP 映射表项 59
3.2.3 ARP 地址解析原理 60
3.2.4 ARP 代理 62
3.2.5 免费 ARP 工作原理 64
3.3 TCP 64
3.3.1 TCP 的主要特性 65
3.3.2 TCP 数据段格式 66
3.3.3 TCP 连接的建立与释放 68
3.3.4 TCP 的确认机制 71
3.3.5 TCP 的流量控制机制 72
3.4 UDP 73

第 4 章 VRP 系统基础及设备登录 76

4.1 VRP 系统简介 78
4.2 设备本地登录 79
4.2.1 用户界面 80
4.2.2 命令级别和用户级别 81
4.2.3 本地登录 82
4.3 命令行基础 84
4.3.1 VRP 命令行视图 85
4.3.2 VRP 命令行格式约定 86
4.3.3 VRP 命令行编辑 87
4.3.4 VRP 命令行在线帮助 90
4.3.5 VRP 命令行的通用错误提示 92
4.3.6 使用 undo 命令行 92
4.3.7 查看历史命令 93
4.4 设备基础配置 94
4.4.1 配置主机名 94
4.4.2 设置系统时钟 94

4.4.3 配置用户界面属性 …… 95
4.4.4 配置用户登录权限和安全认证 …… 98
4.4.5 配置接口 IP 地址 …… 100
4.4.6 配置用户级别和用户级别切换 …… 101
4.5 Telnet 登录配置 …… 102
4.5.1 Telnet 服务器配置 …… 102
4.5.2 Telnet 登录配置示例 …… 104

第 5 章 VRP 文件系统、配置文件和启动文件 …… 106

5.1 VRP 文件系统管理 …… 108
5.1.1 文件的命名规则 …… 108
5.1.2 常用目录管理命令 …… 109
5.1.3 常用文件管理命令 …… 111
5.1.4 存储器管理 …… 113
5.2 配置文件管理 …… 113
5.2.1 配置文件保存 …… 113
5.2.2 比较当前配置和保存的配置 …… 114
5.2.3 清除配置 …… 114
5.2.4 恢复出厂配置 …… 115
5.3 VRP 系统更新 …… 116
5.3.1 FTP 的两种工作模式 …… 117
5.3.2 FTP 传输模式 …… 118
5.3.3 通过 FTP 进行 VRP 系统升级 …… 119
5.3.4 通过 TFTP 进行文件传输 …… 125
5.4 配置系统启动文件 …… 127
5.4.1 系统启动文件配置命令 …… 127
5.4.2 重新启动设备 …… 129

第 6 章 以太网接口、链路聚合及交换机堆叠和集群 …… 132

6.1 接口配置与管理 …… 134
6.1.1 逻辑接口的配置与管理 …… 134
6.1.2 以太网接口基本属性配置 …… 136
6.1.3 以太网端口组配置 …… 138
6.2 网络可靠性解决方案 …… 140
6.2.1 单板可靠性方案 …… 141
6.2.2 设备可靠性方案 …… 141
6.2.3 链路可靠性方案 …… 143
6.3 Eth-Trunk 基础和工作原理 …… 144
6.3.1 Eth-Trunk 简介 …… 144
6.3.2 链路聚合基本概念 …… 145
6.3.3 手工模式链路聚合原理 …… 146
6.3.4 LACP 模式链路聚合基本概念 …… 147
6.3.5 LACPDU 报文格式和聚合链路建立原理 …… 148
6.3.6 链路聚合负载分担方式 …… 151
6.4 Eth-Trunk 链路聚合配置与管理 …… 152
6.4.1 链路聚合配置注意事项 …… 152
6.4.2 手工模式链路聚合配置与管理 …… 153

6.4.3 LACP 模式链路聚合配置与管理 156

第 7 章 生成树协议技术 162

7.1 STP 基础 164
7.1.1 STP 的引入背景 164
7.1.2 STP 基础 166
7.2 STP BPDU 168
7.2.1 配置 BPDU 168
7.2.2 TCN BPDU 170
7.3 STP 生成树计算原理 172
7.3.1 根桥选举原理 173
7.3.2 根端口选举原理 174
7.3.3 指定端口选举原理 176
7.4 STP 定时器及其应用 178
7.4.1 STP 定时器 178
7.4.2 STP Max Age 定时器的应用 179
7.5 RSTP 对 STP 的改进 180
7.6 STP、RSTP 的配置与管理 183
7.7 MSTP 和 VBST 简介 186
7.7.1 MSTP 186
7.7.2 VBST 187

第 8 章 VLAN 划分和 VLAN 间路由 188

8.1 VLAN 的配置与管理 190
8.1.1 VLAN 的主要优势 190
8.1.2 VLAN 帧格式 190
8.1.3 交换端口类型 192
8.1.4 基于端口 VLAN 划分及配置 195
8.1.5 基于 MAC 地址的 VLAN 划分及配置 200
8.2 配置 VLAN 间通信 202
8.1.1 使用子接口实现 VLAN 间通信 203
8.2.2 使用 VLANIF 接口实现 VLAN 间通信 204

第 9 章 WLAN 206

9.1 WLAN 基础 208
9.1.1 WLAN 简介 208
9.1.2 WLAN 的基本概念 209
9.1.3 802.11 MAC 帧结构 212
9.1.4 WLAN 基本组网架构 215
9.1.5 无线侧组网技术 217
9.2 WLAN 工作流程 220
9.2.1 AP 上线 221
9.2.2 WLAN 业务配置下发 225
9.2.3 STA 接入 225
9.2.4 数据转发方式 229
9.3 创建 AP 组 230

9.4 配置 AP 上线 ……231
9.4.1 配置 DHCP 服务器 ……232
9.4.2 配置域管理模板 ……232
9.4.3 配置 AC 的源接口或源地址 ……234
9.4.4 添加 AP 设备 ……234
9.5 配置 STA 上线 ……236
9.5.1 配置射频 ……236
9.5.2 配置 VAP ……239

第 10 章 DHCP 和 NAT ……246

10.1 DHCP 的服务基础及配置 ……248
10.1.1 DHCP 报文的类型及格式 ……248
10.1.2 DHCP IP 地址的分配原理 ……249
10.1.3 DHCP IP 地址的更新原理 ……250
10.1.4 两种 DHCP 服务器的地址池及应用场景 ……251
10.1.5 配置 DHCP 服务器的地址池 ……252
10.2 NAT 的服务基础及配置 ……257
10.2.1 NAT 的分类 ……258
10.2.2 NAT 工作原理 ……259
10.2.3 配置 NAT ……264
10.2.4 静态 NAT 配置示例 ……266
10.2.5 动态 NAT 配置示例 ……268
10.2.6 NAT Server 配置示例 ……270

第 11 章 静态路由和 OSPF 路由 ……272

11.1 IP 路由基础 ……274
11.1.1 路由器简介 ……274
11.1.2 IP 路由分类 ……274
11.1.3 路由表分类及 IP 路由表的组成 ……275
11.1.4 IP 路由选优策略 ……277
11.2 静态路由配置与管理 ……279
11.2.1 静态路由的特点 ……279
11.2.2 配置静态路由及示例 ……280
11.3 OSPF 协议基础 ……283
11.3.1 OSPF 路由计算基本流程 ……284
11.3.2 OSPF Router ID ……285
11.3.3 OSPF 报文类型 ……285
11.3.4 OSPF 支持的网络类型 ……286
11.3.5 OSPF 路由器类型 ……287
11.3.6 OSPF LSA 类型 ……287
11.3.7 OSPF 区域 ……288
11.4 OSPF 邻接关系的建立 ……289
11.4.1 OSPF 邻居状态机 ……289
11.4.2 DR 和 BDR 选举 ……290
11.4.3 OSPF 邻接关系的建立流程 ……292
11.5 OSPF 配置与管理 ……294
11.5.1 OSPF 基本功能配置与管理 ……295

11.5.2 OSPF 基本功能配置示例 296
11.5.3 配置 OSPF 的接口开销 298

第 12 章 ACL 和 AAA 300

12.1 ACL 基础 302
12.1.1 ACL 的分类 302
12.1.2 ACL 的组成 302
12.1.3 ACL 的实现方式 304
12.1.4 ACL 匹配顺序 304
12.2 配置 ACL 307
12.2.1 配置基本 ACL 307
12.2.2 基本 ACL 配置和应用示例 311
12.2.3 配置并应用高级 ACL 312
12.3 AAA 基础及配置 315
12.3.1 AAA 的基本构架 315
12.3.2 RADIUS 的基本工作原理 317
12.3.3 AAA 域 318
12.3.4 配置 AAA 方案 318

第 13 章 网络管理 324

13.1 网络管理简介 326
13.2 SNMP 基础及配置 327
13.2.1 SNMP 版本及系统架构 327
13.2.2 SNMP MIB 328
13.2.3 SNMPv1 工作原理 330
13.2.4 SNMPv2c 工作原理 332
13.2.5 SNMPv3 工作原理 334
13.2.6 SNMP 配置 336
13.3 基于华为 iMaster NCE 的网络管理 340
13.3.1 iMaster NCE 关键能力 340
13.3.2 NETCONF 协议简介 341
13.3.3 NETCONF 的基本概念 344
13.3.4 NETCONF 支持的能力和操作 346
13.3.5 YANG 语言简介 347
13.3.6 Telemetry 技术简介 348

第 14 章 广域网技术 350

14.1 广域网简介 352
14.2 串行链路的数据传输方式 353
14.3 PPP 基础及工作原理 354
14.3.1 PPP 组件 355
14.3.2 PPP 帧格式 355
14.3.3 LCP 帧格式 356
14.3.4 PPP 链路建立流程 357
14.3.5 LCP 链路层参数协商 358
14.3.6 PPP 链路 IP 地址协商 360

14.3.7 PPP 认证原理……361
14.4 PPP 配置与管理……363
14.4.1 接口 PPP 和 IP 地址配置……363
14.4.2 PAP 认证配置……364
14.4.3 PAP 单向认证配置示例……366
14.4.4 CHAP 认证配置……368
14.4.5 CHAP 单向认证配置示例……370
14.5 PPPoE 的基础及配置……372
14.5.1 PPPoE 的典型应用……373
14.5.2 PPPoE 帧格式……374
14.5.3 PPPoE 会话……375
14.5.4 PPPoE 客户端配置……379
14.5.5 PPPoE 服务器配置……382
14.6 MPLS 基础……385
14.6.1 MPLS 的诞生背景……385
14.6.2 MPLS 的基本工作原理……386
14.6.3 MPLS 的主要优势……387
14.7 SR 基础……388
14.7.1 MPLS 的主要不足……388
14.7.2 SR 的主要优势……389
14.7.3 SR 的基本工作原理……390

第 15 章 IPv6、IPv6 静态路由和 DHCPv6……392

15.1 IPv6 基础……394
15.1.1 IPv6 报文格式……394
15.1.2 IPv6 地址的格式……397
15.1.3 IPv6 单播地址……398
15.1.4 IPv6 组播地址……400
15.1.5 IPv6 任播地址……403
15.2 IPv6 单播地址配置……404
15.2.1 IPv6 无状态自动配置功能……404
15.2.2 IPv6 无状态地址 DAD 检查功能……405
15.2.3 接口 IPv6 地址的配置……406
15.3 IPv6 静态路由……411
15.3.1 IPv6 静态路由的配置与管理……411
15.3.2 IPv6 静态路由的配置示例……412
15.4 DHCPv6 的基础及配置……414
15.4.1 DHCPv6 简介……414
15.4.2 DHCPv6 报文……415
15.4.3 DHCPv6 地址分配原理……416
15.4.4 DHCPv6 服务器的配置……417
15.4.5 DHCPv6 服务器和客户端配置示例……421

第 16 章 SDN 和 NFV 基础……424

16.1 SDN 基础……426
16.1.1 SDN 概念的提出……426
16.1.2 传统 IP 网络的设备结构……426

16.1.3 传统 IP 网络的不足 427
16.1.4 SDN 网络的基本模型 429
16.1.5 OpenFlow 流表 430
16.1.6 SDN 网络架构 432
16.1.7 SDN 的主要优势 433
16.1.8 华为 SDN 解决方案 434
16.2 NFV 基础 436
16.2.1 NFV 的发展历程和主要价值 437
16.2.2 NFV 的关键技术 438
16.2.3 NFV 架构 439
16.2.4 华为 NFV 解决方案 441
第 17 章 Python 自动化运维基础 442
17.1 编程语言基础 444
17.1.1 编程语言分类 444
17.1.2 编译型语言和解释型语言的执行流程 446
17.2 Python 语言基础 447
17.2.1 自动化运维简介 447
17.2.2 Python 程序的运行 447
17.2.3 IDLE 编辑器 449
17.2.4 Python 编码规范 451
17.2.5 Python 变量和运算符 454
17.2.6 基本输入和输出 456
17.2.7 Python 的函数与模块 457
17.2.8 Python 的对象、类、方法和实例 458
17.2.9 Phton 字符串编码 460
17.3 通过 Python Telnetlib 模块实现自动化运维 462
17.3.1 Telnetlib 模块的主要参数 462
17.3.2 利用 Telnetlib 模块自动 Telnet 登录配置示例 463

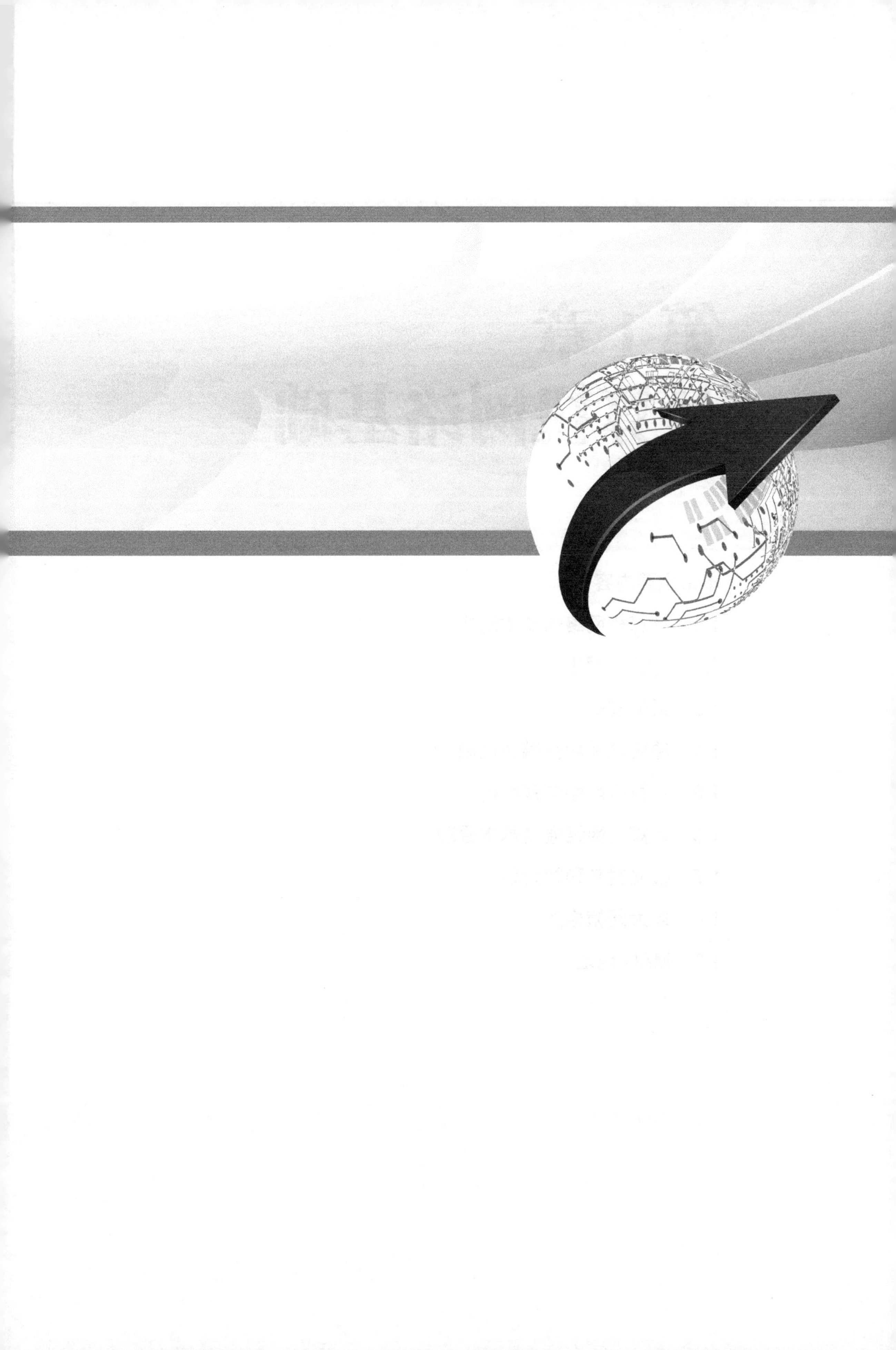

第 1 章 计算机网络基础

本章主要内容

- 1.1 计算机网络的基本组成
- 1.2 计算机网络拓扑结构
- 1.3 通信模式
- 1.4 冲突域及冲突避免机制
- 1.5 计算机网络体系结构
- 1.6 计算机网络通信基本原理
- 1.7 报文封装和解封装
- 1.8 以太网帧格式
- 1.9 MAC 地址

本章作为本书的开篇，先给大家介绍一些计算机网络数据通信基础知识，如计算机网络体系结构、计算机网络通信基本原理、数据封装和解封装基本流程、以太网帧格式和二层交换原理等。

虽然本章的知识相对比较初级，但还是建议每位读者认真地阅读，可能有您以前没学过或者学之不深的知识点或实践经验。

1.1 计算机网络的基本组成

计算机网络是以计算机终端、计算机网络通信设备为主体的网络，其产生背景就是希望各计算机终端之间可以进行信息或资源共享。当然，现在的计算机网络与移动通信网络（电信网）、广播电视网已实现了三网融合，其终端设备不仅可以是计算机，还可以是各种其他终端设备，如智能手机、平板电脑、网络电视机等。

计算机网络覆盖的范围可大可小，最大的就是覆盖全球的 Internet（因特网），最小的可能就是两台计算机通过网卡（也可以不用网卡，仅通过 COM 口）背对背的互连。但无论是怎样的一个规模，每个计算机网络均是由硬件设备和相应的软件系统组成的，即可分为“计算机网络硬件系统”和“计算机网络软件系统”两大部分。

【说明】 随着网络虚拟化技术的兴起，目前的计算机网络可以通过虚拟机软件（如 VirtualBox、VMWare 等）在一台物理计算机中模拟多个独立计算机系统，组成一个虚拟的计算机网络，以此可以实现许多物理计算机网络中所能实现的功能。

1.1.1 计算机网络硬件系统

计算机网络硬件系统是指计算机网络中所有可以看得见、用于计算机网络连接和通信的物理设施，包括各种计算机终端设备、网络通信设备、传输介质三大部分。

（1）计算机终端设备

组建计算机网络的目的就是为各计算机终端用户之间进行网络通信（如网络访问、数据传输、文件共享、远程控制等各种应用）提供平台。计算机终端设备就是由网络用户所控制和使用的各种终端，如 PC、计算机服务器、笔记本电脑、平板电脑、智能手机等。

（2）网络通信设备

网络通信设备是用来构建“通信子网”的，它与所用的通信线路（即“传输介质”）共同构成整个计算机网络的骨干。最简单的网络无须任何网络设备，仅通过两台终端计算机用串/并口电缆即可直接连接起来，或者利用虚拟技术在一台计算机上构建虚拟网络，但这都不是主流的计算机网络。

在计算机网络系统中，网络通信设备通常是指除计算机终端以外的设备，例如：安装在每台计算机、服务器上的网卡（包括有线网卡和无线网卡）；用于连接这些计算机的交换机；用于连接不同网络的网关、路由器；用于提供安全防护的防火墙、入侵检测系统（Intrusion Detection System，IDS）、入侵防御系统（Intrusion Prevention System，IPS）；用于远程广域网连接的各种 Modem（调制解调器）、宽带接入服务器、光端机（也称光纤收发器）等。

（3）传输介质

传输介质用于在计算机网络中构建数据通信通道，是传输数据的载体。如果没有传输介质，网络信号、数据就无法传输。

传输介质可以是有形的，如同轴电缆、双绞线、光缆等，如图 1-1 所示，以及串口电缆等。传输介质也可以是无形的，如各种无线网络中使用的传输介质其实就是各种无线电磁波，这种介质常应用于卫星通信、WLAN（Wireless Local Area Network，无线局域网）通信、移动通信等。

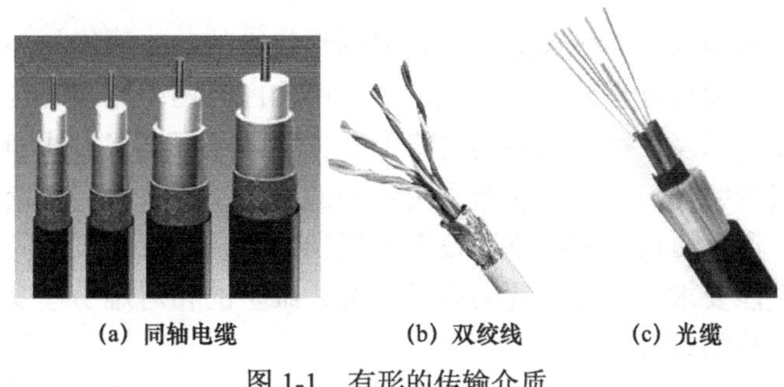

(a) 同轴电缆　　(b) 双绞线　　(c) 光缆

图 1-1　有形的传输介质

1.1.2　计算机网络软件系统

仅有硬件设备不能组成计算机网络，还必须有相应的软件系统支持，否则就成了裸机或者裸网络了。网络通信软件可帮助用户实现网络通信连接、应用等各方面功能。它可分为三大类别。

（1）网络操作系统软件

网络操作系统软件是各种网络设备必须要安装的基础平台软件，如在用户计算机、各种服务器上安装的，支持网络功能的 Windows、Linux、UNIX 等操作系统；安装在交换机、路由器、防火墙等设备上的网络操作系统，如安装在 Cisco 设备上的 IOS、IOS XE 等系统；安装在华为设备上的 VRP（Versatile Routing Platform，通用路由平台）系统等。

（2）网络应用软件

计算机网络软件还包括要实现某项网络应用的软件，像即时通信类软件（如 QQ、微信等）、文件传输类软件、电子邮件通信类软件（如 Outlook、Foxmail、Gmail 等）、网络或应用服务器软件、浏览器访问软件（如 IE、Chrome 等浏览器）等。

（3）通信协议

计算机网络软件系统除了以上计算机网络软件之外，还包括独立或者内嵌于操作系统中的网络通信协议，如 TCP（Transmission Control Protocol，传输控制协议）/IP（Internet Protocol，网际互连协议）协议簇、IEEE 802 协议簇等，网络设备中的 VLAN（Virtual Area Network，虚拟局域网）、STP（Spanning Tree Protocol，生成树协议）、RIP（Routing Information Protocol，路由信息协议）、OSPF（Open Shortest Path First，开放式最短路径优先）、BGP（Border Gateway Protocol，边界网关协议），拨号通信的 PPP（Point to Point Protocol，点对点协议）、PPPoE（Point-to-Point Protocol Over Ethernet，以太网上的点对点协议）协议，VPN（Virtual Private Network，虚拟专用网络）通信的 IPSec（Internet Protocol Security，互联网安全协议）、PPTP（Point-to-Point Tunneling Protocol，点对点隧道协议）、GRE（Generic Routing Encapsulation，通用路由封装）、L2TP（Layer 2 Tunneling Protocol，第二层隧道协议）等。

1.2 计算机网络拓扑结构

拓扑是用来研究与大小、距离无关的几何图形特性的。“网络拓扑结构”是由网络节点设备和传输介质通过物理连接所构成的逻辑结构图。网络拓扑结构从逻辑上表示出网络服务器、工作站以及各网络设备的网络部署位置、相互连接方式和服务关系。

不同的计算机网络环境中，可能要采用不同的拓扑结构。我们在选择拓扑结构时主要考虑的因素有：通信协议类型；不同设备所担当的角色（或者设备间服务的关系）；各节点设备工作性能要求、重新配置的难易程度、维护的相对难易程度以及通信介质发生故障时，受到影响的设备的情况。

常见的计算机网络拓扑结构有：星形网络、总线形网络、环形网络、树形网络、网状网络，如图 1-2 所示（图中的小圆圈代表一个节点设备，如交换机、路由器等，也可以是用户终端）。其各自主要的特点、优缺点见表 1-1。

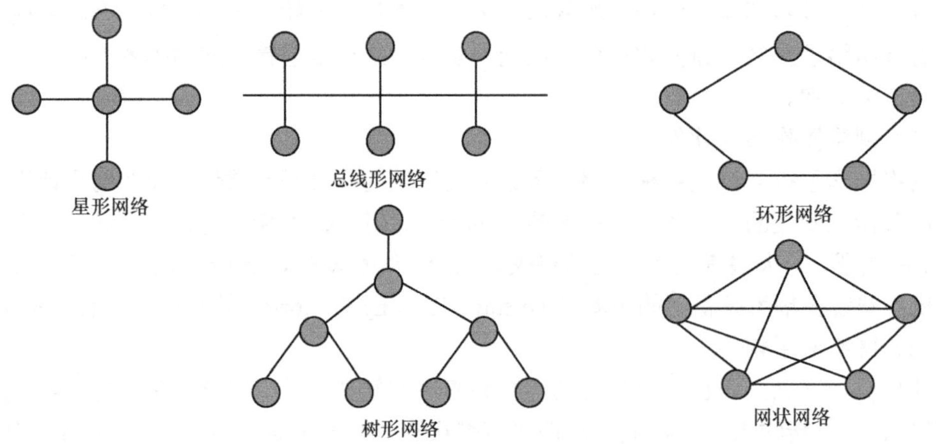

图 1-2　5 种主要的计算机网络拓扑结构

表 1-1　各种拓扑结构的基本说明

拓扑结构类型	主要特点	主要优点	主要缺点
星形网络	所有节点通过一个中心节点（如交换机、路由器等）连接在一起，主要是以太网络	• 容易扩展，节点移动方便； • 易于维护； • 传输速率快	• 中心节点负荷重，且出现故障时会影响到整个网络的通信； • 布线比较复杂
总线形网络	所有节点通过一条总线（如同轴电缆）连接在一起，主要是令牌总线网络，以太网中也可实现	• 安装简便，节省线缆； • 维护较容易，某一节点的故障一般不会影响到整个网络的通信	• 总线故障会影响到整个网络的通信； • 某一节点发出的信息可以被其他节点收到，安全性低； • 故障诊断难； • 不易大规模扩展

续表

拓扑结构类型	主要特点	主要优点	主要缺点
环形网络	所有节点连成一个封闭的环形，主要是令牌环网	• 网络组建简单； • 节省线缆，成本低	• 不易扩展； • 连接用户少； • 维护困难
树形网络	一种层次化的星形网络，是当前以太局域网的主要结构类型	连接多个星形网络，易于扩充网络规模，同时具备星形网络的其他优点	层级越高的节点，其故障导致的网络问题越严重，同时具备星形网络的其他缺点
网状网络	各网络设备彼此互连，有“全网状网络”和“半网状网络”之分，主要应用于广域骨干网中	可靠性高，全网状网络具有较高的可靠性	组网复杂、成本高、维护难

1.3　通信模式

在数据通信中，通信模式（或者双工模式）包括“单工通信模式”“半双工通信模式”“全双工通信模式”3 种。**同一物理链路上两台设备工作的双工模式必须保持一致**。

1.3.1　单工通信模式

图 1-3（a）表示单工通信模式。在单工通信中，数据只能向一个方向传输，任何时候都不能改变数据的传输方向。

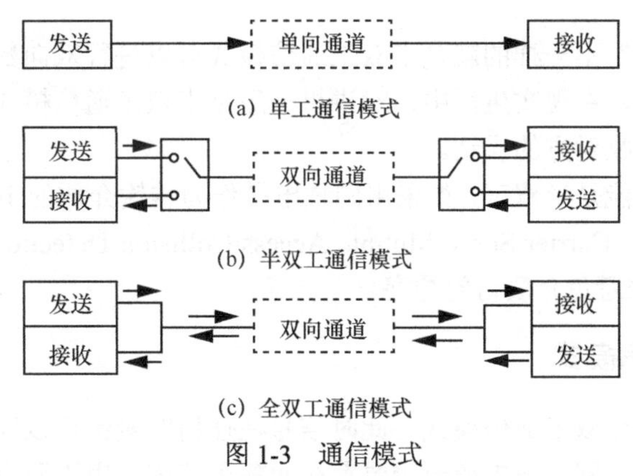

图 1-3　通信模式

“单工”就是指**永远**只能向一个方向传输数据，这时数据发送方和接收方都是固定的。键盘输入是单工模式，因为键盘只需发送数据，不需要接收数据。

很显然，这种单工通信模式的效率很低，不能满足我们现在的数据通信需求，因此一般不采用这种模式，但现实中有时候又需要这种模式，如仅允许客户端向服务器传输数据，不允许服务器向客户端发送数据，此时可以通过配置来模拟这种通信模式。

1.3.2 半双工通信模式

图 1-3（b）表示半双工通信模式。在半双工通信模式中，数据是可以双向传输的，但必须交替进行，即同一时刻只能向一个方向传输，在不同时刻可以进行另一个方向的数据传输。

半双工通信模式相当于可双向行驶的单车道，同一时刻只允许一个方向的汽车通过，只有当另一方向没有车过来的时候，才能从自己一方发车，如图 1-4 所示。

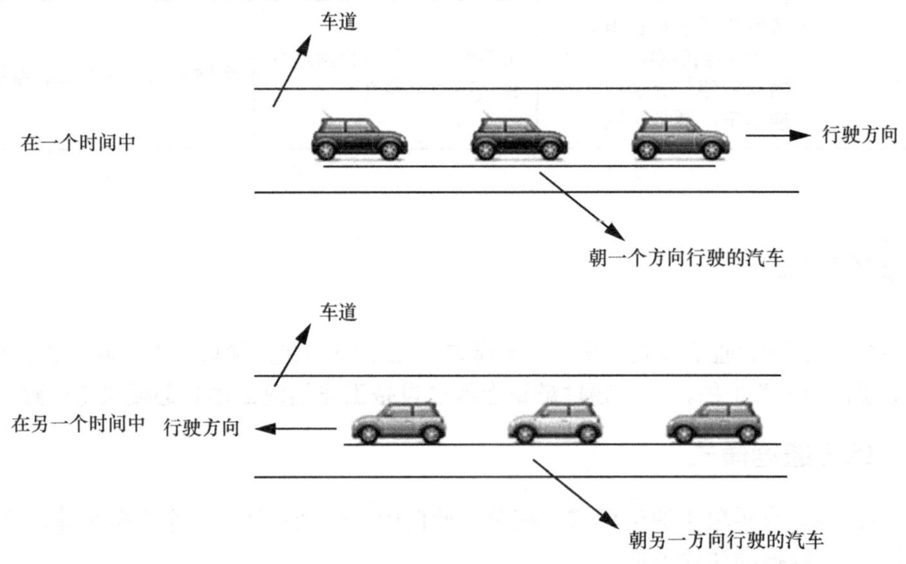

图 1-4 半双工通信模式类比示例

与前面的“单工”不一样的就是半双工通信模式可以进行双向数据通信，只不过两个方向不能同时进行。在现实生活中，对讲机一般是半双工通信模式的，同一时间只能向对方讲话，或者接收对方的讲话。

共享模式网络只能是半双工，如采用同轴电缆作为传输介质的 10Base-5 网络，此时必须采用 CSMA/CD（Carrier Sense Mutiple Access/Collision Detection，载波侦听多路访问/冲突检测）机制来避免介质访问冲突。

1.3.3 全双工通信模式

图 1-3（c）表示全双工通信模式。此时信号在任何时刻都可以同时进行双向传输。在全双工通信模式中，同一条电缆至少要存在两条子信道，用于两个不同方向的数据同时传输。

全双工通信模式相当于我们现实生活中的“双向双车道”。在这样的公路中，两个方向的汽车可以同时通过，如图 1-5 所示。很明显，这样可以提高汽车通过的效率。

对于数据通信来说，全双工通信模式的线路提高了数据传输速率，最高可达线路带宽的两倍。如 100Mbit/s 的全双工线路，最终的数据传输速率最高可达 200Mbit/s。

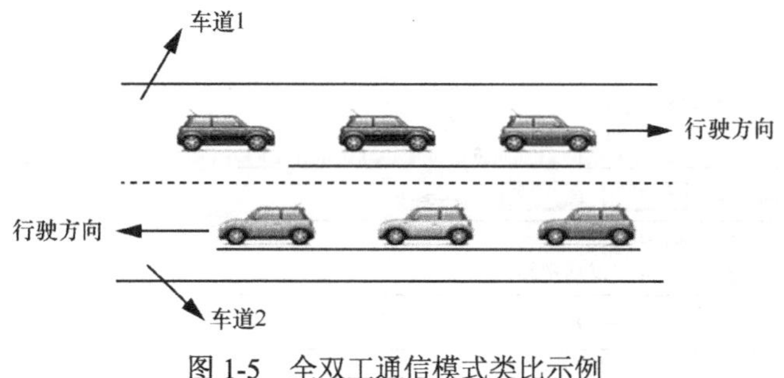

图 1-5　全双工通信模式类比示例

在千兆或万兆以太网中，为了能实现其标称的传输速率，都是采用全双工通信模式的。**在全双工通信模式下，因为通信双方可以双向同时通信，不会产生介质访问冲突，所以无须采用 CSMA/CD 机制。**

1.4　冲突域及冲突避免机制

所谓“冲突域”就是可能发生介质访问冲突的主机范围，是连接在同一共享介质上的所有节点的集合。同一冲突域内的各节点共享同一带宽，即一个节点发送的报文，域内其余节点均可接收到。

早期由集线器集中连接的网络，所有用户主机之间的通信都共享同一传输通道；在采用同轴电缆作为传输介质的 10Base-5 网络中，所有用户主机均连接在同一条同轴电缆上，这些网络都被称为共享式网络。在共享式网络中，因为不同用户主机通信时需要共享使用至少一段传输通道或传输介质，所以多用户主机同时发送数据时会产生介质访问冲突的问题，冲突域就等于整个网络中的主机。

目前，集线器设备已不再使用，同轴电缆也不再使用，取而代之的是转发效率更高的交换机设备，这类以双绞线或光纤作为传输介质的网络被称为“交换式网络”。在交换式网络中，冲突域的范围缩小至交换机每个端口所连接的物理网段范围，因为一条物理链路下所连接的所有主机与网络中其他设备通信时都必须共享这一物理介质。

【注意】如果一个端口只连接一台设备，且支持全双工通信模式的情形下，不会发生介质访问冲突。

避免介质访问冲突的方法一般是采用 CSMA/CD 机制。CSMA/CD 的介质访问控制原理包含 4 个处理内容，它们是监听、发送、检测、冲突处理，可以用以下几句话来概括：

① 先听后说（“听”是指“监听”，“说”是指发送数据），边听边说；

② 一旦冲突，立即停说；

③ 等待时机，然后再说。

以上基本流程如图 1-6 所示，图中各步具体解释如下。

① 当一个站点想要发送数据的时候，它首先要检测传输介质上是否有其他站点正在传输，即监听介质是否空闲（也就是前面所说的“先听”）。

② 如果介质忙，则继续监听，直到监听到介质状态为空闲。如果监听到介质状态为空闲，站点就马上发送数据（也就是前面所说的“后说”）。

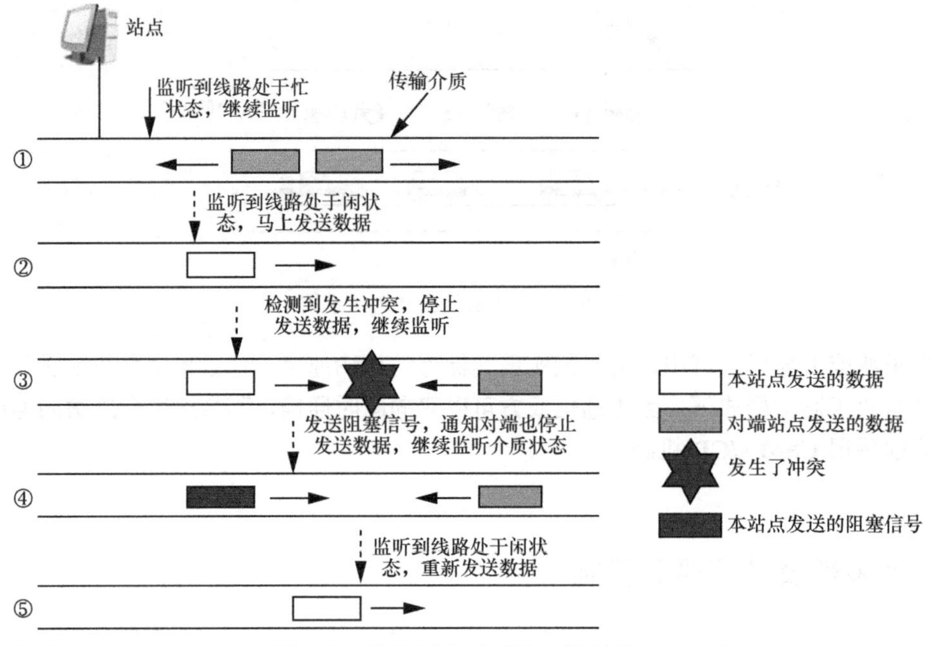

图 1-6　CSMA/CD 介质访问控制原理

③ 在发送数据的同时，站点继续监听介质状态（也就是前面所说的“边听边说”），确定没有其他站点在同时传输数据，那么继续传输数据。有可能两个或多个站点同时检测到介质空闲，然后几乎在同一时刻开始传输数据。如果两个或多个站点同时发送数据，就会产生冲突；若无冲突则继续发送直到发完全部数据。

④ 若检测到有冲突（会导致信号不稳定），则立即停止发送数据（也就是前面所说的“一旦冲突，立即停说”），并发送一连串用于加强冲突的 JAM（阻塞）信号，以便使用同一介质传输的其他站点都知道线路上发生了冲突，从而停止发送数据。

⑤ 本站点等待一个预定的随机时间（也就是前面所说的“等待时机”），然后在介质状态为空闲时，再重新发送数据（也就是前面所说的“然后再说”）。

1.5　计算机网络体系结构

为了便于各厂商进行计算机网络软、硬件开发，开发人员需要有一个通用的计算机网络体系标准，于是计算机网络体系结构（也称计算机网络参考模型）的开发就成了当时的迫切需求。

计算机网络体系结构从宏观、逻辑意义上描述整个计算机网络通信功能的分层结构，是由计算机网络软、硬件系统共同实现的。

1.5.1　计算机网络体系结构的发展历程

计算机网络体系结构一开始并不是我们现在所提到的 OSI/RM（Open System Interconnection Reference Model，开放系统互连参考模型）或者 TCP/IP 体系结构，而是经历了一个渐进式的发展过程，如图 1-7 所示。

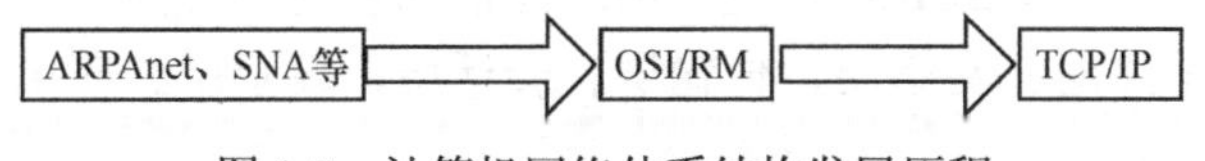

图 1-7 计算机网络体系结构发展历程

1. ARPAnet 体系结构

1969 年，DARPA（Defence Advanced Research Projects Agency，美国国防部高级研究计划局）开发的 ARPAnet 最初只有 4 个节点，即 4 所大学中的大型计算机，主要用于大学间的资源共享和军事研究。20 世纪 70 年代中期，ARPAnet 可以连接 100 多台主机，结束了网络实验阶段，进入了网络互联研究阶段。

ARPAnet 将网络划分成了“资源子网”和“通信子网”两个层次，如图 1-8 所示。其中 C1～C5 代表用户计算机，存储了可供用户访问的网络资源，从而组成资源子网；IMP-1～IMP-4 代表网络连接设备，它们组成通信子网，实现各用户终端的网络连接。这是计算机网络体系结构的雏形，后面许多公司提出的新的计算机网络体系结构都是基于这个雏形进行改进的，其中包括 IBM 公司提出的 SNA（Systems Network Architecture，系统网络体系结构）以及 ISO（International Organization for Standardiation，国际标准化组织）提出的 OSI/RM 体系结构。

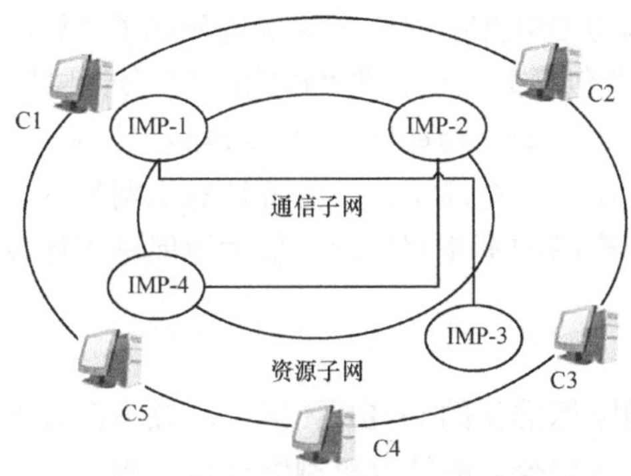

图 1-8 ARPAnet 的两层体系结构

2. SNA 体系结构

美国 ARPAnet 中的“资源子网”和“通信子网”两层结构划分方式显然是比较粗的，还不足以真正体现计算机网络通信的原理。于是，一些大公司和科研机构对计算机网络体系结构进行了细致研究，其中最具有代表性的就是 IBM 公司于 1974 年提出的 SNA。

SNA 基于其大型机的“主机—终端”通信模型，把整个计算机网络分成了 7 个层次，如图 1-9 所示。

3. OSI 参与模型

在 IBM SNA 体系结构产生后，其他一些大型公司也纷纷推出自己的网络体系结构，如 1975 年 DEC 推出的 DNA（Digital Network Architecture，数字网络体系结构），但它们都是各自为政，彼此不兼容。

为了解决这个问题，ISO 成立了专门的研究机构，于 1984 年在原来 IBM SNA 的基础上，以国际标准形式发布了第一个国际标准化的 OSI/RM，对应 ISO 7489 标准，OSI 参考模型如图 1-10 所示。OSI/RM 将整个网络通信的功能划分为 7 个层次，由低到高分别是物理层、数据链路层、网络层、传输层、会话层、表示层、应用层。

事物层
表示服务层
数据流控制层
传输控制层
路径控制层
数据链路控制层
物理层

图 1-9　IBM SNA

应用层
表示层
会话层
传输层
网络层
数据链路层
物理层

图 1-10　OSI 参考模型

与 SNA 体系结构对比可以看出，OSI/RM 与 SNA 是相当类似的，都是 7 层结构，而且**尽管有些层次的名称不一样，但实际功能基本一样**。

另外，OSI/RM 体系结构也继承了计算机网络体系结构雏形——ARPAnet 在体系结构划分上的设计思想，因为 OSI/RM 的 7 个层次也分成了“资源子网”和“通信子网”两部分。其中“资源子网”包括高 4 层，即“传输层”“会话层”“表示层”和“应用层”，而“通信子网”包括低 3 层，即“物理层”“数据链路层”和“网络层”。

OSI/RM 是由 ISO 提出的，是通用的，为各计算机网络软、硬件开发厂商提供统一的标准，解决了不同厂商产品的不兼容问题，极大地促进了计算机网络技术、产品和应用的发展。

4. TCP/IP 体系结构

理论上来讲，有了国际标准化的 OSI/RM 后，应该不会有人，开发新的计算机网络体系结构了。但事实上，我们今天的计算机网络体系结构已不是 OSI/RM 体系结构，而是称为 TCP/IP 的非国际化标准体系结构。

之所以会出现这样的结果，是因为 OSI/RM 自身仍存在比较明显的不足，主要是“会话层”和“表示层”功能太弱，区分不明显，这给计算机网络软、硬件产品开发带来许多不便。于是 TCP/IP 体系结构就把 OSI/RM 体系结构中的最高 3 层合并成了一层——应用层。

最初的 TCP/IP 体系结构还把 OSI/RM 中的最低两层（“物理层”和“数据链路层”）合并成了“网络接入层”。这样一来，TCP/IP 体系结构只有 4 层。但后来发现，把 OSI/RM 最低两层合并的做法并不好，于是把“网络接入层”仍按 OSI/RM 一样划分成两层，即“数据链路层”和“物理层”，这就有了现在普遍使用的 5 层 TCP/IP 体系结构。

TCP/IP 体系结构中各层的主要功能基本上与 OSI/RM 的对应层次相同，只是 TCP/IP 体系结构中的应用层功能包括了 OSI/RM 中会话层、表示层和应用层这 3 层的功能，当然有些具体协议类型和功能还是有些区别的。图 1-11 所示是 OSI/RM 与 TCP/IP 体系结构的对比。

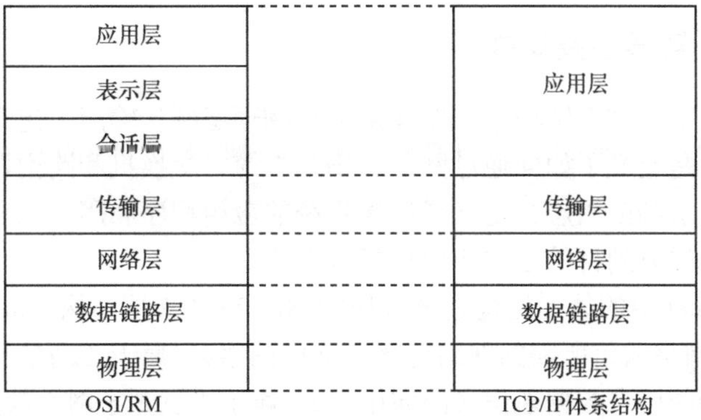

OSI/RM	TCP/IP体系结构
应用层	应用层
表示层	
会话层	
传输层	传输层
网络层	网络层
数据链路层	数据链路层
物理层	物理层

图 1-11 OSI/RM 与 TCP/IP 体系结构的对比

TCP/IP 协议栈中定义了一系列通信协议或标准，常见的如图 1-12 所示（不包括全部），同一层中的不同协议可能位于不同子层，如网络层中，IP 位于中间子层，比它高的子层协议有 ICMP（Internet Control Message Protocol，互联网控制报文协议）和 IGMP（Internet Group Management Protocol，互联网组管理协议）等，比它低的子层协议有 ARP（Address Resolution Protocol，地址解析协议），数据链路层中也有这种情况。

层				
应用层	Telnet	FTP	TFTP	SNMP
	HTTP	SMTP		DHCP
传输层	TCP		UDP	
网络层	ICMP		IGMP	
	IP			
	ARP			
数据链路层	PPPoE			
	Ethernet		PPP	
物理层	1000Base-LX	1000Base-SX	IEEE 802.11	RS-232-C

图 1-12 TCP/IP 协议栈中的常见协议或标准

制定以上这些协议或标准的国际组织主要有以下 3 个。

（1）IETF（Internet Engineering Task Force，互联网工程任务组）

IETF 于 1985 年底成立，是一个负责开发和推广互联网协议的志愿组织，通过 RFC（Request For Comments，请求评议文件）发布更新的协议标准。当前绝大多数国际互联网技术标准出自 IETF。

（2）IEEE（Institute of Electrical and Electronics Engineers，电气和电子工程师协会）

IEEE 于 1963 年 1 月 1 日由 AIEE（American Institute of Electrical Engineers，美国电气工程师学会）和 IRE（Institute of Radio Engineers，无线电工程师学会）合并而成，是一个美国的电子技术与信息科学工程师的协会，电子、电气和计算机科学领域的主要标准制定者，如以太网的 IEEE 802.3、WLAN 的 IEEE 802.11 等都是 IEEE 制定的。

（3）ISO

ISO 于 1947 年 2 月成立于瑞士日内瓦，许多领域如信息技术、交通运输、农业、品质管理、保健和环境等的国际标准都是由 ISO 开发和制定的，在制定计算机网络标准方面，ISO 起着重大作用，如前面介绍的 ISO/RM 就是 ISO 制定并发布的。

1.5.2 OSI/RM 各层主要功能

在 OSI/RM 的 7 层体系结构中，低 4 层（从物理层到传输层）定义了如何进行端到端的数据传输，就是定义了如何通过网卡、物理电缆、交换机和路由器进行数据传输；而高 3 层（从会话层到应用层）定义了终端系统的应用程序和用户如何彼此通信，即定义了如何重建从发送方到目的方的应用程序数据流。

如果按 ARPAnet 中的体系结构划分，可把 OSI/RM 的 7 层结构分成低 3 层和高 4 层，低 3 层负责创建网络通信所需的网络连接（面向网络），属于“通信子网”部分；高 4 层具体负责端到端的用户数据通信（面向用户），属于“资源子网”部分。OSI/RM 中各层的基本功能如下。

① 物理层：定义网络接口的机械、电气、功能和规程特性。在传输介质上传输比特流。

② 数据链路层：数据帧封装和解封装、数据帧组装和帧同步，并提供流量控制、差错控制等功能。

③ 网络层：定义用于区分网络的逻辑地址，使路由设备确定数据在不同网络间传输的路径，负责将数据从源网络传输到目的网络，负责数据包的封装和解封装、IP 寻址，并提供流量控制、差错控制、拥塞控制和服务质量控制等功能。

④ 传输层：建立端到端的传输通道，提供面向连接（如 TCP）或非面向连接［如 UDP（User Datagram Protocol，用户数据报协议）］的数据传输，以及进行重传前的差错检测。

⑤ 会话层：负责建立、管理和终止表示层与实体之间的通信会话。该层的通信由不同设备中的应用程序之间的服务请求和响应组成。

⑥ 表示层：定义数据表示形式，如对数据进行加/解密、压缩和解压缩，提供各种用于应用层数据的编码和转换功能，确保一个系统的应用层发送的数据能被另一个系统的应用层识别。

⑦ 应用层：对各种网络通信应用提供服务支持，为各种网络应用服务提供 API（Application Program Interface，应用程序接口）。

【经验之谈】在 OSI/RM 中，低 3 层通过它们自己对应层协议功能构建数据通信所需的网络平台，可以看成基础设施平台，更通俗地说就是构建一条用于数据传输的网络通道。但低 3 层均不能识别和处理来自应用层的网络应用数据，仅用于为用户的网络应用数据通信提供通信线路、网络基础架构，或者说是网络通信平台。高 4 层上进行的才是真正面向用户的网络应用，为各种具体的网络应用构建应用平台和端对端的数据传输通道，是基于网络通信平台之上的具体应用。

我们经常听别人说，在局域网中仅可以通过数据链路层的 MAC（Media Access Control，介质访问控制）地址进行通信，很多人就误解为网络应用也可以仅通过数据链路层进行通信，其实这是完全错误的。这里所说的“通信”其实仅仅指二层设备之间建立网络通信连接时进行的“网络通信”（并不是“数据通信”），用于建立数据通信所需的链路。数据链路层根本不能识别网络应用的用户数据。局域网中进行具体的网络应用仍需要用到 OSI/RM 的网络层及以上各层，只是这些高层通常是由用户主机的操作系统来完成的。

OSI/RM 的每一层完成特定的功能，**每层都直接为它的上一层提供服务，同时又调**

用它的下一层所提供的服务。所有层次都互相支持、相互协同，发送端的通信流程是自上而下进行的（也就是自上而下调用服务），接收端的通信流程是自下而上进行的（也就是自下而上提供服务），但双方必须在对等层次上进行通信。当然，**并不是每一个通信过程都需要经过 OSI/RM 的全部 7 层**，要视具体通信的类型而定，有的甚至只需要双方对应的某一层即可，如物理层中的物理接口之间的转接，以及中继器之间的连接就只需在物理层中进行即可，而网络层中的路由器之间的连接通常只需经过网络层、数据链路层和物理层即可。

1.5.3　局域网体系结构

目前计算机局域标准是由 IEEE 发布的，对应的标准为 IEEE 802.1a。局域网体系结构中仅包括了 OSI/RM 或者 5 层 TCP/IP 体系结构中的最低两层（“物理层”和“数据链路层”），因为这仅是针对局域网内部的体系结构，不考虑网络之间的通信，不需要进行网络层寻址，因此不需要体现上层各层。

另外，局域网体系结构中把“数据链路层”进行了细分，分成了 MAC 子层和 LLC（Logical Link Control，逻辑链路控制）子层，如图 1-13 所示。其中的 MAC 子层主要是用来解决传输介质争用和进行局域网内部物理地址寻址的，而 LLC 子层担负着与 OSI/RM 或者 TCP/IP 体系结构中的“数据链路层”的功能。

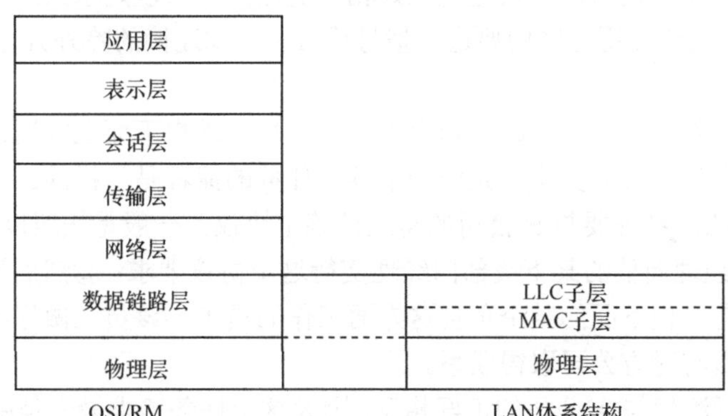

图 1-13　IEEE 802.1a 局域网体系结构

1.6　计算机网络通信基本原理

计算机网络体系结构中各层及其顺序的设计并不是随意的，各层之间也不是完全孤立的，必定遵循一定的通信原理协同工作，本节具体介绍计算机网络体系结构中各层之间的通信流程，以及发送端与接收端之间的通信原理。

1.6.1　计算机网络通信基本流程

在各种计算机网络体系结构的网络连接的建立和数据传输的流程中，发送端总是把报文从上层向下层传输，直到最低的物理层；而接收端是把报文从下层（从最低的物理层开始）向上层传输，直到接收端与发送端发起通信的对等层，这就是计算机网络体系结构中各层之间的总体通信流程。如图 1-14 所示的是 OSI/RM 情形下数据通信的流程，其他体系结构的数据通信流程类似。

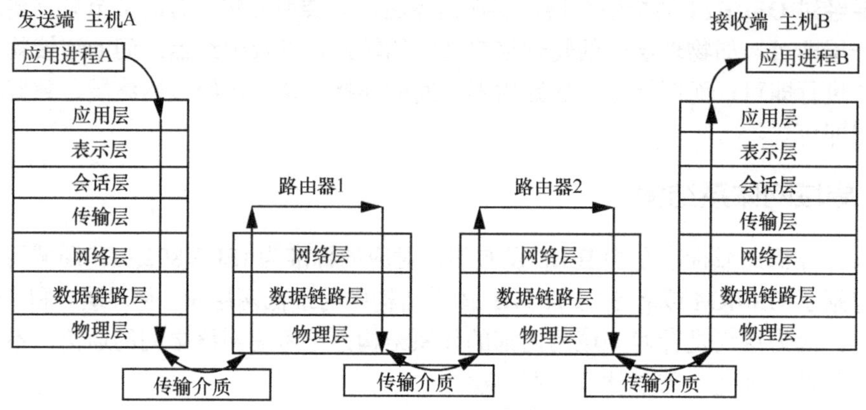

图 1-14 OSI/RM 数据通信原理

网络通信连接和数据传输都不能凭空建立或进行，必须通过计算机网络中最基础的，也是网络体系结构中的最低层——物理层，通过传输介质来传递各种通信信号和数据。但在进行具体的数据传输前，必须先建立好相应的连接，可以是永久连接，也可以是非永久连接。比如，我们使用互联网要进行拨号连接（专线连接的除外），打电话首先也要拨号。

计算机网络体系结构中的这种源端自上而下、目的端自下而上的通信连接建立和数据传输流程，与我们在公司安排、完成一个具体任务的流程是一样的。

假设 A 公司的总经理要与 B 公司的总经理签个协议，一般是按照以下流程进行的：①首先 A 公司总经理向他的某下级部门经理交待这个协议要求；②然后该部门经理把这项具体的任务交待给他下面的某个负责这方面工作的员工，该员工做好相应准备；③具体负责的员工负责与对方公司取得联系。

B 公司的执行流程与 A 公司的正好相反，因为这个任务请求最先是由 B 公司下面负责具体联系工作的员工收到的，所以他需要一级级地向上反馈。在接收到 A 公司的这个请求后，他会向他的直接上级部门经理反映，然后该部门经理又把这个请求向他的上级经理反映，有时需要汇报给总经理。

B 公司的总经理还可能要根据他具体的工作任务来安排签协议日程，然后把这些信息依次向下反馈到他公司中具体负责这方面的工作人员，再与 A 公司的具体工作人员沟通，A 公司人员接到 B 公司的这些信息后，又要依次向上传达到他们总经理。这其中可能要经过反复沟通，A 公司总经理与 B 公司总经理最终完成整个签协议事件的信息下达（在 A 公司）、上传（在 B 公司）任务。接下来的事，就是两公司总经理之间的事了，这就是本节后面要介绍的对等层通信原理。

1.6.2 对等层通信原理

通信双方的网络连接建立好之后，就可以进行各种具体的网络应用和网络通信了，但通信双方的最终通信是在双方对等层次上进行的，即源端发送的数据一定只会在目的端相同的层上被接收和处理，也就是我们通常所说的“对等层”通信原理。当然，“源端”和“目的端”不一定是用户设备，还可以是网络通信路径中的网络设备，要视具体的通信类型而定。不同的对等层通信时所用的数据类型是不一样的，具体如图 1-15 所示（注意其中的虚线代表的是非直接通信，实线代表直接通信）。

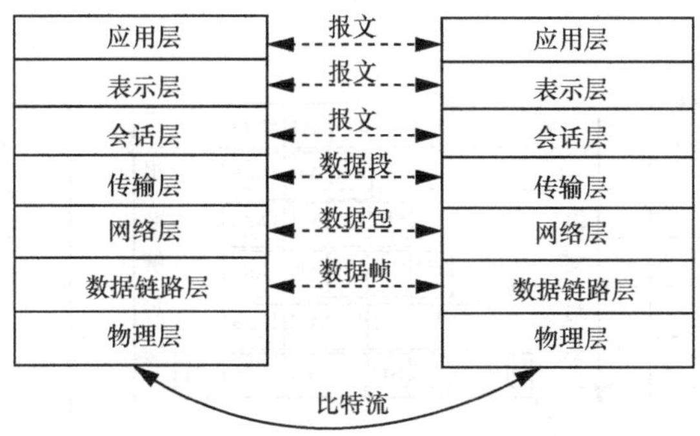

图 1-15　OSI/RM 的对等层通信原理

对等层通信一方面是因为只有双方是对等层次的通信才可能使用相同类型的协议，彼此才能“听得懂”，才有“共同语言”；另一方面，数据只有到达相同层才具有相同的最外层协议封装，才可能识别本层次的相关地址信息，然后再根据这些地址信息来寻址。

在网络体系结构中，每一层都是独立完成其工作的，其他层不干预，也不了解。如一方的物理层只能与对方的物理层直接通信，不可能与对方的“数据链路层”或其他层进行对话。同理，一方的网络层只能与对方的网络层通信，一方的传输层只能与对方的传输层通信，以此类推。只有“物理层”的通信才是直接的，其他各层之间的通信都是逻辑意义上的。

计算机网络通信的对等层会话原理可以理解为级别相当的双方才能有“共同语言”。如经理级的只能与经理级的直接对话，不能越级，否则大家没有共同语言。

1.7　报文封装和解封装

从上面的分析我们已经知道，在整个报文传输过程中，**报文在发送端（源端）是自上而下逐层传输的**，每经过一层（除“物理层”外）都要进行一次“报文封装”。在来自上层报文的最前面加上本层所使用通信协议的头部（即“协议头”），目的就是用以标识报文在使用某通信协议时所配置的参数信息，特别是各层的“地址”信息。

报文在接收端（目的端）是自下而上逐层传输的，报文每经过一层（除“物理层”外）都要进行一次“报文解封装”，去掉来自下层报文原来所携带的下层协议头部，这个过程是发送端“报文封装”的逆过程。报文解封装的目的是使报文原来在发送端封装的头部信息能被识别，因为每种通信协议只能识别报文的相同协议头部信息，而且这些头部信息必须是在报文的最外层封装中，否则这些头部信息就会被当作“数据”字段进行处理。

【说明】报文从哪层发起不固定，每一层都可以发送报文（不一定是来自应用层的报文），但是报文源自发送端哪一层，接收端最终也只会在相同层次进行处理（不会再向上传），这就是对等层通信原理。

图 1-16 左边箭头所示的顺序就是 OSI/RM 各层的报文封装流程，每向下传输一层就会从上层接收的报文的最前面加上本层运行的协议的协议头（数据链路层中还要同时加上“协议尾”）。

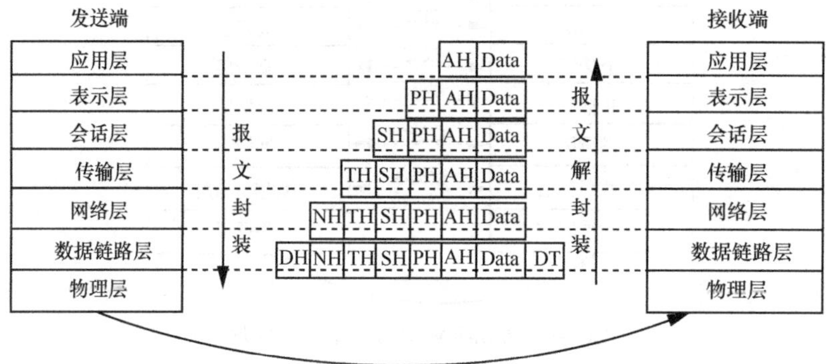

图 1-16 报文封装和解封装流程

其中 Data 为应用层报文，AH 为应用层协议头，PH 为表示层协议头，SH 为会话层协议头，TH 为传输层协议头，NH 为网络层协议头，DH 为数据链路层协议头，DT 为数据链路层协议尾（这是数据链路层所特有的，用于接收方对帧进行正确性校验）。物理层为最低层，传输的是最小单位的 bit（比特），不需要再进行封装，所以没有“物理层头”。

到了接收端，设备从物理层收到比特流后重新将报文还原为原始的帧，并将其上送链路层；当数据帧继续向上面的网络层上传时，会去掉数据帧中的帧头，还原为原始的数据包；数据包继续向上面的传输层上传时，再去掉数据包中的包头……以此类推，直到与报文在源端的发送层同等层次。

1.8 以太网帧格式

以太网（Ethernet）技术最初是在 1972 年由施乐公司的帕洛阿尔托研究中心（PARC）开发的，后来施乐公司再联合数字设备（Digital Equipment）公司和英特尔（Intel）公司于 1982 年公布了其改进版本，也就是现在仍广泛使用的 Ethernet Ⅱ。

随着以太网技术和应用的发展，IEEE 成立了专门的 802 委员会，在 Ethernet Ⅱ 的基础上开发了一个系列的局域网标准，其中 IEEE 802.3 就是以太网标准。下面主要介绍 Ethernet Ⅱ 和 IEEE 802.3 标准。

1.8.1 Ethernet Ⅱ 帧格式

Ethernet Ⅱ 支持多种网络层协议，其帧格式如图 1-17 所示。

6B	6B	2B	46~1500B	4B
DMAC	SMAC	Type	Data	FCS

图 1-17　Ethernet Ⅱ帧格式

① DMAC（Destination MAC，目的 MAC 地址）：6 个字节，标识帧的接收者。

② SMAC（Source MAC，源 MAC 地址）：6 个字节，标识帧的发送者。

MAC 地址用来标识网络的二层地址，且是全球唯一的。MAC 地址长度为 48bit，配置时通常用 12 个（分成 3 段，中间用连接符“-”连接）十六进制数表示，如 0016-EAAE-3C40，也可用 6 段表示，每段一个字节，但配置时通常都以 3 段表示。

MAC 地址包含两部分：高 24bit 是组织的标识符（Organizationally Unique Identifier，OUI），由 IEEE 统一分配给制造商。例如，华为的网络产品的 MAC 地址高 24bit 为 0x00e0fc，低 24bit 是厂商自行分配给每个产品的唯一序列。

③ Type（类型）：标识“Data”字段中包含的上层协议，2 个字节。取值为 0x0800（0x 代表十六进制格式）时代表上层协议为 IPv4 协议；取值为 0x0806 时代表上层协议为 ARP。

【说明】 *在 Ethernet Ⅰ、Ethernet Ⅱ帧中没有 LLC 子层部分，对应的帧格式就是 MAC 帧格式，而后面的 IEEE 802.3 帧格式中包括 LLC 子层部分。*

另外，这里所说的“上层协议”不仅指各种网络层协议，还可能指同在数据链路层中，比 Ethernet Ⅱ以太网协议更高层次的其他数据链路层协议，如 LLDP（Link Layer Discovery Protocol，链路层发现协议）、PPPoE 等。

④ Data（数据）：上层协议数据，长度为 46～1500 个字节，整个数据帧的最小长度为 64 个字节（帧头和帧尾共 18 个字节），最大长度不超过 1518 个字节。

⑤ FCS（Frame Check Sequence，帧校验序列）：CRC（Cyclic Redundancy Check，循环冗余校验）数据，属于帧尾部分，4 个字节，用于验证帧在传输过程中是否出现了非法数据篡改，在接收端进行帧组装时会去掉该字段。

1.8.2　IEEE 802.3 帧格式

IEEE 802.3 包括多项由 IEEE 颁布的以太网标准，如最初的 RAW 802.3、正式的 802.3/802.2 LLC（网络层仅支持 IP）、支持多种网络层协议的 802.3/802.2 SNAP（SubNetwork Access Protocol，子网访问协议）。IEEE 802.3 帧格式如图 1-18 所示，基于原来的 Ethernet Ⅰ/Ⅱ帧新增了 LLC 和 SNAP 两个字段（SNAP 字段仅 802.3/802.2 有）。Data 字段长度为 38～1492 个字节，但帧总长度仍为 64～1518 个字节。

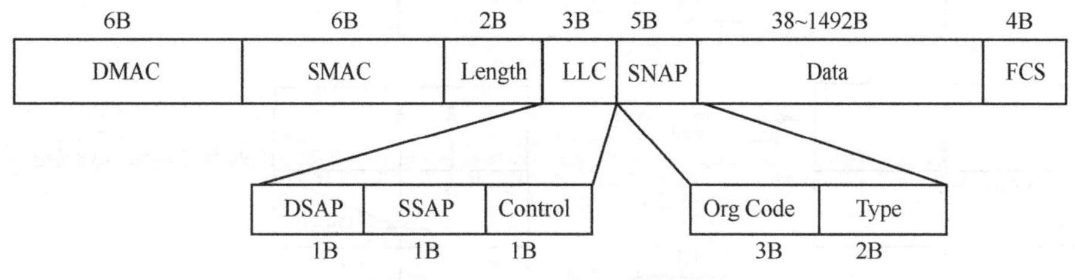

图 1-18　IEEE 802.3 帧格式

【说明】由于在 IEEE 802 局域网体系结构中，数据链路层被划分成了 LLC 子层和 MAC 子层，因此 IEEE 802.3 以太网帧中包括了这两个子层的协议封装。又因为 MAC 子层位于 LLC 子层之下，所以最终的以太网帧就是 MAC 帧，LLC、SNAP 这两个字段都是 MAC 帧的数据部分。

① Length（长度）：以字节为单位，表示 Data 字段中的数据长度，2 个字节。

② LLC：包括 DSAP（Destination Service Access Point，目标服务访问点）、SSAP（Source Service Access Point，源服务访问点）和 Control（控制）3 个子字段。

- SSAP 和 DSAP 两个子字段分别表示数据发送方、接收方的 LLC 子层的 SAP（Service Access Point，服务访问点），各占 1 个字节。DSAP 和 SSAP 的结构如图 1-19 所示。

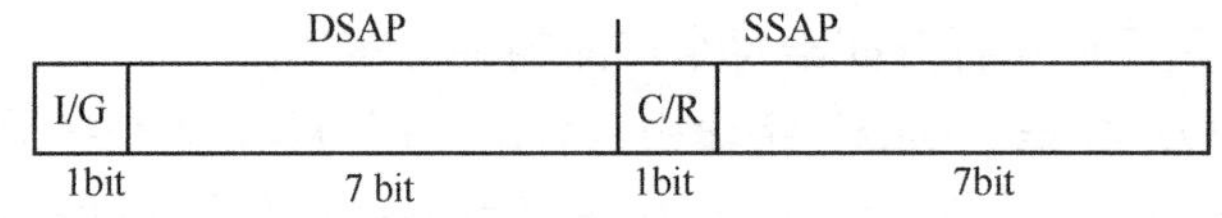

图 1-19　DSAP 和 SSAP 的结构

DSAP 的最高位（I/G）用来表示目的服务访问点的类型，为 1 时代表一组或者同类协议的全部 SAP（此时为 G 位，即 Group Address），为 0 时代表单个 SAP（此时为 I 位，即 Individual Address）。

SSAP 的最高位（C/R）用来表示帧类型，为 1 时表示是响应帧（此时为 R 位，即 Response Frame），为 0 时表示是命令帧（此时为 C 位，即 Command Frame）。

因为 DSAP 可以代表一个目的访问点，也可以代表多个目的访问点，所以发送端的一个 SSAP 可以与一个或者一组或者同类协议的全部接收端 DSAP 进行通信，分别如图 1-20 上、中、下图所示。

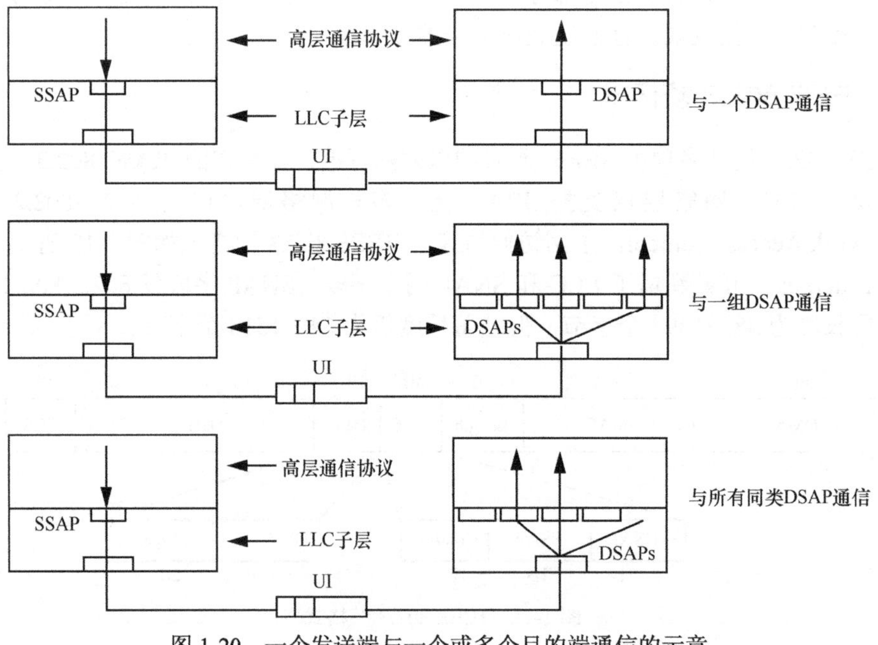

图 1-20　一个发送端与一个或多个目的端通信的示意

➢ 当 DSAP 和 SSAP 都取值为 0xff 时，代表 Netware 网络数据帧；
➢ 当 DSAP 和 SSAP 都取值为 0x42 时，代表 802.1d（STP）协议帧；
➢ 当 DSAP 和 SSAP 都取值为 0x06 时，代表 IPv4 网络数据帧；
➢ 当 DSAP 和 SSAP 都取值为 0xaa 时，代表 802.3/802.2 SNAP 以太网帧；
➢ 当 DSAP 和 SSAP 为其他值时，表示普通的 802.3/802.2 LLC 帧。

- Control 子字段占 1 个字节，用于指示数据链路层所用的服务类型，以太网中都是采用无连接服务，固定为 0x03，表示为无编号信息帧。

③ SNAP：仅 IEEE 802.3/802.2 SNAP 帧才有，包括 Org Code（组织代码）和 Type 两个子字段，其中 Org Code 子字段占 3 个字节，目前值均为 0；Type 子字段的含义与 Ethernet II 帧中 Type 字段的含义相同，为 2 个字节，用于指示上层协议类型（可位于网络层，也可能同位于数据链路层）。

由于 IEEE 802.3/802.2 LLC 帧中添加了 3 个字节的 LLC 字段，而以太网帧的最大长度不变（仍为 64～1518 个字节），所以此时帧中的 Data 部分的长度范围也要减少 3 个字节（原来为 46～1500 个字节），即 43～1497 个字节。因为 IEEE 802.3/802.2 SNAP 帧中添加了共 5 个字节的 SNAP 字段，所以此时帧中的 Data 部分的长度范围要再减少 5 个字节，即 38～1492 个字节。

1.9 MAC 地址

在以太局域网内，数据帧有单播、广播和组播 3 种发送方式，依据目的 MAC 地址的类型而定。在 IP 网络中，IP 数据包也有这 3 种发送方式，它们是一一对应的，就是数据分别在网络层和数据链路层的 3 种发送方式。如果网络层进行的是单播发送，则在数据链路层也必须是单播发送；如果网络层是组播发送，则在数据链路层也应是组播发送方式，广播发送方式也一样。

1.9.1 MAC 地址类型

MAC 地址是在 IEEE 802 标准中定义并规范的，凡是符合 IEEE 802 标准的以太网卡，都必须拥有一个唯一的 MAC 地址，用 MAC 地址来定义网络设备的位置。MAC 地址共 48 位，6 个字节，但通常是以 12 个十六进制数表示，高 24 位代表 OUI，可以看成厂商代码，低 24 位由制造商分配。

依据第一个字节第 8 位的值，我们可以把 MAC 地址分为单播 MAC 地址、广播 MAC 地址和组播 MAC 地址 3 种类型。

（1）单播 MAC 地址

单播 MAC 地址**最高字节的最高位固定为 0**，用于标识链路上的一个单一节点。帧中目的 MAC 地址为单播 MAC 地址时，数据将仅向对应设备发送，对应帧的单播发送方式，应用于单播通信，也是最常用的一种帧发送方式。单播 MAC 地址具有全球唯一性。

（2）广播 MAC 地址

广播 MAC 地址 48 位全为 1，即 FFFF:FFFF:FFFF（不区分大小写），这是一个通用的 MAC 地址，用来表示网络上的所有终端设备。

帧中目的 MAC 地址为广播 MAC 地址时，数据帧将向局域网内所有设备发送，对应数据帧的广播发送方式。后面将要介绍的 ARP 请求数据帧中的目的 MAC 地址就是这种广播类型的 MAC 地址，所以它将在整个局域网内进行发送。但并不是局域网内所有设备都会接收，还需要比较目的 IP 地址，只有目的 IP 地址与本地 IP 地址相同的设备才会接收这个广播帧。

（3）组播 MAC 地址

这是一个逻辑的 MAC 地址，用于代表网络上的一组终端。组播 MAC 地址**最高字节的最高位是 1**（与广播 MAC 地址的区别是，组播 MAC 地址的其他位不全为 1），例如 000000011011101100111010101110101011111010101000。组播 MAC 地址不能作为源 MAC 地址，只能作为目的 MAC 地址。

组播 MAC 地址是由对应的组播 IP 地址映射而来的，不是随便取的。IANA（The Internet Assigned Numbers Authority，互联网数字分配机构）规定，IPv4 组播 MAC 地址的高 24 位固定为 0x01005e，第 25 位固定为 0，低 23 位为 IPv4 组播地址的低 23 位，映射关系如图 1-21 所示（IPv4 组播地址中的低 23 位映射到组播 MAC 地址的低 23 位）。例如，组播组地址 224.0.1.1 对应的组播 MAC 地址为 01-00-5e-00-01-01。

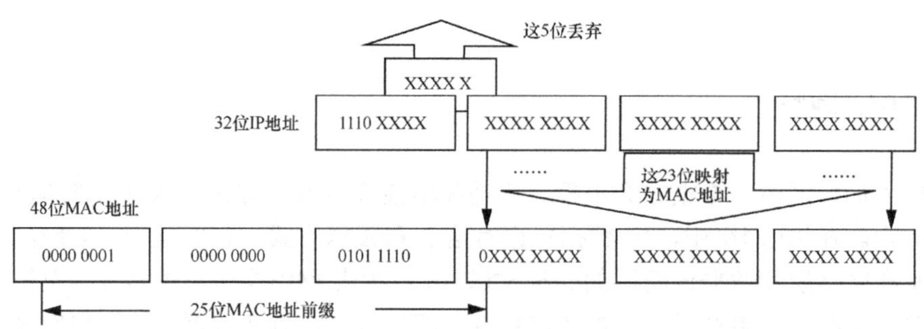

图 1-21　IPv4 组播地址到组播 MAC 地址的映射关系

帧中目的 MAC 地址是组播 MAC 地址时，数据将被发送到该组中所有设备上，对应帧的组播发送方式，应用于组播通信。

1.9.2　二层交换机的数据帧转发行为

在同一 IP 网段的以太局域网中，各设备间的数据转发是通过二层交换方式进行的。二层交换的依据是在交换机上为到达网段内各设备而生成的 MAC 表。

交换机在收到要转发的数据时，通过解析和学习以太网帧的源 MAC 地址来维护 MAC 地址与接口的对应关系，生成 MAC 表，并通过其目的 MAC 地址来查找 MAC 表，由此决定向哪个接口转发。MAC 表可以手动创建，被称为静态 MAC 表；也可以通过交换机学习生成，被称为动态 MAC 表。在初始状态下，交换机的 MAC 表为空。

MAC 表记录了交换机学习到的其他设备的 MAC 地址与接口的对应关系。交换机在转发数据帧时，根据数据帧的目的 MAC 地址查询 MAC 表。交换机（特指工作在数据链路层的二层交换机）会根据所接收到的帧的头部信息决定对帧的转发行为。交换机对接收到的单播数据帧的转发有 3 种方式：泛洪、转发和丢弃，如图 1-22 所示。

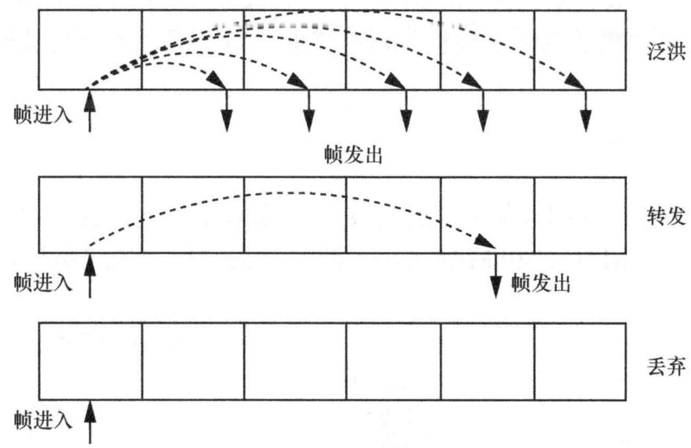

图 1-22　交换机的 3 种帧转发方式

① 泛洪：交换机把从某一端口进来的帧通过其他端口发送出去。

② 转发：交换机把从某一端口进来的帧通过特定的另一端口转发出去。

③ 丢弃：交换机把从某一端口进来的帧直接丢弃。

在初始状态下，交换机并不知道所连接主机的 MAC 地址，所以 MAC 表为空。二层交换的基本原理如下。

① 二层交换机收到以太网帧后，将其源 MAC 地址与接收接口的对应关系写入 MAC 表，生成对应的动态 MAC 表项，作为以后的二层转发依据。如果 MAC 表中已有相同表项，就刷新该表项的老化时间（华为设备的 MAC 表项的老化时间默认为 300s）。动态 MAC 表项采取一定的老化更新机制，老化时间内未得到刷新的表项将被删除掉。

② 根据以太网帧的目的 MAC 地址的不同采用不同的转发方式。

- 如果目的 MAC 地址是广播 MAC 地址，则不查找 MAC 表，直接向所有接口（**帧入接口除外**）转发，最终只有 IP 地址与帧中“目的 IP 地址”相同的设备才会接收并处理。
- 如果目的 MAC 地址是单播 MAC 地址，则查找 MAC 表。
  - ➢ 如果没有找到匹配的 MAC 表项（包括静态 MAC 表项和动态 MAC 表项，这类帧称为“未知单播帧”），则向所有接口（帧入接口除外）泛洪转发，最终只有 MAC 地址与帧中的“目的 MAC 地址”相同的设备才会接收并处理。同时，交换机将收到的数据帧的源 MAC 地址和对应接口编号记录到 MAC 表中。
  - ➢ 如果能够找到匹配的 MAC 表项，则比较这个 MAC 地址在 MAC 表中对应的端口是不是这个帧进入交换机的那个端口：如果不是，则交换机执行转发操作，同时交换机将收到的数据帧的源 MAC 地址和对应端口编号记录到 MAC 表中；如果是，则交换机执行丢弃操作。
- 如果目的 MAC 地址是组播 MAC 地址，则交换机将采用二层组播方式转发。当一台主机从交换机的一个端口移除时，交换机检测到物理链路 Down，会立即从 MAC 表中清除对应主机的 MAC 表项。一旦主机连接到交换机另外一个端口，交换机就会检测到新端口对应的物理链路 Up，在主机发送报文后，交换机立即学习到主机的 MAC 地址与新端口的映射关系，并且将其添加到 MAC 地址表中。

1.9.3 二层交换示例

下面以图 1-23 为例介绍具体的二层交换过程，假设主机 A、主机 B 和主机 C 的 MAC 地址分别为 MAC A、MAC B 和 MAC C，主机 A 要向主机 C 发送数据。

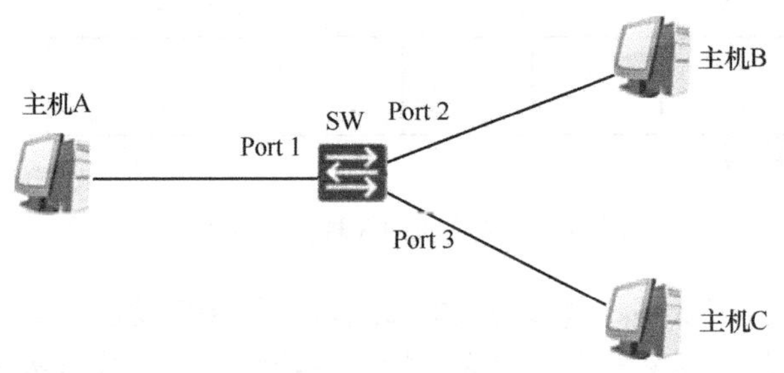

图 1-23 二层交换示例

① 主机 A 向主机 C 发送一个数据帧，帧中的源 MAC 地址是主机 A 的 MAC 地址：MAC A，目的 MAC 地址是主机 C 的 MAC 地址：MAC C。

【经验之谈】 尽管二层交换机不能发送和处理 ARP 报文，但是用户主机是全层次的设备，可以发送和处理 ARP 报文。此处仅介绍二层交换机内部的二层转发原理，假设主机 A 已通过 ARP 学习到了目的主机 C 的 MAC 地址。

② 交换机 SW 收到帧后，因为初始情况下交换机没有任何 MAC 表，所以此交换机先从帧中学习源 MAC 地址和帧入接口（Port 1），生成动态的主机 A 的 MAC 表项，如图 1-24 所示。但因为没有基于目的主机 C 的 MAC 表项，所以帧会从包括 Port 2 和 Port 3 端口在内的其他交换机端口（不包括入端口 Port 1）泛洪发送。

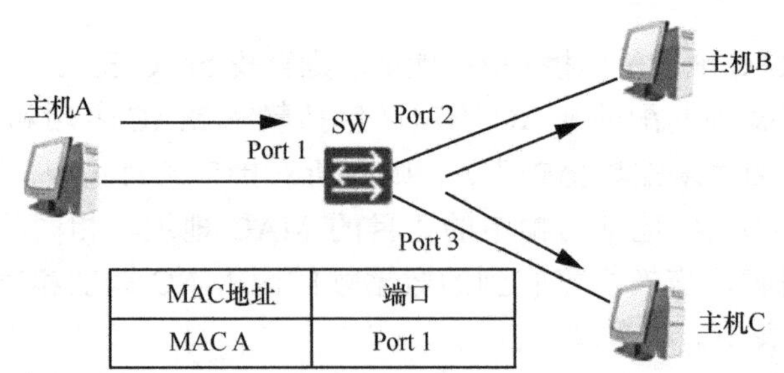

图 1-24 交换机接收主机 A 发送的数据帧后生成的 MAC 表项

③ 主机 B 和主机 C 均会收到泛洪而来的数据帧，然后比较自己的 MAC 地址与帧中的目的 MAC 地址，因为目的 MAC 地址是主机 C 的，所以只有主机 C 会接收，主机 B 不接收。这样主机 A 就成功地把数据发送到主机 C 上。

后续如果主机C要向主机A发送数据(因为已在交换机上生成了基于主机A的MAC表项)，则数据可直接从其对应的 Port 1 端口转发出去，而不是采用泛洪发送方式，如图 1-25 所示。

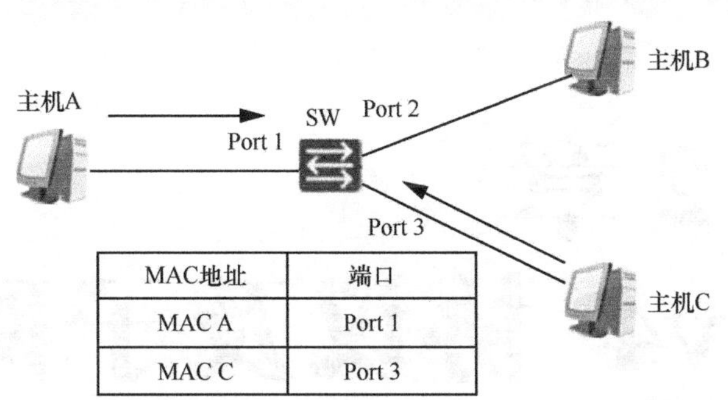

MAC地址	端口
MAC A	Port 1
MAC C	Port 3

图 1-25　交换机接收主机 C 发送的数据帧后生成的 MAC 表项

此时，交换机还会学习来自主机 C 的帧中的源 MAC 地址（MAC C)，生成主机 C 的 MAC 表项，出接口为连接主机 C 的 Port 3。这样下次主机 A 再有数据发给主机 C 时，可直接利用生成的主机 C 的 MAC 表项从 Port 3 端口进行转发，不用再泛洪了。

第2章 IPv4 协议及子网划分与聚合

本章主要内容

2.1 IPv4 数据包格式

2.2 IPv4 数据包分片与重组

2.3 IPv4 地址

2.4 IPv4 子网划分与聚合

2.5 IPv4 网络的 3 种数据包传输方式

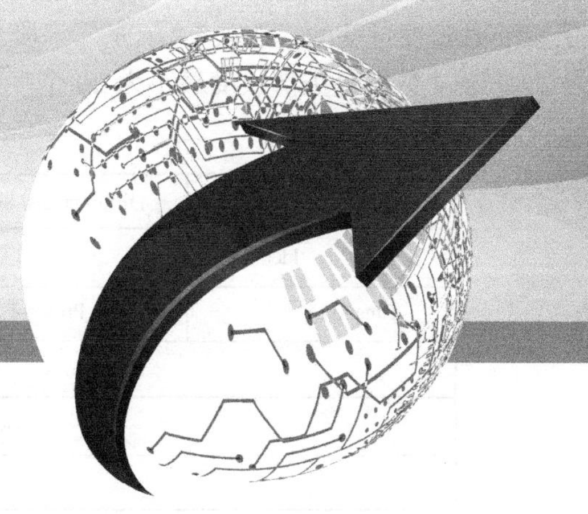

现在的计算机网络基本上都是基于 TCP/IP 体系结构的，其中最核心的协议就是 IP 和 TCP。目前应用的 IP 有两个版本，一个是现在仍是主流的 IPv4，另一个是接替 IPv4 成为新主流的 IPv6。

IPv4 是体系结构中最主要的网络层协议，用于网络间报文转发的路由寻址，是网络间互联的关键协议。本章主要向大家介绍 IPv4 数据包格式、IPv4 数据包的分片与重组、IPv4 地址类型以及 IPv4 子网划分与聚合。这些都是理解计算机网络通信原理的基础，同时也是最重要的知识点。

2.1 IPv4 数据包格式

来自 IP 的上层协议的报文均需要经过 IP 的封装，形成 IP 数据包（也称为“IP 分组”，或者统称“IP 报文”）。本章仅介绍 IPv4 数据包。

经过 IPv4 封装的上层协议报文所形成的 IPv4 数据包，由 IPv4 数据包头部和数据两部分组成，如图 2-1 所示。数据包头部中包括固定为 20 个字节的一些必选字段以及可选且长度可变的“选项”“填充”字段，但可变长字段的总长度不超过 40 个字节，即总的 IPv4 数据包头部长度最小为 20 个字节，最长为 60 个字节。各字段的说明见表 2-1。

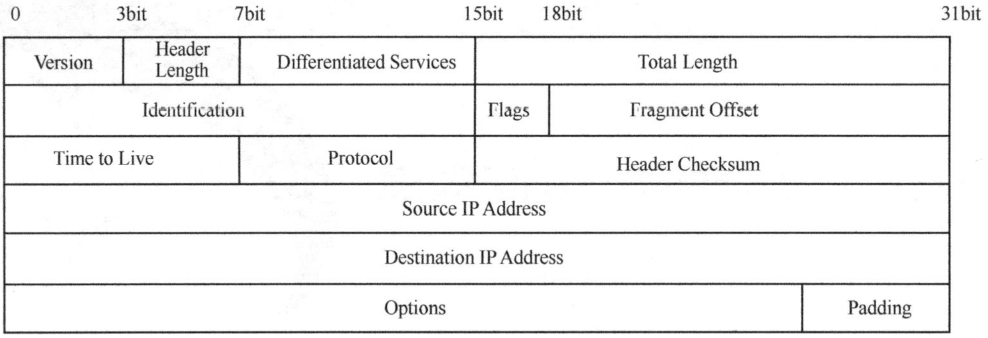

0	3bit	7bit	15bit	18bit	31bit
Version	Header Length	Differentiated Services	Total Length		
Identification			Flags	Fragment Offset	
Time to Live		Protocol	Header Checksum		
Source IP Address					
Destination IP Address					
Options					Padding

图 2-1 IPv4 数据包头部格式

表 2-1 数据包头部各字段说明

字段	长度	含义
Version	4bit	IP 的版本号，IPv4 协议对应值为 4（0100）
Header Length	4bit	IPv4 数据包头部总长度，**以 4 个字节为单位（必须是 4 个字节的整数倍）**，最小为 20 个字节（对应字段值为 5），最大为 60 个字节（对应字段值为 15）
Differentiated Services	8bit	区分服务，标记数据包的 IP 或 DSCP（Differentiated Services Code Point，差分服务代码点）优先级，用于 QoS（Quality of Service，质量服务），标记 IPv4 数据包的优先级
Total Length	16bit	标识整个 IPv4 数据包的长度，**以字节为单位**，最大值为 64kB，即 65536 字节（因为取值是从 0 开始的，所以最大值为 65535）
Identification	16bit	标识 IPv4 数据包的序号，同一 IPv4 数据包拆分的各分片的序号是一样的，但各分片可以走不同路由转发路径
Flags	3bit	目前只有两位有意义。最低位置 1 时为 MF（More Fragment，更多分片），表示后面还有分片，置 0 时表示后面没有其他分片了，当前已经是最后一个分片；中间位置 1 时为 DF（Don't Fragment，不分片），表示该 IPv4 数据包没有经过分片，置 0 时表示已经分片
Fragmenet Offset	13bit	**以 8 个字节为单位**，指出本分片中 Data（数据）字段起始位相对整个 IPv4 数据包 Data 字段第一个字节的偏移单位（**上层协议头部必须全部在第一个分片中**）

续表

字段	长度	含义
Time to Live	8bit	TTL，表示 IPv4 数据包可在网络中传输的“跳数”（所经过的三层设备数）。初始值由源设备设置，每经过一个三层设备减 1，最大值为 255。当 TTL 值降为 0 时，数据包将被丢弃，同时，丢弃数据包的设备会向源设备发送 ICMP 错误消息
Protocol	8bit	指出此 IPv4 数据包携带的是哪种上层协议。该字段中的协议可以同位于网络层，如 ICMP（值为 0x01）、IGMP（值为 0x02）、OSPF（0x59），也可位于传输层，如 TCP（值为 0x06）、UDP（值为 0x11）
Header Checksum	16bit	头部校验和，验证 IPv4 数据包头部内容（不包括数据部分）在传输过程中是否发生了变化。数据包每经过一个三层设备都要重新计算头部校验和
Source IP Address	32bit	源 IP 地址，标识数据包发送端的 IPv4 地址。**在非 NAT 场景中，整个数据报传送过程中一直保持不变**
Destination IP Address	32bit	目的 IP 地址，标识数据包接收端的 IPv4 地址。**在非 NAT 场景中，整个数据报传送过程中一直保持不变**
Options|Padding	0～40B	可选项和填充字段。可选项用来支持排错、测量以及安全等措施。填充字段是在 IPv4 数据包的最后根据需要可选插入的 0 值字节，其目的是使整个 IPv4 报头为 4 个字节的整数倍

IPv4 数据包头部字段比较多，特别要注意 IPv4 数据包头部长度（Header Length）、整个 IPv4 数据包长度（Total Length）、分片偏移（Fragment Offset）这几个字段中的长度单位是不一样的。另外，要着重理解区分服务（Differentiated Services）、标志（Flags）、TTL（Time to Live）这几个字段的用途，记住源 IP 地址（Source IP Address）和目的 IP 地址（Destination IP Address）两字段的值在非 NAT 场景数据传输过程中一直保持不变，因为它们本身就是代表不同网络（一个 IP 网段代表一个计算机网络）的。而数据帧的 MAC 地址（包括源 MAC 地址和目的 MAC 地址），每经过一个网络都需要重新封装，也就是每经过一个网络时，链路上传输的数据帧的 MAC 地址都是不一样的，但在同一网络内部传输时，帧中的 MAC 地址是不变的。

2.2 IPv4 数据包分片与重组

不同链路有不同的 MTU（Maximum Transmission Unit，最大传输单元），这些链路对来自上层协议的数据包的最大限制也不同，超过限制后数据包就会被丢弃，因为数据链路层没有分片功能。如以太网、PPP 链路的 MTU 值均为 1500 个字节，X.25 链路的 MTU 值只有 576 个字节。

当一台三层设备发送或者转发的 IPv4 报文长度超过了出接口所使用链路的 MTU 限制时，发送端就要对该 IPv4 数据包进行拆分，分成一个个小的数据包分片，然后才能向数据链路层进行下发。各分片到了最终的目的端后重新组合在一起，还原为大的 IPv4 数据包，再向上层传输。**中间设备不会进行数据包分片重组，因为分片时仅对数**

据包的数据部分进行拆分，IPv4 数据包头部是不会拆分的，它们都具有相同的目的 IP 地址。

IPv4 数据包头部格式中的 Flags 和 Fragment Offset 两字段就是用于 IPv4 数据包分片和重组功能的，同时还会利用 Identification（标识）字段。

2.2.1 IPv4 数据包分片

IPv4 数据包分片可以在主机、三层交换机或者路由器上发生，因为 IPv4 数据包在传输过程中，可能要经过多段 MTU 值不一样的链路，在一些更小的 MTU 链路上还要对已经经过了分片的 IPv4 数据包再次进行分片。

如图 2-2 所示，主机 A 发往主机 B 的 1500 个字节的 IPv4 数据包，中间需要经过两次分片：首先要在路由器 1 上进行第一次分片，因为路由器 1 连接路由器 2 的链路的 MTU 值小于 1500 个字节；然后在路由器 2 向路由器 3 转发时，又要对第一个 IPv4 数据包分片进行第二次分片，因为路由器 2 连接路由器 3 的链路的 MTU 小于 1496 个字节。

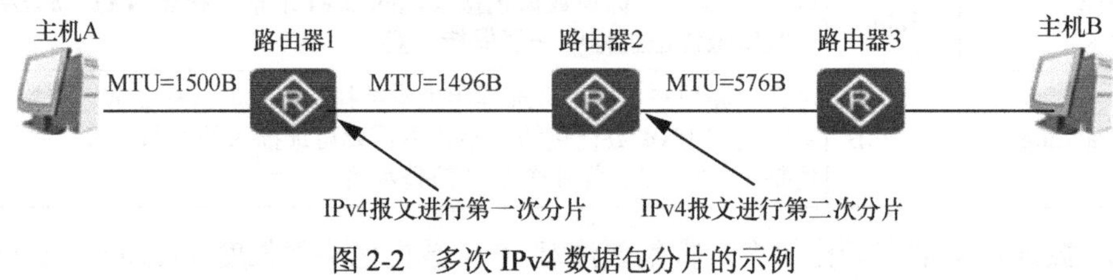

图 2-2 多次 IPv4 数据包分片的示例

由同一个 IPv4 数据包或数据包分片拆分的每个 IPv4 数据包分片都要重新进行 IPv4 协议封装，加装与原始 IPv4 数据包相同（不同分片的部分字段值不一样）的数据包头部，且它们均有相同的 Identification 字段值（即有相同的数据包序列号）。但每个分片可以单独路由，且可走不同的路由路径。

虽然由同一个 IPv4 数据包拆分的分片的头部字段值是相同的，但不同分片中的 Flags 字段和 Fragment Offset 字段值不相同，也不是固定的，需要根据以下情形做适当的调整。**每个分片 Data 字段长度必须是 8 字节的整数倍，且原 IPv4 数据包的上层协议头必须全部包括在第一分片的 Data 字段中。**

① 除最后一个分片，其他分片的 Flags 字段的最低位置 1（表示后面还有分片），中间位置 0（表示数据包已分片），即 Flags 字段值为 001；

② 最后一个分片的 Flags 字段的最低位置 0（表示这是最后一个分片，后面没有分片了），中间位置 0，即 Flags 字段值为 000。

Fragment Offset 字段**以 8 个字节为单位**，第一个分片的值为 0，第二个分片的分片偏移值表示第二个分片中 Data 字段的第一个字节相比原 IPv4 数据包或数据包分片中 Data 字段第一个字节的偏移值（要除以 8），以此类推。假设一个 4000 个字节数据的 IPv4 数据包被分成 3 个分片，3 个分片的 Data 字段的字节范围分别为 0～1399B，1400～2799B，2800～3999B，则这 3 个分片的分片偏移值分别为 0、1400/8=175、2800/8=350。

【说明】IPv4 数据包分片后即使只丢失一个分片数据也要重传整个数据包，因为 IPv4 协议本身没有超时重传的机制，没有办法只重传数据包中的一个数据包分片。

2.2.2 IPv4 数据包分片重组

IPv4 数据包分片重组仅在目的端进行，重组时选择分片的依据就是各 IPv4 数据包分片中的 Identification 字段值，相同的即重组在一起，因为由同一个 IPv4 数据包拆分的各分片的 Identification 字段值是相同的。但又不是直接把具有相同 Identification 字段值的各分片随便组合起来，还需进行如下处理。

① 根据各 IPv4 数据包分片的 Fragment Offset 字段值大小，按由小到大的顺序进行排列（第一个分片的 Fragment Offset 字段值为 0，最小）。

② 除第一个分片外，其余各分片均去掉 IPv4 数据包头部，然后把各分片的 Data 字段部分按照前面的排列顺序拼接起来。

③ 修改第一个分片 IPv4 数据包头部信息，Flags 字段的最低两位分别设为 1（表示数据包没有分片）、0（表示后面没有分片），Fragment Offset 字段值设为 0。

2.3 IPv4 地址

IPv4 地址是用来标识网络设备 IP 地址的，也表示设备所连接的 IP 网络。源 IPv4 地址和目的 IPv4 地址分别用于标识 IPv4 数据包的发送方和接收方。根据 IPv4 数据包中的这两个 IPv4 地址可以判断目的端是否与源端在同一 IP 网段。如果不在同一 IP 网段，则需要采用路由机制来进行跨网段转发，否则可以直接在局域网内部依据二层交换方式转发。

2.3.1 IPv4 地址基本格式

IPv4 地址在计算机内部是以二进制形式表示的，每个地址都有 32 位（4 个字节），由数字 0 或 1 构成。在 IPv4 地址的 32 位二进制数字中，每连续 8 位（1 个字节）为一段（假设分别用 W、X、Y、Z 表示，如图 2-3 所示。在计算机内部，这 4 段之间并没有用来分隔各段的一个小圆点，只是我们为了方便分辨，在每个字节间用一个小圆点分隔。

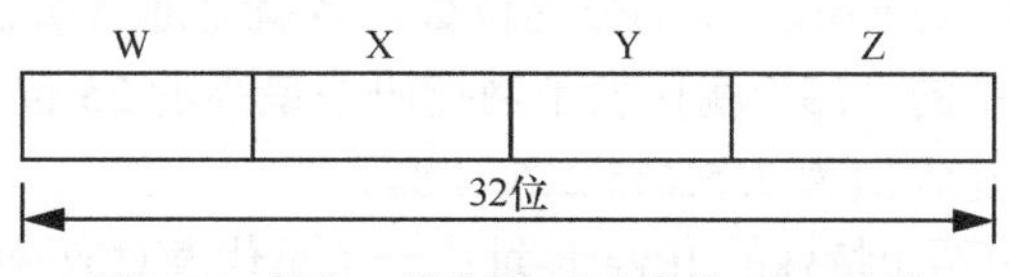

图 2-3　点分二进制表示形式的 IPv4 地址

32 位二进制 IPv4 地址被分成了两部分，一部分用来表示此 IPv4 地址所属于的网段（一个有类网络或子网），被称为“网络 ID”（Network ID）；另一部分用来表示具体主机或节点的 IPv4 地址，被称为“主机 ID”（Host ID），如图 2-4 所示。

仅凭借 IPv4 地址，不能反映任何有关主机位置的网络信息，只能通过 Network ID 判断出主机属于哪个网络。同理，对于 IPv4 地址中 Network ID 相同的设备，无论实际所处的物理位置如何，它们都是处在同一个网络中。当然，如果多个 IP 段相同的网络被其他网络分隔，这时即使 IP 地址在同一 IP 网段的主机也是不能直接通信的，这属于重叠网络情形，可以用 ARP 代理或者 NAT（Network Address Translation，网络地址转换）方案来实现互联。

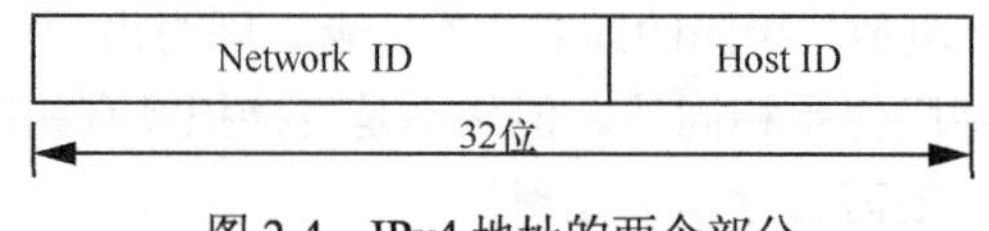

图 2-4　IPv4 地址的两个部分

由于整个 IPv4 地址有 32 位，无论是书写，还是记忆都不方便，于是我们在日常的 IPv4 地址使用中就把这 4 段二进制数转换成对应的十进制数，同样在每个字节间用小圆点分隔。这样 IPv4 地址中的每段最多只需用 3 个十进制数（8 位二进制数所能表示最大十进制数为 $255=2^8-1$）表示，这样就简单、明了了许多。

2.3.2　子网掩码、网络地址和广播地址

通过一个 IPv4 地址，我们可以同时定义该主机所在的网络标识及自身的标识，具体网络 ID 和主机 ID 各占多少位是由对应网络的子网掩码决定的。

子网掩码用于确定一个 IPv4 地址属于哪个网络。子网掩码与 IPv4 地址一样，也是 32 位二进制数，是将与 IPv4 地址对应的 Network ID 部分所有比特位置 1，与 IPv4 地址对应的 Host ID 部分所有比特位置 0 得到的。反过来，也就是在子网掩码中置 1 部分所对应的 IPv4 地址比特位是 Network ID，子网掩码中置 0 部分对应的 IPv4 地址比特位是 Host ID。这样一来，一个 IPv4 地址，如果知道其对应的子网掩码，就知道其 32 位二进制数码中哪些位属于 Network ID，哪些位属于 Host ID。**但子网掩码中的 1 必须从最高位起连续，且不能中间有 0。**

如一个子网掩码为 255.255.255.0，则该网络的 IPv4 地址中高 3 个字节（共 24 位）属于 Network ID，只有最后一个字节（8 位）属于 Host ID，因为高 3 个字节的十进制数为 255，转换为二进制后即每位均为 1。

单个 IPv4 地址无法确定其所属网络，需要与其子网掩码共同决定，此时可以直接以二进制或十进制各自写出 IPv4 地址和子网掩码，但通常是采用十进制方法表示。子网掩码通常是采用前缀表示方式，即在 IPv4 地址后加上“/”，然后带上子网掩码中连续 1 的位数，即该 IPv4 地址中 Network ID 部分的位数，也就是通常所说的“子网掩码前缀长度”。如 192.168.1.0/25 中的“25”就代表子网掩码中最高的 25 位为 1，由此我们可以直接算出它的十进制子网掩码值为 255.255.255.128。

另外，每一个网络有两个特殊的 IPv4 地址：一个是代表对应网络本身的网络地址，对应网络中第一个，也是最小的 IPv4 地址，**此时 Network ID 部分的值保持不变，Host ID 部分所有比特位为 0**；另一个是代表对应网络的地址范围，是向对应网络进行广播通信的 IPv4 地址，即广播地址，对应网络中最后一个，也是最大的 IPv4 地址，**此时 Network ID 部分的值保持不变，Host ID 部分所有比特位为 1。网络地址和广播地址均不能分配给主机使用。**

如在一个 C 类 192.168.10/24 网络中，其网络地址是 192.168.1.0/24，广播地址是 192.168.1.255/24。

2.3.3　4 种主要的进制及相互转换方法

计算机网络中的数据可以采用二进制、八进制、十进制或十六进制，如前面介绍的 IPv4 地址可以是二进制表示形式，但更常采用十进制，这就需要把二进制的 IPv4 地址转换成十进制形式。本书后面将要介绍的 IPv6 地址通常是以十六进制表示，这就涉及二进制与十六进制之间的转换。下面先介绍常用的 4 种进制，然后再介绍常用的二进制、十进制和十六进制之间的转换方法。

1. 4 种主要的进制

（1）二进制

二进制是计算机运算时所采用的数制，基数是 2，也就是说它只有两个数码，即 0 和 1。在计算机程序中运行的都是二进制数码，我们称之为机器码。计算机或网络设备只能识别机器码，所以本书后面介绍的编程语言中，高级编程语言（如 C++、Python 和 Java 等）生成的源码并不是机器码，就需要经过汇编，最终转换成机器码。

在给定的一个数的表示形式中，如果除 0 和 1 外还有其他数（例如 1061），那它绝不是一个二进制数。二进制数的标志为 B，如（1001010）B，也可用下标“2”来表示，如$(1001010)_2$。

（2）八进制

八进制的基数是 8，也就是说它有 8 个数码，即 0、1、2、3、4、5、6、7。对比十进制可以看出，比十进制少了“8”和“9”两个数码，这样当一个数的表示形式中出现“8”和（或）“9”时（如 23459），那它绝不是八进制数。

八进制数的标志为 O 或 Q（它特别一些，可以有两种标志），如（4603）O（注意是字母 O，不是数字 0）、（4603）Q，也可用下标“8”来表示，如$(4603)_8$。在 C、C++这类语言中规定，一个数如果要指明它采用八进制，必须在它前面加上一个 0（注意是数字 0，不是字母 O），如：123 是十进制，但 0123 则表示采用八进制。

（3）十进制

十进制是日常生活中常用的数制类型，基数是 10，也就是它有 10 个数码，即 0、1、2、3、4、5、6、7、8、9。十进制数的标志为 D，如（1250）D，也可用下标“10”来表示，如$(1250)_{10}$。其实也可以不加标志的，因为默认就是十进制。

（4）十六进制

十六进制数我们平时用得比较少，但在计算机中却用得比较多，如 MAC 地址、IPv6 地址、Windows 系统中的注册表，以及磁盘数据存储中都是采用十六进制。

十六进制的基数是 16，也就是说它有 16 个数码，除了十进制中的 0～9 这 10 个数码可用外，还使用了 A～F 这 6 个英文字母（分别代表 10、11、12、13、14、15），这样一来，十六进制的这 16 个数码依次是 0、1、2、3、4、5、6、7、8、9、A、B、C、D、E、F（不区分大小写）。对比前面其他几种数制的介绍可以看出，如果一个数的表示形式中出现了字母，如 63AB，则它只能是十六进制了。

十六进制数的标志为 H，如（4603）H，也可用下标“16”来表示，如$(4603)_{16}$。十六进制数也常常用前缀 **0x 来表示**（注意是数字 0，而不是字母 O）。在 C、C++这类编程语言中也规定，十六进制数必须以 0x 开头。比如 0x10 表示一个十六进制数，而不是八进制或者十进制的 10。

表 2-2 是二进制、十进制、八进制和十六进制 4 种常在计算机中使用的数制的对应关系。注意，八进制没有 8 和 9 两个数码，八进制数 10 对应的是十进制数 8，八进制数 11 对应的是十进制数 9。

表 2-2　不同数制的对应关系

二进制数	对应的十进制数	对应的八进制数	对应的十六进制数
0	0	0	0
1	1	1	1
10	2	2	2
11	3	3	3
100	4	4	4
101	5	5	5
110	6	6	6
111	7	7	7
1000	8	10	8
1001	9	11	9
1010	10	12	A
1011	11	13	B
1100	12	14	C
1101	13	15	D
1110	14	16	E
1111	15	17	F

2. 二进制与十进制、十六进制的相互转换

（1）二进制转换为十进制的方法

二进制转换成十进制时，只需按它的权值展开即可。“权值”是指对应数值位的进制幂次方数，如二进制整数中第 0 位（最低位，也就是整数最右边的那位）的权值是 2 的 0 次方，第 1 位的权值是 2 的 1 次方……同理在八进制整数中第 0 位的权值是 8 的 0 次方，第 1 位的权值是 8 的 1 次方……以此类推。展开的方式是把二进制数首先写成加权系数展开格式，然后按十进制加法规则求和。这种做法称为**“按权相加法”**。

二进制数的一般表现形式为：$b_{n-1}\cdots b_1b_0$（共 n 位），按权相加展开后的格式为（注意，展开式中从左往右各项的幂次是降低的，最高位的幂次为 $n-1$，最低位的幂次为 0）：$b_{n-1}\times2^{n-1}+b_{n-2}\times2^{n-2}\cdots+b_1\times2^1+b_0\times2^0$。如二进制数（11010）$_2$，共 5 位二进制数码，所以最高位幂次为 5−1=4，最低位幂次为 0，按权相加展开格式为：$1\times2^4+1\times2^3+0\times2^2+1\times2^1+0\times2^0$，然后把各值按十进制数相加，即可得到 16+8+0+2+0=26。

（2）十进制转换为二进制的方法

十进制转换为二进制的方法是采用**“除 2 逆序取余法”**。先将十进制数除以 2，得到一个商数和余数；然后再将商数除以 2，又得到一个商数和余数；以此类推，直到商数为小于 2 的数为止。**从最后一步得到的小于 2 的商开始**将其他各步所得的余数（也都是小于 2 的 0 或 1）排列起来（俗称“逆序排列”）就得到了对应的二进制数。

图 2-5 左图所示的是十进制数 48 转换成二进制数时依次除以 2 的过程。图中每步的最右边显示的是各步商数除以 2 所得到的余数，最后一步的商数为 1，因为它小于 2，所以不能再除了。然后从最后得到的商数（1）开始依次向上把其他各步除以 2 得到的余数排列起来，就得到 48 转换成二进制数的结果为（110000）$_2$。同理，图 2-5 右图所示的是十进制数 250 转换成二进制数的结果就为（11111010）$_2$。

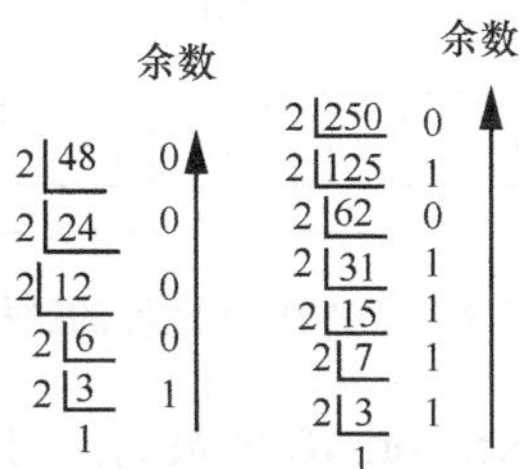

图 2-5 十进制转换成二进制的示例

（3）二进制转换为十六进制的方法

二进制数转换成十六进制数的方法是：**由低位向高位，每 4 位二进制数分成一组**，不足 4 位则用 0 补足 4 位；然后将每一组二进制数直接用相应的 1 位十六进制数表示即可。

如一个二进制数为 1101101110，转换成十六进制数时，则把该二进制数码从低（右）到高（左）每 4 位二进制数码分成一组，最后一组只有 2 位——11，在其左面补上两个 0，然后把各组的 4 位二进制数码参照表 2-2 得出其对应的十六进制数，即可计算出转换后的十六进制数为 36E，如图 2-6 所示。

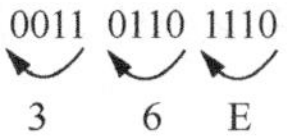

0011 0110 1110

3 6 E

图 2-6 二进制转换成十六进制的示例

（4）十六进制转换为十进制的方法

十六进制转换成十进制的方法与二进制转换成十进制的方法一样，也是采用“**按权相加法**”，只是这里的权值是 16 的相应幂次方。如十六进制数的格式为 $b_{n-1}b_{n-2}\cdots b_1b_0$，则按权相加展开后的格式就为（从左往右幂次依次是降低的，最低位的幂次为 0）：$b_{n-1}\times16^{n-1}+b_{n-2}\times16^{n-2}\cdots+b_1\times16^1+b_0\times16^0$，然后把各项相加即可。

如十六进制数为（26345）$_{16}$，共 5 位十六进制数码，所以最高位幂次为 5−1=4，最低位幂次为 0，按权相加展开后的格式为：$2\times16^4+6\times16^3+3\times16^2+4\times16^1+5\times16^0$，把各项相加，即可得到 131072+24576+768+64+5=156485。

2.3.4 IPv4 地址分类

IPv4 地址总体上分为有类地址和无类地址两大类，所谓“有类地址”是指 IPv4 地址被固定地划分到某一类中，每一类 IPv4 地址的子网掩码是固定的，也就是子网掩码长度固定，即一个 IPv4 地址是固定属于某类网络的。“无类地址”是 IPv4 地址没有固定划分到某一类中，是针对有类地址中的单播地址进行划分，其子网掩码长度不固定。

在有类地址中，IPv4 地址又分为 5 小类，分别用 A、B、C、D 和 E 表示。其中 A、

B、C 这 3 类是单播通信地址类型，D 是组播通信地址类型，E 是保留地址类型。

1. A 类 IPv4 地址

A 类 IPv4 地址是专门为网络规模比较大的网络而设计的 IPv4 单播地址，因为它的 Network ID 部分所占的位数最少，所以用于标识主机的 Host ID 位数是最多的。在 A 类 IPv4 地址结构中，用来标识网络的 Network ID 部分只占 IPv4 地址中的最高 1 个字节，Host ID 部分占用了剩余的全部 3 个字节，如图 2-7 所示。

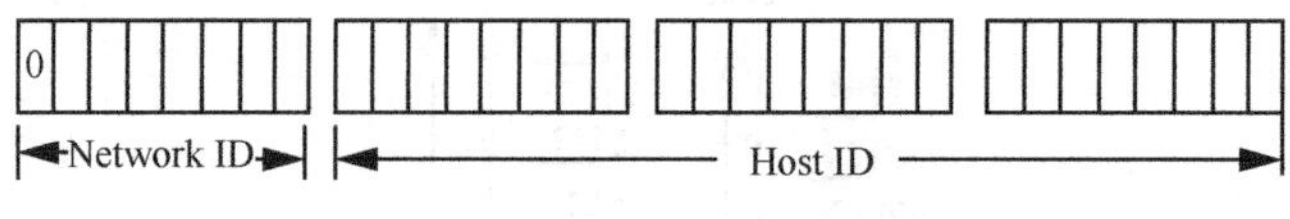

图 2-7　A 类 IPv4 地址的结构

另外，规定 A 类 IPv4 地址中 Network ID 的最高位固定为 0，只有其余 7 位是可变的。这样一来，A 类网络的总数从 256（2^8）个减少到 128（2^7）个。但实际上可用的只有 126 个，即整个 IPv4 地址中可构建 126 个 A 类网络，因为 Network ID 为 0 和 127 的 A 类网络是不可用的。Network ID 全为 0 的地址用于保留，不能被分配；而 Network ID 为 01111111（相当于十进制的 127）的地址是专用本地环路测试（也就是通常所说的环回地址），也是不能被分配的。也就是凡是以 0，或者 127 开头的地址是不能分配给节点使用的。

因为 A 类 IPv4 地址中 Host ID 有 24 位，所以可用的 Host ID 数，也就是每个 A 类网络中拥有的 IPv4 地址数为 16777216（2^{24}）。但 Host ID 全为 0 的地址为“网络地址”，而 Host ID 全为 1 的地址为“广播地址”，均不能分配给主机使用，所以实际上可用的地址数为 16777214（16777216−2）。由此可知，A 类 IPv4 地址包含的网络数是最少的，但每个 A 类网络中拥有的 IPv4 地址数是最多的，可以构建的网络规模最大，适用于大型企业和运营商。

我们再根据“子网掩码”的定义，可以很容易得出 A 类 IPv4 地址的子网掩码为固定的 255.0.0.0，因为子网掩码就是由 Network ID 部分全置 1，Host ID 部分全置 0 得到的，而 A 类地址中 Network ID 部分就是最高的那个字节，其余 3 个字节均为 Host ID 部分。

2. B 类 IPv4 地址

相比于 A 类 IPv4 地址是针对大型网络设计的而言，B 类 IPv4 地址是针对中型网络而设计的。在 B 类 IPv4 地址中，Network ID 占用最高的两个字节，而 Host ID 则占用剩余的低两个字节，如图 2-8 所示。

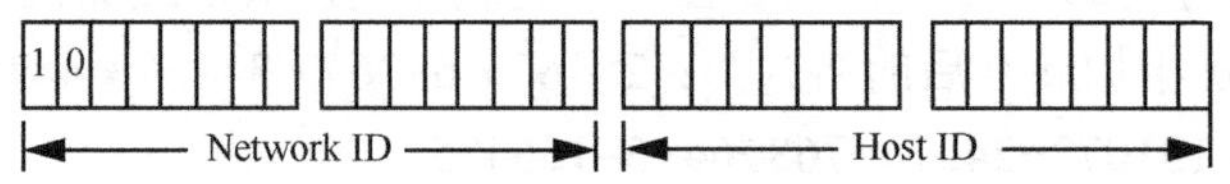

图 2-8　B 类 IPv4 地址的结构

另外，规定 B 类 IPv4 地址 Network ID 的最高两位固定为 1、0，只有其余的 14 位可变。由此可知 B 类网络的总数从 65536（2^{16}，也可写成 256×256）减少到 16384（2^{14}，64×256）个。B 类 IPv4 地址中 Host ID 为 16 位，所以可用的 Host ID 数，也就是每个 B 类网络拥有的 IPv4 地址数为 65536（2^{16}）个。同样因为 Host ID 全为 0 的地址为网络地址，而 Host ID 全为 1 的地址为广播地址，均不能分配给主机使用，所以实际上可用的地址数为 65534（65536−2）。

我们再根据“子网掩码”的定义，可以很容易得出 B 类 IPv4 地址的子网掩码为固定的 255.255.0.0，因为 B 类地址中 Network ID 部分是最高的两个字节，每个字节均为 8 个连续的 1，转换成十进制后每个字节就是 255 了。

3. C 类 IPv4 地址

C 类 IPv4 地址是针对小型网络而设计的，其 Network ID 占用最高的前 3 个字节，而 Host ID 只占用最后的一个字节，如图 2-9 所示。从中可以得出，采用 C 类 IPv4 地址的网络数最多，而每个 C 类 IPv4 网络中可使用的 IPv4 地址数又是最少的，这正好符合中小型企业占大多数，而每个中小型企业网络中的用户数又不多的特点。

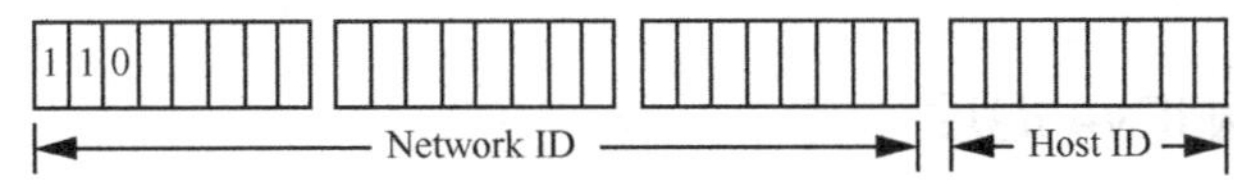

图 2-9 C 类 IPv4 地址的结构

另外，规定 C 类 IPv4 地址 Network ID 的最高 3 位固定为 1、1、0，只有后面的 21 位可变。由此得知 C 类网络总数从 16777216（2^{24}，也可写成 256×256×256）个减少到 2097152（2^{21}，32×256×256）个。C 类 IPv4 地址中 Host ID 仅为 8 位，所以可用的 Host ID 数，也就是每个 C 类网络拥有的 IPv4 地址数为 256（2^{8}）个。同样，因为 Host ID 全为 0 的地址为网络地址，而“主机 ID”全为 1 的地址为广播地址，不能分配给主机使用，所以实际上可用的地址数为 254（256−2）。

我们同样根据子网掩码的定义可以很容易得出，C 类 IPv4 地址的子网掩码为固定的 255.255.255.0，因为 C 类地址中 Network ID 部分是最高的前 3 个字节，每个字节均为 8 个连续的 1，转换成十进制后每个字节就是 255 了。

表 2-3 总结了 A、B 和 C 3 类 IPv4 单播地址的主要特征，其实可以直接从第一个字节 w 的取值得出某个 IPv4 地址是属于哪类网络中的地址。

表 2-3 A、B 和 C 3 类 IPv4 单播地址的主要特征

类别	固定值的位	w 的值	网络 ID	主机 ID	可用网络数	每个网络可用的主机地址数
A	最高位固定为 0	1～126	w	x.y.z	126	16777214
B	最高 2 位固定为 10	128～191	w.x	y.z	16384	65534
C	最高 3 位固定为 110	193～223	w.x.y	z	2097152	254

4. D 类 IPv4 地址

前面介绍的 A、B、C 类 IPv4 地址均是应用于单播通信的 IPv4 单播地址，此处介绍的 D 类 IPv4 地址是应用于组播通信的，是 IPv4 组播地址。通过组播 IPv4 地址，组播源（配置的 IP 地址仍是 IPv4 单播地址）只需发送一份数据，对应组播组（以 D 类组播地址标识）的所有用户就均可收到。**IPv4 组播地址不能分配给主机或设备接口使用。**

组播地址是不分 Network ID 和 Host ID 的，也没有子网掩码，只是规定在最高字节中高 4 位固定为 1、1、1、0 的 IPv4 地址属于 D 类组播地址，如图 2-10 所示，D 类组播地址段范围为 224.0.0.0 ～ 239.255.255.255。

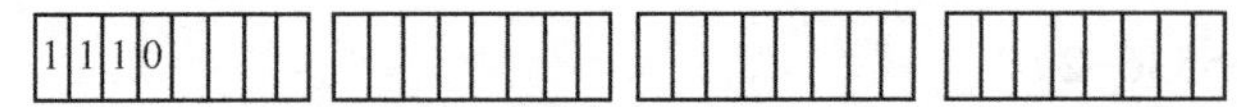

图 2-10 D 类 IPv4 地址的结构

5. E 类 IPv4 地址

E 类 IPv4 地址是属于 IANA 保留使用，当初规定不分配给用户使用的 IPv4 地址，其实目前也已分配完了。E 类地址的地址段范围为 240.0.0.0～247.255.255.255，其特征是最高 5 位分别是 1、1、1、1、0，如图 2-11 所示，也就是有 27 位是可变的。

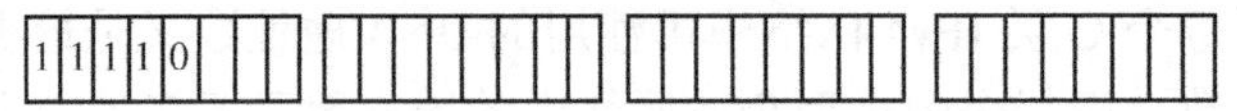

图 2-11 E 类 IPv4 地址的结构

2.3.5 公网/私网 IPv4 地址

在使用 IPv4 地址时经常听到“公网 IPv4 地址”和“私网 IPv4 地址”，到底哪些是公网 IPv4 地址，哪些是私网 IPv4 地址呢？其实这主要是针对 2.3.4 节所介绍的 A、B、C 这 3 类 IPv4 单播地址（包括划分后的子网地址）而言的，尽管 D 类组播地址也有公用与私用之分。

为了提高 IPv4 地址的重复利用率，我们设计 IPv4 地址时就在 A、B、C 这 3 类 IPv4 地址中各自划分了一段专用于各组织局域网内部的地址段，这就是前面所说的“私网 IPv4 地址”，或者“局域网专用 IPv4 地址”。私网 IPv4 地址在不同公司内部的局域网中可以重复使用，且无须向 IP 地址管理机构申请、注册和购买。

A、B、C 类地址各自划分的局域网专用地址段（**由这些网段划分的子网同样专用于局域网**）如下。

（1）10.0.0.0/8（10.0.0.0，255.0.0.0）

这是 A 类 IPv4 地址中划分出的私网地址段，范围为 10.0.0.0～10.255.255.255。如果用地址前缀表示地址范围，则可表示为 10.0.0.0/8。在这样一个地址空间中有 24 个 Host ID 位，相当于最多可以有 2^{24}（16777216）个 IP 地址（包括了网络地址和广播地址），满足了大多数大型局域网的 IP 地址需求。

（2）172.16.0.0/12（172.16.0.0，255.240.0.0）

这是 B 类 IPv4 地址中划分出的私网地址段，范围为 172.16.0.0～172.31.255.255。如果用地址前缀表示地址范围，则可表示为 172.16.0.0/12。**但这里的“12”不能理解为子网掩码前缀长度，仅是用于指定一个 IPv4 地址段范围**。具体的网络中仍是 B 类网络中所限制的 16 位 Host ID 个数，相当于最多可有 2^{16}（65536）个 IP 地址（包括网络地址和广播地址），从而满足大多数中型局域网的 IP 地址需求。

（3）192.168.0.0/16（192.168.0.0，255.255.0.0）

这是 C 类 IPv4 地址中划分出的私网地址段，范围为 192.168.0.0～192.168.255.255。如果用地址前缀表示地址范围，则可表示为 192.168.0.0/16。**这里的“16”也不能理解为子网掩码前缀长度，仅是用于指定一个 IPv4 地址段范围**。具体的网络中仍是 C 类网络中所限制的 8 位 Host ID 个数，相当于最多可有 2^{8}（256）个 IP 地址（包括网络地址和广播地址），从而满足大多数小型局域网的 IP 地址需求。

在 A、B 和 C 类 IPv4 单播地址中，除以上专门分配给局域网使用的私网 IPv4 地址外，其他的全部是公网 IPv4 地址。因为 IANA 不会为专用地址空间内的 IPv4 地址注册，各组织内部网络可重复使用，所以私网 IPv4 地址不能在互联网节点上使用，也不可能在互联网中进行路由。也正如此，使用私网 IPv4 地址的主机必须经过分配了公网 IPv4 的设备（如代理服务器），或者 NAT 路由器将私网 IPv4 地址转换成公网 IPv4 地址，然后再与互联网连接。

2.3.6　特殊的 IPv4 地址

除公网 IPv4 地址和私网 IPv4 地址，以及每个网段均有一个网络地址和广播地址外，IPv4 地址空间中还有一些特殊用途的地址，这些地址也是不能分配给主机或设备节点使用的，下面具体介绍。

1. 自动专用 IPv4 地址

在 Windows 操作系统中，如果你采用的是 DHCP（Dynamic Host Configuration Protcol，动态主机配置协议）服务器自动 IPv4 地址分配方式，但本地网络中又没有可用的 DHCP 服务器时，Windows 系统会为主机自动分配一个以 169 开头的 IPv4 地址。这就是所谓的“自动专用 IPv4 地址”，其地址范围包括一个 B 类地址段——169.254.0.0/16，子网掩码为 255.255.0.0。这个地址段的 IPv4 地址虽然可以由 Windows 系统自动分配，但是它不能与网络连接，仅用于本地链路间建立邻居关系。

2. 127.0.0.0/8 地址

在配置网络设备或者进行系统主机测试时，我们经常用到一个 127.0.0.1 之类的地址（其实有一整个地址段 127.0.0.0/8），我们称之为“环回地址”。它不能分配给主机用，主要用于网络软件测试以及本地机进程间通信，在 IP 网络中就是用来测试主机 TCP/IP 协议栈工作是否正常。无论什么程序，一旦使用环回地址作为目的发送数据，协议软件立即返回，不进行任何网络传输，所以对这类地址执行 ping 操作也只在本机上进行环路测试，用来检测网卡或接口工作是否正常。

在没有为主机配置 IPv4 地址时，系统会默认分配一个地址，虽然不能用于网络连接，但可代表本地主机。

3. 0.0.0.0 地址

严格说来，0.0.0.0 不是一个真正意义上的 IP 地址，我们在介绍 IPv4 地址的分类时就提到，第一个字节的值不能为 0。但在实际的设备配置和网络中确实会用到这样一个 IPv4 地址。其实它不是特指某个 IPv4 地址，在不同的情形中有不同的含义。如，在配置默认路由时这个 IPv4 地址作为目的网络地址，代表任意网络。在 DHCP 服务器 IP 地址自动分配服务中，客户端未分配 IPv4 地址前，客户端发送 DHCP 数据包时的“源 IP 地址”填的也是 0.0.0.0，代表地址未知，即由 DHCP 服务器分配的任意 IPv4 地址。

2.4　IPv4 子网划分与聚合

前面介绍的都是基于分类的 A、B 和 C 类的 IPv4 地址划分方式，但随着计算机网络的普及和互联网应用的高速发展，这种原始划分方式下的公网 IPv4 地址明显不足。基于此，诞生了两种非常重要的技术，那就是 VLSM（Variable Length Subnet Mask，可变长子网掩码）和 CIDR（Classless Inter-Domain Routing，无类别域间路由），把传统有类 IPv4 网络进一步变成一个更为高效、更为实用的无类网络。

VLSM 是把有类网络中的固定子网掩码进一步划分成为可变长子网掩码，用于 IPv4 子网的划分，把一个大的网络划分成多个小的子网；而 CIDR 则用于 IPv4 子网的聚合，把多个子网汇总成一个更大的子网或者对应的有类网络，甚至超网，这样可以在实现各子网间路由的基础上又大大减少路由器中的路由条目，提高路由表查找效率。

2.4.1 VLSM 子网划分的基本思想

VLSM 实现子网划分的基本思想很简单，就是把原来的有类网络 IPv4 地址中的 Network ID 部分向 Host ID 部分借位，把原属于 Host ID 的一部分变成 Network ID 的一部分，我们通常称之为 Sub-Network ID（子网 ID），如图 2-12 所示。

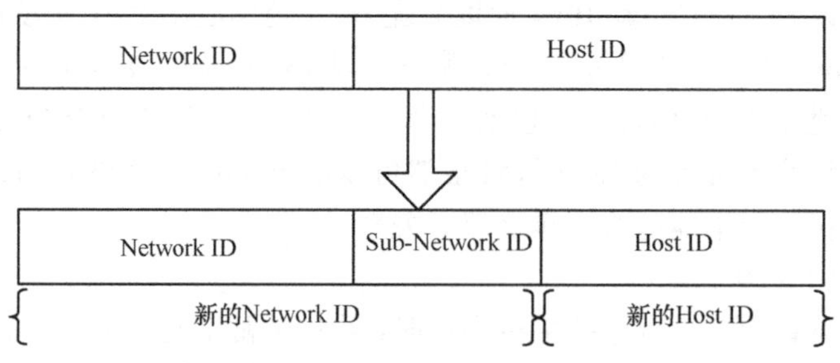

图 2-12 VLSM 子网划分示意

这样一来，新的 Network ID 就等于“原来的 Network ID”+“Sub-Network ID”，新的 Host ID 等于“原来的 Host ID”–“Sub-Network ID”。Sub-Network ID 长度决定了可以划分子网的数量，该数量等于 2^n，n 为 Sub-Network ID 的长度，即所划分的子网数只能是 2 的 n 次幂，且每增加一位，所划分的子网数是原来的 2 倍。如向“主机 ID”借 1 位可划分成 2 个子网，借 2 位则可划分成 4 个子网，借 3 位则可以划分成 8 个子网，以此类推。

因为由同一个网络划分出来的每个子网的 Sub-Network ID 长度一样，各子网新的 Network ID 和新的 Host ID 长度也都一样，所以各子网的子网掩码和所包括的 IPv4 地址数都一样，即各子网的 IPv4 地址数是原网络中的 IPv4 地址数除以所划分的子网数。如一个 C 类网络，向 Host ID 借 3 位后就划分了 8 个子网，因为每个 C 类网络只有 256 个 IPv4 地址，所以划分后的每个子网的 IPv4 地址数为 256÷8=32。其实也可以简单地计算各子网的 IPv4 地址数，那就是 2 的新 Host ID 位数次方。如前面的示例中，向 C 类网络的 Host ID 借 3 位后，则新的 Host ID 为 8–3=5 位，这样很快就算出各子网的 IPv4 地址数是 2^5=32。

通过 VLSM 可以非常灵活地依据实际所需的地址数来调整所划分的子网大小。如一家公司中有 6 个部门，每个部门的人数不超过 30 人，现在想为每个部门分别配置一个子网。如果没有 VLSM，则需要用 6 个 C 类网络，而有了 VLSM 后，仅用一个 C 类网络就可以划分出所需的 6 个子网（向 Host ID 借 3 位，共划分 8 个子网，每个子网有 30 个可用的主机 IPv4 地址），而且每个子网中可用的 IPv4 地址更贴近各部门的实际需求，这样就大大提高了 IPv4 的利用率。

【经验之谈】 VLSM 只能划分相同大小的子网，也就是一个网络划分了子网后，各子网的 IPv4 地址数是相同的。要想使各子网大小不一样，必须同时结合后面将要介绍的 CIDR 技术，把其中一些子网再聚合成一些稍大些的子网。另外，子网还可以进一步被划分成更小的子网，这就是多级子网划分。

2.4.2 广播地址的分类

因为广播地址中涉及子网的广播地址，所以这部分在“子网划分与聚合”部分介绍。

本来广播地址只有一种，就是每个有类网络中所说的最后那个 IPv4 地址，它可以在整个有类网络内进行广播。但自从有了无类网络，并进行子网划分后，根据其广播范围的大小，IPv4 广播地址又分成了以下几种。

（1）网络广播地址

“网络广播地址”是传统意义上的有类网络的广播地址。网络广播地址可以将数据包广播发送到本地有类网络内部所有节点上。IPv4 路由器不转发目的 IP 地址为网络广播地址的广播数据包，也就是网络广播数据包只能在一个本地有类网络（包括其所划分的所有子网）内部广播，而不能被路由到其他网络中。

网络广播地址是将有类 IPv4 地址（A、B、C 3 类）中的所有 Host ID 部分全部置为 1 得到的，也就是每个 Host ID 的 8 位组均为 255。例如，假设 151.110.0.0 是一个有类的 B 类地址，则其网络广播地址为 151.110.255.255。

（2）子网广播地址

“子网广播地址”针对的是具体子网的广播地址。它仅可以将数据包发送到相应无类子网内部的所有节点上。IPv4 路由器也不转发目的 IP 地址为子网广播地址的广播数据包，也就是子网广播数据包只能在一个子网内部广播，而不能被路由到其他子网中。

子网广播地址是通过无类地址的 Host ID 部分全部设置为 1 得到的，因为在包含 Host ID 的 8 位组中还可能包括 Network ID（严格地讲是 Sub-Network ID）中的一些位，所以此时的广播地址中 Host ID 所对应的 8 位组值不一定是 255 了。如 192.168.1.0/26 这个子网的广播地址是 192.168.1.63，而不是 192.168.1.255。

（3）有限广播地址

“有限广播地址”是通过 IPv4 地址的 32 位全部设置为 1（255.255.255.255）而形成的。在本地 Network ID 未知的情况下（如采用 DHCP 服务自动分配 IP 地址的客户端），可以使用有限广播地址来进行本地网络或子网内部所有节点的传送。路由器接收到目的 IP 地址为有限广播地址的 IP 报文后，会停止对该报文的转发。

2.4.3 IPv4 子网划分方法及示例

在进行子网划分时，往往有以下两种情形，下面介绍各自的计算方法。

情形一：已知对某网络划分的子网数，或同时给出了子网的最大主机地址数，求子网掩码、子网地址范围、网络地址和广播地址。

在这种情况下，子网划分的计算步骤如下。

① 根据所需的子网数和最大地址数共同确定划分子网后的“新网络 ID”位数和“新主机 ID”位数；

② 根据“新主机 ID”位数确定子网划分后各字节的地址块大小（如某字节中包括主机 ID 的位数为 *n*，则对应字节的地址块大小为 2^n）；

③ 原子网掩码中值为 255 的字节保持不变，对原子网掩码中值为非 255 的字节（包括值为 0 的字节）分别用“$256-2^n$”得出划分子网后的子网掩码，再由子网掩码得出每个子网的地址范围、网络地址和广播地址。

【示例 1】一家公司想在原来 192.168.1.0/24 有类网络基础上为 6 个部门各分配一个 IP 子网，最小部门人员为 25 人，求划分后的子网掩码，以及各子网的网络地址和广播地址。

① 25 个主机地址最少需要占用 5 位，由此可得划分后的子网网络 ID 部分最多向主机 ID 部分借 8−5=3 位，而借 3 位可以划分的子网数是 2^3=8 个，也符合 6 个部门每个都占用一个子网的要求。

② 由以上得出最终的子网划分方案中的主机 ID 部分为 5 位，仅在最后一个字节，地址块大小为 2^5=32。

③ 原来 192.168.1.0/24 的子网掩码为 255.255.255.0，值为 255 的字节保持不变，仅需对最后一个值为 0 的字节用“256−地址块”=256−32=224，最后得出划分子网后的子网掩码为 255.255.255.224。把原来网络中的所有地址按每段 32 个地址来划分，即可得出每个子网的网络地址和广播地址。

【示例 2】公司想要将 172.16.0.0/16 平均划分成 10 个子网，求每个子网可以容纳最多主机的子网掩码。

① 由要求每个子网可以容纳最多主机可知，所划分的子网数要大于 10，但要最接近 10。子网数是 2^n，大于 10，但与 10 最接近的是 2^4=16。

② 由以上可知需要对原来的 B 类网段 172.16.0.0/16 中的第 3 个字节借 4 位用作子网 ID，那么该字节余下的 4 位即为主机 ID，对应的地址块为 2^4=16。第 4 个字节全部为主机 ID，对应的地址块为 2^8=256。

③ 原来的 B 类网段 172.16.0.0/16 的子网掩码为 255.255.0.0，值为 255 的第一、第二个字节值保持不变，值为 0 的第 3 个字节用 256−16=240；值为 0 的第 4 个字节用 256−256=0，由此可得出划分子网后的子网掩码为 255.255.240.0。

情形二：已知子网前缀或子网掩码，求子网地址范围、网络地址和广播地址。

此种情形下子网划分的计算步骤如下。

① 由已知子网掩码前缀或子网掩码确定子网掩码中非 0/又非 255 的字节的地址块大小 ***n***。

方法是对子网掩码中各值为非 255 的字节用“256−对应字节值”，或者用 256 除以通过子网 ID 位数得到划分的子网数，均可得出地址块大小（值为 0 的字节的地址块大小为 256）。

② 用划分子网后的子网掩码中非 0/非 255 字节的值除以地址块大小 ***n***，确定划分的子网数 ***m***、每个子网的地址范围、网络地址和广播地址。

【示例 3】求 172.16.1.0/18 子网中最大主机 IPv4 地址。

① 由 172.16.1.0/18 可知其子网掩码前缀为 18，得出其子网掩码为 255.255.192.0（前 18 位全为 1，后 14 位全为 0）。

② 子网掩码中仅第 3 个字节值为非 0 且非 255 的字节，用 256−192，或者通过子网

ID 位数为 2，用 256 除以 4（2^2），均可得出该字节的地址块大小为 64。由此可得出 4 个子网的地址范围为：

```
172.16.0.0～172.16.63.255
172.16.64.0～172.16.127.255
172.16.128.0～172.16.191.255
172.16.192.0～172.16.255.255
```

显然 172.16.1.0/18 子网是属于第一个子网，最大可用的主机 IPv4 地址为 172.16.63.254。

2.4.4 CIDR 子网聚合的基本思想

这里所说的“子网聚合”不是在物理上把原来划分后的子网又重新聚合成一个大的网络，而是计算一条同时用于划分后各子网数据转发的聚合路由（或称“汇总路由”），以便减少设备上的路由表项数量，提高路由表查找效率。

这对于当前一些大型企业，或者 ISP（Internet Service Provider，互联网服务提供商）骨干网核心路由器设备是非常必要的，因为这些核心设备连接的网络非常多，如果每一个子网都以具体的明细路由来体现的话，设备中的路由表项数量将非常多，转发用户数据时，路由表的查找效率会大大降低。

子网聚合所使用的技术是前面提到的 CIDR。通过它可以计算出通过 VLSM 划分后的各子网的聚合路由。聚合路由的计算关键是要计算出聚合后的 Network ID 长度，方法很简单，我们可以简单地理解为前面介绍的 VLSM 的逆过程。具体做法是把原来子网中的 Host ID 向 Network ID 部分借位（所借位数为聚合 ID，等于所聚合子网数 2^n 表示形式中的 n），实现 Host ID 扩展（可容纳的主机数增多），Network ID 部分缩小，最终达到聚合子网路由，精减路由表项的目的。**但聚合网络的 Network ID 位数不能小于 8**。其基本示意图如图 2-13 所示。

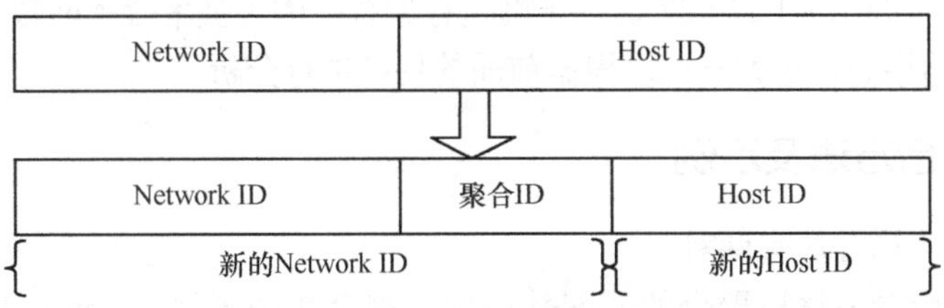

图 2-13 CIDR 子网聚合示意

通过 CIDR 进行子网聚合时要注意以下几项原则。

① 与 VLSM 划分中向 Host ID 借 n 位（n 大于等于 1）可划分出 2^n 个子网对应，通过 CIDR 向 Network ID 借 n 位时则可聚合 2^n 个子网。

也就是 Network ID 每减少 1 位，所聚合的子网数就是前面所聚合的子网数的 2 倍。如向 Network ID 借 1 位时聚合了 2 个子网，借 2 位时则能聚合 4 个（2×2）子网，借 3 位时则能聚合 8 个（2×4）子网，以此类推。

② 与 VLSM 只可以划分出 2^n 个（如 2、4、8、16 等）子网，不能划分出非 2^n 个（如 3、5、6、7、9、10 等）子网一样，子网聚合也只能聚合 2^n 个子网，不能聚合非 2^n 个子网。

例如，你只想聚合 192.168.1.64/26、192.168.1.128.0/26、192.1681.192/26 这 3 个子网，但最终聚合的肯定不会只针对这 3 个子网，而是把 192.168.1.0/26 这个子网包括进

去了，也就是聚合的路由会同样适用于 192.168.1.0/26 这个子网。

③ 被聚合的最后一个子网必须是原网络划分出的第 2^m 个子网，如第 0、2、4、8、16 等个子网，如果不是则最终被聚合的子网是向后延续到**最近一个**第 2^m 个子网，且必须连续，同时要满足前面所说的被聚合子网数必须是 2^n 个。

如对 192.168.1.0/24 这个有类网络划分了 8 个子网，则从第 1 个到第 8 个子网的网络地址分别为：192.168.1.0/27、192.168.1.32/27、192.168.1.64/27、192.168.1.96/27、192.168.1.128/27、192.168.1.160/27、192.168.1.192/27、192.168.1.224/27。根据以上介绍的原则可知，192.168.1.0/27、192.168.1.32/27 这两个子网可以聚合，192.168.1.0/27、192.168.1.32/27、192.168.1.64/27、192.168.1.96/27 这 4 个子网可以聚合，192.168.1.128/27、192.168.1.160/27、192.168.1.192/27、192.168.1.224/27 这 4 个子网也可以聚合，当然全部 8 个子网更可以聚合。

不能仅对 192.168.1.32/27、192.168.1.64/27 这两个子网进行聚合，因为最后一个被聚合的子网 192.168.1.64/27 是属于原有类网络划分出的第 3 个子网（不是 2^m），不符合本条原则规定。这两个子网最终聚合的结果肯定还会包括 192.168.1.96/27 这个子网，同时还包括最前面的 192.168.1.0/27 子网，因为最终被聚合的子网数要符合 2^n 个。也不能仅对 192.168.1.32/27、192.168.1.64/27、192.168.1.96/27、192.168.1.128/27 这 4 个子网进行聚合，因为最后一个被聚合的子网 192.168.1.128/27 是原有类网络划分的第 5 个子网（也不是 2^m），也不符合本条规定。这 4 个子网聚合的最后一个子网是 192.168.1.224/27，同时为了满足被聚合的子网数必须是 2^n 个，所以最前面的 192.168.1.0/27 子网也将同时被聚合。

同样的道理，也不能仅对 192.168.1.0/27、192.168.1.32/27、192.168.1.64/27、192.168.1.96/27、192.168.1.128/27，或者 192.168.1.32/27、192.168.1.64/27、192.168.1.96/27、192.168.1.128/27、192.168.1.160/27，或者 192.168.1.64/27、192.168.1.96/27、192.168.1.128/27、192.168.1.160/27、192.168.1.192/27，或者 192.168.1.96/27、192.168.1.128/27、192.168.1.160/27、192.168.1.192/27、192.168.1.224/27 这些子网进行聚合，因为被聚合子网数不是 2^n 个。这些子网聚合的最终结果是什么大家可以根据前面的规则进行分析。

2.4.5 子网聚合方法及示例

子网聚合的计算方法有两种。

方法一：直接看最终被聚合的子网数得出，聚合 2 个子网，Network ID 长度减 1，聚合 4 个子网，Network ID 长度减 2，聚合 8 个子网，Network ID 长度减 3，以此类推。但最终被聚合的子网数只能是 2^n，且最后一个被聚合子网必须为第 2^m 个。

方法二：求各被聚合子网中 Network ID 中相同部分的位数，就是把各子网的网络地址用二进制形式表示，然后把连续完全相同部分作为聚合后的 Network ID。

下面通过几个示例进行具体介绍。

【示例 1】 求 192.168.1.0 /27、192.168.1.32 /27、192.168.1.64 /27、192.168.1.96 /27 4 个连续子网聚合后的网络地址和子网掩码。

（1）方法一

先用方法一来求解。从题中的已知条件很容易看出，这里被聚合的 4 个子网是连续的，符合被聚合子网数必须为 2^n 个的要求。同时最后一个被聚合的子网 192.168.1.96/27 为原网络 192.168.1.0/24 划分后的第 4 个子网，也符合最后一个被聚合子网为第 2^m 个的要求。所以直接可以得出，聚合后的 Network ID 长度为原来的 27 减 2，等于 25，网络地址的计算可随便把其中一个子网的网络地址中的前 25 位保持不变，后面 7 位全部置 0 得到，最终的网络地址为 192.168.1.0/25，子网掩码为 255.255.255.128。

（2）方法二

下面通过方法二也可验证通过方法一得出的结果是否正确。把示例中的 4 个连续子网的网络地址用二进制形式表示如下：

```
11000000.10101000.00000001.00000000
11000000.10101000.00010001.00000000
11000000.10101000.00011001.00000000
11000000.10101000.01100001.00000000
```

然后把这 4 个子网的 Network ID 中相同的部分（即 11000000.10101000.00000001.0 部分保持不变，其余各位均置 0)，即得出聚合后的网络地址为 192.168.0.0/25。这里聚合的是 4 个子网，即 2^2，所以最终的子网掩码长度比原来子网的子网掩码长度 27 短 2，得到聚合后网络的子网掩码长度为 25；最后把前面 25 位全部置 1，后面 7 位全部置 0，就得到聚合网络的子网掩码为：255.255.255.128。

通过方法二的计算验证了方法一计算的结果是正确的。

【示例 2】 *求 192.168.4.0/24、192.168.5.0/24、192.168.6.0/24、192.168.7.0/24 这 4 个有类网络聚合后的网络地址和子网掩码。*

下面同样按以上两种方法来计算。

（1）方法一

这是 4 个有类网络的聚合，因为这里被聚合的最后一个网络是 192.168.7.0/24，其也可被看成是 192.168.0.0/21 网络划分出的其中 4 个子网（一共向 Network ID 借了 3 位，划分出了 8 个子网）。但这里最后一个被聚合的子网是 192.168.7.0/24，恰好是第 8 个子网（第一个子网可以看作是 192.168.0.0/24），符合最后一个被聚合子网为第 2^m 个的要求，所以最终聚合的结果是可以仅针对示例中这 4 个给出的网络进行聚合的。

根据前面得出的规律，4 个子网聚合，就只需要向 Network ID 部分借 2 位，相当于是被聚合子网中原来的 Network ID 减 2，即 24–2，等于 22。然后把示例中的任意一个子网的 Network ID 前 22 位保持不变，后面 10 位全置 0，就得到聚合后的网络地址为 192.168.1.0/22，聚合后网络的子网掩码为 255.255.252.0。

（2）方法二

同样按照前面介绍的第二种方法来计算，验证方法一的计算结果的正确性。我们把示例中的 4 个有类网络的网络地址转换成如下二进制形式：

```
11000000.10101000.00000100.00000000
11000000.10101000.00000101.00000000
11000000.10101000.00000110.00000000
11000000.10101000.00000111.00000000
```

结果得出相同部分共有 22 位，我们把余下的 10 位全部置 0 就得出聚合后的网络地址为 192.168.1.0/22；然后把最高 22 位全部置 1，后面 10 位全部置 0，就得出聚合后网络的子网掩码为 255.255.252.0。方法二与前面方法一计算的结果完全一样。

这里假设示例中要求只聚合 192.168.4.0/24、192.168.5.0/24、192.168.6.0/24 这 3 个有类网络，大家计算一下，其结果仍是与上面一样，因为最后一个被聚合的有类网络不是原网络划分出的第 2^m 个，所以不能作为最后一个被聚合的网络，最终聚合的结果仍将包括 192.168.7.0/24 这个网络。

2.4.6 网络地址、广播地址和主机地址的注意事项

因为有了无类网络，所以不能按有类网络来区分网络地址、广播地址和主机 IPv4 地址了，因为在无类网络中，Network ID 和 Host ID 可能不是连续的完整字节，而是其中有一个字节既包括了 Network ID，又包括了 Host ID。而且经过子网划分后，原来整个地址段被分成了多段，而每个子网都有一个网络地址和广播地址，所以子网的网络地址可能不再是原来有类网络中的第一个 IPv4 地址，广播地址也可能不是原来有类网络中最后一个 IPv4 地址。但无类网络与有类网络有一点是相同的，就是网络地址是子网的第一个 IPv4 地址，广播地址是子网的最后一个 IPv4 地址。

总的来说要注意以下几个方面。

（1）最后一个字节为 0 的 IPv4 地址不一定是网络地址

如 172.16.2.0/18 就不是网络地址，它是 172.16.0.0/18 这个子网中的一个中间 IPv4 地址，既不是第一个，也不是最后一个。因为 172.16.0.0/18 这个子网的地址范围是 172.16.0.0～172.16.63.255，它的网络地址是 172.16.0.0/18。

（2）最后一个字节为 255 的 IPv4 地址不一定是广播地址

如 172.16.2.255/18 就不是广播地址，它也是 172.16.0.0/18 这个子网中的一个中间 IPv4 地址，既不是第一个，也不是最后一个。因为 172.16.0.0/18 这个子网的地址范围是 172.16.0.0～172.16.63.255，它的广播地址是 172.16.63.255/18。

（3）最后一个字节为 0 或者 255 的也可能是主机 IPv4 地址

在有类网络中最后一个字节为 0 或 255 的肯定分别是网络地址或广播地址，其不能作为主机 IPv4 地址。但在无类网络中，这个是可能的。如前面说的 172.16.2.0/18、172.16.2.255/18 都是 172.16.0.0/18 这个子网可用的主机 IPv4 地址，其实还有 172.16.1.0/18、172.16.3.0/18、172.16.0.255/18、172.16.1.255/18 也是这个子网可用的主机 IPv4 地址。

（4）网络地址的最后一个字节不一定为 0

在有类网络中，网络地址的最后一个字节肯定为 0，但在无类网络中，网络地址最后一个字节可能不是 0。如 192.168.1.0/24 这个有类网络通过向 Host ID 借 2 位划分 4 个子网，分别为 192.168.1.0/26、192.168.1.64/26、192.168.1.128/26、192.168.1.192/26。后面 3 个子网的网络地址的最后一个字节都不为 0。

（5）广播地址的最后一个字节不一定为 255

如 192.168.1.0/24 这个有类网络划分 4 个子网后，除最后一个子网 192.168.1.192/26 的广播地址最后一个字节为 255 外，前面 3 个子网的广播地址分别为 192.168.1.63/26、192.168.1.127/26、192.168.1.191/26。

2.5 IPv4 网络的 3 种数据包传输方式

IPv4 协议定义了 3 种 IPv4 数据包的传输方式：单播、广播和组播。

2.5.1　单播传输方式

单播传输用于发送数据包到单个目的地，且每发送一份单播数据包都使用一个单播 IPv4 地址作为目的地址。这是最常见的 IPv4 数据包传输方式，是一种点对点传输方式，对应单播通信。采用单播方式时，系统为每个需求该数据的用户单独建立一条数据传送通路，并为该用户发送一份独立的副本数据。

如图 2-14 所示，假设 Host C 需要从数据源（Source）获取数据，则数据源必须与 Host C 设备建立单独的传输通道。

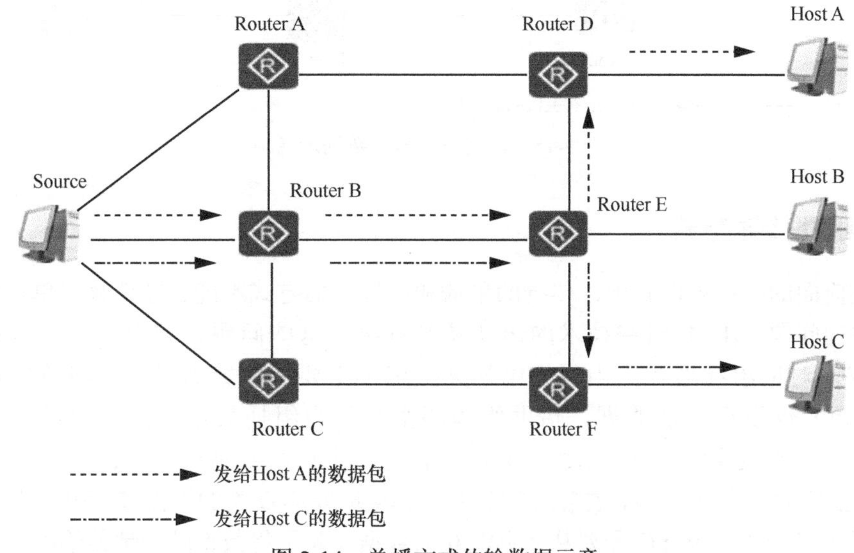

图 2-14　单播方式传输数据示意

由于网络中传输的数据量和要求接收该数据的用户量成正比，因此当需要相同数据的用户数量很庞大时，数据源主机就必须将多份内容相同的数据发送给这些目的用户。这样一来，网络带宽将可能成为数据传输中的瓶颈，不利于数据规模化发送。

2.5.2　广播传输方式

广播传输是指发送数据包到同一广播域或子网内的所有设备的一种数据传输方式，对应广播通信。在广播传输方式中，IPv4 数据包中的目的 IP 地址对应网段的广播 IPv4 地址，是一种点对多点传输方式。如果采用广播方式，系统会为网络中所有用户各传送一个数据副本，不管它们是否需要。当然最终可能只有一个或多个，也可能没有节点接收该广播数据包。

如图 2-15 所示，假设 Host A、Host C 需要从数据源获取数据，则数据源通过路由器广播该数据，但这时网络中本来不需要接收该数据的 Host B 也同样接收到该数据，这样不仅信息的安全性得不到保障，而且会造成同一网段中信息泛滥。由此可见，这种传输方式不利于与特定对象进行数据交互，并且浪费了大量的带宽，带来了数据泄露的安全性隐患。

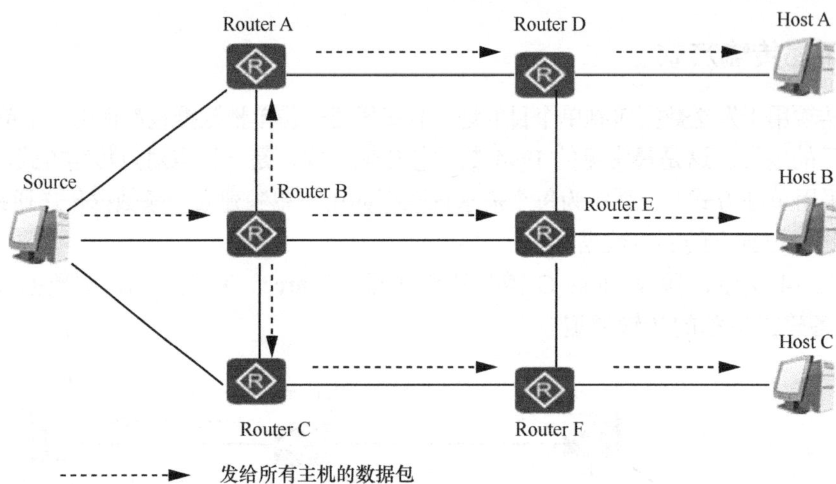

图 2-15 广播方式传输数据示意

2.5.3 组播传输方式

通过前面的介绍可以看出，传统的单播和广播通信方式不能有效地解决单点发送、多点接收的问题。IPv4 组播技术的出现及时解决了这些问题，它也是一种点对多点传输方式，对应组播通信。当网络中的某些用户需要特定数据时，组播数据发送者（即组播源）仅发送一次数据，借助组播路由协议为组播数据包建立组播分发树，被传递的数据到达距离用户端尽可能近的节点后才开始复制和分发。

在组播传输方式中，IPv4 数据包中的目的 IPv4 地址是 D 类的组播 IP 地址。如图 2-16 所示，假设 Host A、Host C 需要从数据源获取数据，为了将数据顺利地传输给真正需要该数据的用户， Host A、Host C 组成一个接收者集合（就是组播组），网络中各路由器根据该集合中各接收者的分布情况进行数据的转发和复制，最后准确地传输给实际需要的接收者，如 Host A 和 Host C（Host B 接收不到）。

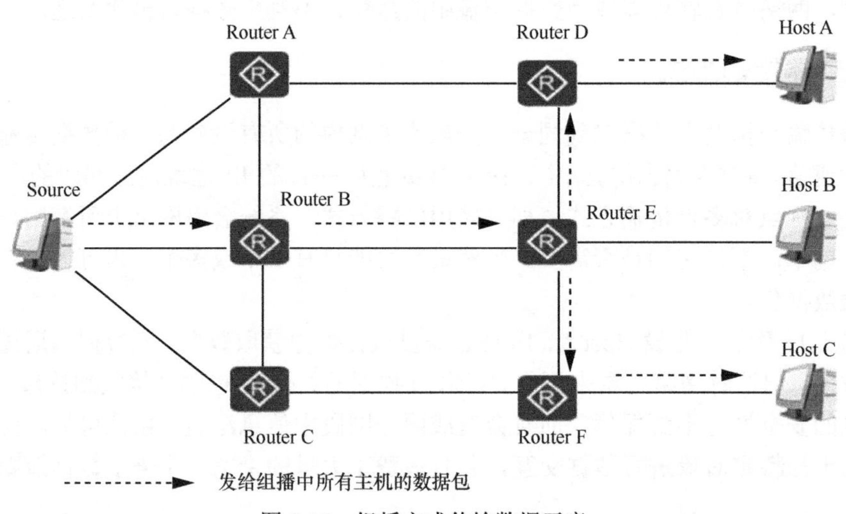

图 2-16 组播方式传输数据示意

综上所述，相比单播传输方式，组播传输方式由于被传递的信息在距信息源尽可能远的网络节点才开始被复制和分发，所以用户的增加不会导致信息源负载的加重以及网络资源消耗的显著增加。相比广播传输方式，组播传输方式由于被传递的信息只会发送给需要该信息的接收者，所以不会造成网络资源的浪费，并能提高信息传输的安全性。

第3章 TCP/IP 协议栈中其他主要协议

本章主要内容

3.1　ICMP

3.2　ARP

3.3　TCP

3.4　UDP

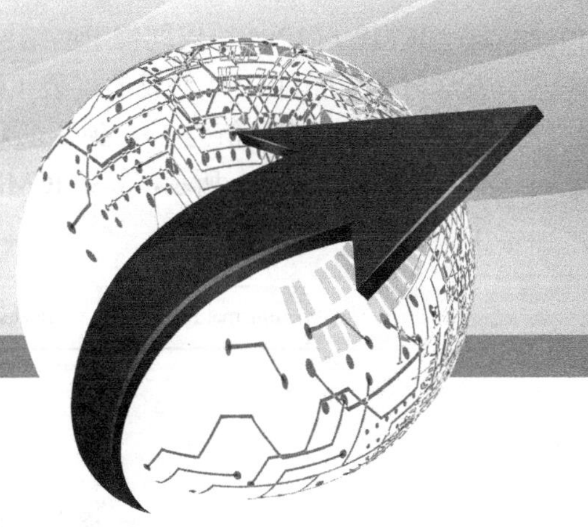

在 TCP/IP 体系结构中，除 IPv4 协议外，还有其他一些非常重要的协议，如 ICMP、ARP、TCP 和 UDP。

ICMP、ARP 与 IPv4 一样，也位于体系结构中的网络层，其中 ICMP 用于消息回显，主要用于网络检测类应用程序的调用，如 Ping、Tracert。ICMP 的子层次高于 IPv4 协议，所以其报文要经过 IPv4 协议封装。ARP 用于通过 IPv4 地址查找对应 MAC 地址，是进行 IPv4 网络通信必不可少的一个协议，因为报文经过一跳（三层设备）必须重新进行帧封装，这时就需要填入目的 MAC 地址。ARP 的子层次低于 IPv4 协议，所以其报文不用经过 IPv4 协议封装。

TCP 和 UDP 是体系结构中传输层的两种协议，所有应用数据报文的发送都要经过传输层协议的封装，所以也是 IPv4 网络通信必不可少的协议。其中，TCP 是面向连接的传输层协议，仅支持单播通信，可建立可靠的端到端传输通道；UDP 是无连接的传输层协议，不可靠，采用尽力传输方式，但可同时支持单播通信、广播通信和组播通信，所以在广播和组播的数据通信中，UDP 是唯一可选的传输层协议。

3.1 ICMP

ICMP 是 TCP/IPv4 协议簇中的核心协议之一，也是体系结构中网络层的一个重要协议，用于 IP 网络设备之间发送控制数据包，传输差错、控制、查询等信息。

3.1.1 ICMP 数据包格式

ICMP 与 IPv4 协议同位于网络层，但它的子层次高于 IPv4 协议，所以 ICMP 数据包发送时需要经过 IPv4 协议的封装（如果 IPv4 数据包中是 ICMP 消息，则 IPv4 数据包头中的 Protocol 字段值为 1），到了以太网数据链路层后，还要经过以太网协议封装。其整体封装结构如图 3-1 所示，其中 ICMP 数据包作为 IPv4 数据包中的 Data 部分，包括以下 4 个字段。

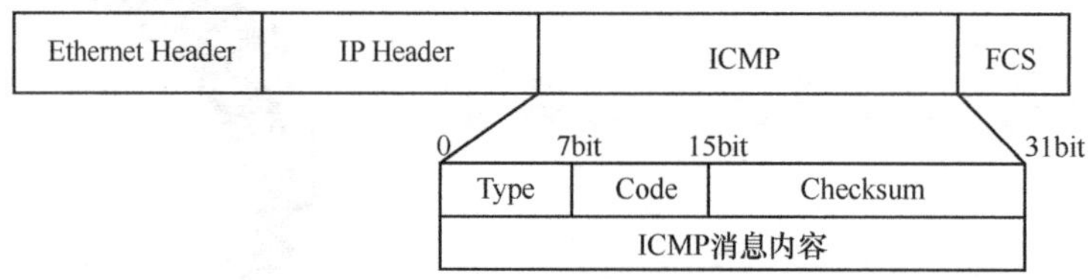

图 3-1 ICMP 帧结构及数据包格式

① Type：1 个字节，指示消息类型。目前已定义了 14 种消息类型，其可分为两大类，第一类是取值为 1～127 的差错数据包，第二类是取值为 128 以上的信息数据包。

② Code：1 个字节，指示消息代码，包含了消息类型中的具体参数。

ICMP 定义了多种消息类型，用于诊断网络连接性问题。根据这些消息，源设备可以判断出数据传输失败的原因。例如：目的地址不可达（可能是路由不通，也可能是目的地址输入错误），如果是路由原因，则会返回目的网络不可达消息；如果无法找到目的设备，则会返回目的主机不可达消息；如果网络中发生了环路，导致数据包在网络中循环转发，且最终因 TTL 超时，数据传输不到目的设备，或者因为网络连接性能导致请求消息传输超时，传输不到目的设备，则会返回请求超时消息。

在这些 ICMP 消息中，有些不需要 Code 字段来描述具体类型参数，仅用 Type 字段表示消息类型。比如，ICMP Echo 应答消息仅 Type 字段设置为 0。但有些 ICMP 消息要使用 Type 字段定义消息大类，同时要用 Code 字段表示消息的具体参数。比如，Type 为 3 的消息表示目的不可达，不同的 Code 值又可表示不可达的具体原因，如目的网络不可达（Code=0）、目的主机不可达（Code=1）、协议不可达（Code=2）、目的 TCP/UDP 端口不可达（Code=3）等。主要的 ICMP 消息类型及描述见表 3-1。

表 3-1 主要的 ICMP 消息类型及描述

Type	Code	描述
0	0	Echo 应答
3	0	网络不可达

续表

Type	Code	描述
3	1	主机不可达
3	2	协议不可达
3	3	TCP/UDP 端口不可达
5	0	ICMP 重定向
8	0	Echo 请求

③ Checksum：2 个字节，对包括 ICMP 消息内容在内的**整个 ICMP 数据包（不包括帧头和 IPv4 数据包头）**进行校验，检验 ICMP 数据包在传输过程中是否出现了差错。

④ ICMP 消息内容：包含 32bit 的可变参数，通常设置为 0，但以下情形例外。

- 在 ICMP Redirect（重定向）消息中，这个字段用来指定网关 IPv4 地址，主机根据这个地址将数据包重定向到指定网关。

当路由器检测到一台设备使用了非最优路由时，它会向该设备发送一个 ICMP 重定向报文，请求该设备改变路由。一般，主机错误地配置了网关才会出现这种情况。

如图 3-2 所示，主机 A 想要向服务器发送报文，本来应该走 RTA 的转发路径，但由于管理员错误配置了 RTB 作为网关，所以发给服务器的报文转到了 RTB。此时，如果 RTB 启用了 ICMP 重定向功能，会发现报文应该被转发到与源主机在同一网段的另一个网关设备 RTA，因为此转发路径更优，所以 RTB 会向主机 A 发送一个 Redirect 消息，通知主机 A 直接向另一个网关 RTA 发送该报文。主机收到 Redirect 消息后，会向 RTA 发送报文，然后 RTA 会将该报文再转发给服务器。

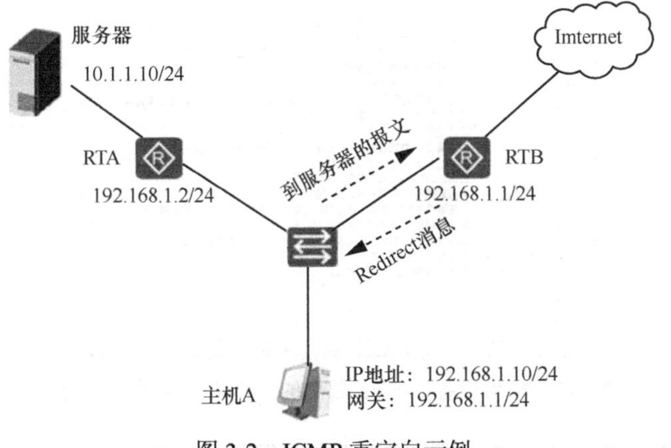

图 3-2　ICMP 重定向示例

- 在 Echo 请求消息中，这个字段包含 Identifier（标识符）和 Sequence Number（序列号），源端根据这两个参数将收到的回复消息与本端发送的 Echo 请求消息进行关联。尤其是当源端向目的端发送了多个 Echo 请求消息时，需要根据标识符和序列号将 Echo 请求和应答消息一一对应。

在下面将要介绍的两种 ICMP 典型应用——Ping 和 Tracert 程序中，源端都是利用 ICMP Echo 请求消息（Type 字段值为 8）来发起网络检测的。目的端或 ICMP 消息数据包中 TTL=0 时（进行 Tracert 应用时）会根据请求消息中的源 IPv4 地址发送一个 ICMP

Echo 应答消息（Type 字段值为 0）进行应答。

3.1.2 ICMP 的典型应用

ICMP 仅是一个网络层协议，**不是一个可直接发送网络测试数据包的应用层协议**，但一些基于 ICMP 开发的应用程序可以调用它，用于网络检测，这就是本节所要介绍的两种典型的 ICMP 应用程序——Ping 和 Tracert。Ping 和 Tracert 程序都是采用 UDP 作为传输层协议的，用于诊断源设备和目的设备之间的网络联通性，同时还可以提供其他信息，如数据包往返时间、所经过节点的 IP 地址等。

1. Ping 测试

Ping 是基于 ICMP 的一个典型应用层工具软件，使用的是 ICMP 的回显消息（包括 Echo 请求和 Echo 应答），用于检测网络的联通性，同时也能够收集其他相关信息。用户可以在 Ping 命令中指定不同参数，如 ICMP 数据包长度、发送的 ICMP 数据包个数、等待回复应答的超时时间等，设备根据配置的参数来构造并发送 ICMP Echo 请求数据包，进行 Ping 测试。

不仅网络设备支持 Ping 程序，各操作系统也支持，且可支持的参数非常多。但不同设备上的 Ping 命令参数格式不完全一样，**但所有参数均必须在目的 IP 地址参数之前指定**，如键入 ping 10.1.1.1 –h 128 不正确，键入 ping –h 128 10.1.1.1 才是正确的。图 3-3 是华为设备上的一些主要 Ping 命令参数及说明。

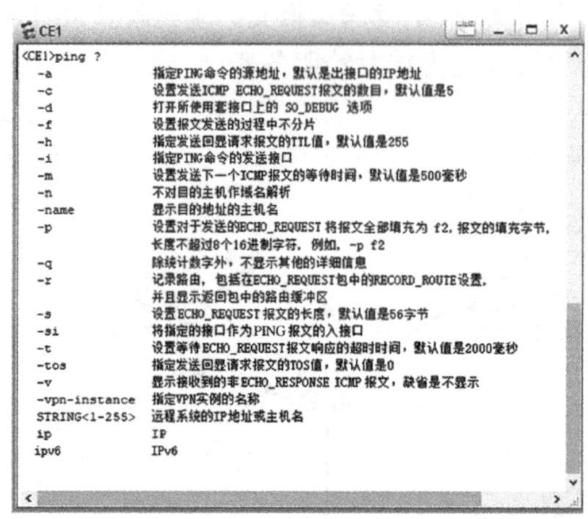

```
<CE1>ping ?
  -a              指定PING命令的源地址，默认是出接口的IP地址
  -c              设置发送ICMP ECHO_REQUEST报文的数目，默认值是5
  -d              打开所使用套接口上的 SO_DEBUG 选项
  -f              设置报文发送的过程中不分片
  -h              指定发送回显请求报文的TTL值，默认值是255
  -i              指定PING命令的发送接口
  -m              设置发送下一个ICMP报文的等待时间，默认值是500毫秒
  -n              不对目的主机作域名解析
  -name           显示目的地址的主机名
  -p              设置对于发送的ECHO_REQUEST 将报文全部填充为 f2，报文的填充字节，
                  长度不超过8个16进制字符，例如，-p f2
  -q              除统计数字外，不显示其他的详细信息
  -r              记录路由，包括在ECHO_REQUEST包中的RECORD_ROUTE设置，
                  并且显示返回包中的路由缓冲区
  -s              设置ECHO_REQUEST 报文的长度，默认值是56字节
  -si             将指定的接口作为PING 报文的入接口
  -t              设置等待ECHO_REQUEST报文响应的超时时间，默认值是2000毫秒
  -tos            指定发送回显请求报文的TOS值，默认值是0
  -v              显示接收到的非ECHO_RESPONSE ICMP 报文，缺省是不显示
  -vpn-instance   指定VPN实例的名称
  STRING<1-255>   远程系统的IP地址或主机名
  ip              IP
  ipv6            IPv6
```

图 3-3 华为设备上 Ping 命令的一些主要参数及说明

这里要着重说明的是“–h”参数，它是指定发送 ICMP 请求数据包的初始 TTL 值。在华为设备中默认的 TTL 值是 255，Windows 系统默认的 TTL 值是 128。在执行 Ping 操作时，如果能成功 Ping 通，则 ICMP Echo 应答消息中也会显示一个 TTL 值，但此 TTL 值是指剩余的 TTL 大小，即由初始的 TTL 减去 ICMP 请求数据包从源设备到达目的设备所经过的三层设备数（不包括源设备）。图 3-4 中显示的 TTL=253（假设初始 TTL 为默认的 255），因为从源设备到达目的设备（IPv4 地址为 5.5.5.2）的路径中只经过了两台三层设备，即两跳，所以 TTL=255–2=253。

另外，在返回的 ICMP Echo 应答消息中，Byte 字段表示发送的 ICMP 请求消息大小，华为设备默认为 56 个字节，这是一个比较小的测试包，要测试大包的通信性能，可以通过 Ping 命令中的-s 参数把这个测试包改大，最大可为 9600 个字节。Sequence 字段代表所发送的 ICMP 请求消息的序列号。time 字段为对应 ICMP 请求数据包从发出到接收应答消息整个过程中所消耗的时间。最下面是发送的测试包总数、成功和丢失的测试包数目，以及以上测试的最小耗时、平均耗时和最大耗时，单位为 ms（毫秒）。

图 3-4 是成功 Ping 操作时的消息显示，当然也可能因各种原因 Ping 不成功，即通常所说的 Ping 不通，这时返回的消息就有多种了，如请求超时、目的主机不可达等。此时证明源主机与目的主机网络不通，就要检查网络配置了，特别是路由配置。

```
AR3
<AR3>ping 5.5.5.2
  PING 5.5.5.2: 56  data bytes, press CTRL_C to break
    Reply from 5.5.5.2: bytes=56 Sequence=1 ttl=253 time=70 ms
    Reply from 5.5.5.2: bytes=56 Sequence=2 ttl=253 time=40 ms
    Reply from 5.5.5.2: bytes=56 Sequence=3 ttl=253 time=30 ms
    Reply from 5.5.5.2: bytes=56 Sequence=4 ttl=253 time=30 ms
    Reply from 5.5.5.2: bytes=56 Sequence=5 ttl=253 time=40 ms

  --- 5.5.5.2 ping statistics ---
    5 packet(s) transmitted
    5 packet(s) received
    0.00% packet loss
    round-trip min/avg/max = 30/42/70 ms

<AR3>
```

图 3-4　成功 Ping 操作返回消息示例

2. Tracert 路径跟踪

Tracert 是 ICMP 的另一个典型应用程序，用于根据 IPv4 数据包头部中的 TTL 值来逐跳跟踪 ICMP 数据包的转发路径。在华为设备中，Tracert 命令的主要参数及说明如图 3-5 所示。同样，**所有参数均必须在目的 IP 地址参数之前指定**，如键入“tracert 10.1.1.1 –f 2”不正确，键入“tracert –f 2 10.1.1.1”才是正确的。

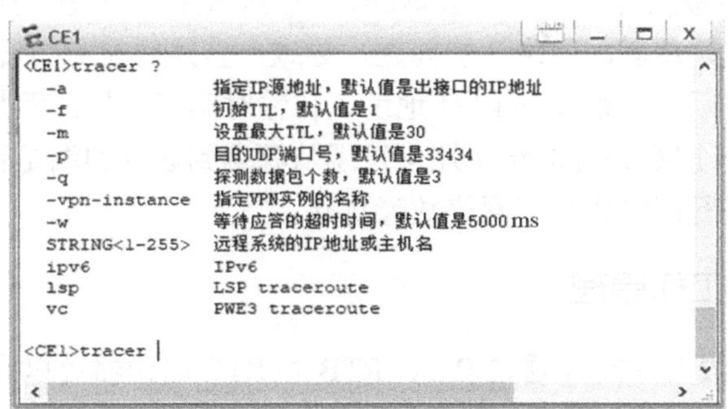
CE1
<CE1>tracer ?
-a　指定IP源地址，默认值是出接口的IP地址
-f　初始TTL，默认值是1
-m　设置最大TTL，默认值是30
-p　目的UDP端口号，默认值是33434
-q　探测数据包个数，默认值是3
-vpn-instance　指定VPN实例的名称
-w　等待应答的超时时间，默认值是5000 ms
STRING<1-255>　远程系统的IP地址或主机名
ipv6　IPv6
lsp　LSP traceroute
vc　PWE3 traceroute
<CE1>tracer

图 3-5　华为设备上 Tracert 命令的主要参数及说明

在图 3-5 中的参数中，–f 是初始 TTL 值（默认为 1），表示第一次发送 ICMP 测试包（每一次会同时发送多个 ICMP 测试包，华为设备默认一次发送 3 个）时的 TTL 值为 1，即只能从源端传输到下一跳设备，再传会超时，会返回 ICMP Echo 应答消息，以表明数据包到达了对应跳设备。随后，第二次发送 ICMP 测试包时，TTL 值会增加 1，即等于 2，第三次发送 ICMP 测试包时，TTL 值再增加 1，以此类推。最多发送多少次 ICMP 测试包，一是要看从源端到达目的端所经过的三层设备跳数，二是要看-m 参数（最大 TTL）的设备（华为设备的默认值为 30）。当从源端到达目的端所经过的跳数小于默认的最大

TTL 值时，最多只发送对应跳数次 ICMP 数据包。

另外，在 Tracert 命令的参数中还有一个-p 参数，其用来设置执行 Tracert 应用操作时所需用到的目的 UDP 端口号（华为设备中默认为 33434），一般是 30000 以上的 UDP 端口，因为这样的传输层端口通常不被应用程序所使用。这里需要注意，ICMP 是网络层的协议，执行 Tracert（包括前面的 ping）命令返回的消息是由 ICMP 自己产生的，但 Tracert 以及 Ping，都基于 ICMP 的应用层程序，所以这些程序发送的的测试数据包还是要经过传输层协议封装的，且都是采用 UDP 进行封装的。

目的端接收到 ICMP 测试包后还要继续向上层传输，寻找 ICMP 测试包中目的 UDP 端口上运行的应用进程，但事实上接收端并没有运行在该目的 UDP 端口的应用，所以会返回一个“ICMP 端口不可达”消息，但此时跟踪网络路径的目的已达到。

图 3-6 是成功执行 Tracert 操作的示例。返回的 ICMP Echo 应答消息中的 1、2、3 是指 ICMP 测试包从源端到达目的端所经过的第 1、2、3 跳设备，后面的 IPv4 地址即为对应跳设备的 IPv4 地址，后面有 3 个时间值，是每一跳每次（华为设备中默认为 3 次）从发送探测 ICMP 数据包到收到对应返回应答消息整个过程所经过的时间总和。

```
AR4
<AR4>tracert 5.5.5.2

 traceroute to  5.5.5.2(5.5.5.2), max hops: 30 ,packet length: 40,press CTRL_C t
o break

 1 3.3.3.1 30 ms  20 ms  30 ms

 2 1.1.1.2 20 ms  20 ms  20 ms

 3 5.5.5.2 20 ms  30 ms  20 ms
<AR4>
```

图 3-6　成功执行 Tracert 操作示例

如果 Tracert 程序执行不成功，也会返回各种类型的错误消息，如请求超时、目的网络（或主机）不可达，或者因网络性能问题，导致一些路径检测出现了时延，这时可能不会在返回消息中显示对应跳设备 IPv4 地址、传输时间等信息，而是一个个“*”号。

我们通过 Tracert 路径跟踪的结果还可发现从源端到达目的端是否存在路由环路，由此可以有针对性地进行网络优化或网络故障排除。

3.1.3　Tracert 的工作原理

如图 3-7 所示，假设主机 A 通过 RTA、RTB 和 RTC 路由器可以到达主机 B，在 RTA 上对主机 B 执行 Tracert 命令操作，下面是具体的流程。

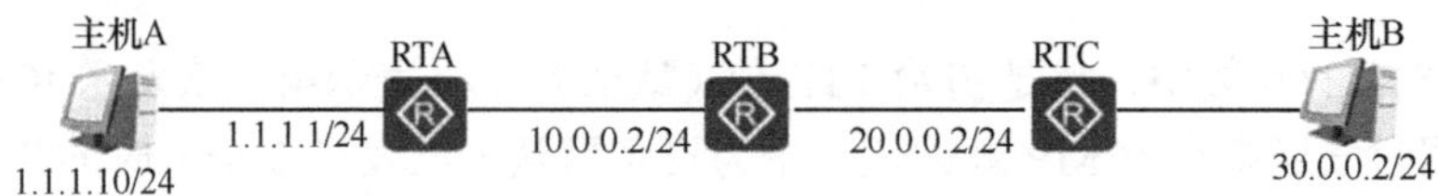

图 3-7　Tracert 应用示例

① 源端（主机 A）向目的端（主机 B）发送第一个以 UDP 协议装的 ICMP 测试包，TTL 值为 1。第一跳（RTA）收到源端发出的 ICMP 测试包后，判断出包中的目的 IPv4 地址不是本机 IPv4 地址，于是将 TTL 值减 1 希望继续向下游设备传输，但此

时包中的 TTL 值等于 0，于是丢弃测试包，并向源端发送一个 ICMP 超时（Time Out）消息（指的是超出了 TTL 限制，该消息的源 IPv4 地址是第一跳（主机 A 的网关 IPv4 地址 1.1.1.1），这样源端就得到了网关 RTA 的 IPv4 地址。

② 源端收到 RTA 的 ICMP 超时消息后，再次向目的端发送一个以 UDP 协议装的 ICMP 测试包，但此时包中的 TTL 初始值为 2。经过第一跳 RTA 后包中的 TTL=1，再向第二跳 RTB 传输，到了第二跳 RTB 时，此时包中的 TTL=0，又不能再向下传输了，于时也向源端发送一个 ICMP 超时消息，这样源端就得到了 RTB 的地址(10.0.0.2)。

③ 源端收到 RTB 的 ICMP 超时消息后，再次向目的端发送一个以 UDP 协议装的 ICMP 测试包，但此时包中的 TTL 初始值为 3。经过第一跳 RTA 后包中的 TTL=2，经过第二跳 RTB 后包中的 TTL=1，继续向第三跳 RTC 传输，此时包中的 TTL=0，又不能再向下传输了，于时 RTC 也向源端发送一个 ICMP 超时消息，这样源端就得到了 RTC 的地址（20.0.0.2）。

④ 源端收到 RTC 的 ICMP 超时消息后，再次向目的端发送一个以 UDP 协议装的 ICMP 测试包，但此时包中的 TTL 初始值为 4，可以直接到达目的端主机 B。主机 B 在收到源端发送的 ICMP 测试包后，判断出目的 IPv4 地址是本机 IPv4 地址，则处理此测试包。根据包中的目的 UDP 端口号寻找占用此端口号的上层协议，因目的端没有应用程序使用该 UDP 端口号（因为 Tracer 并不是一个 C/S 模式程序，在目的端没有对应的 Tracert 服务器程序），则向源端返回一个 ICMP 端口不可达（Destination Unreachable）消息。

⑤ 源端收到主机 B 发来的 ICMP 端口不可达消息后，即可判断出 ICMP 数据包已经到达目的端，则停止 Tracert 程序，从而得到数据包从源端主机 A 到目的端主机 B 所经历的路径为 1.1.1.1→10.0.0.2→20.0.0.2→30.0.0.2。

3.2 ARP

ARP 是一个**必不可少**的网络协议。ARP 的主要功能有 3 个方面：①将 IP 地址解析为 MAC 地址，用于数据帧的封装；②维护 IP 地址与 MAC 地址的映射关系，生成 ARP 表项，用于指导 IP 数据包的转发；③实现网段内重复 IP 地址的检测，即 IP 地址冲突检测。

在以上 ARP 的功能中，最重要的是 MAC 地址解析功能。这是因为一个 IP 应用层数据在向下传输过程中，不仅要在网络层通过 IPv4 协议封装其源/目的 IPv4 地址，还必须在数据链路层通过以太网协议封装其源/目的 MAC 地址，才能形成最终的数据帧进行单播传输。但通常，我们在进行应用操作（如前面介绍的 Ping、Tracert）时只会填上目的 IPv4 地址，却很少填写目的 MAC 地址，这时就要用 ARP 通过已知的目的 IPv4 地址解析出对应的 MAC 地址，然后进行帧封装。

3.2.1 ARP 数据包格式

ARP 与 IPv4 协议、ICMP 一样，也位于体系结构中的网络层，但它位于 IPv4 协议之下的子层，所以 ARP 数据包无须经过 IPv4 协议封装，在源端直接向下面的数据链路层传输，即可形成 ARP 数据帧，其帧格式如图 3-8 所示。ARP 数据帧的总长度为 46 个字节，其中 **ARP 数据包部分仅 28 个字节**，ARP 数据包部分各字段的具体说明如下。

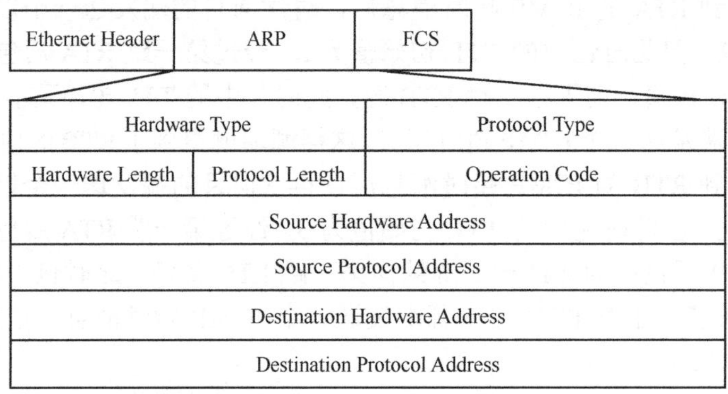

图 3-8　ARP 数据帧格式

① Hardware Type（硬件类型）：2 个字节，标识发送方接口硬件类型，以太网接口对应的十六进制值为 0x0001。

② Protocol Type（协议类型）：2 个字节，标识要查找的 MAC 地址所映射的地址对应的协议类型，因为是 IPv4 地址，所以此处对应 IPv4 协议，对应的十六进制值为 0x0800。

③ Hardware Length（硬件地址长度）：1 个字节，标识硬件地址长度，以太网 MAC 地址长度为 6 个字节，对应的十六进制值为 0x0110。

④ Protocol Length（协议地址长度）：1 个字节，标识 IPv4 地址长度，为 4 个字节，对应的十六进制值为 0x0100。

⑤ Operation Code（操作代码）：2 个字节，标识 ARP 数据包类型，请求包为 1（0x0001），应答包为 2（0x0002）。

⑥ Source Hardware Address（源硬件地址）：6 个字节，标识发送 ARP 数据包的设备接口硬件地址，以太网为 MAC 地址，与帧头中的“源硬件地址”字段值一样。

⑦ Source Protocol Address（源协议地址）：4 个字节，标识发送 ARP 数据包的设备接口的协议地址，IPv4 网络为 IPv4 地址。

⑧ Destination Hardware Address（目的硬件地址）：6 个字节，标识接收方接口硬件地址，以太网为 MAC 地址，在 ARP Request 数据包中，该字段值为 0，表示任意地址，因为现在不知道 MAC 地址（在帧头中的目的硬件地址为全 1 的广播 MAC 地址），在应答数据包中为真实的接收方设备接口的 MAC 地址。

⑨ Destination Protocol Address（目的协议地址）：4 个字节，标识接收方的协议地址，IPv4 网络为 IPv4 地址。

图 3-9 是一个 ARP 请求数据帧示例，从中可以看出，以太网帧头部分的目的 MAC 地址为全 1（f 是十六进制是的 15，代表四个二进制的 1）的广播 MAC 地址，在 ARP 请求数据包中的目的 MAC 地址全为 0，表示未知。

```
⊞ Frame 35: 42 bytes on wire (336 bits), 42 bytes captured (336 bits)
⊟ Ethernet II, Src: a0:05:af:5f:02:06 (a0:05:af:5f:02:06), Dst: Broadcast (ff:ff:ff:ff:ff:ff)
  ⊞ Destination: Broadcast (ff:ff:ff:ff:ff:ff)
  ⊞ Source: a0:05:af:5f:02:06 (a0:05:af:5f:02:06)
    Type: ARP (0x0806)
⊟ Address Resolution Protocol (request)
    Hardware type: Ethernet (0x0001)
    Protocol type: IP (0x0800)
    Hardware size: 6
    Protocol size: 4
    Opcode: request (0x0001)
    [Is gratuitous: False]
    Sender MAC address: a0:05:af:5f:02:06 (a0:05:af:5f:02:06)
    Sender IP address: 192.168.1.10 (192.168.1.10)
    Target MAC address: 00:00:00_00:00:00 (00:00:00:00:00:00)
    Target IP address: 192.168.1.20 (192.168.1.20)
```

图 3-9　ARP 请求数据帧示例

3.2.2　ARP 映射表项

ARP 除了可以通过已知的目的 IP 地址查找未知的 MAC 地址外，还有一个重要功能，那就是可以自动生成，或者手动静态配置 ARP 表项，将其保存在缓存中。

在发送或转发 IPv4 数据包前，设备会先检查 ARP 缓存，如果存在目的设备 IPv4 地址对应的 ARP 表项，则直接用该表项中的 MAC 地址进行帧封装，然后从缓存表项对应的出接口发送出去。如果设备在 ARP 缓存中找不到对应目的 IPv4 地址的表项，则要通过发送 ARP 请求来获取表项。如果目标设备位于其他网络，则源设备会在 ARP 缓存表中查找网关的 MAC 地址，然后将数据发送给网关，最后网关再把数据转发给目的设备。

ARP 表项包括动态 ARP 表项和静态 ARP 表项。在设备的 ARP 表项中，多个不同的 IPv4 地址可以与同一个 MAC 地址对应，因为一个接口或一个网卡可以配置多个 IPv4 地址。

① 静态 ARP 表项：由网络管理员手动建立的 IPv4 地址和 MAC 地址之间固定的映射关系。静态 ARP 表项不会被老化，不会被动态 ARP 表项覆盖。

② 动态 ARP 表项：由 ARP 通过自身的学习功能自动生成和维护，可以被老化，可以被新的 ARP 数据包更新，可以被静态 ARP 表项覆盖。

ARP 的学习功能是，当三层接口接收到 IPv4 地址或者 ARP 数据包时，ARP 会学习包中对应源设备的源 IPv4 地址和源 MAC 地址，以及接收数据包的设备接口（或主机网卡），然后在 ARP 缓存中生成对应的动态 ARP 表项。以后其他设备向这个源设备发送数据包时，可依据这个 ARP 表项中映射的接口指导数据包的转发。

动态 ARP 表项的老化参数有老化超时时间（华为设备上默认为 180s）、老化探测次数和老化探测模式。设备上动态 ARP 表项到达老化超时时间后，**设备会发送老化探测数据包（也是一种 ARP 请求数据包，但目的 MAC 地址不为 0）**，如图 3-10 所示。如果能收到 ARP 应答数据包，则更新该动态 ARP 表项，本次老化探测结束；如果超过设置的老化探测次数后仍没有收到 ARP 应答数据包，则删除该动态 ARP 表项，本次老化探测结束。

```
⊞ Frame 72: 60 bytes on wire (480 bits), 60 bytes captured (480 bits)
⊞ Ethernet II, Src: 64:00:6a:12:4e:e5 (64:00:6a:12:4e:e5), Dst: ac:e7:7b:0f:2e:d0 (ac:e7:7b:0f:2e:d0)
⊟ Address Resolution Protocol (request)
    Hardware type: Ethernet (0x0001)
    Protocol type: IP (0x0800)
    Hardware size: 6
    Protocol size: 4
    Opcode: request (0x0001)
    [Is gratuitous: False]
    Sender MAC address: 64:00:6a:12:4e:e5 (64:00:6a:12:4e:e5)
    Sender IP address: 192.168.1.5 (192.168.1.5)
    Target MAC address: ac:e7:7b:0f:2e:d0 (ac:e7:7b:0f:2e:d0)
    Target IP address: 192.168.1.1 (192.168.1.1)
```

图 3-10　ARP 探测数据包示例

设备发送的老化探测数据包可以是单播数据包，也可以是广播数据包。在默认情况下，设备仅在**最后一次发送的 ARP 老化探测数据包是广播模式，其余均为单播模式**。当对端设备 MAC 地址不变时，可以配置接口以单播模式发送 ARP 老化探测数据包。当接口 Down 时设备会立即删除相应的动态 ARP 表项。

3.2.3 ARP 地址解析原理

ARP 的 MAC 地址解析工作是通过 ARP 请求数据包和应答数据包的交互来完成的。

下面以图 3-11 中主机 A 要获取位于同 IP 网段的主机 C 的 MAC 地址为例介绍 ARP 的 MAC 地址解析原理。假设主机 A 的 ARP 缓存中不存在主机 C 的 MAC 地址对应的 ARP 表项，所以主机 A 不能直接对要发送给主机 C 的数据进行帧封装，需要先通过 ARP 获取主机 C 的 MAC 地址。具体流程如下。

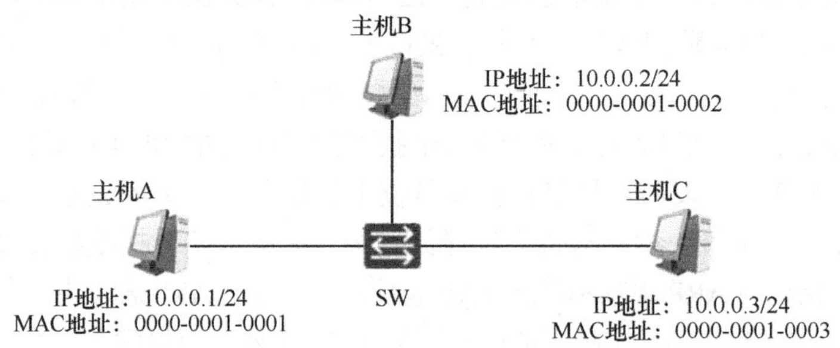

图 3-11 ARP 地址解析示例

① 主机 A 发送 ARP 请求数据包来获取目的主机 C 的 MAC 地址。ARP 请求数据包封装在以太网帧中，帧头中的源 MAC 地址为发送端主机 A 的 MAC 地址 0000-0001-0001，目的 MAC 地址为广播地址 FF-FF-FF-FF-FF-FF，**表示采用广播方式发送**。ARP 请求数据包中包含源 IPv4 地址、目的 IPv4 地址、源 MAC 地址、目的 MAC 地址，**其中目的 MAC 地址的值为 0**，Operation Code 字段被设置为 Request，其余分别采用对应的地址，如图 3-12 所示。

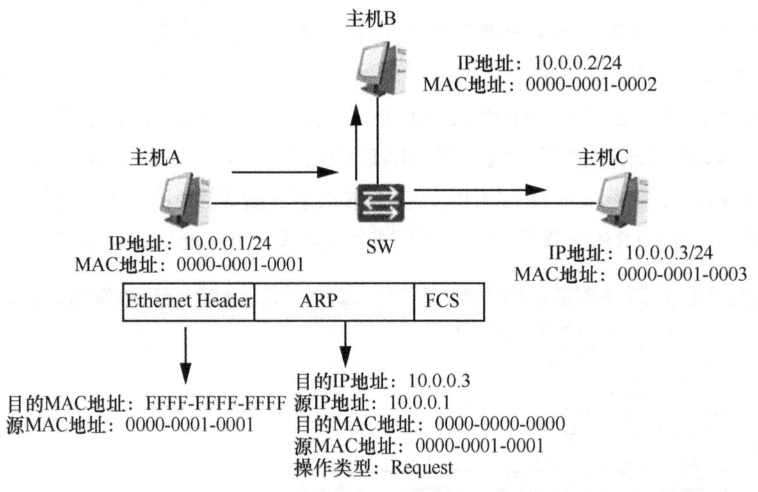

图 3-12 ARP 请求帧示例

ARP 请求数据包会在整个网段内传播，该网段内所有主机（包括主机 B，也包括网关）都会接收到此数据包。但网关将会阻止该数据包发送到其他网络上。其他设备在收到该 ARP 请求数据包后，都会检查 ARP 请求数据包中的目的 IPv4 地址字段与自身的 IPv4 地址是否匹配。如果不匹配，则该主机将不会应答该 ARP 请求数据包；如果匹配，则该主机会将 ARP 请求数据包中的源 MAC 地址和源 IPv4 地址信息记录到自己的 ARP 缓存表中，生成对应的源主机 A 的 ARP 表项，然后通过 ARP 应答数据包进行应答。

② 因为主机 C 的 IPv4 地址与 ARP 请求数据包中的目的 IPv4 地址一致，所以主机 C 会接收该数据包，同时会向源主机 A 回应 ARP 应答数据包。ARP 应答数据包中的源 IPv4 地址是主机 C 自己的 IPv4 地址，目的 IPv4 地址是主机 A 的 IPv4 地址，目的 MAC 地址是主机 A 的 MAC 地址，源 MAC 地址是主机 C 的 MAC 地址，同时 Operation Code 字段被设置为 Reply，如图 3-13 所示。**ARP 应答数据包通过单播传送，不会发送给主机 B。**

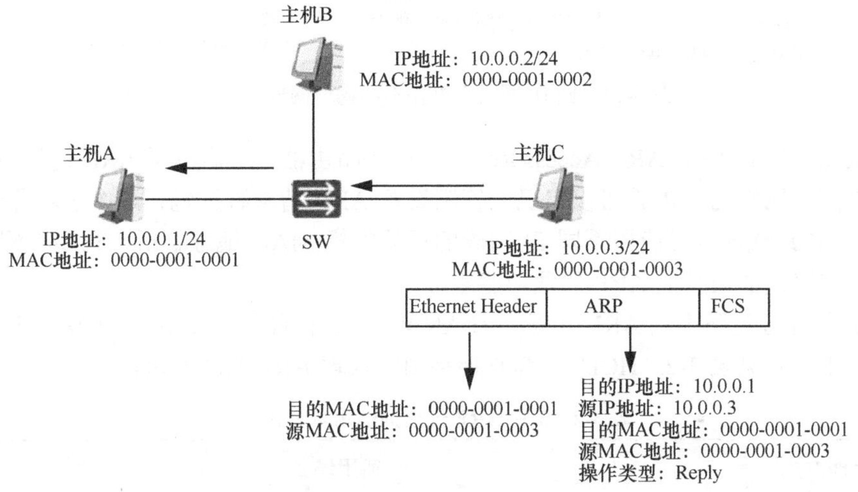

图 3-13　ARP 应答帧示例

③ 主机 A 收到主机 C 的 ARP 应答数据包后，会检查此 ARP 应答数据包中目的 MAC 地址是否与自己的 MAC 地址匹配。如果匹配，ARP 应答数据包中的源 MAC 地址和源 IPv4 地址会被记录到主机 A 的 ARP 缓存表中，生成主机 C 的 ARP 表项。

随后，就可以利用该表项对发送到目的主机 C 的数据进行帧封装了，然后发送数据。但这样建立的 ARP 表项是动态的，是有老化期的，如果在老化期内没有得到更新，又得重新通过 ARP 来获取目的设备的 MAC 地址，建立新的动态 ARP 表项。

ARP 只能获取到与源设备在同一 IP 网段的设备的 MAC 地址，不能直接得到位于不同 IP 网段中目的设备的 MAC 地址，因为 ARP 位于 IPv4 协议之下，不能封装 IPv4 协议，所以其广播数据包只能在数据链路层进行广播封装，不能跨 IP 网段传输。如果想要获得位于不同 IP 网段目的设备的 MAC 地址，则只能通过网关一级级代替源设备查找。此时，源设备上最终获得的是网关的 MAC 地址（以此作为目的 IPv4 地址对应的 MAC 地址）。

【说明】“网关”是网络与网络之间的连接点，用于数据从一个网络转发到另一个网络。

如果源设备与目的设备不在同一 IP 网段，则数据首先会被转发到网关，然后再由网关转发到目的设备中。网关通常是从源设备所在 IP 网段转发到目的设备时所经过的第一跳设备接口，即对应第一跳设备连接本网段的一个网络接口，以一个 IPv4 地址表示。当然，在一个大型的网络中，网关通常不止一个，每两个互联的网络之间至少有一个网关。

3.2.4 ARP 代理

如果源设备与目的设备的 IPv4 地址在**同一 IP 网段**，但却在不同的物理网络上，如图 3-14 所示，**且没有配置默认网关**，此时通过 ARP 也是没办法进行目的主机 MAC 地址解析的，因为广播传输方式的 ARP 请求数据包是不能跨网段传输的。这时就需要使用另一个 ARP 功能，即 ARP 代理（Proxy ARP）。

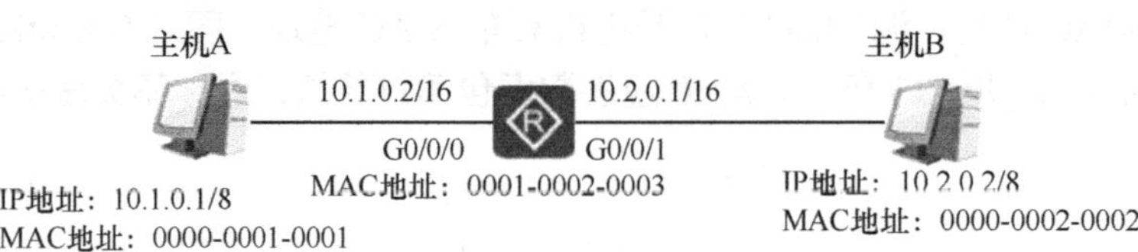

图 3-14 同 IP 网段主机在不同物理网段的示例

如果在图 3-14 中的 AR（Aceess Router，接入路由器）上启用了 ARP 代理功能，那么连接这两个网络的 AR 就可以自己应答源设备 ARP 请求数据包，这个过程称作 ARP 代理。但 ARP 代理也可应用不同 IP 网段的目的主机 MAC 地址解析，只要不配置默认网关，启用路由器设备的 ARP 代理功能即可。

ARP 代理分为路由式 ARP 代理、VLAN 内 ARP 代理和 VLAN 间 ARP 代理，它们各自的适用场景见表 3-2。HCIA 只需掌握路由式代理 ARP 原理即可。

表 3-2 3 种 ARP 代理的适用场景说明

ARP 代理方式	适用场景
路由式 ARP 代理	需要互通的主机（**主机上没有配置默认网关**）处于相同的 IP 网段，但不在同一物理网络（即在不同广播域）的场景
VLAN 内 ARP 代理	需要互通的主机处于相同 IP 网段，并且属于相同 VLAN，但是 VLAN 内配置了端口隔离的场景
VLAN 间 ARP 代理	需要互通的主机处于相同 IP 网段，但属于不同 VLAN 的场景

路由式 ARP 代理就是使那些在同一 IP 网段却不在同一物理网络上的网络设备能够相互通信的一种功能。下面仍以图 3-14 为例进行介绍，假设主机 A 的 MAC 地址为 0000-0001-0001，主机 B 的 MAC 地址为 0000-0002-0002，AR 的 MAC 地址为 0001-0002-0003。

① 当主机 A 需要与主机 B 通信时，由于目的 IPv4 地址与本机的 IPv4 地址为同一网段（均在 10.0.0.0/8 网段），因此主机 A 以广播形式发送一个 ARP 请求数据包，并以此获取目的主机 B 的 MAC 地址。经过数据链路层封装后的 ARP 请求数据帧的格式如图 3-15 所示。

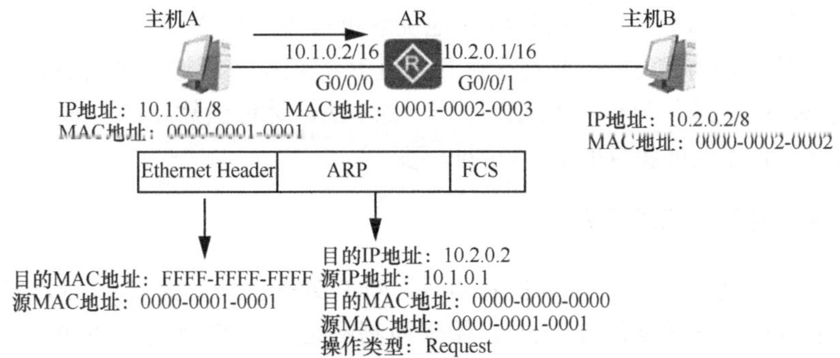

图 3-15　主机 A 发送的 ARP 请求数据帧

由于两台主机连接的是不同物理网络（分别为 10.1.0.0/16 网段和 10.2.0.0/16 网段），主机 B 自然接收不到主机 A 发送的 ARP 请求数据包，也不会应答。此时如果在 AR 上启用路由式 ARP 代理功能，可解决此问题。

② 启用路由式 ARP 代理功能后，AR 在收到主机 A 发送的 ARP 请求数据包后查找本地路由表。由于主机 B 与 AR 直连，AR 上存有主机 B 的路由表项，所以认为可以直接进行 ARP 应答（如果与目的主机不是直连的，则 AR 也不能直接通过一个 ARP 请求数据包获取到目的主机的 MAC 地址）。AR 使用自己的 G0/0/0 接口（是主机 A 的网关，**但其实在主机 A 上并没有配置该网关，一定要注意**）的 MAC 地址给主机 A 发送 ARP 应答数据包，**ARP 应答数据包中的源 IPv4 地址仍为目的主机 B 的 IPv4 地址**，具体帧格式如图 3-16 所示。从中可以看出，在 ARP 应答数据包中，**源 IPv4 地址是主机 B 的，但源 MAC 地址却是 G0/0/0 接口的 MAC 地址**，这就是通常所说的"善意的欺骗"。

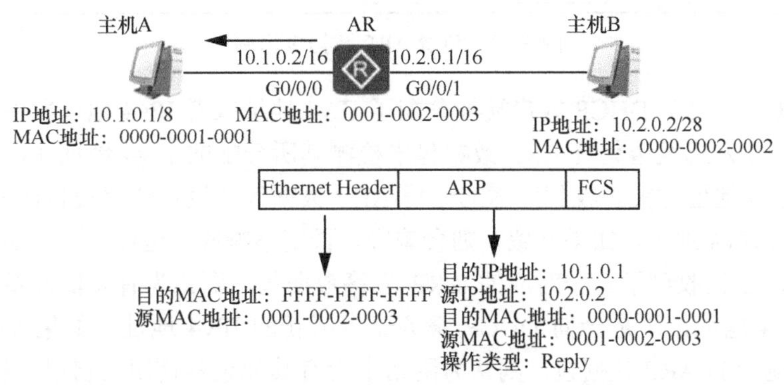

图 3-16　网关 AR 返回 ARP 应答数据帧格式

③ 主机 A 收到 AR 发给它的 ARP 应答数据包时，误以为是目的主机 B 发来的，于是将以 G0/0/0 接口的 MAC 地址、主机 B 的 IPv4 地址建立一个主机 B 的 ARP 表项。对于要发给主机 B 的数据，主机 A 采用 G0/0/0 接口的 MAC 地址作为目的 MAC 地址进行封装并发送。此时，AR 相当于主机 B 的代理。

这里还有一个问题，就是源主机 A 发给目的主机 B 的数据到了 AR 后，又需要重新进行帧封装，AR 仍然需要知道目的主机 B 的 MAC 地址，这时该怎么办呢？其实这很容易，只需要 AR 在连接目的主机 B 所在网段发送一条 ARP 请求数据包来查找主机 B

的 MAC 地址就行了，这属于正常的 ARP 地址解析过程。得到了目的主机 B 的 MAC 地址后，AR 就可以对来自源主机 A 发往目的主机 B 的数据重新进行帧封装，以真正的目的主机 B 的 MAC 地址作为目的 MAC 地址，源 MAC 地址当然是 AR 的 G0/0/1 接口的 MAC 地址，源 IPv4 地址和目的 IPv4 地址不变。

3.2.5 免费 ARP 工作原理

免费 ARP 数据包有一个最显著的特点，即 ARP 数据包中的**源 IPv4 地址和目的 IPv4 地址相同**（通常都是发送设备自己的），用来检测网络中的 IPv4 地址冲突、更新旧的硬件地址信息、防止 IPv4 地址欺骗。

当一个设备发送了一个免费 ARP 数据包时，该数据包的源 IPv4 地址、目的 IPv4 地址都是这个设备自身的，源 MAC 地址也是发送设备的 MAC 地址，但目的 MAC 地址为全 0，即在本地网段中以广播方式发送。

图 3-17 就是一个免费 ARP 数据包示例。收到免费 ARP 数据包的设备会学习其中的源 IPv4 地址和源 MAC 地址，对本地的 ARP 表进行更新，以此防止设备的 IPv4 地址欺骗。

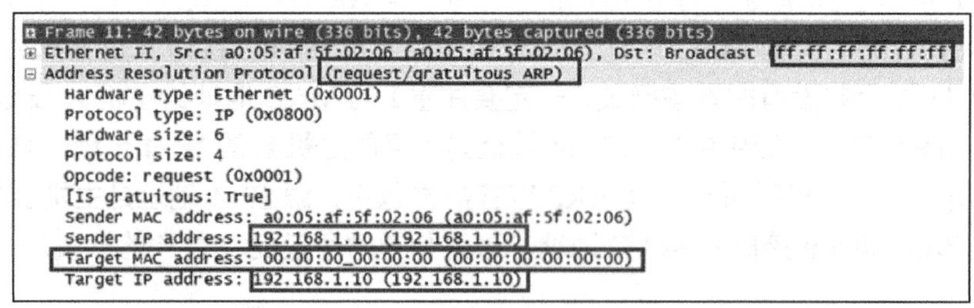

图 3-17　免费 ARP 数据包示例

在 DHCP 应用中，DHCP 客户端被分配了 IPv4 地址或者 IPv4 地址发生变更后，必须立刻通过广播方式发送免费 ARP 数据包来检测其所分配的 IPv4 地址在网络上是否是唯一的，以避免地址冲突。收到广播的免费 ARP 数据包的设备会比较自己的 IPv4 地址与包中的目的 IPv4 地址，如果一致，则会响应，否则不响应。这样一来，如果发送免费 ARP 数据包的主机收到了一个对应的 ARP 应答数据包，则认为有其他设备在使用与自己一样的 IPv4 地址，于是会向 DHCP 服务器申请新的 IPv4 地址。如果没有收到与该 ARP 数据包响应的 ARP 数据包，则认为网络中没有其他设备使用与自己一样的 IPv4 地址，从而可以正式使用该 IPv4 地址了。

另外，当设备接口的协议状态变为 Up 时，设备会主动对外发送免费 ARP 数据包，检测网络中可能存在的 IPv4 地址冲突。如果检测到 IPv4 地址冲突，设备会周期性地广播发送免费 ARP 应答数据包，直到冲突解除。

3.3 TCP

TCP 位于体系结构的传输层，是一种面向连接的端到端协议，可以为主机提供可靠的数据传输。

TCP的标识是TCP端口，每个端口与一个应用进程关联。TCP端口分为知名端口（0～1023）和动态端口（1024～6635）两类。知名 TCP 端口是被一些主要的应用服务[如 Web 服务分配了 80 端口，FTP（File Transfer Protocol，文件传输协议）服务分配了 20、21 两个端口，Telnet 服务分配了 23 端口等]所独占使用的，而动态 TCP 端口一般不分配给特定的应用服务使用，只要这些端口当前没有被使用，任何应用层服务都可以使用这些 TCP 端口。

TCP 允许一个主机同时运行多个应用进程，实现多个 TCP 端口与同一个 IPv4 地址建立关联，以满足一台主机同时进行多种网络应用。每个 IPv4 地址可以拥有 65536 个 TCP 端口，每个 TCP 端口、源 IPv4 地址和目的 IPv4 地址共同唯一地标识一个应用层会话。

3.3.1　TCP 的主要特性

TCP 具有许多非常重要的特性，具体如下。

（1）面向连接的传输协议

应用程序在使用 TCP 之前，必须先建立 TCP 传输连接，传输数据完毕，可释放已建立的 TCP 传输连接。

（2）仅支持单播传输

每条 TCP 传输连接只能有两个端点，**只支持单播数据传输，不支持组播和广播传输方式**。但每台设备可以同时进行多项基于 TCP 的应用，因为一个 IPv4 地址可以有最多 65536 个 TCP 端口可以使用。

【说明】 这里所说的 TCP 传输连接的“端点”既不是主机，也不是主机的 IPv4 地址，也不是应用进程，同样不是传输层协议端口，而是套接字（socket）。套接字是 IPv4 地址和端口号的组合，中间用冒号或逗号分隔，如（192.168.10.80）。每个 TCP 传输连接有两个端点，也就是有两个套接字，即“源 IPv4 地址和端口号”组合和“目的 IPv4 地址和端口号”组合，可表示为 {socket1,socket2} 或者 {(IP1,Port1)，(IP2,Port2)}。

（3）提供可靠的交付服务

因为 TCP 的应用必须先建立 TCP 连接，有专门的传输通道，所以通过 TCP 连接传送的数据理论可以无差错、不丢失、不重复，且按时序到达对端。

（4）传输单元为数据段

TCP 以“数据段”作为数据传输单元。数据段大小由应用层传送的报文大小和所途经链路的 MTU 值大小决定，所以每次发送的 TCP 数据段大小是不固定的。在一个具体的网络中，有一个 MSS（Maximum Segment Size，最大数据段大小），**最小的 TCP 数据段仅有 20 个字节的 TCP 头部，无数据部分**，如建立 TCP 连接的 SYN 数据段，用于对所接收的数据段进行确认的 ACK 数据段等。

（5）支持全双工传输

TCP 允许通信双方的应用程序在任何时候都能发送数据，因为 TCP 连接的两端都设有发送/接收缓存，用来临时存放双向通信的数据。当然 TCP 可以立即发送一个数据段，也可以缓存一段时间，以便再一次性发送更多的数据段。

（6）TCP 连接是基于字节流的，而非报文流

TCP 是在不保留数据段边界的情况下，以字节流方式进行传输，而不是报文流。

3.3.2 TCP 数据段格式

TCP 通常使用 IPv4 协议作为网络层协议，所以 TCP 数据段在向网络层传输时要封装 IPv4 协议头部，其基本格式和所包括的字段如图 3-18 所示，各字段说明如下。

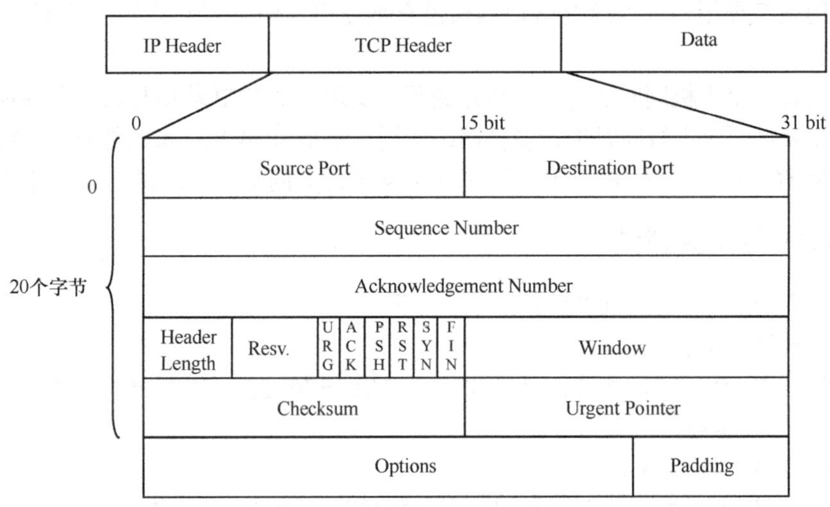

图 3-18 TCP 数据段格式

① Source Port（源端口）和 Destination Port（目的端口）：分别代表源端和目的端的 TCP 端口号，各占 2 个字节（16bit），用于标识一个具体的应用。每个 TCP 数据段同时包括源端口和目的端口，与 IPv4 协议头部的源 IPv4 地址和目的 IPv4 地址可以唯一确定一个 TCP 连接。

【说明】在 TCP 应用中的服务通常都是 C/S（客户端/服务器）工作模式的，在建立 TCP 连接时，源端（客户端）通常使用的是随机的 1024 以后的非知名端口作为源端口，目的端（服务器）一般是使用由对应服务器指定的端口作为目的端口。知名服务一般默认使用对应的知名 TCP 端口，如 Web 服务器默认使用的是 TCP 80 端口，Telnet 服务器认使用的是 TCP 23 端口等。

② Sequence Number（序列号）：用于标识从源端发出的 TCP 数据段的序列号，占 4 个字节（32bit）。初始序列号是随机的，可能是 0～4294967295 的任意值。但 TCP 数据段的序列号不是以 1 为增量连续的，因为事实上要对数据段中的 Data 字段的每一个字节进行编号，**序列号是指 Data 字段的第一个字节的编号**。如一个 TCP 数据段的序列号是 10，而所传输的数据段中的 Data 字段有 22 个字节，则 Data 字段 22 个字节的编号为 10～31，自然下一个数据段的序列号就是 32，可以直接用序列号加上 Data 字段的字节数相加得出，即 10+22=32。

TCP 数据段在传输时，各数据段到达目的端的先后顺序可能发生变化，目的端就可以依据此序列号正确重组数据。

③ Acknowledgement Number（确认号）：4 个字节（32 位），指示本端期望接收对端下一个数据段的序列号，不是代表已经正确接收到的最后一个字节的序列号，是已

成功接收的连续数据段中的最大数据段，最后一个数据字节的序号加 1。

④ Header Length（头部长度，也称“数据偏移”）：4bit，**以 4 个字节为单位**表示 TCP 头部的长度，用于确定 TCP 数据段头部的长度，以便在目的端把数据向应用层传输时能准确地去掉TCP头部，仅保留Data字段部分。4个比特所能表示的最大值为15，每个单位为 4 个字节，即 15×4=60，故头部长度最大为 60 个字节，如果没有 Options 字段则此字段值为 5，20 个字节。

⑤ URG（Urgent Pointer Valid，紧急指针有效）：控制位，指示当前数据段中是否有紧急数据，占 1bit，置 1 时表示有紧急数据。紧急数据会放在 Data 部分最前面。

⑥ ACK（Acknowledgement，确认）：控制位，指示TCP数据段中Acknowledgement Number 字段是否有效，占 1bit，置 1 时表示有效。**ACK 数据段中没有 Data 部分**。

⑦ PSH（Push，推）：控制位，指示接收端是否需要立即把收到的数据段提交给应用进程，占 1bit，置 1 时需要立即向上层提交，**不管前面是否还有其他 TCP 数据段未成功接收**，置0时可以先缓存起来，等待前面所有数据段都成功接收后再一起向上层提交。

⑧ RST（Reset，重置）：控制位，用于重置、释放一个已经混乱的传输连接，然后重建新的传输连接，占 1bit，置 1 时释放当前传输连接，然后重新建立新的传输连接，默认置 0。**RST 数据段没有 Data 部分**。

⑨ SYN（Synchronization，同步）：控制位，用来建立 TCP 连接，占 1bit。当 SYN=1、ACK=0 时为连接建立请求数据段，如果对方同意建立连接，则对方会返回一个 SYN=1、ACK=1 的连接建立请求和确认数据段。**SYN 数据段中没有 Data 部分**。

⑩ FIN（Final，最后）：控制位，用于请求释放一个传输连接，占 1bit。置 1 时，表示数据已全部传输完成，发送端没有数据要传输了，请求释放当前连接，但是接收端仍然可继续接收数据。**FIN 数据段中没有 Data 部分**。

⑪ Window（窗口大小）：2 个字节，指示发送此 TCP 数据段的主机当前可用于存储传入数据段（**仅包括数据段的 Data 部分，去掉了 TCP 头部**，准备要向应用层上传）的字节大小，即发送方当前还可以接收的最大字节数，是对方设置其“发送窗口”大小的依据，用来进行流量控制。由于该字段是16位，所以最大值为65535，即最大的窗口大小为 64kB。

⑫ Checksum（校验和）：2 个字节，校验整个 TCP 报文，包括 TCP 头部和 TCP 数据，同时在 TCP 数据段的前面加上 12 个字节的伪头部。该值由发送端计算和记录，并由接收端进行验证。

【说明】 TCP 伪头部格式如图 3-19 所示，包括了一些网络层和传输层信息（UDP 也有这样类似的伪头部，UDP 的 PID 为 17，对应十六进制的 0x11）。

增加伪头部参加校验和计算，主要是为了多一些检测的参数，可以更准确地反映数据的更改。但伪头部只参与校验和计算，不与 TCP 数据段一起传输给对方。通过校验和字段进行数据完整性校验的方法如下。

- 将伪头部和 TCP 数据段（其中“校验和”字段值置 0）以 16bit 为单位从最低位向高位做加法运算。如果尾部数据不足 16bit 则填充至 16bit。
- 计算校验和，把校验和值填充在“校验和”字段。
- 到了接收端后，根据 TCP 数据段中的真实数据再生成一个 TCP 伪头部，然后再以相同方法计算校验和（计算时“校验和”字段也置 0）。如果计算出来的结果与“校验和”字段值匹配的话，则认为数据段是正确的，将接收，否则表明发生了某种类型的错误，数据段将会被丢弃。

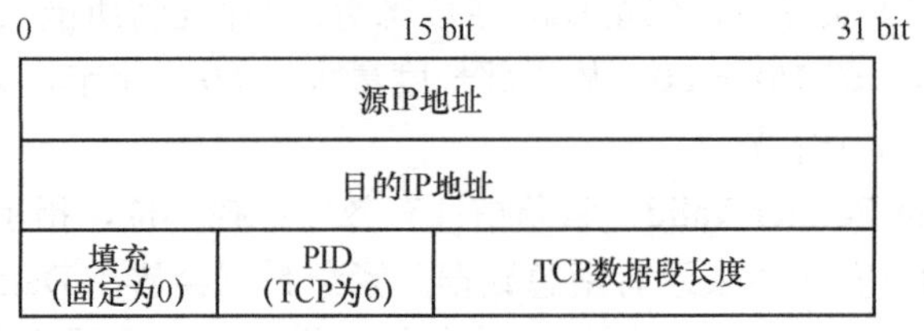

图 3-19　TCP 伪头部格式

⑬ Urgent Pointer（紧急指针）：2 个字节，仅当前面的 URG 控制位置 1 时有意义，指示本数据段中紧急数据中的最后一个字节的序列号，占 16bit。**即使当前窗口大小为 0，也是可以发送紧急数据的，因为紧急数据无须缓存。**

⑭ Options（选项）|Padding（填充）：这两个字段可选，可有一个或多个可选项，最长可达 40 个字节。当没有使用该字段时，TCP 头部的长度为 20 个字节。填充字段仅当 TCP 头部（包括可选项）的长度不是 4 个字节的整数倍时填充 0，使其达到 4 个字节的整数倍，但填充后的 TCP 头部最长不得超过 60 个字节。

⑮ Data（数据）：TCP 数据段中的数据部分是可选的，且长度可变，整个 TCP 数据段的大小受网络层 IPv4 数据包 64kB（65536 个字节）大小的限制。这样一来，最大的 TCP 数据段大小为 65536−20（此 20 字节为 IPv4 数据包头部大小）=65516 个字节，超过要进行分段。

【说明】 Data 字段也是可选的，通过 SYN 数据段建立 TCP 连接，以及通过 FIN 数据段终止一个连接时，仅有 TCP 头部，没有 Data 字段。如果一方没有数据要发送，也可使用没有任何数据的 TCP 头部来确认收到的数据。在处理超时的许多情况中，也会发送不带任何数据的数据段。

3.3.3　TCP 连接的建立与释放

基于 TCP 的网络应用必须事先在源端和目的端之间建立 TCP 连接，然后在数据传输完又需要释放原来所建立的 TCP 连接，以节省网络资源，释放所占用的 TCP 端口。

1. TCP 连接的建立

TCP 连接的建立是一个 3 次握手的过程，即 3 次数据段的交互过程，如图 3-20 所示。在这 3 次握手过程中，两端彼此交互的数据段均没有 Data 字段部分，每一次交互完成后，两端的 TCP 连接建立状态会发生一次变化。TCP 连接建立好后，即建立好了端到端的传输通道，两端就可以正式相互发送数据了。

① 主机 A（通常也称为客户端）发送一个 SYN 控制位置 1 的 TCP 数据段（源端口通常是大于 1024 的随机 TCP 端口，目的端口是服务器上指定或默认的 TCP 端口），表示期望与服务器 B 建立连接，此数据段的初始序列号（Seq）为 x（随机），Acknowledgement Number（确认号，简称 ACK）为 0（**因为此时还没有收到对方任何 TCP 数据段**），进入 SYN_SENT 状态。

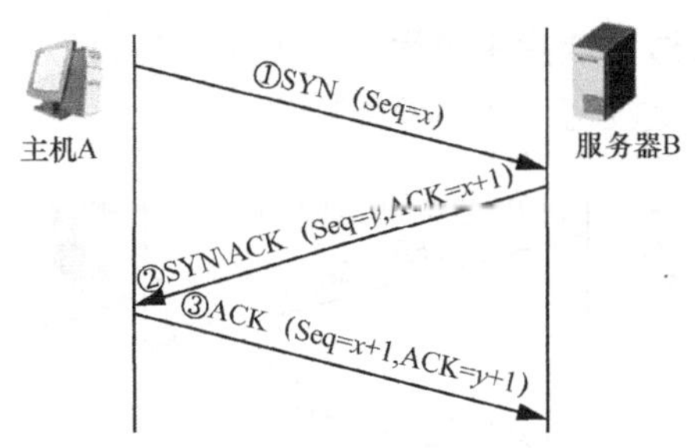

图 3-20　TCP 连接的建立过程

② 服务器 B 回复 SYN 和 ACK 控制位均置 1 的 TCP 数据段，此数据段的序列号为 y（随机），确认号为客户端发送的 SYN 数据段序列号加 1（即 x+1），以此作为对客户端的 SYN 报文的确认，进入 SYN_RCVD 状态。

③ 主机 A 发送一个 ACK 控制位置 1 的数据段，序列号为 x+1，确认号为服务器 B 发送的 SYN+ACK 数据段序列号加 1（即 y+1），以此作为对服务器的 SYN+ACK 数据段的确认，进入 ESTABLISHED 状态。当服务器 B 收到客户端的 ACK 数据段后进入 ESTABLISHED 状态。

【经验之谈】为什么客户端在最后还要发送一次 ACK 确认数据段呢?这主要是为了防止已失效的连接请求数据段延误到了服务器端后，产生错误连接。

假设客户端发送了连接请求,但因连接请求数据段丢失而未收到来自服务器的确认，于是客户端又重发一次连接请求,这次 TCP 连接成功建立。数据传输完毕后释放了连接。如果客户端最初发出的第一个请求数据段并未丢失,而是在某个网络节点长时间滞留了，以致延误到后面 TCP 连接释放后的某个时间才到达服务器端(这是一个早已失效的数据段),则服务器收到此失效的连接请求报文后就可能误以为客户端又发了一次新的连接请求，于是向客户端发出 SYN+ACK 数据段，同意建立连接。

如果不采用 3 次握手，那么只要服务器端发出了 ACK 确认数据段，新的 TCP 连接就建立了。但客户端事实上并没有发出建立连接的新请求，因此不会理睬服务器端的确认数据段，也不会向服务器发送数据。但服务器端却以为新的传输连接已经建立了，并一直等待客户端发送数据，因此白白浪费了许多资源。如果采用 TCP 3 次握手的方法就可以防止上述现象发生，因为每次 TCP 连接的建立都需要客户端进行最后的确认，客户端不进行确认，TCP 连接就建立不起来。例如在前面的情况下，由于客户端不会对服务器发来的 SYN+ACK 数据段进行确认，因此 TCP 连接就不会建立。

如果数据段在 TCP 第三次握手中丢失了，但客户端仍认为这个连接已经建立，就会向服务器写入数据，服务器将以 RST 数据段响应，重置连接。

TCP 连接建立好后，接下来客户端和服务器端之间就可以互传数据了。**但 TCP 连接建立后，客户端和服务器均以建立连接时的初始序列号+1 的序列号开始发送数据**。如图 3-20 中的示例，主机 A 发送数据时所用的第一个序列号是 x+1，服务器 B 发送数据时的第一个序列号是 y+1。

2. TCP 连接释放原理

在传输数据之前，TCP 通过 3 次握手建立的实际上是双向的连接，因此在传输完毕后，两个方向的连接必须都释放。也正因如此，**TCP 连接的建立是一个 3 次握手的过程，**

而 TCP 连接的释放则要经过 4 次挥手过程，具体如图 3-21 所示。在 TCP 连接释放过程中所交互的 TCP 数据段也是没有 Data 字段的。

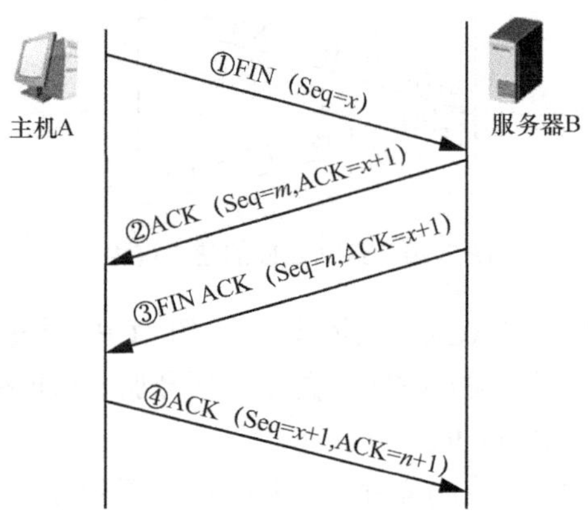

图 3-21 TCP 连接的释放过程

① 主机 A（客户端）想要终止连接，于是发送一个 FIN 控制位置 1 的 TCP 数据段，序列号为 *x*（**该序列号等于主机 A 前面已经传输完成的最后一个数据段的序列号**），进入 FIN_WAIT-1 状态。

② 服务器 B 回应一个 ACK 控制位置 1 的 TCP 数据段，序列号为 *m*（**该序列号等于服务器 B 前面已经传输完成的最后一个数据段的序列号加上 Data 字段长度**），确认序列号为 *x*+1，作为对主机 A 的 FIN 数据段的确认，进入 CLOSE_WAIT 状态。

此时服务器通知上层的应用进程，释放客户端到服务器方向的连接，TCP 处于半关闭状态，即客户端已经没有数据要发了，但服务器若发送数据，客户端仍要接收，所以这个状态可能会持续一段时间。

③ 主机 A 收到服务器 B 的 ACK 确认数据段后，就进入了 FIN_WAIT 状态，等待服务器发出连接释放数据段。如果服务器已经没有要向客户端发送的数据了，其应用进程就通知 TCP 释放连接。这时服务器 B 向主机 A 发送释放 TCP 连接的 FIN 数据段，FIN 控制位置 1，确认号仍为 *x*+1，序列号为 *n*（***n* 与前面的 *m* 可能相等，也可能不相等**，具体在下面说明）。这时服务器进入 LAST_ACK 状态，等待客户端的确认。

【说明】 如果在收到主机 A 发来的请求释放连接的 TCP 数据段时，服务器 B 也没有数据要继续向主机 A 发送了，也想立即释放 TCP 连接，则服务器 B 在发送 FIN、ACK 置位的 TCP 数据段时的序列号 *n* 就与前面发送 ACK 数据段的序列号 *m* 是一样的。反之，如果服务器 B 还有数据要向主机 A 发送，处于半关闭状态的服务器 B 可能后面又发送了一些数据，此时再发送 FIN、ACK 置位的 TCP 数据段时的序列号就与前面的 ACK 数据段的序列号 *m* 不一样了，应为半关闭状态发送的最后一个 TCP 数据段的序列号加 1。

④ 主机 A 回应一个 ACK 控制位置 1 的 TCP 数据段，序列号为 *x*+1，确认序列号为 *n*+1，作为对服务器 B 的 FIN 数据段的确认，进入 TIME_WAIT（超时等待）状态。

这时，TCP 连接还没有释放掉，必须等待计时器设置的时间 2MSL（Maximum Segment Lifetime，最大分段寿命）后才进入 CLOSED 状态。只有当双方都进入 CLOSED 状态后，TCP 连接才会被成功释放。

3.3.4　TCP 的确认机制

为了确保数据的可靠传输，TCP 中采用了确认机制，起作用的是 TCP 头部中的 Acknowledgement Number（确认号）字段和 Acknowledgement（确认）这两个字段。

Acknowledgement Number 字段用于指定期望接收对端的下一个数据段的起始序列号数据。同时也暗示了在此序列号前的所有字节数据均已被正确接收；Acknowledgement 字段用于指示数据段中的 Acknowledgement Number 字段是否有效，置 1 时有效。

TCP 数据段的序列号不是以 1 为单位连续增加的，而是对应数据段中 Data 字段中第一个字节的编号。而 TCP 数据段序列号是从 0 开始编号的，所以**下一个数据段的序列号就等于上一个数据段的序列号+Data 字段字节数**。如果当前一数据段的序列号为 10，其 Data 字段长度为 500 个字节，则下一个数据段的序列号就是 10+500=510。

目的端接收到源端发送的数据段后，会向源端发送一个 ACK 控制位置 1 的确认数据段（**无数据部分**），用于表明本端已接收到了哪些序列号的数据。源端收到确认数据段后，可以继续发送数据。TCP 通常不会针对单个数据段进行确认，而是一次性对多个连续数据段进行确认，只需要对最近正确收到的连续数据段进行确认，即代表前面所有数据段均已正确接收。源端收到 ACK 数据段，发现自己已发的一些序列号数据段没有得到目的端确认，认为这些数据段在传输途中丢失了，于是从缓存中调用这些数据段进行重传。

如图 3-22 所示，假设主机 A 向服务器 B 发送的第 *N* 个数据段的序列号为 *M*，每个数据段中 Data 部分的长度均为 500 个字节，即每个数据段的序列号在其前一个数据段的序列号基础上要加 500。如第 *N*+1 个数据段的序列号为 *M*+500，第 *N*+2 个数据段的序列号为 *M*+1000，第 *N*+3 个数据段的序列号为 *M*+1500，第 *N*+4 个数据段的序列号为 *M*+2000……

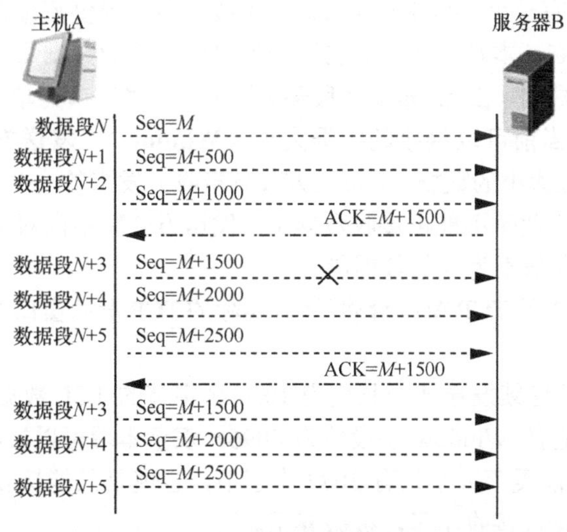

图 3-22　TCP 数据传输与确认示例

【说明】如果服务器 B 只向主机 A 返回 ACK 确认应答，没有数据发送，则主机 A 所发送的数据段中的 ACK 字段值总是不变的，等于 TCP 连接建立成功后服务器 B 发送的最后一个 TCP 数据段中的序列号。

假设服务器 B 在成功接收到第 *N*+2 及以前所有数据段后进行确认，发送的确认数据段中的确认号即为下一个数据段的序列号。第 *N*+2 个数据段的序列号为 *M*+1000，下一个数据段的序列号是在前一个数据段序列号基础上加 500，所以确认数据段中的确认号为 *M*+1500。

又假设后面的第 *N*+3 个数据段没有发送成功，但后面的第 *N*+4、*N*+5 个数据段发送成功了，服务器 B 也成功接收了。此时因为前面的第 *N*+3 个数据段没有发送成功，所以服务器 B 发送的确认数据段中的确认号仍是 *M*+1500。这样一来，主机 A 在收到服务器 B 发来的确认数据段后便知前面 3 个数据段已成功接收，于是从缓存中清除这 3 个数据段，以腾出空间存放新发送的数据段。同时获知，第 *N*+3 个数据段及以后的数据没有被确认，出现了传输错误，于是主机 A 决定对第 *N*+3 以及之后已发送的所有数据段进行重发，即对第 *N*+3、*N*+4、*N*+5 这 3 个数据段全部重发。

其实，TCP 还有一种选择性确认（Selective ACK，SACK）机制，即仅可以重传缺少部分的数据，而不用重传那些已正确接收的数据，以提高重传效率。

另外，TCP 中的重传定时器（Retransmission Timer，RTT）规定在发送一个数据段的同时启动该定时器。如果在定时器过期之前，该数据段还没有被对方确认的话，则定时器被停止，然后从缓存中调用对应序列号的数据段进行重传。

3.3.5 TCP 的流量控制机制

在数据传输中可能会出现这种情形，那就是发送端一次发送的数据太大，接收端来不及处理，同时可用的缓存（**缓存中仅保存 TCP 数据段中的 Data 字段部分的内容，去掉 TCP 头部**）又放不下，这时这些数据只能在接收端被丢弃了。这样就大大影响数据传输的可靠性和传输效率。

TCP 头部格式中有一个 Window（窗口）字段，专门提供流量控制功能，即窗口滑动机制。通过这种机制，本端告诉对方自己当前可以接收的数据量，也暗示着对端下次可一次性发送的最大数据（**仅指 Data 字段部分**）大小，以字节为单位。**接收方根据自身的缓存空间大小确定当前可以接收的数据大小（Window），发送方根据接收方当前的 Window 大小发送相应大小的数据**。当发送方收到接收方发来的一个 Window 字段值为 0 的数据段，表示接收方此时不能再接收数据了，发送方会暂停向对端发送数据，直到接收方发来 Window 字段值不为 0 的数据段。

图 3-23 是一个简单的 TCP 窗口滑动示例，实际的 TCP 滑动窗口技术比较复杂，HCIA 层次不做要求。

① 主机 A 一开始连续发送 4 个长度为 1024 个字节的 TCP 数据段（数据段 1～4）给服务器 B，其中设置的 Window 字段值为 4096，表示本端可以接收 4096 个字节的数据。但服务器 B 上当前缓存大小只有 3072 个字节，也就是只能接收主机 A 发送的前 3 个数据段，第 4 个数据段接收不了，被丢弃了。

② 服务器 B 向主机 A 返回一个 ACK 数据段（**无数据部分**），Acknowledgement Number 为 3073（假设第一个数据段的序列号为 1），因为已连续接收到 3 个 1024 长度的数据段，即共接收了 3072 个字节的数据，所以下一个可接收的数据的编号就是 3073 了。此时把 Window 字段设为 3072，表示服务器 B 最多只能接收 3072 个字节的数据。

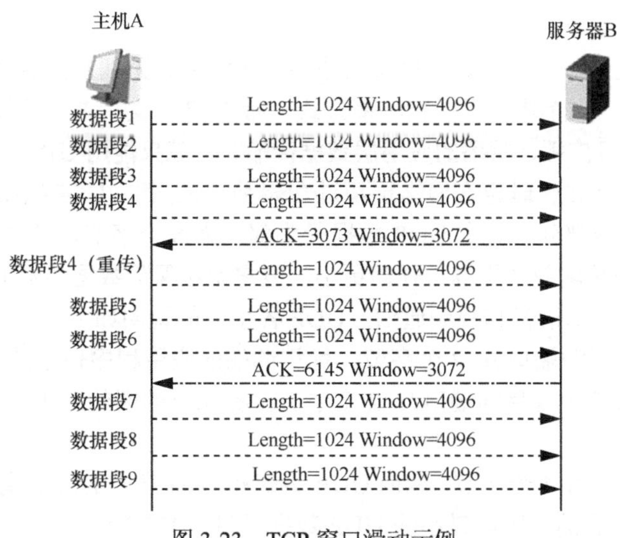

图 3-23　TCP 窗口滑动示例

【说明】如果服务器 B 只是向主机 A 返回 ACK 确认数据段，则主机 A 发送的数据段中 Window 字段值总是不变的，因为本端没有接收到服务器 B 发来的数据，没有消耗缓存空间。

③ 主机 A 收到服务器 B 发来的确认数据段后便获知原来发送的第 4 个数据段服务器 B 没有成功接收，同时获知服务器 B 当前只能接收 3072 个字节的数据，确定以后每次只连续发送 3 个 1024 个字节的数据段便停止发送，等待服务器 B 的确认。于是主机 A 先发送上次没有被成功接收的第 4 个数据段，然后再发送 2 个新的数据段，即发送第 4、第 5、第 6 3 个数据段后又等待服务器 B 的确认。但因为主机 A 没有收到服务器 B 发来的数据（收到的 ACK 数据段中没有数据），**所以它的窗口大小值没有改变，仍为 4096**。

④ 服务器 B 在收到主机 A 连续发送的第 4、第 5、第 6 数据段后发送一个确认数据段，此时 Acknowledgement Number 为 6145（1024×6+1），如果服务器 B 收到的数据已上传，则它发送的 ACK 数据段中的 Window 字段仍为 3072。

⑤ 主机 A 收到服务器 B 的确认数据段后再次连续发送 3 个 1024 个字节的数据段，然后再等待服务器 B 的确认，如此循环。

3.4　UDP

UDP 是体系结构传输层中的另一个主要的协议，适用于对传输可靠性要求不高但对传输速度和时延要求较高的场景。UDP 与 TCP 不同，UDP 将数据从源端发送到目的端时，无须事先建立连接，即 UDP 不是面向连接的协议。

UDP 采用了简单、易操作的机制在应用程序间传输数据，**无 TCP 中的确认、重传和滑动窗口机制**，因此 UDP 不能保证数据传输的可靠性，但它的传输效率高。对于时延敏感的应用，丢失部分数据影响并不大，就像我们看视频，中间丢掉几帧并没什么影响，甚至看不出来，但由于事先无须建立专门的连接，传输效率较高，因此用户体验更好。

视频通信中通常采用 UDP。

UDP 具有无连接、不可靠、以报文为边界、无流量、无拥塞控制功能等特性，但它支持各种传输方式，如单播、组播和广播方式，而 TCP 仅支持单播传输方式，这是它的重要优点。**所以涉及广播、组播的应用层数据传输时，就只能用 UDP 了**。

UDP 数据段向下传输时也在网络层经过 IPv4 协议的封装，UDP 数据段自身分为 UDP 数据段头部和数据两部分，其中 UDP 数据段头部仅为 8 个字节，具体如图 3-24 所示。相比 TCP，UDP 的传输效率更高，开销更小，但它无法保障数据传输的可靠性，所以更适合实时数据传输，如语音和视频通信。UDP 各字段的说明如下。

① Source Port（源端口）：2 个字节，标识源端的应用程序使用的 UDP 端口号。

② Destination Port（目的端口）：2 个字节，标识目的端的应用程序使用的 UDP 端口号。

③ Length（长度）：4 个字节，标识 UDP 头部和 Data 字段的总长度，以字节为单位。因为 Data 字段是可选的，所以最小的 UDP 数据段仅为 UDP 头部，长度仅为 8 个字节。

④ Checksum（校验和）：2 个字节，用于对 UDP 头部和 Data 部分进行校验，是可选的字段。但在计算校验和时也要加上 UDP 伪头部，只是其中的 PID 为 UDP 的协议 ID（对应的十进制值为 17，十六进制值为 0x11），后面是 UDP 数据段长度。

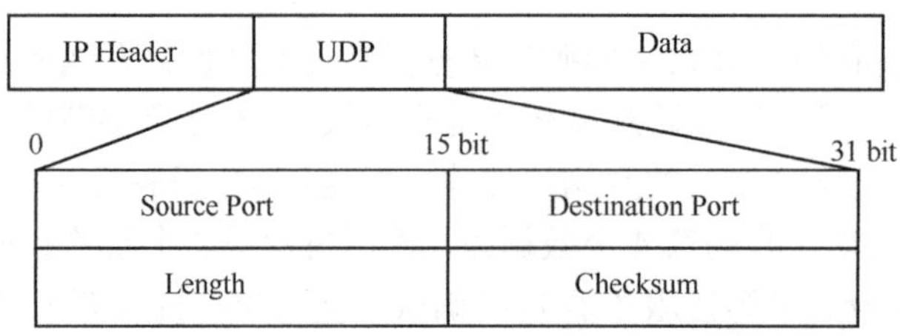

图 3-24　UDP 数据段格式

⑤ Data（数据）：UDP 数据段数据部分，长度可变，但整个 UDP 数据段大小也是受到网络层 IPv4 数据包最大 64kB 的限制，超过也需经过分段处理，但这个分段功能是由网络层 IPv4 协议的分片功能完成的，UDP 没有分段功能。

【说明】因为每个 UDP 数据段独立地在网络中被发送，所以不同的 UDP 数据段会通过不同的网络路径到达，先发送的数据段不一定先到达。又因为 UDP 数据包没有序列号，目的主机将无法通过 UDP 将数据段按照原来的顺序重新组合，所以此时需要应用程序提供数据段的到达确认、排序和流量控制等功能。通常情况下，UDP 采用实时传输机制和时间戳来保障语音和视频数据传输的可靠性。

第 4 章 VRP 系统基础及设备登录

本章主要内容

4.1　VRP 系统简介

4.2　设备本地登录

4.3　命令行基础

4.4　设备基础配置

4.5　Telnet 登录配置

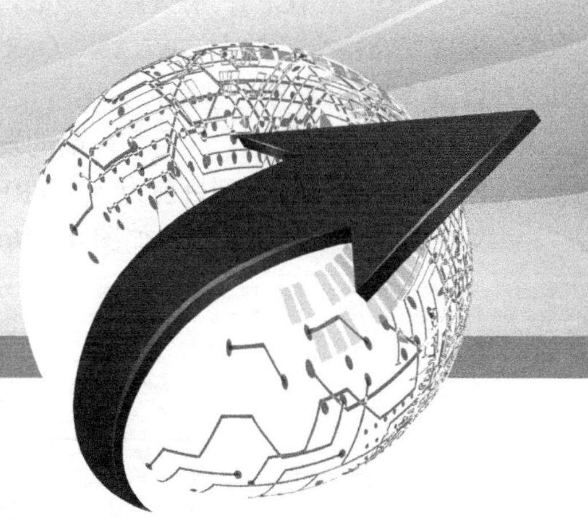

通过对前3章的学习，我们已对数据通信的一些基础知识有了较全面的了解。本章我们介绍华为设备各方面功能的配置与管理方法。

虽然网络设备和管理方式有多种，但是最基础、最重要的还是命令行界面（Command-line Interface，CLI）管理方式，也就是通过登录到设备，在命令行提示符下输入相应的网络设备的配置与管理命令来进行设备功能配置和管理。

要通过CLI方式管理华为设备，我们先要了解华为设备的VRP操作系统的使用方法。本章的主要内容包括两个方面：一是VRP的基本操作方法；二是设备登录，包括本地登录和远程Telnet登录。

本章内容属于实操技能，所以相关人员平时要多练习，否则难以记住并理解命令功能和一些管理命令执行后的输出结果，更难理解本章所介绍的一些VRP系统基础知识。

4.1 VRP 系统简介

VRP 是华为公司数据通信设备的通用操作系统平台，可以运行在多种硬件平台（如交换机、路由器、防火墙、WLAN AP 等）之上，且拥有一致的网络界面、用户界面和管理界面，便于相关人员进行学习和设备管理。

VRP 以 TCP/IP 协议簇为核心，实现了数据链路层、网络层和应用层的多种协议，集成了路由交换技术、WLAN、QoS 技术、安全技术和 IP 语音技术等数据通信功能，并以 IP 转发引擎作为基础，为网络设备提供了出色的数据转发能力。

随着网络技术、应用和产品的发展，VRP 在处理机制、业务能力、产品支持等各方面也在持续演进。到目前为止，VRP 系统已开发了 5 个版本，分别是 VRP1、VRP2、VRP3、VRP5 和 VRP8，如图 4-1 所示。最新使用的是 VRP5 和 VRP8 版本。

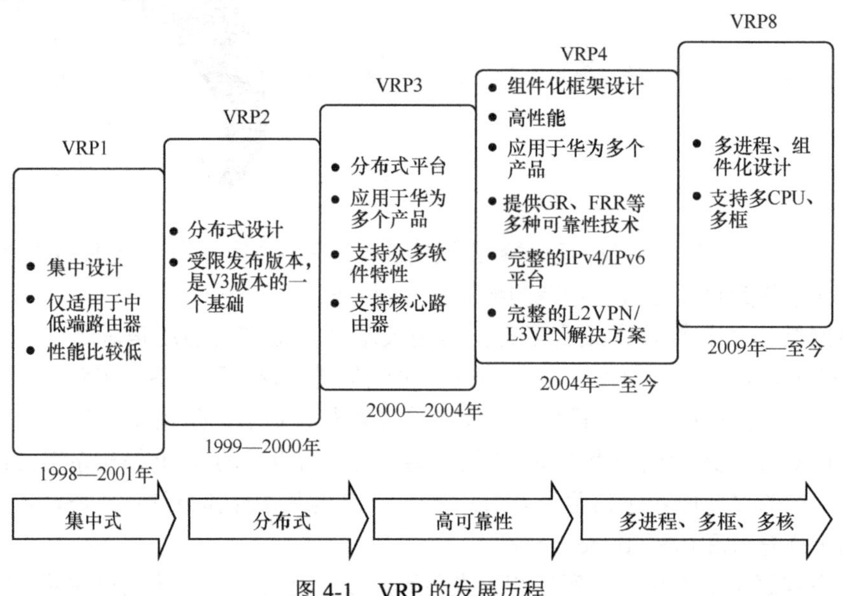

图 4-1 VRP 的发展历程

VRP5 是一款分布式网络操作系统，具有高度可靠性、高性能、可扩展的架构设计。目前绝大多数华为设备（如 x7 系列以太网交换机、AR G3 系列路由器）使用的都是 VRP5 版本。

VRP8 是最新一代网络操作系统，具有分布式、多进程、组件化架构，支持并行、多核多 CPU/多进程、分布式应用和虚拟化技术，能够适应未来的硬件发展趋势和企业业务急剧膨胀的业务需求。目前，VRP8 主要应用在高端的 NE 系列路由器中。

华为 x7 系列以太网交换机主要包括 S1700、S2700、S3700、S5700、S6700、S7700、S9700、S12700 等大的系列，有些大系列下面还有许多小的子系列，如 S5710、S5720、S5730、S6720、S6730 等。该系列全面覆盖了企业网络接入层、汇聚层和核心层，可提供大容量交换、高密度端口，实现高效的报文转发。

AR G3 系列是华为的第三代企业级路由器产品，包括 AR150、AR160、AR200、AR1200、AR2200、AR3200、AR 3600 等多个大的系列，可提供路由、交换、无线、语音和安全等功能。

华为 x7 系列交换机和 AR G3 系列路由器目前使用的是 VRP5 版本。但随着产品的增加，各系列产品特性的不同，VRP 平台又基于具体产品系列开发了多个对应的产品版本。产品版本格式包括 Vxxx（产品码）、Rxxx（大版本号）和 Cxx（小版本号）三部分。如果 VRP 产品版本有补丁，VRP 产品版本号中会包括 SPC 部分。如 Version 5.90(AR2200 V200R010C00)，表示 VRP 版本为 5.90，产品版本号为 V200R010C00；Version 5.160(AR2200 V200R007C00SPC600)，表示 VRP 版本为 5.160，产品版本号为 V200R007C00SPC600，表示此产品版本包括补丁包。我们可在所有视图下通过 **display version** 命令查看当前 VRP 系统的版本，下面是该命令的输出示例。

```
<Huawei> display version
Huawei Versatile Routing Platform Software
VRP (R) software, Version 5.170 (S6720 V200R013C00)
Copyright (C) 2000-2017 Huawei TECH Co., Ltd.
Huawei S6720-54C-EI-48S-AC Routing Switch uptime is 0 week, 0 day, 0 hour, 5 minutes

ES5D2S50Q002 1(Master)    : uptime is 0 week, 0 day, 0 hour, 2 minutes
DDR              Memory Size : 2048    M Byte
FLASH Total        Memory Size : 512     M Byte
FLASH Available Memory Size : 446    M Byte
Pcb              Version      : VER.B
BootROM           Version      : 020b.0001
BootLoad          Version      : 020b.0001
CPLD              Version      : 0108
Software          Version      : VRP (R) Software, Version 5.170 (V200R013C00)
CARD1 information
Pcb              Version      : ES5D21Q04Q01 VER.A
CPLD     Version              : 0105
PWR2 information
Pcb              Version      : PWR VER.A
FAN1 information
Pcb              Version      : NA
```

设备上电后，首先运行的是 BootROM（Boot Read-Only Memory，引导只读存储器）程序，初始化硬件并显示设备的硬件参数，然后才会运行系统软件（包括 VRP 系统软件和可能的补丁文件），最后从默认存储路径中读取配置文件进行设备的初始化操作。BootROM 是一组固化到设备主板 ROM 芯片中的程序，它保存着设备最重要的基本输入输出的程序、系统设置信息、开机后自检程序和系统自启动程序，类似于计算机主板上的 BIOS 程序。

4.2 设备本地登录

我们要想进入 VRP 系统，须先登录到设备。华为设备中常见的登录方分为两类：命令行方式和 Web 网管方式。命令行方式中又包括 Console 口或 MiniUSB 口本地登录、

Telnet 或 SSH 远程登录两种。Web 网管方式通过 GUI（图形用户界面）方式登录设备，又有普通的 HTTP 方式和安全的 HTTPS（Hypertext Transfer Protocol over Secure Socket Layer，超文本传输安全协议）方式，但目前，Web 网管方式仅实现部分功能的配置与管理。

本节先介绍首次登录时必须采用的 Console 口或 MiniUSB 口本地登录方式，Telnet 远程登录方式将在本章后面介绍，其他登录方式 HCIA 层不做要求。在采用命令行方式登录时，网络管理人员需要用到不同类型的用户界面，以此来管理、监控设备和用户之间的会话，故在此先进行介绍。

4.2.1 用户界面

用户界面为用户登录时所使用的界面，每个用户界面有对应的用户界面视图，在用户界面视图下网络管理员可以配置一系列参数，比如认证模式、用户级别等。用户使用该用户界面登录时，将受到这些参数的约束，从而达到统一管理各种用户会话连接的目的。

1. 用户界面类型

华为设备 VRP 系统支持 Console 用户界面和 VTY（Virtual Type Terminal，虚拟类型终端）用户界面两种。Console 用户界面用来管理和监控通过 Console 或 MinUSB 口（部分设备支持）本地登录的用户，VTY 用户界面用来管理和监控通过 VTY 方式远程登录的用户。

Console 用户界面所使用的设备接口是 Console 口或 MiniUSB 口，但同一时间只能使用其中一个，不能同时用于登录设备。VTY 用户界面的虚拟界面有多个，且可同时登录使用，但不同设备所支持的 VTY 连接数不同，一般最多支持 15 个用户同时通过 VTY 方式访问设备。FTP、TFTP 文件传输、Web 登录不使用 VTY 用户界面。

用户界面与用户并没有固定的对应关系。用户界面的管理和监控对象是使用某种方式登录的用户，虽然单个用户界面某一时刻只有一个用户使用，但它并不针对具体某个用户。用户登录时，系统会根据用户的登录方式，**自动给用户分配一个当前空闲的、编号最小的某类型的用户界面**，整个登录过程将受该用户界面视图下配置的约束。同一用户所采用的登录方式不同，最终分配的用户界面也不同；同一用户登录的时间不同，最终分配的用户界面也可能不同。

2. 用户界面编号

为了区分不同的用户界面，每个用户界面都配有一个编号，但编号的方式有“相对编号”和“绝对编号”两种。

相对编号是针对具体类型用户界面进行的编号方式，如 Console 用户界面固定为 CON 0，且**只有这一个编号**；VTY 用户界面中，第一个为 VTY 0，第二个为 VTY 1，普通 VTY 用户界面的最高编号为 VTY 14，共 15 个，另外还有 5 个保留的 VTY 用户界面。绝对编号是按照设备总的用户界面数进行排序、编号的，不区分用户界面类型，这样可唯一指定一个用户界面或一组用户界面。

每块主控板（框式设备可以有多块主控板）上有一个 Console 口，有 20 个 VTY 用户界面，两种编号方式及各编号用户界面的用途说明见表 4-1。

表 4-1　用户界面编号说明

用户界面	说明	绝对编号	相对编号
Console 用户界面	用来管理和监控通过 Console 口或 MiniUSB 口登录的用户	0	0
VTY 用户界面	用来管理和监控通过 Telnet 或 SSH 方式登录的用户	34～48、50～54。其中 49 保留，50～54 为网管预留编号	依次为 VTY0、VTY1、……。默认存在 VTY0～4。VTY0～VTY14 对应绝对编号 34～48；VTY16～VTY20 对应绝对编号 50～54。 VTY 15 保留，VTY16～VTY20 为网管预留编号。只有当 VTY0～VTY14 全部被占用，且用户配置了 AAA 认证的情况下才可以使用 VTY16～VTY20

我们可以在系统视图下使用 **user-interface maximum-vty** *number* 命令设置可以使用的最大 VTY 用户界面数，其默认值为 5。注意，如果配置的最大 VTY 用户界面最大数为 0，则任何用户都不能通过 VTY 0～VTY15 进行 Telnet、SSH 登录。VTY 16～VTY 20 一直存在于系统中，不受 **user-interface maximum-vty** 命令的控制。

可用 **display user-interface** [*ui-typeui-number1* | *ui-number*] [**summary**] 用户视图命令查看当前配置的各类用户界面及它们的相对编号、绝对编号、用户优先级、认证方式等；可用 **display user-interface maximum-vty** 用户视图命令查看当前设置的最大可用 VTY 用户界面数。

4.2.2　命令级别和用户级别

出于安全考虑，VRP 系统中命令是分级别的，每条命令都有默认级别，不是所有用户可随便执行的。同时，VRP 系统又定义了用户级别，通过用户级别的权限控制，可以实现不同用户级别的用户能够执行不同级别的命令，用以限制不同用户对设备的操作权限。设备管理员可以根据用户权限需求重新调整命令级别，以实现不同用户级别的用户与可操作命令相匹配，便于为不同级别的网络管理人员设置不同的设备配置和管理权限。

默认情况下，命令级别按 0～3 级进行注册，用户级别按 0～15 级进行注册，即默认情况下，4～15 命令级别中没有命令。用户级别和命令级别的对应关系见表 4-2，仅用户级别等于或高于可执行命令的命令级别的用户方可执行该命令。

表 4-2　用户级别和命令级别的对应关系

命令级别	说明	举例	用户级别
参观级（0 级）	网络诊断命令	**Tracert、ping**	所有级别（0～15 级）
	访问外部设备命令	**telnet、stelnet**	
监控级（1 级）	系统维护命令	**display** 命令 【说明】并不是所有 display 命令都是监控级，比如 **display current-configuration** 命令和 **display saved-configuration** 命令是 3 级管理级	不低于监控级（1～15 级）

续表

命令级别	说明	举例	用户级别
配置级（2 级）	业务配置命令	路由、交换功能配置命令	不低于配置级（2～15 级）
管理级（3 级）	系统基本运行命令	用户管理、命令级别设置、系统参数设置、**debugging** 命令	管理级(3～15 级）
	系统支撑模块命令	文件系统管理、FTP/TFTP 下载、配置文件切换命令	

我们在系统视图下执行 **command-privilege level** *level* **view** *view-name command-key* 命令可设置指定视图内命令的级别；执行 **command-privilege level rearrange** 命令可批量提升命令的级别。此时对于没有单独调整过级别的命令，批量提升命令级别后，按以下原则自动调整。

① 0 级别和 1 级别命令保持级别不变。

② 2 级别命令提升到 10 级，3 级别命令提升到 15 级。

③ 2～9、11～14 级别中没有命令。用户可以单独调整需要的命令行到这些级别中，以实现用户权限的精细化管理。

对于执行 **command-privilege level** *level* **view** *view-name command-key* 命令修改过命令级别的命令，批量提升命令级别后，维持原来级别不变。但在执行以上命令之前，用户需要确保自己的级别为 15 级，否则无法执行该命令。

4.2.3 本地登录

购买一台新出厂的设备后，肯定要根据公司实际的网络环境和应用需求进行业务配置，这时就必须首先通过本地登录进行设备配置。本地登录以后，网络管理人员可根据需要完成设备名称、管理 IP 地址和系统时间等基本配置，并配置以后要用到的 Telnet、SSH、Web 登录的用户级别和认证方式，为后续配置提供基础环境。我们在此仅介绍 Console 口登录方式。

Console 口登录是最常用的本地登录方式，此时需要使用 Console 电缆（一般是设备自带的）来连接设备的 Console 口（目前为 RJ-45 口）与计算机的 COM 口（DB-9 形状），这样就可以通过计算机实现设备的本地配置和管理。目前大多数台式计算机提供的 COM 口都可以与 Console 口连接。笔记本电脑一般不提供 COM 口，此时需要使用 USB 到 RS232 的转换接口，然后连接到笔记本电脑的 USB 口。

Console 登录默认采用 AAA 本地认证方式（需要同时进行用户名和密码认证），默认的用户名为 admin，密码为 admin@huawei.com，用户级别为 15。Console 口登录时设备的连接方式如图 4-2 所示。

连接好设备后，网络管理人员就可以在计算机上通过终端仿真软件与华为设备建立仿真连接。这些终端仿真软件比较多，如早期 Windows 系统中自带的超级终端程序（Windows 7 及以后版本中不自带了，但仍可在网上下载），如 Putty、SecureCRT。此处以 Secure CRT 3.8 为例进行介绍。

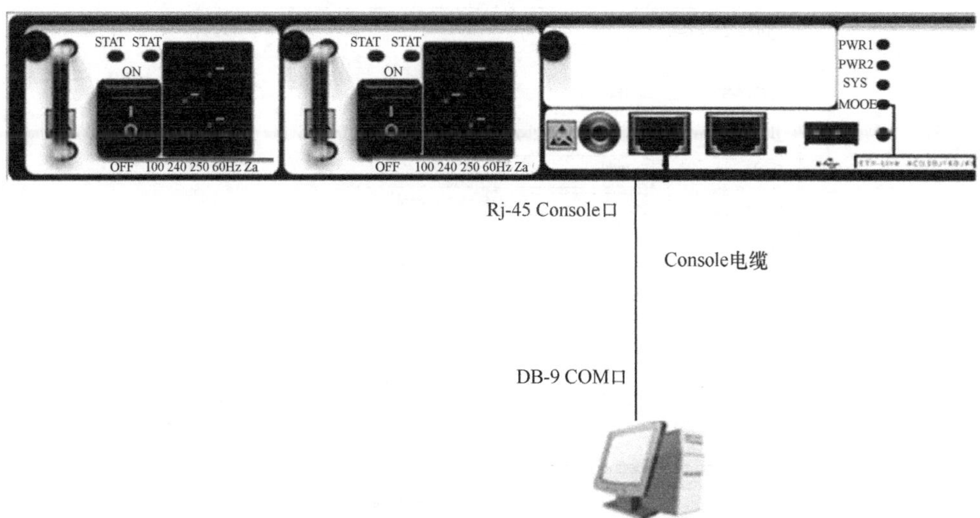

图 4-2　Console 口登录时设备的连接方式

① 在计算机上运行 SecureCRT 软件，打开如图 4-3 所示的 SecureCRT 主界面。

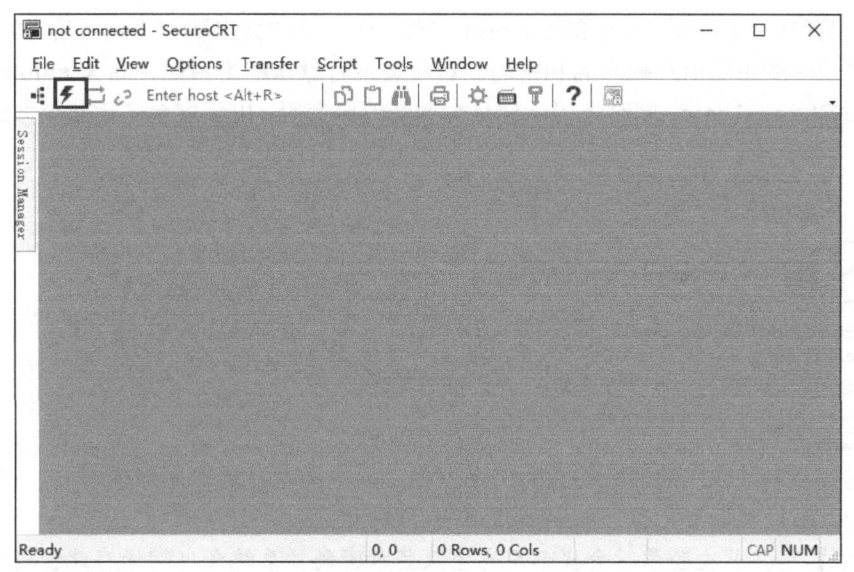

图 4-3　SecureCRT 主界面

② 单击⚡按钮，新建一个连接，打开如图 4-4 所示对话框，选择所连接的 COM 口（Port），然后设置通信参数：波特率（Baud rate）为 9600bit/s、8 位数据位（Data bits）、1 位停止位（Stops bits）、无校验（Parity）和无流控（Flow Control），这为华为设备上对应参数的默认值。

注意默认情况下，华为设备没启用任何流控（Flow Control）方式，而图 4-4 中的 RTS/CTS（Request To Send/Clear To Send，请求发送/清除发送）复选项默认情况下处于选择状态，因此需要将该选项的所有选择去掉，**否则终端界面中无法输入命令行。**

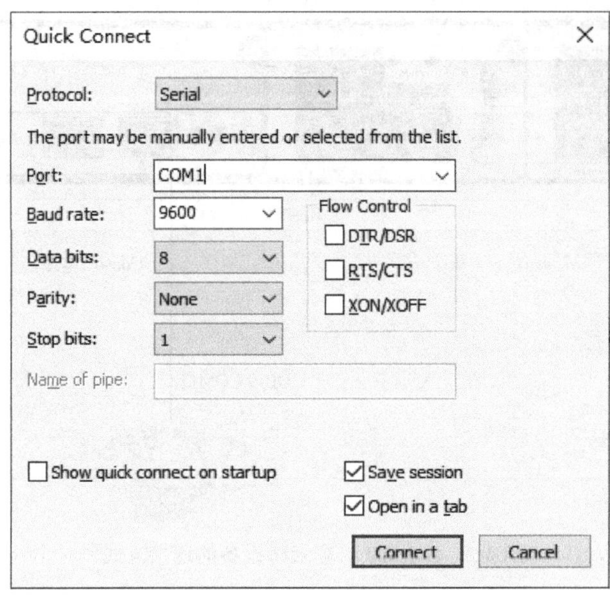

图 4-4 SecureCRT 的 Quick Connect 对话框

③ 配置好后单击图 4-4 中的 Connect 按钮，终端界面会出现如下显示信息，提示用户输入登录时所用的用户账户名和密码。**首次登录时默认的用户账户名为 admin，密码为 admin@huawei.com**。同时还提示你是否要修改原密码，出于安全考虑建议修改密码。

```
Login authentication

Username:admin      #---输入默认用户名
Password:      #---输入默认用户密码
Warning: The default password poses security risks.
The password needs to be changed. Change now? [Y/N]: y      #---问你现在是否要修改密码
Please enter old password:      #---输入默认密码
Please enter new password:      #---输入你设置的新配置
Please confirm new password:      #---再输入一次你设置的新密码
The password has been changed successfully
<Huawei>
```

采用交互方式输入的密码不会在终端屏幕上显示出来。进入用户视图后，用户可以键入命令，对设备进行配置，如果需要帮助可以随时键入“?”。

【说明】用户首次登录时会提示用户修改登录密码（系统会自动保存此密码配置）。密码为 6～16 个字符，区分大小写。为保证安全性，我们建议输入的密码至少包含以下几种类型：大写字母、小写字母、数字及特殊字符，但不能包括“?”和空格。此处采用的是隐式方式输入，所以所输入的密码不会在终端屏幕上显示。

4.3 命令行基础

通过 Console 方式成功登录设备后，即进入设备的命令行界面，可以看到 VRP 系统的庐山真面目了，下面我们就可以来熟悉 VRP 系统的命令行操作方法了。

4.3.1　VRP 命令行视图

为了便于命令的管理和用户权限的管理，VRP 系统中的命令被进行了分层设计，这就是通常所说的“VRP 命令行视图”。VRP 命令行视图可被分为 3 个层次（由低到高）：用户视图、系统视图、功能配置视图（如接口视图、VLAN 视图、OSPF 进程视图等），有些功能视图下面还有子视图，如 OSPF 进程视图下面还有 OSPF 区域视图。

VRP 系统中的每条命令都注册在一个或多个视图下面，用户只有先进入对应的视图，才能运行相应的命令，以达用户权限管理的目的。通过命令提示符用户可以判断当前所在视图，如“<>”表示用户视图、“[ ]”表示除用户视图以下的其他视图。表 4-3 是 VRP 系统中常用的命令行视图。

表 4-3　VRP 系统常用命令行视图及进入/退出方法

<table>
<tr><th>视图</th><th>功能</th><th>提示符示例</th><th>进入命令</th><th>退出命令</th></tr>
<tr><td>用户视图</td><td>查看交换机的简单运行状态和统计信息</td><td><Huawei></td><td>与交换机建立连接即进入</td><td>quit，断开与交换机的连接</td></tr>
<tr><td>系统视图</td><td>配置系统参数</td><td>[Huawei]</td><td>在用户视图下键入 system-view</td><td>quit 或 return，或<Ctrl+Z>组合键返回用户视图</td></tr>
<tr><td rowspan="3">以太网端口视图</td><td rowspan="3">配置以太网端口参数</td><td>[Huawei-Ethernet0/0/1]</td><td>百兆以太网端口视图在系统视图下键入 interface ethernet 0/0/1</td><td rowspan="11">quit，返回系统视图；return，或<Ctrl+Z>组合键返回用户视图</td></tr>
<tr><td>[Huawei-GigabitEthernet0/0/1]</td><td>千兆以太网端口视图在系统视图下键入 interface gigabitethernet 0/0/1</td></tr>
<tr><td>[Huawei-XGigabitEthernet0/0/1]</td><td>万兆以太网端口视图在系统视图下键入 interface XGigabitEthernet0/0/1</td></tr>
<tr><td>NULL 接口视图</td><td>配置 NULL 接口视图参数</td><td>[Huawei-NULL0]</td><td>在系统视图下键入 interface null 0</td></tr>
<tr><td>Tunnel 接口视图</td><td>配置隧道接口视图参数</td><td>[Huawei-Tunnel0]</td><td>在系统视图下键入 interface tunnel 0</td></tr>
<tr><td>LoopBack 接口视图</td><td>配置 LoopBack 接口参数</td><td>[Huawei-LoopBack0]</td><td>在系统视图下键入 interface loopback 0</td></tr>
<tr><td>Eth-Trunk 接口视图</td><td>配置 Eth-Trunk 接口参数</td><td>[Huawei-Eth-Trunk1]</td><td>在系统视图下键入 interface Eth-Trunk 1</td></tr>
<tr><td>VLAN 视图</td><td>配置 VLAN 参数</td><td>[Huawei-vlan1]</td><td>在系统视图下键入 vlan 1</td></tr>
<tr><td>VLAN 接口视图</td><td>配置 VLAN 接口参数</td><td>[Huawei-Vlanif1]</td><td>在系统视图下键入 interface vlanif 1</td></tr>
<tr><td>本地用户视图</td><td>配置本地用户参数</td><td>[Huawei-luser-user1]</td><td>在 aaa 视图下键入 local-user user1</td></tr>
<tr><td>VTY 用户界面视图</td><td>配置单个或多个 VTY 用户界面参数</td><td>[Huawei-ui-vty1] 或[Huawei-ui-vty1-3]</td><td>在系统视图下键入 user-interface vty 1 或 user-interface vty 1 3</td></tr>
</table>

续表

<table>
<tr><th>视图</th><th>功能</th><th>提示符示例</th><th>进入命令</th><th>退出命令</th></tr>
<tr><td>Console 用户界面</td><td>配置 Console 用户界面参数</td><td>[Huawei-ui-console0]</td><td>在系统视图下键入 user-interface console 0</td><td rowspan="8">quit，返回系统视图；return，或<Ctrl+Z>组合键返回用户视图</td></tr>
<tr><td>FTP Client 视图</td><td>配置 FTP Client 参数</td><td>[ftp]</td><td>在用户视图下键入 ftp 10.1.1.1</td></tr>
<tr><td>SFTP Client 视图</td><td>配置 SFTP client 参数</td><td>sftp-client></td><td>在系统视图下键入 sftp 10.1.1.1</td></tr>
<tr><td>基本 ACL（Access Control List，访问控制列表）视图</td><td>定义基本 ACL 的子规则（取值范围为 2000～2999）</td><td>[Huawei-acl- basic-2000]</td><td>在系统视图下键入 acl number 2000</td></tr>
<tr><td>高级 ACL 视图</td><td>定义高级 ACL 的子规则（取值范围为 3000～3999）</td><td>[Huawei-acl-adv-3000]</td><td>在系统视图下键入 acl number 3000</td></tr>
<tr><td>二层 ACL 视图</td><td>定义二层 ACL 的子规则（取值范围为 4000～4999）</td><td>[Huawei-acl-L2-4000]</td><td>在系统视图下键入 acl number 4000</td></tr>
<tr><td>用户自定义 ACL 视图</td><td>定义用户自定义 ACL 的子规则（取值范围为 5000～5999）</td><td>[Huawei-acl-user-5000]</td><td>在系统视图下键入 acl number 5000</td></tr>
</table>

登录进入设备 VRP 系统的配置界面后，最先进入的是用户视图，用户可以通过对应的 **display** 命令查看设备的运行状态和统计信息。**大多数 display 命令可以在任意视图下执行，以方便配置查看功能配置和设备管理**。若要修改设备通用参数配置，用户必须进入系统视图，**用户视图唯一可进入的就是系统视图**。用户还可以通过级系统视图进入其他的功能配置视图。

因为 VRP 系统的命令行视图是分层次的，所以退出命令行视图也就分为回退一级，还是回退多级。如果只需从当前视图向上回退一级，可执行 **quit** 命令；如果想一次从当前视图回退到最低级的用户视图，用户可使用组合键<Ctrl+Z>，或者执行 **return** 命令。

VRP 系统命令行还具有智能回退功能，即在当前视图下执行某条命令，如果命令行视图匹配失败，会自动退到**上一级**命令行视图进行匹配；如果仍然失败则继续退到上一级命令行视图匹配，直到退到系统视图为止。有时忘记先回退到上级对应视图，直接在当前视图下输入了本应在上级某视图中可执行的命令，结果发现也可以正确执行，并且执行后又正确地进入了该命令所属的正确命令行视图，这就是智能回退功能在起作用了。

4.3.2 VRP 命令行格式约定

在华为设备 VRP 系统中，我们在 CLI 下输入命令时有表 4-4 所示的格式约定。了解这些格式约定，对于我们理解各个配置或管理命令中的关键字、参数、选项非常重要。

本书中的命令行输入格式也遵照表中的约定。

表 4-4　VRP 命令行格式约定

格式	意义
粗体	命令行关键字或选项（命令中保持不变、必须全部照输的部分）。在命令格式中采用**加粗**字体表示，但在配置的具体命令中仍为正常体输入，**输入时不区分大小写**
斜体	命令行参数（命令中必须由对应参数的实际值进行替代的部分）。在命令格式中采用斜体表示，但在配置的具体命令中仍为正常体输入
[ ]	表示用“[ ]”括起来的部分在命令配置时是可选的
{ x | y | ... }	表示必须要从两个或多个选项、参数中选取一个
[x | y | ...]	表示可从两个或多个选项、参数中选取一个或者全部不选
{ x | y | ... }*	表示必须要从两个或多个选项、参数中选取一个或多个，最多可全部选取
[x | y | ...]*	表示可从两个或多个选项、参数中选取一个或多个，或者全部不选
&<1-n>	表示符号&前面的选项、参数可以重复 1～*n* 次
#	表示由“#”开始的行为注释行

例如 **authentication-mode** { **aaa** \| **password** }命令是用来设置登录用户界面的验证方式的，其中 **authentication-mode** 为命令行关键字；{ **aaa** \| **password** }中的 **aaa** 和 **password** 是两个选项，表示从这两个选项中选取一个。再如 **vlan batch** { *vlan-id1* [**to** *vlan-id2*] } &<1-10>命令是用来创建 VLAN 的，其中的 **vlan batch** 为命令行关键字，*vlan-id1* 为参数，**to** *vlan-id2* 为可选参数，&<1-10>表示前面的 *vlan-id1* [**to** *vlan-id2*]参数可最多重复 10 次，中间一般均是以空格分隔。

4.3.3 VRP 命令行编辑

与在 PC 的命令行界面输入命令一样，VRP 的命令行中也存在一些编辑功能和操作快捷键。另外，VRP 系统命令行中还存在一些操作技巧。了解这些编辑功能、快捷键和操作技巧可大大提高命令的输入效率。

1. VRP 命令行编辑功能

VRP 命令行界面提供基本的命令行编辑功能，支持多行编辑，每条命令最大长度为 510 个字符，命令关键字不区分大小写，但命令中的参数是否区分大小写则由具体参数的定义而定。用户可以使用系统提供的快捷键，完成对命令的快速定位所需编辑的字符。一些常用的编辑功能见表 4-5。

表 4-5　VRP 系统常用编辑功能

功能键	功能
普通按键	若编辑缓冲区未满，则插入到当前光标位置，并向右移动光标，否则，响铃告警
退格键 Backspace	删除光标位置的前一个字符，光标左移，若已经到达命令首，则响铃告警
左光标键←或<Ctrl+B>	光标向左移动一个字符位置，若已经到达命令首，则响铃告警
右光标键→或<Ctrl+F>	光标向右移动一个字符位置，若已经到达命令尾，则响铃告警

2. VRP 系统命令行快捷键

用户还可以使用 VRP 系统中的快捷键，完成对命令的快速输入、简化操作。VRP 系统中的快捷键分为自定义快捷键和系统快捷键。

（1）自定义快捷键

VRP 系统自定义快捷键共有 4 个，包括<Ctrl+G>、<Ctrl+L>、<Ctrl+O>和<Ctrl+U>。用户可以通过 **hotkey** { **CTRL_G** | **CTRL_L** | **CTRL_O** | **CTRL_U** } *command-text* 命令自定义配置这 4 个快捷键关联的命令。参数 *command-text* 用来指定快捷键关联的命令行。对于由多个单词组成的命令，**如果所关联的命令中间有空格时，用户需对整个命令行使用双引号标识，如 hotkey ctrl_l "display tcp status"，则表明把 CTRL_L 快捷键与 display tcp status 命令进行关联，按下 CTRL_L 快捷键就相当于执行了 display tcp status 命令。**如果所关联的命令是单个单词，即命令中没有空格时，不需要使用双引号。

以上这 4 个快捷键的默认取值如下（都是经常使用的操作）。

- <Ctrl+G>：对应 **display current-configuration** 命令，显示当前配置。
- <Ctrl+L>：对应 **display ip routing-table** 命令，显示 IP 路由表信息。
- <Ctrl+O>：对应 **undo debugging all** 命令，停止所有调试信息的输出。
- <Ctrl+U>：默认值为空，其功能为清除当前输入的字符或命令。

（2）系统快捷键

系统快捷键是系统中为特定功能默认设置的，且其功能不能由用户自定义。常用的系统快捷键见表 4-6。

表 4-6 VRP 系统快捷键

系统快捷键	说明
CTRL_A	将光标移动到当前行的开头
左光标键←或 CTRL_B	将光标向左移动一个字符
CTRL_C	停止当前正在执行的功能
CTRL_D	删除当前光标所在位置的字符
CTRL_E	将光标移动到当前行的末尾
右光标键→或 CTRL_F	将光标向右移动一个字符
CTRL_H	删除光标左侧的一个字符
CTRL_K	在连接建立阶段终止呼出的连接
CTRL_N	显示历史命令缓冲区中的后一条命令
CTRL_P	显示历史命令缓冲区中的前一条命令
CTRL_R	重新显示当前行信息
CTRL_T	终止呼出的连接
CTRL_V	粘贴剪贴板的内容
CTRL_W	删除光标左侧的一个字符串（字）
CTRL_X	删除光标左侧所有的字符
CTRL_Y	删除光标所在位置及其右侧所有的字符
CTRL_Z	返回到用户视图

续表

系统快捷键	说明
CTRL_]	终止呼入的连接或重定向连接
Esc_B	将光标向左移动一个字符串（字）
Esc_D	删除光标右侧的一个字符串（字）
Esc_F	将光标向右移动一个字符串（字）
Esc_N	将光标向下移动一行
Esc_P	将光标向上移动一行
Esc+<	将光标所在位置指定为剪贴板的开始位置
Esc+>	将光标所在位置指定为剪贴板的结束位置

3. 不完整关键字输入功能

有些命令关键字比较长，且比较难记，为了简化输入，VRP 系统提供了“不完整关键字输入”功能。即在当前视图下，只要当输入的字符能够匹配唯一的命令关键字时，用户就可以不必输入完整的该命令关键字，以提高输入效率和正确性。

比如 **display current-configuration** 命令是在用户视图下执行的，用户在用户视图下输入 **d cu**、**di cu** 或 **dis cu** 等都可以执行此命令，因为在用户视图下只有 **display current-configuration** 命令的关键字开头部分能完全匹配所输入的字符，但不能输入 **d c** 或 **dis c** 等，因为以它们开头的命令在用户视图下不唯一，如 **display cpu**、**display clock** 等命令均能匹配 **d c** 或 **dis c**。

用户在输入不完整的关键字后按<**Tab**>键，系统会自动按以下规则补全关键字。前提是这几个字母可以唯一标示出该关键字，否则，连续按<**Tab**>键，可出现不同的关键字，用户可以从中选择所需要的关键字。这对我们有时记不清命令的完整格式时是非常有用的。

① 如果与之匹配的关键字唯一，则系统用此完整的关键字替代原输入并换行显示，光标距词尾空一格。

② 如果与之匹配的关键字不唯一，反复按<**Tab**>键可循环显示所有以输入字符串开头的关键字，此时光标距词尾没有空格。

③ 如果没有与之匹配的关键字，按<**Tab**>键后会换行显示，输入的关键字仍保留。

假设想要配置日志功能，但命令关键字太长、可选项太多，用户记不清，只记得前面是 info-，于是在输入“info-”后按<**Tab**>键，显示了“info-center”，但每次只能显示你输入的关键字后面同级未输完，或者下级参数或选项。如用户在输入“info-”后按下<**Tab**>键只会显示“info-center”，再按<**Tab**>键显示不会改变，不会继续显示后面的选项，具体如图 4-5 所示。

如果想要获取 **info-center** 命令后面可用的选项，用户须先输入前面显示的“info-center”命令，再加上后面选项可能的部分字母。如用户记得后面选项是以 L 开头的，于是键入“info-center l”，然后按<**Tab**>键，则会按照字典顺序依次显示后面以 L 开头的第一选项，如果觉得不正确，继续按<**Tab**>键，系统会按字典顺序依次显示后面所有以 L 开头的选项，如图 4-6 所示，直到显示所需的完整命令后，按下回车键确认。

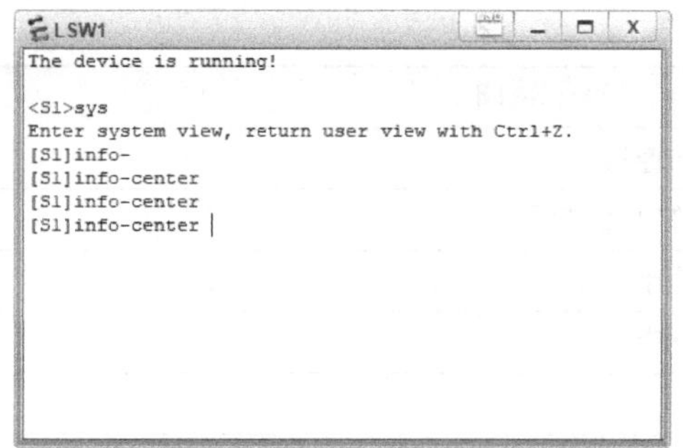

```
The device is running!

<S1>sys
Enter system view, return user view with Ctrl+Z.
[S1]info-
[S1]info-center
[S1]info-center
[S1]info-center
```

图 4-5　多次按<**Tab**>键显示相同内容的示例

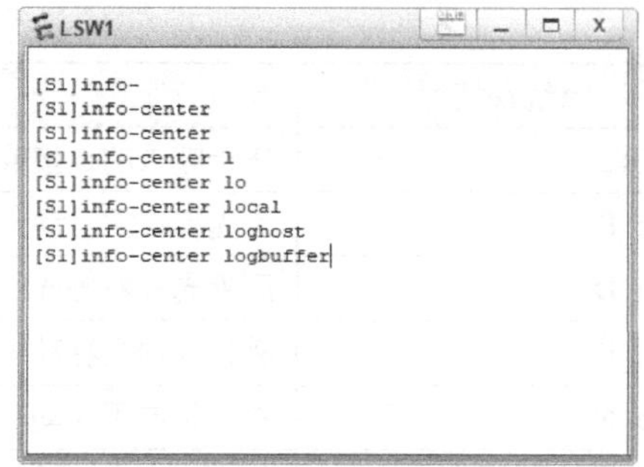

```
[S1]info-
[S1]info-center
[S1]info-center
[S1]info-center l
[S1]info-center lo
[S1]info-center local
[S1]info-center loghost
[S1]info-center logbuffer
```

图 4-6　多次按<**Tab**>键后以字典顺序显示的可用选项示例

如果在用户输入的命令后面没有可匹配的参数或选项，则在按下<**Tab**>键后，显示的命令与用户输入的一样。如用户输入了“info-certer loghost”命令，结果显示“info-certer loghost”。

4.3.4　VRP 命令行在线帮助

VRP 系统命令非常多，因此许多不常用的命令，或者命令关键字比较长的命令很难被全部记清。这时可以使用 VRP 系统提供的在线帮助功能。而且大多数命令的英文单词都是与其对应的功能名称是对应的，所以在记不清对应的配置命令时，多数情况下用户只要记住该功能的英文单词，甚至前几个字母就可以通过 VRP 的在线帮助功能找到正确的配置命令。

在线帮助通过键入“?”这个特殊的命令来获取，在命令行输入过程中，用户可以随时键入“?”以获得详尽的在线帮助。命令行在线帮助可分为完全帮助和部分帮助。

【说明】有一些华为设备中支持中文语言，这样在查看命令说明时会以中文显示，如图 4-7 所示，方便了一些英文不是很好的朋友对命令的了解。当然，默认的语言是英文，需要在用户视图下执行 **language-mode chinese** 命令切换为中文语言。

```
<Huawei>language-mode chinese
Change language mode, confirm? [Y/N] y
Feb 28 2020 10:32:12-08:00 Huawei %%01CMD/4/LAN_MODE(1)[0]:The user chose Y when
 deciding whether to change the language mode.
提示：改变语言模式成功。
<Huawei>
<Huawei>display ?
  aaa                           AAA
  access-user                   用户连接
  accounting-scheme             计费方案
  acl
  alarm                         告警
  anti-attack                   指定防攻击配置信息
  arp                           显示ARP项
  arp-limit                     显示限制ARP数目
  arp-miss                      ARP miss 消息
  authentication-scheme         认证方案
  authorization-scheme          显示AAA的授权策略
```

图 4-7　切换为中文模式的操作示例

语言模式的切换是在用户视图下执行的，不会保存配置，当下次启动时又会恢复为默认的英文模式，也可以通过 **language-mode english** 用户视图命令从中文模式切换为英文模式。

1. 完全帮助

用户输入命令时，可以使用命令行的完全帮助获取全部关键字或参数的提示。在任一命令视图下，用户键入“？”获取该命令视图下所有的命令及其简单描述。如用户在用户视图下输入“？”命令即可显示当前产品的 VRP 系统的用户视图下所有可用的命令，如下所示。这时可以通过查看各命令的功能说明了解命令的作用，以确定所需要使用的命令。

```
<Huawei> ?
User view commands:
  backup          Backup electronic elabel
  cd              Change current directory
  check           Check information
  clear           Clear information
  clock           Specify the system clock
  compare         Compare function
…
```

我们可对一些命令后面带些选项或参数，还可以在命令关键字后面空一个空格后键入“？”，如果该位置为选项，则列出全部选项并进行简单描述。下面的示例是在命令后面空一格在加上“？”，提示了两个可接的选项。

```
<Huawei> system-view
[Huawei] user-interface vty 0 4
[Huawei-ui-vty0-4] authentication-mode ?
  aaa        AAA authentication
  password   Authentication through the password of a user terminal interface
```

如果“？”位置已没有任何参数或选项，则显示空行。如下所示。

```
[Huawei-ui-vty0-4] authentication-mode aaa ?
<cr>
```

用户在一个命令关键字后面空一个空格后再键入“？”，且该位置为参数，则列出有关的参数名和参数描述。如果“？ ”位置没有任何关键字或参数，则显示空行。示例如下。

```
<Huawei> system-view
[Huawei] ftp timeout ?
  INTEGER<1-35791>   The value of FTP timeout, the default value is 30 minutes
[Huawei] ftp timeout 35?
<cr>
```

2. 部分帮助

我们有时要进行一项功能的配置或设备管理，但由于那个命令关键字太长，或太偏，没记住全部字符，这时只要记得该命令关键字的开头一个或几个字符，就可以使用命令行的部分帮助获取以该字符串开头的所有关键字的提示。我们可以采用以下几种方式来获取部分帮助。

① 键入一字符串，其后紧接“?”，即可列出当前视图下以该字符串开头的所有关键字。示例如下。

```
<Huawei>d?
  debugging                                delete
  dir                                      display
```

② 键入一条命令，在后面接的一字符串后面紧接“?”，即可列出当前视图下以该字符串开头的所有关键字。示例如下。

```
<Huawei>display b?
  bootrom                                  bpdu
  bpdu-tunnel                              bridge
  buffer
```

4.3.5 VRP 命令行的通用错误提示

VRP 系统中的大多数命令只是注册在一个命令行视图下，如果用户不是在对应命令行视图或其下级视图下执行，或者所输入的命令字符串或选项、参数不正确，都可能导致命令执行错误，系统将会向用户报告错误信息。常见的错误提示信息见表 4-7，了解这些错误提示信息所代表的具体含义对于及时发现是什么类型的错误、排除错误很有帮助。

表 4-7 VRP 命令行常见的错误提示信息

错误提示信息	错误原因
Error: Unrecognized command found at '^' position.	箭头所指位置的命令或关键字不能识别，如所输入的命令或关键字本身有错误
Error: Wrong parameter found at '^' position.	箭头所指位置的参数类型错识破，或参数值越界，如对应位置本来没有某参数类型，而在你的命令中输入了某参数值，或者你所输入的对应参数的值超出了其取值范围
Error:Incomplete command found at '^' position.	箭头所指位置的命令不完整，需要补齐，如所输入的命令必须要有的关键字或参数没有输入
Error:Too many parameters found at '^' position.	箭头所指位置的参数太多，如所输入的命令中有些参数在命令格式中根本不存在
Error:Ambiguous command found at '^' position.	箭头所指位置的命令不明确，如已输入部分的关键字有对应多个选项，不能确定具体的关键字

4.3.6 使用 undo 命令行

在 VRP 系统中 **undo** 格式命令比较特殊，大部分的配置命令（不包括管理类的命令）都有对应的 **undo** 命令格式，其中 **undo** 作为这些命令的关键字，即为 **undo** 命令行，一般用来恢复默认情况、禁用某个功能或者删除某项设置。如在 **super password [level** *user-level* **]** **[cipher** *password* **]**命令是用来设置对应用户级别的访问密码的，如果要恢复对应用户级别的默认无密码设置，即删除原来所设置的密码，则可使用 **undo super password [level** *user-level* **]** 命令。

Undo 命令行格式有多种，并不都是直接在原命令前面加 **undo** 关键字（有时直接在原命令前面加 **undo** 关键字还会显示格式错误）。**undo** 命令行的格式总的来说也就一个原则，**只要能让系统对所恢复的默认配置、禁止的操作或取消的配置具有唯一性判断即可，命令格式越简单越正确**。下面我们分别介绍。

1. 不带原命令中的参数和选项

有的 **undo** 命令行只需在原命令的关键字前面加上 **undo** 关键字，后面的参数和选项都不用带，如 **sysname** *host-name* 的 **undo** 命令行 **undo sysname**，**authentication-mode{aaa | password }**的 **undo** 命令行 **undo authentication-mode**。

这类命令通常是一些配置值单一（具有唯一性）的命令，不能同时配置多个参数值或选择多个选项，前面提到的两条命令都属于这种类型。还有一种情况，那就是原命令根本不带参数和选项，主要是一些功能使能命令，如使能 telnet 服务的 **telnet server enable** 命令对应的 **undo** 命令行即为 **undo telnet server enable**。

2. 仅带原命令中前面的部分参数或选项

也有一些命令的 **undo** 命令行是需要带有部分参数和选项的，如 **super password** [**level** *user-level*] [**cipher** *password*]命令的 **undo** 命令行 **undo super password** [**level** *user-level*]，只带了“*user-level*”参数，后面的密码设置参数没有带。这类命令通常是带有多个包括关键字的参数、选项的命令，但这些参数、选项不是并列的，通常前面的参数或选项是主体，后面的参数或选项设置为作用在前面的主体参数或选项之上，**且对于前面的主体参数或选项来说具有单一设置**。这时在取消设置时仅需要指出最前面一个或者多个主体参数或选项。如前面介绍的命令中 *user-level* 参数是后面 *password* 参数的主体，所以在其 **undo** 命令行没有包括 **cipher** *password* 可选参数。

3. 带有原命令中全部的参数和选项

还有一些命令的 **undo** 命令行是需要带有全部的参数和选项，这些命令通常带有多个并列的参数或选项，要删除设置时必须全部指定各参数的取值。如用来批量创建 VLAN 的 **vlan batch** { *vlan-id1* [**to** *vlan-id2*] } <1-10>命令所对应的 **undo** 命令行为 **undo vlan batch** { *vlan-id1* [**to** *vlan-id2*] } <1-10>，就带有原命令中的全部参数。

这类命令的 **undo** 命令行如果不带上原命令的全部参数、选项，则在命令执行时系统无法确认所要恢复或删除的具体参数值。如 **undo vlan batch** 命令不带任何参数的话，理论上来讲就是要删除所有 VLAN，但事实上在大多数情况下不能这样操作，很危险；如果仅带了 *vlan-id1* 参数，则仅会删除对应的一个 VLAN，如果想要删除一个范围的 VLAN，必须同时带上 **to** *vlan-id2* 参数，如果要删除多个不连续范围的 VLAN，则还要同时指出由<1-10>决定的其他 VLAN ID 范围。

4.3.7　查看历史命令

VRP 命令行界面能够自动保存用户键入的历史命令，以便用户简单调用。用户需要输入之前已经执行过的命令时，可以调用命令行界面保存的历史命令，并重复执行，方便用户的操作。操作方法见表 4-8。

表 4-8　历史命令访问操作方法

操作任务	命令或功能键	结果
显示历史命令	**display history-command** [**all-users**]	不指定 **all-users** 可选项时，则显示当前用户键入的历史命令；否则显示所有登录用户键入的历史命令
访问上一条历史命令	上光标键或者<Ctrl_P>组合键	如果还有更早的历史命令，则取出上一条历史命令，否则响铃警告
访问下一条历史命令	下光标键或者<Ctrl_N>组合键	如果还有更新的历史命令，则取出下一条历史命令，否则显示为空，响铃警告

默认情况下，系统为每个登录用户保存最近的 10 条历史命令。用户可以通过 **history-command max-size** *size-value* 用户界面视图命令重新设置缓存中可保存的历史命令的最大条数，取值范围为 0～256。但不推荐用户将此值设置过大，因为会花费较长的时间才能看到所需要的历史命令，影响了效率。当缓存中保存的历史命令达到最大值时，原来历史命令中最旧的历史命令将自动删除，新键入的命令将成为最新的历史命令。

【说明】用户在使用历史命令功能时，需要注意以下事项。

① 保存的历史命令与当时用户输入的命令格式相同，如果当时用户输入时使用了命令的不完整形式，保存的历史命令也是不完整形式。

② 用户多次执行同一条命令，则历史命令中只保留最近的一次。但如果执行时输入的形式不同，将作为不同的命令对待。

例如：用户多次执行 **display current-configuration** 命令，历史命令中只保存一条。如果执行 **display current-configuration** 和**dis curr**，界面将保存为两条历史命令。

③ 当前用户的历史命令可以通过 **reset history-command** 命令（可在所有命令行视图下执行）进行清除，清除后则无法显示和访问之前执行过的历史命令。如果需要清除所有用户的历史命令，则需要 3 级及 3 级以上的用户执行 **reset history-command** [**all-users**]命令进行清除。

4.4 设备基础配置

首次本地登录后，用户可配置一些在以后进行 Telnet、SSH 登录设备时所需要用到一些基本参数，如主机名、系统时钟、用户界面、用户界面认证、接口 IP 地址（可用于 Telnet、SSH 或 Web 登录）配置，当然也可直接对设备进行各项功能的配置与管理。

4.4.1 配置主机名

默认情况下，x7 系列以太网交换机上在 VRP 系统中显示的主机名都是 HUAWEI，AR G3 系列路由器在 VRP 系统中显示的主机名都是 Huawei。网络中存在多台设备，所以需要对各台设备的主机名做适当的调整，以便区分。

配置主机的方法是在系统视图下执行 **sysname** *host-name* 命令，如图 4-8 所示。修改后的主机名配置会立即生效，无须重启设备。

```
<Huawei>system-view
Enter system view, return user view with Ctrl+Z.
[Huawei]sysname RouterA
[RouterA]
```

图 4-8 主机名配置示例

4.4.2 设置系统时钟

系统时钟就是指设备显示的日期和时间。由于地域不同，用户可能需要根据当地规定设置系统时钟，以确保与网络中的其他设备的时钟保持同步。

VRP 系统时钟设置包括时区和时间两方面。不同国家或地区所在的时区不一样，但全世界的时钟都是基于通用时区 UTC（Universal Time Coordinated，协调世界时）进行偏移设置的。一个国家或地区的时区是 UTC+时区偏移，如我们国家的时区名称为 BJ，是在 UTC 基础上加 8 个小时，即 UTC+8。

系统时区是在用户或系统视图下通过 **clock timezone** *time-zone-name* { **add** | **minus** } *offset* 命令配置的。命令中的参数说明如下。

① *time-zone-name*：指时区名称，字符串形式，区分大小写，不支持空格，长度范围是 1～32。

② **add**：二选一选项，指本地区的时区是在 UTC 基础上增加后面参数 *offset* 指定的时间。

③ **minus**：二选一选项，指本地区的时区是在 UTC 基础上减少后面参数 *offset* 指定的时间。

④ *Offset*：指定与 UTC 的时间差，格式是 *HH:MM:SS*，3 个参数分别用于偏移的小时（24 小时制）、分钟和秒数。本地时间快于 UTC 时间，参数 *HH* 的取值范围是 0～14 的整数。本地时间慢于 UTC 时间，参数 *HH* 的取值范围是 0～12 的整数。

系统时间是在用户视图下通过 **clock datetime** *HH:MM:SS YYYY-MM-DD* 命令配置的。命令中的参数说明如下。

⑤ *HH:MM:SS*：指设备的当前时间，3 个参数分别表示小时（24 小时制）、分钟和秒数。

⑥ *YYYY-MM-DD*：指当前日期，3 个参数分别表示年（用 4 位表示）、月、日。

有些地区实行夏令时制，因此当该地区进入夏令实施区间的时间段时，系统时间要根据用户的设定进行夏令时间的调整。VRP 支持夏令时制，可在系统视图下通过 **clock daylight-saving-time** *time-zone-name* **one-year** *start-time start-date end-time end-date offset* 命令指定一年中夏令时间的起始日期和结束日期、时间，或者通过 **clock daylight-saving-time** *time-zone-name* **repeating** *start-time* { { **first** | **second** | **third** | **fourth** | **last** } *weekday month* | *start-date1* } *end-time* { { **first** | **second** | **third** | **fourth** | **last** } *weekday month* | *end-date1* } *offset* [*start-year* [*end-year*]]命令设定夏令时间的周期。由于命令参数较多，且应用比较少，故在此不作具体介绍，用户可在命令关键字后面键入"？"了解各参数说明。

用户配置好系统时钟后可在用户视图下执行 **display clock** 命令查看是否已生效。系统时钟配置和查看示例如图 4-9 所示。

```
<AR3>clock timezone BJ add 08:00:00
<AR3>clock datetime 15:51:20 2020-02-18
<AR3>display clock
2020-02-18 15:51:37
Tuesday
Time Zone(BJ) : UTC+08:00
<AR3>
```

图 4-9　系统时钟设置示例

4.4.3　配置用户界面属性

首次登录后，用户可以修改 Console 或 VTY 用户界面属性，使后面的本地登录更符合自己的要求，使 Telnet、SSH 登录能顺利进行。

1. Console 用户界面属性

Console 用户界面的终端属性包括用户超时断连功能、终端屏幕的显示行数或列数以及历史命令缓冲区大小，具体配置步骤见表 4-9。**这些属性均为可选项配置，因为它们都有自己的默认值，且通常情况下也不用修改。**

表 4-9 Console 用户界面属性的配置步骤

步骤	命令	说明
1	**system-view** 例如：<Huawei>**system-view**	进入系统视图
2	**user-interface console** *interface-number* 例如：[Huawei] **user-interface console** 0	进入 Console 用户界面视图，参数 *interface-number* 用来指定 Console 口编号，只能为 0
3	**idle-timeout** *minutes* [*seconds*] 例如：[Huawei-ui-console0] **idle-timeout** 5	设置 Console 用户界面的用户连接的闲置超时时间，即允许用户连接闲置的最长时间。参数 *minutes* [*seconds*]分别用来指定允许闲置连接的最长时间的分钟（取值范围为 0～35 791 的整数）和秒数（取值范围为 0～59 的整数）。在设定的时间内，如果连接始终处于空闲状态，系统将自动断开该连接。**设置超时时间为 0 时表示系统不会自动断开连接，除非用户断开连接。** 默认情况下，用户界面的最长连接闲置时间为 10min。可用 **undo idle-timeout** 命令恢复超时时间的默认值
4	**screen-length** *screen-length* [**temporary**] 例如：[Huawei-ui-console0] **screen-length** 25	设置 Console 用户界面的终端屏幕每屏显示的行数。参数 *screen-length* 指终端屏幕分屏显示的行数，取值范围为 0～512 的整数。**取值为 0 时表示关闭分屏功能，当输出内容超过一屏时，直接向下滚动，直到显示到最后的一行。**如果同时选择可选项 **temporary**，则表示指定的是终端屏幕临时显示行数，下次登录后仍恢复为默认值。 **【说明】**当用户执行某一命令的输出行数较多时，用户可以改变终端屏幕每屏显示的行数，以便查看。但通常情况，无须调整终端屏幕每屏显示的行数，且不推荐设置关闭分屏功能。 默认情况下，终端屏幕显示的行数为 24 行，可用 **undo screen-length** 命令恢复默认设置
5	**screen-width** *screen-width* 例如：[Huawei-ui-console0] **screen-width** 100	设置 Console 用户界面的终端屏幕显示的列数（每个字符为一列），取值范围为 60～512 的整数。该命令仅对 **display interface description** 命令的输出信息生效，且只对当前连接有效，用户退出后不保存设置。 默认情况下，终端屏幕显示的列数为 80 列，可用 **undo screen-width** 命令恢复默认设置
6	**history-command max-size** *size-value* 例如： [Huawei-ui-console0]**history-command max-size** 20	设置 Console 用户界面的历史命令缓冲区大小，即保存的历史命令的条数，取值范围为 0～256。 默认情况下，用户界面历史命令缓冲区大小为 10 条历史命令。可用 **undo history-command max-size** 命令恢复历史命令缓冲区的大小为默认值

2. 配置 VTY 用户界面属性

Telnet、SSH 登录受 VTY 用户界面的控制，配置 VTY 用户界面的终端属性可以调节 Telnet 登录后终端界面的显示方式。VTY 用户界面的终端属性包括 VTY 用户界面的个数、连接超时时间、终端屏幕的显示行数和列数，以及历史命令缓冲区大小，具体的配置步骤见表 4-10。各项配置步骤没有严格的先后次序要求，且一般无须改变这些属性配置，直接采用默认配置即可。

表 4-10　VTY 用户界面属性的配置步骤

步骤	命令	说明
1	**system-view** 例如：<Huawei>**system-view**	进入系统视图
2	**user-interface maximum-vty** *number* 例如：[Huawei]**user-interface maximum-vty** 7	配置 VTY 用户界面的最大个数，整数形式，取值范围为 0～15。VTY 用户界面的最大个数决定了多少个用户可以同时通过 Telnet 或 SSH 登录设备，也可以起到一定的安全防护作用。 默认情况下，VTY 用户界面的最大个数为 5 个（VTY0～4），可用 **undo user-interface maximum-vty** 命令恢复登录用户最大数目为默认值
3	**user-interface vty** *first-ui-number* [*last-ui-number*] 例如：[Huawei] **user-interface vty** 1 3	进入 VTY 用户界面视图。 • *first-ui-number*：指配置的第一个用户界面编号，取值范围是 0 至第 2 步配置的最大 VTY 值。 • *last-ui-number*：可选参数，指配置的最后一个用户界面编号，要比 first-ui-number 取值大，**且要小于等于第 2 步设置的最大数目减 1**。选择此参数时，可允许多个用户通过不同的 VTY 用户界面登录到设备
4	**shell** 例如：[Huawei-ui-vty0-4] **shell**	对以上 VTY 用户界面启用 VTY 终端服务，允许用户通过 VTY 用户界面 Telnet 和 SSH 登录到设备。用户界面上配置 **undo shell** 命令时，可关闭终端服务，不允许用户通过此界面对设备进行操作。VTY 视图下配置 **undo shell** 后，则此用户界面不提供 Telnet、SSH 和 SFTP 接入服务。 默认情况下，所有 VTY 终端服务已启动。若关闭某一个 VTY 用户界面的终端服务，仅该 VTY 用户界面不能进行用户登录，如果怀疑某 VTY 界面下登录的用户非法，可使用这种方法让该用户断开与该设备的连接
5	**idle-timeout** *minutes* [*seconds*] 例如： [Huawei-ui-vty0-4]**idle-timeout** 1 30	配置以上 VTY 用户界面下登录连接闲置的超时时间，闲置时间超时后即断开连接。 • *minutes*：指用户界面闲置超时的时间的分钟数，整数形式，取值范围是 0～35791，单位为分钟。 • *seconds*：可选参数，指用户界面闲置超时的时间秒数，整数形式，取值范围是 0～59，单位为秒。 **【说明】**设置超时时间为 0 时表示系统不会自动断开连接，除非用户断开连接。如果用户界面没有设置闲置断连功能，则有可能导致其他用户无法获得连接。 设置用户连接闲置超时时间为 0 或者过长会导致终端一直处于登录状态，存在安全风险，建议用户执行 **lock** 命令锁定当前连接。 默认情况下，连接闲置超时时间为 10 分钟，可用 **undo idle-timeout** 命令恢复超时时间的默认值。通常情况下，推荐设置用户界面断连的超时时间在 10～15 分钟
6	**screen-length** *screen-length* [**temporary**] 例如：[Huawei-ui-vty0-4] **screen-length** 30	设置以上 VTY 用户界面下终端屏显的行数，其他参见表 4-9 第 4 步

续表

步骤	命令	说明
7	**screen-width** *screen-width* 例如：[Huawei-ui-vty0-4] **screen-width** 60	指定以上 VTY 用户界面下终端屏幕的每屏显示宽度，其他参见表 4-9 第 5 步
8	**history-command max-size** *size-value* 例如：[Huawei-ui-vty0-4] **history-command max-size** 20	设置以上VTY用户界面下历史命令缓冲区的大小，其他参见表 4-9 第 6 步

4.4.4 配置用户登录权限和安全认证

Console 用户界面和 VTY 用户界面都支持 AAA 认证、密码认证和不认证 3 种用户认证方式。不认证是没有安全保证的，建议不采用。Console 口和 VTY 登录的密码认证方式的配置方法见表 4-11。

表 4-11 用户登录权限的配置步骤

步骤	命令	说明
1	**system-view** 例如：<Huawei>**system-view**	进入系统视图
2	**user-interface** { **console** | **vty** } *interfa-ce-number* 例如: [Huawei] **user-interface console** 0	进入 Console 或 VTY 用户界面视图，参数 *interface-number* 用来指定用户界面口编，Console 用户界面的编号只能为 0，VTY 用户界面的编号取值范围为 0～15
3	**user privilege level** *level* 例如：[Huawei-ui-console0] **user privilege level** 15	设置以上用户界面的用户级别，取值范围为 0～15 的整数。 默认情况下，Console **口用户界面的用户级别为 15**（**最高级别**），**其他用户界面**（**包括 VTY 用户界面**）**的用户级别为 0**
4	**protocol inbound** { **all** | **ssh** | **telnet** } 例如：[Huawei-ui-vty0-4] **protocol inbound telnet**	（可选）指定 VTY 用户界面所支持的协议，仅 VTY 用户界面支持。默认情况下，系统支持协议 SSH，同时支持 Telnet
5	**authentication-mode** { **aaa** | **password** | **none** } 例如：[Huawei-ui-console0] **authentication-mode aaa**	设置登录用户界面的认证方式。**必须配置认证方式，否则下次用户无法成功登录交换机**。命令中的选项说明如下。 • **aaa**：多选一选项，指定采用 AAA 认证方式。 • **password**：多选一选项，指定采用密码认证方式。 • **none**：多选一选项，指定不进行认证。**目前有些设备不支持该认证方式**。 【说明】当配置用户界面的认证方式为 **password** 时，还需要使用第 5 步的 **set authentication password** 命令配置用户界面的认证密码。 当用户首次通过 Console 口登录设备时，终端会提示输入用户名和登录密码，默认的用户名为 admin，密码为 admin@huawei.com。输入默认的用户名和密码后，必须重新设置登录密码才可以登录设备。 在配置 Telnet 登录的验证方式为密码认证方式时，网络管理人员需要先执行 **protocol inbound { all | telnet }** 命令，配置 VTY 用户界面支持 Telnet 协议，否则会导致配置用户验证方式失败。 默认情况下，Console 用户界面采用 AAA 认证方式；Telnet **用户界面没有配置认证方式，必须通过本命令配置验证方式**，否则用户无法成功登录设备

续表

步骤	命令	说明
6	**set authentication password** [**cipher** *password*] 例如：[Huawei-ui-console0] **set authentication password**	设置采用密码认证方式下的认证密码，输入的密码可以是明文或密文（**一些新版 VRP 系统中在配置采用密码认证时，直接提示采用交互方式配置密码，不用执行本命令**）。 • 不指定 **cipher** *password* 可选参数时，将采用交互方式输入明文密码（输入的密码不会在终端屏幕上显示出来），为 8～16 个字符，区分大小写。输入的密码至少包含以下两种类型：大写字母、小写字母、数字及特殊字符。特殊字符不能包含"？"和空格。可按<CTRL_C>组合键取消操作。 • 指定 **cipher** *password* 可选参数时，既可以输入明文密码也可以输入密文密码。当明文输入时要求与交互输入方式一样；当密文输入时，长度是 56 或 68。该密文密码必须以$1a$开始，以$结束；或者以%^%#开始，以%^%#结束。如果采用输入密文密码方式时，用户必须知道其对应的明文形式。因为用户登录系统验证时必须输入明文形式的密码。 此命令为覆盖式命令，用户可以通过执行此命令修改本地验证密码。修改成功后，用户登录时需要输入新配置的密码才能通过验证，成功登录设备。如果用户界面的验证方式是密码验证，但却没有配置密码，此时将无法成功登录设备。 无论是以哪种方式输入，最终都将以密文形式保存在配置文件中
7	**quit** 例如：[Huawei-ui-console0] **quit**	退出用户界面视图
8	**aaa** 例如：[Huawei] **aaa**	（可选）进入 AAA 视图。**仅当采用 aaa 认证方式时需要配置**
9	**local-user** *user-name* **password irreversible-cipher** *password* 例如：[Huawei-aaa] **local-user** winda **password irreversible-cipher** huawei123	（可选）配置用于 AAA 认证的本地用户名、密码和用户级别。**仅当采用 aaa 认证方式时需要配置**。命令中的参数说明如下。 • *user-name*：用来配置本地用户的用户名，为 1～64 个字符，**不支持空格，不区分大小写**。如果用户名中带域名分隔符，则认为@前面的部分是用户名，后面部分是域名。如果没有@，则整个字符串为用户名，域为默认域。 • **irreversible-cipher**：表示对用户密码采用不可逆算法进行加密，使非法用户无法通过解密算法特殊处理后得到明文，为用户提供更好的安全保障。 • *password*：指定本地用户登录密码，长度范围是 8～128 位的明文类型，也可以是 68 位的密文类型。用户输入的明文必须包括大写字母、小写字母、数字和特殊字符中至少两种，且不能与用户名或用户名的倒写相同。但无论是明文方式还是密文方式输入的密码均以密文方式保存在配置文件中。 默认情况下，没有创建本地用户和密码，可用 **undo local-user** *user-name* 命令删除对应的本地用户账户
10	**local-user** *user-name* **service-type** { **terminal** | **telnet** } 例如：[Huawei-aaa] **local-user** winda **service-type terminal**	（可选）配置 AAA 认证方式下的本地用户的接入类型为 Console 或 Telnet 登录用户。**仅当采用 aaa 认证方式时需要配置**。 默认情况下，本地用户可以使用所有的接入类型，可使用 **undo local-user service-type** 命令用来将本地用户的接入类型恢复为默认配置

续表

步骤	命令	说明
11	**local-user** *user-name* **privilege level** *level* 例如：[Huawei-aaa] **local-user** winda **privilege level** 15	（可选）修改 AAA 配置信息中本地用户的级别，整数形式，取值范围是 0～15，取值越大，用户的级别越高。不同级别的用户登录后，只能使用等于或低于自己级别的命令。 默认情况下，本地用户的用户级别为 0，可用 **undo local-user** *user-name* **privilege level** 命令恢复指定用户的用户级别为默认值 0

4.4.5 配置接口 IP 地址

接口 IP 地址是最常进行的一项基础配置，但要注意，在 x7 系列交换机中多数机型是不能直接在物理接口下配置 IP 地址的（有的中高端机型可以通过转换接口为三层模式后直接配置 IP 地址），而只能在 VLANIF、LoopBack 等逻辑接口上配置 IP 地址。在 AR G3 系列路由器中，WAN（Wide Area Networt，广域网）侧的接口均可直接配置 IP 地址。

通过 VTY 进行 Telnet 或 SSH 登录时，或者进行 Web 登录时建议使用专门的管理网口，尽管理论上可以通过任何三层接口，因为专门的管理网口是不传输用户数据的，仅用于设备管理，所以可以起到安全屏蔽的作用。

不同的设备的管理网口标识不一样，如盒式系列交换机中的管理网口标识是 Meth 0/0/1，而框式系列交换机中的管理网口标识通常是 Ethernet 0/0/0，AR G3 系列路由器的管理网口标识是 Meth 0/0/1。

首次登录后需要为以后可能进行的 Telnet、SSH 或 Web 登录配置管理网口的 IP 地址。管理网口 IP 地址的方法是使用接口视图下的 **ip address** *ip-address* { *mask* | *mask-length* } [**sub**]命令配置。命令中的参数和选项说明如下。

① *ip-address*：指定接口的 IP 地址，点分十进制形式。

② *mask*：二选一参数，指定接口 IP 地址的子网掩码，点分十进制形式。

③ *mask-length*：二选一参数，指定接口 IP 地址的子网掩码前缀长度，整数形式，取值范围是 0～32。

④ **sub**：可选项，配置接口从 IP 地址。可选参数，为了实现一个接口下的多个子网之间能够通信，需要在接口上配置从 IP 地址。

其他三层接口、三层子接口的 IP 地址的配置方法与前面介绍的管理网口 IP 地址的配置方法完全一样。中高端的 x7 系列交换机的接口可以通过执行 **undo portswitch** 命令切换为三层模式后才能直接配置 IP 地址。

可以在一个接口上配置多个 IP 地址，其中一个为主 IP 地址，其余为从 IP 地址（有的机型规定，每个三层接口最多可配置 31 个从 IP 地址，但不同机型的规定可能有所不同）。当配置主 IP 地址时，如果接口上已经有主 IP 地址，则原主 IP 地址被删除，新配置的 IP 地址成为主 IP 地址。**接口上配置了主 IP 地址后才能配置从 IP 地址。在删除主 IP 地址前必须先删除完所有的从 IP 地址。**

华为设备支持同一设备不同接口（包括子接口）的 IP 地址（包括主、从 IP 地址）所在的网段地址空间重叠，但网段不能完全相同，不管是否在同一主接口上。

4.4.6　配置用户级别和用户级别切换

为了限制用户对设备的访问权限，系统对用户进行了分级管理。用户的级别与命令级别对应，不同级别的用户登录后，只能使用等于或低于自己级别的命令，从而保证了设备的安全性。

1. 配置用户级别

4.2.2 节已介绍到，VRP 系统命令的级别由低到高分为参观级、监控级、配置级和管理级 4 种，分别对应级别值 0、1、2、3。可通过 **user privilege** level*level* 命令配置用户级别，整数形式，取值范围是 0～15，值越大优先级越高。默认情况下，Console 用户界面下登录的用户的级别是 15，**而其他用户界面下登录的用户的级别是最低的** 0，仅可执行一些基本的查看类的 **display** 命令，所以如果用户希望某个采用其他方式登录到设备的管理人员可进行一些设备功能配置或具有更高的设备管理权限，则需要为该用户配置更高的用户级别。

2. 用户级别的密码设置

为了防止未授权用户的非法侵入，网络管理人员可以为各个的级别用户设置对应的密码，**但高级用户访问低级别用户时不需要切换用户级别**，不需要输入低级别的密码。

拥有最高用户级别（15 级别）的管理员，可事先在系统视图下使用 **super password** [**level** *user-level*] [**cipher** *password*]命令为不同类型的命令级别设置保护密码。命令中的参数说明如下。

① *user-level*：可选参数，指定要设置密码的用户级别，取值范围为 0～15 的整数。默认情况下是对级别 3 设置密码。

② **cipher** *password*：可选参数，不选择本可选参数时，密码以交互式输入，系统不回显密码。此时，输入的密码为字符串形式，区分大小写，长度范围是 8～16。**输入的密码至少包含两种类型字符**，包括大写字母、小写字母、数字及特殊字符。特殊字符不包括“？”和空格。

选择 **cipher** *password* 参数时，密码可以以明文形式输入，也可以以密文形式输入。密码以明文形式输入时，密码设置要求与不选择本参数时一样；密码以密文形式输入时，密码的长度必须是 56 个连续字符串。无论是明文输入还是密文输入，配置文件中都以密文形式体现。

【注意】对切换级别的密码进行修改时，如果当前用户级别比指定的需要切换的用户级别高且密码已经存在，不需要验证老密码；如果当前用户级别比指定的需要切换的用户级别低，则需要先输入正确的旧密码，否则会导致配置失败。

默认情况下所有用户级别都没有设置密码，可用 **undo super password** [**level** *user-level*]命令取消原来的密码设置。

3. 切换用户级别

在从低级别用户切换到高级别用户时，用户要进行用户身份验证，即需要输入高级别用户密码。方法是在系统视图下使用 **super** [*level*]命令进行操作切换，可选参数 *level* 是用来指定要切换的高用户级别，取值范围为 1～15 的整数，默认级别为 3，即如果不带此参数，则执行的是切换到用户级别 3 的操作。

输入该命令后系统将在下面提示输入所要切换到的用户级别的密码，也就是前面介绍的通过 **super password [level** *user-level*] [**cipher** *password*]命令所设置的对应用户级别的访问密码，并提示用户仅可以使用切换后的用户级别，以及比该用户级别更低的所有用户级别的命令。但用户键入的密码不显示在屏幕上，**如果 3 次以内输入正确的密码，用户则切换到高级别用户，否则保持当前的用户级别不变。**

4.5 Telnet 登录配置

Telnet 是一个应用层的程序，可通过它实现终端远程登录到任何可以充当 Telnet 服务器的设备。远端 Telnet 服务器和终端之间无须直连，只要保证两者之间可以相互通信即可。通过使用 Telnet，用户可以方便地实现对设备进行远程管理和维护，就像通过 Console 口本登录一样对设备进行操作。目前主要的网络设备中，如 AC（Access Controller，无线控制器）、AP（Access Point，接入点）、防火墙、路由器、交换机等都支持作为 Telnet 服务器端，同时也基本都支持作为 Telnet 客户端。

4.5.1 Telnet 服务器配置

Telnet 以 C/S（Client/Server，客户端/服务器）模式运行，以 TCP 作为传输层协议，Telnet 服务器的 TCP 端口号为 23。Telnet 登录需要用到 VTY 用户界面，来管理、监控设备与用户间的当前会话，每个用户界面视图可以配置一系列参数用于指定用户的认证方式、登录后的用户级别。

通过 Telnet 方式登录交换机的配置任务如下。

① （可选）配置 VTY 用户界面属性（参见 4.4.3 节）。

② 配置 VTY 用户界面的认证方式（参见 4.4.4 节）。

③ 配置 VTY 用户界面的用户级别（参见 4.4.4 节）。

④ 配置 Telnet 服务器的管理 IP 地址（参见 4.4.5 节）。

⑤ 配置 Telnet 服务器功能。

下面仅介绍最后一项配置任务 Telnet 服务器的配置方法。

配置了 Telnet 登录的认证方式和用户级别后，网络管理人员还需要配置设备作为 Telnet 服务器，这样用户才能通过 Telnet 方式登录到本地设备上。Telnet 服务器的具体配置步骤见表 4-12。

表 4-12 Telnet 服务器的配置步骤

步骤	命令	说明
1	**system-view** 例如：<Huawei>**system-view**	进入系统视图
2	**telnet server enable** 例如：[Huawei] **telnet server enable**	（可选）使能 Telnet 服务器功能。默认情况下，设备的 Telnet 服务器功能处于使能状态，网络管理人员可用 **undo telnet server enable** 命令关闭 Telnet 服务器，禁止 Telnet 用户登录

续表

<table>
<tr><th>步骤</th><th>命令</th><th colspan="2">说明</th></tr>
<tr><td>3</td><td>telnet server port port-number
例如：[Huawei] telnet server port 1028</td><td colspan="2">（可选）配置 Telnet 服务器的监听端口号，取值范围为 23 或 1025～55535 的整数。默认情况下，监听端口号是 TCP 23。不过，重新配置 Telnet 服务器的监听端口号可使攻击者无法获知更改后的 Telnet 监听端口号，有效防止了攻击者对 Telnet 服务标准端口的登录。可通过 undo telnet server port 命令恢复 Telnet 服务器的监听端口号为默认值的 TCP 23 号端口。
【注意】设置了 Telnet 服务器的端口号以后，只有当服务器正在尝试连接的端口号是 23 时，Telnet 客户端登录时可以不指定端口号；否则如果是其他端口号，Telnet 客户端登录时必须指定端口号</td></tr>
<tr><td>4</td><td>telnet server-source -i loopback interface-number
例如：[Huawei] telnet server-source -i loopback 0</td><td colspan="2">（可选）配置以本地 LoopBack 接口作为 Telnet 服务器的源接口。配置 Telnet 服务器的源接口可以屏蔽设备的管理 IP 地址，从而保护设备安全。
指定 Telnet 服务器的源接口前，必须已经成功创建指定的 LoopBack 接口，并且需保证客户端到该 LoopBack 接口地址路由可达，否则会导致本配置无法成功执行。
默认情况下，未指定 Telnet 服务器的源接口，网络管理人员可用 undo telnet server-source 命令取消指定 Telnet 服务器端的源接口</td></tr>
<tr><td rowspan="3">5</td><td>telnet server acl acl-number
例如：[Huawei] telnet server acl 2000</td><td colspan="2">（二选一可选）在系统视图下全局配置可以通过 Telnet 方式访问本地设备的访问控制列表，ACL 必须先配置好，且只能是基本 ACL，ACL 编号取值范围为 2000～2999。
默认情况下，没有配置访问控制列表，网络管理人员可用 undo telnetserver acl 命令取消可以访问 Telnet 服务器的访问控制列表</td></tr>
<tr><td>user-interface vty first-ui-number [last-ui-number]
例如：[Huawei] user-interface vty 1 3</td><td>进入 VTY 用户界面视图</td><td rowspan="2">（二选一可选）在 VTY 用户界面视图下，配置 VTY 用户界面基于 ACL 的本地设备访问限制。此处的 ACL 必须先配置好，且只能是基本 ACL，ACL 编号取值范围为 2000～2999</td></tr>
<tr><td>acl { acl-number | acl-name } inbound
例如：[Huawei-ui-vty1-3] acl 3001 inbound</td><td>指定用于控制使用 VTY 用户界面访问本地设备的 ACL。
默认情况下，不对通过用户界面的登录进行限制，网络管理人员可用 undo acl { acl-number | acl-name } inbound 命令取消通过用户界面的登录进行限制</td></tr>
</table>

远端设备配置作为 Telnet 服务器之后，可以在客户端上执行 **telnet** [-a *source-ip-address*] *host-ip* [*port-number*]命令来与服务器建立 Telnet TCP 连接。

连接成功后，客户端的终端界面中会收到需要认证相关的提示信息，用户输入的认证密码需要与 Telnet 服务器上配置的密码匹配（此处仅以密码认证方式进行介绍）。认证通过之后，用户就可以通过 Telnet 远程登录到 Telnet 服务器上，对远端设备进行配置与和管理。但一定要确保该用户有足够的权限，具体参见 4.5.4 节。

如果用户无法与 Telnet 服务器设备建立连接，首先要验证设备是路由可达。如果确认路由可达，再检查用户输入的密码是否正确（此仅针对密码认证方式），再查看当前通过 Tclnct 访问设备的用户数是否到了最大限制，如需要增加用户数，则可执行 **user-interface maximum-vty** *number* 系统视图命令增加用户数，取值范围为 0～15，即最多 16 个。

4.5.2 Telnet 登录配置示例

本示例基本网络结构如图 4-10 所示，PC 与交换机之间的路由可达。现要求在担当 Telnet 服务器的 x7 系列交换机端配置 Telnet 用户，以密码认证方式登录到交换机，并配置安全策略，保证只有当前管理员使用的 PC（IP 地址为 10.1.1.1/24）才能通过指定的 VTY 用户界面登录交换机。

图 4-10 Telnet 登录交换机配置示例的拓扑结构

1. 基本配置思路

Telnet 登录方式采用的是 VRP 系统的 VTY 用户界面，再加上本示例要求采用密码认证方式，并需要通过 ACL 控制允许通过 Telnet 的终端用户，根据 4.5.1 节介绍的 Telnet 登录配置任务，可得出本示例的基本配置思路如下（事先要确保 PC 与 Telnet 服务器之间的三层互通）。

① 配置所用的 VTY 用户界面属性，指定使用的 VTY 用户界面，可选配置包括登录连接超时时间、屏幕显示行数、保存历史命令条数等。

② 配置 Telnet 登录的密码认证方式，配置认证密码，以及登录后的用户级别。

③ 通过 ACL 控制仅允许当前管理员使用的 PC（IP 地址为 10.1.1.1/24）才能通过指定的 VTY 用户界面登录交换机。

④ 使能 Telnet 服务器，并配置 Telnet 服务器功能属性。

2. 具体配置步骤

按照以上配置思路，即可得出如下的具体配置步骤。

① 配置 Telent 登录所用的 VTY 用户界面属性，假设指定 VTY 0～3（默认是 0～4）这 4 条 VTY 虚拟通道可用于 Telnet 登录。VTY 用户界面属性配置是可选的。

```
<Huawei>system-view
[Huawei] sysname Telnet Server
[Telnet Server] user-interface vty 0 3
[Telnet Server-ui-vty0-3] shell   #---启用 VTY 终端服务，因默认已在所有的用户界面上启动终端服务，故本步也可选
[Telnet Server-ui-vty0-3] idle-timeout 20   #---配置登录连接的超时时间为 20 秒，可选
[Telnet Server-ui-vty0-3] screen-length 30   #---设置以上 VTY 用户界面中一屏可以显示 30 行，可选
[Telnet Server-ui-vty0-3] history-command max-size 20   #---设置在历史命令缓冲区中只记录最近 20 条命令，可选
```

② 配置 Telent 登录 VTY 用户界面的密码认证方式（没有默认认证方式），配置认证密码为 hello@123，支持 Telnet 协议，登录后的用户级别为最高级别——15（默认为 0）。

```
[Telnet Server-ui-vty0-3] authentication-mode password
[Telnet Server-ui-vty0-3] set authentication password cipher hello@123
[Telnet Server-ui-vty0-3] protocol inbound telnet   #---指定以上 VTY 用户界面支持 Telnet 协议
```

```
[Telnet Server-ui-vty0-3] user privilege level 15
[Telnet Server-ui-vty0-3] quit
```

③ 配置控制通过 Telnet 访问交换机的用户 ACL 策略，仅允许 IP 地址为 10.1.1.1 的管理员 PC 使用 VTY 0~3 共 4 个 VTY 用户界面 Telnet 访问交换机。

```
[Telnet Server] acl 2001
[Telnet Server-acl-basic-2001] rule permit source 10.1.1.1 0#---配置仅允许 IP 地址为 10.1.1.1 的主机访问
[Telnet Server-acl-basic-2001] quit
[Telnet Server] user-interface vty 0 3
[Telnet Server-ui-vty0-3] acl 2001 inbound #---在 VTY 0～3 这 4 个用户界面中应用上面的 ACL
```

④ 使能 Telnet 服务器功能，配置用于 Telnet 登录 VLANIF1 接口 IP 地址 10.37.1.1/24，并修改 Telnet 服务器的监听端口号。

```
[Telnet Server] telnet server enable
[Telnet Server] telnet server port 1025
[Telnet Server] interface vlan 1
[Telnet Server-vlanif1]ip address 10.37.1.1 24
[Telnet Server-vlanif1] quit
```

⑤ 从管理员 PC 上 Telnet 登录到交换机的 VRP 系统。

进入管理员 PC 的 Windows 的命令行提示符，执行如下命令（因为 Telnet 服务器上已修改了 Telnet 服务的监听端口号为 1025，所以在 telnet 命令中要带上端口号 1025），通过 Telnet 方式登录交换机。

```
C:\Documents and Settings\Administrator>telnet 10.37.1.1 1025
```

用户按下回车键后，在认证信息中按提示输入 AAA 认证方式配置的登录用户名和密码。认证通过后，出现用户视图的命令行提示符，至此用户成功登录交换机。

```
Login authentication

Username:huawei
Password:
Info: The max number of VTY users is 15, and the number
         of current VTY users on line is 2.
         The current login time is 2020-03-06 08:31:10.
<Telnet Server>
```

第 5 章 VRP 文件系统、配置文件和启动文件

本章主要内容

5.1 VRP 文件系统管理

5.2 配置文件管理

5.3 VRP 系统更新

5.4 配置系统启动文件

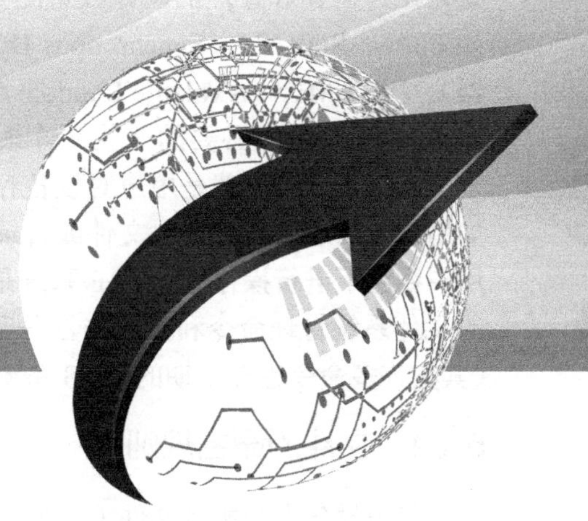

通过对第 4 章的学习，我们对华为设备 VRP 操作级系统的基本操作和登录方法有了较全面的了解，但还只是停留在基本操作层次，只能算认识了 VRP 系统。本章我们来学习 VRP 文件系统、启动文件和配置文件，使 VRP 系统按照我们的需求来部署。

本章学习的内容主要包括 VRP 文件系统、配置文件的管理、FTP 的工作原理和通过 FTP、TFTP 对 VRP 系统文件、配置文件备份与更新，以及系统启动文件的配置方法。

5.1 VRP 文件系统管理

VRP 本质上与我们天天在用的 Windows、Linux 系统没什么区别，也是一种网络操作系统，其中包含一些文件或目录，因此也有它自己的文件系统。我们在 Windows、Linux 系统主机上可以创建文件、目录，管理磁盘，在 VRP 系统中也有些文件、目录是由用户创建和管理的，如设备配置文件、设备系统软件等，还有存储器[包括多种，如 Flash、SDRAM（Synchronous Dynamic Random Access Memory，同步动态随机存储器）、NVRAM（Nov-Volatile Random Access Memory，非易失性随机访问存储器）、SD Card 和 U 盘]，也涉及必要的一些文件系统管理方法。

文件系统管理就是用户对设备存储器中存储的文件、目录甚至存储器本身的管理，如用户可以通过命令行对文件或目录进行创建、移动、复制、删除等操作。它们都是在**用户视图下进行操作的**。VRP 系统是基于 Linux 操作系统平台进行二次开发的，**所以它**的文件系统管理命令和操作方法与我们常用的 Linux 系统中对应的操作方法完全一样（其实许多命令也与早期的 DOS 系统是一样的）。

5.1.1 文件的命名规则

华为设备上的所有文件（如配置文件、系统软件等）是以 VRP 文件系统的方式被有效地管理。文件系统是指对存储器中文件、目录的管理，包括创建、删除、修改文件和目录以及显示文件的内容等。VRP 文件系统实现两类功能：管理存储器（包括 SDRAM、Flash、NVRAM 、SD Card、U 盘等）和管理保存在存储器中的文件和目录。

① SDRAM 相当于电脑的内存。

② NVRAM 日志写入时如果采用 Flash 操作，耗时且耗 CPU 资源。因此采用缓存机制先存入缓存，定时器超时或缓存满后再写入 Flash。

③ Flash 与 SD Card 属于非易失存储器，存入后设备断电不会丢失。配置文件与系统文件存放于 flash 或 SD Card 中，其中 SD Card 是外置的 SD 存储卡，用来扩展。

④ U 盘通过设备上的 USB 接口连接大容量存储设备，主要用于设备升级，传输数据。

VRP 系统中的文件名以字符串形式命名，不支持空格，不区分大小写。VRP 系统的文件有两种表示方式：文件名或“路径+文件名”。文件名直接被使用时表示当前工作路径下的文件，文件名的长度范围是 1～64。“路径+文件名”表示方式的文件格式为：***drive* + *path* + *filename***，总长度范围是 1～160。其中 ***filename*** 就是 VRP 系统中某文件的名称，另外两部分介绍如下。

1. drive

drive 是指设备中的具体存储器，不同类型和安装位置的存储器表示格式如下。

① **“cfcard:”**：主用主控板 CF 卡存储器根目录。设备无 CF 卡时，则无此驱动器。

② **“flash:”**：主用主控板 Flash 存储器根目录。

③ **“slave#cfcard:”**：备用主控板 CF 卡存储器根目录。设备无备用主控板或者备

用主控板没有 CF 卡时，则无此驱动器。

④ “**slave#flash:**”：备用主控板 Flash 存储器根目录。设备无备用主控板或者备用主控板没有 Flash 时，则无此驱动器。

如果设备在堆叠（仅盒式系列交换机支持）情况下，drive 的命名如下。

① “**flash:**”：堆叠系统中主交换机 Flash 存储器根目录。

② “**堆叠 ID#flash:**”：堆叠系统中某设备的 Flash 存储器根目录。例如“**slot2#flash:**”是指堆叠 ID 为 2 的 Flash 卡。

如果设备在集群（仅框式系列交换机支持）情况下，drive 的命名如下。

① “**cfcard:**”：主用主控板 CF 卡存储器根目录。

② “**flash:**”：主用主控板 Flash 存储器根目录。

③ “框号/槽位号#**cfcard:**”：集群系统中 CF 卡存储器根目录所在的框号及槽位号。

④ “框号/槽位号#**flash:**”：集群系统中 Flash 存储器根目录所在的框号及槽位号。

例如“1/14#**flash:**”是指框号 1，槽位号 14 的 Flash 卡。

2. path

path 是指文件或目录所在位置相对存储器根目录所经过的各级目录路径。目录名使用的字符**不可以是空格、“～”“*”“/”“\”“:”“’”“"”等，不区分大小写。**

设备支持的路径可以是绝对路径，也可以是相对路径。指定存储器的路径是绝对路径，相对路径有相对于根目录（即当前的存储器目录）的路径和相对于当前工作路径的路径，**以“/”开头的路径表示相对于根目录的相对路径**。

如路径为“cfcard:/my/test/”是绝对路径；“/selftest/”表示根目录下的 selftest 目录，这是相对于根目录的相对路径；“selftest/”则表示当前工作路径下的 selftest 目录，这是相对于当前工作路径的相对路径。

用 **dir flash:/my/test/mytest.txt** 命令查看 **flash:/my/test/**路径下的 **mytest.txt** 文件的信息，这是一种绝对路径表示方法。如果要用相对于根目录的路径来表示，用户可以使用 **dir /my/test/mytest.txt** 命令；如果要用相对于当前路径的路径（假设当前工作路径为 **flash:/my/**），则使用 **dir test/mytest.txt** 命令。

5.1.2　常用目录管理命令

目录是用来管理文件的容器，就像我们在 Windows、Linux 系统的主机上创建一个个专门用途的文件夹一样。我们可使用表 5-1 中的用户视图命令来进行相应的目录管理。

表 5-1　常用目录管理命令

目录操作	所用命令	说明
创建目录	**mkdir** *directory* 例如：<HUAWEI>**mkdir** flash:/test	创建指定目录，但所创建的目录名不能与指定的目录下的其他目录或文件名重名，不同目录下可以创建相同名称的子目录。参数 *directory* 用来指定要创建的目录（包括路径），长度为 1～64 个字符。建议采用“驱动器名”+“:”+“/”+“目录名”的组合。**如果不指定路径，则代表当在前目录下创建**。路径以“/”开头，则表示相对于根目录的路径

续表

目录操作	所用命令	说明
删除目录	**rmdir** *directory* 例如：<HUAWEI>**rmdir** flash:/test	删除指定目录。参数 *directory* 用来指定要删除的目录（包括路径），其他说明同上面介绍的 **mkdir** 命令的该参数说明。如果不指定路径，**则代表当在前路径下删除指定的目录。** 所删除的目录必须为空目录，即该目录下没有任何文件和子目录，否则将无法进行操作。另外，**执行本命令后，在回收站中的原来属于该目录中的文件也会被自动删除**
显示当前路径	**pwd** 例如：<HUAWEI>**pwd**	显示当前所处的目录路径信息
进入指定的目录	**cd** *directory* 例如：HUAWEI>**pwd** flash:/selftest <HUAWEI>**cd** /logfile/ <HUAWEI>**pwd** flash:/logfile	修改当前工作路径或切换至其他存储器下的目录。参数 *directory* 用来指定要进入的目标目录名，其他说明同上面介绍的 **mkdir** 命令的该参数说明，例如：cfcard:/selftest/test/
显示目录或文件信息	**dir** [**/all**] [*filename* | *directory* | **/all-filesystems**] 例如：<HUAWEI>**dir /all**	查看存储器中指定的文件和目录的信息，支持通配符"*"。 • **/all**：可选项，指定查看当前路径下的所有的文件和目录，包括已经放入回收站的文件。在回收站中的文件名在输出显示中以"[ ]"标识。 • *filename*：多选一可选参数，指定要查看的文件名称，为 1～160 个字符。建议采用"驱动器名"+":"+"/"+"目录名"+"/"+"文件名"的组合。其中目录名使用的字符不可以是空格、"～""*""/""\"":""'""""等字符，不区分大小写。 • *directory*：多选一可选参数，指定要显示的目录路径，参见前面 **mkdir** 命令介绍。当前存储器根目录为"/"。 • **/all-filesystems**：多选一可选项，指定显示设备上所有存储器根目录中文件和目录的信息

图 5-1 中显示的是先通过 **dir** 命令查看了当前文件系统，然后通过 **mkdir** 命令创建一个名为 test 的目录，再用 **dir** 命令查看文件系统。然后用 **pwd** 查看当前的工作路径为 flash: 的根目录，再用 **cd** test 命令进入新的 test 目录，最后执行 **pwd** 命令查看当前的工作路径。

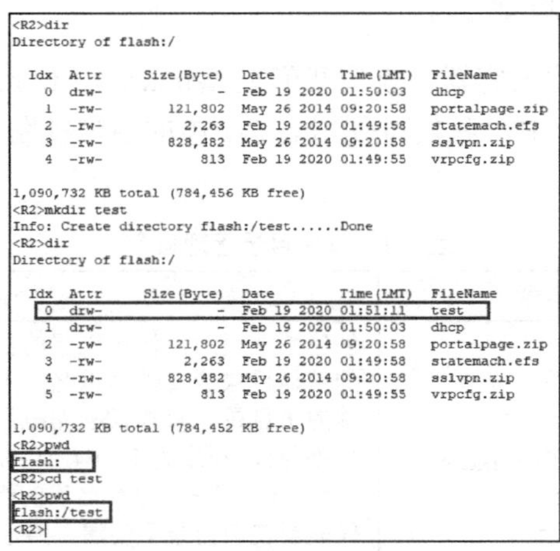

```
<R2>dir
Directory of flash:/

  Idx  Attr     Size(Byte)  Date        Time(LMT)  FileName
    0  drw-              -  Feb 19 2020 01:50:03   dhcp
    1  -rw-        121,802  May 26 2014 09:20:58   portalpage.zip
    2  -rw-          2,263  Feb 19 2020 01:49:58   statemach.efs
    3  -rw-        828,482  May 26 2014 09:20:58   sslvpn.zip
    4  -rw-            813  Feb 19 2020 01:49:55   vrpcfg.zip

1,090,732 KB total (784,456 KB free)
<R2>mkdir test
Info: Create directory flash:/test......Done
<R2>dir
Directory of flash:/

  Idx  Attr     Size(Byte)  Date        Time(LMT)  FileName
    0  drw-              -  Feb 19 2020 01:51:11   test
    1  drw-              -  Feb 19 2020 01:50:03   dhcp
    2  -rw-        121,802  May 26 2014 09:20:58   portalpage.zip
    3  -rw-          2,263  Feb 19 2020 01:49:58   statemach.efs
    4  -rw-        828,482  May 26 2014 09:20:58   sslvpn.zip
    5  -rw-            813  Feb 19 2020 01:49:55   vrpcfg.zip

1,090,732 KB total (784,452 KB free)
<R2>pwd
flash:
<R2>cd test
<R2>pwd
flash:/test
<R2>
```

图 5-1　目录管理操作示例

在 **dir** 命令的输出中，Attr 列第位显示为“d”的表示为目录，显示为“-”的表示为文件。

5.1.3 常用文件管理命令

我们可使用表 5-2 中的用户视图命令对华为设备文件系统进行相应的文件操作。

表 5-2 常用文件管理命令

文件操作	所用命令	说明
显示文本文件内容	**more** *filename* [*offset*] [**all**] 例如：<HUAWEI>**more** log.txt 100	显示指定文件（只能是文本文件，包括扩展文件名为.cfg 的配置文件、批处理文件等）内容。 • *filename*：指定待显示文件的路径和文件名。其他参见表 5-1 中介绍的 **dir** 命令的该参数说明。 • *offset*：可选参数，指定待显示文件的偏移量，取值范围是（0～2147483647）整数个字节。 • **all**：可选项，指定不分屏显示文件内的全部内容
移动文件	**move** *source-filename destination-filename* 例如：<HUAWEI>**move** flash:/test/sample.txt flash:/sample.txt	将源文件从指定目录移动到目标目录中，移动时有确认提示。参数 *source-filename 和 destination-filename* 分别用来指定被移动的源、目的文件的路径和文件名，参见表 5-1 中介绍的 **dir** 命令的 *filename* 参数说明。 **命令中的源文件和目标文件必须在相同的存储器下（但不可以是相同目录），否则系统会报错**。如果目标文件名与已经存在的文件重名，操作成功后原有同名文件将被覆盖；如果只指定目标文件的路径，而没有指定目标文件名称，则默认是使用源文件名作为目标文件名
重命名目录或文件	**rename** *old-name new-name* 例如：<HUAWEI>**rename** mytest yourtest 或<HUAWEI>**rename** sample.txt sample.bak	对目录或文件进行重命名，重命名时有确认提示。参数 *old-name* 用来指定当前目录名或文件名；*new-name* 用来指定重命名后的目录名或文件名，其他参见表 5-1 中 **mkdir** 命令中的参数 *directory* 说明。 该命令不支持跨路径的文件重命名，即**重命名的源目录和目标目录、源文件和目标文件必须在同一路径下**；且如果目标文件名与已经存在的目录名重名，或者目标文件名与已经存在的文件名重名，都将出现错误提示信息
复制文件	**copy** *source-filename destination-filename* [**all**] 例如：<HUAWEI>**copy** flash:/config.cfg flash:/temp/temp.cfg	把源文件复制为目标文件，支持通配符“*”。 • *source-filename*：指定被复制文件的路径名或源文件名，其他参见表 5-1 中 **dir** 命令的 *filename* 参数说明。 • *destination-filename*：目标文件的路径或路径及目标文件名，其他说明同上面介绍的 **dir** 命令的 *filename* 参数说明。 **【说明】**如果目标文件的目录路径与源文件的目录一致，则目标文件的目录路径可省略；如果目标文件名与源文件一样，则目标文件名可省略；如果目标文件名与已经存在的文件重名，会提示是否覆盖，操作成功后原有同名文件将被覆盖；如果只指定目标文件的路径，而没有指定目的文件名称，则默认时使用源文件名作为目标文件名，但是如果目标文件和被复制文件在一个目录下，必须指定目标文件的文件名，否则复制将不成功。 • **all**：可选项，复制文件到所有堆叠或者集群成员交换机上。此可选项仅可在堆叠或集群交换机上使用

续表

文件操作	所用命令	说明
压缩文件	**zip** *source-filename destination- filename* 例如：<HUAWEI>**zip** log.txt flash:/test/log.zip	压缩指定文件（压缩后的文件名可以不一样）。但要注意，这里**压缩后的文件大小不仅不会变小，还可能变大**，只是生成了压缩格式文件，便于备份。参数 *source-filename* 用来指定被压缩的源文件名；参数 *destination-filename* 用来指定压缩后的目标文件名，其他参见表 5-1 中介绍的 **dir** 命令的 *filename* 参数说明。**压缩后的文件扩展名为.zip。** 如果只指定了目标文件所在的路径，但未指定目标文件名，则目标文件名与源文件名相同。压缩后，源文件仍然存在。**但只能对文件进行压缩，不能压缩目录**
解压缩文件	**unzip** *source-filename destination- filename* 例如：<HUAWEI>**unzip** logfile-2012-02-27-17-47-50.zip flash:/log.txt	解压缩指定文件（解压缩后的文件名可以不一样）。参数 *source-filename* 和 *destination-filename 分别*用来指定被解压缩的源、目的文件名，其他参见表 5-1 中介绍的 **dir** 命令的 *filename* 参数说明。如果只指定了目标文件所在的路径，未指定目标文件名，则目标文件名与源文件名相同。**解压缩后，源文件仍然存在** 压缩文件的类型必须是.zip 类型，否则在解压缩过程中系统会提示出错。**且原压缩文件中的文件必须是单个文件，**如果是一个目录或者多个文件，可能会导致解压缩失败
删除文件	**delete** [**/unreserved**] [**/quiet**] { *filename* | *devicename* } [**all**] 例如：<HUAWEI>**delete** flash:/test/test.txt	删除指定文件，放入回收站，支持通配符"*"。 • **/unreserved**：可选项，**表示彻底删除指定文件，删除的文件将不可恢复。** • *filename*：指定要删除的文件的路径和文件名。其他参见表 5-1 中介绍的 **dir** 命令的 *filename* 参数说明。 • **/quiet**：可选项，指定无须确认直接删除文件。此可选项要慎用，因为在删除过程中不会再有确认提示了。 • **all**：可选项，指定批量删除所有框主用主控板和备用主控板、堆叠成员交换机对应路径下的文件
恢复回收站中的文件	**undelete** { *filename* | *devicename* } 例如：<HUAWEI>**undelete** sample.bak	恢复被删除到回收站中的文件（恢复时会有确认提示）。 • *filename*：二选一参数，指定待恢复的文件名，其他参见表 5-1 中介绍的 **dir** 命令的*该*参数说明。 • *devicename*：二选一参数，指定要依次恢复指定存储器根目录下的所有被删除文件，取值可以是 flash:，cfcard:。 用户需要恢复之前删除过的文件或由于误操作删除某个文件时，只要不是永久删除（执行了带参数**/unreserved** 的 **delete** 命令或执行 **reset recycle-bin** 命令），都可以使用此命令将文件恢复。 恢复的文件名如果与同路径下现有的目录名重名，则执行失败；若与当前存在的文件名重名，将会提示是否覆盖
彻底删除回收站中的文件	**reset recycle-bin** [*filename* | *devicename*] 例如：<HUAWEI>**reset recycle-bin** flash:/test/test.txt	彻底删除指定路径下回收站中的文件，以释放空间。 • *filename*：二选一可选参数，指定要彻底删除的文件名，其他参见表 5-1 中介绍的 **dir** 命令的该参数说明。 • *devicename*：二选一可选参数，指定要彻底删除指定存储器根目录下的所有回收站中的文件，取值可以是 flash:，cfcard: 如果不选择以上任何可选参数，则**仅删除用户当前工作路径下回收站中的所有文件**

5.1.4　存储器管理

我们在 PC 中经常要进行磁盘的维护与管理，如格式化磁盘、修复文件系统，在网络交换机中同样需要类似的管理，那就是对它们的存储器进行维护和管理。

1. 格式化存储器

当文件系统异常且无法修复（如在 **dir** 命令的输出显示信息中含有 **unknown** 信息时），或者确认不再需要存储器上的所有数据时，我们可格式化存储器。但要注意，与格式化 PC 中的硬盘一样，格式化后会清空存储器中的所有文件和目录。

格式化存储器的方法与 DOS 下的格式化命令一样，也是 **format**，就是直接在用户视图下执行 **format** *devicename* 命令。这里的参数 *devicename* 就是指要格式化的存储器名称，不同机型中可用的存储器设备不一样，如在盒式交换机系列中只有 flash:，在框式交换机系列中有主控板闪存 flash:，备用主控板闪存 slave#flash:，除此之外还有主控板 CF 卡 cfcard:，备用主控板 CF 卡 slave#cfcard:。

2. 修复文件系统

当存储器上的文件系统出现异常时，终端会给出提示信息，建议修复一下存储器上的文件系统。与 PC 上的磁盘修复命令一样，VRP 的文件系统修复命令也是 **fixdisk** 命令，其格式为 **fixdisk** *devicename*，但不确保修复成功。命令中的参数 *devicename* 是指定要修复文件系统的存储器名。

5.2　配置文件管理

配置文件就是保存设备配置命令的文件，但其实华为设备中的配置文件有两种：当前配置文件和保存的配置文件。当前配置文件就是设备当前运行的配置，其实有些配置还并没有以文件形式保存起来，只是保存在设备 RAM 中，可能配置文件通过执行 **save** 命令保存后就形成了保存的配置文件。保存的配置文件扩展名只能是“.cfg”或“.zip”，用于设备启动时调用的保存的配置文件必须保存在引导存储器的根目录中。

5.2.1　配置文件保存

在用户视图下执行 **save** [**all**] [*configuration-file*]命令可以保存当前配置为指定的配置文件。命令中的参数和选项说明如下。

① **all**：可选项，选择它后将保存所有的配置，包括不在位（没有安装或没有启动）的板卡的配置。其实无论是否选定了本可选项，都会保存所有配置，包括不在位的板卡的配置，所以本可选项实际上没有起到作用。

② *configuration-file*：可选参数，指定所保存的配置文件名称（包括路径），绝对路径的长度范围为 5～64 个字符。

如果不指定本可选参数，设备会将当前配置信息保存到存储设备中的系统下一次启动的配置文件中，首次保存时默认的配置文件名是 vrpcfg.zip。第一次保存配置文件时，如果不指定本可选参数，设备将提示是否将文件名保存为“vrpcfg.zip”。“vrpcfg.zip”是系统默认的配置文件，初始状态是空配置。

将当前配置保存到指定文件时，文件必须以“.zip”或“.cfg”作为扩展名，如果作为系统启动配置文件时，文件必须存放在存储设备引导存储器的根目录下。*.cfg 为纯文本格式，可直接查看里面的内容，指定为配置文件后，文件被启动时系统对里面的命令逐条进行恢复。*.zip 是*.cfg 的压缩格式，占用空间较小，文件被指定为配置文件后，启动时要先解压成*.cfg 格式，然后逐条恢复。

5.2.2 比较当前配置和保存的配置

通过配置文件的比较，VRP 系统在比较出不同之处时，将从两者差异开始的位置开始显示字符，默认显示 150 个字符，便于我们对不同版本的配置文件内容进行比较。如果该不同之处到文件末尾不足 150 个字符，将显示到文件尾为止。所比较的配置文件必须以“.cfg”或“.zip”作为扩展名。如果指定要与当前配置进行比较的配置文件不存在，或者虽然配置文件存在，但是内容为空，系统将提示读文件失败。

在用户视图下执行 **compare configuration** [*configuration-file*] [*current-line-number save-line-number*] 命令，相关人员可以比较当前配置与指定的配置文件的内容是否一致。命令中的参数说明如下。

① *configuration-file*：可选参数，指定需要与当前配置进行比较的配置文件名，长度范围为 5～48 个字符，不支持空格。**如果不指定此可选参数，系统将比较当前的配置与下次启动配置文件内容是否一致。**

② *current-line-number save-line-number*：可选参数，指定在当前配置中从指定的行开始比较，在指定的配置文件中从指定的行开始比较。如果不指定此可选参数，则表示从指定的配置文件的首行开始进行比较，用来指定在发现配置文件不同之处后，跳过该不同处，然后各自从指定的行继续进行比较。

如下示例，比较当前配置与下次启动的配置文件内容是否一致。从输出信息中我们可以看出，这两个配置文件中从第 6 行开始不一致，并且分别列出了两个配置文件中的对应配置。

```
<HUAWEI>compare configuration
Warning: The current configuration is not the same as the next startup configura
tion file.
====== Current configuration line 6 ======
 vlan batch 1 to 2 10 to 11 15 70 to 71 91 to 92 100 111 230 240 901
 vlan batch 911 1111
#
 l2protocol-tunnel vtp group-mac 0100-0ccd-ffff

 ====== Configuration file line 6 ======
 vlan batch 1 to 2 10 to 11 15 70 91 to 92 100 111 230 240 901
 vlan batch 911 1111
#
 l2protocol-tunnel vtp group-mac 0100-0ccd-ffff
```

5.2.3 清除配置

在实际的设备维护和管理中，经常遇到需要清除配置文件中一部分或全部配置的情形，如发现以前的配置错误，或者比较混乱，或者其中有些命令不符合当前 VRP 系统版本要求。这时我们可以选择不同的清除方式对配置文件中的指定内容或全部内容进行清除。用户可以根据不同的场景，选择不同的方式清除配置，具体方式如下。

① 清除配置文件内容：当设备软件升级后原配置文件与当前软件系统版本不匹配，配置文件遭到破坏，或者加载了错误的配置文件时，用户可以清空原有的配置文件，然后再重新指定一个配置文件。

② 一键式清除接口下的配置信息：当用户需要将设备上的某个接口用作其他用途时，原始的配置需要逐条删除。如果该接口下存在大量的配置，用户将耗费大量的时间进行删除动作，增大了用户的维护量。为了减少用户的维护量和降低操作的复杂度，网络管理人员可以一键式清除接口下的配置。

③ 清除不在位单板的非激活配置信息：更换单板时，如果不希望保存现有的配置信息，网络管理人员可以执行命令清除不在位单板的配置信息。

【注意】配置信息被清除后不可恢复，请谨慎操作。

1. 清除配置文件内容

如果不想继续保留当前保存的配置文件，用户可在用户视图下执行 **reset saved-configuration** 命令，**清空设备下次启动使用的配置文件的所有内容，并取消原来指定的系统下次启动时使用的配置文件，使设备配置恢复到默认值**。

【注意】用户在执行 **reset saved-configuration** 命令时要注意以下几点。

① 执行该命令后，如果当前启动配置文件与下次启动配置文件相同，当前启动的配置文件也会被清空，一定要小心。

② 执行该命令后，用户手动重启设备时，系统会提示用户是否保存配置，这时候选择不保存才能清空配置。

③ 取消指定系统下次启动时使用的配置文件后，如果不使用 **startup saved-configuration** 命令重新指定新的配置文件，或者不保存配置文件，设备重启后将会以默认配置启动，**恢复成出厂配置。但如果清除后，重启前保存了配置文件（此时默认会以默认配置文件 vrpcfg.zip 保存），则下次启动后可能仍然保留了配置，这点要特别注意。**

④ 设备下次启动时的配置文件为空，设备会提示配置文件不存在。

2. 一键式清除指定接口下配置信息或将配置恢复到默认值

网络管理人员可采用以下任意一种方式一键式清除指定接口下配置信息或将配置恢复到默认值（被清除配置文件的接口将被置为 shutdown 状态）。

① 在系统视图下执行 **clear configuration interface** *interface-type interface-number* 命令，清除指定接口下配置信息或将配置恢复到默认值。

② 在具体接口视图下执行 **clear configuration this** 命令清除当前接口下所有配置信息或将配置恢复到默认值（这个非常实用，我们可以一步清除原来在对应接口下的所有错乱配置，以便全部重新配置）。

5.2.4 恢复出厂配置

同样，在实际的设备维护和管理中，我们有时也需要将设备的配置恢复为最初的出厂状态，以便我们重新开始新的配置，这样有时比直接修改原配置文件的效率和正确性更高。用户可以根据不同的场景将配置文件或设备恢复至出厂配置状态。

1. 将配置文件恢复到出厂配置状态

对于 S1720GFR、S1720GW-E、S1720GWR-E、S1720X-E 子系列交换机，我们可按表 5-3 所示操作步骤通过长按【reset】键将设备配置文件恢复到出厂状态。

表 5-3 配置文件恢复出厂配置状态的操作步骤

步骤	命令	说明
1	**system-view** 例如：<HUAWEI>**system-view**	进入系统视图
2	**undo factory-configuration prohibit** 例如：[HUAWEI] undo **factory-configuration prohibit**	使能长按【reset】键恢复出厂配置的功能。 默认情况下，长按【reset】键恢复出厂配置的功能处于使能状态
3	**set factory-configuration operate-mode** { **reserve-configuration** | **delete-configuration** } 例如：[HUAWEI] **set factory-configuration operate-mode delete-configuration**	指定恢复出厂配置时的操作方式为保留模式（选择 **reserve-configuration** 选项时）或者删除（选择 **delete-configuration** 选项时）模式。 • 如果指定恢复出厂配置时的操作方式为保留模式，则在恢复出厂配置后，当前的配置文件会被保留。 • 如果指定恢复出厂配置时的操作方式为删除模式，则在恢复出厂配置后，当前的配置文件不会被保留。 默认情况下，恢复出厂配置时的操作方式为保留模式，可用 **undo set factory-configuration operate-mode** 命令指定恢复出厂配置时的操作方式为保留模式
4	**display factory-configuration information**	查看长按【reset】键恢复出厂配置的功能是否处于使能状态和恢复出厂配置时的操作方式
5	长按【reset】键（5 秒以上），接着执行 **reboot** 用户视图命令重启设备，且重启时选择不保存配置	

2. 将设备一键恢复到出厂配置状态

用户希望清除所有的业务配置和数据文件时，可通过在用户视图下执行 **reset factory-configuration** 命令，一键式将设备还原至出厂配置状态。注意，该命令不仅会将系统配置文件恢复至出厂配置状态，还会清除设备上的业务配置和数据文件，所以必须谨慎使用。执行完后，可执行 **display factory-configuration reset-result** 命令查看设备最近一次恢复出厂配置的结果。

5.3 VRP 系统更新

VRP 系统的更新涉及 VRP 系统中的文件传输功能，当然文件传输功能还可用于普通文件（如配置文件）的上传和下载。目前常用的文件传输协议是 FTP 和 TFTP（Trivial File Transfer Protocol，简单文件传输协议）。

FTP 是基于 TCP 的面向连接的应用协议。我们在进行文件传输前需要先在 FTP 客户端和FTP服务器之间建立FTP连接，需要先配置FTP服务器和FTP客户端。华为设备可以担当FTP客户端或FTP服务器的角色。

TFTP是基于UDP的无连接的应用层协议，在传输前无须在TFTP客户端和TFTP服务器之间建立连接，配置比较简单。华为交换机只能担当TFTP客户端的角色，AR G3系列路由器既可担当TFTP客户端的角色，也可担当TFTP服务器的角色。

我们在企业网络中部署一台FTP服务器或TFTP服务器，然后将网络设备配置作为FTP客户端、TFTP客户端，这样我们可以使用FTP、TFTP来从服务器下载新的VRP系统文件、配置文件，进行VRP系统或配置文件的更新。我们也可以把网络设备配置看作FTP服务器，将设备的日志文件、系统文件、配置文件保存在网络中某台主机上，用于对日志文件、系统或配置文件的备份。文件的上传、下载都是在客户端进行的。

5.3.1　FTP的两种工作模式

使用FTP进行文件传输时，会用到两个连接，即“控制连接”和“数据连接”。其中控制连接用于建立FTP客户端与服务器之间的TCP连接，传输的是控制命令，是建立数据连接的前提和基础。FTP客户端和FTP服务器之间建立控制连接前，必须先建立TCP连接。数据连接用于实现在FTP客户端和服务器之间的数据传输。

FTP数据连接的建立中可被分为主动模式和被动模式两种模式。两种模式的区别为“数据连接”由FTP服务器先发起，还是由FTP客户端先发起，而控制连接都是由FTP客户端发起的。FTP服务器开启TCP 21号端口，等待FTP客户端发送控制连接请求；FTP客户端开启随机的TCP端口（大于1024），主动向FTP服务器发送建立控制连接的请求。主动模式下的数据连接是由FTP服务器发起的，被动模式下的数据连接是由FTP客户端发起的，此时FTP服务器处于被动监听状态。

1. 主动模式

在主动模式中，控制连接建立后，用户进行数据传输时首先是FTP客户端以建立控制连接时所用的传输层端口（为一个大于或等于1024的随机端口，假设为TCP N）通过PORT命令（目的端口为FTP服务器的TCP 21端口）告知FTP服务器自己在建立数据连接时所用的TCP端口。然后由FTP服务器以TCP 20端口主动向FTP客户端发起数据连接请求，通过三次握手建立数据连接。

主动模式下，两种FTP连接的建立过程所使用的TCP端口如图5-2所示。

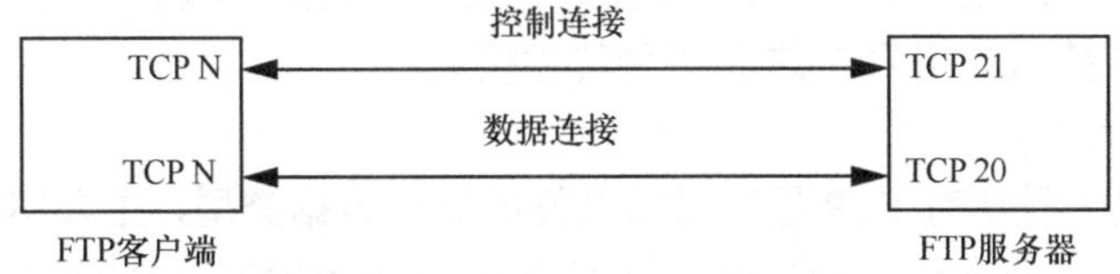

图5-2　主动模式下，两种FTP连接所使用的TCP端口

2. 被动模式

在被动模式中，控制连接建立后，用户进行数据传输时首先是FTP客户端以建立控制连接时所用的传输层端口（假设为TCP N）发送PASV命令告知FTP服务器当前要处于被动模式，然后FTP服务器告知FTP客户端自己在建立数据连接时所使用的TCP端

口（为一个大于或等于 1024 的临时端口，假设为 TCP M）。然后由 FTP 客户端使用新的端口（也为一个大于或等于 1024 的临时端口，假设为 TCP P）主动向 FTP 服务器发起数据连接请求，通过三次握手建立数据连接。

被动模式下，两种 FTP 连接的建立过程所使用的 TCP 端口如图 5-3 所示。

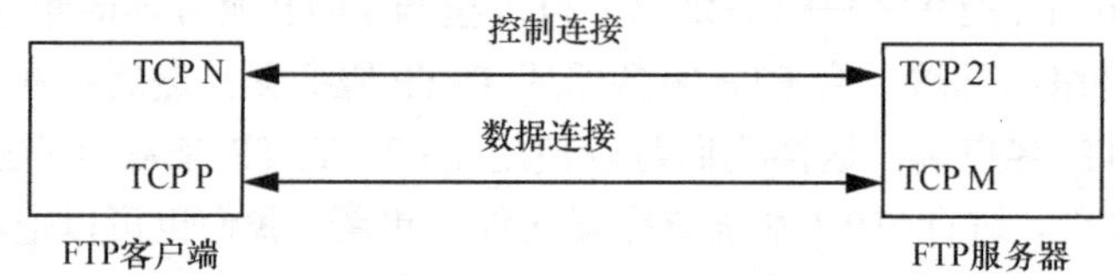

图 5-3 被动模式，两种 FTP 连接所使用的 TCP 端口

主动模式和被动模式在实际使用中的利弊如下。

① 使用主动模式传输数据时，如果 FTP 客户端在私有网络中，并且 FTP 客户端和 FTP 服务器端之间存在 NAT 设备，那么 FTP 服务器端收到客户端发来的 PORT 报文中携带的端口号、IP 地址并不是 FTP 客户端经过 NAT 之后的地址、端口号，因此服务器端无法向 PORT 报文中携带的私网地址发起 TCP 连接（此时客户端的私网地址在公有网络中路由不可达）。我们可通过 ALG（Application Layer Gateway，应用层网关）来解决此问题。

② 使用主动模式传输数据时，如果 FTP 客户端位于防火墙内部区域中，并且没有允许 FTP 服务器所在区域到 FTP 客户端所在区域的主动访问，传输连接将无法建立成功，导致 FTP 无法正常传输。我们可以通过配置防火墙过滤策略解决此问题，但建议采用被动模式，因为由 FTP 客户端向外部的 FTP 服务器主动发起的连接，位于内网中的防火墙是不会拦截的。

③ 使用被动模式传输数据时，FTP 客户端主动向服务器端的一个开放端口发起连接，如果 FTP 服务器端在防火墙内部区域中，并且没有允许客户端所在区域到服务器端所在区域的主动访问，那么传输连接将无法建立成功，从而导致 FTP 无法正常传输。当然也可以通过配置防火墙过滤策略解决此问题，但建议采用主动模式，同样是因为由 FTP 服务器向外部的 FTP 客户端主动发起的连接，其位于内网中的防火墙是不会拦截的。

5.3.2 FTP 传输模式

传输模式是指 FTP 客户端和 FTP 服务器之间进行数据传输时采用的数据格式。在华为设备中，FTP 支持 ASCⅡ和二进制两种传输模式。

1. ASCII 模式

ASCII 模式是一种所有 FTP 程序必须支持的默认数据类型，主要用来传输文本文件（包括各种文档类型的文件），除非主机双方认为 EBCDIC（Extended Binary Coded Decimal Interchange Code，扩展的二进制编码的十进制交换代码）类型更方便。在 ASCII 模式中，发送方将内部字符表示方式转换为标准的 8 位 ASCII 格式，接收方将标准格式数据转换为对应的字符。

2. 二进制模式

二进制模式常用于发送图片文件和程序文件。发送端发送这些文件时无须转换格式，可直接传输。

5.3.3　通过 FTP 进行 VRP 系统升级

用户可以使用 FTP 在本地与远程终端之间进行文件操作，在 VRP 系统版本升级、配置文件更新等文件业务操作中此协议被广泛应用。配置前需要确保终端与设备之间路由可达，终端支持 FTP 客户端功能。

1. 配置任务

通过 FTP 进行文件传输的配置任务如下所示（第 1～3 步没有严格的配置顺序）。

① 配置 FTP 服务器功能及参数：使能 FTP 服务器，配置 FTP 服务器属性参数，如端口号、源 IP 地址、超时断连时间。

② 配置 FTP 本地用户：配置本地用户的服务类型、用户级别及授权访问目录等。可以使用 AAA 功能为每个用户配置登录账户和访问权限。

③ （可选）配置 FTP 访问控制：配置用于控制 FTP 用户访问的 ACL 列表，提高 FTP 访问的安全性。**仅在需要通过 ACL 进行 FTP 访问控制时选用**。

④ 用户通过 FTP 访问设备：从终端通过 FTP 访问担当 FTP 服务器的华为设备。

与 FTP 文件传输的相关参数默认配置为：FTP 服务器功能关闭，监听 21 号 TCP 端口，无 FTP 本地用户。下面我们介绍具体的配置任务。

2. 配置 FTP 服务器功能及参数

华为设备配置作为 FTP 服务器时，具体的配置步骤见表 5-4。当然，事先还需配置设备用于进行 FTP 连接建立的接口 IP 地址，可以是任意三层接口的 IP 地址，只要确保 FTP 客户端与 FTP 服务器之间指定的 IP 地址之间路由可达即可。

表 5-4　FTP 服务器功能使能及参数的配置步骤

步骤	命令	说明
1	**system-view** 例如：<HUAWEI> **system-view**	进入系统视图
2	**ftp server port** *port- number* 例如：[HUAWEI]**ftp server port** 1088	（可选）指定 FTP 服务器端口号，取值范围为 21 或 1 025～55 535 的整数。在默认情况下，FTP 服务器端监听端口号是 21，可用 **undo ftp server port** 命令恢复默认值。 【说明】当服务器正在监听的端口号是 21 时，FTP 客户端登录时可以不指定端口号，因为 21 号端口是 FTP 服务器的默认端口；如果是其他监听端口号，FTP 客户端登录时必须指定对应的端口号，且客户端在 **ftp** 命令中使用的端口号必须与服务器端指定的端口号一致。但在变更端口前需要确保 FTP 服务器功能处于非使能状态，否则需要先执行 **undo ftp server** 命令关闭服务，然后再执行 **ftp server enable** 命令重新使能 FTP 服务器功能
3	**ftp server enable** 例如：[HUAWEI]**ftp server enable**	在交换机上使能 FTP 服务器功能。 默认情况下，交换机上的 FTP 服务器功能是关闭的，可用 **undo ftp server** 命令关闭交换机的 FTP 服务器功能。关闭 FTP 服务器功能后，未登录的用户将无法登录 FTP 服务器。已经登录该 FTP 服务器上的用户，除了可操作退出登录外，不能再执行其他任何操作

续表

步骤	命令	说明
4	**ftp server-source** { **-a** *source-ip-address* | **-i** *interface-type interface- num* } 例如：[HUAWEI]**ftp server-source -i** loopback0	（可选）指定 FTP 服务器的源地址或源接口，实现对交换机进出报文的过滤，保证安全性。 ● *source-ip-address*：二选一参数，用来指定 FTP 服务器源 IP 地址。 ● *interface-type interface-num*：二选一参数，用来指定 FTP 服务器的源接口。 【注意】FTP 服务器端指定的源地址只能是交换机的 **LoopBack** 接口 **IP** 地址或 **LoopBack** 接口。配置了服务器的源地址后，登录服务器时所输入的服务器地址必须与该命令中配置的一致，否则无法成功登录。如果在配置此命令前，**FTP** 服务已经使能，在则在配置本命令后 **FTP** 服务将重新启动。 默认情况下，FTP 服务器发送报文的源地址为 0.0.0.0（代表任意 IP 地址），可用 **undo ftp server-source** 命令恢复 FTP 服务器发送报文的源地址为默认值
5	**ftp timeout** *minutes* 例如：[HUAWEI] **ftp timeout** 20	（可选）配置 FTP 连接最大空闲等待时间，取值范围为 1～35791 的整数分钟。 【说明】用户登录到 FTP 服务器后，如果连接异常中断或用户非正常中断连接，FTP 服务器是无法知道的，因而连接仍保持着。为防止这类情况发生，使用连接空闲时间，当连接在一定时间内没有进行命令交互，FTP 服务器即可认为连接已经失效，而断开连接。 在默认情况下，连接空闲时间为 30min，可用 **undo ftp timeout** 命令恢复默认的连接空闲时间

3. 配置 FTP 本地用户

当用户通过 FTP 进行文件操作时，需要在作为 FTP 服务器的交换机上配置本地用户名及口令（进行的是 AAA 认证方式）、指定用户的服务类型以及可以访问的目录，否则用户将无法通过 FTP 访问交换机。具体的配置步骤见表 5-5。

表 5-5 FTP 本地用户的配置步骤

步骤	命令	说明
1	**system-view** 例如：<HUAWEI> **system-view**	进入系统视图
2	**aaa** 例如：[HUAWEI] **aaa**	进入 AAA 视图
3	**local-user** *user-name* **password irreversible-cipher** *password* 例如：[HUAWEI-aaa] **local-user** winda **password irreversible-cipher** 123456	配置本地用户名和密码。默认情况下，系统中没有本地用户，**也不支持 FTP 匿名访问**
4	**local-user** *user-name* **privilege level** *level* 例如：[HUAWEI-aaa] **local-user** winda **privilege level** 5	配置本地用户级别。**必须将用户级别配置在 3 级或 3 级以上，否则 FTP 连接将无法成功。** 默认情况下，本地用户（如 Telnet 用户、SSH 用户）的优先级由对应的用户界面级别决定，可用 **undo local-user** *user-name* **privilege level** 命令将指定的本地用户的优先级恢复为默认配置

续表

步骤	命令	说明
5	**local-user** *user-name* **service-type ftp** 例如：[HUAWEI-aaa] **local-user** winda **service-type ftp**	配置本地用户的服务类型为 FTP。 默认情况下，本地用户所有接入类型均不支持，包括 8021x（支持 802.1x 认证的用户）、bind（IP 会话用户）、ftp（FTP 连接用户）、http（HTTP 连接用户）、ppp（PPP 连接用户）、ssh（STelnet 连接用户）、telnet（Telnet 连接用户）、terminal（Console 口或者 MiniUSB 口连接用户）和 web（Web 认证用户），可用 **undo local-user** *user-name* **service-type** 命令将指定的本地用户的接入类型恢复为默认配置
6	**local-user** *user-name* **ftp-directory** *directory* 例如：[HUAWEI-aaa] **local-user** winda **ftp-directory** flash:/	配置本地用户的 FTP 授权访问目录（FTP 用户主目录，包括完整的目录路径），为 1～64 个字符，不支持空格，区分大小写。 当有多个 FTP 用户且有相同的授权目录时，可通过 **set default ftp-directory** *directory* 命令为 FTP 用户配置默认工作目录。此时，不需要通过本命令为每个用户配置授权目录。 【说明】对应 FTP 用户只能在本命令指定的目录下进行文件操作，所以如果要进行 VRP 系统软件或配置文件备份，则需要事先把这些文件放置在这个目录下。同理，如果从 FTP 客户端下载的文件也将先保存在这个目录中，如果这些文件将作为下次启动的系统文件或配置文件，则重新复制或移到引导存储器的根目录下，否则不能在启动时被调用。 默认情况下，本地用户的 FTP 目录为空，可用 **undo local-user** *user-name* **ftp-directory** 命令将指定的本地用户的 FTP 目录删除

4. （可选）配置 FTP 访问控制

用户可以配置 FTP 访问控制列表，实现只允许指定的客户端登录设备，以提高安全性。在 FTP 访问中应用 ACL 进行访问控制时的规则如下：

① 当 ACL 中的规则选择 **permit 选项**时，则允许指定源 IP 地址的用户主机（也可以是其他网络设备）与本地设备建立 FTP 连接；

② 当 ACL 中的规则选择 **deny 选项**时，则拒绝其他用户主机或网络设备与本地设备建立 FTP 连接；

③ 当 ACL 配置了规则，但来自其他设备的报文没有匹配该规则时，则拒绝其他设备与本设备建立 FTP 连接；

④ 当 ACL 未配置规则时，则允许任何设备与本地设备建立 FTP 连接，相当于没有配置、应用 ACL，不作限制。

在 FTP 访问中应用 ACL 进行访问控制的具体配置步骤见表 5-6。

表 5-6　FTP 访问控制的配置步骤

步骤	命令	说明
1	**system-view** 例如：<HUAWEI>**system-view**	进入系统视图

续表

步骤	命令	说明
2	**acl** [**number**] *acl-number* 例如：[HUAWEI] **acl** 2001	进入基本 ACL 视图
3	**rule** [*rule-id*] { **deny** | **permit** } [**source** {*source-address source-wildcard* | **any** } | **fragment**| **logging**|**time-range** *time-name*] * 例如：[HUAWEI-acl-basic-2001] **rule permit source** 192.168.32.1 0	配置基本 ACL 规则。 • *rule-id*：指定 ACL 的规则 ID。如果指定 ID 的规则已经存在，则会在旧规则的基础上叠加新定义的规则，相当于编辑一个已经存在的规则（通过这种方法可以修改现有 **ACL** 规则）；如果指定 ID 的规则不存在，则使用指定的 ID 创建一个新规则，并且按照 ID 的大小决定规则插入的位置。如果不指定 ID，则增加一个新规则时自动会根据设置的 ID 步长为这个规则分配一个 ID，ID 按照大小排序，规则 ID 的步长由 **step** *step-value* 命令指定，默认步长为 5。 • **deny**：二选一选项，拒绝符合条件的报文通过。 • **permit**：二选一选项，允许符合条件的报文通过。 • *source-address source-wildcard*：二选一参数，指定数据包源 IP 地址和源 IP 地址通配符掩码。*source-address* 为点分十进制形式，或用 **any** 代表任意源地址 0.0.0.0；*source-wildcard* 为点分十进制形式，数值上是源地址掩码的反掩码形式。当目的地址是 **any** 时，通配符掩码是 255.255.255.255；当目的地址是主机时，通配符掩码是 0。 • **any**：二选一选项，表示数据包的任意源地址。 • **fragment**：可多选项，指定该规则是否仅对非首片分片报文有效。当包含此选项时表示该规则仅对非首片分片报文有效。 • **logging**：可多选项，指定把 ACL 的匹配信息写进日志。 • *time-name*：可多选参数，指定 ACL 规则生效的时间段。其中 *time-name* 表示 ACL 规则生效的时间段名称，长度范围为 1～32 个字符。 默认没有配置 ACL 规则，可用 **undo rule** *rule-id* [**fragment** | **logging** | **source** | **time-range**] *命令删除一个基本 ACL 规则
4	**quit** 例如：[HUAWEI-acl-basic-2001] **quit**	退出基本 ACL 视图，返回系统视图
5	**ftp acl** *acl-number* 例如：[HUAWEI] **ftp acl** 2001	在 FTP 客户端进行 FTP 连接时应用指定的 ACL，设置允许哪些客户端访问此 FTP 服务器

5. 用户通过 FTP 访问设备

完成以上配置后，用户可以从终端通过 FTP 访问设备。此时，用户可以选择使用 Windows 命令行提示符或第三方软件进行 FTP 访问操作。在此仅以 Windows 命令行提示符为例进行介绍。

方法很简单，仅需在 Windows 命令提示符下输入 **ftp** 192.168.150.208（假设设备的

IP 地址为 192.168.150.208）命令，通过 FTP 协议访问交换机。然后根据提示输入用户名和口令，按回车键，当出现 FTP 客户端视图的命令行提示符，如 ftp>，此时用户进入了 FTP 服务器的工作目录，就可以进行各种基于 FTP 的文件管理，如上传、下载 VRP 系统软件或配置文件等。

```
C:\Documents and Settings\Administrator>ftp 192.168.150.208
Connected to 192.168.150.208.
220 FTP service ready.
User(192.168.150.208:(none)):huawei
331 Password required for huawei.
Password:
230 User logged in.
ftp>
```

6. 通过 FTP 命令进行文件操作

用户成功访问担当 FTP 服务器的华为设备后，在 PC 终端或担当 FTP 客户端的华为设备的命令提示符下可以通过 FTP 命令进行文件操作，包括目录操作、文件操作、配置文件传输方式、上传或下载文件，查看 FTP 命令在线帮助等。华为设备担当 FTP 客户端时可用的命令见表 5-7。有关目录和文件管理命令的使用方法参见本章 5.1.2 节和 5.1.3 节。但用户的操作权限受限于服务器上为对应用户配置的用户级别。

表 5-7　通过 FTP 命令可进行的文件操作

<table>
<tr><th>命令</th><th colspan="2">说明</th></tr>
<tr><td>cd remote-directory</td><td colspan="2">改变服务器上的工作路径</td></tr>
<tr><td>cdup</td><td colspan="2">改变服务器的工作路径到上一级目录</td></tr>
<tr><td>pwd</td><td colspan="2">显示服务器当前的工作路径</td></tr>
<tr><td>lcd [local-directory]</td><td colspan="2">显示或者改变客户端的工作路径到指定目录。与 pwd 命令不同的是，lcd 命令执行后显示的是客户端的本地工作路径，而 pwd 显示的则是远端服务器的工作路径</td></tr>
<tr><td>mkdir remote-directory</td><td colspan="2">在服务器上创建指定目录。创建的目录可以为字母和数字等的组合，但不可以为<、>、?、\、: 等特殊字符</td></tr>
<tr><td>rmdir remote-directory</td><td colspan="2">在服务器上删除指定目录</td></tr>
<tr><td>dir [remote-filename [local-filename]]
ls [remote-filename [local-filename]]</td><td colspan="2">显示服务器上指定目录或文件的信息。ls 命令只能显示出目录/文件的名称，而 dir 命令可以查看目录/文件的详细信息，如大小，创建日期等。如果指定远程文件时没有指定路径名称，那么系统将在用户的授权目录下搜索指定的文件</td></tr>
<tr><td>delete remote-filename</td><td colspan="2">删除服务器上指定文件</td></tr>
<tr><td>put local-filename [remote-filename]
或 mput local-filenames</td><td colspan="2">上传指定的单个或多个文件。put 命令是上传单个文件；mput 命令是上传多个文件</td></tr>
<tr><td>get remote-filename [local-filename]
或 mget remote-filenames</td><td colspan="2">下载指定的单个或多个文件。get 命令是下载单个文件；mget 命令是下载多个文件</td></tr>
<tr><td>ascii</td><td>配置传输文件的传输模式为 ASCII 模式</td><td rowspan="2">（二选一）在默认情况下，文件传输方式为 ASCII 模式</td></tr>
<tr><td>binary</td><td>配置传输文件的传输模式为二进制模式</td></tr>
</table>

续表

命令	说明	
passive	配置 FTP 的工作模式为被动模式	（二选一）在默认情况下，FTP 的工作模式为主动模式。 【说明】华为设备同时支持主动和被动两种工作模式。主动模式是指在建立数据连接时由 FTP 服务器主动发起连接请求，并要求 FTP 客户端和 FTP 服务器端同时打开端口以建立连接；被动方式是指在建立数据连接时由 FTP 客户端主动发起连接请求，且只要求 FTP 服务器端产生一个连接相应端口的进程。 当 FTP 客户端配置了防火墙功能，如果 FTP 为主动模式，此时防火墙会限制由外网 FTP 服务器主动发起的 FTP 数据连接会话；而如果为被动模式，则因为 FTP 数据连接会话是由客户端主动发起的，所以防火墙不会阻止，因为防火墙主要是用于保护内网，防外不防内。当然，也可通过配置在主动模式下，放行 FTP 服务器主动向内网 FTP 客户端发起的 FTP 数据链接会话请求
undo passive	配置 FTP 的工作模式为主动模式	
remotehelp [*command*]	查看 FTP 命令的在线帮助	
prompt	使能系统的提示功能。在默认情况下，不使提示信息	
verbose	打开 verbose 开关。如果打开 verbose 开关，将显示所有 FTP 响应，包括 FTP 协议信息，以及 FTP 服务器返回的详细信息	

7. FTP 访问管理

可以在不退出当前 FTP 客户端视图的情况下，通过 **user** *user-name* [*password*]命令以其他的用户名登录到 FTP 服务器上。所建立的 FTP 连接，与执行 ftp 命令建立的 FTP 连接完全相同。但更改当前的登录用户后，原用户与服务器的连接将断开。

如果要断开与 FTP 服务器的连接，用户可以在 FTP 客户端视图中选择不同的命令断开与 FTP 服务器的连接：通过 **bye** 或 **quit** 命令可以终止与服务器的连接，并退回到用户视图；通过 **close** 或 **disconnect** 命令可以终止与服务器的连接，并退回到 FTP 客户端视图。

还可使用 **display ftp-server** 任意视图命令查看 FTP 服务器的配置和状态信息；使用 **display ftp-users** 任意视图命令查看登录的 FTP 用户信息；使用 **display acl**{ *acl-number* | **all** }**任意视图**命令查看访问控制列表的配置信息。

【示例】 FTP 客户端主机（IP 地址为 10.1.1.1/30）与担当 FTP 服务器（IP 地址为 10.1.1.2/30）的华为 AR 直接相连。现在 FTP 客户端要使用本地用户 dage（密码为 huawei123），从 FTP 服务器上下载配置文件 vrpcfg.cfg 进行备份。以下是 FTP 服务器上的配置。

```
<Huawei>system-view
[Huawei] sysname FTPSever
[FTPServer] ftp server enable#---启用 FTP 服务器功能
[FTPServer] aaa
[FTPServer-aaa] local-user dage password cipher huawei123#---创建名为 dage 的本地用户账户，密码为华为 123
[FTPServer-aaa] local-user dage privilege level 15#---设置本地用户账户 dage 的用户级别为最高的 15 级，因为 FTP 用户要进行文件上传和下载的话，必须具有最高用户级别
```

```
[FTPServer-aaa] local-user dage service-type ftp#---设置本地用户账户 dage 支持 FTP 服务
[FTPServer-aaa] local-user dage ftp-directory flash:#---设置本地用户账户 dage 的 FTP 主目录为设备的 flash:闪存根目录，假设要下载的文件保存在该目录中
[FTPServer-aaa] quit
```

FTP 服务器配置好后，就可以在 FTP 客户端主机上执行以下命令（因为此处 FTP 客户端与 FTP 服务器是直接相连，无须配置路由），进行配置文件下载。

```
ftp 10.1.1.2#---与 FTP 服务器建立 FTP 连接。此过程中需要按提示正确输入用户名和密码
ftp>get vrpcfg.cfg#---从 FTP 服务器上，dage 用户主目录中下载 vrpcfg.cfg 文件，下载后的文件名不变
```

5.3.4　通过 TFTP 进行文件传输

相较于 FTP，TFTP 的设计主要是以传输小文件为目标的，所以协议实现起来简单许多，并且基于 C/S 工作模式。TFTP 使用 UDP 作为传输层协议，TFTP 服务器的传输层端口号为 UDP 69。使用 TFTP 进行传输时，无须先在 TFTP 客户端和 TFTP 服务器之间建立连接，也不能进行用户认证，不能查看服务器上的文件和目录。华为交换机仅可以担当 TFTP 客户端角色，AR G3 系列路由器既可担当 TFTP 客户端角色，也可担当 TFTP 服务器角色，在此仅介绍担当 TFTP 客户端角色的情形。

1. TFTP 报文格式

TFTP 有以下 5 种报文，它们的报文格式不完全相同，是以 Opcode（操作码）字段来标识报文类型：

（1）RRQ：读请求（Read request）报文

RRQ 是发送方发起与接收方通信的初始包，作用是发送方向接收方发送读取数据的请求。RRQ 报文格式如图 5-4 所示，对应的 Opcode 字段值为 1，Filename 字段是字符串，为要读取的文件名，Mode（文件传输模式）也为字符串，包括 netascii（8 位的 ASCII 码形式，对应文本模式）、octet（字节模式，对应二进制模式）和 mail（邮件模式，指定收件人邮箱，现在已不用）这 3 种。

2B	字符串	1B	字符串	1B
Opcode	Filename	0	Mode	0

图 5-4　RRQ 报文格式

（2）WRQ：写请求（Write request）报文

WRQ 是发送方发起与接收方通信的初始包，作用是发送方向接收方发送写入数据的请求。格式与读文件报文一样，参考如图 5-4 所示，对应的 Opcode 字段值为 2。

（3）DATA：数据报文

Data 报文格式如图 5-5 所示，包中含有发送与接收两方的通信时传输的数据内容，对应 Opcode 字段值为 3，Block 字段代表数据块序号，从最开始的 1 开始递增。TFTP 中在传输数据时通过数据块序号来判断数据是否有丢失，如果接收方得到的 DATA 包中的序号不是之前一个 DATA 包中序号值加 1，那么就判断为接收到的数据包有误，返回 ERROR 包让发送方重新发送。Data 字段是对应块的数据内容。TFTP 根据 Data 中的数据长度是否小于 512 字节来判断这一次接收到的数据包是否是最后一个，如果 Data 段中的数据小于 512 字节则判断为传输的最后一个包。

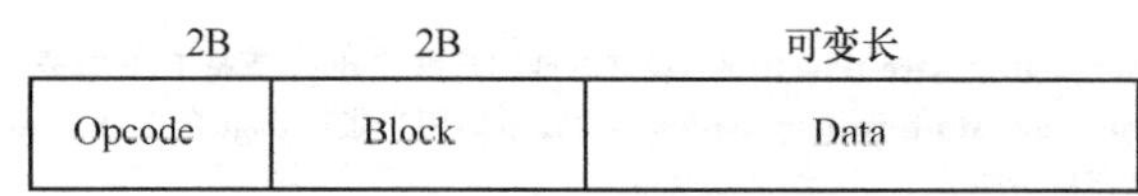

图 5-5 DATA 报文格式

（4）ACK：确认（Acknowledgment）报文

ACK 报文格式如图 5-6 所示，对应的 Opcode 字段值为 4。因为 TFTP 必须要做到一发一答，所以 ACK 报文是对正确接收到 WRQ 包和 DATA 包的确认。收到 ACK 包后才可继续发送 WRQ 或 DATA 包，而正确接收到 RRQ 包或 ACK 包时是由后面发送的 DATA 包进行确认的。Block 字段表示数据块序号，应答 WRQ 包时使用的数据块序号为 0，应答 DATA 包时表示所接收的对应数据块序号。

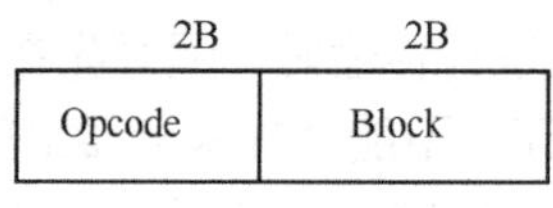

图 5-6 ACK 报文格式

（5）ERROR：错误报文

EEROR 报文可应答以上任何类型包传输过程中发生的错误，报文格式如图 5-7 所示，对应的 Opcode 字段值为 5，ErrorCode（错误代码）标准错误原因：1 为文件未找到，2 为访问非法，3 为磁盘满或超过分配的配额，4 为非法的 TFTP 操作，5 为未知的传输 ID，6 为文件已经存在，7 为没有类似的用户。ErrMsg 字段包含具体的错误消息。

2B	2B	字符串	1B
Opcode	ErrorCode	ErrMsg	0

图 5-7 ERROR 报文格式

2. TFTP 客户端操作

当华为设备作为 TFTP 客户端时，可使用以下用户视图命令进行文件传输操作：

tftp [**-a** *source-ip-address* | **-i** *interface-type interface-number*] *tftp-server* [**public-net** | **vpn-instance** *vpn-instance-name*] { **get** | **put** } *source-filename* [*destination-filename*]

以上命令中的参数和选项说明见表 5-8。

表 5-8 tftp 命令参数和选项说明

参数和选项	说明
-a *source-ip-address*	指定 TFTP 客户端连接使用的源地址，建议使用 Loopback 地址
-i *interface-type interface-number*	指定 TFTP 客户端连接使用的源接口，包括接口类型和接口编号，建议使用 Loopback 接口。 此接口下配置的 IP 地址即为发送报文的源地址。如果源接口下没有配置 IP 地址，则导致 TFTP 连接建立失败
-oi *interface-type interface- number*	指定本地设备上的某个接口为出接口。如果远端主机的 IPv6 地址是链路本地地址，则必须指定出接口
tftp-server	指定 IPv4 TFTP 服务器的地址或者主机名，字符串形式，主机名不支持空格，不区分大小写，IPv4 主机名长度范围是 1～255

续表

参数和选项	说明
public-net	指定在公网中连接 TFTP 服务器
vpn-instance *vpn-instance-name*	指定服务器端的 VPN 实例名，标识 TFTP 连接到指定 VPN 实例中的 TFTP 服务器。必须是已存在的 VPN 实例名称
get	指定进行下载文件操作
put	指定进行上传文件操作
source-filename	指定源文件名，字符串形式，不支持空格，不区分大小写，长度范围为 1～64
destination-filename	指定目标文件名，字符串形式，不支持空格，不区分大小写，长度范围是 1～64。默认情况下，源文件名与目的文件名相同

【示例 1】 将 TFTP 服务器根目录下的 vrpcfg.txt 文件下载到本地设备。TFTP 服务器的 IP 地址为 10.1.1.1，下载到本地之后以文件名 vrpcfg.bak 保存。

```
<HUAWEI>tftp 10.1.1.1 get vrpcfg.txt cfcard:/vrpcfg.bak
```

【示例 2】 将存储器根目录下的文本文件 vrpcfg.txt 上传到 TFTP 服务器默认路径下。TFTP 服务器的 IP 地址为 10.1.1.1，vrpcfg.txt 文件在 TFTP 服务器上以文件名 vrpcfg.bak 保存。

```
<HUAWEI> tftp 10.1.1.1 put cfcard:/vrpcfg.txt vrpcfg.bak
```

5.4　配置系统启动文件

设备上电后，首先运行 BootROM 软件，初始化硬件并显示设备的硬件参数，然后运行系统软件，最后从默认存储器中读取配置文件进行设备的初始化操作。BootROM 是一组固化到设备内主板上 ROM 芯片中的程序，它保存着设备最重要的基本输入输出的程序、系统设置信息、开机后自检程序和系统自启动程序。

这里所说的系统启动文件包括 VRP 系统软件文件、配置文件，有时还可能包括 VRP 系统所需的补丁文件。这些都需要事先配置好，以便在下次启动时，设备能运行正确版本的 VRP 系统软件、补丁软件，调用人员所需的配置文件。

5.4.1　系统启动文件配置命令

在相关人员进行系统启动文件配置前，可使用 **display startup** 命令查看当前设备指定的下次启动时加载的系统软件、配置文件和补丁文件。

一台设备上可能保存多个版本的 VRP 系统软件文件，每次启动时必须调用其中一个。这类似我们在 PC 中的 Windows、Linux 系统启动菜单，在不同时刻，我们可以选择启动哪个版本的系统。如果没有重新配置设备的下次启动时加载的系统软件文件，则下次启动时将默认使用本次加载的系统软件文件。当需要更改下次启动的系统软件文件（如设备升级）时，则需要重新指定下次启动时加载的系统软件文件。当然，这需要提前将系统软件文件通过文件传输方式（参见 5.3 节）保存至设备存储器上（系统软件文件必须存放在引导存储器的根目录下，且文件扩展名必须为“**.cc**”)；如果设备是双主控环境，还需要确保系统软件文件分别保存至主用主控板和备用主控板存储器上。

除了系统软件文件后，在华为设备中还有另一个非常重要的文件，那就是本章前面介绍的配置文件。它是用来保存我们对设备进行的各项配置的文件。配置文件的文件名必须是“**.cfg**”或“**.zip**”，也必须存放在引导存储器的根目录下。如果没有重新配置下次启动时加载的配置文件，则下次启动采用默认的配置文件 vrpcfg.zip，这也是首次保存配置文件时的默认文件名。如果存储器中没有默认配置文件，则设备在启动时将使用默认参数（即出厂配置）初始化。

有时，相关人员在启动 VRP 系统软件时，还需要同时启动与之对应的补丁文件（如果存在的话），以便能更好地运行 VRP 系统。补丁文件的扩展名为“.pat”。在指定下次启动时加载的补丁文件前也需要提前将补丁文件保存至设备引导存储器的根目录下。如果设备是双主控环境，也需要确保补丁文件分别保存至主用主控板和备用主控板中，当然这同样需要通过文件传输方式进行。

配置系统启动文件所用的命令见表 5-9。

表 5-9　配置系统启动文件的命令

命令	说明
check file-integrity *filenamesignature-filename*	（可选）对系统软件或补丁软件合法性进行校验。需要先将软件和对应的签名文件上传至设备才可以使用此命令进行校验
startup system-software *system-file* 例如：<HUAWEI>**startup system-software** basicsoft.cc	指定设备下次启动时所加载的系统软件。参数 *system-file*（系统软件文件名）格式为[*drive-name*] [*path*] [*file-name*]，长度范围为 4～64 个字符，不支持空格，不区分大小写。如果未指定 *drive-name*（存储器名），则此值为默认的存储器名。 如果设备是双主控环境，还必须执行命令 **startup system-software** *system-file* **slave-board**，配置备用主控板下次启动时加载的系统软件。**主用主控板和备用主控板需要指定相同版本**的 VRP 系统软件。如果指定的系统软件是 V200R005 及之前版本（V200R005C02 版本除外），用户需要先通过 **reset boot password** 重置 Bootload 菜单的密码为默认值后再指定系统软件
startup saved-configuration *configuratio-nfile* 例如：<HUAWEI>**startup saved- configuration** vrpcfg.cfg	指定设备在下次启动时所使用的配置文件。在设备上电时，默认从引导存储器根目录中读取配置文件进行初始化。参数 *configuration-file*（配置文件名）的长度范围为 5～64 个字符，不支持空格，不区分大小写。可用 **undo startup saved-configuration** 命令取消配置的设备下一次启动的配置文件（但需要在系统视图下执行此命令）
startup patch *file-name* [**slave-board**] 例如：<HUAWEI>**startup patch** patch.pat	（可选）可指定设备下次启动时加载的补丁文件。 • *file-name*：指定下次启动的补丁文件名，格式为[*drive-name*] [*path*] [*file-name*]，长度范围为 5～48 个字符，不区分大小写，不支持空格。如果未指定 *drive-name*（存储器名），则此值为默认的存储器名。 • **slave-board**：可选项，**仅框式系列设备支持**，指定备用主控板下次启动时使用的补丁文件
display startup 例如：<HUAWEI> **display startup**	（可选）命令查看系统本次和下次启动相关的系统软件、配置文件以及补丁文件。验证启动文件是否已经变更，显示信息中 Startup system software 显示的是当前系统启动使用的 VRP 文件，Next startup system sorfware 显示的是下次系统启动使用的 VRP 系统

续表

命令	说明
display saved-configuration [**last** | **time** | **configuration**] 例如：<HUAWEI> **display saved-configuration**	（可选）查看设备本次或下次启动时所用的配置文件的内容。 • **last**：多选一可选项，显示上次保存的系统配置信息，即本次启动时使用的配置文件。 • **time**：多选一可选项，显示最近的一次手工或者系统自动保存配置的时间。S2700、S3700 系列设备不支持。 • **configuration**：多选一可选项，显示设置的自动保存配置功能的参数信息，包括定时保存时间间隔、CPU 利用率等信息。S2700、S3700 系列设备不支持。 如果不带任何可选项，则直接查看设备下次启动时所用的配置文件

下面是一个执行 **display startup** 命令的输出示例，显示了本次和下次启动时所用的系统软件、配置文件。

```
<HUAWEI> display startup
MainBoard:
  Configured startup system software:          flash:/basicsoftware.cc
  Startup system software:                     flash:/basicsoftware.cc
  Next startup system software:                flash:/basicsoftware.cc
  Startup saved-configuration file:            flash:/vrpcfg.zip
  Next startup saved-configuration file:       flash:/vrpcfg.zip
  Startup paf file:                            NULL
  Next startup paf file:                       NULL
  Startup license file:                        NULL
  Next startup license file:                   NULL
  Startup patch package:                       NULL
  Next startup patch package:                  NULL
```

还可以通过 **reset saved-configuration** 命令来清除存储器中启动配置文件，清除后，设备下次启动时将采用默认的配置参数进行初始化。最后，还可通过执行 **display current-configuration** 命令查看设备当前生效的配置；执行 **display current-configuration** | **begin** { *regular-expression* }命令可显示以正则表达式开头的配置；执行 **display current-configuration** | **include** { *regular-expression* }命令显示包含指定正则表达式的配置。

5.4.2　重新启动设备

为了使指定的系统软件及相关文件生效，需要在配置完系统启动文件后，对设备进行重新启动。重新启动设备有以下两种方式。

① 立即重新启动设备：执行命令行后立即重新启动，也可通过在本地按动设备上的“RST”重启按钮，重新启动设备。

② 定时重新启动设备：可以设置在未来的某一时刻重新启动设备。配置完下次系统启动文件后，为了不影响当前设备的运行，可以将设备设置在业务量少的时间点定时重新启动。

设备每一次重新启动或某一单板复位的相关信息都会被详细记录下来，包括重新启动的次数、详细信息以及原因等，可以通过 **display reset-reason** 命令进行查看。在重新启动设备之前，如果需将当前配置在重新启动设备后仍生效，请先确保当前配置已保存。

1. 立即重新启动设备

要立即重启设备时，只需在用户视图下执行 **reboot** [**fast** | **save diagnostic- information**] 命令。命令中的两个选项说明如下。

① **fast**：二选一可选项，表示快速重启设备，不会提示是否保存配置文件，未保存的配置信息将丢失。

② **save diagnostic-information**：二选一可选项，表示系统在重新启动前会将诊断信息保存到设备存储器的根目录下。本可选项部分机型不支持，具体可以参考对应的产品手册。

如果执行不带任何可选项的 **reboot** 命令，则系统重启前将提示用户是否保存配置。

【示例 1】以不带任何选项的 **reboot** 命令重新启动设备。重启前如果有未保存的配置，系统会提示是否保存。

```
<HUAWEI>reboot
Warning: The configuration has been modified, and it will be saved to the next s
tartup saved-configuration file cfcard:/204.cfg. Continue? [Y/N]:y
Info: If want to reboot with saving diagnostic information, input 'N' and then e
xecute 'reboot save diagnostic-information'.
System will reboot! Continue?[Y/N]:y
```

【示例 2】快速重新启动设备，不提示是否保存配置，直接重启。

```
<HUAWEI>reboot fast
```

2. 定时重新启动设备

如果要设置定时重启，可在用户视图下使用 **schedule reboot**{ **at** *time* | **delay** *interval* [**force**] }命令使能定时重新启动功能，并设置重启时间。命令中的参数和选项说明如下。

① *time*：二选一参数，设置设备定时重新启动的具体时间。格式为 *hh:mm YYYY/MM/DD*，表示年月日，必须大于设备的当前时间，且与当前时间的差值范围小于 720 小时（即 30 天）。

② *interval*：二选一参数，设置设备在定时重新启动前等待的时间。格式为 *hhh:mm* 或 *mmm*，其中 *hhh* 表示小时，取值范围是 0～720，*mm* 表示分钟，取值范围是 0～59，*mmm* 表示分钟，取值范围是 0～43200。

③ **force**：可选项，指定定时强制重启设备。如果不指定本可选项，系统首先会将当前配置与配置文件进行比较，如果不一致，则会提示是否保存当前配置，用户进行选择后系统又将提示用户确认设置的定时重启时间，按下“Y”或者“y”键后，设置生效。如果指定了本可选项，则系统不会出现任何提示，设置生效后，当前配置不会被比较及保存，直接重启。

【示例 3】设置设备在当天晚上 22:00 重新启动。

```
<HUAWEI>schedule reboot at 22:00
Info: The system is now comparing the configuration, please wait.
Warning: All the configuration will be saved to the configuration file for the n
ext startup:cfcard:/vrpcfg.zip, Continue?[Y/N]:y
Info: Reboot system at 22:00:00 2018/4/14(in 2 hours and 2 minutes)
confirm? [Y/N]: y
```

如果配置了定时重启功能，可以执行 **display schedule reboot** 命令查看设备定时重启的相关配置。

第6章
以太网接口、链路聚合及交换机堆叠和集群

本章主要内容

6.1　接口配置与管理

6.2　网络可靠性解决方案

6.3　Eth-Trunk 基础和工作原理

6.4　Eth-Trunk 链路聚合配置与管理

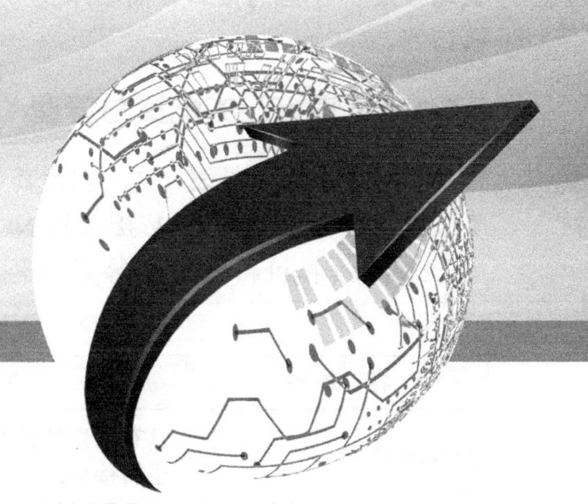

在局域网维护中，基于交换机的以太网接口/链路的配置与管理是日常工作之一。在以太网接口方面，主要包括交换机以太网接口基本属性的配置与管理，以太网端口组功能的配置与管理。在以太网链路聚合方面，华为称之为 Eth-Trunk，包括手工模式和 LACP（Link Aggregation Control Protocol，链路汇聚控制协议）模式这两种，其中，LACP 模式的以太网链路聚合涉及一些比较高级的技术原理，可在配置方面灵活应用。

本章主要介绍华为交换机以太网接口属性、端口组的配置与管理，以及 Eth-Trunk 以太网链路基础知识、聚合原理和两种链路聚合模式下的 Eth-Trunk 配置与管理，同时简单介绍了华为交换机堆叠、集群和 Smart Link 技术基础知识。

6.1 接口配置与管理

在网络设备中，接口分为物理接口和逻辑接口两大类。物理接口是指网络设备上实际存在的接口，分为负责业务传输的业务接口和负责管理设备的管理接口，例如，GE 业务接口和 MEth 管理接口；逻辑接口是指能够实现数据交换功能但物理上不存在，需要通过配置建立的接口，需要承担业务传输，例如，VLANIF、VE、Loopback、NULL 接口等。

6.1.1 逻辑接口的配置与管理

常见逻辑接口见表 6-1，因为其中大部分类型接口将分别在本书后面各章中介绍，所以本章仅介绍 Loopback 接口和 NULL 接口的配置与管理方法，该方法同时适用于华为 x7 系列交换机和 AR G3 等系列路由器。

表 6-1 常见逻辑接口

接口类型	说明
Eth-Trunk 接口	具有二层特性或三层特性的逻辑接口，把多个物理以太网接口生成一个逻辑接口，主要用于提高链路带宽和链路可靠性
VT 接口	虚拟接口模板，当需要 PPP 承载其他链路层协议时，可通过配置虚拟接口模板来实现，主要在 PPPoE 服务器上配置
VE 接口	虚拟以太网接口，主要用于以太网协议承载其他数据链路层协议
MP-Group 接口	MP 专用接口，可实现多条 PPP 链路的捆绑，通常应用在具有动态带宽需求的场合
Dialer 接口	为配置 DCC（Dial Control Center，拨号控制中心）参数而设置的逻辑接口，物理接口可以绑定到 Dialer 接口继承配置信息。应用在 PPPoE、3G、LTE 等拨号接入方式
Tunnel 接口	具有三层特性的逻辑接口，隧道两端的设备利用 Tunnel 接口发送报文、识别并处理来自隧道的报文。在 IPSec VPN 和 GRE 等 VPN 应用中会用到
VLANIF 接口	具有三层特性的逻辑接口，配置 VLANIF 接口的 IP 地址，通过三层交换或路由实现 VLAN 间互访
子接口	子接口就是在一个物理接口上配置的虚拟接口，用于实现一条物理链路与多个网段进行通信。主要用于 VLAN 终结、QinQ 终结和单臂路由
Loopback 接口	该接口创建后将一直处于 Up 状态，并且可以为其配置 32 位子网掩码的 IP 地址
NULL 接口	任何送到该接口的网络数据报文都会被丢弃，不能做任何配置（包括 IP 地址），主要用于路由过滤

1. Loopback 接口

Loopback 接口是一个非常实用的三层逻辑接口，当用户需要一个接口状态永远是 Up 的接口的 IP 地址时，可以选择 Loopback 接口的 IP 地址，代表设备自身或者作为动态路由协议中的 Router ID。Loopback 接口具有以下特点。

① Loopback 接口一旦被创建，其物理状态和链路协议状态永远是 Up（不能通过 **shutdown** 命令关闭接口），即使该接口上没有配置 IP 地址，除非人为删除该接口，故可将 Loopback 接口的 IP 地址指定为报文的源地址，或者作为 BGP 会话的源接口，可以提高网络或 BGP 会话的可靠性。

② Loopback 接口配置 IP 地址后，就可以对外发布，可以代表设备直连的物理网段。Loopback 接口上**可以配置 32 位掩码的 IP 地址**，达到节省地址空间的目的，通常用于作为动态路由协议中的 Router ID。

③ Loopback 接口不能封装任何链路层协议，数据链路层也就不存在协商问题，其协议状态永远都是 Up。

④ 对于目的地址不是本地 IP 地址，出接口是本地 Loopback 接口的报文，设备会将其直接丢弃，**所以不能以 Loopback 接口作为路由的出接口**。

Loopback 接口的配置步骤见表 6-2，可在系统视图下执行 **undo interface loopback** *loopback-number* 命令删除指定的 Loopback 接口。

表 6-2　Loopback 接口的配置步骤

步骤	命令	说明
1	**system-view** 例如：<Huawei>**system-view**	进入系统视图
2	**interface loopback** *loopback-number* 例如：[Huawei] **interface loopback** 0	创建并进入 Loopback 接口
3	**ip address** *ip-address* { *mask* | *mask-length* } [**sub**] 例如：[Hawei-loopback0] **ip address** 1.1.1.1 32	配置 Loopback 接口的 IP 地址，选择 **sub** 可选项时，表示配置的是从 IP 地址。可以配置一个主 IP 地址和多个从 IP 地址
4	**display interface loopback** [*loopback-number*] 例如: [Hawei-loopback0] **display interface loopback** 0	查看本地设备上创建的指定或所有 Loopback 接口信息

2. NULL 接口

NULL0 接口是系统自动创建的，俗称“空接口”，**是唯一的一个 Null 接口，且不能关闭，也不能删除**。NULL0 接口一直处于 UP 状态，但它**不能配置 IP 地址，也不能转发数据包，任何发送到该接口的网络数据报文都会被丢弃**。正因如此，我们可以利用 NULL 接口的这种特性实现路由过滤。如果在静态路由中指定到达某一网段的出接口为 NULL0 接口，则任何发送到该网段的数据报文都会被丢弃，可以将需要过滤掉的报文直接发送到 NULL0 接口，而不必配置访问控制列表。为了避免路由环路，有时也可以将到达某个网络的路由的出接口配置为 Null0 接口。

如图 6-1 所示，在 AR1 上针对 192.168.1.0/26、192.168.1.64/26 和 192.168.1.128/26 三个子网配置了汇总路由 192.168.1.0/24。如果 AR1 又从 AR2 接收到了一个到达 192.168.1.193/26

（位于汇聚路由 192.168.1.0/24 范围内的 192.168.1.192/26 子网）的报文。

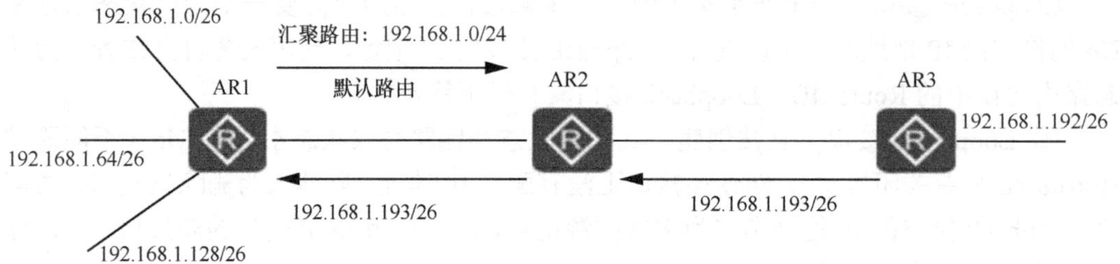

图 6-1 Null0 接口应用示例

由于 AR1 上没有连接 192.168.1.192/26 子网，也没有配置到达该子网的路由，但如果配置了一条以 AR2 为下一跳的默认路由，AR1 则会把报文再转发回 AR2，然后 AR2 通过汇聚路由 192.168.1.0/24 把报文转发回 AR1，一直如此循环，形成路由环路。此时如果在 AR1 上配置一条以 Null0 为出接口，到达汇聚路由 192.168.1.0/24 的静态路由，则会直接把到达 192.168.1.193 的报文丢弃，因为此时静态路由的优先级高于默认路由，不会按照默认路由进行转发。

可在系统视图下通过命令进入 Null0 接口，但这样没有任何意义，因为 Null0 接口是系统已创建好的，且不能做任何配置。可在任意视图下使用 **display interface null**[**0**] 命令查看 NULL 接口的状态信息。

6.1.2 以太网接口基本属性配置

华为 x7 系列交换机支持多种以太网接口（此处仅指物理接口），如 FE（Fast Ethernet，快速以太网）接口、GE（Gigabit Ethernet，千兆以太网）接口、XGE 接口（10GE 接口）等。根据接口的电气属性，这些以太网接口可以分为电接口和光接口两种。电接口所用传输介质是电缆，如双绞线、同轴电缆、串行电缆等，传输的是电信号；光接口的传输介质是光缆，传输的是光信号。

根据接口的处理报文的转发方式，分为二层以太网接口和三层以太网接口这两种。在华为 x7 系列交换机中，各以太网端口默认均为二层模式，不能配置 IP 地址，部分中高端的机型可以通过 **undo portswitch** 命令转换为三层模式，然后才可直接配置 IP 地址。在华为 AR G3 系列路由器中，WAN 侧的接口是三层模式，可直接配置 IP 地址，加装的二层板卡上的接口属于 LAN 侧接口，不能直接配置 IP 地址。

日常的网络维护经常会遇到链路两端的接口速率、双工模式或者 MDI（Medium Dependent Interface，介质相关接口）类型等属性配置不匹配的问题，这造成链路无法建立，或者端口的链路状态总是 Up、Down 不断切换。

在华为设备中，以太网端口类型非常多，而且不同类型的端口属性有许多不同之处，在此我们仅介绍中小型企业中常用的 FE 接口、GE 接口属性的配置，具体见表 6-3，各属性配置没有严格的配置步骤之分。

【说明】在默认情况下，以太网接口工作在自协商模式，可用 **undo negotiation auto** 命令禁止自协商功能，使以太网接口工作在非自协商模式下，全部按照手动配置生效。

表 6-3　以太网端口的基本属性配置步骤

配置任务	命令	说明
公共配置	**system-view** 例如：<Sysname> **system-view**	进入系统视图
	interface *interface-type interface-number* 例如：[Huawei] **interface** gigabitethernet1/0/1	进入以太网端口视图
接口速率配置	**auto speed**{ **10** | **100** |**1000** }* 例如：[Huawei-gigabitethernet 1/0/1] **auto speed 100 1000**	（二选一）在自协商模式下配置以太网接口可协商的速率，**可多选，但 FE 接口不支持 1000 选项**。 执行本命令前，需要确保接口工作在自协商模式，可用 **negotiation auto** 命令配置以太网接口工作在自协商模式。在自协商模式下，接口的速率是和对端接口协商得到的，当协商的速率与实际要求不符，可使用该命令控制自协商速率的结果。 在默认情况下，以太网电接口自协商速率范围为接口支持的所有速率，可用 **undo auto speed** 命令恢复为默认值
	speed{ **10** | **100** | **1000** } 例如：[Huawei-gigabitethernet 1/0/1] **speed 1000**	（二选一）在非自协商模式下配置以太网接口速率，**仅可单选，但 FE 电接口不支持 1000 选项**。链路两端的接口速率尽可能相同，以确保通信正常。 在默认情况下，接口工作于非自协商模式时，为接口支持的最大速率，可用 **undo speed** 命令恢复为默认值
接口双工模式配置	**auto duplex**{ **full** |**half** }* 例如：[Huawei-gigabitethernet 1/0/1] **auto duplex half**	（二选一）配置以太网电接口在自协商模式下的双工模式（**full** 代表全双工模式，**half** 代表半双工模式），**可多选。链路两端的双工模式必须保持一致** 执行本命令前，需要确保接口工作在自协商模式，可用 **negotiation auto** 命令配置以太网接口工作在自协商模式。 **以太网电接口支持配置双工模式，且 GE 电接口速率为 1000Mbit/s 时，只能为全双工模式，此时如果将双工模式设置为半双工模式时，接口协商的速率最大为 100Mbit/s。** 在默认情况下，以太网电接口的双工模式是和对端接口协商得到的，可用 **undo auto duplex** 命令恢复双工模式为默认情况
	duplex { **full** | **half** } 例如：[Huawei-gigabitethernet 1/0/1] **duplex full**	（二选一）配置以太网电接口在非自协商模式下的双工模式（**full** 代表全双工模式，**half** 代表半双工模式）。 **GE 电接口工作速率为 1000Mbit/s 时只支持全双工模式**，不需要与链路对端的接口共同协商双工模式。接口工作方式为非自协商模式，双工模式为半双工模式时，流量控制功能不生效。**链路两端的双工模式必须保持一致。** 在默认情况下，当以太网电接口工作在非自协商模式时，它的双工模式为全双工模式，可用 **undo duplex** 命令恢复默认的全双工模式

续表

配置任务	命令	说明
接口 MDI 类型配置	**mdi { across | auto | normal }** 例如：[Huawei-gigabitethernet 1/0/1] **mdi normal**	配置以太网电接口 MDI 类型。通过配置 MDI 类型，可以改变引脚在通信中的角色，从而使得接口的网线适应方式与实际使用的网线相匹配。 • **across**：多选一选项，指定以太网电接口的 MDI 类型为 Across（交叉电缆类型）。 • **normal**：多选一选项，指定以太网电接口的 MDI 类型为 Normal（直通电缆类型）。 • **auto**：多选一选项，指定以太网电接口的 MDI 类型为 Auto（自动识别类型）。自动模式就是自动识别线序，并协商收发的顺序。它的好处就是可以不用考虑双绞线的类型，也不用关心对端设备是否支持 MDI，都能够正常工作。 【注意】两台工作于 Across 模式的设备对接，必须使用交叉网线；一台是 Normal 模式，另一台是 Across 模式，则必须使用直通网线。Auto 类型能满足绝大多数的场合，仅当设备不能获取网线类型参数时，需要将模式手工设置为 Across 或 Normal。使用直通网线时，设备两端应该配置不同的 MDI 类型（如一端为 Across，另一端为 Normal）；使用交叉网线时，设备两端应该配置相同的 MDI 类型（如同时为 Across 或 Normal，或者至少有一端是 Auto）。 在默认情况下，以太网电接口 MDI 类型为 Auto 类型，无论连接网线是直通网线还是交叉网线，均可以正常通信，可用 **undo mdi** 命令恢复默认的自动识别类型
二 / 三 层模式切换	• 接口视图下：**undo portswitch** 例如：[Sysname-Ethernet1/0/1] **undo portswitch** • 系统视图下： **undo portswitch batch** *interface-type* { *interface-number1* [**to** *interface-number2*] } &<1-10> 例如：**undo portswitch batch** gigabitethernet0/0/1 to 0/0/3	将以太网接口从二层模式切换到三层模式，既可在以太网接口视图下配置，也可在系统视图下配置，**在系统视图下配置时，命令中 to 关键字指定的每个范围中各接口类型必须一致**。当两种视图下配置的二/三层模式不同时，最新配置生效。 【注意】**自 V200R005 版本开始，工作在三层模式的以太网接口支持直接配置 IP 地址**，但目前仅 S5720HI、S6720HI、S5720EI、S6720EI 和 S6720S-EI，以及框式系列交换机支持。 默认情况下，设备的以太网接口工作在二层模式，并且已经加入 VLAN1。将接口转换为三层模式后，该接口并不会立即退出 VLAN1，只有当三层协议 Up 后，接口才会退出 VLAN1

6.1.3 以太网端口组配置

当用户需要对多个以太网接口进行相同的配置时，如果对每个接口逐一进行配置，很容易出错，并且造成大量重复性的工作。端口组的功能可快速完成多个接口批量配置，减少重复性的配置工作。

端口组的配置方法是先将一些需要配置相同属性的以太网接口加入同一个端口组中，然后在端口组视图下，用户只需输入一次功能配置命令，该端口组内的所有以太网接口都会配置该功能，完成接口批量配置，减少重复性的配置工作。

端口组分为以下两种方式。

（1）临时端口组

如果用户需要临时批量下发配置到指定的多个接口，可选用配置临时端口组。配置命令批量下发后，一旦退出端口组视图，该临时端口组将被系统自动删除。

（2）永久端口组

如果用户需要多次进行批量下发配置命令的操作，可选用配置永久端口组。这样，即使退出端口组视图后，该端口组及所包括的端口成员仍然存在，便于下次的批量下发配置。

1. 配置永久端口组

配置永久端口组的步骤见表 6-4。**物理接口和子接口均可配置端口组，但同一个组中必须是相同属性的接口**（即同是物理接口或同是子接口），**而且在同一组中可以同时包含光接口和电接口**。在 x7 系列交换机中，只有通过 **undo portswitch** 命令切换为三层接口后的以太网接口才可创建三层以太网子接口，**但要确保在执行 undo portswitch 命令前，这些以太网端口是 Hybrid 或 Trunk 二层交换端口类型**。相关交换端口类型将在第 8 章介绍。

表 6-4　永久端口组的配置步骤

步骤	命令	说明
1	**system-view** 例如：<Huawei>**system-view**	进入系统视图
2	**port-group** *port-group-name* 例如：[Huawei]**port- group** portgroup1	创建并进入永久端口组视图。参数 *port-group-name* 为 1～32 个字符，不支持空格，不区分大小写，但不能取名为 group、all。另外，为避免与 **port-group group-member** 命令使用冲突，参数 *port-group-name* 也不能配置为 group-member 的首个、首几个字母或其本身。可用 **undo port-group** { **all** | *port-group-name* } 命令删除指定的或者所有永久端口组
3	**group-member**{ *interface-type interface-number1*[**to** *interface-type interface-number2*] }<1-10> 例如：[Huawei-port-group-portgroup1]**group-member** gigabitEthernet0/0/1	将最多 10 个以太网接口添加到指定永久端口组中。 【说明】使用 **to** 关键字需要注意以下几点： • **to** 关键字前后的两个接口必须在同一个接口板上，且必须类型相同，比如同是 Ethernet 接口，或者 GigabitEthernet 接口等； • 必须是具有同一属性的接口，比如同是主接口或同是子接口； • 如果是子接口，**to** 关键字前后的两个子接口必须是同一个主接口的子接口； • 如果不使用 **to** 关键字则没有以上限制。 该命令是累增式命令，多次配置时，配置结果按多次累加生效。 可用 **undo group-member** { *interface-type interface-number1* [**to***interface-type interface-number2*] } <1-10>命令删除当前永久端口组中指定端口

可用 **display port-group**[**all** | *port-group-name*] 命令查看永久端口组的成员接口信息。

【示例 1】配置接口 Ethernet2/0/0 和 Ethernet2/0/1 加入端口组 portgroup1。

```
<Huawei>system-view
[Huawei] port-group portgroup1
[Huawei-port-group-portgroup1] group-member ethernet 2/0/0 to ethernet 2/0/1
```

2. 配置临时端口组

配置临时端口组的方法很简单，只需在系统视图下使用 **port-group group-member** { *interface-type interface-number1* [**to** *interface-type interface-number2*] } &<1-10> 或 **interface range** { *interface-typeinterface-number1* [**to** *interface-typeinterface- number2*] } &<1-10>命令即可创建并进入临时端口组视图。使用 **to** 关键字需要注意以下几点。

① **to** 关键字前后的两个接口必须在同一台交换机上。当有多组连续接口需要加入时，建议分多次执行该命令或使用多次 **to** 关键字。

② **to** 关键字前后的两个接口**必须在同一个接口板上、必须是相同的接口类型**，比如同是 GE 接口。

③ 在同一端口组中，可以同时包括物理接口和子接口，但 **to** 关键字前后的两个接口**必须是具有同一属性的接口**，比如同是主接口或同是子接口。如果是子接口，**to** 关键字前后的两个子接口**必须是同一个主接口的子接口**。

④ 如果不使用 **to** 关键字则没有以上限制。

以上两命令均为累加式命令，多次配置时，配置结果按多次累加生效。

临时端口组所加入的成员端口，在退出端口组视图后就不继续在同一端口组了（但在各成员端口上生效的配置仍然会保留），而永久端口组中的成员端口在退出端口组视图后端口组及所包括的端口成员仍然存在，可以随时进入该端口组视图进行配置修改。

【示例 2】配置接口 Ethernet2/0/0、Ethernet2/0/1 加入临时端口组中。

```
<Huawei>system-view
[Huawei] port-group group-member ethernet 2/0/0 to ethernet 2/0/1
或
[Huawei] interface range ethernet 2/0/0 to ethernet 2/0/1
[Huawei-port-group]
```

端口组视图中执行的命令生效前提是成员接口支持该命令配置，因此不能保证所有批量下发的配置对所有成员接口都生效。例如，端口组中加入的成员接口包含光接口和电接口，用户在端口组视图中执行 **transceiver power low trigger error-down** 命令使能光接口由于光功率低触发 Error-down 功能后，该功能只会在成员接口中的光接口上才生效。

6.2 网络可靠性解决方案

随着网络应用的全面普及，各种增值业务得到了广泛部署，网络中断可能导致大量业务异常、造成重大经济损失，由此提高网络的可靠性显然非常重要。网络的可靠性涉及设备、链路、路由等多个方面，本章我们仅针对设备（包括单板）和链路这两方面介绍一些实用的可靠性解决方案。

6.2.1　单板可靠性方案

单板可靠性方案就是对一些重要的单板在设备上提供冗余配置。这是针对框式设备，如华为的 x7700、9700、12700 等系列交换机。框式交换机由机框、电源模块、风扇模块、主控板、交换网板（Switch Fabric Unit，SFU）、接口线路板（Line Processing Unit，LPU）构成，如图 6-2 所示。

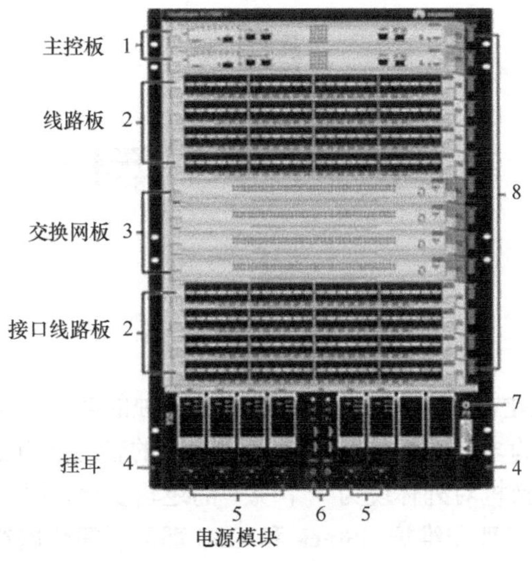

图 6-2　框式交换机结构

框式交换机的单板冗余可靠性方案主要是针对主控板、交换网板、电源模块和风扇模块。一般来说，框式交换机上提供至少两个主控板槽位、交换网板槽位、线路板槽位、电源模块槽位和风扇槽位，提供了板卡或模块之间的冗余。如 S12700E-8 机型设备提供了 2 个主控板槽位、8 个线路板槽位、4 个交换网板槽位、6 个电源模块槽位和 4 个风扇槽位，如图 6-2 所示。

在安装了多个主控板、交换网板后，单个主控板和交换网板出现了故障，不会影响设备的正常运行，但线路板损坏后，该板卡上的接口就无法转发数据。多个电源模块和风扇模块之间是否具有冗余性要视具体机型而定。

6.2.2　设备可靠性方案

在关键位置如果只有一台设备，则出现单点故障的可能性就比较高，如汇聚层交换机、核心交换机。如果下游用户访问上游网络或外网只能通过固定的某台交换机，而该交换机出现故障时就可能导致这部分用户的网络连接出现中断，甚至全网瘫痪。

设备可靠性方案比较多，如普通的双归连接，即下游交换机（如图 6-3 中的 SW1）同时连接上游两个交换机（如图 6-3 中的 SW2 和 SW3）、VRRP（Virtual Router Redundancy Protocol，虚拟路由冗余协议）、设备备份功能以及在此要重点介绍的交换机堆叠和集群功能。

华为 x7 系列交换机堆叠 iStack（Intelligent Stack）功能是指将**多台**支持堆叠特性的

交换机设备组合在一起，从逻辑上组合成一台整体交换设备，如华为盒式系列交换机。这样一方面扩展了单台交换机的端口数，另一方面提高了设备的可靠性（因为堆叠成员交换机之间有一定的互备功能），便于设备的统一管理。集群交换机系统（Cluster Switch System，CSS）是指将**两台**（目前仅可是两台）支持集群特性的交换机设备组合在一起，从逻辑上组合成一台交换设备，可实现网络高可靠性和网络大数据量转发，同时简化网络管理，如华为框式系列交换机。

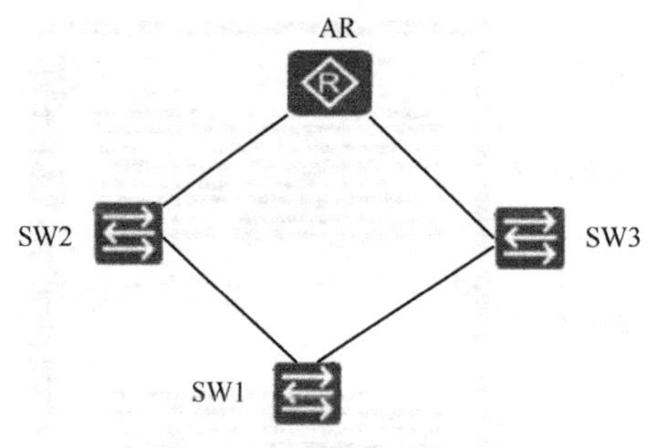

图 6-3 双归连接的示例

在堆叠或集群系统建立之前，每台交换机都是单独的实体，有自己独立的 IP 地址和 MAC 地址，对外体现为多台交换机，用户需要独立的管理所有的交换机；在堆叠或集群系统建立后，成员交换机对外体现为一个统一的逻辑实体，用户使用一个 IP 地址对堆叠中的所有交换机进行管理和维护。**iStack 和 CSS 都可以简化网络管理，简化网络结构，提高网络可靠性。**

交换机堆叠、集群技术主要应用于汇聚层，交换机集群技术还常应用于核心层。在传统情况下，为了提高网络的可靠性，通常采用接入层交换机与汇聚层交换机双归连的方式接接入，多台汇聚层设备之间也彼此互连，如图 6-4 所示的接入层交换机 SW3 和 SW4 分别与汇聚层的 SW1 和 SW2 连接，同时 SW1 和 SW2 也直接连接，然后通过 STP 技术来消除二层环路，STP 技术将在下一章介绍。

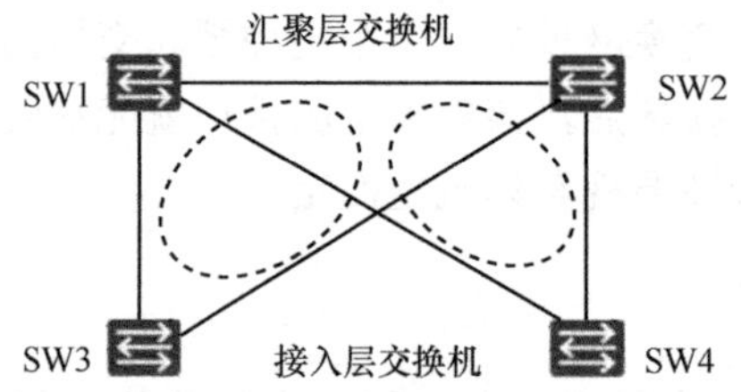

图 6-4 传统的接入层与汇聚层连接的 STP 组网模式

出现交换机堆叠或集群技术之后，就可以把汇聚层的多台（集群技术目前只支持两台）交换机虚拟成一台交换机，接入层的交换机就只需一条链路就可以实现高可靠地与汇聚层交换机的连接，因为交换机堆叠、集群中的成员交换机之间已有相互备份的作用。我们还可借助链路聚合技术，实现在交换机堆叠中跨设备的链路聚合，且无须利用 STP 消除二层环路，进一步提高接入层与汇聚层交换机之间连接的可靠性，如图 6-5 所示。

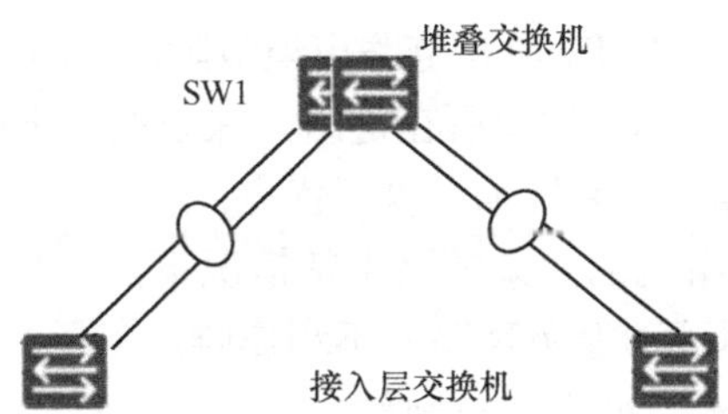

图 6-5　接入层与汇聚层交换机堆叠或集群连接的组网模式

6.2.3　链路可靠性方案

在传统方式中，为了保证设备间链路的可靠性，相关人员可在设备间部署多条冗余物理链路。为了正常防止二层环路的发生，借助 STP 技术来消除故障。这样在正常情况下，只有一条链路承担数据转发任务，其他链路作为备份链路，如图 6-6 所示，仅当主链路失效时才接替主链路的工作转发数据。这种方案很显然只能单方面提供链路的可靠性。

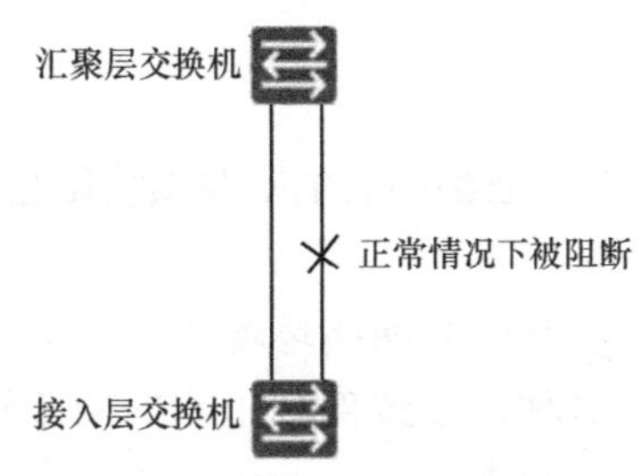

图 6-6　冗余链路技术示例

除了基本的链路冗余方案外，还有一种链路备份技术比较常见，那就是 Smart Link。一个 Smart Link 由两个接口组成，其中一个接口作为另一个的备份。正常情况下，只有一个接口处于转发（Active）状态，另一个接口被阻塞，处于待命（Inactive）状态。Smart Link 常用于双上行组网，提供可靠高效的备份和快速的切换机制。如图 6-7 所示，Sw4 采用双上行方式分别连接到 SW2 和 SW3。

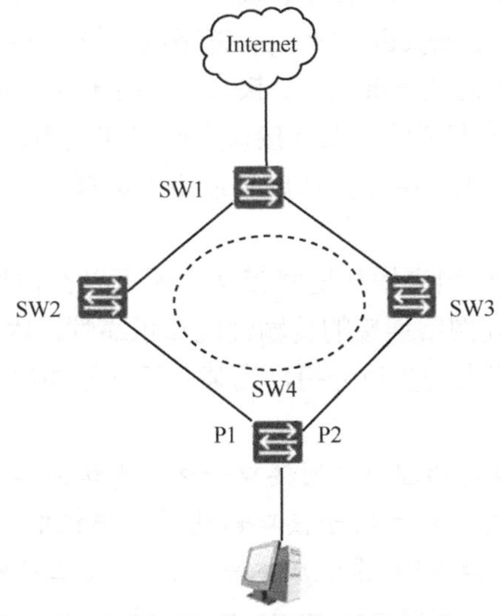

图 6-7　Smart Link 应用场景示例

SW4 到达 SW1 的链路有两条（SW4→SW2→SW1 和 SW4→SW3→SW1），但是网络中的环路会产生网络风暴。在 SW4 上配置 Smart Link，正常情况下，P1 端口为主端口，呈活跃状态，P2 端口为备份端口，呈阻塞状态，可实现 P2 端口所在链路作为 P1

端口所在链路的备份。当主端口 P1 所在链路出现故障时，P1 端口变成阻塞状态，Smart Link 会自动将数据流量切换到 P2 端口所在链路，保证业务不中断。

在此类组网中采用 Smart Link 技术有以下优点：

① 能够实现在双上行组网的两条链路正常情况下，一条链路处于转发状态，而另一条处于阻塞待命状态，从而可避免环路的不利影响；

② 配置和使用更为简洁，便于用户操作；

③ 当主用链路发生故障后，流量会在毫秒级的时间内迅速切换到备用链路上，极大限度地保证了数据的正常转发。

Smart Link 技术中我们对 HCIA 层次仅要求有以上基本了解即可。本章重点要向大家介绍的是以太网链路聚合功能，它既可以提高链路的可靠性，又可以提高链路的带宽，且不用 STP 来消除二层环路的故障。

6.3 Eth-Trunk 基础和工作原理

在一些网络环境中，我们经常遇到单条链路带宽不够用，或者上、下行链路带宽不对称，导致部分用户的网络通信性能下降。于是就设想是否可以把多条链路的带宽聚合起来，形成一条更高带宽的链路，且不会形成二层环路。这就是本节所要介绍的以太网链路聚合（Link Aggregation），在华为设备中称之为 Eth-Trunk。

6.3.1 Eth-Trunk 简介

Eth-Trunk 是将多条以太网链路聚合形成一条更高带宽的逻辑链路。配置 Eth-Trunk 后会生成一个 LAG（Link Aggregation Group，链路聚合组），也称为“以太网聚合链路”，还会生成一个逻辑接口，称之为 Eth-Trunk 接口，具有被聚合的多条链路带宽总和的带宽。Eth-Trunk 接口可以作为普通的以太网接口来配置和使用，与普通以太网接口的主要区别在于：转发的时候链路聚合组需要从成员接口中选择一个或多个成员接口来进行实际的数据转发。

当然，Eth-Trunk 不仅可用来增加链路带宽，还可以在被聚合的多条链路之间进行负载分担和相互备份，提高网络连接的传输性能和可靠性，因为在一个链路聚合组内，可以实现在各成员活动链路上的负载分担，当某条活动链路出现故障时，流量可以切换到其他可用的成员链路上。

【说明】Eth-Trunk 接口与物理以太网接口一样，默认为二层链路类型，也可以配置**各种以太网接口属性**。在支持以太网子接口创建的交换机中，Eth-Trunk 接口也可创建子接口。在 V200R005 及以后 VRP 系统版本中，支持二/三层以太网接口模式切换的交换机中，Eth-Trunk 接口模式可以通过 **undo portswitch** 命令切换成三层模式，并且可直接为三层 Eth-Trunk 接口/子接口配置 IP 地址。

华为 x7 系列交换机的 Eth-Trunk 支持手工模式和 LACP 模式两种链路聚合模式，各自特点见表 6-5。

表 6-5　手工模式和 LACP 模式链路聚合相比较

比较项目	手工模式	LACP 模式
建立方式	两端设备的 Eth-Trunk 建立、成员接口的加入完全由手工配置，无须链路聚合控制协议的参与。 手工模式也称为“负载分担模式”，该模式下所有活动链路都参与数据的转发，平均分担流量。如果其中某条活动链路出现了故障，则剩余的活动链路会再平均分担流量	Eth-Trunk 的建立是基于 LACP 的，只需一端的成员端口采用手工方式加入。LACP 为聚合链路两端设备提供一种标准的协商方式，以供系统根据自身配置自动形成聚合链路并启动聚合链路收发数据。聚合链路形成以后，LACP 负责维护链路状态，在聚合条件发生变化时，自动调整或解散链路聚合
LACP 协议	不需要	需要
数据转发	一般情况下，所有链路都是活动链路，所有活动链路均参与数据转发。如果某条活动链路故障，链路聚合组自动在剩余的活动链路中分担流量	一般情况下，仅部分链路是活动链路，参与数据转发。如果某条活动链路故障，链路聚合组自动在非活动链路中选择一条链路作为活动链路，使参与数据转发的链路数目不变，保证聚合链路的数据转发性能
跨设备的链路聚合	不支持	支持，Eth-Trunk 支持在堆叠环境下的跨设备链路聚合，以及在非直连设备间的跨设备链路聚合
检测故障	只能检测到同一聚合组内的成员链路有无断路等有限故障，但是无法检测到各成员链路其他链路层故障和链路错连等故障	不仅能够检测到同一聚合组内的成员链路有无断路等有限故障，还可以检测到各成员链路的其他链路层故障和链路错连等故障

组成 Eth-Trunk 接口的各个物理接口称为成员接口。**在同一个聚合组中可以包括电口和光口的混合**。成员接口对应的链路称为成员链路，即链路聚合组中的各条物理以太网链路。虽然理论上在同一个聚合组中可以包含速率不同的链路，但实际应用中，速率较低的链路与速率较高的链路形成聚合后，速率较低的链路可能会拥塞，传输的报文也可能被丢弃，所以一般要求配置时，聚合的各链路速率是相同的。

【注意】*在一个聚合组中的成员接口的双工模式必须一致，类型都是 Trunk 或者 Access。如果为 Access 接口，default VLAN 要一致；如果为 Trunk 接口，接口允许通过的 VLAN 以及 PVID 要一致。*

6.3.2　链路聚合基本概念

在正式介绍各种链路聚合原理之前，先介绍以上两种聚合模式中通用的一些基本概念。

（1）链路聚合组和链路聚合接口

链路聚合组是指将若干条以太链路捆绑在一起所形成的逻辑链路。每个聚合组对应着唯一一个逻辑接口，这个逻辑接口称为链路聚合接口或 Eth-Trunk 接口。链路聚合接口可以作为普通的以太网接口来配置和使用，与普通以太网接口的主要区别在于：转发的时候链路聚合组需要从成员接口中选择一个或多个成员接口来进行实际的数据转发。

（2）成员接口和成员链路

组成 Eth-Trunk 接口的各个物理接口称为成员接口。**在同一个聚合组中通过配置可以包括不同速率的以太网接口，也可以是电口和光口的混合**。成员接口对应的链路称为成员链路，即链路聚合组中的各条物理以太网链路。

（3）活动接口和非活动接口、活动链路和非活动链路

由于在链路聚合中可以设置一些链路仅作为备份使用，所以在链路聚合组中的成员接口有“活动接口”和“非活动接口”之分。当前可用于数据转发的接口称为活动接口，当前不能用于数据转发的接口称为非活动接口。活动接口对应的链路称为活动链路，非活动接口对应的链路称为非活动链路。

（4）活动接口数上限阈值

设置活动接口数上限阈值的目的是在保证带宽的情况下提高网络的可靠性，使得在当前活动链路中出现故障时，备份链路可接替它们的数据转发工作。当前活动链路数目达到上限阈值时，再向 Eth-Trunk 中添加成员接口，此时不会增加 Eth-Trunk 活动接口的数目，超过上限阈值的链路状态将被置为 Down，仅作为备份链路。**仅 LACP 模式支持**。

例如，有 8 条无故障链路绑定在一个 Eth-Trunk 内，每条链路都能提供 1GB 的带宽，现在最多需要 6GB 的带宽，那么上限阈值就可以设为 6 或者更大的值。其他的链路就自动进入备份状态以提高网络的可靠性。

（5）活动接口数下限阈值

设置活动接口数下限阈值是为了保证最小带宽，当前活动链路数目小于下限阈值时，Eth-Trunk 接口的状态转为 Down。**手工模式和 LACP 模式均支持**。

例如，每条物理链路能提供 1GB 的带宽，现在最小需要 3GB 的带宽，那么活动接口数下限阈值必须要大于等于 3。

（6）支持的链路聚合方式

① 同一设备：同一聚合组的成员接口分布在同一设备上。

② 堆叠设备：成员接口分布在堆叠的不同成员设备上，HCIA 层次不需要掌握。

③ 跨设备：一种基于 LACP Eth-Trunk 的扩展——E-Trunk，能够实现跨设备间的链路聚合，HCIA 层次不需要掌握。

6.3.3 手工模式链路聚合原理

在手工模式下，Eth-Trunk 的建立、成员接口的加入全由管理员手工配置，无须 LACP 的参与。当需要在两个直连设备之间提供一个较大的链路带宽，而设备又不支持 LACP 时，可以使用手工模式操作。

手工模式也可以增加带宽、提高可靠性和实现各成员接口间负载分担。如图 6-8 所示，SWA 与 SWB 之间创建 Eth-Trunk，手工模式下 3 条活动链路都参与数据转发并分担流量。当其中一条链路出现故障时，该故障链路无法转发数据，但链路聚合组会自动在剩余的两条活动链路中分担流量。

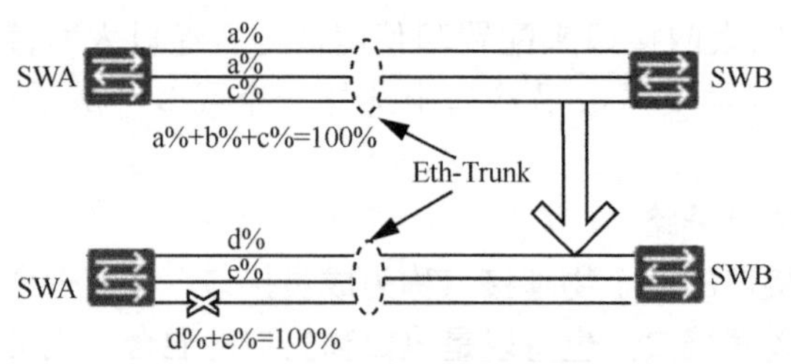

图 6-8 手工模式链路聚合示例

6.3.4　LACP 模式链路聚合基本概念

上节介绍的手工模式 Eth-Trunk 可以完成多个物理接口聚合成一个 Eth-Trunk 接口来提高带宽，同时能够检测到同一聚合组内的成员链路有无断路等有限故障，但是无法检测到成员链路的其他链路层故障和链路错连等故障。

为了提高 Eth-Trunk 的容错性，并且能提供备份功能，保证成员链路的高可靠性，建议采用基于 IEEE802.3ad 标准的 LACP 控制的链路聚合模式，即 LACP 模式。LACP 可以使设备根据自身配置自动形成聚合链路，并启动聚合链路收发数据。聚合链路形成以后，LACP 还负责维护链路状态，在聚合条件发生变化时，自动调整或解散链路聚合。

如图 6-9 所示，SW1 与 SW2 之间创建 Eth-Trunk，需要将 SW1 上的四个接口与 SW2 捆绑成一个 Eth-Trunk。由于错将 SW1 上的一个接口与 SW3 相连，这可能会导致 SW1 向 SW2 传输数据时将本应该发到 SW2 的数据发送到 SW3 上。如果在 SW1 和 SW2 上都启用 LACP 协议，经过协商后，Eth-Trunk 就会选择正确连接的链路（最终建立的聚合组中不会包括那条连接到 SW3 的链路）作为活动链路来转发数据，从而 SW1 发送的数据能够正确到达 SW2。而手工模式的 Eth-Trunk 不能及时检测到这类错连故障，最终可能导致聚合链路建立失败，数据转发错误。

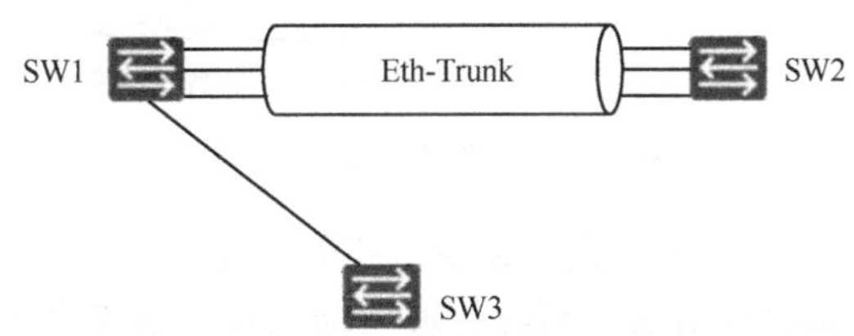

图 6-9　Eth-Trunk 错误连接示例

因为在 LACP 聚合模式中要使用 LACP 来进行链路聚合控制，聚合链路两端的设备间涉及一些特定参数的协商，故在此先介绍一些 LACP 聚合模式特有的相关概念。

（1）系统 LACP 优先级

系统 LACP 优先级是**为了区分聚合链路两端设备优先级高低**而配置的参数，**值越小优先级越高，默认为 32768。在 LACP 模式下，两端设备所选择的活动接口必须保持一致**，否则链路聚合组就无法建立。为了简化配置、充分体现 LACP 模式的自动性，引入了“系统 LACP 优先级”的概念。系统 LACP 优先级高（**值越小 LACP 系统优先级越高**）的一端成为主动端，可使系统 LACP 优先级低的一端（被动端）直接按照系统 LACP 优先级高的一端（主动端）的活动接口的对应链路来确定本端活动接口，而不需要两端同时指定活动接口，以免人为出错。当两端设备的系统 LACP 优先级相同时，LACP 还可通过比较两端的 MAC 地址来选择主动端，MAC 地址小的优先。

（2）接口 LACP 优先级

通过系统 LACP 优先级已确定了链路两端设备的优先级，即确定了主动端，但主动端中哪些成员接口将成为活动接口，哪些接口成为非活动接口还没确定。这项任务就是由“接口 LACP 优先级”来完成了，**也是值越小，优先级越高，默认为 32768**。接口 LACP

优先级就是为了区分同一个 Eth-Trunk 中的不同成员接口，根据所设定的活动接口阈值选举作为活动接口的优先级，优先级高的接口将优先被选为活动接口。主动端的活动接口确定后，被动端的活动接口也就随即确定了。当接口 LACP 优先级相同时，LACP 会比较接口编号选择活动接口，接口编号小的优先。

（3）成员接口间 *M*:*N* 备份

LACP 模式链路聚合由 LACP 确定聚合组中的活动和非活动链路，又称为 *M*:*N* 模式，即可能包括 *M* 条活动链路与 *N* 条备份链路的模式。这种模式提供了更高的链路可靠性，并且可以在 *M* 条链路中实现不同方式的负载均衡。

当 *M* 条链路中有一条链路故障时，LACP 会从 *N* 条备份链路中找出一条优先级高的可用链路替换故障链路。此时链路的实际带宽还是 *M* 条链路的总和（假设各链路带宽一样），但是能提供的最大带宽就变为 *M*+*N*–1 条链路的总和。

如图 6-10 所示，两台设备间有 2+1 条链路，在聚合链路上转发流量时有 2 条链路分担负载，即活动链路，不在另外的 1 条链路转发流量，这条链路仅提供备份功能，是备份链路。此时链路的实际带宽为 2 条链路的总和，但是能提供的最大带宽为 2+1 条链路的总和，当最大活动接口阈值等于 2+1 时，即无备份链路时。

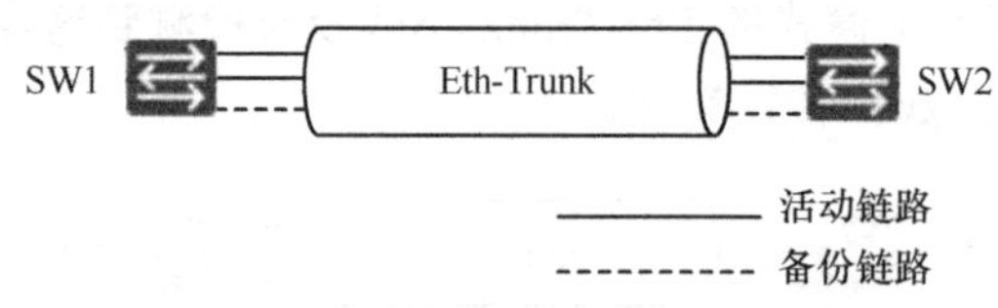

图 6-10 *M*:*N* 链路备份示例

这种场景主要应用在只向用户提供 *M* 条链路的带宽，同时又希望提供一定的故障保护能力时。当有一条链路出现故障，系统能够自动选择一条优先级最高的可用备份链路变为活动链路。如果在备份链路中无法找到可用链路，并且目前处于活动状态的链路数目低于配置的活动接口数下限阈值，那么系统将会把聚合接口关闭。

6.3.5 LACPDU 报文格式和聚合链路建立原理

LACP 模式链路聚合中，链路两端的设备间要交互 LACP 报文，即 LACPDU（Link Aggregation Control Protocol Data Unit，链路聚合控制协议数据单元）。LACPDU 报文中包含了设备的 LACP 优先级、MAC 地址、接口 LACP 优先级和接口 ID 等信息。

在 LACP 模式的 Eth-Trunk 中加入成员接口后，这些接口将通过发送 LACPDU 向对端告知自己的系统优先级、MAC 地址、接口优先级、接口号和操作 Key 等信息。对端接收到这些信息后，将这些信息与自身接口所保存的信息比较，用以选择能够聚合的接口，双方对哪些接口能够成为活动接口达成一致，确定活动链路。

LACPDU 报文详细信息如图 6-11 所示，其中主要的字段说明如下。

① Actor_Port/Partner_Port：本端/对端接口信息。

② Actor_State/Partner_State：本端/对端状态。

③ Actor_System_Priority/Partner_System_Priority：本端/对端系统优先级

④ Actor_System/Partner_System：本端/对端系统 ID。

Destination Address
Source Address
Length/Type
Subtype=LACP
Version Number
TLV_type=Actor Information
Actor Information Length=20
Actor_System_Priority
Actor_System
Actor_Key
Actor_Port_Priority
Actor_Port
Actor_State
Reserved
TLV_type=Partner Information
Partner_Information_Length=20
Partner_System_Priority
Partner_System
Partner_Key
Partner_Port_Priority
Partner_Port
Partner_State
Reserved
TLV_type=Collector Information
Collector_Information_Length=16
CollectorMaxDelay
Reserved
TLV_type=Terminator
Terminator_Length=0
Reserved
FCS

图 6-11 LACPDU 报文详细信息

⑤ Actor_Key/Partner_Key：本端/对端操作 Key。

⑥ Actor_Port_Priority/Partner_Port_Priority：本端/对端接口优先级。

1. LACP 模式 Eth-Trunk 建立流程

LACP 模式中建立 Eth-Trunk 聚合链路的流程如下。

① 两端互相发送 LACPDU 报文。如图 6-12 所示，在 SW1 和 SW2 上分别创建 Eth-Trunk 接口，并配置为 LACP 模式，向 Eth-Trunk 中手工加入成员接口后，各成员接口上便启用了 LACP，此时两端就会互发 LACPDU 报文，LACPDU 报文中的参数信息进行 Eth-Trunk 聚合链路构建所需的参数协商。

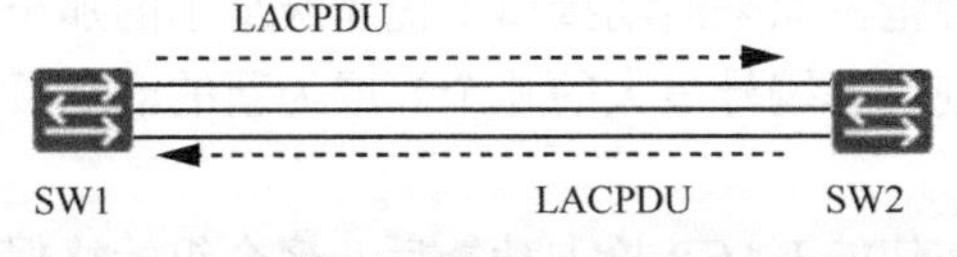

图 6-12 LACP 模式链路聚合互发 LACPDU 示意

② 确定主动端和活动链路。假设 SW1 上配置的系统 LACP 优先级值小于 SW2 上的配置，SW1 的系统 LACP 优先级是高于 SW2 的（系统 LACP 优先级值越小，系统

LACP 优先级越高）。在 Eth-Trunk 聚合链路构建的参数协商中，应要确认 LACP 主动端和活动链路，具体流程如图 6-13 所示。

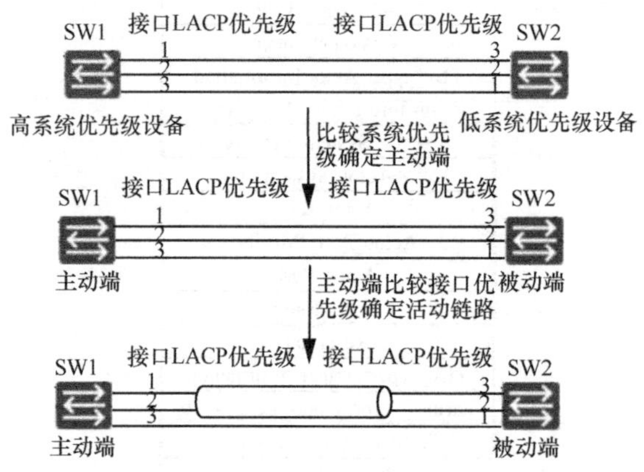

图 6-13　LACP 模式确定主动端和活动链路的过程

以 SW2 为例，当 SW2 收到 SW1 发送的 LACPDU 报文时，SW2 会查看并记录对端信息，然后把 LACPDU 报文中携带的 Actor_System_Priority 字段值所代表的 SW1 的系统 LACP 优先级与本地设备配置的系统 LACP 优先级进行比较。如果发现 SW1 的系统 LACP 优先级高于本端的 LACP 系统优先级（SW1 上的 LACP 优先级值小于 SW2 上的），则确定 SW1 为 LACP 主动端。如果 SW1 和 SW2 的系统的 LACP 优先级相同，则再比较两端设备的 MAC 地址（分别为 SW1 发送 LACPDU 报文的接口的 MAC 地址和 SW2 接收 LACPDU 报文的接口的 MAC 地址），MAC 地址小的一端将成为主动端。

③ 选出主动端后，根据所设定的活动接口阈值，两端都会以主动端的接口优先级来选择活动接口。假设在 SW1 上设置的活动接口阈值为 2，3 个接口的 LACP 优先级分别为 1、2、3，则这 3 个接口中只有上面两个接口成为活动接口，最下面这个接口成为备份接口（接口 LACP 优先级值越小，接口 LACP 优先级越高）。如果主动端各成员接口的接口 LACP 优先级都相同，则在成员接口中选择接口编号比较小的为活动接口。被动端的 SW2 将按照主动端 SW1 的活动接口选择来决定本端的活动接口。

两端设备选择了一致的活动接口后，活动链路组便可以建立起来，从这些活动链路中以负载分担的方式转发数据。此时，一条完整的 Eth-Trunk 聚合链路就构建完成了。

2. *LACP 抢占原理*

LACP 抢占原理就是当有更高优先级的接口加入聚合组，聚合组中的活动接口数达到设定阈值时，该接口会抢占原来活动接口中优先级最小的那个接口（如果原来有多个活动接口优先级一样，则选择编号最大的那个）成为新的活动接口，原来那个活动接口就变为非活动接口。

这样做的目的就是在使能 LACP 抢占功能后，聚合组始终保持高优先级的接口作为活动接口的状态。如图 6-14 所示，接口 P1、P2 和 P3 为 Eth-Trunk 的成员接口，SW1 为主动端，活动接口数上限阈值为 2，3 个接口的 LACP 优先级分别为 10、20、30。当通过 LACP 协商完毕后，接口 P1 和 P2 因为优先级较高被选作活动接口，P3 成为备份接口。

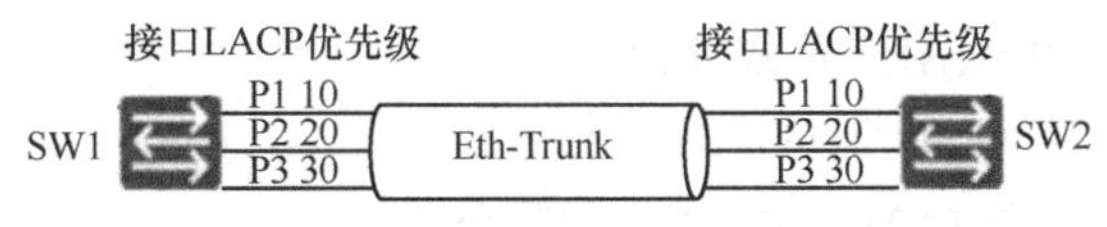

图 6-14　LACP 抢占示例

对于图 6-14 所示示例，以下两种情况需要使能 LACP 的抢占功能。

（1）P1 接口出现故障而后又恢复了正常

当接口 P1 出现故障时被 P3 所取代，如果在 Eth-Trunk 接口下未使能 LACP 抢占功能，则故障恢复后 P1 也只能处于备份状态；但如果使能了 LACP 抢占功能，由于 P1 接口的优先级高于 P3 接口，所以当 P1 故障恢复后将重新成为活动接口，P3 再次成为备份接口。

（2）希望 P3 接口替换 P1、P2 中的一个接口成为活动接口

此时，可配置 P3 的接口 LACP 优先级较高，同时使能该接口的 LACP 抢占功能。如果没有使能 LACP 抢占功能，即使将备份接口的优先级调整为高于当前活动接口的优先级，系统也不会进行重新选择活动接口的过程，不会切换活动接口。

3. LACP 抢占延时

抢占延时是 LACP 抢占发生时，处于备用状态的链路将会等待一段时间后再切换到转发状态。这是为了避免由于某些链路状态频繁变化而导致 Eth-Trunk 内成员接口频繁在活动接口和非活动接口之间切换，造成数据传输不稳定的现象发生。如图 6-14 所示，P1 由于链路故障切换为非活动接口，此后该链路又恢复了正常。若系统使能了 LACP 抢占功能并配置了抢占延时，P1 重新切换回活动状态就需要经过抢占延时的时间。

6.3.6　链路聚合负载分担方式

目前，华为设备支持的负载分担有逐包负载分担和逐流负载分担这两种方式。

（1）逐包负载分担

逐包分担是指不同数据包可以走不同成员链路进行转发，这样就会出现同一数据流的第一个数据帧在一条物理链路上传输，而第二个数据帧在另外一条物理链路上传输的情况，会出现同一数据流的第二个数据帧有可能比第一个数据帧先到达对端，**产生接收数据包乱序现象**。

（2）逐流负载分担

逐流分担方式是指同一数据流的不同数据包总是走同一成员链路转发，不同数据流中的数据包走不同成员链路转发。数据流是指一组具有某个或某些相同属性的数据包。这些属性包括源 MAC 地址、目的 MAC 地址、源 IP 地址、目的 IP 地址、TCP/UDP 的源端口号、TCP/UDP 的目的端口号等。

逐流负载分担方式的机制首先根据数据帧中的 MAC 地址或 IP 地址通过 HASH 算法生成 HASH-KEY 值，然后根据此数值在 Eth-Trunk 转发表中寻找对应的出接口。由于不同的 MAC 地址或 IP 地址通过 HASH 计算后得出的 HASH-KEY 值不同，从而使不同流量从不同出接口转发，这样既保证了同一数据流的帧在同一条成员链路转发，又实现了不同数据流的帧在聚合组内各成员链路上实现负载分担。**但逐流负载分担方式虽然能保证数据包的顺序，却不能保证聚合组中各链路带宽的有效利用率**，因为有可能一些数据流相当大，而另一些数据流却很少，使得各成员链路没有起到真正意义上的负载分担。

逐流负载分担方式可采用的负载分担类型如下：

① 根据报文中的源 MAC 地址进行负载分担；

② 根据报文中的目的 MAC 地址进行负载分担；

③ 根据报文中的源 IP 地址进行负载分担；

④ 根据报文中的目的 IP 地址进行负载分担；

⑤ 根据报文中的源 MAC 地址和目的 MAC 地址进行负载分担；

⑥ 根据报文中的源 IP 地址和目的 IP 地址进行负载分担；

⑦ 根据报文的 VLAN、源物理端口等对 L2、IPv4、IPv6 和 MPLS（Multi-Protocol Label Switching，多协议标签交换）报文进行增强型负载分担，HCIA 不作要求。

通常情况下，如果报文的 IP 地址变化比较频繁，则建议大家选择基于源 IP 地址、目的 IP 地址或者源/目的 IP 地址的负载分担模式；如果报文的 MAC 地址变化比较频繁，IP 地址比较固定，则建议大家选择基于源 MAC 地址、目的 MAC 地址或源/目的 MAC 地址的负载分担模式，也就是建议选择基于变化的地址进行负载分担。如果负载分担模式选择的和实际业务特征不相符，可能会导致流量分担不均，部分成员链路负载很高，其余的成员链路却很空闲，如在报文源/目的 IP 地址变化频繁，但源/目的 MAC 地址固定的场景下，选择源/目的 MAC 地址模式，那将会导致所有流量都积压在一条成员链路上。

6.4 Eth-Trunk 链路聚合配置与管理

Eth-Trunk 链路聚合可以应用到各种需要的场景，如接入层交换机与汇聚层交换机之间，汇聚层交换机与核心交换机之间，服务器主机与接入层交换机之间等，主要用于提高链路带宽和网络的可靠性。

了解了两种 Eth-Trunk 聚合模式的基础知识和聚合原理后，本节正式学习两种模式 Eth-Trunk 链路聚合的配置与管理方法。

6.4.1 链路聚合配置注意事项

在进行 Eth-Trunk 链路聚合配置时要注意以下事项：

① S5720HI 和 S6720HI 每个 Eth-Trunk 接口下最多可以包含 32 个成员接口，S6720SI 和 S6720S-SI 每个 Eth-Trunk 接口下最多可以加入 16 个成员接口，其他机型每个 Eth-Trunk 接口下最多可以包含 8 个成员接口；

② **加入 Eth-Trunk 的接口的链路类型必须是默认值，否则将无法加入其中；**

③ 配置三层 Eth-Trunk 时，先创建二层 Eth-Trunk 接口，然后通过 **undo portswitch** 命令转换成三层模式；

④ 成员接口不能配置业务和静态 MAC 地址；

⑤ **一个物理接口只能加入一个 Eth-Trunk 接口中**，如果该接口已加入另一个 Eth-Trunk 接口中，则必须先把该物理接口从当前所属的 Eth-Trunk 接口中删除；

⑥ Eth-Trunk 接口不能嵌套，即一个 Eth-Trunk 接口不能是另一个 Eth-Trunk 的成员接口；

⑦ **一个 Eth-Trunk 接口中的成员接口可以同时包含电口和光口**；

⑧ 在 V200R011C10 之前的版本，速率不同的接口不允许加入到同一个 Eth-Trunk 接口，在 V200R011C10 及之后的版本，通过配置命令 **mixed-rate link enable** 可以实现速率不同的接口加入同一个 Eth-Trunk 接口中，但强烈建议各成员接口速率相同；

⑨ **设备聚合组进行负载分担计算时不支持以端口速率作为计算权重**，因此，当速率不同的接口加入同一聚合组时，聚合接口的带宽只能以聚合组中成员接口的最小速率进行计算，例如，一个 GE 接口与一个 10GE 接口加入同一聚合组，以 GE 接口速率进行计算，聚合组实际带宽为 2G；

⑩ **Eth-Trunk 链路两端相连的物理接口的数量、双工方式、流控配置必须一致**；

⑪ 如果本端设备接口加入了 Eth-Trunk，与该接口直连的对端接口也必须加入 Eth-Trunk，两端才能保持正常通信；

⑫ 两台设备对接时需要保证两端设备上链路聚合的模式一致；

⑬ 活动接口数下限阈值是为了保证最小带宽，**当前活动链路数目小于下限阈值时，Eth-Trunk 接口的状态转为 Down**，此时，各成员接口、链路仍可当作独立的普通以太网接口、链路使用。

6.4.2　手工模式链路聚合配置与管理

手工模式链路聚合主要包括以下配置任务，具体的配置步骤见表 6-6。

① 创建链路聚合组。

② 配置链路聚合模式为手工模式。

③ 将成员接口加入聚合组。

【注意】在默认情况下，S1720GFR、S1720GW-E、S1720GWR-E、S1720X-E、S2750EI、S2720EI、S5700LI、S5700S-LI、S5720LI、S5720S-LI、S6720LI、S6720S-LI、S5710-X-LI、S5730SI、S5730S-EI、S6720SI、S6720S-SI、S5720SI 和 S5720S-SI 机型接口的链路类型为 **negotiation-auto**，其他机型的链路类型为 **negotiation-desirable**。添加的成员以太网接口的链路类型、所属 VLAN、VLAN-Mapping、VLAN-Stacking、接口优先级和 MAC 地址学习功能等**必须为默认配置**。

一个以太网接口只能加入一个 Eth-Trunk 接口，如果需要加入其他 Eth-Trunk 接口，必须先退出原来的 Eth-Trunk 接口。**当成员接口加入 Eth-Trunk 后，学习 MAC 地址或通过 ARP 进行 MAC 地址解析时是按照 Eth-Trunk 接口进行的，而不是按照成员接口进行的。**

聚合组中加入成员接口有两种配置方式：基于 Eth-Trunk 接口视图配置和基于成员接口视图配置，选择其一即可。删除聚合组时需要先删除聚合组中的成员接口。

④（可选）配置活动接口数下限阈值，设置活动接口数下限阈值是为了保证最小带宽。

⑤（可选）配置负载分担方式，可以配置基于报文的 IP 地址或 MAC 地址的负载分担模式；对于 L2 报文、IP 报文和 MPLS 报文还可以配置增强型的负载分担模式，但增强型负载分担模式仅为 S1720X-E、S5720EI、S5720HI、S5730S-EI、S5730SI、S6720EI、S6720HI、S6720LI、S6720S-EI、S6720S-LI、S6720S-SI、S6720SI，以及框式系列交换机支持。

由于负载分担只对出方向的流量有效，因此链路两端接口的负载分担模式可以不一致，两端互不影响。

表 6-6　手工模式链路聚合的配置步骤

配置任务	步骤	命令	说明
创建链路聚合组	1	**system-view** 例如：<Huawei> **system-view**	进入系统视图
	2	**interface eth-trunk** *trunk-id* 例如：[Huawei] **interface eth-trunk** 10	创建 Eth-Trunk 接口，并进入 Eth-Trunk 接口视图。参数 *trunk-id* 用来指定所创建的 Eth-Trunk 接口编号，但不同系列产品的取值范围有所不同。 在默认情况下，未创建 Eth-Trunk 接口,可用 **undo interface eth-trunk** *trunk-id* 来删除 Eth-Trunk 接口，但**在删除 Eth-Trunk 时，Eth-Trunk 接口中不能有成员以太网接口**
配置链路聚合模式为手工模式	3	**mode manual load-balance** 例如：[Huawei-Eth-Trunk10]**mode manual load-balance**	配置 Eth-Trunk 接口的工作模式为手工模式。 在默认情况下，Eth-Trunk 接口的工作模式为手工模式，可用 **undo mode** 命令恢复为默认的手工负载分担模式。 【注意】配置时需要保证本端和对端的聚合模式一致。**更改 Eth-trunk 接口的工作模式需要在确保 Eth-trunk 接口中不包含任何成员以太网接口。** 另外，**本命令为覆盖式命令**，即当多次执行该命令后以最后设定的模式为最终 Eth-Trunk 接口工作模式
将成员接口加入聚合组（**有两种添加方式，根据需要选择其一**）	4	**mixed-rate link enable** 例如：[Huawei-Eth-Trunk10]**mixed-rate link enable**	（可选）使能允许不同速率端口加入同一个 Eth-Trunk 接口的功能。但建议两端同时使能该功能，否则如果对端设备同一聚合组只支持同一端口速率的接口进行转发时，**对端仅有相同速率的接口接收，其他接口不接收的情况**。 在默认情况下，未使能允许不同速率端口加入同一个 Eth-Trunk 接口的功能，可用 **undo mixed-rate link enable** 命令去使能该功能
	5	**trunkport** *interface-type* {*interface-number1* [**to** *interface-number2*] } &<1-8> 例如：[Huawei-Eth-Trunk10]**trunk-port** gigabitethernet 0/0/1 **to** 0/0/3	（二选一）在 Eth-Trunk 接口视图下添加成员以太网接口。命令中的参数和选项说明如下。 **批量增加成员接口时，若其中某个接口加入失败，则排在此接口之后的接口也不会加入 Eth-trunk 接口中。** 在默认情况下，Eth-Trunk 接口没有加入任何成员接口，可用 **undo trunkport** *interface-type* { *interface-number1* [**to** *interface- number2*] } &<1-8>命令删除指定的成员接口
		quit 例如：[Huawei-Eth-Trunk10] **quit** **interface** *interface-type interface-number* 例如：[Huawei] **interface** GigabitEthernet0/0/1 **eth-trunk** *trunk-id* 例如：[Huawei-GigabitEthernet0/0/1] **eth-trunk** 10	（二选一）在接口视图下添加成员以太网接口，将当前接口加入指定的 Eth-Trunk 接口中。接口在加入 Eth-Trunk 时，接口的部分属性必须是默认值。 在默认情况下，当前接口不属于任何 Eth-Trunk，可用 **undo eth-trunk** 命令将当前接口从指定 Eth-Trunk 中删除

续表

配置任务	步骤	命令	说明
	6	**interface eth-trunk** *trunk-id* 例如：[Huawei] **interface eth-trunk** 10	（可选）进入 Eth Trunk 接口视图，**如果前面是在 Eth-Trunk 接口视图下添加成员接口的，则不要进行此步**
（可选）配置活动接口数下限阈值	7	**least active-linknumber***link-number* 例如：[Huawei-Eth-Trunk10] **least active-linknumber** 4	在 Eth-Trunk 接口视图下配置链路聚合活动接口数下限阈值，不同机型的取值范围有所不同。如果两端配置的下限阈值不同，则以下限阈值数值较大的一端为准。 执行本命令后，**当活动链路数低于所配置的下限阈值时，Eth-Trunk 接口状态变为 Down，所有的 Eth-Trunk 接口成员不再转发数据**；当 Eth-Trunk 接口中活动接口数达到设置的下限阈值时，Eth-Trunk 接口状态将变为 Up。 **本命令为覆盖式命令**，以最后一次配置为最终下限阈值。 在默认情况下，活动接口数下限阈值为 1，可用 **undo least active-linknumber** 命令恢复为默认值
（可选）配置负载分担方式	8	**load-balance**{ **dst-ip** | **dst-mac** |**src-ip** | **src-mac** |**src-dst-ip** | **src-dst-mac** } 例如：[Huawei-Eth-Trunk10]**load-balance src-ip**	配置 Eth-Trunk 接口的普通负载分担方式有如下几种。 • **dst-ip**（目的 IP 地址）：多选一选项，根据报文中的目的 IP 地址进行负载分担。 • **dst-mac**（目的 MAC 地址）：多选一选项，根据报文中的目的 MAC 地址进行负载分担。 • **src-ip**（源 IP 地址）：多选一选项，根据报文中的源 IP 地址进行负载分担。 • **src-mac**（源 MAC 地址）：多选一选项，根据报文中的源 MAC 地址进行负载分担。 • **src-dst-ip**（源 IP 地址与目的 IP 地址）：多选一选项，同时根据报文中的源 IP 地址与目的 IP 地址进行负载分担。 • **src-dst-mac**（源 MAC 地址与目的 MAC 地址）：多选一选项，同时根据报文中的源 MAC 地址与目的 MAC 地址进行负载分担。 在默认情况下，Eth-Trunk 接口的负载分担模式为 **src-dst-ip**，可用 **undo load-balance** 命令恢复 Eth-Trunk 接口的负载分担模式为默认的 **src-dst-ip** 模式

以上是二层 Eth-Trunk 的配置步骤，配置三层 Eth-Trunk 时是先创建二层 Eth-Trunk，然后通过 **undo portswitch** 命令转换成三层模式即可。

配置完成后可在任意视图下通过以下 **display** 命令查看相关配置。

① **display eth-trunk** [*trunk-id* [**interface** *interface-type interface-number* \| **verbose**]]：查看 Eth-Trunk 的配置信息。

② **display trunk membership eth-trunk** *trunk-id*：查看 Eth-Trunk 的成员接口信息。

③ **display eth-trunk** [*trunk-id*] **load-balance**：查看 Eth-Trunk 接口的负载分担方式。

④ **display load-balance-profile** [*profile-name*]：查看指定负载分担模板的详细信息。

【示例】SW1 和 SW2 两个交换机通过 GE0/0/1 和 GE0/0/2 两个端口直接相连，为提高链路的可靠性，同时提高链路带宽，把这两条链路通过以下手工模式配置进行链路聚合，同时允许 VLAN 10 和 VLAN 20 中的数据帧通过。

```
<Huawei>system-view
[Huawei] interface eth-trunk 1#--创建以太网聚合接口 Eth-trunk1
[Huawei -Eth-Trunk1] trunkport gigabitethernet 0/0/1 to 0/0/2#---聚合 GE0/0/1 和 GE0/0/2 两个接口
[Huawei -Eth-Trunk1] port link-type trunk#---配置聚合接口为 Trunk 类型
[Huawei -Eth-Trunk1] port trunk allow-pass vlan 10 20#---配置链路接口同时允许 VLAN 10 和 VLAN 20 中的帧通过
[Huawei -Eth-Trunk1]quit
```

6.4.3 LACP 模式链路聚合配置与管理

LACP 模式链路聚合的配置比手工模式链路聚合的配置复杂，因为它涉及 LACP 协议方面的配置，包括以下主要配置任务（绝大多数是可选配置任务），具体配置步骤见表 6-7。

表 6-7 LACP 模式链路聚合的配置步骤

配置任务	步骤	命令	说明
创建链路聚合组	1	**system-view** 例如：<Huawei>**system-view**	进入系统视图
	2	**interface eth-trunk** *trunk-id* 例如：[Huawei]**interface eth-trunk** 10	创建 Eth-Trunk 接口，并进入 Eth-Trunk 接口视图
配置链路聚合模式为 LACP 模式	3	**mode manual lacp** 例如：[Huawei-Eth-Trunk10]**mode manual lacp**	配置 Eth-Trunk 接口的工作模式为 LACP 模式
	4	**mixed-rate link enable** 例如：[Huawei-Eth-Trunk10] **mixed-rate link enable**	（可选）使能允许不同速率端口加入同一个 Eth-Trunk 接口的功能。其他说明参见 6.4.2 节表 6-6 中的第 4 步
将成员接口加入聚合组（**有两种添加方式，根据需要选择其一，但必须在两端同时配置**）	5	**trunkport** *interface-type* { *interface-number1* [**to** *interface-number2*] } &<1-8> [**mode** { **active** | **passive** }] 例如： [Huawei-Eth-Trunk10]**trunk-port** gigabitethernet0/0/1 **to** 0/0/3 **active**	（二选一）在 Eth-Trunk 接口视图下添加成员以太网接口。**mode** { **active** | **passive** }可选项用于指定 Eth-Trunk 成员接口发送报文的模式，**active** 为主动模式，Eth-Trunk 成员接口会主动发送协商报文。**passive** 为被动模式，Eth-Trunk 成员接口不会主动发送协商报文，待收到对端发送的报文后，才开始发送报文进行协商。在**默认情况下，为主动模式。** 在默认情况下，Eth-Trunk 接口没有加入任何成员接口，可用 **undo trunkport** *interface-type* { *interface-number1* [**to***interface-number2*] } &<1-8>命令删除指定的成员接口
		quit 例如：[Huawei-Eth-Trunk10] **quit**	（二选一）在接口视图下添加成员以太网接口，将当前接口加入指定的 Eth-Trunk 接口中。**mode** { **active** | **passive** }可选项的说明参见本表前面 **trunkport** 命令中的介绍。接口在加入 Eth-Trunk 时，接口的部分属性必须是默认值。 在默认情况下，当前接口不属于任何 Eth-Trunk，可用 **undo eth-trunk** 命令将当前接口从指定 Eth-Trunk 中删除
		interface *interface-type interface-number* 例如：[Huawei] **interface** GigabitEthernet0/0/1	
		eth-trunk *trunk-id* [**mode** { **active** | **passive** }] 例如： [Huawei-GigabitEthernet0/0/1]**eth-trunk** 10	

续表

配置任务	步骤	命令	说明
（可选）配置活动接口数阈值	6	**interface eth-trunk** *trunk-id* 例如：[Huawei]**interface eth-trunk** 10	（可选）进入 Eth-Trunk 接口视图，**如果前面是在 Eth-Trunk 接口视图下添加成员接口的，则不要进行此步**
		max active-linknumber *link-number* 例如：[Huawei-Eth-Trunk10] **max active-linknumber** 3	配置链路聚合活动接口数上限阈值，不同机型的取值范围有所不同，活动接口数上限阈值必须大于等于活动接口数下限阈值。 在默认情况下，多数机型活动接口数的上限阈值是 8，也有部分机型可达 32，可用 **undo max active-linknumber** 命令恢复聚合组活动接口数目的上限阈值为默认值
		least active-linknumber *link-number* 例如：[Huawei-Eth-Trunk10] **least active-linknumber** 4	在 Eth-Trunk 接口视图下配置链路聚合**活动接口数**下限阈值，不同机型的取值范围有所不同，其他说明参见 6.4.2 节表 6-6 中的第 7 步
（可选）配置负载分担方式	7	**load-balance**{ **dst-ip** | **dst-mac** | **src-ip** | **src-mac** |**src-dst-ip** | **src-dst-mac** } 例如： [Huawei-Eth-Trunk10]**load-balance src-ip**	配置 Eth-Trunk 接口的普通负载分担方式。其他说明参见 6.4.2 节表 6-6 中的第 8 步
（可选）配置系统 LACP 优先级	8	**lacp priority** *priority* 例如：[Huawei-Eth-Trunk10] **lacp priority**10	配置当前设备的系统 LACP 优先级，取值范围为 0～65535 的整数，**值越小优先级越高**。在两端设备中选择系统 LACP 优先级较小一端作为主动端，如果系统 LACP 优先级相同则选择系统 MAC 地址较小的一端作为主动端。**在实际的配置中，只需在需要成为主动端的设备上修改系统 LACP 优先级值小于默认值即可。** 在默认情况下，系统 LACP 优先级为 32768，可用 **undo lacp priority** 命令恢复本端设备的系统 LACP 优先级值为默认值
（可选）配置接口 LACP 优先级	9	**quit** 例如：[Huawei-Eth-Trunk10] **quit**	退出 Eth-Trunk 接口视图，返回系统视图
		interface *interface-type interface-number* 例如：[Huawei] **interface** gigabitethernet0/0/1	键入要配置接口 LACP 优先级的成员接口，进入接口视图
		lacp priority *priority* 例如： [Huawei-GigabitEthernet0/0/1] **lacp priority** 10	配置当前成员接口的 LACP 优先级，取值范围为 0～65535 的整数，**值越小优先级越高**，优先级高的将被选作活动接口；如果优先级相同，则按照接口的编号大小来选择活动接口，编号小的优先。**在实际的配置中，只需在主动端设备上修改相应端口中的接口 LACP 优先级值即可。** 在默认情况下，接口的 LACP 优先级为 32768，可用 **undo lacp priority** 命令恢复为默认值

续表

配置任务	步骤	命令	说明
（可选）配置 LACP 抢占	10	**quit** 例如：[Huawei-GigabitEthernet0/0/1] **quit**	退出接口视图，返回系统视图
		interface eth-trunk *trunk-id* 例如：[Huawei]**interface eth-trunk** 10	进入 Eth-Trunk 接口视图
		lacp preempt enable 例如：[Huawei-Eth-Trunk10] **lacp preempt enable**	使能当前 Eth-Trunk 接口的 LACP 抢占功能。在进行优先级抢占时，系统将根据主动端接口的优先级进行抢占。**但要求 Eth-Trunk 两端 LACP 抢占功能使能情况配置一致**，即统一使能或不使能。 在默认情况下，优先级抢占处于禁止状态，可用 **undo lacp preempt enable** 命令恢复默认情况
		lacp preempt delay *delay-time* 例如：[Huawei-Eth-Trunk10] **lacp preempt delay** 20	配置当前 Eth-Trunk 接口的 LACP 抢占延时，不同机型的取值范围不同。 在默认情况下，LACP 抢占等待时间为 30s，可用 **undo lacp preempt delay** 命令恢复抢占等待时间为默认值
（可选）配置接收 LACP 报文超时时间	11	**lacp timeout**{ **fast** [**user-defined** *user-defined*] |**slow** } 例如：[Huawei-Eth-Trunk10]**lacp timeout fast**	配置 LACP 模式下成员接口接收 LACP 协议报文的超时时间，如果在指定周期内没有收到对端发回的 LACP 确认报文，则会重发原来的 LACP 协议报文。 ① **fast：二选一选项**，指定接收报文的超时时间为 3s，如果配置了 **user-defined** *user-defined* 参数，则可自定义 Eth-Trunk 接口接收报文的超时时间，整数形式，取值范围是 3～90，单位为秒。 ② **slow：二选一选项**，指定接收报文的超时时间为 90s。 **两端配置的超时时间可以不一致**，但为了便于维护，建议用户配置一致的 LACP 报文超时时间。 在默认情况下，接收报文的超时时间为 90s，可用 **undo lacp timeout** 命令恢复 LACP 模式下接口接收 LACP 报文的超时时间为默认值
（可选）配置交换机与服务器直连的成员口可以转发报文	12	**lacp force-forward** 例如：[Huawei-Eth-Trunk10] **lacp force-forward**	配置状态为 Up 的成员接口，在对端没有加入 Eth-Trunk 时可以转发数据报文。 在默认情况下，状态为 Up 的成员接口，在对端没有加入 Eth-Trunk 时不能转发数据报文，可用 **undo lacp force-forward** 命令恢复状态为 Up 的成员接口的转发状态为默认值

① 创建链路聚合组。

② 配置链路聚合模式为 LACP 模式。

③ 将成员接口加入聚合组。

④ （可选）配置活动接口数阈值。

本项配置任务与手工模式链路聚合相比，多了一个活动接口数上限阈值，以及进行链路负载分担计算时使用的接口数配置。

⑤ （可选）配置负载分担方式。

⑥ （可选）配置系统 LACP 优先级。

系统 LACP 优先级是为了区分链路聚合两端设备优先级的高低而配置的参数，优先级低的一端会根据优先级高的一端来选择活动接口。**只需要在希望成为主动端的设备上配置**。

⑦ （可选）配置接口 LACP 优先级。

接口 LACP 优先级用来区分不同接口被选为活动接口的优先程度，优先级高的接口将优先被选为活动接口。**只需要在主动端的设备上配置**。

⑧ （可选）配置 LACP 抢占。

使能 LACP 抢占功能可以确保接口 LACP 优先级最高的接口最终可成为活动接口。**只需要在主动端的设备上配置**。

⑨ （可选）配置接收 LACP 报文超时时间。

配置接口接收 LACP 报文的超时时间后，如果本端成员接口在设置的超时时间内未收到对端发送的 LACP 报文，则认为对端不可达，本端成员接口状态立即变为 Down，不再转发数据。

⑩ （可选）配置交换机与服务器直连的成员口可以转发报文。

【说明】当服务器的两个网卡与同一交换机的两个端口直连时，服务器的正常处理流程如图 6-15 所示。

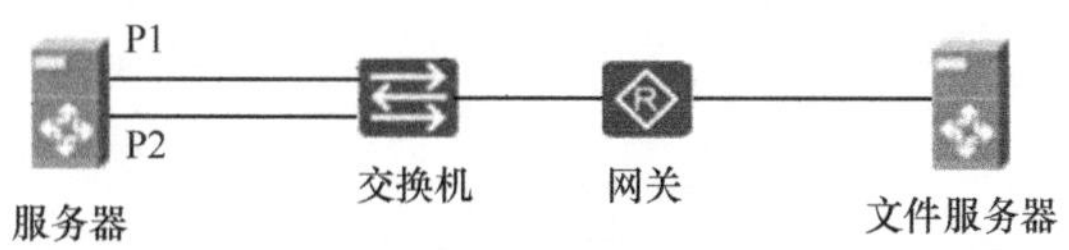

图 6-15　交换机和服务器多链路直连示例

① 服务器启动时根据默认配置，会在 P1 端口上配置 IP 地址，然后从该端口向远端文件服务器发起请求，下载配置文件。

② 配置文件下载成功后，服务器会根据配置文件将两个端口进行聚合，作为 Eth-Trunk 的成员接口与设备进行 LACP 协商。

但是服务器获取配置文件之前 P1 为独立的物理端口，没有配置 LACP，所以会导致交换机侧的端口 LACP 协商失败，交换机在该 Eth-Trunk 接口不转发流量，这导致服务器无法通过 P1 端口下载配置文件，从而导致服务器和交换机直连不通。

为了解决此问题，可以在交换机的 Eth-Trunk 接口下执行 **lacp force-forward** 命令。当 Eth-Trunk 成员接口处于 Up 的状态，虽然对端没有使能 LACP，但该端口仍可以转发数据报文。

以上配置完成后，可以使用 **display eth-trunk**[*trunk-id*[**interface** *interface-type interface-number* |**verbose**]]命令查看 Eth-Trunk 接口的配置信息；使用 **display trunk membership eth-trunk** *trunk-id* 命令查看指定编号 Eth-Trunk 接口的成员接口信息。

【示例】 SW1 和 SW2 两个交换机通过 GE0/0/1～GE0/0/3 这 3 个端口直接相连，为提高链路的可靠性，同时提高链路带宽，把这 3 条链路通过以下 LCAP 模式配置进行链路聚合，设置 SW1 为主动设备，最大活跃端口数为 2，同时允许 VLAN 10 和 VLAN 20 中的数据帧通过。

① SW1 上的配置如下。

```
<Huawei>system-view
[Huawei] sysname SW1
[SW1] lacp priority 1000#---设置 SW1 的 LACP 系统优先级值为 1000，值越小优先级越高
[SW1] interface eth-trunk 1
[SW1-Eth-Trunk1] mode lacp#---设置采用 LACP 链路聚合模式
[SW1-Eth-Trunk1] max active-link number 2#---设置最大活动链路数为 2
[SW1-Eth-Trunk1] trunkport gigabitethernet 0/0/1 to 0/0/3#---聚合 GE0/0/1～0/0/3 这三个端口
[SW1-Eth-Trunk1] port link-type trunk
[SW1-Eth-Trunk1] port trunk allow-pass vlan 10 20
[SW1-Eth-Trunk1] quit
```

② SW2 上的配置（其 LACP 系统优先级值保持默认的 32768，大于 SW1 的 LACP 系统优先级值，使 SW1 成为主动设备）如下。

```
<Huawei>system-view
[Huawei] sysname SW2
 [SW2] interface eth-trunk 1
[SW2-Eth-Trunk1] mode lacp#---设置采用 LACP 链路聚合模式
[SW2-Eth-Trunk1] max active-link number 2#---设置最大活动链路数为 2
[SW2-Eth-Trunk1] trunkport gigabitethernet 0/0/1 to 0/0/3#---聚合 GE0/0/1～0/0/3 这三个端口
[SW2-Eth-Trunk1] port link-type trunk
[SW2-Eth-Trunk1] port trunk allow-pass vlan 10 20
[SW2-Eth-Trunk1] quit
```

第 7 章
生成树协议技术

本章主要内容

7.1 STP 基础

7.2 STP BPDU

7.3 STP 生成树计算原理

7.4 STP 定时器及其应用

7.5 RSTP 对 STP 的改进

7.6 STP、RSTP 的配置与管理

7.7 MSTP 和 VBST 简介

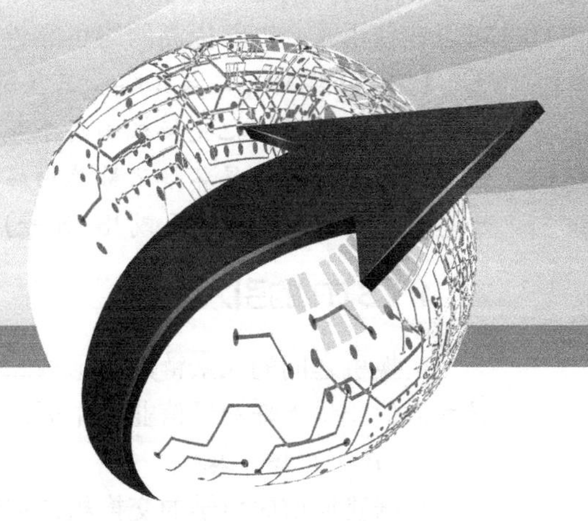

我们在对网络结构进行设计时，往往出于提高可靠性的考虑，会对一些关键设备或关键物理网段采用冗余连接，使得即使有一条，甚至多条链路出现了故障，仍然可以保持与对应设备或物理网段的连接。但如果直接采用多链路连接，而不采用任何环路保护技术，就会形成二层环路，导致网络性能下降，甚至无法正常工作。

STP 技术、RSTP（Rapid Spanning Tree Protocol，快速生成树协议）技术可以实现在网络中部署冗余链路的同时又能消除二层环路。当然，如果公司的网络中根本不存在二层环路，就不需要启用 STP 或 RSTP 了，毕竟运行 STP、RSTP 也是需要消耗设备和网络带宽资源的。

我们在本章主要介绍 STP 技术的基础知识和主要工作原理，以及 STP 和 RSTP 基本功能的配置与管理方法。我们在本章最后简单地介绍另外两种更高级的生成树技术——MSTP（Multiple Spanning Tree Protocol，多生成树协议）和 VBST（VLAN-Based Spanning Tree，基于 VLAN 的生成树），HCIA 层次对这两部分仅简单了解即可。

7.1 STP 基础

我们在交换网络中通常会使用冗余链路，以提高网络的可靠性。然而，冗余链路不仅会给交换网络带来二层环路风险，还可能出现广播风暴和 MAC 地址表不稳定等问题，进而影响用户的通信质量。为了解决这一问题，我们引入了 STP 技术，对应 IEEE 802.1d，可以在使用冗余链路提高网络可靠性的同时又能避免消除环路。

【说明】环路有二层环路和三层环路之分。二层环路是由有冗余链路，或人为的误接线缆（如一条网线把交换机的两个端口直接连起来）造成的，可以通过本章所介绍的生成树技术解决。三层环路又称路由环路，是路由信息往返发布造成的，可通过一些无环动态路由协议（如 OSPF 或 IS-IS 等）和限定 IP 报文头部中的 TTL 字段值解决。

7.1.1 STP 的引入背景

交换机之间的冗余链路会形成二层环路，产生广播风暴，导致 MAC 表振荡，继而导致通信质量下降和通信业务中断。下面我们对其进行具体分析。

1. 产生广播风暴

根据我们前面所学的交换机二层转发原理可知，交换机如果从一个端口上接收到的是一个**广播帧**，或者是一个**目的 MAC 地址未知的单播帧**，则会将这个帧向除源端口之外的所有其他端口转发，这俗称“泛洪”。此时，如果交换网络中有二层环路，则这种帧会被无限转发，形成广播风暴，使得网络中充斥着大量这种重复的数据帧。

图 7-1 所示为一个在交换网络中存在二层环路（每台交换机到达其他交换机均有两条不同的转发路径，且形成一个闭环）而导致的数据帧被无限转发的示例。

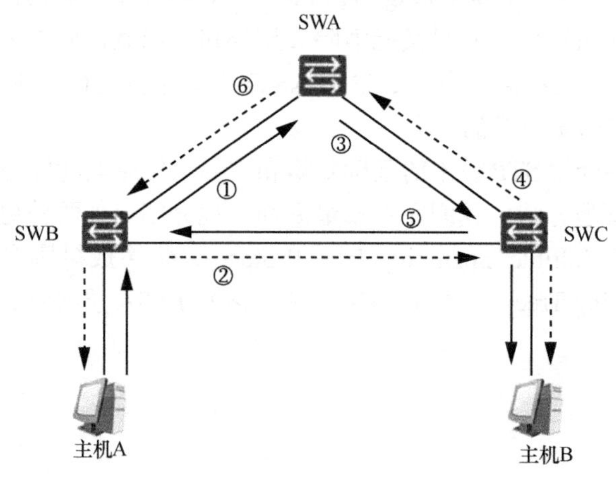

图 7-1 二层环路情况下的帧循环转发示例

图 7-1 中，假设主机 A 发送的是一个广播帧或目的 MAC 地址未知的单播帧，SWB

收到后会向其他端口进行泛洪，并分别发向 SWA（实线①）和 SWC（虚线②）。SWA 收到来自 SWB 的帧后会向它的其他端口泛洪，并发向 SWC（实线③），SWC 收到来自 SWA 的帧后又会向它的其他端口泛洪，又发向 SWB（实线⑤），SWB 收到来自 SWC 的帧也会继续泛洪。同理，SWC 收到来自 SWB 的帧（虚线②）后会向它的其他端口泛洪，并发向 SWA（虚线④），SWA 收到来自 SWC 的帧后也会向它的其他端口泛洪，也发向 SWB（虚线⑥），同理，SWB 收到来自 SWA 的帧后又会继续泛洪。这些帧都是同一个帧，并且同一个帧不断地在网络中循环，形成广播风暴。

2. 造成 MAC 表振荡

交换机是根据所接收到的数据帧中的源 MAC 地址和接收端口生成 MAC 表项的。如果存在环路，会造成 MAC 表振荡（不断变化），因为同一交换机上不同端口接收到相同的数据帧后会造成所学习的 MAC 表项不断更新。MAC 表项用来指导其他设备，目的 MAC 地址为 MAC 表项中 MAC 地址的帧从所映射的接口发出，所以该接口被称为“出接口”。

同样以图 7-1 为例，主机 A 发送的是广播帧或目的 MAC 地址未知的单播帧，网络中存在二层环路，导致帧不断地在环中循环。我们以其中一个循环为例介绍对交换机 MAC 表学习的影响。

主机 A 发送的帧到了 SWB 后，SWB 要学习帧中的源 MAC 地址，生成主机 A 的 MAC 表项，其中 MAC 地址就是主机 A 的 MAC 地址 00-00-01-02-03-AA，出接口就是 G0/0/3，也就是接收帧的交换机端口。当帧通过 G0/0/1 端口泛洪到 SWA 后，会从 SWA 泛洪到 SWC，SWC 又会把该帧泛洪到 SWB。此时 SWB 从 G0/0/2 接口接收到同一个帧，源 MAC 地址仍为主机 A 的 MAC 地址，但接收的端口变成为 G0/0/2，因此它会更新原来为主机 A 建立的 MAC 表项，把其中的出接口改为 G0/0/2，具体如图 7-2 所示。

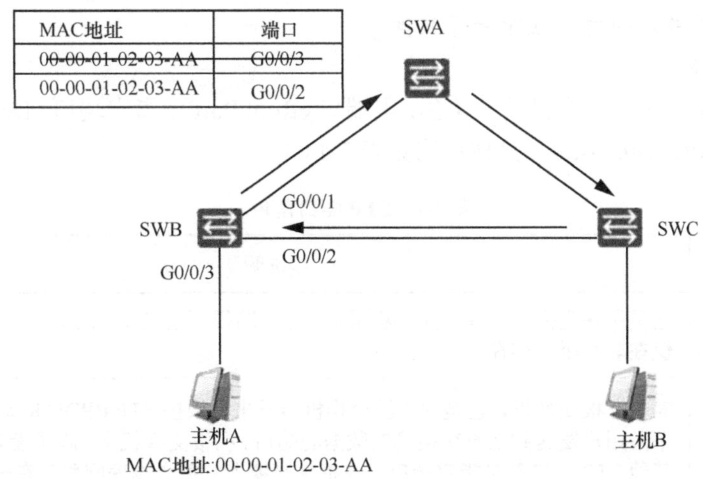

图 7-2　环路造成 MAC 表振荡的示例

在其他泛洪中，最终 SWB 也可能从 G0/0/1 接口接收到这个同样的帧，这时又会把主机 A 的 MAC 表项的出接口改成 G0/0/1，再次发生振荡，而且可能一直这样变化下去。

当然，事实上不仅 SWB 会形成 MAC 表振荡，在其他的帧泛洪中同样会造成环路中的其他交换机（如图 7-2 中的 SWA 和 SWC）的 MAC 表振荡。

STP 可通过阻断冗余链路来消除网络中可能存在的环路，还能在活动路径发生故障时，激活备份链路，及时恢复网络连通性。

7.1.2 STP 基础

在正式介绍 STP 的工作原理前，我们先了解一下与 STP 相关的一些基础知识。

1. 桥角色

STP 的桥（也就是交换机）角色有两种：根桥（根交换机）和非根桥（非根交换机）。STP 的最终目的就是要形成一个无环路的树形二层交换网络。树形结构必须要有一个树根，于是 STP 引入了根桥概念。

对于一个运行 STP 的网络，**根桥在全网中有且只有一个**，并且为在网络中具有最小桥 ID（Bridge ID，BID）的桥。网络中除根桥外的其他桥统称为非根桥，但每个物理网段（即共享的一段链路）会选举出一个指定桥（指定交换机），负责该物理网段的 STP BPDU（Bridge Protocol Data Unit，网桥协议数据单元）和数据转发，毕竟一段链路有两端，具体由哪端的交换机负责数据转发，也需要确定。

STP 中的每个交换机都会有一个 BID。BID 由 16 位的桥优先级（Bridge Priority）和 48 位的桥 MAC 地址构成，值越小优先级越高。在 STP 网络中，桥优先级是可以配置的，取值范围为 0～65535（**必须是 4096 的倍数**），也是值越小优先级越高，默认值为 32768。桥 MAC 地址不能配置，且是全球唯一的，所以根桥的选择一般是通过桥优先级的配置来指定的。

【说明】根桥是整个网络的逻辑中心，但不一定是物理中心，且会根据网络拓扑的变化而动态变化。一般我们需要将环路中所有交换机中性能最好的一台设置为根桥交换机，以保证能够提供最好的网络性能和可靠性。

2. 端口角色

STP 中定义了 3 种交换机端口角色：根端口（Root Port）、指定端口（Designated Port）和预备端口（Alternate Port），具体说明见表 7-1。

表 7-1 STP 端口角色

端口角色	说明
Root Port	它是所在交换机上离根交换机最近（即根路径开销最小）的端口，处于转发状态。**仅在非根桥上存在**
Designated Port	对于非根交换机，它是向下游交换机转发来自根桥 STP BPDU 的端口，也是接收下游用户发送到上游交换机的数据的端口。在根交换机上，除了没有启用的端口，其他 STP 端口都是指定端口；**在指定交换上，每个物理网段只有一个指定端口**
Alternate Port	该端口处于阻塞状态，**接收 STP BPDU，参与 STP 生成树的计算**，但不接收用户数据帧，也不发送 BPDU 和用户数据帧

3. 端口状态

根据交换机端口对 BPDU 的转发行为，以及 MAC 地址学习能力，STP 把网络中的交换机端口分为 5 种状态，见表 7-2。

表 7-2　STP 端口状态

端口状态	说明
Disabled（禁止）	不接收也不发送数据帧、BPDU，不学习 MAC 地址表，不参与生成树计算，相当于根本没有启用，也没有运行 STP
Listening（侦听）	不转发数据帧，不学习 MAC 地址表，参与生成树计算，接收并发送 BPDU
Blocking（阻塞）	不转发数据帧，不学习 MAC 地址表，**接收 BPDU**，参与计算生成树，但不向外发送 BPDU，**仅对应 Alternate 端口**
Learning（学习）	不转发数据帧，但是学习 MAC 地址表，参与计算生成树，接收并发送 BPDU
Forwarding（转发）	正常接收、转发数据帧，学习 MAC 地址表，参与计算生成树，接收并发送 BPDU

STP 5 种端口状态之间的转换关系如图 7-3 所示。

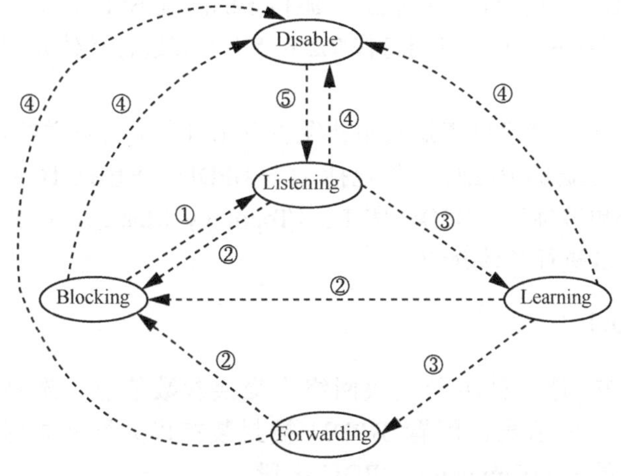

图 7-3　STP 5 种端口状态之间的转换关系

STP 5 种端口状态之间的转换关系说明如下。

①：端口被选为指定端口或根端口时，立即进入（无须等待）Listening 状态。

②：端口被选为预备端口时，进入阻塞状态。

③：端口由 Listening 状态迁移到 Learning 状态，或由 Learning 状态迁移到 Forwarding 状态，其迁移等待的时间间隔均默认为 15 秒。

④：端口被禁用或链路失效时，端口立即进入（无须等待）Disable 状态。

⑤：端口初始化或使能时，由 Disable 状态立即进入 Listening 状态。

根据前文我们可知，Blocking、Listening、Learning 和 Forwarding 这 4 种状态在端口被禁用，或者对应的链路断开时都可以直接进入 Disable 状态，无须等待。另外，除 Disable

端口状态外，其他 4 种状态的端口均参与生成树的计算。其中要特别注意的是，**处于阻塞状态的端口（为 Alternate 端口）仍然可以接收 STP BPDU（但不能接收数据帧），只是不能发送 BPDU**。指定端口可以处于 Listening、Learning 或 Forwarding 这 3 种状态中的任意一种。

7.2 STP BPDU

为了计算生成树，交换机之间需要交换相关的信息和参数，如 BID、路径开销、PID、定时器，这些信息和参数被封装在 BPDU 中。

STP BPDU 有两种类型：配置 BPDU 和 TCN（Topology Change Notification，拓扑更改通告）BPDU。

1. 配置 BPDU

STP 通过在交换机之间传递配置 BPDU 来选举根交换机，并确定每台交换机端口的角色和状态。配置 BPDU 中包含了发送者 BID、路径开销、根桥 BID 和 PID 等参数。

在初始化过程中，每个桥都主动发送配置 BPDU。在网络拓扑稳定以后，只有根桥主动发送配置 BPDU，其他交换机在收到上游传来的配置 BPDU 后，会在修改其中一些参数后发送自己的配置 BPDU。我们将在 7.2.1 节中对其进行具体介绍。

2. TCN BPDU

TCN BPDU 是下游交换机感知到拓扑发生变化时向上游发送的拓扑变化通知。其实，在拓扑改变时所发送的 BPDU 不仅包括 TCN BPDU，还包括 TCA（Topology Change Acknowledge，拓扑更改确认）BPDU 和 TC（Topology Change，拓扑更改）BPDU。我们将在 7.2.2 节中对其进行具体介绍。

7.2.1 配置 BPDU

STP 配置 BPDU 是一种用于交换网络中交换参数信息、选举根桥、确定每台交换机各端口的角色的消息。配置 BPDU 被封装在以太网数据帧数据（Data）部分，对应图 7-4 中的 Configuartion BPDU 字段。

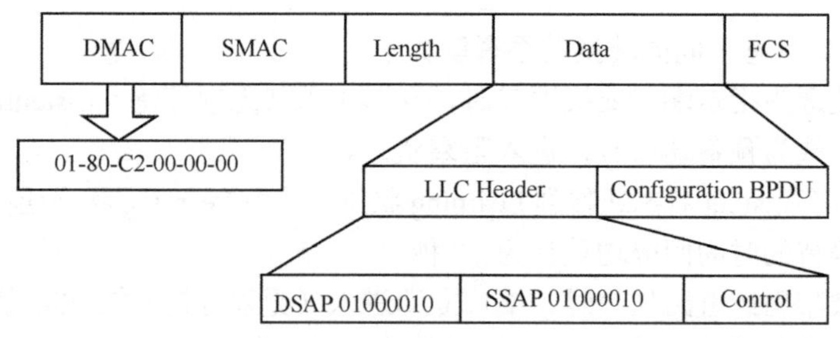

图 7-4 配置 BPDU 帧结构

在整个配置 BPDU 数据中，有些字段的取值是特定的，不能改变，如“**目的 MAC 地址**”（**DMAC**）**字段是一组播 MAC 地址 01-80-C2-00-00-00**（**标识所有交换机**），在 LLC 头部（LLC Header）中的 DSAP 和 SSAP，IEEE 专为 STP 保留一个值，均为 0x42（对应二进制值为 01000010，代表 IEEE 802.1d 协议类型），Control 为 0x03（表示为无连接服务的以太网）。

配置 BPDU 格式如图 7-5 所示，各字段的说明见表 7-3。

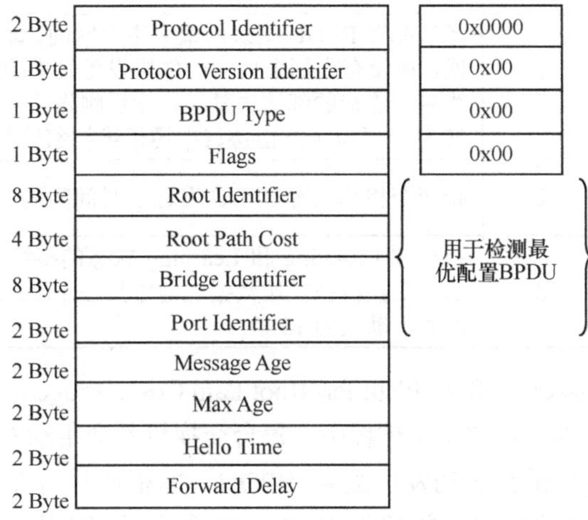

图 7-5　配置 BPDU 格式

表 7-3　STP 配置 BPDU 字段说明

字段	字节数	说明
协议 ID（Protocol Identifier）	2	总是为 0
协议版本（Protocol Version）	1	总是为 0
BPDU 类型（BPDU Type）	1	配置 BPDU 为 0，TCN BPDU 为 0x80
标志（Flags）	1	共 8 位，最低位=TC 标志，最高位=TCA 标志。**在配置 BPDU 中，全部为 0**
根标识符（Root Identifier）	8	指当前根桥的 BID
根路径开销（Root Path Cost）	4	指从本设备发送该配置 BPDU 的端口到达根桥的总开销
桥 ID（Bridge Identifier）	8	指发送该配置 BPDU 的交换机的 BID（即“**发送者 BID**”），由 2 字节的桥优先级和 6 字节的 MAC 地址组成。网络拓扑稳定后，每台交换机在收到根桥的配置 BPDU 后，发送自己的配置 BPDU 时要以自己的 BID 设置本字段
端口 ID（Port Identifier）	2	由发送该配置 BPDU 的端口的优先级和 ID 组成

续表

字段	字节数	说明
消息（BPDU）生存时间（Message Age）	2	指该配置 BPDU 的生存时间，超过后将被删除，不再转发，类似于 IP 数据包中的 TTL 字段。如果配置 BPDU 是直接来自根桥的，则 Message Age 为 0，如果是其他桥转发的，则 Message Age 是从根桥发送到当前桥接收到 BPDU 的总时间，包括传输延时等。**配置 BPDU 每经过一个桥，Message Age 就增加 1（这点与 IP 数据包中的 TTL 相反），达到设定的 Message Age 值后即不能再向下游设备传输了**
最大生存时间（Max Age）	2	指该配置 BPDU 剩余的最大生存时间，即老化时间，过了这个时间，还没有收到来自同一邻居设备发来的新的配置 BPDU，则认为接口连接的邻居失效了，然后删除原来的配置 BPDU，默认为 20 秒。类似于路由协议中用于维护邻居关系的邻居失效计时器
Hello 计时器（Hello Time）	2	指两个相邻配置 BPDU 发送的时间间隔，默认为 2 秒
转发延时（Forward Delay）	2	指控制 Listening 和 Learning 状态的持续时间。在拓扑结构改变后，交换机在发送数据包前维持在 Listening 和 Learning 状态的时间，默认为 15 秒

在整个配置 BPDU 参数中，Root Identifer、Root Path Cost、Bridge Identifer 和 Port Identifer 用于最优配置 BPDU 检测。在初始化过程中，每台交换机都会主动发送配置 BPDU，但在网络拓扑稳定后，只有根桥会**主动**发送配置 BPDU，非根桥只有在收到上游传来的配置 BPDU 时，才会根据来自上游交换机的配置 BPDU 中的参数做相应修改（包括 Root Path Cost、Bridge Identifer、Port Identifer、Message Age 字段）后，发送自己的配置 BPDU。

【注意】 这里要特别注意两点：一是在网络拓扑稳定后，非根交换机并不是不能发送配置 BPDU，只是不能再主动发送了；二是非根交换机并不是直接原封不动地转发来自根交换机，或上游交换机的配置 BPDU，而是会修改其中一些参数，以自己作为发送者发送配置 BPDU。

7.2.2 TCN BPDU

在交换网络中，交换机 MAC 表进行数据转发，而 MAC 表项多数是通过动态学习生成的，可以被老化的。默认情况下，这些动态 MAC 表项的老化时间为 300 秒。如果生成树拓扑发生了变化，交换机转发数据的路径也会发生变化，本地 MAC 表项需要及时地更新，否则数据会转发错误。

如图 7-6 所示，正常选举的结果是 SWA 为根桥，SWB 和 SWC 的 G0/0/1 均为根端口，G0/0/2 为指定端口；SWC 的 G0/0/2 端口为预备端口，呈阻塞状态。

此时，主机 A 与主机 B 之间的通信必须通过根桥 SWA，不能直接通过 SWB 和 SWC 之间的链路（但 **SWB 仍可以通过 G0/0/2 端口向 SWC 发送配置 BPDU，SWC 的预备端口 G0/0/2 也可以接收来自 SWB 的配置 BPDU**）。这样一来，在 SWB 的 MAC 表中就会生成通过 G0/0/3 端口到达主机 A，通过 G0/0/1 端口到达主机 B 的 MAC 表项。

现假设图 7-6 中 SWC 的根端口 G0/0/1 产生了故障，导致生成树拓扑发生了变化，变化后的拓扑如图 7-7 所示。此时 SWC 的根端口变为 G0/0/2，即原来呈阻塞状态，现在变为转发状态，原来呈转发状态的根端口 G0/0/1 现在变为阻塞状态了。但 SWB 的

MAC 表中到达主机 B 的 MAC 表项可能还没老化，仍然按照通过根桥 SWA 的路径转发，因此结果肯定失败。

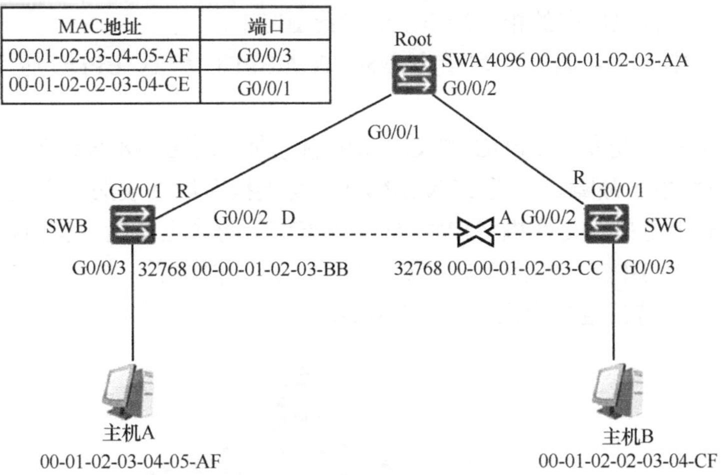

图 7-6　生成树拓扑改变示例 1

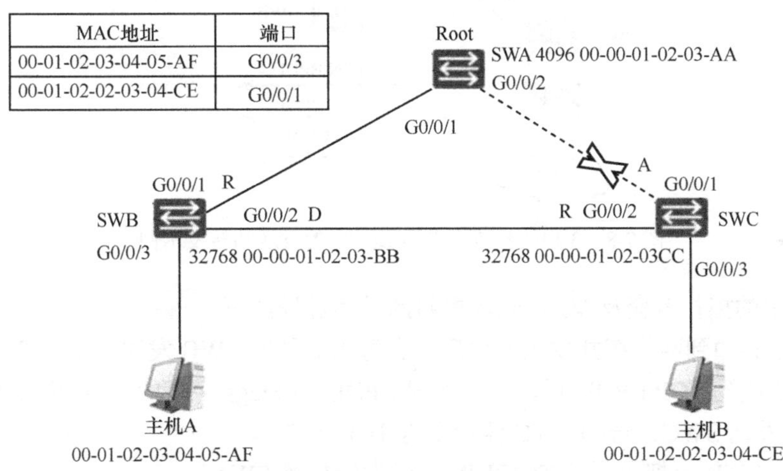

图 7-7　生成树拓扑改变示例 2

为了能及时通知网络中的设备更新 MAC 表项，我们在 STP 中定义了专用于拓扑改变通知的 3 种 BPDU，具体介绍如下。

① 拓扑改变通知 BPDU（TCN BPDU）：用于非根桥在根端口上向上游交换机通告拓扑改变信息，并且每隔 Hello Time（2 秒）发送一次，直到收到上游交换机的 TCA BPDU 或者 TC BPDU。

② 拓扑改变确认配置 BPDU（TCA BPDU）：配置 BPDU 的一种，与普通配置 BPDU 不同的是，此配置 BPDU Flag 字段中最高位的 TCA 置 1，普通的配置 BPDU 中 Flag 字段全部设置为 0。TCA BPDU 用于非根桥在接收到 TCN BPDU 的指定接口上向下游交换机发送拓扑改变通知的确认信息。

③ 拓扑改变配置 BPDU（TC BPDU）：配置 BPDU 中的一种，与普通配置 BPDU 不同的是，此配置 BPDU Flag 字段中最低位的 TC 置 1。用于根交换机向下游全网泛洪拓扑改变信息，通知修改 MAC 表项的老化时间为一个转发延时时间（默认为 15 秒），所有下游交换机都在自己所有的指定端口上泛洪此 BPDU。

TCN BPDU 中 BPDU Type 字段值为 0x80，TCA BPDU 和 TC BPDU 均为配置 BPDU，故该字段仍为 0x00。

以上 3 种拓扑改变专用 BPDU 的发送和传输方向可用图 7-8 来说明，假设 SWC 连接的 LAN 网段发生了故障。发送 TCN BPDU 的是连接对应网段的指定交换机，到达根桥路径上的所有上游指定交换机将转发 TCA BPDU，每个上游指定交换机在收到 TCN BPDU 后会以 TCA BPDU 进行确认，TCN BPDU 到了根桥后，根桥会向所有网段发生 TC BPDU，所有下游指定交换机转发 TC BPDU。

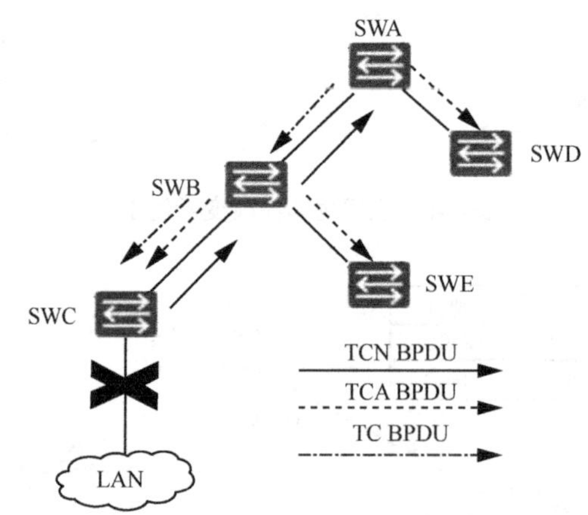

图 7-8 3 种拓扑改变专用 BPDU 的发送和转发示例

图 7-8 中的拓扑改变及 MAC 表项更新的具体过程如下。

① SWC 感知到网络拓扑发生变化后，会每隔 2 秒向 SWB 发送一个 TCN BPDU。

② SWB 收到 TCP BPDU 后，会把配置 BPDU 的 Flags 字段的 TCA 位置 1，然后以 TCA BPDU 发送 SWC，告知 SWC 停止发送 TCP BPDU。

③ 同时 SWB 会把收到的 TCN BPDU 转发给根桥 SWA。

④ SWA 收到 TCN BPDU 后，会把配置 BPDU 中 Flags 字段的 TC 位置 1，向各网段的下游交换机发送 TC BPDU，通知下游设备把 MAC 表项的老化时间由默认的 300 秒修改为 Forward Delay 时间（默认为 15 秒）。

⑤ 最多只需等 15 秒，下游交换机（包括 SWB）的错误 MAC 表项会被自动清除，重新学习 MAC 表项，并按新的路径进行转发。

7.3 STP 生成树计算原理

STP 消除二层环路的基本原理就是正常工作时阻断环路中的备份链路，而在主链路出现了故障时，原来阻断的备份链路又可恢复工作，接替原来的主链路的数据转发任务，确保数据转发不受影响。

STP 是通过把整个存在环路的交换网络计算出一棵无环路的交换树来实现环路消除的，基本原则如下。

① 整个交换网络选举一个交换机担当根桥，其他的交换机均为非根桥。

② 每个非根桥交换机选举一个根端口。

③ 每个物理网段选举一个指定端口。

④ 阻塞非根桥上的非根端口和非指定端口。

虽然 STP 中有 3 种端口角色，但实际只有根端口和指定端口这两种是可转发用户数据且呈转发状态的，其他均为预备端口，呈阻塞状态。

7.3.1 根桥选举原理

每个 STP 网络中都只能存在一个根桥，其他交换机为非根桥。根桥或者根交换机位于整个逻辑树的根部，是 STP 网络的逻辑中心，非根桥是根桥的下游设备。当现有根桥产生故障时，非根桥之间会交互信息并重新选举根桥。

STP 中根桥的选举依据的是 BID 。交换机启动后就自动开始进行生成树计算。默认情况下，所有交换机被启动时都认为自己是根桥，自己的所有端口都为对应物理网段的指定端口，这样自己所有端口都会发送配置 BPDU。对端交换机收到配置 BPDU 后，会比较配置 BPDU 中的根桥 ID 和自己的桥 ID。

STP 根桥选举规则：BID 中桥优先级最高的设备（**值越小优先级越高**）会被选举为根桥。如果桥优先级相同，则会比较 BID 中的 MAC 地址（**也是值越小优先级越高**）。

下面我们以图 7-9 为例介绍根桥的选举原理。

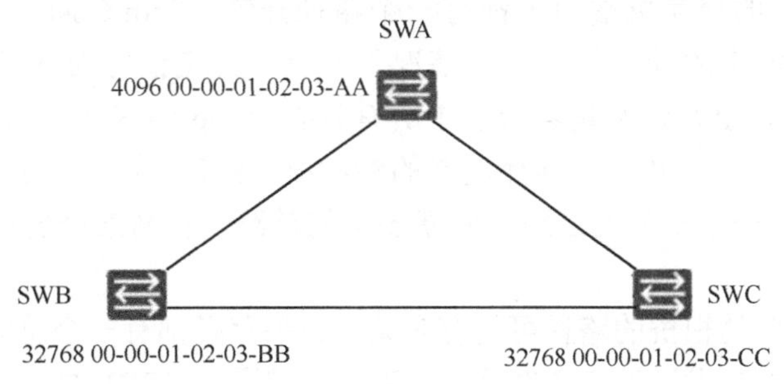

图 7-9 根桥选举示例

① 最初 SWA、SWB 和 SWC 都会从自己的各个端口发送以自己的 BID 作为根桥 BID 的配置 BPDU，认为自己是生成树的根桥。

② 如果收到的配置 BPDU 中的 BID 优先级比自己的 BID 优先级低（**值越小优先级越高**），接收交换机会继续通告自己的配置 BPDU 给邻居交换机，丢弃邻居发来的配置 BPDU。相反，如果收到的配置 BPDU 中的 BID 优先级比自己的 BID 优先级高，则交换机会修改自己要发送的配置 BPDU 的根桥 BID（Root Identifier）字段为邻居桥的 BID（当然其中还会修改其他参数，具体参见 7.2.1 节说明），宣告新的根桥。

如 SWA 向 SWB 和 SWC 发送的 BPDU 到了 SWB 和 SWC 后，由于 SWA 的桥优先级值为 4096，优先级高于 SWB 和 SWC 默认的 32768，因此 SWB 和 SWC 收到 SWA 发来的配置 BPDU 后，会以 SWA 的 BID 作为根桥 BID 发送 BPDU。

在 SWC 收到 SWB 的配置 BPDU 时，虽然两者的桥优先级值相同，均为默认的 32768，但 SWB 的 MAC 地址小于 SWC 的 MAC 地址，优先级更高，所以 SWC 也会接收，认为 SWB 是根桥，但因为所收到的来自 SWA 的配置 BPDU 中的根桥 BID 优先级更高，所以最终会以 SWA 的桥 ID 作为根桥 BID 继续从各端口发送自己的配置 BPDU。

相反，SWA 在收到 SWB 和 SWC 初始发送的配置 BPDU 时，由于 SWA 的桥优先级高于 SWB 和 SWC 的桥优先级，所以不会接收 SWB 和 SWC 发送的配置 BPDU，继续以自己的桥 ID 作为根桥 BID 发送配置 BPDU。同理，由于 SWB 的 MAC 地址小于 SWC 的 MAC 地址，SWB 的 BID 优先级高于 SWC 的优先级，所以 SWB 也不会接收 SWC 初始发送的配置 BPDU，仍以自己的 BID 作为根桥 BID 发送配置 BPDU，直到收到来自具有更高桥优先级的 SWA 的配置 BPDU。

③ 经过彼此的配置 BPDU 交互后，最终会选举 SWA 作为交换网络的根桥，因为它的 BID 优先级高于其他两台交换机的优先级。

7.3.2 根端口选举原理

每个非根桥都要选举一个根端口。根端口的选举依据：该端口的根路径开销（RPC）→对端 BID→对端 PID→本端 PID。

每个运行 STP 的交换机端口都有一个 PID，可用来确定端口角色。PID 由两部分构成，高 4 位是端口优先级，低 12 位是端口号。端口优先级的取值范围为 0～240，步长为 16，即必须为 16 的整数倍。默认情况下，端口优先级为 128。

每个运行 STP 的交换机端口也都有一个路径开销（Path Cost，PC），该路径开销表示该端口在 STP 中的开销值。默认情况下，端口开销值与对应端口的链路带宽有关（对于聚合链路，链路带宽是聚合组中所有状态为 Up 的成员口的带宽之和），带宽越高，开销值越小，是 STP 用于选择链路的参考值。STP 通过计算各端口的路径开销，选择较为“强壮”（开销小）的链路，阻塞多余的链路，将网络修剪成无环路的树形网络结构。

从一个非根桥到达根桥的路径可能有多条，每条路径都有一个总的开销，它是路径中所经过的各个桥报文发送端口（**也是接收来自上游设备 BPDU 的端口**）的路径开销总和。非根桥通过对比多条路径的路径总开销，选出最短的路径，这条最短的路径开销就被称为根路径开销（Root Path Cost，RPC）。**根桥上所有端口的根路径开销以及同交换机上不同端口间的路径开销值均为零。**

根端口的选举原理如下。

① 根端口的选举首先比较的是不同端口到达根桥的端口根路径开销值，距离根桥最近（开销最小）的端口就是根端口。

我们以图 7-10 为例进行介绍，采用 IEEE 802.1t 标准的端口开销计算方法，各交换机端口均为千兆以太网端口，带宽为 1Gbit/s，对应的端口开销（PC）值为 20000。

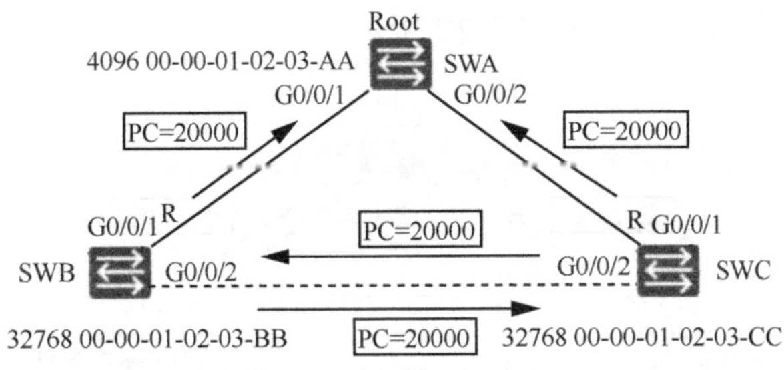

图 7-10　根端口选举示例 1

本示例接着前文中根桥选举示例进行介绍，已选举 SWA 为根桥，根端口的选举自然是在 SWB 和 SWC 上进行。在 SWB 上到达根桥 SWA 有两条路径：一条是直接通过 G0/0/1 端口，一条链路即可到达，其 RPC（根路径开销）就等于 SWB 的 G0/0/1 端口的端口开销，端口开销值为 20000；另一条是通过 G0/0/2，然后再经过 SWC 到达，在这条路径上有两个出端口，即 SWB 的 G0/0/2 和 SWC 的 G0/0/1，它们均为千兆以太网端口，端口开销值均为 20000，RPC 即为 20000+20000=40000。因为通过 G0/0/1 到达根桥的 RPC 小于通过 G0/0/2，再通过 SWC 到达根桥的 RPC，所以在 SWB 上最终会选择 G0/0/1 为根端口。

同样的道理，SWC 也会最终选择 G0/0/1 为根端口。

② 如果有两个或两个以上的端口计算得到的 RPC 相同，则比较上行交换机，选择收到的配置 BPDU 中发送设备的 BID 最小的端口作为根端口。

如图 7-11 所示，各段链路均为千兆以太网链路，端口开销值均为默认的 20000。图 7-11 中，SWD 到达根桥也有两条路径：一条是通过 G0/0/1 端口，经过 SWC 到达，另一条是通过 G0/0/2 端口，经过 SWB 到达，但两条路径的 RPC 相等，端口开销值均为 40000。但 SWD 的 G0/0/2 端口接收配置 BPDU 的对端设备 SWB 的 BID（32768 00-00-01-02-03-BB）要小于 G0/0/1 端口接收配置 BPDU 的对端设备 SWC 的 BID（32768 00-00-01-02-03-CC），所以 SWD 最终会选择 G0/0/2 端口为根端口，G0/0/1 作为预备端口，被阻塞，即它仍可以从 SWC 接收配置 BPDU。

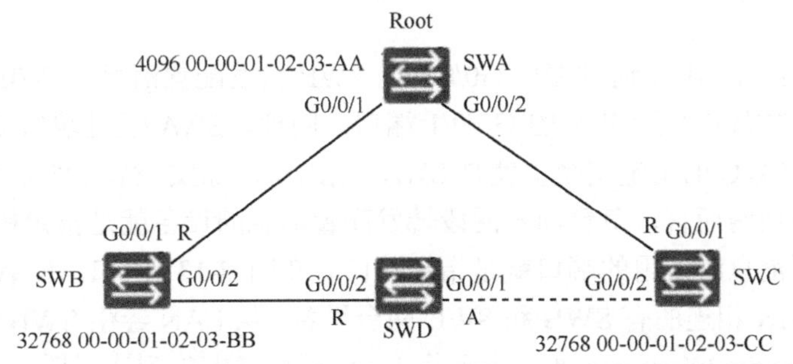

图 7-11　根端口选举示例 2

③ 如果两个或两个以上的端口连接到同一台交换机上，即发送者 BID 相同，则选择发送者 PID 最小的那个端口作为根端口。

我们在图 7-10 中的 SWA 与 SWB 之间新增一条千兆以太网链路，即两交换机间现在有两条千兆以太网链路连接，如图 7-12 所示。

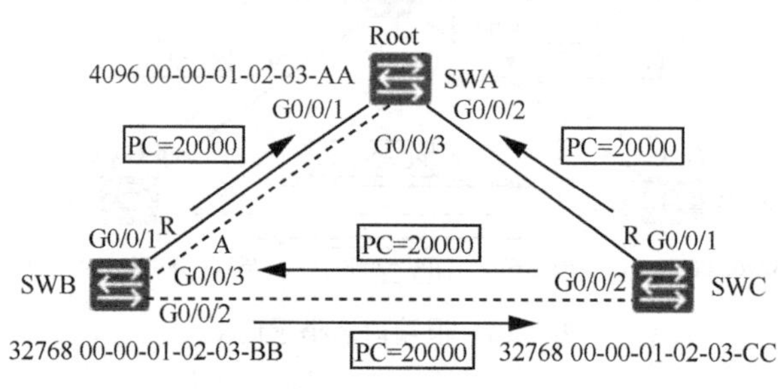

图 7-12 根端口选举示例 3

此时在 SWB 就要选择一个端口作为根端口。因为 SWB 的 G0/0/1 端口对端 SWA 的端口是 G0/0/1，而 SWB 的 G0/0/3 端口对端 SWA 的端口是 G0/0/3，G0/0/1 端口的 PID 小于 G0/0/3 端口的 PID（假设端口优先级一样），所以最终在 SWB 上还是选择 G0/0/1 端口作为根端口，而 G0/0/3 端口为预备端口，被阻塞。

④ 如果两个或两个以上的端口通过 Hub 连接到同一台交换机的同一个接口上，则选择本交换机的这些端口中的 PID 最小的作为根端口。

7.3.3 指定端口选举原理

指定端口在根桥和非根桥上都存在，根桥上启用的 STP 的端口均为指定端口（除非根桥上多个端口间在物理上存在环路），**非根桥上每个物理网段只有一个指定端口**，所以指定端口仅在非根桥上进行选举。

根端口是非根桥上接收上游交换机发送的配置 BPDU 的端口，指定端口是向下游交换机发送自己的配置 BPDU 的端口。在非根桥上选举指定端口的依据：根路径开销（RPC）→BID→PID。具体的选举原理如下。

① 指定端口的选举也是首先比较到达根桥的 RPC，RPC 最小的端口就是指定端口。

对于一台设备而言，与本地交换机直接相连，并且负责向本地交换机发送配置 BPDU 的上游交换机就是指定交换机，指定交换机中向本地交换机转发配置 BPDU 时所用的端口就是指定端口。

如图 7-13 所示，SWA 通过端口 G0/0/1 向 SWB 转发配置消息，SWB 的指定交换机就是 SWA，指定端口就是 SWA 的 G0/0/1 端口。同理，SWA 通过端口 G0/0/2 向 SWC 转发配置消息，SWC 的指定交换机就是 SWA，指定端口就是 SWA 的 G0/0/2 端口。

对于一个局域网而言，负责向本网段转发配置消息的设备就是指定桥，指定桥上向本网段转发配置消息时所用的端口就是指定端口。在图 7-13 中，LAN 代表一个交换局域网，而与该 LAN 相连的有 SWB 和 SWC 两台设备，从 LAN 经由 SWB 到达根桥 SWA 的 RPC 值为 20000+20000=40000，小于从 LAN 经由 SWC 到达根桥 SWA 的 RPC 值 40000+20000=60000，故 LAN 的指定桥为 SWB，该网段指定端口为 SWB 的 G0/0/2。

② 如果多个端口的 RPC 相同，则比较端口所在交换机的 BID，所在 BID 最小的端口被选举为指定端口，所属交换机则为指定交换机。

在图 7-13 中，如果 LAN 经由 SWB 和 SWC 到达根桥的 RPC 相同，且 SWB 的 BID

小于 SWC，故最终选择 SWB 为指定交换机，SWB 的 G0/0/2 端口为该网段的指定端口。

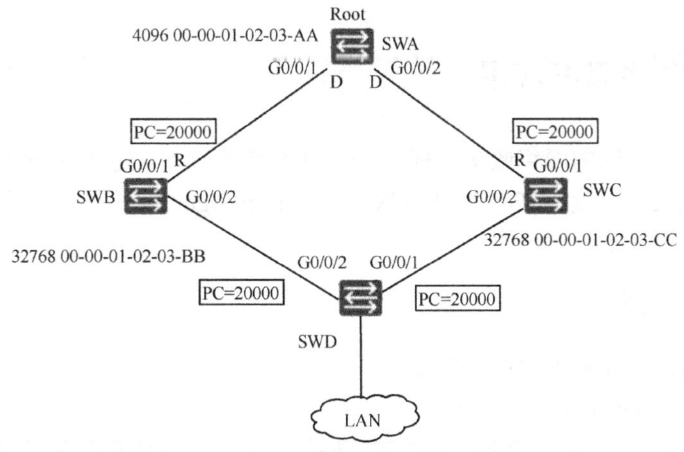

图 7-13　指定端口选举示例 1

③ 如果通过根路径开销（RPC）和所在 BID 选举不出来，则比较本端 PID，PID 最小的被选举为指定端口。

如图 7-14 所示，各段链路的端口开销值都相同，SWD 下面所连接的 LAN 经过上一步比较确定 SWB 为指定交换机。但 SWD 与 SWB 之间又有两条链路，系统需要在 SWB 上选举一个端口作为该网段的指定端口。

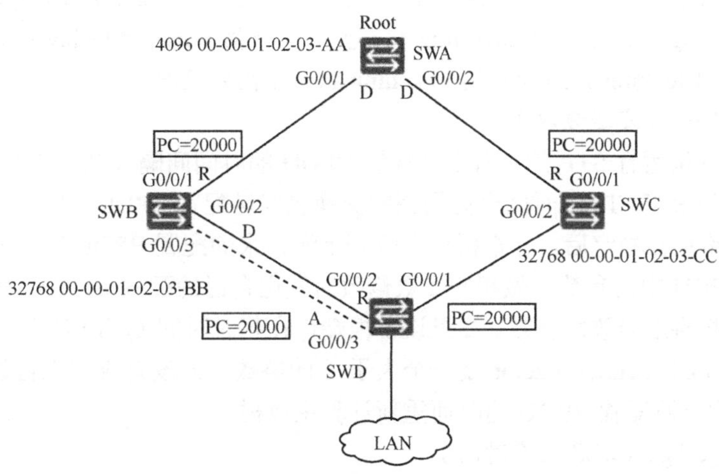

图 7-14　指定端口选举示例 2

因为 SWD 与 SWB 连接的两条链路的 RPC 相同（连接的都是 SWB），则 BID 也相同，所以比较 SWB 上 G0/0/2 和 G0/0/3 端口的 PID。假设两端口的端口优先级相同，则 G0/0/2 的 PDI 小于 G0/0/3 的 PID，所以选举 SWB 的 G0/0/2 端口作为该网段的指定端口，G0/0/2 端口对端 SWD 的端口为根端口，SWD 上与 SWB 的 G0/0/3 端口相连的端口，作为预备端口，被阻塞。

网络收敛后，只有指定端口和根端口可以转发数据。其他端口均被阻塞，不能转发数据，只能够从所连网段的指定交换机接收到配置 BPDU，并以此来监视链路的状态。

7.4 STP 定时器及其应用

STP 为了实现快速的网络收敛，规范 BPDU 发送的频次，定了 Forward Delay（转发延时）、Hello Time（配置 BPDU 发送频次）、Message Age（消息生存时间）和 Max Age（老化时间）4 种定时器。

7.4.1 STP 定时器

STP 中包括以下 4 种主要的定时器。

1. Forward Delay（转发延时）

Forward Delay 用于确定状态迁移的延迟时间。在运行生成树算法的网络中，当网络拓扑结构发生变化时，因为新的 BPDU 配置消息需要经过一定的时间才能传遍整个网络，所以本应被阻塞的端口可能还来不及被阻塞，而之前被阻塞的端口已经不再阻塞，这样就有可能会形成临时的环路。

为了避免这种情况引起的临时环路，可以通过 Forward Delay 定时器设置延时时间（默认为 15 秒），即在这个延时时间内，所有端口会临时被阻塞。

另外，端口从 Listening 状态迁移到 Learning 状态要延时一个 Forward Delay 定时器时间，从 Learning 状态迁移到 Forawrding 状态也要延时一个 Forward Delay 定时器时间。即端口从 Listening 状态进入 Forawrding 状态要经过 2 倍 Forward Delay 定时器时间，默认为 30 秒，从 Blocking 状态迁移到 Listening 状态不需要延时。

2. Hello Time（发送频次）

Hello Time 指运行 STP 的设备发送配置 BPDU 的时间间隔（默认为 2 秒）。最初，每台交换机每隔 Hello Time 时间会向周围的交换机发送配置 BPDU，以确认链路是否存在故障。当网络拓扑稳定后，非根桥仅在收到上游传来的配置 BPDU 时，才会根据来自根桥的配置 BPDU 中的参数，做相应参数修改后发送自己的配置 BPDU，**但 Hello Time 字段值只有在根桥上修改才有效**。如果设备根端口在超时时间（超时时间＝Hello Time × 3 × Timer Factor）（Timer Factor 是一个大于 1 的整数）内没有收到来自邻居新的配置 BPDU，则会由于原配置 BPDU 超时而重新计算生成树。

3. Message Age（消息生存时间）

Message Age 指从根桥发送、到当前交换机接收到 BPDU 的总时间，包括传输延时等。配置 BPDU 从根桥发出时，初始的 Message Age 值为 0。这并不是一个时间参数，而是一个所经过的交换机数目的二层跳数参数，每经过一个交换机，修改参数重新发出后，其中的 MessageAge 字段值增加 1，其作用相当于 IP 数据包中的 TTL，但值是逐跳增加的。

4. Max Age（老化时间）

Max Age 指 BPDU 的老化时间（默认为 20 秒），仅可在根桥上通过命令修改，用于确定所收到的配置 BPDU 是否还有效。非根桥设备收到配置 BPDU 后，会将其中的

Message Age 和 Max Age 进行如下比较。

① 如果 Message Age 小于等于 Max Age，则该非根桥设备会继续转发配置 BPDU。

② 如果 Message Age 大于 Max Age，则该配置 BPDU 将被立即老化。该非根桥设备将直接丢弃该配置 BPDU，并认为是网络直径过大，导致了根桥连接失败。

7.4.2　STP Max Age 定时器的应用

在稳定的 STP 拓扑里，非根桥会定期收到来自根桥的配置 BPDU。如果根桥发生了故障，停止发送配置 BPDU，则下游交换机就无法收到来自根桥的配置 BPDU。如果下游交换机一直收不到新的配置 BPDU，则原来收到的配置 BPDU 中的 Max Age 定时器就会超时（默认为 20 秒），从而导致已经收到的配置 BPDU 失效。STP Max Age 定时器可用于链路故障检测。

1. 直连链路故障检测

如图 7-15 所示，SWA 和 SWB 之间以两条链路互连，正常情况下，SWB 的 G0/0/1 端口对应的链路为主链路，G0/0/1 端口为根端口，呈转发状态；G0/0/2 端口对应的链路为备份链路，G0/0/2 为预备端口，呈阻塞状态。

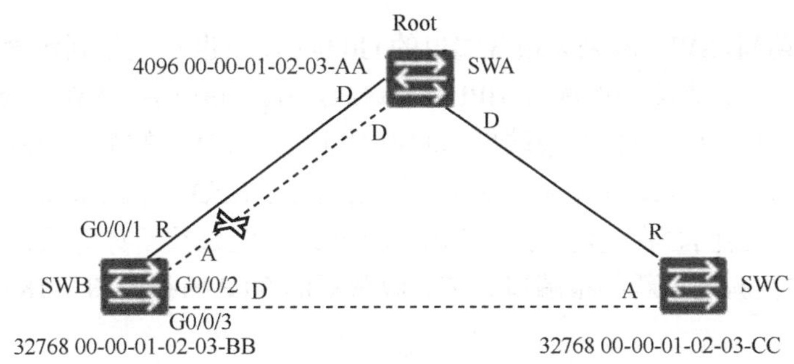

图 7-15　直连链路故障检测示例

如果某一时间 G0/0/1 对应的主链路发生了故障，则原来的预备端口 G0/0/2 会立即由 Blocking 状态，经过 Listening、Learning 状态后进入 Fowarding 状态，成为新的根端口，在这期间要经过两倍的转发延时（默认每个转发延时为 15 秒，共 30 秒）；而原来的根端口立即进入 Blocking 状态，成为预备端口。重新收敛后的拓扑结构如图 7-16 所示。

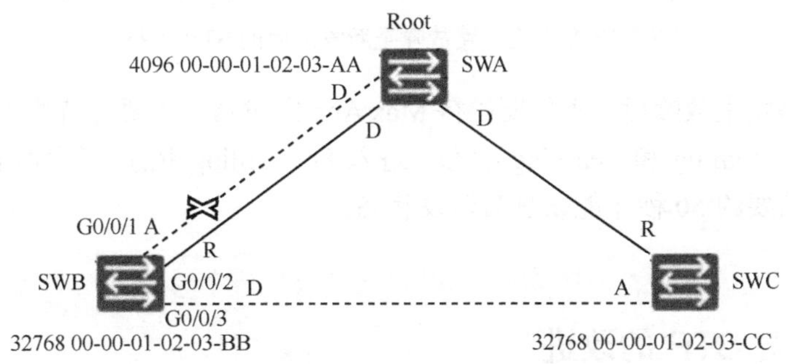

图 7-16　直连链路故障重新收敛后的拓扑结构

2. 非直连链路故障检测

Max Age 定时器超时后，非根交换机会互相发送配置 BPDU，重新选举新的根桥。但从根桥发生故障，到最终选举新的根桥，期间会有约 50 秒的网络重收敛时间，约等于 Max Age 值加上两倍的 Forward Delay 收敛时间。

图 7-17 中，SWB 与 SWA 之间的链路发生了故障，因此 SWB 一直收不到来自根桥 SWA 的配置 BPDU。在等待 Max Age 定时器超时后，SWB 会认为根桥 SWA 不再有效，并认为自己是根桥，于是通过 G0/0/2 端口向 SWC 发送以自己为根桥的配置 BPDU。

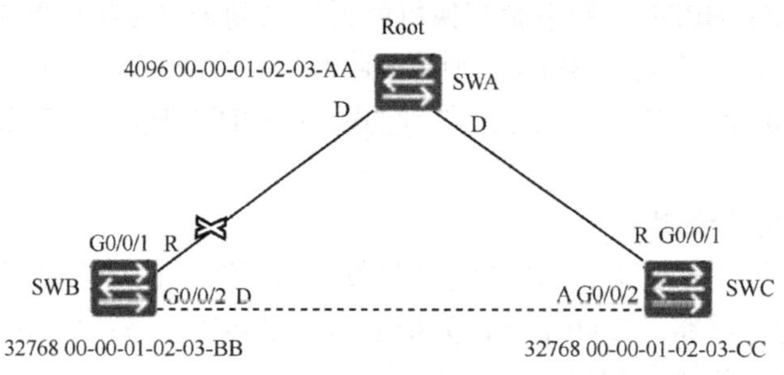

图 7-17 非直连链路故障检测示例

同时，在此期间，SWC 原来为预备端口的 G0/0/2 端口也不能收到包含原根桥（SWA）ID 的配置 BPDU，原来收到的配置 BPDU 的 Max Age 超时后，SWC 会切换预备端口 G0/0/2 为指定端口，并且把由其根端口 G0/0/1 收到来自 SWA 的配置 BPDU 修改一些参数后发给 SWB。这样一来，在原来由 SWA 发送的配置 BPDU 中的 Max Age 定时器超时后，SWB 和 SWC 会同时收到对方发来的配置 BPDU。经过重新计算后，SWB 放弃宣称自己为根桥，并重新选举新的根端口。重新收敛后的 STP 拓扑如图 7-18 所示。

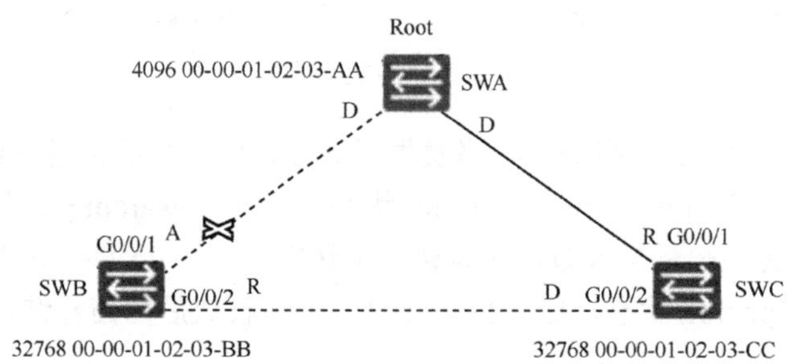

图 7-18 非直连链路故障重新收敛后的 STP 拓扑

非直连链路发生故障后，不仅要等待 Max Age 定时器，还要等待原来呈阻塞状态的预备端口经过 Listeniing 和 Learning 状态，进入 Forwarding 状态，因此需要两倍的转发延时，其端口需要约 50 秒才能恢复为转发状态。

7.5 RSTP 对 STP 的改进

STP 虽然能够解决二层环路问题，但网络拓扑收敛慢（至少 1 个 Forward Delay），影响了用户通信质量。另外，STP 还存在以下不足。

① STP 没有细致区分端口状态和端口角色，不利于初学者学习及部署。

- 从用户角度来讲，Listening、Learning 和 Blocking 状态并没有区别，都同样不转发用户数据。
- 从使用和配置角度来讲，端口之间最本质的区别并不在于端口状态，而是在于端口扮演的角色。根端口和指定端口可以都处于 Listening 状态，也可以都处于 Forwarding 状态。

② STP 算法是被动的算法，依赖定时器等待的方式判断拓扑变化，收敛速度慢。

③ STP 算法要求在稳定的拓扑中，仅根桥可以主动发出配置 BPDU，而其他设备只能被动地进行配置 BPDU 处理，然后再发送自己的配置 BPDU。这也是导致拓扑收敛慢的主要原因之一。

为了解决 STP 的不足，IEEE 于 2001 年发布了 802.1w 标准的 RSTP。RSTP 在 STP 的基础上进行了改进，提高了拓扑收敛速率。RSTP 的改进主要体现在：RSTP 删除了 3 种端口状态，新增加了 2 种端口角色，并且把端口属性充分地按照状态和角色解耦；此外，RSTP 还增加了相应的一些增强特性和保护措施，实现网络的稳定和快速收敛。RSTP 是可以与 STP 实现后向兼容的，但在实际中，并不推荐这样的做法，因为 RSTP 会失去其快速收敛的优势，STP 慢速收敛的缺点会暴露出来。

1. 端口角色不同

RSTP 共定义了 5 种端口角色，其中 Backup 口和 Edge 端口类型相对 STP 来说是新增的，具体见表 7-4。稳定时处于转发状态的有根端口和指定端口，且 RSTP 的根桥、根端口、指定端口的选举原理与 STP 一样。

表 7-4　RSTP 端口角色

端口角色	说明
Root Port（根端口）	该端口是所在交换机上离根交换机最近的端口，稳定时处于转发状态
Designated Port（指定端口）	该端口接收所连接的物理网段发往根交换机方向的数据，以及转发发往所连接的物理网段的数据，稳定时处于转发状态
Backup Port（备份端口）	该端口不处于转发状态，所属交换机是端口所连网段的指定交换机。**备份端口作为指定端口的备份，提供了从根桥到相应物理网段的备份路径，是下行端口**
Alternate Port（预备端口）	不处于转发状态，所属交换机不是端口所连物理网段的指定交换机。**Alternate 端口作为根端口的备份端口，提供了从指定桥到根桥的另一条可切换路径，是上行端口**
Edge Port（边缘端口）	该端口一般与用户终端设备连接，一般不会接收配置 BPDU（因为终端设备不支持生成树协议），也不参与 RSTP 拓扑计算，相当于在端口上禁用了 RSTP 一样。但一旦收到配置 BPDU 后就成了普通的 RSTP 端口，参与 RSTP 拓扑计算

在 RSTP 端口角色划分中一个重要的改变就是使用了两种不同的端口角色来实现端口冗余备份。在 STP 中有一个 Alertnate（预备）端口，把所有既不是根端口，又不是指定的端口统统纳入该端口类型。但在 RSTP 中，新增了一种 Backup（备份）端口，并且

把它与 Alertnate 端口进行了区分。

在 RSTP 端口角色中，另一个重要改变就是新增了 Edge Port（边缘端口）。边缘端口一般与用户终端设备（如 PC）连接，不与任何交换机连接，所以它一般不会收到配置 BPDU，相当于生成树协议处于禁用状态，自然也不会参与 RSTP 拓扑的计算。但一旦由于某种连接的原因收到了配置 BPDU，则可以立即从 RSTP 的 Disabled 状态切换成 Forawrding 状态，这样就丧失了边缘端口属性，并参与 RSTP 拓扑计算，引起网络振荡。

图 7-19 是 RSTP 中各种端口角色的示例，假设选举后，SWA 为根桥，各段链路均为百兆以太网端口，各端口的端口优先级为默认。其中 A 为 Alternate Port，B 为 Backup Port、D 为 Designated Port、E 为 Edge Port、R 为 Root Port。

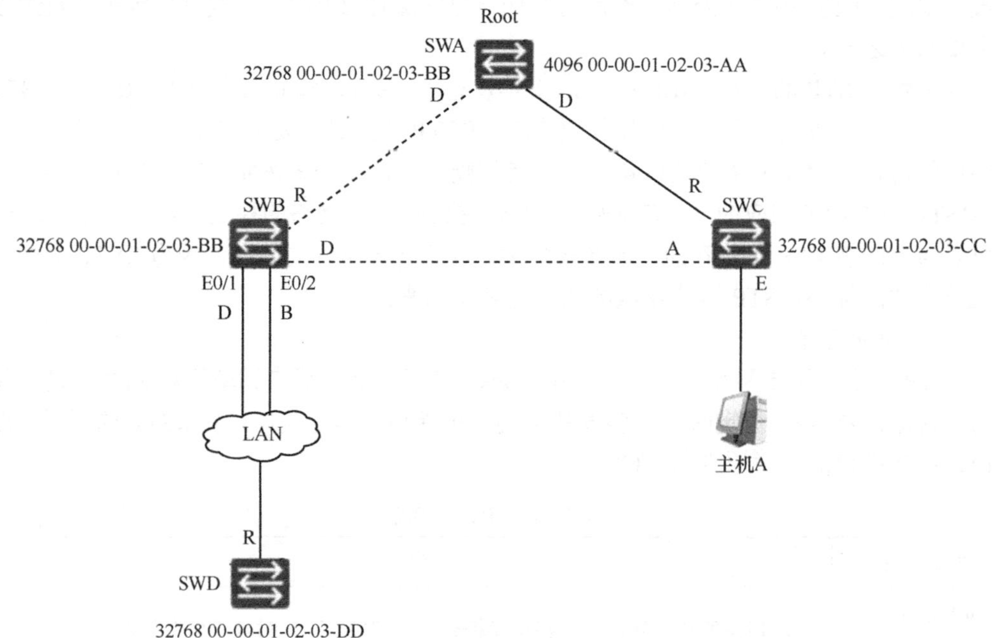

图 7-19 RSTP 端口角色示例

2. 端口状态不同

与 STP 不同，RSTP 只定义了 3 种（STP 为 5 种）端口状态：Discarding（丢弃）状态、Learning（学习）状态、Forwarding（转发）状态，具体见表 7-5。

表 7-5 RSTP 端口状态

端口状态	说明
Discarding	此状态下端口对接收到的数据做丢弃处理，可以接收和发送 BPDU（参与生成树计算），但不学习 MAC 地址表
Learning	此状态下端口不转发数据帧，但学习 MAC 地址表，参与计算生成树，接收并发送 BPDU
Forwarding	此状态下端口正常转发数据帧，学习 MAC 地址表，参与计算生成树，接收并发送 BPDU

Alternate Port 和 Backup Port 处于 Discarding 状态，但在进入 Learning 状态前的根端

口和指定端口也为 Discarding 状态。Learning 状态是某些指定端口和根端口在进入转发状态之前的一种临时状态。Designated Port 和 Root Port 稳定情况下处于 Forwarding 状态。

3. 其他方面的改进

RSTP 在其他方面的改进内容如下。

① 配置 BPDU 的处理发生变化。

- 拓扑稳定后，配置 BPDU 报文的发送方式进行了优化。
- 使用更短的 BPDU 超时计时。
- 对处理次等 BPDU 的方式进行了优化。

② 配置 BPDU 格式的改变，充分利用了 STP 报文中的 Flag 字段，明确了接口角色。

③ 拓扑变化处理：加快了对拓扑变更的反应速度。

7.6 STP、RSTP 的配置与管理

STP、RSTP 并不是一项必须要配置的功能，只在交换网络中存在二层环路的交换机上才需要配置。因此在没有二层环路的交换网络中是不需要配置 STP 或 RSTP 功能的。另外，消除二层环路的技术有 STP、RSTP、EP（Smart Ethernet Protection，智能以太网保护）、RRPP（Rapid Ring Protection Protocol,快速环网保护协议）。

STP、RSTP 所包含的主要配置任务如下。

① 配置 STP 工作模式

②（可选）配置根桥和备份根桥。

③（可选）配置交换机优先级。

④（可选）配置端口路径开销。

⑤（可选）配置端口优先级。

⑥（可选）配置边缘端口。

⑦ 启用 STP 或 RSTP。

1. 配置生成树协议模式

华为 x7 系列交换机支持 STP、RSTP 和 MSTP 3 种生成树协议模式。可用 **stp mode {stp | rstp}** 命令来配置交换机的 STP 或 RSTP 模式。因为默认情况下，华为 x7 系列交换机工作在 MSTP 模式，所以在使用 STP 或 RSTP 前，必须重新配置 STP 或 RSTP 模式。

2.（可选）配置根桥和备份根桥

可以通过计算来自动选举生成树的根桥，用户也可以在系统视图下通过以下命令手动配置设备为指定生成树的根桥或备份根桥。

① **stp root primary** 命令可配置当前设备为根桥设备。配置后该设备优先级的数值自动为 0，**并且不能更改设备优先级**。

② **stp root secondary** 命令可配置当前交换机为备份根桥设备。配置后该设备优先级的数值为 4096，并且不能更改设备优先级。

3. 配置桥优先级

可以通过配置桥优先级来指定网络中的根桥，以确保企业网络里面的数据流量使用

最优路径转发。使用 **stp priority** *priority* 系统视图命令来配置设备优先级的值。*priority* 值为整数时，取值范围为 0～61440，步长为 4096。默认情况下，交换机的优先级取值是 32768。

4. 配置端口路径开销

华为 x7 系列交换机支持华为私有标准、IEEE 802.1d 标准和 IEEE 802.1t 标准 3 种路径开销标准，以确保和友商设备保持兼容。默认情况下，路径开销标准为 IEEE 802.1t。使用 **stp path cost-standard { dot1d-1998 | dot1t | legacy }**系统视图命令来配置指定交换机上路径开销值的标准。

每个端口下还可以通过 **stp cost** *cost* 命令手动指定其端口开销。该命令中的 *cost* 参数的取值范围取决于如下的路径开销计算方法。

① 使用华为的私有计算方法时，*cost* 取值范围为 1～200000。

② 使用 IEEE 802.1d 标准方法时，*cost* 取值范围为 1～65535。

③ 使用 IEEE 802.1t 标准方法时，*cost* 取值范围为 1～200000000。

华为私有标准下，不同速率的端口路径开销的默认值见表 7-6。

表 7-6 华为私有标准下不同速率的端口路径开销的默认值

链路速率	默认值
10Mbit/s	2000
100Mbit/s	200
1Gbit/s	20
10Gbit/s	2
10Gbit/s 以上	1

5. 配置端口优先级

对于处在环路中的交换机端口，其优先级的高低会影响该端口是否被选为指定端口。在对应端口视图下执行 **stp port priority** *priority* 命令可配置端口的优先级，值取整数，取值范围为 0～240，步长为 16 的倍数，如 0、16、32 等。默认情况下，交换机端口的优先级的取值为 128。

如果对环路中的某交换机的端口进行阻塞从而消除环路，则可将该端口的优先级的值设置为比默认值大，使其在选举中成为被阻塞的端口。

6. 配置边缘端口

边缘端口完全不参与生成树计算。边缘端口的状态要么是 Disabled，要么是 Forwarding；终端上电工作后，它直接由 Disabled 状态转到 Forwarding 状态，下电后，直接由 Forwarding 状态转到 Disabled 状态。交换机的所有端口被默认为非边缘端口。

边缘端口有以下 3 种配置方式。

① **stp edged-port enable**：在当前接口视图下配置当前交换机端口为边缘端口，它是一个针对某一具体端口的命令。

② **stp edged-port default**：在系统视图下配置交换机的所有端口为边缘端口。

③ **stp edged-port disable**：在当前接口视图下将当前边缘端口的属性去掉，使之成为非边缘端口。

配置好后，我们可使用 **display stp interface** <*interface*>用户视图命令显示端口的

RSTP 配置情况，包括端口状态、端口优先级、端口开销、端口角色、是否为边缘端口等。如图 7-20 所示是一个执行 **display stp interface** g0/0/1 命令的输出（只显示了部分信息）。

```
<SW4>display stp interface g0/0/1
-------[CIST Global Info][Mode RSTP]-------
CIST Bridge          :32768.4c1f-cc65-3fb7
Config Times         :Hello 2s MaxAge 20s FwDly 15s MaxHop 20
Active Times         :Hello 2s MaxAge 20s FwDly 15s MaxHop 20
CIST Root/ERPC       :0    .4c1f-ccbd-5969 / 20
CIST RegRoot/IRPC    :32768.4c1f-cc65-3fb7 / 0
CIST RootPortId      :128.1
BPDU-Protection      :Disabled
TC or TCN received   :7
TC count per hello   :0
STP Converge Mode    :Normal
Time since last TC   :0 days 0h:0m:12s
Number of TC         :4
Last TC occurred     :GigabitEthernet0/0/1
----[Port1(GigabitEthernet0/0/1)][FORWARDING]----
 Port Protocol        :Enabled
 Port Role            :Root Port
 Port Priority        :128
 Port Cost(Legacy)    :Config=auto / Active=20
 Designated Bridge/Port    :0.4c1f-ccbd-5969 / 128.3
 Port Edged           :Config=default / Active=disabled
 Point-to-point       :Config=auto / Active=true
 Transit Limit        :147 packets/hello-time
 Protection Type      :None
  ---- More ----
```

图 7-20　执行 **display stp interface** g0/0/1 命令的输出

7. 使能 STP 或 RSTP

在系统视图下执行 **stp enable** 命令，使能交换机的 STP/RSTP 功能。默认情况下，设备的 STP/RSTP 功能处于启用状态。

以上配置好后，我们可用 **display stp** 命令来检查当前交换机的 STP 配置，图 7-21 是一个执行该命令有输出示例(只显示了最前面部分信息),其中包括以下几个重要参数。

```
<Huawei>display stp
-------[CIST Global Info][Mode STP]-------
CIST Bridge          :32768.4c1f-cc71-164d
Config Times         :Hello 2s MaxAge 20s FwDly 15s MaxHop 20
Active Times         :Hello 2s MaxAge 20s FwDly 15s MaxHop 20
CIST Root/ERPC       :4096 .4c1f-ccf9-1264 / 20000
CIST RegRoot/IRPC    :32768.4c1f-cc71-164d / 0
CIST RootPortId      :128.1
BPDU-Protection      :Disabled
TC or TCN received   :1
TC count per hello   :1
STP Converge Mode    :Normal
Time since last TC   :0 days 0h:0m:0s
Number of TC         :4
Last TC occurred     :GigabitEthernet0/0/2
```

图 7-21　**display stp** 命令输出示例

① CIST Bridge 参数标识指定交换机当前的桥 ID，包桥优先级和桥 MAC 地址。

② Config Times（配置的定时器）、Active Times 参数分别标识配置的、当前应用的 Hello Time 定时器、Forward Delay 定时器、Max Age 定时器的值。

③ CIST Root/ERPC 参数标识根桥 ID 以及此交换机到根桥的根路径开销。

7.7 MSTP 和 VBST 简介

通过前面的学习我们可知，无论是 STP 还是 RSTP，它们都是针对一个完整的交换网络来计算单一生成树的（所以它们都为单生成树）。这对于一些小型网络是有效的，而且配置也非常简单。但是对于一些规模比较大、结构比较复杂，特别是多 VLAN 的交换网络来说，会使其单棵生成树的计算更复杂，甚至无法形成一棵无环路的生成树。同时单生成树也无法实现各链路的负载均衡。这时就用到本节要介绍的 MSTP 和 VBST 了。

7.7.1 MSTP

为了弥补 STP 和 RSTP 的不足，IEEE 于 2002 年发布了 802.1s 标准对应的 MSTP。MSTP 兼容 RSTP，MSTP 兼容 STP 和 RSTP，既可以快速收敛，又提供了数据转发的多个冗余路径，在数据转发过程中实现 VLAN 数据的负载均衡。

在如图 7-22 所示的网络中，局域网内被应用 STP 或 RSTP 后，生成的生成树结构如图 7-22 中的虚线所示。当 SW6 为根交换设备时，SW2 和 SW5 之间、SW1 和 WS4 之间的链路被阻塞。在结合图中各链路上所配置的允许通过的 VLAN，我们可以看出，虽然主机 A 和主机 C 同属于 VLAN2，但它们之间无法互相通信，因为在通信路径上有些链路不允许 VLAN 2 通过。

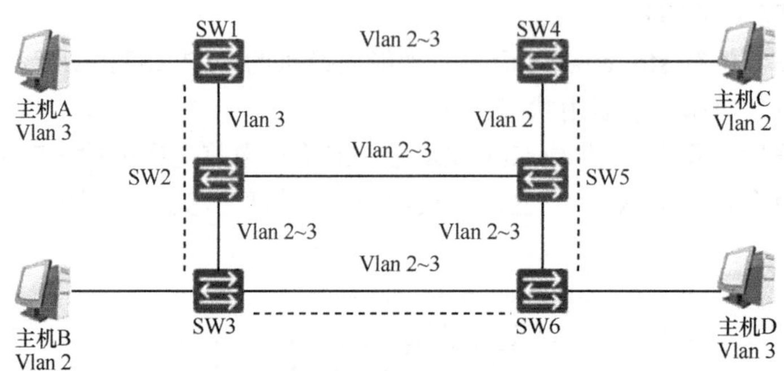

图 7-22 采用 STP/RSTP 协议时的单生成树

MSTP 把一个交换网络划分成多个域，每个域内形成多棵生成树，生成树之间彼此独立。每棵生成树叫作一个 MSTI（Multiple Spanning Tree Instance，多生成树实例），每个域叫作一个 MST Region（Multiple Spanning Tree Region，MST 域）。MSTP 把一个生成树网络划分成多个域，每个域内形成多棵内部生成树，各生成树实例之间彼此独立。然后，MSTP 通过 VLAN-生成树实例映射表把 VLAN 和生成树实例联系起来，将多个 VLAN 捆绑到一个实例中，并以实例为基础实现负载均衡。

MSTI 就是一棵生成树中所包含的交换网段。多个 VLAN 被捆绑到一个实例，可节省通信开销和资源占用率。MSTP 各实例拓扑的计算相互独立，在这些实例上可以实现负载均衡。多个相同拓扑结构的 VLAN 可以被映射到一个实例里，这些 VLAN 在端口上的转发状态取决于端口在对应 MSTP 实例中的状态。每个 VLAN 只能对应一个 MSTI，即同一 VLAN 的数据只能在一个 MSTI 中传输，而一个 MSTI 可能对应多个 VLAN。但是一个交换机可以位于多个 MSTI 中。

我们以图 7-22 为例进行介绍，如果网络中各交换机都运行 MSTP，则可解决前面在采用 STP 和 RSTP 时造成的、同在 VLAN 2 的主机 A 和主机 C 不能通信的问题。如图 7-23 所示，这里可以生成以下两棵生成树，并把网络中的各 VLAN 划分到两个 MSTI 中。

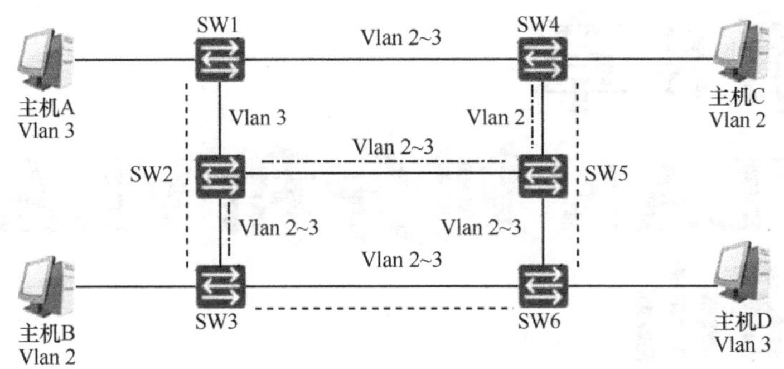

图 7-23 采用 MSTP 后的两棵生成树

① MSTI1：以 SW4 为根桥（非根桥有 SW5、SW2、SW3），转发 VLAN2 的报文。

② MSTI2：以 SW6 为根桥（非根桥有 SW3、SW2、SW1），转发 VLAN3 的报文。

这样所有 VLAN 的内部便可互通，同时不同 VLAN 的报文沿不同的路径转发，实现了负载分担。SW2～SW5 的链路是通的，允许转发 VLAN2 报文，所以最终不会出现同在 VLAN 2 的主机 A 和主机 C 不能通信的问题。

7.7.2 VBST

VBST 是华为公司提出的一种生成树协议，它可在每个 VLAN 内构建一棵生成树，使不同 VLAN 内的流量可通过不同的生成树转发，实现流量的负载分担。VBST 可以被简单地理解为在每个 VLAN（而不是像 MSTP 那样一个实例可以捆绑多个 VLAN）上运行一个 STP 或 RSTP，不同 VLAN 之间的生成树完全独立。

VBST 支持基于 VLAN 的拓扑计算，每个 VLAN 都会发送带有 VLAN Tag 报文的 VBST 报文，拓扑计算独立进行，拓扑计算方法跟 STP/RSTP 相同。VBST 类似于思科系统公司的 PVST、PVST+、Rapid PVST+协议，且可以互通。这样，每个 VLAN 可根据实际需要选举不同的根桥等，对于图 7-22 所示的拓扑结构，同样可以达到如图 7-23 所示的 MSTP 的效果。

第8章 VLAN划分和VLAN间路由

本章主要内容

8.1 VLAN 的配置与管理

8.2 配置 VLAN 间通信

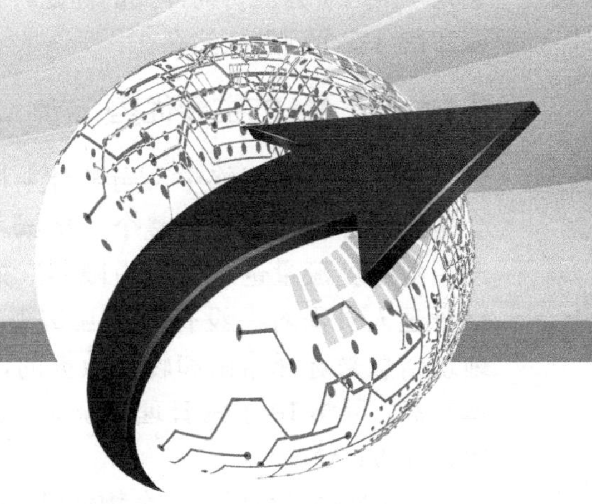

VLAN 是一种虚拟局域网技术，通过在帧中添加对应的 VLAN 标签，可以根据用户需求，把位于任意物理位置的用户划分到一个可与其他用户二层隔离的虚拟局域网中。这样不仅可以缩小广播域，减小广播流量对网络资源的消耗，还可以使网络更加安全。

本章主要介绍了 VLAN 帧格式、三种交换端口的帧收发规则，以及基于端口和基于 MAC 地址划分 VLAN 的配置方法。本章的最后，介绍了两种主要的 VLAN 间路由方案（Dot.1q 终结子接口方案和 VLANIF 接口三层交换方案）的工作原理及配置方法。

8.1 VLAN 的配置与管理

在早期的共享网络中，所有用户主机都处于同一个冲突域中，当网络中的用户主机数目较多时会导致安全隐患、广播泛滥、性能显著下降，甚至全网瘫痪。虽然网桥和交换机采用矩阵交换方式可将来自入端口的信息有针对性地转发到特定的出端口上，解决了共享网络中介质访问冲突的问题。但是，采用交换机进行组网时，广播域中广播流量多和信息安全问题依然存在。

8.1.1 VLAN 的主要优势

在典型交换网络中，当某台主机发送一个广播帧或未知单播帧时，该数据帧就会被泛洪，甚至传播到整个广播域。所以广播域越大，广播包的影响越大、网络中没用的垃圾流量也越多。为限制广播域的范围，减小局域网中广播流量的影响，网络管理人员需对在没有二层互访需求的主机之间进行隔离。路由器是基于三层 IP 地址信息来选择路由和转发数据的，虽然可以有效抑制广播流量的转发，但部署成本较高，网络 IP 子网管理复杂。因此，人们设想在物理局域网上构建多个逻辑局域网，即 VLAN。

VLAN 技术可以将一个物理局域网在逻辑上划分成多个广播域，达到缩小广播域、减小广播流量影响的目的。而且 VLAN 技术部署在数据链路层，可直接隔离二层流量。通常情况下一个 VLAN 中的主机是在同一 IP 网段的，但也可以在不同 IP 网段。此时这些不同 IP 网段中的主机是不能直接二层通信的，必须依据该 VLAN 的 VLANIF 接口（配置对应在不同 IP 网段的主、从 IP 地址）进行三层通信。

综上所述，VLAN 的主要优势如下。

1. 限制广播域

广播域被限制在一个 VLAN 内，VLAN 内设备发送的广播流量只能在本 VLAN 内传播，节省了宝贵的带宽资源，同时也提高了网络性能。

2. 可以灵活组建虚拟工作组

VLAN 中的用户可以位于网络中的不同物理位置，既可以连接在各接入层的交换机上，又可以连接在汇聚层甚至核心交换机上，网络构建更加方便。

3. 增强了网络的安全性

因为不同 VLAN 内的报文直接在二层隔离，所以虽然主机的 IP 地址在同一网段，但不同 VLAN 中的主机也是不能直接互访的，安全性得到了增强。

8.1.2 VLAN 帧格式

VLAN 识别的依据是帧中所带的 VLAN 标签（Tag），所以要把不同用户主机加入不同的 VLAN，就必须把它们加入不同的 VLAN 中。

IEEE 802.1Q 定义了这种带标签的数据帧的格式。满足这种格式的数据帧被称为 IEEE 802.1Q 数据帧或 VLAN 数据帧。普通 Ethernet II 帧与 VLAN 以太网帧的帧格式比较如图 8-1 所示。从图 8-1 我们可以看出，VLAN 帧就是在普通 Ethernet Ⅱ帧的 SMAC（源 MAC）地址和 Type（类型）字段之间插入了一个 VLAN Tag（标签）字段。Tag 字段中又包含多个子字段，具体说明如下。

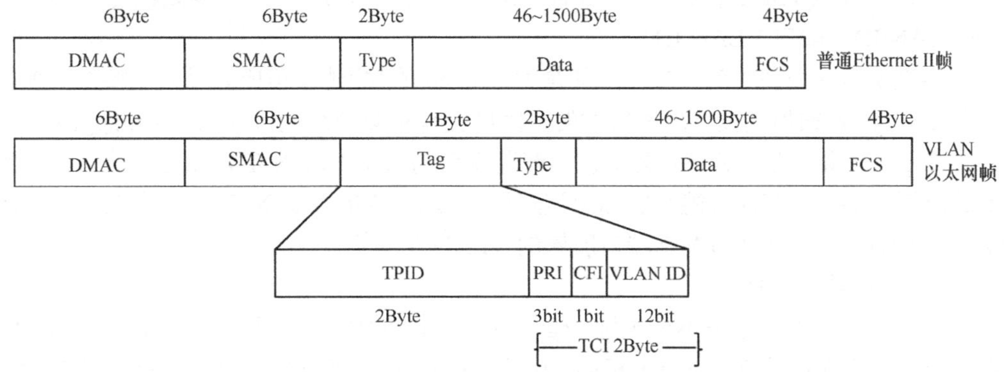

图 8-1　普通 Ethernet Ⅱ帧与 VLAN 以太网帧的帧格式比较

① TPID（Tag Protocol Identifier，标签协议标识）：2 字节，固定取值，0x8100，表明这是一个携带 802.1Q 标签的帧，可以有一个或多个（如 QinQ 帧就有 2 个 Tag）。如果不支持 802.1Q 的设备（如集线器、傻瓜交换机、主机等）收到这样的帧，会将其丢弃。

② TCI（Tag Control Information，标签控制信息）：2 字节，帧标签控制信息，包括以下三部分。

- PRI（Priority，优先级）：3 比特，取值范围为 0～7，**值越大优先级越高**。当交换机阻塞时，优先发送优先级高的数据帧。
- CFI（Canonical Format Indicator，标准格式指示器）：1 比特。CFI 表示 MAC 地址是否以标准格式进行封装。CFI 取 0 时表示 MAC 地址以标准格式进行封装（低位先传），取 1 时表示以非标准格式进行封装（高位先传）。用于区分以太网帧、FDDI（Fiber Distributed Digital Interface，光纤分布式数据接口）帧和令牌环网帧。CFI 的值在以太网中为 0，在 FDDI 和令牌环网中为 1。
- VLAN ID（VLAN Identifier，VLAN 标识符）：12 比特，取值范围为 0～4095，但是 0 和 4095 在协议中规定为保留的 VLAN ID，不能分配给用户使用。

【注意】 VLAN 帧中的 Data 字段的长度范围是不变的，仍为 46～1500 个字节，由此可以说明 VLAN 帧比普通的以太网帧要长。另外，VLAN 帧中的 Type 字段固定为 0x8100，代表为 IEEE 802.1Q Tag 帧，如果不支持 IEEE 802.1Q 的设备收到这样的帧，会将其丢弃。

在一个交换网络中，以太网帧主要有两种形式：①有标记帧（Tagged 帧），它是加入了一个或多个 4 字节 VLAN 标签的帧；②无标记帧（Untagged 帧），它是原始的、未加入 4 字节 VLAN 标签的帧。常用设备中传输的帧类型如下。

① 用户主机、服务器、Hub、傻瓜交换机（不可管理的交换机）只能收发 Untagged 帧。

② 交换机和 AC（WLAN 访问控制器）既能收发 Tagged 帧，也能收发 Untagged 帧。

③ 语音终端可以同时收发一个 Tagged 帧和一个 Untagged 帧。

为了提高处理效率，在支持 VLAN 的交换机内部处理的数据帧都是 Tagged 帧。

8.1.3 交换端口类型

华为设备中，依据二层以太网端口对 VLAN 帧收发处理的行为，交换端口可被分为 Access、Trunk 和 Hybrid 3 种类型。这 3 种交换端口的类型中都涉及一个重要概念——PVID（Port VLAN ID，端口 VLAN ID）。

交换机从对端设备收到的帧有可能是 Untagged 的数据帧，但所有以太网帧在交换机中都是以 Tagged 的形式被处理和转发的，因此交换机必须给端口收到的 Untagged 数据帧打上 Tag。网络管理人员必须为交换机配置端口的默认 VLAN ID，以便在该端口收到 Untagged 数据帧时，交换机能给它加上该默认 VLAN ID 的 VLAN Tag。这个默认 VLAN ID 就是 PVID，即在默认情况下端口所属的 VLAN。

1. Access 类型端口

Access 端口一般用于与不能识别 Tag 的用户终端（如用户主机、服务器等）和网络设备（如傻瓜交换机、集线器等）相连，因为 Access 端口发送的数据帧总是不带 VLAN 标签的。另外，Access 端口只允许携带一个指定的 VLAN 的标签帧通过，即一个 Access 端口只能加入一个 VLAN，这个 VLAN ID 就是该 Access 端口的 PVID。Access 端口的 VLAN 帧收发处理行为见表 8-1。

表 8-1 Access 端口的 VLAN 帧收发处理行为

帧接收处理行为	帧发送处理行为
收到不带 VLAN 标签的帧：打上该端口所加 VLAN 的 VLAN ID 标签	当帧中的 VLAN 标签与该端口所加入的 VLAN 的 **ID 相同时去掉帧中的标签后发送，否则丢弃。发送的帧始终不带 VLAN 标签**
收到带 VLAN 标签的帧：当帧中的 VLAN ID 与该端口所加入的 VLAN 的 ID 相同时，即与端口的 PVID 相同，接收该帧，否则丢弃	

【说明】 Access 类型端口可用于交换机间的连接，实现两个不同 VLAN（但必须在同一 IP 网段）的直接二层互通，但只能实现最多两个 VLAN 间的直接互访，且这两个 VLAN 必须在不同的交换机上。

如图 8-2 所示，PC1 和 PC2 连接在不同的交换机上，且分别位于 VLAN 2 和 VLAN 3 中，但在同一 IP 网段。通过把两交换机间的链路端口分别以 Access 类型加入 VLAN 2 和 VLAN 3 中，这两台 PC 可实现二层互通。

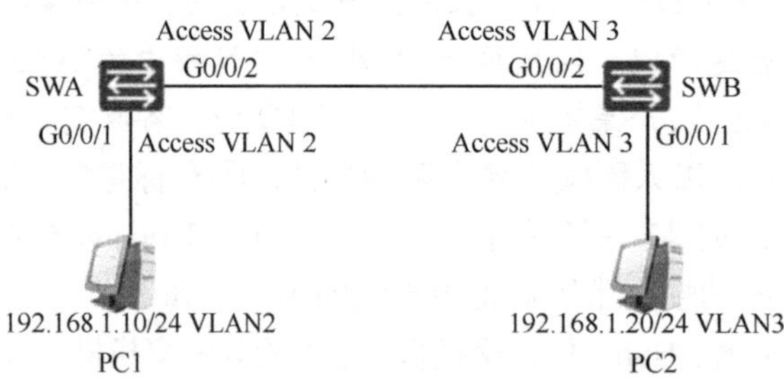

图 8-2 通过 Access 类型端口实现同一 IP 网段不同 VLAN 中主机二层互通的示例

2. Trunk 类型端口

Trunk 端口一般用于连接交换机、路由器、AP，以及可同时收发 Tagged 帧和 Untagged 帧的语音终端。Trunk 端口允许多个 VLAN 中的帧带 Tag 通过，但仅允许帧中 Tag 字段值与端口 PVID 相同的 VLAN 中的帧从该类端口上发出时去掉 VLAN 标签。Trunk 端口的 VLAN 帧收发处理行为见表 8-2。

表 8-2　Trunk 端口的 VLAN 帧收发处理行为

帧接收处理行为	帧发送处理行为
收到不带 VLAN 标签的帧：打上该端口 PVID 对应 VLAN ID 的 VLAN 标签	当帧中的 VLAN ID 与该端口的 PVID 相同，且是该端口允许通过的 VLAN ID 时，则去掉帧中的 VLAN 标签后再发送该帧
收到带 VLAN 标签的帧：允许时接收，否则丢弃。不用考虑端口 PVID，即使帧中 VLAN 标签与 PVID 一致，但 Trunk 端口不允许 PVID 对应 VLAN 中的帧通过时，该 VLAN 中的帧也不能通过该端口	当帧中的 VLAN ID 与该端口的 PVID 不同，但该端口允许通过 VLAN ID 时，保留帧中原有 VLAN 标签并发送该帧
	当帧中的 VLAN ID 不是该端口允许通过的 VLAN ID 时，不允许发送，直接丢弃

【说明】

① 在 Trunk 类型端口中，PVID 仅当收到不带标签的帧，或者发送携带有与 PVID 相同的 VLAN 标签的帧时起作用，其他情况下均不用考虑端口 PVID。

② Trunk 端口在默认情况下仅允许 VLAN 1 的帧通过。因为默认 PVID 为 VLAN 1，故发送 VLAN 1 中的帧时不带标签

如图 8-3 所示，SWA 和 SWB 均连接了分别位于 VLAN 2 和 VLAN 3 的用户主机（所连接的交换机端口均为 Access 端口类型），且同一 VLAN 中的用户 IP 地址在同一 IP 网段，现要实现相同 VLAN 中、连接在不同交换机上的主机能直接互通。

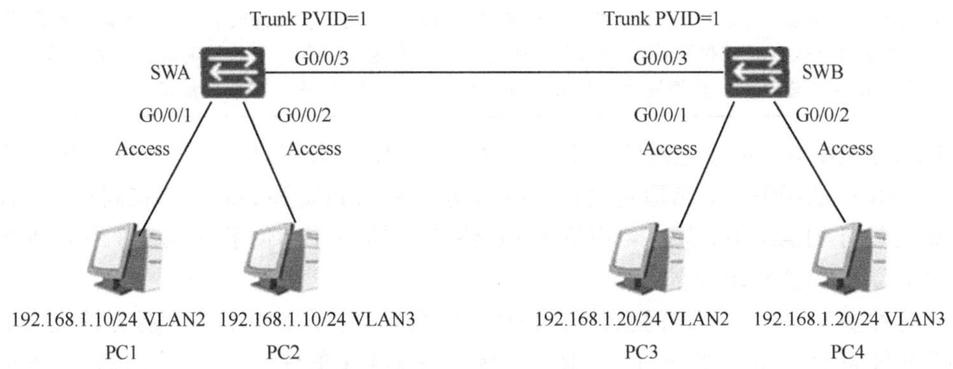

图 8-3　Trunk 端口应用示例

因为 SWA 和 SWB 之间的链路要同时允许多个 VLAN 的帧通过，所以链路两端的交换机 G0/0/3 端口可以选择 Trunk 类型（不能选择 Access 类型），同时允许 VLAN 2 和 VLAN 3 中的帧通过。又因为要实现 SWA 和 SWB 上连接的相同 VLAN 中的用户互通，这就需要确保帧在两交换机间传输时不改变 VLAN 标签，还要确保 SWA 和 SWB 的 G0/0/3 端口的 PVID 值不能与 VLAN 2、VLAN 3 帧中的标签一样，否则在发送时会去掉

其中的 VLAN 标签，到了对端端口又会重新打上新的 VLAN 标签。

为了使 VLAN 2 和 VLAN 3 中的帧在 SWA 和 SWB 之间传输时不改变其中的 VLAN 标签值，故把 SWA 和 SWB 的 G0/0/3 端口的 PVID 值设为与 VLAN 2、VLAN 3 不同，这里采用默认的 VLAN 1，即 PVID=VLAN 1。这样一来，VLAN 2 和 VLAN 3 中的帧通过这两个端口转发时仍带上原来的 VLAN 标签发送，且能正确地到达对端目的主机。

3. Hybrid 类型端口

Hybrid 类型端口可以被看成是前文中介绍的 Access 类型端口和 Trunk 类型端口的混合体，因为它既允许端口发送一个或多个 VLAN 中的帧时去掉标签（**Access 和 Trunk 类型端口均只允许一个 VLAN 中的帧去掉 VLAN 标签发送**），又允许端口发送一个或多个 VLAN 中的帧时带上 VLAN 标签（与 **Trunk 类型端口相同**）。因此 Hybrid 类型端口既可以用于连接不能识别 VLAN 标签的用户终端（如用户主机、服务器等）和网络设备（如集线器、傻瓜交换机），也可以用于连接交换机、路由器、AP，以及可同时收发带有 VLAN 标签的帧和不带有 VLAN 标签的帧的语音终端。

Hybrid 类型端口的帧收发处理行为见表 8-3。

表 8-3 Hybrid 类型端口的帧收发处理行为

帧接收处理行为	帧发送处理行为
收到不带 VLAN 标签的帧：打上该端口 PVID 对应 VLAN ID 的标签（与 Access 和 Trunk **类型端口一样**），连接主机时一定要把端口的 PVID 值设为主机要加入的 VLAN	当帧中的 VLAN ID 是该端口允许通过的 VLAN ID 时，则发送该帧（**不管帧中的 VLAN ID 与该端口的 PVID 是否相同**），但通过命令配置发送时携带原有的 VLAN 标签（**通常只有与主机连接的链路无须携带 VLAN 标签**）
收到带 VLAN 标签的帧：允许时接收，否则丢弃，**不用考虑端口 PVID，与 Trunk 类型端口一样**	当帧中的 VLAN ID 不是该端口允许通过的 VLAN ID 时，丢弃该帧

【说明】

① 在 Hybird 类型端口中，PVID 仅当收到不带标签的帧时起作用，其他情况下均不用考虑端口 PVID。

② Hybird 端口默认情况下仅允许 VLAN 1 的帧通过，且发送 VLAN 1 中的帧时是去掉标签发送的。

③ 在 Hybird 类型端口中，数据帧是否会去掉标签发送与 PVID 无关，需手工指定

Hybrid 类型端口的以上特性对多个 VLAN、同 IP 网段用户共享访问相同 IP 网段、不同 VLAN 中的服务器非常适用。如图 8-4 所示，PC1、PC2 和 Server 都在同一 IP 网段，但分布在不同 VLAN 中。现在希望位于 VLAN 2 中的 PC1 和位于 VLAN 3 中的 PC2 能共享访问位于 VLAN 10 中的 Server。

在这种多 VLAN 共享访问服务器的应用中，包括连接用户主机和服务器的交换机端口均要配置为 Hybrid 类型端口，具体配置参见图 8-4 中的标注。现介绍 PC1 与 Server 互访过程中 VLAN 帧的转发行为，具体介绍如下。

① PC1 发送到 Server 的数据帧到达 SWA 的 G0/0/1 端口时，因为该 Hybrid 端口的 PVID=2，所以会在帧中打上 VLAN 2 的标签。

② 然后根据 MAC 表，确定数据帧从 SWA 的 G0/0/3 端口转发，由于该 Hybird 类型端口允许 VLAN 2 帧以带标签的方式发送，故从 G0/0/3 端口发送时仍会带上 VLAN 2 的标签。

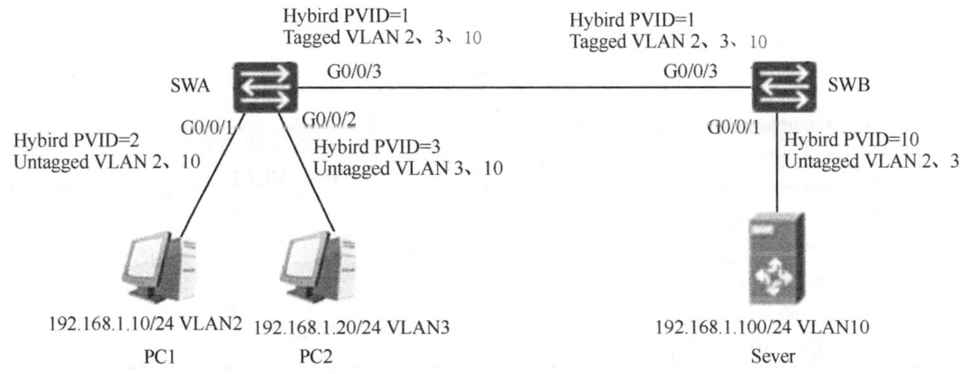

图 8-4　多 VLAN 用户通过 Hybrid 类型端口共享访问服务器的示例

③ 帧到了 SWB 的 G0/0/3 端口后，该端口是允许 VLAN 2 的帧通过的，但要根据 SWB 上的 MAC 表，确定数据帧从 SWB 的 G0/0/1 端口转发到 Server。

④ 因为 SWB 的 G0/0/1 端口配置的是 VLAN 2 不带标签发送，所以会去掉帧中的 VLAN 2 标签，然后发送到 Server。

以上是 PC1 发送数据到 Server 的过程。从 Server 发送数据到 PC1 的过程与其类似，具体过程如下。

① Server 发送到 PC1 的数据帧到达 SWB 的 G0/0/1 端口时，因为该 Hybrid 端口的 PVID=10，所以会在帧中打上 VLAN 10 的标签。

② 然后根据 MAC 表，确定数据帧从 SWB 的 G0/0/3 端口转发，由于该 Hybird 类型端口允许 VLAN 10 帧以带标签的方式发送，故从 G0/0/3 端口发送时仍会带上 VLAN 10 的标签。

③ 帧到了 SWA 的 G0/0/3 端口后，该端口是允许 VLAN 10 的帧通过的，但要根据 SWA 上的 MAC 表，确定数据帧从 SWA 的 G0/0/1 端口转发到 PC1。

④ 因为 SWA 的 G0/0/1 端口配置的是 VLAN 10 不带标签发送，所以会去掉帧中的 VLAN 10 标签，然后发送到 PC1。

通过以上分析验证了 PC1 与 Server 之间可以成功进行互访。

8.1.4　基于端口 VLAN 划分及配置

VLAN 划分是指将交换机端口加入对应 VLAN 的方法。华为设备可以基于端口、MAC 地址、子网、协议、策略 5 种方式划分 VLAN，其各自的特点、优点、缺点和主要应用场景见表 8-4。

表 8-4　5 种 VLAN 划分方式

VLAN 划分方式	划分方法	优点	缺点	应用场景
基于端口划分 VLAN	根据二层以太网端口进行的 LAN 划分	配置过程简单，是最常用的 VLAN 划分方式	配置不够灵活，当 VLAN 中的成员所连接的端口发生变化时需要重新配置 VLAN	适用于任何网络，但网络位置要固定

续表

VLAN 划分方式	划分方法	优点	缺点	应用场景
基于 MAC 地址划分 VLAN	根据数据帧的源 MAC 地址来划分端口所加入的 VLAN。网络管理员需事先配置 MAC 地址和 VLAN ID 映射关系表，如果交换机收到的是 Untagged 帧，则依据该映射表在帧中添加对应的 VLAN ID，然后数据帧在指定 VLAN 中传输	用户在变换物理位置时，不需要重新划分 VLAN，提高了终端用户的安全性和接入的灵活性	需要事先将归属到指定 VLAN 的终端设备 MAC 地址配置到交换机上。这类终端多时，其配置的工作量较大	适用于位置经常移动但网卡不经常更换的小型网络，如移动 PC
基于子网划分 VLAN	根据数据帧中的源 IP 地址和子网掩码来划分 VLAN。网络管理员需事先配置 IP 地址和 VLAN ID 映射关系表，如果交换机收到的是 Untagged 帧，则依据该映射表在帧中添加对应的 VLAN ID，然后数据帧在指定 VLAN 中传输	用户的物理位置发生改变，则需要重新配置 VLAN。可以减少网络通信量，使广播域跨越多个交换机	网络中的用户分布需要有规律，且多个用户在同一个网段	适用于对移动性和简易管理需求较高的场景中。如一台 PC 配置多个 IP 地址，用于分别访问不同网段的服务器，以及 PC 切换 IP 地址后要求 VLAN 自动切换等场景
基于协议划分 VLAN	根据数据帧所属的协议（族）类型及封装格式来划分 VLAN。网络管理员需要事先配置以太网帧中的“协议”字段和“VLAN ID”字段的映射关系表，如果交换机收到的是 Untagged 帧，则依据该映射表在帧中添加对应的 VLAN ID，然后数据帧将在指定 VLAN 中传输	将网络中提供的服务类型与 VLAN 相绑定，方便管理和维护	需要对网络中所有的协议类型和 VLAN ID 的映射关系表进行初始配置；需要分析各种协议的格式并进行相应的转换，这样会消耗交换机较多的资源	适用于需要同时运行多协议的网络
基于策略划分 VLAN	根据配置的策略划分 VLAN，能实现多种组合的划分方式，包括接口、MAC 地址、IP 地址等。网络管理员预先配置策略，如果收到的是 Untagged 帧，且匹配配置的策略时，则数据帧添加指定 VLAN 的 Tag，然后数据帧将在指定 VLAN 中传输	安全性高，VLAN 被划分后，用户不能改变 IP 地址或 MAC 地址；网络管理人员可根据自己的管理模式或需求选择划分方式	每一条策略都需要手工配置，在 VLAN 较多时工作量很大	适用于需求比较复杂的环境

基于端口 VLAN 划分的有两种：一种是采用静态配置基于端口类型划分的方式；另一种是采用 LNP（Link-type Negotiation Protocol，链路类型协商）动态协商链路类型的基于端口划分的方式（这是自 V200R005C00 版本开始才新增的一种方式）。HCIA 仅需掌握静态配置基于端口 VLAN 划分的方式，这种划分方式的实现包括以下 3 项配置任务。基于 Access、Trunk 和 Hybrid 3 种交换端口类型的 VLAN 划分配置步骤分别见表 8-5、表 8-6 和表 8-7。配置完成后可在任意视图下执行 **display vlan** 命令查看 VLAN 配置。

① 创建所需的 VLAN：如果 VLAN 已创建好，则此步骤可直接略过。

② 配置端口类型：把二层以太网端口配置为 Access、Trunk 或 Hybrid 类型。

③ 配置端口允许加入或通过的 VLAN、PVID，并可配置允许通过的 VLAN 帧是否可以携带 VLAN 标签。

表 8-5　Access 类型端口基于端口划分 VLAN 的配置步骤

步骤	命令	说明
1	**system-view** 例如：<Huawei>**system-view**	进入系统视图
2	**vlan** *vlan-id* 例如：[Huawei] **vlan** 2 或 **vlan batch** { *vlan-id*1 [**to** *vlan-id*2] } &<1-10> 例如：[Huawei] **vlan batch** 10 20	创建 VLAN 并进入 VLAN 视图。参数 *vlan-id* 用来指定要创建的 VLAN，取值范围均为 1～4094 的整数。 默认情况下，将所有二层以太网接口加入 VLAN 1 中，可用 **undo vlan** *vlan-id* 命令删除指定的 VLAN，但是 **VLAN 1 是系统自带的 VLAN，不需要创建，也不可以删除**。 如果要一次性创建多个 VLAN，则可使用 **vlan batch** { *vlan-id*1 [**to** *vlan-id*2] } &<1-10>命令，可用 **undo vlan batch** { *vlan-id*1 [**to** *vlan-id*2] } &<1-10>命令删除指定的 VLAN
3	**quit** 例如：[Huawei-vlan2]**quit**	退出 VLAN 视图，返回系统视图
4	**interface** *interface-type interface-number* 例如：[Huawei] **interface** gigabitethernet 0/0/1	键入要配置 Access 类型的二层以太网端口（**注意：可以是 Eth-Trunk 口，但不能是已加入 Eth-Trunk 中的物理端口**），进入接口配置视图。接口类型和接口编号之间可以输入空格，也可以不输入空格
5	**port link-type access** 例如： [Huawei-GigabitEthernet0/0/1] **port link-type access**	配置以上二层以太网端口为 Access 类型，可用 **undo port link-type** 命令恢复接口为默认的链路类型（有关默认类型将在本表后面介绍）。 **【注意】改变接口类型前，无须恢复原接口类型的情况下对 VLAN 的配置为默认值，但改变接口类型会删除接口下对 VLAN 的配置**，且在同一接口视图下多次使用本命令配置链路类型后，按最后一次配置生效
6	**port default vlan** *vlan-id* 例如： [Huawei-GigabitEthernet0/0/1] **port default vlan** 3	配置接口的默认 VLAN，并将接口加入指定 VLAN。本命令为覆盖式命令，在同一接口下多次使用本命令配置接口的默认 VLAN，按最后一次配置生效。 本命令与 VLAN 视图下 **port** *interface-type* { *interface-number*1 [**to** *interface-number*2] } &<1-10>命令效果相同，但在同一 VLAN 视图下多次使用 **port** 命令配置接口的默认 VLAN，按多次配置累加结果生效。 默认情况下，所有接口的默认 VLAN ID 为 1

【说明】 自 V200R005C00 版本开始，交换端口的默认链路类型不再为 Hybrid，S1720GFR、S1720GW-E、S1720GWR-E、S1720X-E、S2720EI、S2750EI、S5700LI、S5700S-LI、S5710-X-LI、S5720I-SI、S5720LI、S5720S-LI、S5720S-SI、S5720SI、S5730S-EI、S5730SI、S6720LI、S6720S-LI、S6720S-SI 和 S6720SI 形态上接口的链路类型为 negotiation-auto，其他形态接口的链路类型为 negotiation-desirable。V200R005C00 之前

版本的设备升级到 V200R005C00 或更高版本时，对于之前的默认情形，接口下将自动生成 **port link-type hybrid** 的配置。

表 8-6 Trunk 类型端口基于端口划分 VLAN 的配置步骤

步骤	命令	说明
1	**system-view** 例如：<Huawei>**system-view**	进入系统视图
2	**vlan** *vlan-id* 例如：[Huawei] **vlan** 2 或 **vlan batch** { *vlan-id*1 [**to***vlan-id*2] } &<1-10> 例如：[Huawei] **vlan batch** 10 20	创建 VLAN 并进入 VLAN 视图。其他说明参见表 8-5 的第 2 步
3	**quit** 例如：[Huawei-vlan2]**quit**	退出 VLAN 视图，返回系统视图
4	**interface** *interface-type interface-number* 例如：[Huawei] **interface** gigabitethernet 0/0/1	键入要配置 Trunk 类型的二层以太网端口，进入接口配置视图，其他参见表 8-5 中的第 4 步
5	**port link-type trunk** 例如：[Huawei-GigabitEthernet0/0/1] **port link-type trunk**	配置以上二层以太网端口为 trunk 类型，其他注意事项参见表 8-5 的第 5 步说明
6	**port trunk allow-pass vlan**{ *vlan-id*1 [**to** *vlan- id*2] } &<1-10> | **all** } 例如： [Huawei-GigabitEthernet0/0/1] **port trunk allow-pass vlan** 2 **to** 10	将以上 Trunk 类型端口加入指定的 VLAN 中。 ①*vlan-id*1 [**to** *vlan-id*2]：指定第一个和最后一个（可选）VLAN 的 ID 号，取值范围是 1～4094 的整数。 ②&<1-10>：表示前面的参数对最多可以重复 10 次，各段之间以空格分隔。 ③**all**：二选一选项，指定 Trunk 接口加入所有 VLAN。 默认情况下，Trunk 类型接口只加入了 VLAN 1，**且在没有明确禁止通过时，VLAN 1 始终是允许通过的**，可用 **undo port trunk allow-pass vlan** { { *vlan-id*1 [**to** *vlan-id*2] }&<1-10> | **all** }命令删除对应 Trunk 类型端口加入的指定 VLAN
7	**port trunk pvid vlan** *vlan-id* 例如： [Huawei-GigabitEthernet0/0/1] **port trunk pvid vlan** 10	（可选）配置以上 Trunk 类型端口的默认 VLAN（即 PVID）。本命令为覆盖式命令，按最后一次配置生效。 默认情况下，Trunk 类型接口的默认 VLAN 为 VLAN 1，可用 **undo port trunk pvid vlan** 命令恢复为默认 VLAN。 【说明】使用本命令配置 Trunk 类型端口默认 VLAN 前，该 VLAN 必须已创建。但是，**默认 VLAN 不一定是接口允许通过的 VLAN**

表 8-7　Hybrid 类型端口基于端口划分 VLAN 的配置步骤

步骤	命令	说明
1	**system-view** 例如：<Huawei>**system-view**	进入系统视图
2	**vlan** *vlan-id* 例如：[Huawei] **vlan** 2 或 **vlan batch** { *vlan-id*1 [**to** *vlan-id*2] } &<1-10> 例如：[Huawei] **vlan batch** 10 20	创建 VLAN 并进入 VLAN 视图，其他说明参见表 8-5 的第 2 步
3	**quit** 例如：[Huawei-vlan2]**quit**	退出 VLAN 视图，返回系统视图
4	**interface** *interface-type interface-number* 例如：[Huawei] **interface** gigabitethernet 0/0/1	键入要配置 Hybrid 类型的二层以太网端口，进入接口配置视图，其他参见表 8-5 中的第 4 步
5	**port link-type hybrid** 例如：[Huawei-GigabitEthernet0/0/1] **port link-type hybrid**	配置以上二层以太网端口为 Hybrid 类型，其他注意事项参见表 8-5 的第 5 步说明
6	**port hybrid untagged vlan**{ { *vlan-id*1[**to** *vlan-id*2] } &<1-10> | **all** } 例如：[Huawei-GigabitEthernet0/0/1] **port hybrid untagged vlan** 2 **to** 10	（可选）将以上 Hybrid 类型端口以 Untagged 方式加入指定的 VLAN 中，即这些 VLAN 的帧将以 Untagged 方式通过该端口。端口在发送这些 VLAN 的帧时将去掉帧中的 VLAN Tag。参数同前面介绍的 **port trunk allow-pass vlan**{ { *vlan-id1*[***to*** vlan-id2] } &<1-10> | **all** }命令的对应参数。 默认情况下，Hybrid 端口以 Untagged 方式加入 VLAN1，**且在没有明确禁止通过时，VLAN 1 始终是允许通过的，发送时不带标签**，可用 **undo port hybrid vlan** { { *vlan-id1* [**to** *vlan-id2*] }&<1-10> | **all** }命令删除以上 Hybrid 类型端口加入的指定 VLAN
7	**port hybrid tagged vlan**{ { *vlan-id*1 [**to** *vlan-id*2] } &<1-10> | **all** } 例如：[Huawei-GigabitEthernet0/0/1] **port hybrid tagged vlan** 2 **to** 10	（可选）将以上 Hybrid 类型端口以 Tagged 方式加入指定的 VLAN，这些 VLAN 的帧以 Tagged 方式通过该端口。端口在发送这些 VLAN 的帧时将不去掉帧中的 VLAN Tag。参数同前面介绍的 **port trunk allow-pass vlan**{ { *vlan-id1*[**to** *vlan-id2*] } &<1-10> | **all** }命令的对应参数。 默认情况下，Hybrid 端口以 Untagged 方式加入 VLAN1，可用 **undo port hybrid vlan** { { *vlan-id1* [**to** *vlan-id2*] }&<1-10> | **all** }命令删除以上 Hybrid 类型端口加入的指定 VLAN
8	**port hybrid pvid vlan** *vlan-id* 例如：[Huawei-GigabitEthernet0/0/1] **port hybrid pvid vlan** 2	（可选）配置以上 Hybrid 类型端口的默认 VLAN ID（PVID），参数和注意事项同前面介绍的 **port trunk pvid vlan** *vlan-id* 命令的参数和注意事项。 默认情况下，所有接口的默认 VLAN ID 为 VLAN 1，可用 **undo port hybrid pvid vlan** 命令恢复以上 Hybrid 类型端口的默认 VLAN ID（即 VLAN1）

创建好 VLAN 后，可在任意视图下执行 **display vlan** 命令查看 VLAN 配置，也可在具体以太网端口下执行 **display this** 命令查看当前接口配置，验证配置。

8.1.5 基于 MAC 地址的 VLAN 划分及配置

基于 MAC 地址的 VLAN 划分方式是一种动态 VLAN 划分方式。它把用户计算机网卡上的 MAC 地址配置与某个 VLAN 进行关联（是“用户计算机网卡 MAC 地址”与“VLAN”之间的映射，不考虑用户计算机所连接的交换机端口），这样就可以实现该用户计算机无论连接在哪台交换机的二层以太网端口上都将保持所属的 VLAN 不变。

也可以理解为：基于 MAC 地址划分 VLAN 可以使用户计算机无论连接在哪台交换机或哪个交换机端口上，其对应的交换机端口都将成为该用户计算机网卡 MAC 地址所映射的 VLAN 的成员，而不需要在用户计算机改变所连接的端口时重新划分 VLAN。这样就可以进一步提高终端用户的安全性（不会轻易被非法改变所属 VLAN 配置）和接入的灵活性（用户计算机可以在网络中根据实际需要随意移动）。

【说明】基于 MAC 地址划分的 VLAN 只处理 Untagged 报文，对于 Tagged 报文处理方式和基于接口的 VLAN 一样。当接口收到的报文为 Untagged 报文时，接口会以报文的源 MAC 地址为依据去匹配 MAC-VLAN 表项。在 Access 接口和 Trunk 接口上，只有基于 MAC 划分的 VLAN 和 PVID 相同时，才能使用 MAC VLAN 功能，所以基于 MAC 地址划分 VLAN 推荐在 Hybrid 口上配置。

配置了基于 MAC 地址划分 VLAN 后，当交换机二层以太网接口收到的数据帧为 Untagged 数据帧时，接口会以数据帧的源 MAC 地址为依据去匹配 MAC-VLAN 映射表项。如果匹配成功，则在对应的数据帧中添加所匹配的 VLAN ID 标签，然后按照对应的 VLAN ID 和优先级进行转发；如果匹配失败，则按其他匹配原则（如其他 VLAN 划分方式）进行匹配。

基于 MAC 地址划分 VLAN 的配置思路如下。

① 创建要用于与用户主机 MAC 地址关联的 VLAN。

② 在以上创建的 VLAN 视图下关联用户 MAC 地址，建立 MAC 地址与 VLAN 的映射表，以确定哪些用户的 MAC 地址可被划分到以上创建的 VLAN 中。

③ 配置各用户连接的交换机二层以太网接口属性（**类型推荐为 Hybrid，当基于 MAC 划分的 VLAN 与端口的 PVID 相同时，也可以是 Access 或 Trunk 类型**），并允许前面创建的基于 MAC 地址划分的 VLAN 以不带 VLAN Tag 的方式通过当前端口。

④（可选）配置 VLAN 划分方式的优先级，确保优先基于 MAC 地址划分 VLAN。

⑤ 在交换机接口上（注意：**不一定是在直接连接用户计算机的交换机接口上配置**）使能基于 MAC 地址划分 VLAN 功能，完成基于 MAC 地址划分 VLAN。

基于 MAC 地址划分 VLAN 的配置步骤见表 8-8。

表 8-8　基于 MAC 地址划分 VLAN 的配置步骤

步骤	命令	说明
1	**system-view** 例如：<Huawei>**system-view**	进入系统视图
2	**vlan** *vlan-id* 例如：[Huawei] **vlan** 2	创建 VLAN 并进入 VLAN 视图。如果 VLAN 已经创建，则直接进入 VLAN 视图

续表

步骤	命令	说明
3	**mac-vlan mac-address** *mac-address* [*mac-address-mask* | *mac-address-mask-length*] [**priority***priority*] 例如：[Huawei-vlan2] **mac-vlan mac-address** 22-33-44	关联 MAC 地址和 VLAN。 ①*mac-address*：指与 VLAN 关联的 MAC 地址，格式为 H-H-H，其中 H 为 4 位的十六进制数，可以输入 1～4 位，但不可设置为全 F、全 0 或组播 MAC 地址。 ②*mac-address-mask*：二选一可选参数，指以上 MAC 地址的掩码，格式为 H-H-H，其中 H 为 1～4 位的十六进制数。MAC 地址掩码是用来确定在创建 MAC 地址与 VLAN 映射表项时对 MAC 地址进行匹配的比特位，只有值为 1 的比特位才能进行匹配。一个 MAC 地址要想被精确匹配，则 MAC 地址掩码为 FFFF-FFFF-FFFF。 ③*mac-address-mask-length*：二选一可选参数，指定 MAC 地址掩码长度，整数形式，取值范围是 1～48。 ④**priority** *priority*：可选参数，指定以上 MAC 地址所对应的 VLAN 的 802.1p 优先级。取值范围是 0～7，值越大优先级越高，默认值是 0。 默认情况下，MAC 地址与 VLAN 没有关联，可用 **undo mac-vlan mac-address** { **all** | *mac-address* [*mac-address-mask* | *mac-address-mask-length*] }命令取消指定或所有 MAC 地址与 VLAN 的关联
【说明】如果有多个 MAC 地址与 VLAN 映射表项，则重复第 3 步。但要注意，**如果映射的 VLAN 不一样，则一定要在对应的 VLAN 视图下配置映射**		
4	**quit** 例如：[Huawei-vlan2] **quit**	退出 VLAN 视图，返回系统视图
5	**interface** *interface-type interface-number* 例如：[Huawei] **interface** gigabitethernet 0/0/1	键入要采用基于 MAC 地址划分 VLAN 的交换机端口（**注意：可以是 Eth-Trunk 口，且包括但不限于连接用户计算机的端口**）的接口类型和接口编号
6	**port link-type hybrid** 例如：[Huawei-GigabitEthernet0/0/1] **port link-type hybrid**	配置以上二层以太网端口类型为 Hybrid 类型。在 **Access 口和 Trunk 口上，只有基于 MAC 划分的 VLAN 和 PVID 相同时，才可以正常使用**
7	**port hybrid untagged vlan**{ { *vlan-id*1 [**to** *vlan-id*2] } <1-10> |**all** } 例如：[Huawei-GigabitEthernet0/0/1]**port hybrid untagged vlan** 2	允许以上基于 MAC 地址划分的 VLAN 以不带标签的方式通过当前 Hybrid 接口
8	**vlan precedence mac-vlan** 例如：[Huawei-GigabitEthernet0/0/1] **vlan precedence mac-vlan**	（可选）指定优先基于 MAC 地址划分 VLAN。也可不用配置，因为默认情况下也是优先基于 MAC 地址划分 VLAN。也可用 **undo vlan precedence** 命令恢复该配置为默认的基于 MAC 地址划分 VLAN。 仅 S1720X-E、S5720EI、S5730SI、S5730S-EI、S6720LI、S6720S-LI、S6720SI、S6720S-SI、S5720SI、S5720S-SI、S6720EI、S6720S-EI 和框式系列交换机支持

续表

步骤	命令	说明
9	**mac-vlan enable** 例如：[Huawei-GigabitEthernet0/0/1] **mac-vlan enable**	在以上 Hybrid 端口上使能基于 MAC 地址划分 VLAN 功能。**通常是在网络设备之间连接的 Hybrid 端口上进行集中配置的，而不是为每个连接用户计算机的 Hybrid 端口上配置。** 默认情况下，未使能基于 MAC 地址划分 VLAN 功能，可用 **undo mac-vlan enable** 命令取消该端口的 MAC VLAN 功能
【说明】对其他需要采用基于 MAC 地址划分 VLAN 的 Hybrid 端口重复以上第 5～9 步		

8.2 配置 VLAN 间通信

VLAN 是一种二层技术，可用于二层广播域的隔离，阻隔了各 VLAN 之间的任何二层流量，所以属于不同 VLAN 中的用户之间是不能进行二层通信的。如果要实现不同 VLAN 间的用户间通信，可通过三层路由进行，当然此时各 VLAN 中用户主机的 IP 地址必须在不同 IP 网段。

在三层的 VLAN 间通信方案中，首先每个 VLAN 中的用户都通过独立的物理链路与上游的路由器连接，然后利用 VLANIF（三层接口）对不同 VLAN 中的数据包进行路由转发。如图 8-5 所示，SWA 和上游 AR 有两条物理链路，通过配置 VLAN 2 和 VLAN 3（在不同的 IP 网段）的流量各走其中的一条链路发往 AR，然后在 AR 上通过配置的 VLANIF2 和 VLANIF3 接口实现两 VLAN 网段的路由。

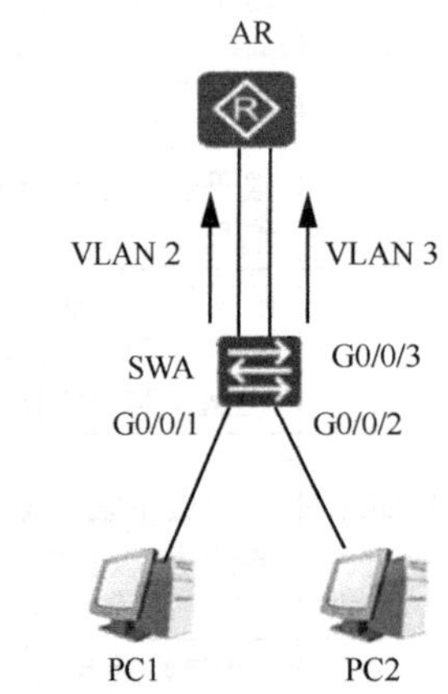

图 8-5 每个 VLAN 网段流量走独立路由器物理链路的示例

网络中每个交换机上配置的 VLAN 数量增加，必然需要大量的路由器物理接口，而路由器的物理接口的数量是极其有限的。并且每个 VLAN 单独用一条物理链路与外部网络通信，有时会很浪费，因为有些 VLAN 与外部网络通信并不频繁。因此我们采用虚拟子接口方案（也称“单臂路由方案”）和 VLANIF 接口方案来解决 VLAN 间的通信问题。

8.1.1　使用子接口实现 VLAN 间通信

在使用子接口实现 VLAN 间三层通信的方案中，首先要在上游路由器的物理端口上创建多个子接口，从逻辑上把一条连接路由器的物理链路分成多条虚拟链路，一个子接口代表一条归属于某个特定 VLAN 的虚拟链路，具体如图 8-6 所示。然后在交换机上把连接到路由器的端口配置成 Trunk 或 Hybrid 类型的端口，并确保相关 VLAN 的帧保留原来的标签通过。

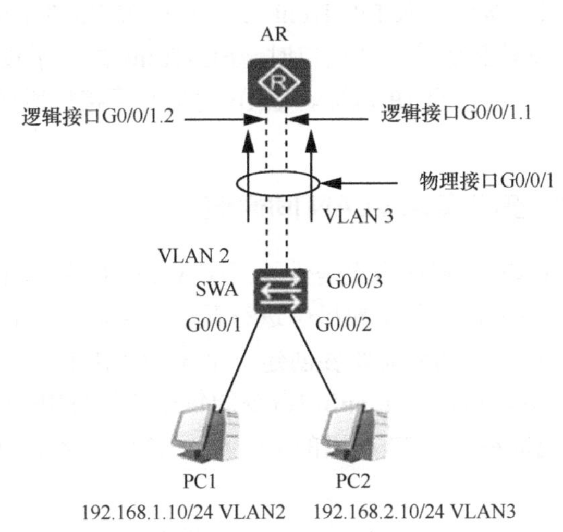

图 8-6　单臂路由网络结构示例

在上游路由器的配置方法如下。

① 在上游路由器系统视图下执行 **interface** *interface-type interface-number.sub-interface number* 命令来创建以太网子接口（对应的物理接口必须是三层接口，且配置了 IP 地址）。有多少个 VLAN 要进行路由，就需要创建多少个子接口。

② 在上述子接口视图下执行 **dot1q termination** *vid* 命令来配置子接口 dot1q 封装的单层 VLAN ID。默认情况下，子接口没有配置 dot1q 封装的单层 VLAN ID。本命令执行成功后，终结子接口对报文的处理如下。

- 接收报文时，剥掉报文中携带的 VLAN 标签后进行三层转发。转发出去的报文从其他接口发出时是否带 Tag 由出接口决定。
- 发送报文时，将相应的 VLAN 标签信息添加到报文中再发送。

③ 在上述子接口视图下执行 **arp broadcast enable** 命令使能终结子接口的 ARP 广播功能。如果终结子接口上没有使能 ARP 广播功能，系统不会主动发送 ARP 广播报文来解析目的主机或下一跳的 MAC 地址，无法实现帧封装。

默认情况下，终结子接口没有使能 ARP 广播功能。使能或去使能子接口的 ARP 广播功能会使该子接口的协议状态发生一次先 Down 再 Up 的变化，从而导致整个网络的路由发生一次震荡，影响正在运行的业务。

在路由器下游连接的交换机物理接口上配置 Trunk 或 Hybrid 端口类型，**并确保允许所有需要进行 VLAN 间路由的 VLAN 帧以保留原标签不变的方式发送。**

另外，相关人员在配置子接口时需要注意以下几点。

① 对于 x7 系列交换机，仅 S5720EI、S5720HI、S5730HI、S6720EI、S6720HI 和 S6720S-EI 及框式交换机系列才支持 VLAN 终结子接口配置，且仅 Trunk 和 Hybrid 类型以太网接口通过执行 **undo portswitch** 命令（执行前必须清除该接口的所有非属性配置）切换为三层接口后，才支持配置以太网子接口。

② 不能在划分子接口的设备上创建子接口终结的 VLAN，也不能查看该 VLAN 信息。

③ 接口加入 Eth-Trunk 后，该成员接口上不能配置终结子接口。

④ 建议用户先将成员接口加入 Eth-Trunk 后，再配置 Eth-Trunk 终结子接口。只有当成员接口所在的设备支持配置终结子接口时，Eth-Trunk 终结子接口才能配置成功。

⑤ 每个子接口必须分配一个 IP 地址。该 IP 地址与子接口所属 VLAN 中的用户主机 IP 地址在同一网段。

8.2.2 使用 VLANIF 接口实现 VLAN 间通信

VLANIF 接口的 VLAN 间通信方案是借助三层 VLANIF 接口来实现不同 VLAN 间的三层通信的，但仅适用于在三层交换机中进行配置，且相互通信的各 VLANIF 接口在同一交换机上创建。这些 VLAN 需要各创建一个 VLANIF 接口，并给通过 **ip address** *ip-address* { *mask* | *mask-length* } [**sub**]命令的每个 VLANIF 接口配置一个与对应 VLAN 中用户主机 IP 地址在网一 IP 网段的 IP 地址，同时作为对应 VLAN 中用户的默认网关。

在同一交换机上的各 VLANIF 接口功能相当于物理的三层接口，该接口可以通过直连路由实现不同 VLAN 中的用户三层互通，无须额外配置。如果要相互通信的 VLAN 的 VLANIF 接口分布在多台交换机上创建，就需要配置路由功能（静态路由和动态路由均可）来实现这些 VLAN 中的用户的三层互通。

图 8-7 为一个单交换机通过 VLANIF 接口实现多 VLAN 间路由的拓扑示例，连接在三层交换机 SW 上的 VLAN 10 和 VLAN 20 中的用户，可以直接通过在三层交换机 SW 上创建的 VLANIF 10 和 VLANIF 20 接口进行三层通信。

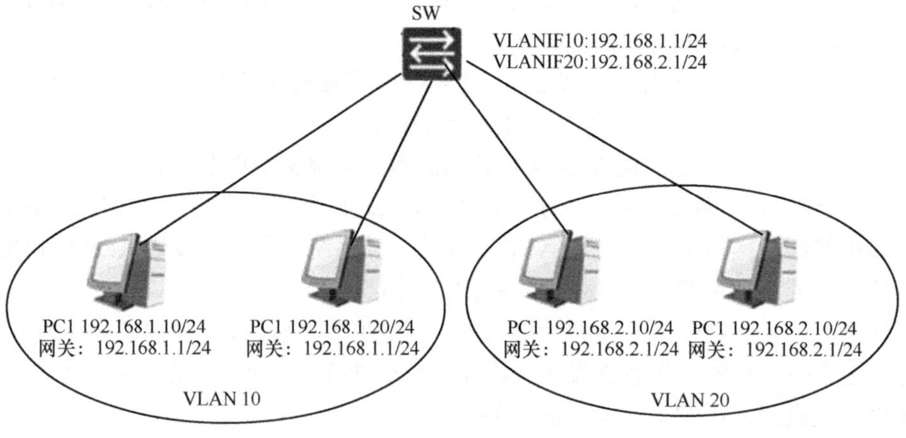

图 8-7 三层交换 VLAN 间路由方案示例

【说明】还有一种情形就是在同一个 VLAN 中包括不同 IP 网段的主机，这时要实现这些不同 IP 网段的主机三层互通，可为该 VLAN 的 VLANIF 接口配置一个主 IP 地址和多个从 IP 地址，每个 IP 地址对应 VLAN 内的一个主机 IP 网段，并为这些网段的主机配置对应的 IP 地址作为默认网关。这样通过一个 VLANIF 接口就可以实现多个 IP 网段的主机三层互通。

第 9 章 WLAN

本章主要内容

9.1 WLAN 基础

9.2 WLAN 工作流程

9.3 创建 AP 组

9.4 配置 AP 上线

9.5 配置 STA 上线

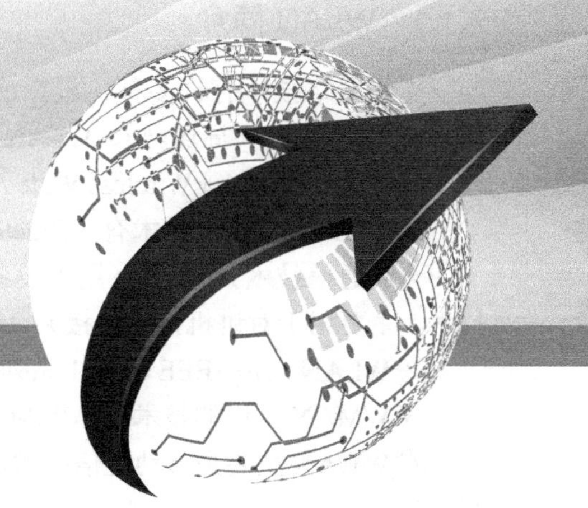

随着无线网络技术的飞速发展，无线网络的应用无处不在，如被应用在超市、地铁、机场等场所。这主要得益于无线网络移动部署的方便性、成本的低廉性等方面，同时随着无线网络技术的发展，现在无线网络的接入性能和安全性已得到实质性改善，满足了大部分用户的应用需求。

无线网络是一个大类，有许多种。常见的有蓝牙、Wi-Fi 以及 5G 移动通信等。本章我们所介绍是应用于局域网的无线网络技术，也就是我们日常所称的 Wi-Fi 技术。

9.1 WLAN 基础

以各种线缆作为传输介质的有线局域网应用广泛，也是整个计算机网络的主流，但有线网络的部署成本高、位置固定、移动性差。随着人们对网络的便携性和移动性的要求日益增强，传统的有线网络已经无法满足人们的日常需求，因此无线网络技术应运而生。

9.1.1 WLAN 简介

无线网络技术有许多种，根据应用范围可被分为 WPAN（Wireless Personal Area Network，无线个人局域网）、WLAN、WMAN（Wireless Metropolitan Area Network，无线城域网）、WWAN（Wireless Wide Area Network，无线广域网）。

① WPAN 常用的技术有：Bluetooth（蓝牙）、Zigbee（一种应用于短距离和低速率下的无线通信技术）、NFC（用于设备之间的一种无线连接技术）、HomeRF（无绳电话技术，主要用于对讲机无线连接）、UWB（一种脉冲无线电技术）。

② WLAN 对应 IEEE 802.11 系列标准，本章将重点介绍 WLAN。

③ WMAN 常用的技术有：WiMAX，对应 IEEE802.16 标准。

④ WWAN 主要是移动通信技术，如 GSM、CDMA、WCDMA、TD-SCDMA、LTE 和 5G。

WLAN 广义上是指以无线电波、激光、红外线等来代替有线局域网中的部分或全部传输介质所构成的无线网络。此处特指基于 802.11 标准系列，利用高频信号（例如 2.4GHz 或 5GHz）作为传输介质的无线局域网技术。

WLAN 技术到目前为止经历了 20 多年的发展，第一代 WLAN 技术是 IEEE 802.11 标准，发布于 1997 年，但由于其传输速率仅为 2Mbit/s，没有得到实质性应用。经过不断的研发，目前最新的 IEEE 802.11 ax 标准的传输速率为 10Gbit/s。

我们常说的 Wi-Fi 等同于 WLAN，但 Wi-Fi 有一个专门的国际组织——Wi-Fi 联盟（Wireless Ethernet Compatibility Alliance，WECA）。随后，WLAN 的每一次重大更新，Wi-Fi 标准也同步更新。于 2002 年 10 月更名为 Wi-Fi Alliance（WFA），作为 Wi-Fi 产品的新认证标志。

WLAN 技术的发展和其 WECA 对应的 Wi-Fi 标准见表 9-1。从表 9-1 中我们可以看出有一个特殊现象，那就是 802.11b 标准的传输速率（11Mbit/s）低过其前一个排序的 802.11a 标准的传输速率（54Mbit/s），主要是因为 802.11b 标准的开发进度比 802.11a 标准的开发进度快，所以先发布了 802.11b 标准，后来的 802.11a 标准调整了规范要求，但不能再发布比 802.11b 标准还低的速率，于是就出现了 802.11a 标准的速率远高于 802.11b 标准速率的情形。

表 9-1　WLAN 技术标准的发展历程

WLAN 标准	发布年份	所用频段	最大速率	对应的 Wi-Fi 标准
802.11	1997	2.4GHz	2 Mbit/s	Wi-Fi 1
802.11b	1999	2.4GHz	11 Mbit/s	Wi-Fi 2

续表

WLAN 标准	发布年份	所用频段	最大速率	对应的 Wi-Fi 标准
802.11a	1999	5GHz	54 Mbit/s	Wi-Fi 3
802.11g	2003	2.4GHz	54 Mbit/s	
802.11n	2009	2.4GHz 或 5GHz	600 Mbit/s	Wi-Fi 4
802.11ac Wave1	2013	5GHz	1.3 Gbit/s	Wi-Fi 5
802.11ac Wave2	2015	5GHz	3.47 Gbit/s	Wi-Fi 6
802.11ax	2019	2.4GHz 或 5GHz	10 Gbit/s	

Wi-Fi 6 的带宽提升至 Wi-Fi 5 的带宽的 4 倍（理论上可达 9.6Gbit/s），并发支持能力提升至 Wi-Fi 5 的 4 倍（每个 AP 最高可连接 400 个终端），时延却降低 30%（低至 20 ms，通过华为 SmartRadio 智能应用加速，可以将时延降低至 10 ms）。

WLAN 是一种局域网技术，它向有线以太网一样包括物理层和数据链路层，数据链路层又分为 LLC 子层和 MAC 子层，各层中有一系列用于实现无线网络通信所需的物理层和数据链路层功能的技术规范，具体如图 9-1 所示（没完全包括）。

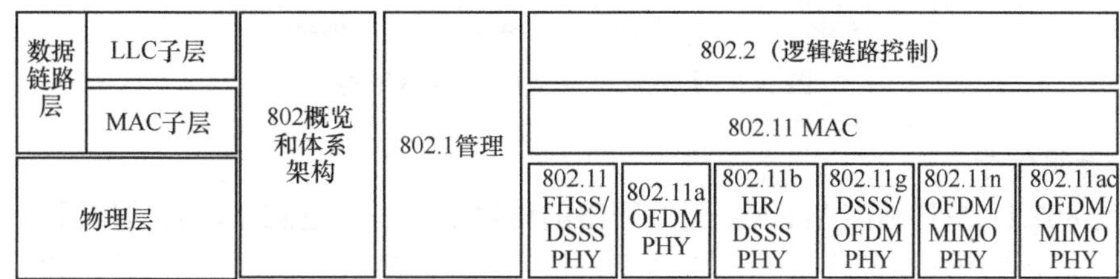

图 9-1　WLAN 体系结构

综合来看，采用 WLAN 技术可以带来以下好处。

① 网络使用自由：在自由空间中可随时进行网络连接，不受限于线缆和端口位置，因为 WLAN 中的传输介质——电磁波没有物理意义上的边界，可以无处不在。这使得 WLAN 在办公大楼、机场候机厅、度假村、商务酒店、体育场馆、咖啡店等场所尤为适用。

② 网络部署灵活：对于地铁、公路交通监控等难于布线的场所，采用 WLAN 进行无线网络覆盖，可免去或减少繁杂的网络布线，实施简单、成本低、扩展性好。

因为 WLAN 中的传输介质没有物理边界，无处不在，所以它最大的缺点是安全性相对较差，非法攻击者可轻易地连接 WLAN。因此，在无 WLAN 中传输敏感数据时必须先加密，否则很容易被人非法截取。不过，目前的 WLAN 技术体系已相对成熟，已有专门的安全标准出台，在安全性方面可与有线网络一样。

9.1.2　WLAN 的基本概念

在网络结构上，WLAN 与有线网络有所不同，因为 WLAN 设备间的连接是无线的，必须先配置好传输信道，否则会造成所有无线信号在一个信道中传输，相互干扰。网络中的每台无线接入设备（即 AP）必须配置适宜的工作频段和传输信道。当网络中的无线接入设备较多时，就必然面临如何集中管理这些无线接入设备的问题，于是就多了一个专门负责无线接入设备通信控制和管理的设备——AC（Access Controller，接入控制器）。这里要说明一下，AC 并不是必需的，如仅有一个 AP，或者虽有多个 AP，但无须集中管理时，各 AP 独自管理自己的 WLAN。这种情形在企业 WLAN 中并不常见。

企业 WLAN 中主要包括 STA（Station，工作站）、AP 和 AC 3 种设备，典型的小型 WLAN 组网结构如图 9-2 所示。其中 AC 功能也可能集中在 AP 之中，这就是我们通常所说的 FAT AP（胖 AP）。本节将介绍 WLAN 中所涉及的一些主要概念。

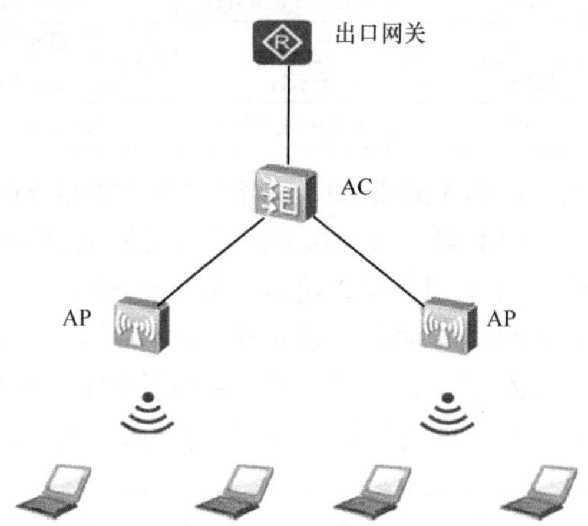

图 9-2 典型的小型 WLAN 组网结构

1. 射频信号

这是 802.11 系列标准 WLAN 无线网络的传输信号——电磁波，它的作用与有线线缆一样，用于无线网络的连接，但它是无形的、没有物理边界的，用户可以随时进行无线网络连接。目前 WLAN 采用的是具有远距离传输能力的高频电磁波，如 2.4GHz 或 5GHz 频段的电磁波。

2. STA

STA 是支持 802.11 标准的终端设备，就像有线网络中的用户 PC、笔记本电脑，只不过，此时的用户 PC、笔记本电脑上安装的是 WLAN 无线网卡。

3. AP

AP 为 STA 提供基于 802.11 系列标准的无线接入服务。AP 上通常也带有有线以太网端口，用于与有线设备进行网络连接，另一端与 STA 连接的是“空口”，通过无线方式进行连接。如华为 AirEngine 5700/6700 系列、AP1000～7000 等系列都是专门的 AP 产品。

4. AC

AC 对无线局域网中的所有 AP 进行控制和管理，为 WLAN 用户提供认证、管理等服务。华为有专门的 AC 产品，如 AC650-32AP、AC650-64AP、AC6800V、AirEngine 9700S-S 等。华为 x7 系列交换机也集成了 AC 功能，可同时担当 WLAN AC，如 S5720HI、S5730HI、S6720HI、S7700、S7900、S9700 等。

5. FAT AP（FAT Access Point，胖接入点）

FAT AP 在自治式网络架构（AP 集成了 AC 功能的组网结构）中除了可提供 STA 的无线接入服务外，还能提供一部分的 AC 功能，如安全和管理功能。除了一些专门的 FAT AP 外，一些 AR G3 系列路由器中也可作为 FAT AP 使用。

6. FIT AP（FIT Access Point，瘦接入点）

FIT AP，即没有集成 AC 功能的纯 AP 设备，如华为 AirEngine 5700/6700 系列、AP1000～7000 等系列。企业网络多采用 FIT AP+AC 方案，由专门的 AC 负责 WLAN 安全认证和管理工作。本章后面的配置就是基于 FIT AP+AC 方案介绍的。

7. VAP（Virtual Access Point，虚拟接入点）

VAP 是 AP 设备上虚拟出来的业务功能实体。一个 AP 可分出多个虚拟 AP，为不同的用户群体提供相互隔离的无线接入服务。同一 AP 上配置的所有 VAP 共享同一个 AP 的软件和硬件资源，**所有 VAP 的同频段用户共享相同的信道资源**，所以 AP 的总容量是不变的，并不会随着 VAP 数目的增加而成倍增加。

8. BSS（Basic Service Set，基本服务集）

BSS 是无线网络的基本服务单元，通常由一个 AP 和若干个 STA 组成。早期的 AP 只支持一个 BSS，新的 AP 都支持 VAP，每个 VAP 对应一个 BSS，每个 BSS 对应一个 BSSID（Basic Service Set Identifier，基本服务集标识符）。由于无线介质的共享性，每个 BSS 收发的报文都会携带对应的 BSSID，以便区分。在同一个 BSS 服务区域内的 STA 可以相互通信。

9. SSID（Service Set Identifier，服务集标识符）

SSID（通常是一个字符串）表示一个特定无线网络的标识，用来区分不同的无线网络。根据标识方式，其又可以分为以下两种标识符。

① BSSID：对于没有划分 VAP 的 AP 来说，为了区分 BSS，要求每个 BSS 都有唯一的 BSSID，因此使用 AP 的 MAC 地址来保证其唯一性。支持 VAP 时，每个 VAP 都配有一个唯一的 MAC 地址作为相应 VAP 的 BSSID。VAP 与 BSSID 的关系如图 9-3 所示。**为了便于用户辨识，我们一般用 SSID 来替代 BSSID**。

② ESSID（Extended Service Set Identifier，扩展服务集标识符）：由多个 SSID 相同的 BSS 组成，是一个更大的虚拟 BSS。图 9-3 所示的两个 VAP 的 SSID 均为“Internal”，当然多个 AP 的 SSID 也可以一样。STA 可以先扫描所有网络，然后选择特定的 SSID 接入某个指定的无线网络。通常，我们所指的 SSID 即为 ESSID。

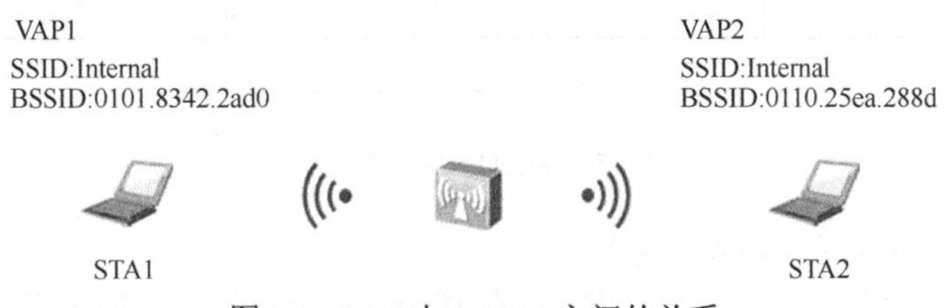

图 9-3 VAP 与 BSSID 之间的关系

10. ESS（Extend Service Set，扩展服务集）

ESS 是由采用相同 SSID 的多个 BSS（对应多个 VAP，可分布在多个 AP 上）组成的更大规模的虚拟 BSS，以前面介绍的 ESSID 进行标识。ESS 所覆盖的设备不限于单个 AP，只要 SSID 相同即认为在同一个 ESS 中，即可以直接互通。用户可以带着终端在 ESS 内自由移动和漫游，不管用户移动到哪里，都可以被认为是使用同一个 WLAN。

BSSID、SSID 和 ESSID 之间的关系如图 9-4 所示（相同 SSID 的多个 BSSID 组成一个 ESSID）。

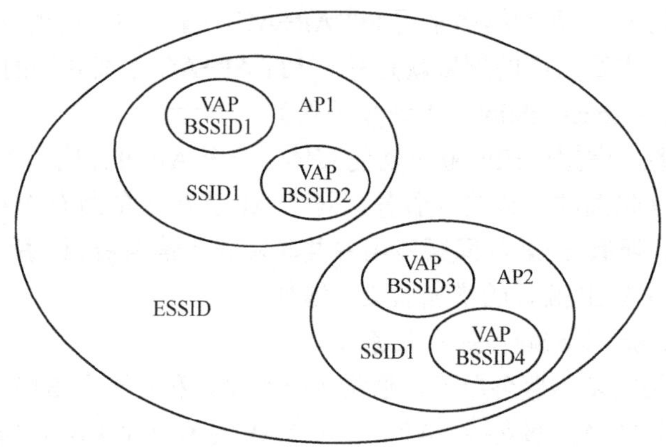

图 9-4 BSSID、SSID 和 ESSID 之间的关系

① 一个 BSS 对应一个 VAP。

② 一个 AP 可以有一个或多个 BSS。

③ 每个 BSS 对应一个 BSSID，一个 BSSID 对应一个唯一的 VAP MAC 地址。

④ 不同 AP 或不同 VAP 的 SSID 可以相同，也可以不同，相同时组成一个 ESS。

9.1.3 802.11 MAC 帧结构

WLAN 体系结构的数据链路层分为 LLC 子层和 MAC 子层，且 MAC 子层位于 LLC 子层之下，所以最终形成的帧为 MAC 帧。

相比有线以太网帧，WLAN 的帧格式要复杂得多，主要是因为无线网络中信号的控制更复杂。802.11 MAC 帧由帧头、帧主体（Frame Body）和帧校验序列（FCS）字段 3 部分组成，具体如图 9-5 所示，各字段的解释如下。

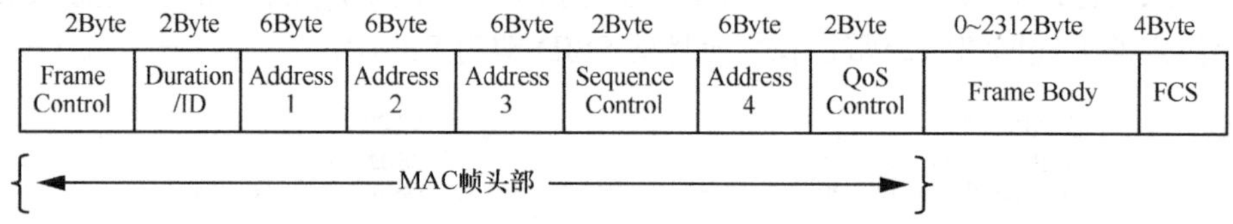

图 9-5 802.11 MAC 帧格式

1. Frame Control（帧控制）字段

MAC 帧头部控制字段，有 2 个字节，包括图 9-6 所示的一系列子字段，其中大多数是一些仅 1bit 的控制标志位。

2bit	2bit	4bit	1bit	1bit	1bit	1bit	1bit	1bit	1bit	1bit
Protocol Version	Type	Subtype	To DS	From DS	More Frag	Retry	Pwr Mgmt	More Data	Protected Frame	Order

图 9-6 Frame Control 字段中各子字段的格式

① Protocol Version（协议版本）：2bit，帧使用的 MAC 版本，目前仅支持一个版本，

编号为 0。

② Type/Subtype（类型/子类型）：Type 子字段为 2bit，Subtype 子字段为 4bit。Type 子字段标识了帧类型，包括数据帧、控制帧和管理帧，Subtype 子字段标识了同一类型帧下面细分的帧子类型，具体如下。

- 管理帧：对应的 Type 子字段值为 00，负责 STA 和 AP 之间建立初始的通信，提供连接加入和认证服务。常用的管理帧有以下子类型（以 Subtype 子字段标识）。
  - ➢ Beacon（信标）帧：AP 周期性地宣告无线网络的存在，以及支持的各类无线参数（如 SSID、支持的速率和认证类型等）。
  - ➢ Association Request/Response（关联请求/响应）帧：当 STA 试图加入某个无线网络时，STA 向 AP 发送关联请求帧。AP 收到关联请求帧后，会回复应答帧是接受还是拒绝 STA 的关联请求。
  - ➢ Disassociation（去关联）帧：STA 可以发送 Disassociation 帧解除与特定 AP 的关联。
  - ➢ Authentication Request/Response（认证请求/应答）帧：该帧可被 STA 和 AP 进行链路认证时使用，用于无线身份验证。
  - ➢ Deauthentication（去认证）帧：STA 可以发送 Deauthentication 帧解除与特定 AP 的链路认证。
  - ➢ Probe Request/Response（探测请求/应答）帧：STA 或 AP 都可以发送探测帧来探测周围存在的无线网络，接收到该报文的 AP 或 STA 需以 Probe Response 帧响应，Probe Response 帧中基本包含了 Beacon 帧的所有参数。
- 控制帧：对应的 Type 子字段值为 01，协助数据帧的传输，负责无线信道的清空、信道的获取等，还用于接收数据时的确认。常用的控制帧如下（以 Subtype 子字段标识）。
  - ➢ ACK：接收端接收报文后，需要以 ACK 帧向发送端确认接收到了此报文。
  - ➢ RTS（Request To Send，请求发送）/ CTS（Clear To Send，允许发送）：提供一种用来减少由隐藏节点问题所造成冲突的机制。发送端向接收端发送数据之前先发送 RTS 帧，接收端收到后以 CTS 帧响应。这种机制可清空无线信道，使发送端获得发送数据的媒介控制权。
- 数据帧：对应的 Type 子字段值为 10，是真正传输的用户数据报文。另外，一种**帧主体部分为空**的特殊报文（Null 帧）也属于数据帧类型，STA 可以通过 Null 帧通知 AP 自身省电状态的改变。

以下为一些控制标志位，它们各占 1bit。

③ To DS（To Distribution System，到分布式系统）/From DS（From Distribution System，来自分布式系统）：它们各占 1bit，标识帧是否来自和去往一个分布式系统（其实指 AP）。如两个比特位均为 1，则表示 AP 到 AP 之间的帧。

④ More Frag：1bit，表示是否有后续分片传送，标识帧是否进行了分片。置 1 时表示后面还有分片，置 0 时表示后面没有分片了，即为最后一个分片。

⑤ Retry（重试）：1bit，表示帧是否需要重传，用来协助接收端排除重复帧，置 1 时需要重传，置 0 时不需要重传，默认为 0。

⑥ Pwr Mgmt：1bit，表示 STA 发送完成当前帧序列后将要进入的模式，Active（激活模式，置 1）或 Sleep（省电模式，置 0）。

⑦ More Data（更多数据）：1bit，表示 AP 是否向省电模式的 STA 继续传送缓存报文，置 1 时需要传送，置 0 时不需要传送。

⑧ Protected Frame：1bit，表示当前帧是否被加密，置 1 时表示数据已加密，置 0 时表示数据未加密。

⑨ Order：1bit，表示帧是否按顺序传输，置 1 时表示按顺序传输，置 0 时则不需要按顺序传输。

2. Duration/ID 字段

Duration/ID（持续/ID）字段有 2 个字节，表示下一个要发送的帧可能要持续的时间。其根据赋值的不同，可实现以下不同用途。

① 实现 CSMA/CA（Carrier Sense Multiple Access/Collision Avoidance，载波侦听多路访问/冲突避免）的网络分配矢量机制，表示 STA 要持续占用信道的时间，即信道处于忙状态的持续时间。

② 标识该 MAC 帧为 CFP（Contention-Free Period，无竞争周期）内所传送的帧，此时填充值固定为 32768，表示 STA 永久占用信道，其他 STA 不能竞争。

③ 在 PS-Poll 帧（即省电—轮询帧）中，Duration/ID 字段表示 AID（Association ID，关联标识符），用来标识 STA 所属的 BSS。

STA 的工作模式包括激活模式和省电模式两种，进入省电模式后，AP 会缓存到此 STA 的数据帧。当 STA 从省电模式切换到激活模式时，STA 可以向 AP 发送 PS-Poll 帧来获取缓存的数据帧。AP 可根据收到的 PS-Poll 帧中的 AID 来下发缓存的数据帧给对应的 STA。

3. Address *n* 字段

Address 1～Address 4 这 4 个字段各 6 个字节，均为 MAC 地址。但这 4 个 Address 字段的赋值不固定，需要和 Frame Control 字段中的 To DS/From DS 子字段结合确定。例如，帧从 STA 发往 AP，与从 AP 发往 STA，4 个 Address 字段的填法是不一样的，具体见表 9-2。

表 9-2 Address *n* 字段的填写规则

To DS	From DS	Address 1	Address 2	Address 3	Address 4	说明
0	0	目的 MAC 地址	源 MAC 地址	BSSID	未使用	管理帧与控制帧。例如，AP 发送的 Beacon 帧
0	1	目的 MAC 地址	BSSID	源 MAC 地址	未使用	如图 9-7 中的（1），AP1 向 STA1 发送的帧
1	0	BSSID	源 MAC 地址	目的 MAC 地址	未使用	如图 9-7 中的（2），STA2 向 AP1 发送的帧
1	1	目的 AP 的 BSSID	源 AP 的 BSSID	目的 MAC 地址	源 MAC 地址	如图 9-7 中的（3），AP1 向 AP2 发送的帧

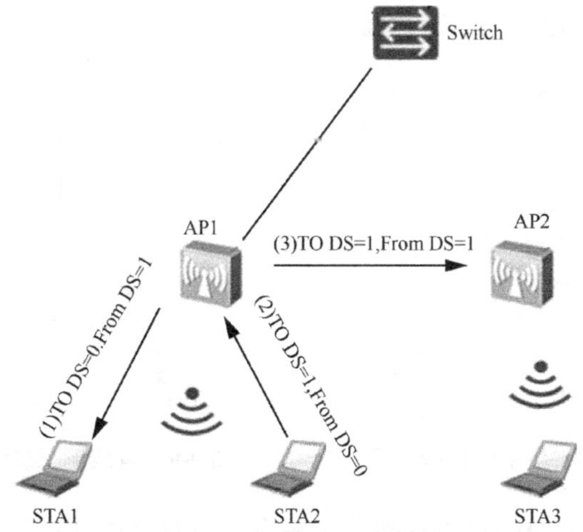

图 9-7 AP 与 STA 交互报文中的 MAC 地址和 To DS/From DS 字段值

4. MAC 帧头部的其他字段

① Sequence Control（顺序控制）字段：2 个字节，用来丢弃重复帧和重复分片，包含以下两个子字段。

- Fragment Number（分片号），每个分片号是唯一的，用于标识帧分片。
- Sequence Number(序列号)：用于检验重复帧，当设备收到帧中的 Sequence Number 与之前收到的帧重复时，则丢弃该帧。

② QoS Control（质量服务控制）字段：2 个字节，只存在数据帧中，用来实现基于 IEEE 802.11e 标准的 WLAN QoS 功能。

③ Frame Body 字段：0～2312 个字节，也称为数据字段，对应以太网帧中的 Data 字段，包括上层协议的有效载荷（Payload）。在 IEEE 802.11 标准中，有效载荷报文也被称为 MSDU（MAC Service Data Unit，MAC 服务数据单元）。每种类型的帧该字段都有相应的值，**不仅数据帧有**。

④ FCS 字段：4 个字节，用于通过 CRC 技术检查接收帧的完整性，类似于以太网帧尾中的 FCS 字段。

9.1.4 WLAN 基本组网架构

在 WLAN 组网中，一般采用无线与有线结合的接入方式，所以分为有线侧和无线侧两部分，有线侧连接的是局域网汇聚层及以上层次，通常使用以太网协议连接，无线侧连接的是接入层，指 STA 到 AP 之间基于 802.11 系列标准的无线连接。

1. 有线侧组网架构

有线侧由 AP 或 AC 通过线缆与有线设备（如交换机、路由器等）通过以太网连接。根据 AP 与 AC 是否工作在同一 IP 网段又分为“二层组网架构”和“三层组网架构”。

二层组网架构是指 AP 和 AC 之间的连接是二层架构，且在同一交换网络中，如图 9-8 所示。二层组网时，AP 可以通过广播功能或者 DHCP 发现功能即插即用上线。

三层组网架构是指 AC 和 AP 之间的连接是三层架构，且不在同一 IP 网段，如图 9-9 所示。三层组网时，AP 无法通过广播方式直接发现 AC，需要通过 DHCP 或 DNS 方式动态发现，或者为 AC 配置静态 IP 地址。

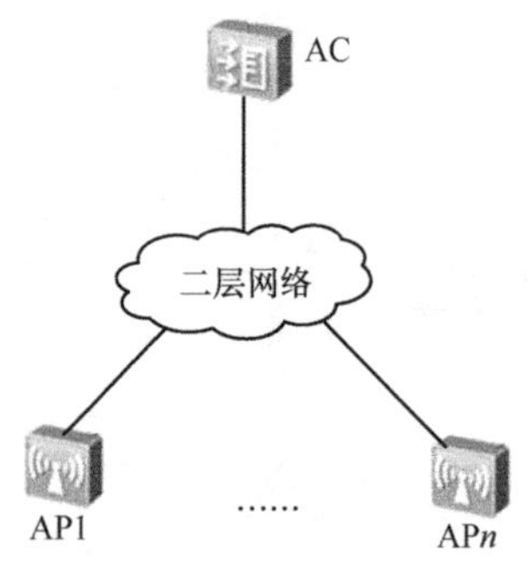

图 9-8 有线侧二层组网架构示意

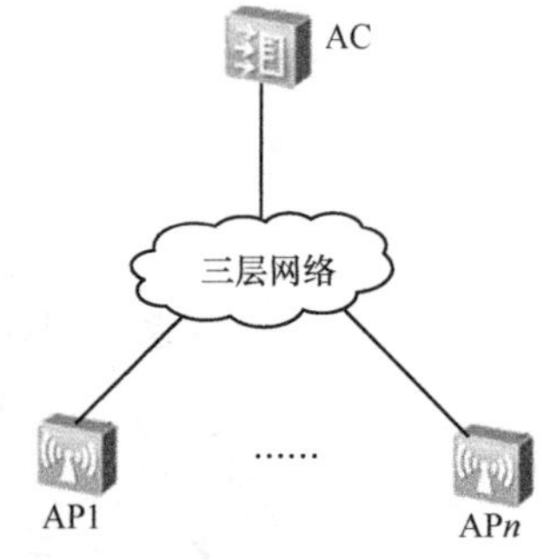

图 9-9 有线侧三层组网架构示意

在实际组网中，一台 AC 可以连接几十甚至几百台 AP，组网一般比较复杂。比如在企业网络中，AP 可以布放在办公室、会议室、会客间等场所，AC 可以安放在公司机房。这样，AP 和 AC 之间的网络就是比较复杂的三层网络。因此，在大型组网中一般采用三层组网架构。

AC 有“直连式”和“旁挂式”两种连接方式。直连式组网就是 AC 与下行的 AP、上行网络以串连方式连接，如图 9-10 所示。此时 AC 同时扮演了 AC 和汇聚层交换机的角色，通常采用集成了 AC 功能的交换机担当。很显然，直连模式无线用户访问网络的所有流量都要经过 AC，会消耗 AC 的一定转发能力，对 AC 的吞吐量以及处理数据能力比较高，否则 AC 会是整个无线网络带宽的瓶颈。

旁挂式组网由是 AC 以旁挂的方式连接在下行 AP 与上行网络之间，不与 AP 直接连接，如图 9-11 所示。这样一来，AP 的业务数据可以（但不是绝对）不经过 AC 而直接到达上行网络，AC 只承载对 AP 的管理功能，要求较低，通常采用独立的 AC 设备。另外，采用旁挂式组网就比较容易进行扩展，只需将 AC 旁挂在现有网络中，比如旁挂在汇聚交换机上，就可以对终端 AP 进行管理，所以此种组网方式使用率比较高。

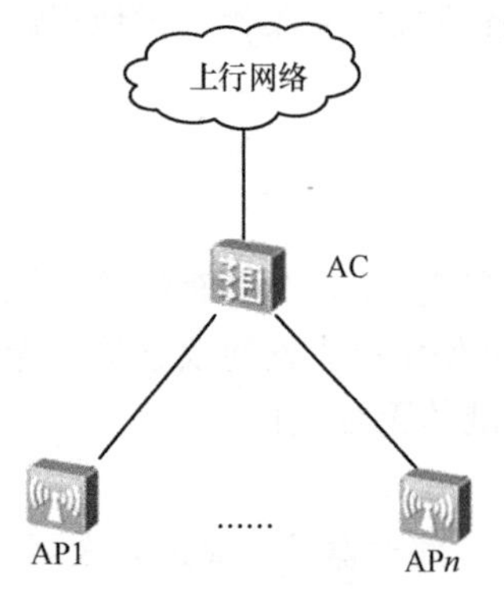

图 9-10 AC 直连式组网示意

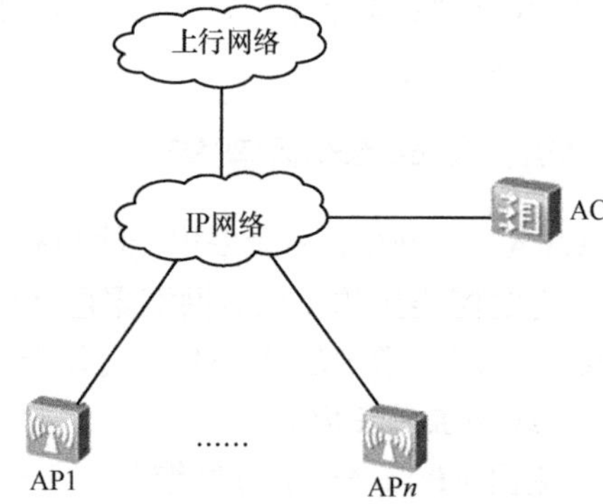

图 9-11 AC 旁挂式组网示意

为满足大规模组网的要求，AC 需要对网络中的多个 AP 进行统一管理，IETF 成立了 CAPWAP（Control And Provisioning of Wireless Access Points Protocol Specification，无线接入点控制和配置协议）工作组，最终制定 CAPWAP。

CAPWAP 是基于 UDP 进行传输的应用层协议，其先后建立 CAPWAP 控制隧道和 CAPWAP 数据隧道，分别用于传输以下两种类型的流量。

① 管理流量：通过 CAPWAP 控制隧道传输 AP 和 AC 之间交换的管理消息，源/目的端口均使用 UDP 5246 端口。

② 业务数据流量：通过 CAPWAP 数据隧道封装转发无线数据帧，源/目的端口均使用 UDP 5247 端口。**但在 CAPWAP 数据隧道中不一定有业务数据传输**。

2. 无线侧组网架构

无线侧接入的 WLAN 网络架构从最初的 FAT AP 架构，演进为 AC+FIT AP（瘦 AP）架构。

（1）FAT AP（胖 AP）架构

FAT AP 架构所使用的 AP 集成了 AC 功能，所以不需要专门的 AC 设备就可以完成无线用户的接入、业务数据的加密和业务数据报文的转发等功能，因此又被称为自治式网络架构。

这种架构适用于家庭，主要特点是各 AP 独立工作、需要单独配置、功能较为单一、成本低。缺点是随着 WLAN 覆盖面积的增大，接入用户的增多，需要部署的 FAT AP 数量也会增加，成本也会增加（因为 FAT AP 的价格较贵），且各个 AP 是独立工作的，缺少统一的控制设备，因此管理维护这些 AP 就比较困难。

（2）AC+FIT AP 架构

AC+FIT AP 架构中的 AP 不集成 AC 功能，所有关于接入控制、转发和统计、AP 的配置监控、漫游管理、AP 的网管代理、安全控制等控制功能都交由专门的 AC 负责，FIT AP 只负责无线用户的接入。

这种架构适用于大中型企业，主要特点是 AP 需要配合 AC 使用，由 AC 统一管理和配置，功能丰富，对网络运维人员的技能要求高。

9.1.5 无线侧组网技术

为了实现 STA 与 AP 间的无线连接，以及正确的数据发送和接收，我们在 WLAN 无线侧开发了一些相关的技术，该技术主要用于无线通信系统的建立和无线传输信道的划分。

1. 无线通信系统

在 WLAN 无线侧，STA 与 AP 之间通过无线方式进行连接，并且通过无线方式进行数据的收、发，所以需要在 STA 和 AP 之间建立一个完整的无线通信系统，负责信源端信息（可以是文字、图像、声音等）的编码与调制、信宿端信息的解码与解调。WLAN 的无线通信系统如图 9-12 所示。

图 9-12 WLAN 的无线通信系统

① 编码与解码：在信源端（信号发送端）将最原始的信息经过对应的编码，转换为数字信息的过程称之为“编码”。相反，在信宿端（信号接收端）将已编码的信息进行还原的过程称之为“解码”，是编码的逆过程。

与在有线网络中一样，在数据传输过程中，除了要对信息进行编码/解码外，还需要对传输信道进行编码/解码。信道编码/解码是一种对信息纠错、检错的技术，可以提升信道传输的可靠性。信息在无线传输过程中容易受到噪声的干扰，导致接收信息出错，引入信道编码/解码能够在接收设备上最大程度地还原信息，降低误码率。

② 调制与解调：调制是在信源端将基带数字信息叠加到高频振荡电路产生的高频载波信息的过程，因为只有这样才能通过天线转换成无线电波发射出去。解调是调制的逆过程，是在信宿端从已调信号中把原始信号从高频载波信息中分离出来的过程。

③ 信道：信道是传输信息的通道，无线信道是空间中的无线电波。无线电磁波是通过“空中接口”（简称“空口”，不可见）发送和接收的。

2. WLAN 无线频段

WLAN 是通过无线电磁波进行无线通信的。无线电磁波是介于 3Hz～300GHz 的电磁波，也叫射频波。无线电技术可以将声音图像、文字等信息经过转换，利用无线电磁波进行传播。下面是整个无线电磁波各频段的主要用途。

① 极低频（3Hz～30Hz）：潜艇通信或直接转换成声音。

② 超低频（30Hz～300Hz）：直接转换成声音或交流输电系统（50Hz～60Hz）。

③ 特低频（300Hz～3kHz）：矿场通信或直接转换成声音。

④ 甚低频（3kHz～30kHz）：直接转换成声音、超声、地球物理学研究。

⑤ 低频（30kHz～300kHz）：国际广播。

⑥ 中频（300kHz～3MHz）：调幅(AM）广播、海事及航空通信。

⑦ 高频（3MHz～30MHz）：短波、民用电台。

⑧ 甚高频（30MHz～300MHz）：调频（FM）广播、电视广播、航空通信。

⑨ 特高频（300MHz～3GHz）：电视广播、无线电话通信、无线网络、微波炉。

⑩ 超高频（3GHz～30GHz）：无线网络、雷达、人造卫星接收。

⑪ 极高频（30GHz～300GHz）：射电天文学、遥感、人体扫描安检仪。

⑫ 300GHz 以上：红外线、可见光、紫外线、射线等。

WLAN 技术是利用无线电磁波进行传播的，目前主要使用 2.4GHz 和 5GHz 两个频段。2.4GHz 频段的频率范围为 2.4GHz～2.4835GHz，属于特高频；5GHz 频段的频率范围有两个，分别是 5.15GHz～5.35GHz 和 5.725GHz～5.85GHz，属于超高频。

（1）2.4GHz 频段的信道

在 WLAN 使用的 2.4GHz 频段中划分了 14 个有重叠、频率宽带为 20MHz 和 2MHz 强制隔离频带（相当于每个信道一共是 22MHz 的频带）的信道，如图 9-13 所示。14 个信道的中心频率见表 9-3。我国可用的信道中心频率范围为 2.412 GHz～2.472 GHz，**第 14 个信道在我国不可用**。

重叠信道是指信道间有部分频率范围是重叠的，如 1、2、3、4、5 信道之间，6、7、8、9、10 信道之间都有部分频率是重叠的。在一个空间内同时存在重叠信道可能会产生干扰。相反，非重叠信道是指信道间不存在重叠频率范围，如图 9-13 中的 1、6、11 这

3 个信道没有任何频率重叠，同样 2、7、12；3、8、13；4、9、14 这 3 组中的 3 个信道也没有任何频率重叠。为了避免干扰，我们通常采用这 4 种组合中的一组（第四组中的第 14 信道我国不可用）。**相同 SSID 的网络使用同一信道**。

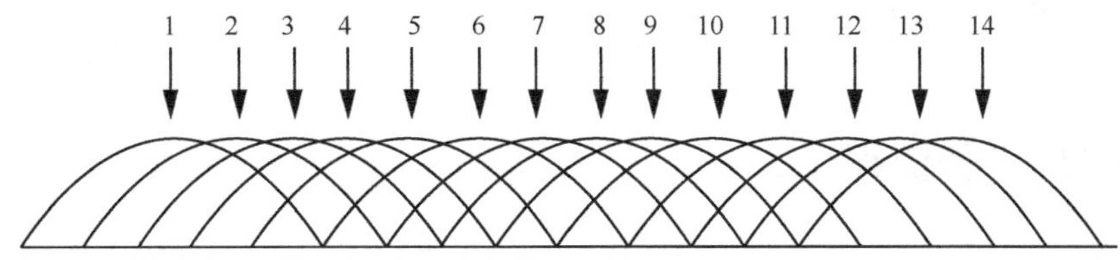

图 9-13 2.GHz 频段划分的 14 个信道

表 9-3 2.4GHz 频段的 14 个信道的中心频率

信道	中心频率	信道	中心频率	信道	中心频率	信道	中心频率
1	2412MHz	5	2432MHz	9	2452MHz	13	2472MHz
2	2417MHz	6	2437MHz	10	2457MHz	14	2484MHz
3	2422MHz	7	2442MHz	11	2462MHz		
4	2427MHz	8	2447MHz	12	2467MHz		

（2）5GHz 频段

在 5GHz 频段，因为频带更宽，所以不仅有 20MHz 带宽的信道，还有 40MHz 甚至 80MHz 及更大带宽的信道。如果每个信道 20MHz 带宽，则整个 WLAN 可用的 5GHz 频段可划分成 24 个非重叠的信道，但信道不是连续编号的，各信道的中心频率见表 9-4。

表 9-4 5GHz 频段的信道的中心频率

信道	中心频率	信道	中心频率	信道	中心频率	信道	中心频率
36	5180MHz	60	5300MHz	116	5580MHz	140	5700MHz
40	5200MHz	64	5320MHz	120	5600MHz	149	5745MHz
44	5220MHz	100	5500MHz	124	5620MHz	153	5765MHz
48	5240MHz	104	5520MHz	128	5640MHz	157	5785MHz
52	5260MHz	108	5540MHz	132	5660MHz	161	5805MHz
56	5280MHz	112	5560MHz	136	5680MHz	165	5825MHz

我国仅允许编号为 36、40、44、48、52、56、60、64、149、153、157、161 和 165 **共 13 个非重叠信道**，且室外 AP 不支持 36、40、44、48、52、56、60、64 这 8 个信道，**也就是室外 AP 只支持 149、153、157、161 和 165 这 5 个信道**，配置时要特别注意。

如果每个信道带宽为 40MHz，则编号为 36～64 的 8 个信道的频段带可被划分为 4 个信道，编号为 100～140 的 11 个信道的频带也可被划分为 4 个信道，编号为 149～165 的 5 个信道的频带也可被划分为 2 个信道，即共 10 个带宽为 40GHz 的信道。

如果每个信道带宽为 80MHz，则编号为 36～64 的 8 个信道的频段带可被划分为 2 个信道，编号为 100～140 的 11 个信道的频带也可被划分为 2 个信道，编号为 149～165 的

5 个信道的频带也可被划分为 1 个信道，即共 5 个带宽为 80GHz 的信道。

如果每个信道带宽为 160MHz，则编号为 36～64 的 8 个信道的频段带可被划分为 1 个信道，编号为 100～140 的 11 个信道的频带可被划分为另一个信道，即共有 2 个带宽为 160MHz 的信道。

9.2　WLAN 工作流程

本节仅以企业网络中普遍采用如图 9-14 所示的 AC 旁挂式 AC+FIT AP 组网架构进行 WLAN 基本工作流程介绍。

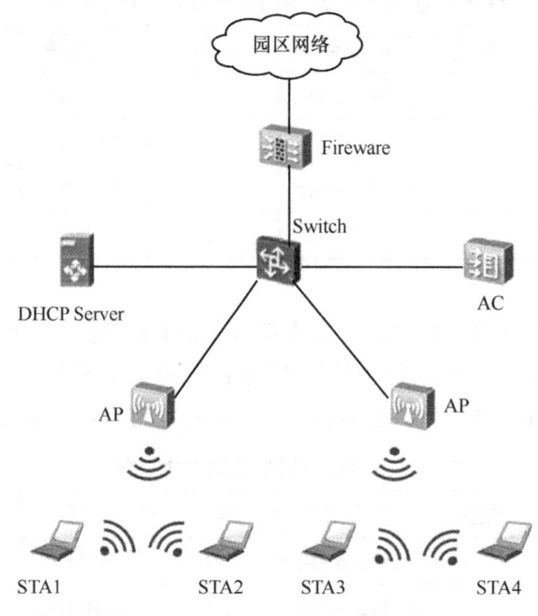

图 9-14　AC+FIT AP 组网架构示例

在 AC+FIT AP 组网架构中，各种 WLAN 配置大多数都是在 AC 上进行的，所以要实现无线网络通信，首先要使各 AP 能找到对应的 AC，建立 AP 与 AC 之间的连接（这是通过有线方式进行的），然后由 AC 下发相关的 WLAN 配置给各 AP。AP 通过 AC 下发的 WLAN 配置实现与 STA 的无线连接，最终实现 STA 与整个网络（包括有线与无线两部分）的业务通信，具体的工作过程如下。

① AP 上线：AP 获取 IP 地址并发现 AC，与 AC 建立隧道连接。FIT AP 需要完成上线过程，AC 才能实现对 AP 的集中管理和控制。

② WLAN 业务配置下发：AC 将 WLAN 业务配置下发到 AP。

③ STA 接入：STA 搜索到 AP 发射的 SSID 后，向 AP 发起连接请求，成功后接入网络。

④ WLAN 业务转发：STA 与 AP、AP 与 AC 之间的连接都完成后，WLAN 网络可正式转发 STA 用户发送的业务数据。

9.2.1 AP上线

AP上线是AP与AC建立CAPWAP隧道的过程，包括以下几个阶段，其中第①阶段可以合并到第③阶段。

① AP获取IP地址。

② AC发现。

③ AP与AC建立CAPWAP隧道。

④ AP接入控制。

⑤ AP的版本升级。

⑥ CAPWAP隧道维护。

1. AP获取IP地址

这一步是让AP获取对应网段的IP地址，任务比较简单，包括以下几种方式。

① 静态方式：登录到AP设备上手工配置管理IP地址（通常是在VLANIF1接口上配置），中小型WLAN网络通常采用这种方式，其配置简单、方便。

② DHCP方式：通过配置DHCP服务器，使AP作为DHCP客户端向DHCP服务器请求为其管理接口（默认为VLANIF1接口）分配IP地址。DHCP服务器可以在服务器主机，也可以在AC，或者三层交换机、路由器上配置。

2. AC发现

AP获取了IP地址后，就要查找网络中可用的AC，然后与AC建立CAPWAP隧道，以实现AC对AP的集中管理和控制，这就是AC发现阶段。

AP发现AC有静态和动态两种方式。

① 静态方式是AP上通过**ac-list** *ipv4-address* &<1-4>命令预先配置了AC的静态IP地址列表（在同一WLAN网络中可以多台AC）时采用。此时AP上线时分别以单播方式发送Discovery Request报文到所有预配置的AC，AC会以单播的Discovery Response报文对AP进行响应。AP与最先收到的Discovery Response报文对应的一个AC建立CAPWAP隧道（**一台AP只能与一台AC建立CAPWAP隧道**）。

② 动态方式是在AP上在没有预配置AC的IP列表时采用，又分为DHCP方式、DNS方式和广播方式。我们仅介绍DHCP方式和广播方式。

（1）DHCP方式

在DHCP方式中，DHCP服务器上配置好DHCP Option 43，及携带AC的IP地址列表。AP在获取IP地址的同时通过DHCP Ack报文中的Option 43获取AC的IP地址。具体流程如下。

① AP通过从DHCP服务器上获取AP的IP地址，对应图9-15中的前4个步骤。

② 通过从DHCP Ack报文中获取的AC IP地址列表信息（因为DHCP服务器上配置了Option 43，所以在Ack报文中会携带有AC的IP地址列表信息），以**单播方式**向对应AC发送一个Discovery Request报文。

③ AC收到后，对于允许的AP接入，以**单播方式**向AP发送一个Discovery Response报文进行响应，然后对Discovery Request报文中携带的AC IP地址进行确认。对于不允许接入的AP发送的Discovery Request报文，AC不会响应。

第①步和第②步参见图 9-15 中最后两步。

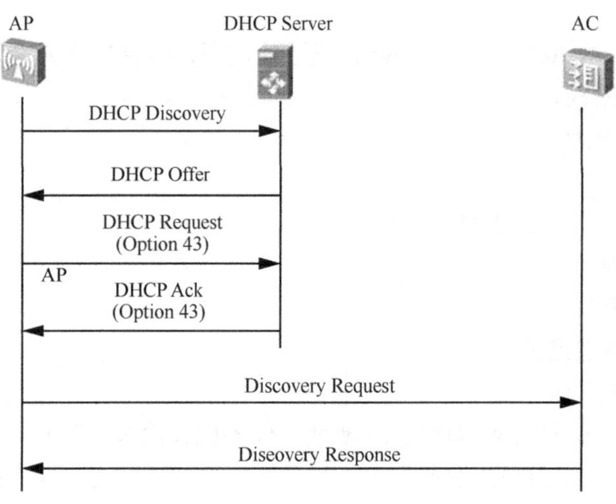

图 9-15 AP 通过 DHCP 方式动态发现 AC 的流程

【说明】AC 与 AP 在同一个 IP 网段时，不需要通过在 DHCP 服务器上配置 Option 43 字段或通过 DNS 方式去获取 AC 的 IP 地址，AP 可以通过下面介绍的广播方式发现同一 IP 网段中的 AC。

（2）广播方式

当 AC 与 AP 在同一个网段，满足以下任一条件时，AP 会以广播方式在网络中发送 Discovery Request 报文，以查找可用的 AC，收到 Discovery Request 报文的 AC 会以单播方式发送 Discovery Response 报文，然后选择一个可用的 AC 开始建立 CAPWAP 隧道。

① AP 上没有配置静态的 AC IP 地址列表。

② AP 在 DHCP 方式中发送 10 次 Discovery Request 单播报文都没有收到响应，且没有配置双链路备份功能。

③ AP 在 DHCP 方式中发送 10 次 Discovery Request 单播请求报文都没有收到响应，配置了双链路备份功能，但此时 AP 发现 AC 是在主链路上进行的。

3. AP 与 AC 建立 CAPWAP 隧道

AP 发现 AC 后，还需要在它们之间建立 CAPWAP 隧道，包括数据隧道和控制隧道，具体介绍如下。

① 数据隧道：AP 接收的业务数据报文经过 CAPWAP 数据隧道集中到 AC 上转发。同时还可以选择对数据隧道进行 DTLS（Datagram Transport Layer Security，数据报传输层安全）加密，这样通过 CAPWAP 隧道发送的数据报文都需要经过 DTLS 加/解密。

② 控制隧道：通过 CAPWAP 控制隧道实现 AP 与 AC 之间控制报文的交互。同时还可以选择对控制隧道进行 DTLS 加密，这样通过 CAPWAP 隧道发送的控制报文都会经过 DTLS 加/解密。

AP 与 AC 之间建立的 CAPWAP 隧道可以实现：①AP 与 AC 间的状态维护；②AC 对 AP 进行管理和业务配置下发；③业务数据经过 CAPWAP 隧道集中到 AC 上转发。

CAPWAP 控制隧道建立的基本流程如下。

① AP 向 AC 发送 Join Request 报文，AC 以 Join Response 报文进行响应。在 Join Response 报文中会携带用户配置的升级版本号、握手报文间隔/超时时间、控制报文优先级等信息。

【说明】在这个过程中，AC 会检查 AP 的当前软件版本，如果 AP 的版本无法与 AC 要求的相匹配，AP 和 AC 会进入 Image Data 状态做系统升级，以此来更新 AP 的软件版本。AP 在软件版本更新完成后重新启动，重新进行 AC 发现、建立 CAPWAP 隧道、加入过程。如果 AP 的软件版本符合要求，则进入 configuration 状态，进行配置检查。

② 进入 Configuration 状态后，AP 发送 configuration request 到 AC，该信息中包含了现有 AP 的配置、请求 AC 对 AP 的现有配置和 AC 上设定的配置，并对其进行匹配检查。当 AP 的当前配置与 AC 要求不符合时，AC 会通过 configuration response 通知 AP。

③ 当完成配置检查后，AP 发送 change state event request 报文，当 AC 响应 change state event response 报文时，完成控制隧道的建立过程，进入 Run 状态。

控制隧道建立后，数据隧道也随即建立，然后分别通过 Echo 和 Keepalive 消息进行隧道维护。

4. AP 接入控制

AP 发现 AC 并建立了 CAPWAP 隧道后，还要被加入 AC 的 AP 控制列表后才会真正被 AC 控制和管理，即要进行 AP 接入认证。此时，AP 向 AC 发送 Join Request（加入请求）报文，AC 收到报文后通过认证确定是否允许该 AP 接入，并以 Join Response 报文进行应答。其中，Join Response 报文携带了 AC 上配置的关于 AP 的版本升级方式及指定的 AP 版本信息。

AC 支持 3 种对加入的 AP 进行认证的方式：MAC 认证、序列号（SN）认证和不认证，认证流程如图 9-16 所示。

根据不同的认证情形，AC 添加 AP 的方式有以下 3 种。

① 离线导入 AP：在 AC 上已通过 **ap-id** *ap-id* 或 **ap-mac** *ap-mac* 等命令添加了某 AP 的 MAC 地址和 SN。相当于 AC 已接受了该 AP，则无须进行认证，所以当 AC 收到 AP 的 Join Request 报文后，直接允许该 AP 加入并上线。AP 数量不太多时，最常采用这种方式。

② 自动发现 AP：当 AC 上配置的 AP 认证模式为不认证，或虽然配置 MAC、SN 认证，但该 AP 已在 AC 上配置的 AP 白名单（也相当于不用认证了）中时，AC 收到 AP 的 Join Request 报文后，将被 AC 自动发现并正常上线。

③ 手工确认 AP：当 AC 上配置的 AP 认证模式为 MAC 或 SN 认证，但该 AP 没有被离线导入，且该 AP 的 MAC 或 SN 不在 AC 上已设置的 AP 白名单中时，该 AP 会被记录到未授权的 AP 列表中。用户需要手工确认后此 AP 才能正常上线。

5. AP 的版本升级

AP 根据收到的来自 AC 的 Join Response 报文中的参数判断当前的 VRP 系统软件版本是否与 AC 上指定的一致。如果不一致，AP 开始更新软件版本。软件版本升级方式包括：自动升级、在线升级和定时升级 3 种。

① 自动升级：AP 还未在 AC 中上线前，在 AP 上先配置好上线后的自动升级参数，在随后的上线过程中自动完成升级。如果 AP 已在 AC 中上线，在 AP 上配置完自动升级参数后，以任意方式触发 AP 重启时也会进行自动升级。

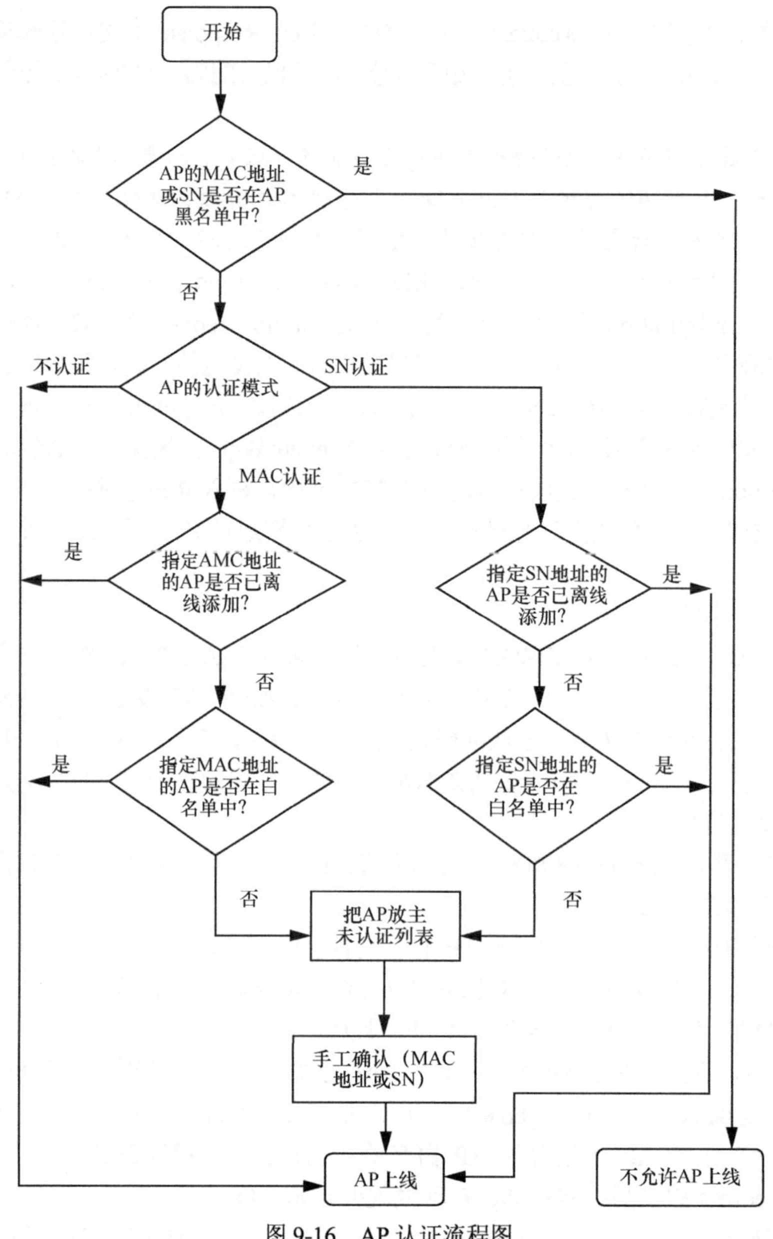

图 9-16　AP 认证流程图

在这种自动升级方式中，VRP 系统软件的升级包括 AC 模式、FTP 模式和 SFTP 模式 3 种。AC 模式是 AP 直接从 AC 上下载升级版本的 VRP 系统软件，适用于 AP 数量较少时的场景。FTP/SFTP 模式是 AP 从事先准备好的 FTP 或 SFTP 服务器上下载升级版本的 VRP 系统软件（先要把对应版本的 VRP 系统软件上传到 FTP 或 SFTP 服务器中）。FTP 模式采用明文传输数据，存在安全隐患，因此仅适用于网络安全性要求不是很高的文件传输场景中。SFTP 模式采用加密方式传输数据，更加安全。

② 在线升级：它主要用于 AP 已经在 AC 中上线，并且已承载了 WLAN 业务的场景。相比于自动升级，使用在线升级方式升级能够减少业务中断的时间。

③ 定时升级：与在线升级方式一样也主要用于 AP 已经在 AC 中上线，并已承载了 WLAN 业务的场景。但定时升级方式仅在指定的时间（通常指定在网络访问量少的时间段，如深夜或周末）触发 VRP 软件系统升级过程。

AP 在软件版本更新完成后重新启动，会重复进行前面的 AC 发现、CAPWAP 隧道建立和 AP 接入认证这 3 个步骤。

6. CAPWAP 隧道维护

AP 与 AC 之间的 CAPWAP 隧道建立成功后，还要彼此交互 Keepalive 报文（源/目的 UDP 端口号均为 5247）来检测数据隧道的连通状态；交互 Echo 报文（源/目的 UDP 端口号均为 5246，AP 发送 Echo Request 报文，AC 响应 Echo Response 报文）来检测控制隧道的连通状态。

9.2.2 WLAN 业务配置下发

AP 上线后会主动向 AC 发送 Configuration Status Request（配置状态请求）报文，该信息中包含了现有 AP 上线的配置（具体将在 9.3.2 节介绍），使 AC 对 AP 的现有配置与 AC 设定配置进行匹配检查。当 AP 的当前配置与 AC 要求的不符时，AC 会通过 Configuration Status Response（配置状态响应）通知 AP。

9.2.3 STA 接入

AP 上线后，AP 和 AC 之间的连接就完成了，但此时还要使无线终端 STA 也能加入 WLAN 网络中，这个过程就是 STA 上线，或者 STA 接入，与前文中介绍的 AP 上线过程类似，但 STA 接入过程采用的是无线连接方式，更为复杂。

STA 直接与 AP 建立无线连接，因此 STA 的接入过程就是与 AP 的无线连接过程。这里又涉及一系列阶段，如扫描阶段、链路认证阶段、关联阶段、接入认证阶段、从 DHCP 服务器获取 IP 地址阶段和用户认证阶段。STA 最终能否接入无线网络还受 AC 接入用户数和单个 AP 接入用户数规格的限制，具体介绍如下。

① 如果 STA 关联的 AP 已经达到 AP 的接入用户数限制，但并未达到 AC 接入用户数的限制，则该 STA 无法在这台 AP 上线，但可以通过关联其他 AP 接入无线网络。

② 如果 STA 关联的 AP 未达到 AP 的接入用户数限制，但已达到 AC 接入用户数的限制，则该 STA 无法接入无线网络中。

③ 如果同时未达到关联 AP、AC 的接入用户数限制，则该 STA 可以接入无线网络中。

1. 扫描阶段

当 STA 上电后，STA 可以通过主动扫描和被动扫描获取周围的无线网络信息。

（1）主动扫描

STA 定期以广播的方式通过 Probe Request 帧主动搜索周围的无线网络。根据 Probe Request 帧是否携带 SSID，我们可以将主动扫描分为“带有指定 SSID”和“带有空 SSID”两种，具体介绍如下。

① 带有指定 SSID 的 Probe Request 帧：如果 STA 上配置了 SSID，会依次在每个信道发出带有指定 SSID 的 Probe Request 帧，寻找与 STA 有相同 SSID 的 AP，只有能够提供指定 SSID 无线服务的 AP 接收到该探测请求后才回复 Probe Response 响应帧。如

图 9-17 所示，STA 发送 Probe Request 帧寻找 SSID 为 LYCB 的 AP。

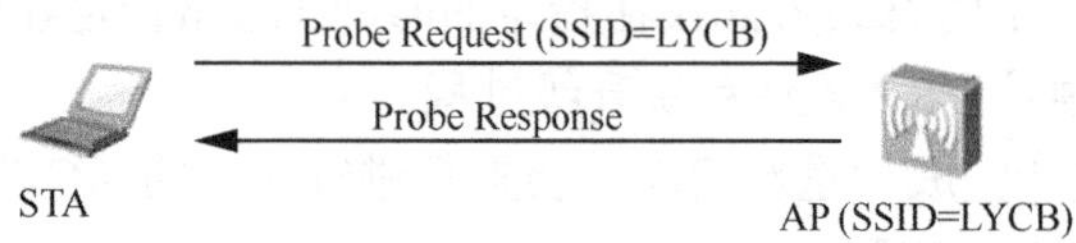

图 9-17　带有指定 SSID 的主动扫描流程

② 带有空 SSID 的 Probe Request 帧：这种方式适用于 STA 不知道网络中有 SSID 时，STA 会定期地在其支持的信道列表中发送带有空 SSID 的 Probe Request 帧，并扫描可用的无线网络，如图 9-18 所示。当 AP 收到 Probe Request 帧后，会回应 Probe Response 帧通告可以提供的无线网络信息。

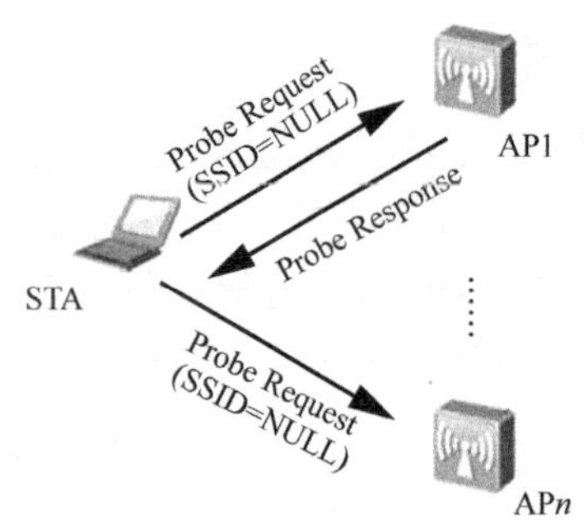

图 9-18　带有空 SSID 的主动扫描流程

（2）被动扫描

被动扫描方式是 STA 在每个信道上侦听网络中各 AP 定期发送的 Beacon 帧（帧中包含 SSID、支持速率等信息），以获取 AP 的相关信息。缺省状态下，AP 发送 Beacon 帧的周期为 100TUs （1TU=1024μs）。用户可以使用被动扫描方式来节省电量。VoIP 语音终端通常使用被动扫描方式。

2. 链路认证阶段

STA 找到了可用的 AP 后，就希望与对应的 AP 建立 WLAN 无线连接。但为了保证无线连接的安全，相关人员通常在 AP 上配置 STA 认证功能，防止非法的 WLAN 客户端接入网络。AP 对 STA 支持两种认证机制：开放系统认证和共享密钥认证。

① 开放系统认证（Open System Authentication）：即不认证，任意 STA 都可以认证成功，显然在企业网络中这种做法是不安全的。

② 共享密钥认证（Shared-key Authentication）：STA 和 AP 预先配置相同的共享密钥，AP 在进行链路认证过程中会验证 STA 发送的密钥配置是否与自己配置的相同。如果相同，则认证成功；否则，认证失败，具体流程如图 9-19 所示，具体说明如下。

- STA 首先以单播方式向 AP 发送 Authentication Request（认证请求）报文。
- AP 收到 Authentication Request 后，随即生成一个“质询消息”，然后插入 Authentication Response 报文中，以单播方式对 STA 进行应答。
- STA 收到 Authentication Response 报文后，使用预先设置好的密钥加密其中的“质询消息”，并插入 Authentication Response 报文中，然后以单播方式向 AP 发送该报文。

- AP 收到包含经过加密的“质询消息”的 Authentication Response 报文后，用预先设置好的密钥解密该消息，然后将解密后的“质询消息”与之前自己发送给 STA 的“质询消息”进行对比。如果相同，认证成功；否则，认证失败。

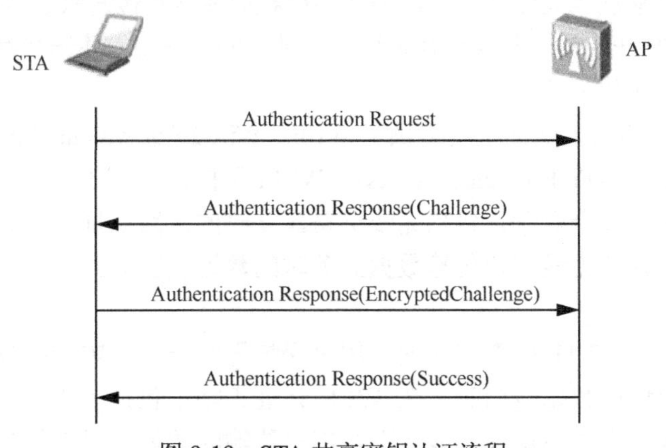

图 9-19 STA 共享密钥认证流程

3. 关联阶段

通过了 AP 的认证，STA 只能算具备了与 AP 建立连接的资格。STA 想要最终接入 WLAN 网络，还需进行后续多个步骤。首先是 STA 与 AP 之间的 WLAN 无线链路协商过程，即关联阶段。本过程的主要目的是在 STA 和 AP 之间建立无线链路，但这个过程不是单纯地依靠 AP 来完成的，还需要由 AC 做最后的判定。

在完成以上链路认证后，STA 会继续向 AP 和 AC 通过 Association 报文发起链路服务协商请求。瘦接入点架构中的关联阶段如图 9-20 所示，具体说明如下。

① 首先，STA 以单播方式向 AP 发送 Association Request（关联请求）报文，携带 STA 自身的各种链路参数，以及根据服务配置选择的各种参数（主要包括支持的速率、支持的信道、支持的 QoS 的能力以及选择的接入认证和加密算法）。

② AP 收到来自 STA 的 Association Request 报文后将其进行 CAPWAP 封装，通过 CAPWAP 控制隧道以单播方式传输给 AC。

③ AC 收到来自 AP 的关联请求后判断是否需要进行用户的接入认证(即下一过程)，然后同样以 CAPWAP 封装在 CAPWAP 控制隧道中以单播方式通过 Association Response（关联响应）报文对 AP 进行应答。

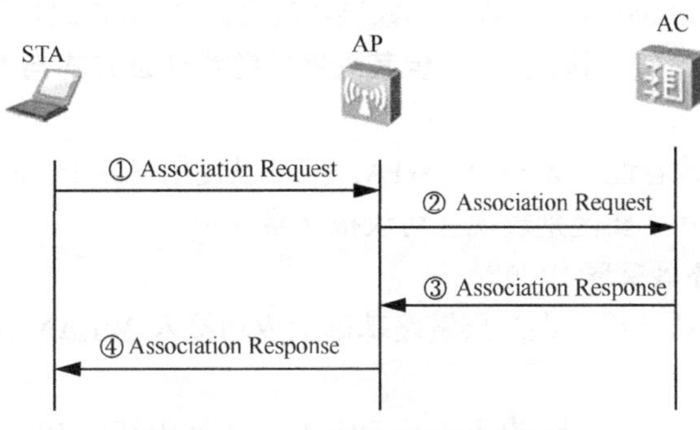

图 9-20 STA 链路服务协商流程

④ AP 收到来自 AC 的 Association Response 帧后进行 CAPWAP 解封装，然后以单播方式发送 STA，对传输速率、使用的信道、接入认证和加密算法等进行确认。

4. 接入认证阶段

接入认证阶段是从“关联认证”阶段中 AC 在收到 AP 转发来自 STA 的 Association Request 请求报文时开始的，主要是对无线用户进行安全认证，并选择对应的数据加密方案，以保证数据无线传输的安全。

目前，WLAN 的安全认证主要提供了 WEP（Wired Equivalent Privacy，有线等效加密）、WPA/WPA2（Wi-Fi Protected Access，Wi-Fi 保护访问）等安全策略机制。每种安全策略体现了一整套安全机制，包括无线链路建立时的链路认证方式、无线用户上线时的用户接入认证方式和无线用户传输数据业务时的数据加密方式。

（1）WEP

WEP 协议是由 802.11 标准定义的，用来保护无线局域网中的授权用户所传输的数据的安全性，防止这些数据被窃听。在 WEP 认证策略中包括了“不认证”和“共享密钥”链路认证方式。在“不认证”方式下，用户传输的数据可以选择加密或不加密；在“共享密钥”认证方式下，用户数据总是经过加密。

在对数据进行加密时，WEP 的核心是采用 RC4 对称加密算法（即加密和解密所使用的密钥相同），加密密钥长度有 64 位、128 位和 152 位，其中有 24bit 的 IV（Initialization Vector，初始向量）是由系统产生的，所以 WLAN 服务端和 WLAN 客户端上配置的密钥长度是 40 位、104 位或 128 位。WEP 加密采用静态的密钥，接入同一 SSID 下的所有 STA 使用相同的密钥访问无线网络。但 WEP 不涉及接入认证，所以总体来说，WEP 不是一种安全的安全策略。

（2）WPA/WPA2

WPA 支持共享密钥（PSK）和 802.1X 接入认证方案，**但在链路认证方式中，采用的是“不认证”方式。**

在数据加密方面，由于 WEP 共享密钥认证采用的是基于 RC4 对称加密算法，需要预先配置相同的静态密钥，无论从加密机制还是从加密算法本身，都很容易受到安全威胁。WPA 的核心加密算法还是采用 RC4，但在 WEP 的 RC4 基础上提出了 TKIP（Temporal Key Integrity Protocol，临时密钥完整性协议）加密算法，作为 RC4 的补充，弥补了 RC4 的一些安全性不足。

802.11i 安全标准组织又推出了 WPA2。WPA2 采用安全性更高的 CCMP（Counter Mode with CBC-MAC Protocol，区块密码锁链-信息真实性检查码协议）加密算法，支持共享密钥和 802.1x 用户接入认证方式，**但其采用的链路认证方式与 WAP 一样，也是“不认证”方式。**

为了实现更好的兼容性，WPA 和 WPA2 都可以使用 802.1x 的接入认证、TKIP 或 CCMP 的加密算法，其主要区别表现在协议报文格式上。

5. 从 DHCP 服务器获取 IP 地址

STA 通过了接入认证后，在二层链路基础上成功接入 WLAN 网络，但还需要分配 IP 地址。

STA 可以静态配置 IP 地址，也可以从 DHCP 服务器中获取 IP 地址。一般是配置 AC

或者汇聚层交换机担当 DHCP 服务器。STA 从 DHCP 服务器获取 IP 地址的流程与普通有线 DHCP 客户端获取 IP 地址的流程一样，也是通过 Discovery、Offer、Request 和 Ack 4 个 DHCP 报文进行的，毕竟此时 STA 与 AP 之间已建立好了无线连接，在此不再赘述。

6. 用户认证

用户认证是对通过 STA 访问网络的具体用户进行认证，需要用户输入认证凭据，这仅是在 WLAN 网络配置了用户认证功能时才需要进行。用户认证方式包括 802.1X 认证、MAC 认证和 Web 认证，具体原理在此不作介绍。

9.2.4 数据转发方式

在 WLAN 网络 CAPWAP 隧道中传输的数据包括控制报文（管理报文）和数据报文。控制报文是通过 CAPWAP 的控制隧道转发的，用户的数据报文按照是否通过 CAPWAP 的数据隧道转发分为隧道转发（又称为“集中转发”）方式和直接转发（又称为“本地转发”）方式两种，主要针对 AC 旁挂式有影响。

1. 隧道转发方式

隧道转发方式是指用户的数据报文到达 AP 后，需要经过 CAPWAP 数据隧道封装后再发送给 AC，然后由 AC 再转发到上层网络，具体如图 9-21 所示。

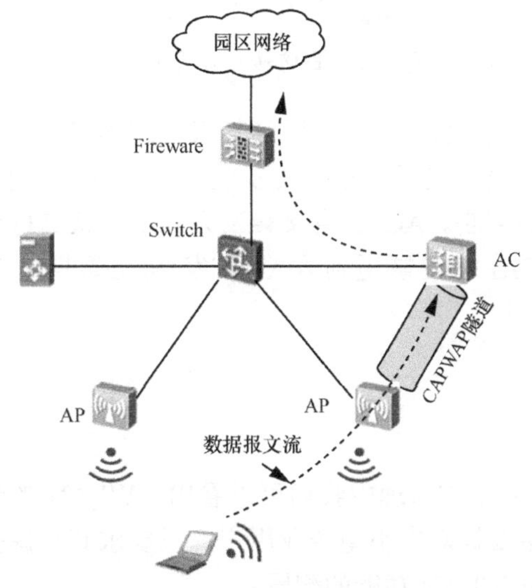

图 9-21 隧道转发方式示意

很显然，隧道转发方式的优点是由 AC 集中转发业务数据报文，其安全性好，方便集中管理和控制。缺点是业务数据报文必须经过 AC 转发，报文转发效率较低，AC 承受的压力较大。

【注意】 采用隧道转发方式时，如果 AP 和 AC 之间隔离了二层或三层网络，则数据报文会透明地通过二层或三层网络中建立的 CAPWAP 隧道进行点对点转发，不再是按照传统的二层或三层转发路径进行转发，类似于 VPN 转发方式。所以在隧道转发模式下，管理 VLAN 和业务 VLAN 不能配置为同一 VLAN，且 AP 和 AC 之间的物理链路上只允许管理 VLAN 通过，不允许业务 VLAN 通过，否则业务数据就不会通过 CAPWAP 数据隧道转发。

2. 直接转发方式

直接转发方式指用户的数据报文到达 AP 后，不经过 CAPWAP 的隧道封装，而是直接按路由路径转发到上层网络中，具体如图 9-22 所示。

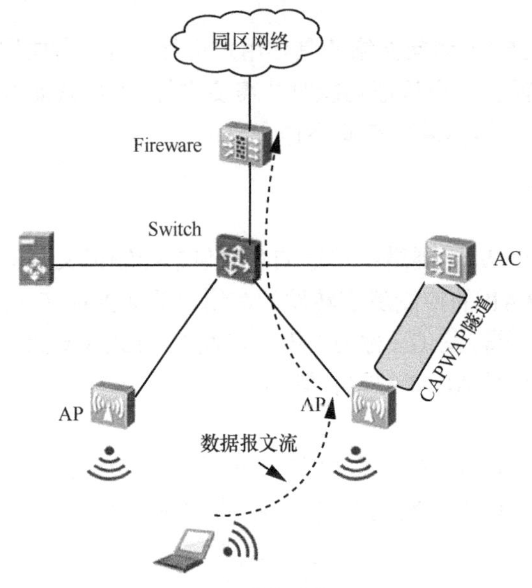

图 9-22 直接转发方式示意

很显然，直接转发方式的优、缺点与隧道转发方式的优、缺点是倒过来的，优点是业务数据报文不需要经过 AC 转发，报文转发效率高，AC 所受压力小；缺点是业务数据报文不便于集中管理和控制。AC 在直接转发方式下默认支持集中认证功能，可以实现用户的认证报文通过 CAPWAP 隧道到达 AC 转发，业务数据报文不需要经过 AC 转发。

9.3 创建 AP 组

从前面介绍的 WLAN 工作原理中我们可以看出，WLAN 的配置比较复杂，涉及面广，但在 HCIA 层次中主要针对中小型企业用户，只要求其掌握基本的配置方法，不涉及参数调优和复杂结构下 WLAN 功能的配置。

WLAN 网络的配置主要有两个方面：一是建立 AP 与 AC 的隧道连接，使得 AC 可以管理 AP，并且向 AP 下发 WLAN 配置；二是建立 STA 与 AP 的 WLAN 无线连接，使 STA 可以加入 AP 上由 AC 下发配置中的 WLAN 网络。

WLAN 基本功能的配置也是围绕上述两个方面，主要是在 AC 上进行的。根据前面介绍的 WLAN 基本工作流程，我们可以得出基本的 WLAN 网络包括以下几项配置任务（都在 AC 上进行配置）。

① 创建 AP 组（可选）。

② 配置 AP 上线。

③ 配置 STA 上线。

【说明】WLAN 不同的特性和功能需要在不同类型的模板下进行配置和维护。这些模板统称为 WLAN 模板，如域管理模板、射频模板、VAP 模板、AP 系统模板等。当用户在配置 WLAN 业务功能时，网络管理人员需要在对应功能的 WLAN 模板中进行参数配置，配置完成后，还须将此模板引用到 AP 组或 AP 中，配置才会自动下发到 AP，进而使配置的功能在 AP 上生效。由于模板之间是存在相互引用关系的，因此用户在配置过程中，需要先了解各个模板之间存在的逻辑关系，可以在华为官方网站中下载产品手册进行了解。

本节先介绍 AP 组的创建方法，以上其他配置任务将在后面小节中介绍。

在 FIT AP+AC 的组网场景中，一台 AC 需要管理很多 AP，通常会有多个 AP 需要进行同样的配置（如这些 AP 设备都是相同或类似的机型，或加入到同一个 WLAN 网络），这种情况下可以将这些 AP 都加入同一 AP 组中，在 AP 组中进行统一配置，这样可简化操作步骤。所有加入这个 AP 组中的 AP 都将使用相同的配置，每个 AP 只能加入一个 AP 组。当然，这项配置任务是可选的，在 AP 数量很少的情况下，我们也可以直接针对每台 AP 来配置。

AP 被手动配置加入指定的 AP 组中，否则所有 AP 会自动加入名为 **default** 的默认 AP 组中。**默认的 AP 组不能被删除，但是可以进行配置修改**。所有 AP 组默认已引用了名为 **default** 的 AP 系统模板、2G 射频模板、5G 射频模板、域管理模板、WIDS 模板和 AP 有线口模板，通过局部的修改可满足大多数的配置需求。如果不想新建 AP 组，且网络中只需要一个 AP 组时，相关人员可直接通过修改默认的 **default** 组进行配置。

创建 AP 组的方法见表 9-5。

表 9-5 创建 AP 组的方法

步骤	命令	说明
1	**system-view** 例如：< Huawei > **system-view**	进入系统视图
2	**wlan** 例如：[Huawei] **wlan**	进入 WLAN 视图
3	**ap-group name** *group-name* 例如：[Huawei-wlan-view] **ap-group name** group1	创建 AP 组并进入 AP 组视图。参数 *group-name* 用来指定新创建的 AP 组名称，字符串类型，可输入的字符串长度为 1～35 个字符，不能包含“?”“/”和空格，双引号不能出现在字符串的首尾。 默认情况下，系统上存在名为 **default** 的 AP 组
4	**quit** 例如：[Huawei-wlan-ap-group-group1] **quit**	返回 WLAN 视图

创建 AP 组后，还需要将 AP 加入 AP 组中，AP 才能使用到 AP 组中的配置，我们将在 9.4 节中具体介绍。执行 **display ap-group { all | name** *group-name* **}** 命令，查看当前 AC 上已创建的 AP 组的信息。

9.4 配置 AP 上线

这项配置任务其实就是针对 9.2.1 节介绍的 AP 上线的工作原理进行的。通过配置网络中的各个网元（使网元间的网络互通），以及 AC 上的系统参数，AP 才能够找到正确的 AC；当 AP 通过 AC 的安全认证后，AP 才可在 AC 中正常上线。

配置 AP 上线涉及以下主要配置任务（也是在 AC 上进行配置的）。

① 配置 DHCP 服务器（可选）。

② 配置域管理模板。

③ 配置 AC 的源接口或源地址。

④ 添加 AP 设备。

9.4.1 配置 DHCP 服务器

AP 和 STA 获得各自的 IP 地址（这是 AP 和 STA 正常上线的前提条件之一）。如果 AP 和 STA 都需要通过 DHCP 方式获取 IP 地址，AC 设备可被作为 DHCP 服务器或者用独立的 DHCP 服务器为 AP 和 STA 分配 IP 地址。

我们将在第 10 章详细介绍普通的 DHCP 服务器的配置方法。这里仅介绍为了使 AP 发现 AC 时，需要事先在 DHCP 服务器上进行 Option 43 的配置方法。

【注意】当 AC 与 AP 在同一个网段时，不需要通过配置 Option 43 字段或通过 DNS 方式去获取 AC 的 IP 地址，AP 通过广播方式发现同一网段中的 AC 更简单。

当 AC 和 AP 不在同一个网段，且采用 DHCP 分配 IP 地址方式时，AP 发现 AC 需要通过配置 Option 43 字段指定 AC 的 CAPWAP 源 IP 地址，否则 AP 无法发现 AC，最终 AP 无法在 AC 上正常上线。

可在由华为设备担当的 DHCP 服务器上执行以下任一命令配置 **option** 43 字段。

① **option 43 sub-option 3 ascii** *ascii-string*：指定 ASCII 字符串类型的 AC IPv4 地址列表，支持空格，区分大小写，长度范围是 1～253，最多后面带 8 个以“,”分隔的 IPv4 地址。

例如 **option 43 sub-option 3 ascii** 192.168.0.1,192.168.0.2 命令以 ASCII 格式指定 AC IPv4 地址为 192.168.0.1 和 192.168.0.2。

② **option 43 sub-option 2 ip-address** *ip-address* <1-8>：指定 IP 地址类型的 AC IPv4 地址列表，点分十进制格式，最多后面带 8 个以空格分隔的 IPv4 地址。

例如 **option 43 sub-option 2 ip-address** 192.168.0.1 192.168.0.2 命令指定 AC IPv4 地址为 192.168.0.1 和 192.168.0.2。

③ **option 43 sub-option 1 hex** *hex-string*：指定十六进制字符串类型的 AC IPv4 地址列表，每个 IPv4 用 8 位十六进制表示，“.”不用表示，多个 IPv4 地址十六进制字符串之间无须分隔。

例如 **option 43 sub-option 1 hex** C0A80001C0A80002 命令以十六进制格式指定 AC IPv4 地址为 192.168.0.1 和 192.168.0.2。其中，“C0A80001”表示 IP 地址 192.168.0.1 的十六进制格式（不包括“.”号），“C0A80002”表示 IP 地址 192.168.0.2 的十六进制格式（不包括“.”号）。

9.4.2 配置域管理模板

域管理模板主要用于国家码的指定。国家码用来标识 AP 射频所在的国家，不同国家码规定了不同的 AP 射频特性，包括 AP 的发送功率、支持的信道等。配置国家码是为了使 AP 的射频特性符合不同国家或区域的法律法规要求。

域管理模板的具体配置步骤见表 9-6。默认的域管理模板中国家码为中国，2.4G 调优信道包括 1、6、11，5G 调优信道集合包括 149、153、157、161、165，5G 调优信道带宽为 20MHz。域管理模板配置好后，还需要在对应的 AP 或 AP 组下应用。

表 9-6　域管理模板的配置步骤

<table>
<tr><th>步骤</th><th>命令</th><th colspan="2">说明</th></tr>
<tr><td>1</td><td>system-view
例如：< Huawei > system-view</td><td colspan="2">进入系统视图</td></tr>
<tr><td>2</td><td>wlan
例如：[Huawei] wlan</td><td colspan="2">进入 WLAN 视图</td></tr>
<tr><td>3</td><td>regulatory-domain-profile name profile-name
例如：
[Huawei-wlan-view]regulatory-domain-profile name domain1</td><td colspan="2">创建域管理模板，并进入模板视图。参数 profile-name 用来指定域管理模板的名称。字符串类型，不区分大小写，可输入的字符串长度为 1～35 个字符，不能包含“?”和空格，双引号不能出现在字符串的首尾。
默认情况下，系统上存在名为 default 的域管理模板</td></tr>
<tr><td>4</td><td>country-code country-code
例如：[Huawei-wlan-regulate-domain-domain1] country-code CN</td><td colspan="2">（可选）配置国家码。默认情况下，设备的国家码标识为“CN”（代表中国）</td></tr>
<tr><td>5</td><td>quit
例如：[Huawei-wlan-regulate-domain-domain1] quit</td><td colspan="2">退出域管理模板视图，返回 WLAN 视图</td></tr>
<tr><td rowspan="4">6</td><td>ap-group name group-name
例如：[Huawei-wlan-view] ap-group name group1</td><td rowspan="2">（二选一）在 AP 组中引入域管理模板。仅当针对 AP 组域配置管理模板时采用</td><td>进入 AP 组视图</td></tr>
<tr><td>regulatory-domain-profile profile-name
例如：
[Huawei--wlan-ap-group-group1]regulatory-domain-profile domain1</td><td>在 AP 组中引用域管理模板。默认情况下，名为 default 的 AP 组引用了名为 default 的域管理模板</td></tr>
<tr><td>ap-id ap-id、ap-mac ap-mac 或 ap-name ap-name
例如：[Huawei-wlan-view] ap-id 11</td><td rowspan="2">（二选一）在 AP 中引入域管理模板。仅当直接针对具体 AP 配置域管理模板时采用</td><td>进入 AP 视图。必须在 AC 上通过 ap-id ap-id [[type-id type-id | ap-type ap-type] { ap-mac ap-mac | ap-sn ap-sn | ap-mac ap-mac ap-sn ap-sn }]或 ap-mac ap-mac [type-id type-id | ap-type ap-type] [ap-id ap-id] [ap-sn ap-sn]命令添加好对应的 AP。
• ap-id：为 AP 的索引号，整数类型，取值范围不同机型有所不同。
• ap-mac：AP 的 MAC 地址，格式为 H-H-H，其中 H 为 4 位的十六进制数。
• apname：AP 名称</td></tr>
<tr><td>regulatory-domain-profile profile-name
例如：
[Huawei-wlan-ap-0]regulatory-domain-profile domain1</td><td>在 AP 上引用域管理模板。AP 或 AP 组已经引用的域管理模板不能删除，如果要删除，需要先在 AP 视图或 AP 组视图下解除引用的域管理模板。
默认情况下，AP 上未引用域管理模板</td></tr>
</table>

配置好后，网络管理人员可执行 **display regulatory-domain-profile** { **all** | **name** *profile-name* }命令查看域管理模板下配置的国家码；执行 **display references regulatory-domain-profile name** *profile-name* 命令查看域管理模板的引用信息。

9.4.3 配置 AC 的源接口或源地址

每台 AC 至少指定一个管理 VLANIF 接口或者 Loopback 接口（不能是其他接口），用于在 AP 与 AC 间建立 CAPWAP 隧道。

① VLANIF 接口：适用于所有关联这个 AC 的 AP 都在同一个管理 VLAN 的场景。

② Loopback 接口：适用于关联这个 AC 的 AP 属于不同管理 VLAN 的场景。

创建并配置好 VLANIF 接口或 Loopback 接口后，网络管理人员可在系统视图下通过 **capwap source interface** { **vlanif** *vlan-id* | **loopback** *loopback-number*} 命令配置指定 VLANIF 接口，或 Loopback 接口作为 AP 与 AC 建立 CAPWAP 隧道的源接口。每个 AC 最多可以配置 8 个 VLANIF 源接口，用于管理位于不同 VLAN 中的 AP。**但配置多个源接口时，AP 的管理 VLAN 必须包含在源接口所对应的 VLAN 范围内**，否则 **AP 无法上线**。

9.4.4 添加 AP 设备

根据 9.2.1 节第 3 点“AP 接入控制”部分的介绍可知，AC 添加 AP 有 3 种方式：离线导入 AP、自动发现 AP 以及手工确认未认证列表中的 AP。**如果 AP 的 MAC 地址在 AP 黑名单中，则 AP 不能与 AC 建立连接。**

离线导入 AP 时，可以修改 AP 的默认配置参数（例如 AP 加入的 AP 组，默认加入的是名为 default 的 AP 组），AP 上线后将采用离线配置的数据进行工作。注意：采用 AP 自动发现方式时，**AP 只能采用默认的配置上线。如果已知 AP 的 MAC 或 SN 地址，建议采用离线导入 AP 方式。**

可同时配置 AP 黑名单和 AP 白名单（仅在 AP 自动发现方式中可配置，在此不作介绍），但是同一个 AP 的 MAC 地址不可以同时存在于 AP 黑名单和 AP 白名单中。若 AP 黑名单和 AP 白名单同时配置，会优先检查 AP 是否在黑名单中。

本节仅介绍离线导入 AP 设备的配置方法，具体配置步骤见表 9-7。

表 9-7 离线导入 AP 设备的配置步骤

步骤	命令	说明
1	**system-view** 例如：< Huawei > **system-view**	进入系统视图
2	**wlan** 例如：[Huawei] **wlan**	进入 WLAN 视图
3	**ap blacklist mac** *ap-mac*1 [**to** *ap-mac*2] 例如：[Huawei-wlan-view] **ap blacklist mac** 0025-9e07-8270 **to** 0025-9e07-8276	（可选）**将指定 MAC 地址的 AP 添加到 AP 黑名单** 如果 AP 的 MAC 地址在黑名单中存在，则此 AP 无法上线；如果上线的 AP 的 MAC 地址加入黑名单，则此 AP 也会被强制下线。可用 **display ap blacklist** 命令来查看 AP 黑名单信息。 默认情况下，AP 黑名单中没有 AP

续表

<table>
<tr><th>步骤</th><th>命令</th><th colspan="2">说明</th></tr>
<tr><td>4</td><td>ap auth-mode { mac-auth | sn-auth }
例如：[Huawei-wlan-view]
ap auth-mode　mac-auth</td><td colspan="2">配置 AP 认证模式为 MAC 认证或 SN 认证。
默认情况下，AP 认证模式为 MAC 地址认证</td></tr>
<tr><td rowspan="2">5</td><td>ap-id ap-id [[type-id type-id | ap-type ap-type] { ap-mac ap-mac | ap-sn ap-sn | ap-mac ap-mac ap-sn ap-sn }]
例如：[Huawei-wlan-view] ap-id 11 type-id 19 ap-mac 0025-9e07-8270</td><td rowspan="2">离线导入AP，即事先在 AC 上配置好 AP 的基本参数</td><td>（二选一）通过 AP 索引号添加 AP 进入 AP 视图。
• ap-id：AP 设备索引号。整数类型，取值范围不同机型有所不同，但要确保每个 AP 的索引号均不同。
• type-id type-id：AP 设备类型索引。整数类型，取值范围为 0～255。
• ap-type ap-type：AP 设备类型，即设备型号。字符串类型，取值范围为 1～31 个字符。
• ap-mac ap-mac：AP 的 MAC 地址。格式为 H-H-H，其中 H 为 4 位的十六进制数。
• ap-sn ap- sn：AP 的序列号。字符串类型，取值范围为 1～31 个字符，只能包括字母和数字。
增加 AP 时，相关人员必须输入 MAC 地址或 SN 序列号，或同时输入 MAC 地址和 SN 序列号：如果 AP 认证模式是 MAC 认证，AP 的 MAC 地址必须输入；如果 AP 认证模式是 SN 认证，则 AP 的 SN 序列号必须输入。配置后，提示符后面的 AP ID 就是你配置时指定的 ID 号，如本步骤示例中添加的 AP 索引号，即[Huawei-wlan-ap-11]。进入 AP 视图时，只需要输入 AP 索引号</td></tr>
<tr><td>ap-mac ap-mac [type-id type-id | ap-type ap-type] [ap-id ap-id] [ap-sn ap-sn]
例如：[Huawei-wlan-view] ap-mac 0025-9e07-8260</td><td>（二选一）通过 AP MAC 地址添加 AP 进入 AP 视图。参数同前面介绍。
增加 AP 时，必须输入 AP 的 MAC 地址，如果 AP 认证模式是 SN 认证，则必须输入 AP 的 SN 序列号。如果没有同时指定 AP ID，则在配置后，提示符后面的 AP ID 就是当前可用的最小 AP 索引号，如本步示例中假设当前可用的最小 AP 索引号为 10，则在提示符中显示[Huawei-wlan-ap-10]。
进入 AP 视图时，只需要输入 AP 的 MAC 地址。如果输入的 AP MAC 地址不存在，则会添加新的 AP 并进入 AP 视图</td></tr>
<tr><td>6</td><td>ap-name ap-name
例如：[Huawei-wlan-ap-0]ap-name area_1</td><td colspan="2">（可选）为以上 AP 配置一个 AP 名称，最好是有一定特征的名称，能帮助识别 AP 的位置或用户等</td></tr>
<tr><td>7</td><td>ap-group group-name
例如：[Huawei-wlan-ap-0]ap-group AP-N1-2</td><td colspan="2">（可选）配置 AP 加入在 9.3.1 节创建的 AP 组</td></tr>
</table>

AP 上线后，可在任意视图下执行 **display ap all** 命令，并检查 AP 上线结果。

9.5 配置 STA 上线

AP 在 AC 中成功上线后，还需要继续配置 STA 上线，STA 才能接入 WLAN 网络。STA 上线主要包括射频参数和 VAP 两个方面的配置，也是在 AC 上配置的。

9.5.1 配置射频

射频方面的配置主要涉及信道、天线增益、发射功率和工作频率等参数。可根据实际的网络环境对射频进行配置和优化，使 AP 具有更好地发送和接收射频信号的能力，提高 WLAN 网络的信号质量。射频主要包括以下两项基本配置任务。

① 配置基本射频参数。

② 创建并引用射频模板。

1. 配置基本射频参数

基本射频参数可以在 AC 上的 AP 或 AP 组下配置，具体步骤见表 9-8。AP 组下配置的射频参数对 AP 组内所有 AP 指定的射频生效，AP 下配置的射频参数只对单个 AP 指定的射频生效，且 AP 下配置的射频参数的优先级高于 AP 组下配置的射频参数。

表 9-8 基本射频参数的配置步骤

步骤	命令	说明
1	**system-view** 例如：< Huawei > **system-view**	进入系统视图
2	**wlan** 例如：[Huawei] **wlan**	进入 WLAN 视图
3	**ap-groupname** *group-name* 例如：[Huawei-wlan-view] **ap-groupname** group1 进入[Huawei-wlan-ap-group-group1]视图	（二选一）进入 AP 组视图，配置具体 AP 组的射频参数
	ap-id *ap-id* 或 **ap-name** *ap-name* 例如：[Huawei-wlan-view] **ap-id** 0 进入[Huawei-wlan-ap-0]视图	（二选一）进入 AP 视图，配置具体 AP 的射频参数。**通常采用基于 AP 来配置射频参数，让不同 AP 使用不同的信道。当然也可通过 AP 组配置，使多个 AP 使用相同的信道**
4	**radio** *radio-id* 例如：[Huawei-wlan-ap-0]**radio** 0 进入[Huawei-wlan-radio-0/0]视图	创建射频接口，进入射频视图。*radio-id* 是指射频 ID，整数形式，取值范围为 0～2，有些机型只有 0 和 1 两个 ID
5	**calibrate auto-channel-select disable** 例如：[Huawei-wlan-radio-0/0] **calibrate auto-channel-select disable**	去使能信道自动选择功能，默认情况下，信道自动选择功能已使能（**模拟器上的 VRP 系统版本暂不支持**）。 要手动配置信道时，必须先去使能信道自动选择功能，否则手动配置不生效

续表

步骤	命令	说明
6	**calibrate auto-txpower-select disable** 例如：[Huawei-wlan-radio-0/0] **calibrate auto-txpower-select disable**	去使能发送功率自动选择功能，默认情况下，发送功率自动选择功能已使能（**模拟器上的 VRP 系统版本暂不支持**）。 要手动配置发送功率时，必须先去使能功率自动选择功能，否则手动配置不生效
7	**channel** { **20mhz** | **40mhz-minus** | **40mhz-plus** | **80mhz** | **160mhz** } *channel* 或 **channel80+80mhz** *channel1channel2* 例如：[Huawei-wlan-radio-0/0] **channel 20mhz** 6	配置指定射频的工作带宽和使用的信道。 • **20mhz**：多选一选项，指定射频的工作带宽为 20MHz。 • **40mhz-minus**：多选一选项，指定射频的工作带宽为 40MHz Minus，即小于 40MHz。 • **40mhz-plus**：多选一选项，指定射频的工作带宽为 40MHz Plus，即大于 40MHz。 • **80mhz**：多选一选项，指定射频的工作带宽为 80MHz。 • **160mhz**：多选一选项，指定射频的工作带宽为 160MHz。 • **80+80mhz**：指定射频的工作带宽为 80+80MHz，相当于射频的实际工作带宽为 80MHz，信道间隔为 80MHz。 • *channel* 和 *channel1channel2*：指定射频的工作信道，信道基于国家代码和射频模式来进行选择。可以通过执行 **display ap configurable channel** { **ap-name** *ap-name* | **ap-id** *ap-id* }命令查看指定 AP 支持的可配置信道。 在我国，支持配置的 2.4GHz 频段 20MHz 信道编号为 1～13，40MHz+信道编号为 1～7，但为了避免食道重叠，要在以下四组中选择其中 3 个：1、6、11；2、7、12；3、8、13；4、9（**第 14 信道我国不可用**）；支持的 5GHz 频段 20MHz 信道编号（室内）为：36, 40, 44, 48, 52, 56, 60, 64, 149, 153, 157, 161, 165，但有些信道目前大多数终端不支持，可以改为配置终端支持的 149、153、157、161、165 信道。 只有 5G 射频视图下支持配置 80MHz、160MHz 和 80+80MHz；支持 11ac 的 AP 可以配置 80MHz，其中支持 4 空间流的 11ac AP 可以配置 160MHz 或 80+80MHz。 如果 AP 工作在双 5G（**即两个射频都是 5G 的），两个 5G 射频工作的信道之间至少相隔一个信道**。例如某国家支持以下 5G 40M+信道：36、44、52、60，部署 5G 射频工作信道时，如果一个射频部署在 36 信道，则另外一个信道建议至少部署在 52 信道，也可以部署在 60 信道，但不建议部署在 44 信道。 默认情况下，射频的工作带宽为 20MHz，未配置指定射频使用的信道。**为了避免信号干扰，请确保相邻 AP 工作在非重叠信道上**

续表

步骤	命令	说明
8	**antenna-gain** *antenna-gain* 例如：[Huawei-wlan-radio-0/0] **antenna-gain** 4	配置射频的天线增益，整数形式，取值范围为 0～30，单位为 dB。 天线增益是用来衡量天线朝一个特定方向收发信号的能力，它是选择基站天线最重要的参数之一。相同条件下，天线增益越高，电波传播的距离越远。**通过本命令配置的 AP 射频的天线增益必须与 AP 实际所接天线的天线增益保持一致**。 默认情况下，所有 AP 指定射频下未配置天线增益
9	**eirp** *eirp* 例如：[Huawei-wlan-radio-0/0] **eirp** 30	（可选）配置射频的发射功率，整数形式，取值范围为 1～127，单位为 dBm。可使用 **display radio** { **ap-name** *ap-name* | **ap-id** *ap-id* }命令在输出信息中查看“CE/ME”（AP 射频的当前实际功率/AP 射频的最大功率）字段获取该值。 默认情况下，射频的发射功率配置值为 127dBm
10	**coverage distance** *distance* 例如：[Huawei-wlan-radio-0/0] **coverage distance** 2	（可选）配置射频覆盖距离参数，整数类型，取值范围为 1～400，单位为 100m，相当于一个覆盖直径。用户可以根据 AP 间的实际距离来配置射频覆盖距离参数，**最好让不同 AP 覆盖的距离不重叠** 默认情况下，所有射频的射频覆盖距离参数为 3，单位为 100m，即 300m
11	**frequency** { **2.4g** | **5g** } 例如：[Huawei-wlan-radio-0/0] **frequency 5g**	（可选）配置射频工作的频段。 支持 2.4GHz/5GHz 射频切换的 AP，其个别射频能支持 2.4GHz 和 5GHz 两个频段，**但一个 AP 同一时间只能工作在一个频段上**。用户可以根据 STA 实际支持的频段，来配置 AP 工作在哪个频段。**如果网络中既有 2.4GHz 的 STA，又有 5GHz 的 STA，则要分别创建两个甚至多个射频（如射频 0、射频 1）来配置**。 默认情况下，射频 0 工作在 2.4GHz 频段，射频 2 工作在 5GHz 频段

2. 创建和引用射频模板

以上介绍的基本射频参数是直接在射频接口下配置的，其他一些通用的射频参数需在射频模板下配置，**但这是可选配置任务**，特别是在中小型 WLAN 网络中。默认情况下，设备上存在名称为 **default** 的 2G 射频模板和 5G 射频模板，**并且所有 AP 组中也已经引用了该默认的射频模板**，而 AC 系统已有默认的 **default** AP 组，所以即使不新建 AP 组，在中小型 WLAN 网络中可以不创建新射频模板，也无须手动引用默认的射频模板。但在较大的 WLAN 网络中，建议用户根据实际需求，创建不同的射频模板，在各射频模板中配置不同的参数，以满足不同的业务需求。HCIA 层次无须掌握其中具体参数的配置。

射频模板分为 2G 射频模板和 5G 射频模板，2G 射频模板只对 2.4GHz 的射频生效，5G 射频模板只对 5GHz 的射频生效。2.4GHz 射频支持 802.11b/g/n 类型的射频模式，5GHz 射频支持 802.11a/n 和 802.11ac 类型的射频模式。射频模板的创建及引用的配置步骤见表 9-9。

射频模板下的配置完成后，需将射频模板引用到 AP、AP 组，或者 AP 射频、AP 组射频中。下发配置后，对应射频模板下的配置才能在 AP 上生效，因为一个 AP 或一个 AP 组下可能创建多个射频，而不同射频中的参数可能又不一样。AP 组或 AP 下引用射频模板后，射频模板中的参数配置会对 AP 组或 AP 的所有射频生效；AP 射频或 AP 组射频下引用射频模板后，射频模板中的参数配置会对 AP 组或 AP 的指定射频生效。AP 和 AP 射频下的配置优先级高于 AP 组和 AP 组射频下的配置。注意 2G 射频模板只对 2.4G 射频生效，5G 射频模板只对 5G 射频生效。

表 9-9 射频模板及射频模板引用的配置步骤

步骤	命令	说明
1	**system-view** 例如：< Huawei > **system-view**	进入系统视图
2	**wlan** 例如：[Huawei] **wlan**	进入 WLAN 视图
3	**radio-2g-profilename** *profile-name* 或 **radio-5g-profilename** *profile-name* 例如：[Huawei-wlan-view] **radio-2g-profile name** radio-profile1	创建 2G 射频模板或 5G 射频模板，并进入射频模板视图。 默认情况下，系统上存在名为 **default** 的 2G 射频模板和 5G 射频模板。 **【说明】**本来在射频模板下还可以配置许多参数，但 HCIA 层次不作要求，故可以不创建新的射频模板，直接采用系统默认采用的 **default** 射频模板
4	**quit** 例如：[HUAWEI-wlan-radio-2g-prof-radio-profile1] **quit** 或[HUAWEI-wlan-radio-5g-prof-radio-profile1] **quit**	退出射频模板视图，返回 WLAN 视图
5	**ap-groupname** *group-name* 例如：[Huawei-wlan-view] **ap-groupname** group1	（二选一）进入 AP 组视图
	ap-id *ap-id*、**ap-mac** *ap-mac* 或 **ap-name** *ap-name* 例如：[Huawei-wlan-view] **ap-id** 0	（二选一）进入 AP 视图
6	**radio** *radio-id* 例如：[Huawei-wlan-ap-0] **radio** 0	（可选）进入射频视图，仅在 AP 射频或 AP 组射频应用射频模板时需要进入
7	**radio-2g-profile** *profile-name* { **radio** { *radio-id* | **all** } } 或 **radio-5g-profile** *profile-name* { **radio** { *id* | **all** } } 例如：[Huawei-wlan-ap-group-group1] **radio-2g-profile** radio-profile1 **radio** 0	（二选一）将指定的射频模板引用到 AP 或 AP 组下的指定射频或所有射频。此时不用配置第 6 步。 默认情况下，AP 组下引用名为 **default** 的 2G 射频模板和 5G 射频模板，AP 下未引用 2G 射频模板和 5G 射频模板
	radio-2g-profile *profile-name* 或 **radio-5g-profile** *profile-name* 例如：[Huawei-wlan-ap-group-group1] **radio-2g-profile** radio-profile1	（二选一）将指定的射频模板引用到第 5 步指定的 AP 射频或 AP 组射频中。此时需要配置第 6 步

9.5.2 配置 VAP

VAP 是 AP 设备上虚拟出来的业务功能实体，每个 VAP 对应一个唯一的 BSSID，但不同 VAP 的 SSID 可以相同，也可以不同。通过配置差异化的 VAP 模板（在 VAP 模板下可配置各项参数），并将 VAP 模板配置下发到 AP、AP 组、AP 射频或 AP 组射频，为用户提供差异化的 WLAN 业务，具体包括以下基本配置任务。

① 创建 VAP 模板。

② 配置数据转发方式。

③ 配置业务 VLAN。

④ 配置安全模板。

⑤ 配置 SSID 模板。

⑥ 应用 VAP 模板。

在以上几项配置任务中，业务 VLAN、**安全模板和 SSID 模板都将应用于 VAP 模板，而 VAP 模板最终应用于 AP、AP 组、AP 射频或 AP 组射频**，所以 AP、AP 组、AP 射频或 AP 组射频中的 VAP 参数的应用都是通过所引用对应的 VAP 模板实现的。

1. 创建 VAP 模板和数据转发方式配置

VAP 是为 AP 生成 VAP 提供参数配置的，而 VAP 用来为 STA 提供无线接入服务。通过配置 VAP 模板下的参数，使 AP 实现为 STA 提供不同无线业务服务的能力。VAP 模板可以在 AP 组视图、AP 视图、AP 射频视图、AP 组射频视图引用，在对应 AP 或 AP 射频下生成 VAP。**AP 组视图、AP 视图、AP 射频视图或 AP 组射频视图已经引用的 VAP 模板不能删除**，如果要删除，需要先在 AP 组视图、AP 视图、AP 射频视图或 AP 组射频视图下解除引用的 VAP 模板。

WLAN 网络中的数据包括控制报文（管理报文）和数据报文。控制报文是通过 CAPWAP 控制隧道转发的，数据报文根据是否通过 CAPWAP 数据隧道转发又分为隧道转发（又称为“集中转发”）方式和直接转发（又称为“本地转发”）方式两种。

创建 VAP 模板和数据转发方式的配置步骤见表 9-10。

表 9-10 创建 VAP 模板和数据转发方式的配置步骤

步骤	命令	说明
1	**system-view** 例如：< Huawei > **system-view**	进入系统视图
2	**wlan** 例如：[Huawei] **wlan**	进入 WLAN 视图
3	**vap-profile name** *profile-name* 例如：[Huawei-wlan-view] **vap-profile name** vap1	创建 VAP 模板，并进入模板视图。 默认情况下，系统上存在名为 **default** 的 VAP 模板，默认引用了名为 **default** 的 SSID 模板、安全模板和流量模板
4	**forward-mode { direct-forward | tunnel }** 例如：[Huawei-wlan-vap-prof-vap1] **forward-mode tunnel**	配置 VAP 模板下的数据转发方式。 • **direct-forward**：二选一选项，指定数据转发方式为直接转发，数据报文不需要经过 AC 转发，报文转发效率高，AC 所受压力小。 • **tunnel**：二选一选项，指定数据转发方式为隧道转发，AC 集中转发数据报文，安全性好，方便集中管理和控制，新增设备部署配置方便，对现网改动小。 默认情况下，数据转发方式为直接转发

2. 配置业务 VLAN

AP 上的业务 VLAN 是由 AC 上配置 VAP 模板下发给 AP 的，所以不需要在 AP 上配置业务 VLAN。业务 VLAN 最终是分配给 STA 用户加入的。VAP 下发给 AP 的业务 VLAN 可以是单个，也可以是多个。

当为单个时，相当于一个 SSID 中所包括的所有 STA 都加入同一个 VLAN 中，这样当 STA 数量太多时容易出现 IP 地址资源不足、其他区域 IP 地址资源浪费的情况。

当为多个时，VLAN pool 需先配置，然后在 VLAN pool 中加入多个 VLAN，最后将 VLAN pool 配置为 VAP 的业务 VLAN，实现一个 SSID 能够同时支持多个业务 VLAN 的目的。新接入的 STA 会被动态地分配到 VLAN pool 中的相同或不同 VLAN 中，减少了单个 VLAN 下的 STA 数目，缩小了广播域；同时每个 VLAN 尽量均匀地分配 IP 地址，减少 IP 地址的浪费。

业务 VLAN 的配置步骤见表 9-11，业务 VLAN 应用于对应的 VAP 模板时，才能下发给对应的 AP 并生效。

表 9-11 业务 VLAN 的配置步骤

步骤	命令	说明
1	**system-view** 例如：< Huawei > **system-view**	进入系统视图
2	**vlan pool** *pool-name* 例如：[Huawei] **vlan pool** test	（可选）创建 VLAN pool，并进入 VLAN pool 视图，仅当采用 VLAN pool 下发业务 VLAN 时需要配置。 默认情况下，设备上没有 VLAN pool
3	**vlan** { *start-vlan* [**to** *end-vlan*] } &<1-10> 例如：[Huawi-vlan-pool-test] **vlan** 9 12 **to** 14	（可选）将指定 VLAN（**必须事先在 AC 上创建好**）添加到 VLAN pool 中。 默认情况下，VLAN pool 下没有 VLAN
4	**quit** 例如：[Huawi-vlan-pool-test] **quit**	（可选）退出 VLAN pool 视图
5	**wlan** 例如：[Huawei] **wlan**	进入 WLAN 视图
6	**vap-profile name** *profile-name* 例如：[Huawei-wlan-view] **vap-profile name** vap1	进入对应的 VAP 模板视图
7	**service-vlan** { **vlan-id** *vlan-id* | **vlan-pool** *pool-name* } 例如：[Huawei-wlan-vap-prof-vap1] **vlan-pool** test	配置 VAP 的业务 VLAN。单个业务 VLAN 时要选择 **vlan-id** *vlan-id* 参数，并指定具体的 VLAN ID；多个业务 VLAN 时要选择 **vlan-pool** *pool-name* 参数，并指定在第 2、第 3 步中配置具体的 VLAN pool 默认情况下，VAP 的业务 VLAN 为 VLAN1

配置好后，我们可通过 **display vlan pool**{ **name** *pool-name* | **all** [**verbose**] }命令查看 VLAN pool 下的配置信息；通过 **display vap-profile** { **all** | **name** *profile-name* }命令查看 VAP 模板的配置信息和引用信息。

3. 配置安全模板

WLAN 技术使用无线射频信号作为业务数据的传输介质，这种开放式的信道使攻击者很容易对无线信道中传输的业务数据进行窃听或篡改。因此，安全性是 WLAN 最为重要的因素。通过安全模板，网络管理人员可以选择一种安全策略，从而更好地保护用户敏感数据的安全和用户的隐私。

安全模板提供了 WEP、WPA/WPA2、WAPI 的安全策略机制。每种安全策略可实现一整套安全机制，包括无线链路建立时的链路认证方式、无线用户上线时的用户接入认证方式和无线用户传输数据业务时的数据加密方式。创建安全模板时，如果不配置任何安全策略，则模板内默认安全策略为 **open-system**，即用户在搜索到无线网络时，不需要认证，可以直接访问网络。

安全模板的配置步骤见表 9-12（仅包括两种简单的安全策略），安全模板应用于对应的 VAP 模板时，才能下发给对应的 AP 并生效。

表 9-12　安全模板的配置步骤

<table>
<tr><th>步骤</th><th>命令</th><th colspan="2">说明</th></tr>
<tr><td>1</td><td>system-view
例如：< Huawei > system-view</td><td colspan="2">进入系统视图</td></tr>
<tr><td>2</td><td>wlan
例如：[Huawei] wlan</td><td colspan="2">进入 WLAN 视图</td></tr>
<tr><td>3</td><td>security-profile name profile-name
例如：[Huawei-wlan-view] security-profile name p1</td><td colspan="2">创建安全模板并进入模板视图。模板创建后，默认配置为不认证和不加密。
默认情况下，系统已经创建名称为 default、default-wds 和 default-mesh 的安全模板，可以调用，但不能删除。default 安全模板的安全策略为 WEP 开放认证：不认证，不加密</td></tr>
<tr><td rowspan="2">4</td><td rowspan="2">security wep [share-key]
例如：[Huawei-wlan-view] security wep share-key</td><td rowspan="2">（二选一）采用 WEP 认证</td><td>配置安全策略为 WEP，选择可选项 share-key 时，表示使用共享密钥认证，安全性较高，同时业务数据需要进行 WEP 加密。如果不选择可选项 share-key 时表示不对设备进行认证，只对业务数据进行 WEP 加密</td></tr>
<tr><td>可以配置多个 WEP 的共享密钥和密钥索引。
• key-id：密钥索引，0～3 的整数。
• wep-40：多选一选项，使用 WEP-40 方式认证。
• wep-104：多选一选项，使用 WEP-104 方式认证。
• wep-128：多选一选项，使用 WEP-128 方式认证。
• pass-phrase：二选一选项，使用短语密钥。
• hex：二选一选项，使用十六进制密钥。
• key-value：共享密钥。密钥可以以明文形式输入，也可以以密文形式输入。密钥以明文形式输入时，字符串形式，区分大小写，具体如下。</td></tr>
</table>

续表

<table>
<tr><th>步骤</th><th>命令</th><th colspan="2">说明</th></tr>
<tr><td rowspan="3">4</td><td>wep key key-id { wep-40 | wep-104 | wep-128 } { pass-phrase | hex } key-value
例如：[Huawei-wlan-sec-prof-p1] wep key 1 wep-128 hex 12345678123456781234567812345678</td><td rowspan="2">（二选一）采用 WEP 认证</td><td>➢ 如果是 WEP-40 方式认证的加密，表示是 10 个十六进制或者 5 个 ASCII 字符。
➢ 如果是 WEP-104 方式认证的加密，表示是 26 个十六进制或者 13 个 ASCII 字符。
➢ 如果是 WEP-128 方式认证的加密，表示是 32 个十六进制或者 16 个 ASCII 字符。
密码以密文形式输入时，字符串形式，取值范围为 48 或 68 个字符。
默认情况下，使用 WEP-40 方式认证，密钥为 Admin</td></tr>
<tr><td>wep default-key key-id
例如：[Huawei-wlan-sec-prof-p1] wep default-key 1</td><td>配置 WEP 使用的共享密钥的密钥索引。默认情况下，使用索引为 0 的密钥
WEP 的密钥可以配置 4 个，通过该命令配置指定索引的密钥生效，设备的密钥索引 ID 从 0 开始</td></tr>
<tr><td>security { wpa | wpa2 | wpa-wpa2 } psk { pass-phrase | hex } key-value { aes | tkip | aes-tkip }
例如：[Huawei-wlan-sec-prof-p1] security wapi psk pass-phrase testpassword123</td><td>（二选一）采用 PA/WPA2 认证</td><td>配置 WPA/WPA2 的预共享密钥认证和加密。
• wpa：多选一选项，使用 WPA 认证方式。
• wpa2：多选一选项，使用 WPA2 认证方式。
• wpa-wpa2：多选一选项，使用 WPA 和 WPA2 混合认证方式，即用户终端使用 WPA 或 WPA2 都可以进行认证。
• pass-phrase：二选一选项，指定密钥短语类型密钥。
• hex：二选一参数，指定采用十六进制数密钥（不支持密码复杂度检查）。
• key-value：配置认证密钥，8～63 个 ASCII 字符，或者 64 个十六进制字符，或者 48 或 68 或 88 或 108 个密文字符。
• aes：多选一选项，使用 AES（对称加密算法）方式加密数据。
• tkip：多选一选项，使用 TKIP 方式加密数据。
• aes-tkip：多选一选项，使用 AES（Advanced Encryption Standard，高级加密标准）和 TKIP 混合加密。用户终端支持 AES 或 TKIP，认证通过后，即可使用支持的算法加密数据。
默认情况下，安全策略为 open</td></tr>
</table>

续表

步骤	命令	说明
5	**quit** 例如：[Huawei-wlan-sec-prof-p1] **quit**	返回 WLAN 视图
6	**vap-profile name** *profile-name* 例如：[Huawei-wlan-view] **vap-profile name** vap1	进入对应的 VAP 模板视图
7	**security-profile** *profile-name* 例如：[Huawei-wlan-vap-prof-vap1] **security-profile** p1	在 VAP 模板中引用安全模板。 默认情况下，VAP 模板引用了名称为 **default** 的安全模板

配置好后，我们可通过 **display security-profile** { **all** \| **name** *profile-name* }命令查看安全模板的配置信息和引用信息。

4. 配置 SSID 模板

SSID 用来标识不同的 WLAN 网络。我们在 STA 上搜索可接入的无线网络时，显示出来的网络名称就是 SSID。在 SSID 模板中用户可以自定义 SSID 名称并配置其他相关参数。

SSID 模板的配置步骤见表 9-13，SSID 模板应用于对应的 VAP 模板中时，才能下发给对应的 AP 并生效。

表 9-13 SSID 模板的配置步骤

步骤	命令	说明
1	**system-view** 例如：< Huawei > **system-view**	进入系统视图
2	**wlan** 例如：[Huawei] **wlan**	进入 WLAN 视图
3	**ssid-profile name** *profile-name* 例如：[Huawei-wlan-view] **ssid-profile name** ssid1	创建 SSID 模板，并进入模板视图 默认情况下，系统上存在名为 **default** 的 SSID 模板，默认的 SSID 为 Huawei-WLAN
4	**ssid** *ssid* 例如：[Huawei-wlan-ssid-prof-ssid1] **ssid** produ	配置 SSID 名称，文本类型，区分大小写，可输入的字符串长度为 1～32 字符，支持中文字符，也支持中英文字符混合，不支持制表符。 默认情况下，SSID 模板中的 SSID 为 Huawei-WLAN
5	**quit** 例如：[Huawei-wlan-ssid-prof-ssid1] **quit**	返回 WLAN 视图
6	**vap-profile name** *profile-name* 例如：[Huawei-wlan-view] **vap-profile name** vap1	进入对应的 VAP 模板视图
7	**ssid-profile** *profile-name* 例如：[Huawei-wlan-vap-prof-vap1] **ssid-profile** ssid1	在 VAP 模板中引用 SSID 模板 默认情况下，VAP 模板下引用名为 **default** 的 SSID 模板

配置 SSID 模板后，我们可通过 **display ssid-profile** { **all** \| **name** *profile-name* }命令查看 SSID 模板的配置信息和引用信息。

5. 应用 VAP 模板

VAP 模板下的配置完成后，需要将 VAP 模板应用到 AP、AP 组或 AP 射频、AP 组射频中，然后由 AC 向 AP 下发配置后，VAP 模板下的配置才能在 AP 上生效。

应用 VAP 模板的配置步骤见表 9-14。AP 或 AP 组下应用 VAP 模板后，VAP 模板中的参数配置会对 AP 或 AP 组的所有射频生效；AP 射频或 AP 组射频下应用 VAP 模板后，VAP 模板中的参数配置会对 AP 或 AP 组的指定射频生效。这与前面介绍的射频模板的配置方法是一样的。

表 9-14 应用 VAP 模板的配置步骤

步骤	命令	说明
1	**system-view** 例如：< Huawei > **system-view**	进入系统视图
2	**wlan** 例如：[Huawei] **wlan**	进入 WLAN 视图
3	**ap-groupname** *group-name* 例如：[Huawei-wlan-view] **ap-groupname** group1	（二选一）进入 AP 组视图
	ap-id *ap-id*、**ap-mac** *ap-mac* 或 **ap-name***ap-name* 例如：[Huawei-wlan-view] **ap-id** 0	（二选一）进入 AP 视图
4	**Radio** *radio-id* 例如：[Huawei-wlan-ap-0] **radio** 0	（可选）进入射频视图，仅在 AP 射频或 AP 组射频下应用 VAP 模板时需要进入
5	**vap-profile** *profile-name* **wlan** *wlan-id* { **radio** { *radio-id* | **all** } } 例如：[Huawei-wlan-ap-group-group1] **vap-profile** vap1 **wlan** 1 **radio** 0	（二选一）在 AP 或 AP 组中指定 VAP ID 下所有或特定射频中应用创建的 VAP 模板。此时不用配置第 4 步 • *wlan-id*：VAP 的 ID，取值范围为 1～16，不同机型的取值范围有所不同。 • *radio-id*：指定射频的 ID，取值范为 0～2，不同机型的取值范围有所不同
	vap-profile *profile-name* **wlan** *wlan-id* 例如：[Huawi-wlan-radio-0/0] **vap-profile** vap1 **wlan** 1	（二选一）在第 4 步配置的指定 AP 或 AP 组射频中应用创建的 VAP 模板

VAP 配置好后，网络管理人员可在任意视图下执行 **display vap** { **ap-group** *ap-group-name* | { **ap-name** *ap-name* | **ap-id** *ap-id* } [**radio** *radio- id*] } [**ssid** *ssid*]或 **display vap** { **all** | **ssid** *ssid* }命令查看业务型 VAP 的相关信息。

WLAN 的基本业务配置完成后，AP 的覆盖范围内会生成对应的 WLAN 网络信号。用户通过使用手机、带有无线网卡的电脑等 STA 关联指定的 SSID，根据实际的配置情况输入 WLAN 网络的用户名、密码，以关联 WLAN 网络。通过检查 STA 的上线结果可以看到当前有哪些用户接入了 WLAN 网络。网络管理人员也可以在 AC 上执行 **display station** { **ap-group** *ap-group-name* | **ap-name** *ap-name* | **ap-id** *ap-id* | **ssid** *ssid* | **sta-mac** *sta-mac-address* | **vlan** *vlan-id* | **all** }命令查看 STA 的接入信息。

第 10 章 DHCP 和 NAT

本章主要内容

10.1　DHCP 的服务基础及配置

10.2　NAT 的服务基础及配置

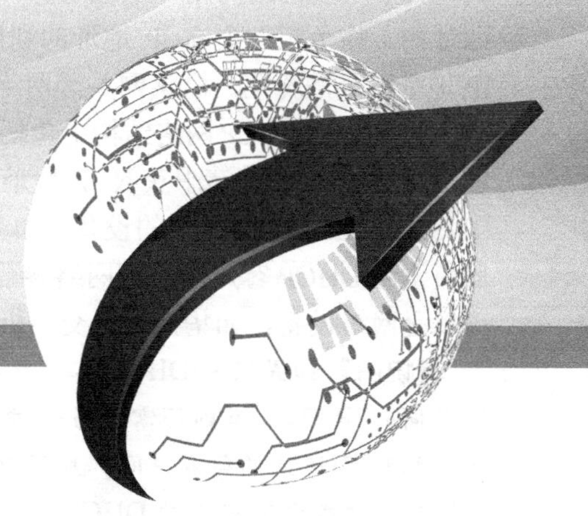

在企业网络维护中，DHCP 和 NAT 这两项功能是非常重要的，也是必不可少的。网络维护人员要正确理解和掌握 DHCP 和 NAT 技术的工作原理、相关功能配置与管理方法。

DHCP 主要为网络中的用户主机自动分配 IP 地址、网关、DNS 服务器信息，这样我们就不需要一台台主机去手动配置了，不仅大大提高了配置效率，还提高了配置的正确率。NAT 是内网用户访问的公网，是 Internet 必不可少的一项技术，它可以把内网用户发送的报文中携带的私网 IP 地址信息转换为在外网（主要是 Internet）中可以识别和路由的公网 IP 地址信息

本章向大家介绍 IPv4 网络中 DHCP 和 NAT 技术的工作原理，以及各项相关功能的配置与管理方法。有关 IPv6 网络中的 DHCPv6 技术原理和 DHCPv6 服务器配置方法将在本书的第 15 章介绍。

10.1 DHCP 的服务基础及配置

随着网络规模的扩大和网络复杂度的提高，网络配置变得越来越复杂，再加上用户计算机的数量剧增且位置不固定（如笔记本电脑或无线网络），出现了 IP 地址变化频繁以及 IP 地址不足的问题。

为了实现网络为用户主机动态、合理地分配 IP 地址，减轻管理员手动配置用户 IP 地址的工作负担，提高 IP 地址的利用率，我们可以使用 DHCP 服务来为用户主机配置 IP 地址、子网掩码、默认网关等网络参数。

最基本的DHCP网络结构中包括DHCP客户端和DHCP服务器两种设备角色。DHCP客户端通过 DHCP 请求获取 IP 地址等网络参数（包括请求的 IP 地址、网关 IP 地址、DNS 服务器 IP 地址等）的设备，如 IP 电话、PC 机、手机、笔记本电脑等。DHCP 服务器负责为 DHCP 客户端分配网络参数的设备，可以是主机，如各种服务器操作系统，也可以是网络设备，如华为三层交换机和路由器等。

【说明】如果仅有 DHCP 客户端和 DHCP 服务器，DHCP 客户端与 DHCP 服务器必须在同一 IP 网段，否则还需要另一种 DHCP 设备——DHCP 中继设备，该设备位于 DHCP 客户端和 DHCP 服务器中间，且可以有多个。DHCP 中继设备负责转发 DHCP 服务器和 DHCP 客户端之间交互的 DHCP 报文，协助 DHCP 服务器向 DHCP 客户端动态分配网络参数的设备。但在 HCIA 层次，我们仅需要掌握 DHCP 客户端和 DHCP 服务器在同一 IP 网段情形的功能配置方法。

10.1.1 DHCP 报文的类型及格式

DHCP 服务器为 DHCP 客户端分配或更新 IP 地址的过程是需要经过多种不同的 DHCP 报文交互来实现的。主要的 DHCP 报文的类型见表 10-1。

表 10-1 主要的 DHCP 报文的类型

报文类型	说明
DHCP DISCOVER	以广播方式发送，以发现网络中的 DHCP 服务器
DHCP OFFER	DHCP 服务器以广播方式向 DHCP 客户端发送应答报文，告知用户本服务器可以为其提供 IP 地址
DHCP REQUEST	有两种用途。①IP 地址自动分配时：选择第一个收到 OFFER 应答报文的服务器作为自己的目标服务器，然后以广播方式通告所有服务器。②DHCP 客户端在成功获取 IP 地址后，向 DHCP 服务器以单播方式请求续延租约
DHCP ACK	DHCP 服务器以广播方式发送 ACK 报文，响应客户端的 REQUEST 报文，通知用户可以使用分配的 IP 地址
DHCP NAK	DHCP 客户端以广播方式发送 NAK 应答报文，响应客户端的 REQUEST 报文，通知用户拒绝分配 IP 地址
DHCP RELEASE	当 DHCP 客户端不需要使用 IP 地址时，会主动向 DHCP 服务器以单播方式发送 RELEASE 请求报文，请求 DHCP 服务器释放对应的 IP 地址
DHCP DECLINE	当客户端发现服务器分配给它的 IP 地址发生冲突时会通过单播方式发送此报文来通知服务器，并且会重新向服务器申请地址

10.1.2　DHCP IP 地址的分配原理

DHCP 客户端以 UDP 68 号端口进行数据传输，DHCP 服务器以 UDP 67 号端口进行数据传输。在整个 DHCP 服务器为 DHCP 客户端初次提供 IP 地址自动分配的过程中，经过了以下 4 个阶段，使用了 4 个 DHCP 报文（不考虑 DHCP 中继）。

① 发现阶段：DHCP 客户端在网络中以广播方式发送 DHCP DISCOVER 请求报文，发现 DHCP 服务器，请求 IP 地址租约。

② 提供阶段：DHCP 服务器通过 DHCP OFFER 报文以广播方式向 DHCP 客户端提供 IP 地址预分配。

③ 选择阶段：DHCP 客户端通过 DHCP REQUEST 报文以广播方式确认选择第一个 DHCP 服务器为它提供 IP 地址自动分配服务。

④ 确认阶段：被选择的 DHCP 服务器通过 DHCP ACK 报文以广播方式把在 DHCP OFFER 报文中准备的 IP 地址租约给对应的 DHCP 客户端。

以上 4 种 DHCP 报文在 DHCP 服务器为 DHCP 客户端分配 IP 地址时都是采用广播方式发送的，交互流程如图 10-1 所示，具体说明如下。

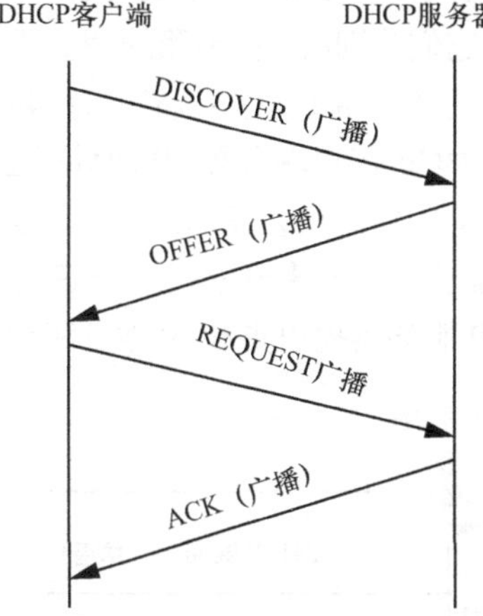

图 10-1　DHCP 服务器 IP 地址分配过程中的 DHCP 报文交互

① DHCP 客户端设备使能 DHCP 客户端功能时，会以**广播方式**（因为 DHCP 服务器 IP 地址未知）发送 DHCP Discover 报文，查找和定位 DHCP 服务器。

② 在与 DHCP 客户端同局域网（中间没有隔离三层设备）中的所有 DHCP 服务器均可收到客户端发来的 DHCP Discover 报文，然后各自从自己的 IP 地址池中选取一个未分配的 IP 地址，以**广播方式**（因为客户端还没有分配 IP 地址）向 DHCP 客户端发送 DHCP Offer 报文。此报文中包含分配给客户端的 IP 地址和其他配置信息。

③ 如果有多个 DHCP 服务器向 DHCP 客户端发送 DHCP Offer 报文，DHCP 客户端将会选择收到的第一个 DHCP Offer 报文，然后以**广播方式**（起到一个集体通告的作用）发送 DHCP Request 报文，在报文的 DHCP option 50 中包含客户端要请求的 IP 地址，也是被选择的 DHCP 服务器为它预分配的 IP 地址。

④ 收到 DHCP 客户端发送的 DHCP Request 报文后，各 DHCP 服务器根据其中的 IP 地

址信息可以获知自己是否被选中，未被选中的 DHCP 服务器会直接丢弃该请求报文。被选中的 DHCP 服务器先以 ping 方式检查一下要分配给客户端的 IP 地址在网络中是否存在冲突，确认不冲突后再以**广播方式**（同样因为客户端还没有分配 IP 地址）发送 DHCP ACK 报文。

如果 DHCP 服务器收到 DHCP-REQUEST 报文后，没有找到可分配的 IP 地址，则以广播方式发送 DHCP-NAK 报文作为应答，告知 DHCP 客户端无法分配合适的 IP 地址。

⑤ DHCP 客户端收到 DHCP ACK 报文后，会将获取的 IP 地址等信息进行配置和使用。

DHCP 客户端在获得了一个 IP 地址以后，会发送一个免费的 ARP 请求报文来探测网络中是否还有其他主机也在使用它所分配到的这个 IP 地址。如果有主机使用该 IP 地址，DHCP 客户端会以单播方式向 DHCP 服务器发送 DHCP DECLINE 报文，通知服务器该 IP 地址已被占用。然后 DHCP 客户端会向服务器重新申请一个 IP 地址。

DHCP 客户端还可以通过单播方式向 DHCP 服务器发送 DHCP Release 报文来主动释放原来所分配的 IP 地址。收到 DHCP Release 报文后，DHCP 服务器把该 IP 地址收回，分配给其他 DHCP 客户端。

10.1.3 DHCP IP 地址的更新原理

DHCP 客户端在申请到 IP 地址后，会保存 3 个定时器：租约期更新定时器、租约期重绑定定时器和租约期失效定时器，它们分别用来控制租约期更新、租约期重绑定和租约期失效。

租约期更新定时器=1/2 租约期，租约期重绑定定时器=7/8 租约期，租约期失效定时器=租约期。DHCP 服务器为 DHCP 客户端分配 IP 地址时会指定租约期。如果 DHCP 服务器没有指定定时器的值，DHCP 客户端会使用默认值，默认租约期为 1 天。

当租约期满后 DHCP 服务器会收回原来分配的这个 IP 地址，如果 DHCP 客户端希望继续使用该地址，则需要向 DHCP 服务器提出更新 IP 地址租约的申请，具体如图 10-2 所示。

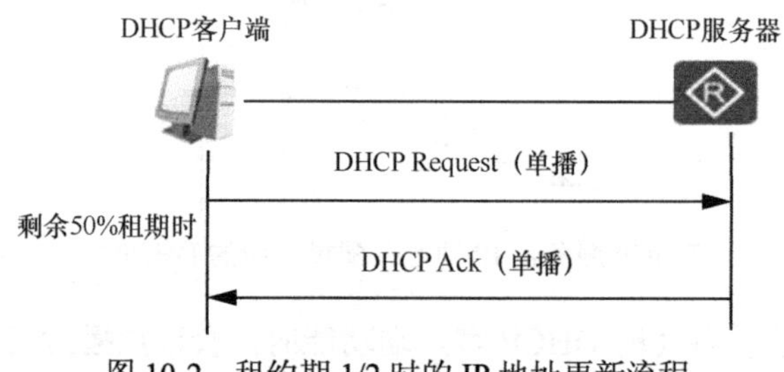

图 10-2 租约期 1/2 时的 IP 地址更新流程

① IP 地址租约期限达 **1/2** 时向对应的 DHCP 服务器**以单播方式**发送 DHCP Request 报文，以期进行 IP 租约的更新。

② 同意续约时，DHCP 服务器向客户端**以单播方式**应答 DHCP ACK 报文，可以继续使用此 IP 地址；否则**以单播方式**应答 DHCP NAK 报文，此 IP 地址到期后不再分配给该客户端。

③ 如果上面的更新申请失败，默认情况下，重绑定定时器会在租约期剩余 **12.5%**（即已达租约期 **7/8** 时）的时候超时，超时后 DHCP 客户端会认为原 DHCP 服务器不可用，于是开始重新在网络上以**广播方式**发送 DHCP Request 报文。此时，网络上任何一台 DHCP 服务器都可以应答 DHCP Ack 或 DHCP NAK 报文，具体如图 10-3 所示。

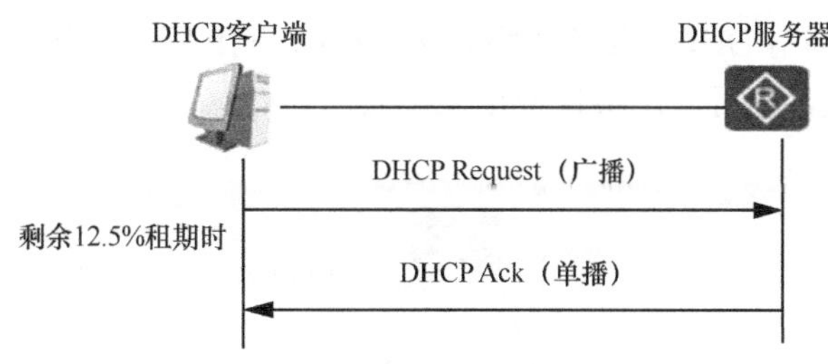

图 10-3　租约期 7/8 时的 IP 地址更新流程

如果收到 DHCP ACK 报文，DHCP 客户端重新进入绑定状态，复位租约期更新定时器。如果收到 DHCP NAK 报文，DHCP 客户端进入初始化状态，立刻停止使用现有的 IP 地址，重新申请 IP 地址。

10.1.4　两种 DHCP 服务器的地址池及应用场景

在华为设备中，DHCP 服务器中的 IP 地址池有以下两种。

① 全局地址池：从所有接口（包括 VLAN 接口、子接口等三层接口）上线的用户都可以选择该地址池中的地址，一般应用于 DHCP 服务器和 DHCP 客户端在不同 IP 网段情形（要配置 DHCP 中继），但也可以应用于 DHCP 服务器与 DHCP 客户端在同一 IP 网段情形。

② 接口地址池：只有从指定接口上线的用户才可以从该地址池中分配地址，**仅应用于 DHCP 服务器和 DHCP 客户端在同一网段的情形**。

DHCP 服务器选择地址池的原则如下。

① 无 DHCP 中继场景下，DHCP 服务器选择与接收 DHCP 请求报文的接口 IP 地址处于同一网段的地址池。

② 有 DHCP 中继场景下，DHCP 服务器选择与 DHCP 请求报文中 giaddr 字段（标识客户端所在网段）位于同一网段的地址池。

下面介绍几种典型场景下，两种地址池的应用。

① DHCP 客户端与 DHCP 服务器不在同一 IP 网段（如图 10-4 所示），必须配置 DHCP 中继，只能采用全局地址池模式。

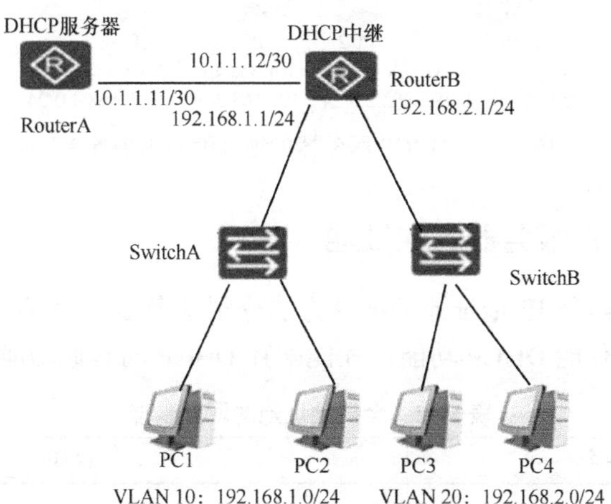

图 10-4　DHCP 服务器的地址池应用场景 1

② DHCP 客户端与 DHCP 服务器物理接口在同一 IP 网段（如图 10-5 所示），既可采用全局地址池模式，也可采用接口地址池模式。

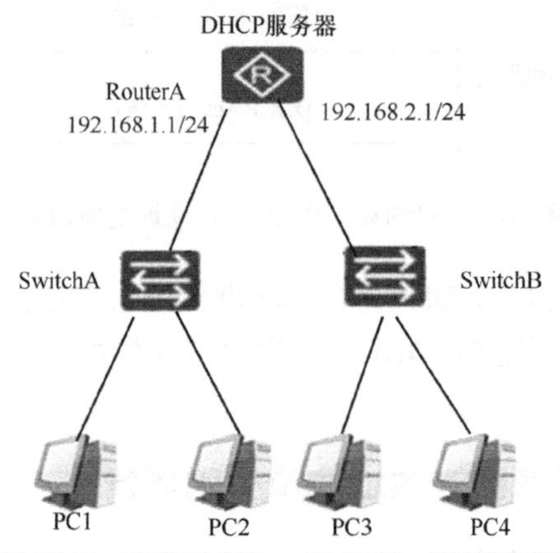

图 10-5 DHCP 服务器的地址池应用场景 2

③ DHCP 客户端与 DHCP 服务器子接口在同一 IP 网段（如图 10-6 所示），既可采用全局地址池模式，也可采用接口地址池模式。

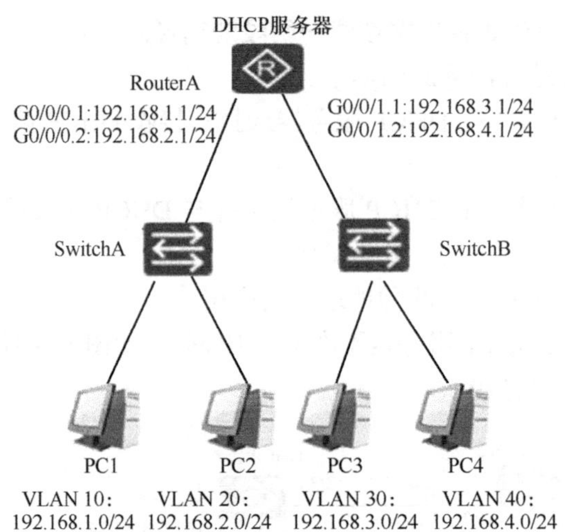

图 10-6 DHCP 服务器的地址池应用场景 3

10.1.5 配置 DHCP 服务器的地址池

DHCP 服务器的两种 IP 地址池的配置方法分别见表 10-2 和表 10-3。但须先要在系统视图下执行命令，使能 DHCP 功能，才能配置 DHCP 的其他功能并生效。

表 10-2 全局地址池的配置步骤

步骤	命令	说明
1	**system-view** 例如：< Huawei > **system-view**	进入系统视图

续表

步骤	命令	说明
2	**dhcp enable** 例如：[Huawei] **dhcp enable**	使能 DHCP 功能，是 DHCP 相关功能的总开关，DHCP Relay、DHCP Snooping、DHCP Server 等功能都要在执行本命令使能 DHCP 功能后才会生效。 默认情况下，系统未开启 DHCP 功能
3	**ip pool** *ip-pool-name* 例如：[Huawei] **ip pool** global1	创建全局地址池，同时进入全局地址池视图。参数 *ip-pool-name* 用来指定所创建的地址池名称，不支持空格，1～64 个字符，可设定为包含数字、字母和下划线"_"或"."的组合 【说明】可为不同网段的 DHCP 客户端创建**多个不同网段**的全局地址池，但多个地址池中的 IP 地址范围不能重叠或者交叉 默认情况下，设备上没有创建任何全局地址池，可用 **undo ip pool** *ip-pool-name* 命令删除指定的全局地址池。但如果全局地址池的 IP 地址正在使用，则不能删除该全局地址池
4	**network** *ip-address* [**mask** { *mask* | *mask-length* }] 例如：[Huawei-ip-pool-global1] **network** 10.1.1.0 **mask** 24	配置全局地址池可动态分配的 IP 地址范围。 • *ip-address*：指定地址中的网络地址段，必须是一个网络 IP 地址，必须是 A、B、C 三类 IP 地址或由基划分的子网中的一种，但不能是主机 IP 地址和广播 IP 地址。 • **mask** { *mask* | *mask-length* }：可选参数，指定 IP 地址池中 IP 地址对应的子网掩码（选择 *mask* 参数时）或者子网掩码长度（选择 *mask-length* 参数时）。如果不指定该参数，则使用自然掩码。**掩码长度不能配置为 0、1、31 和 32（也不能是对应的掩码）。** 【注意】**每个 IP 地址池只能配置一个网段**，该网段可配置为需求的任意网段。如果系统需要多网段 IP 地址，则需要配置多个全局地址池，**但不同地址池中的 IP 地址范围不能重叠或者交叉，且所配置的地址池范围不能大于 64 K 个**（1K=1024） 默认情况下，系统未配置全局地址池下动态分配的 IP 地址范围，可用 **undo network** 命令删除所有配置的全局地址池中的地址范围
5	**Section** *section-id start-address* [*end-address*] 例如：[Huawei-ip-pool-global1] **section** 0 10.1.1.10 10.1.1.15	（可选）配置全局地址池中的 IP 地址段。 • *section-id*：指定 IP 地址池中地址段的编号，整数形式，取值范围为 0～255。 • *start-address*：指定地址段的起始 IP 地址。 • *end-address*：可选参数，指定地址段的结束 IP 地址。**当不指定结束 IP 地址时，表示此地址段里只有一个起始 IP 地址。** 【注意】配置全局地址池中的 IP 地址段时，遵循如下约束。 • 如果先配置了第 3 步 **network** 命令，则本步命令中设置的地址段范围必须在 **network** 命令设置的地址范围之内。 • 如果先配置了本步命令，则第 3 步的 **network** 命令设置的地址范围中必须包含本步设置的地址段。 • IP 地址池由一个或多个 IP 地址段组成，各个地址段内的 IP 地址不能有重叠。 默认情况下，未配置 IP 地址池中的 IP 地址段，可用 **undo section** *section-id* 命令删除 IP 地址池里的 IP 地址段配置

续表

步骤	命令	说明
6	**excluded-ip-address** *start-ip-address* [*end-ip-address*] 例如：[Huawei-ip-pool-global1] **excluded-ip-address** 10.10.10.10 10.10.10.20	（可选）配置地址池中不参与自动分配的 IP 地址。网络规划时，地址池网段的某些 IP 地址可能已经被服务器或其他主机占用，或者某些客户端有特殊需求只能配置某些 IP 地址。这种情况下，需要把这些不能参与自动分配的 IP 地址在地址池中排除出去，防止这些地址被 DHCP 服务器自动分配出去，造成 IP 地址冲突。 • *start-ip-address*：指定不参与自动分配的 IP 地址段的起始 IP 地址 • *end-ip-address*：可选参数，指定不参与自动分配的 IP 地址段的结束 IP 地址。如果不指定该参数，表示只有一个 IP 地址，即 *start-ip-address*。 【注意】配置本步时要注意以下几点。 • 被排除的 IP 地址或 IP 地址段必须在本地址池的范围内。 • 地址池网关 IP 地址不需要额外排除，因为设备自动将其加入不参与自动分配的 IP 地址列表。 • DHCP 服务器连接 DHCP 客户端侧的接口 IP 地址时不需要配置，地址分配时，设备自动将其置为冲突状态。 • 多次执行此命令可以排除多个不参与自动分配的 IP 地址或 IP 地址段。 默认情况下，未配置地址池中不参与自动分配的 IP 地址，可用 **undo excluded-ip-address** *start-ip-address* [*end-ip-address*]命令删除指定的不参与自动分配的 IP 地址范围
7	**static-bindip-address** *ip-address* **mac-address** *mac-address* 例如：[Huawei-ip-pool-global1] **static-bind ip-address** 192.168.1.10 **mac-address** dcd2-fc96-e4c0	（可选）配置为指定 DHCP 客户端分配固定 IP 地址。 • **ip-address** *ip-address*：指定待绑定的 IP 地址，必须是当前全局地址池中的合法 IP 地址。被绑定的 IP 地址需要确保没有被设置为不参与分配的 IP 地址，也没有被 DHCP 服务器分配出去 • **mac-address** *mac-address*：指定要静态分配 IP 地址的用户主机的 MAC 地址，格式为 H-H-H，其中 H 为 4 位的十六进制数 【注意】IP 地址与 MAC 地址绑定后，此 IP 地址不作租期管理（视为租约期不限），并且当绑定的用户正在使用此 IP 地址时，不能删除此绑定设置。 默认情况下，没有配置为指定 DHCP 客户端分配固定 IP 地址，可用 **undo static-bind** [**ip-address** *ip-address* | **mac-address** *mac-address*]命令删除全局地址池下 IP 地址与 MAC 地址的绑定关系
8	**lease** { **day** *day* [**hour** *hour* [**minute** *minute*]] | **unlimited** } 例如：[Huawei-ip-pool-global1] **lease day** 24	（可选）配置地址池中的 IP 地址租用期。 • **day** *day*：指定客户端租用 IP 地址的期限，取值范围为 0～999 的整数，默认值是 1。 • **hour** *hour*：二选一可选参数，指定客户端租用 IP 地址的小时数，取值范围为 0～23 的整数，默认值是 0。 • **minute** *minute*：可选参数，指定客户端租用 IP 地址的分钟数，取值范围为 0～59 的整数，默认值是 0。 • **unlimited**：二选一可选选项，指定客户端可以无限期租用所分配的 IP 地址。 默认情况下，客户端租用 IP 地址的期限为 1 天，可用 **undo lease** 命令恢复地址池默认租用期配置

续表

步骤	命令	说明
9	**gateway-list** *ip-address* <1-8> 例如：[Huawei-ip-pool-global1] **gateway-list** 10.1.1.1	配置到达 DHCP 服务器预分配给 DHCP 客户端的默认网关地址。参数 *ip-address* <1-8>用来为对应地址池中 DHCP 客户端指定最多 8 个（**以空格分隔**）网关 IP 地址，不能设置为广播地址。 默认情况下，没有配置出口网关地址，可用 **undo gateway-list** { *ip-address* | **all** }命令删除对应指定的或所有的网关配置
10	**dns-list** *ip-address* <1-8> 例如：[Huawei-ip-pool-global1] **dns-list** 10.10.10.10	（可选）指定全局地址池下的 DNS 服务器 IP 地址，最多可以配置 8 个，用空格分隔。其中第一个分配给客户端作为主用地址，其他 7 个作为备用地址（还可用于对流量进行负载分担和提高网络的可靠性）。 默认情况下，全局地址池下未配置 DNS 服务器地址，可用 **undo dns-list** { *ip-address* | **all** }命令删除全局地址池下指定的或者全部 DNS 服务器 IP 地址
11	**quit** 例如：[Huawei-ip-pool-global1] **quit**	返回全局配置模式
12	**interface** *interface-typeinterface-number* [*.subinterface-number*] 例如：[Huawei] **interface** gigabitethernet1/0/0	进入 DHCP 服务器三层接口视图或子接口视图
13	**dhcp select global** 例如：[Huawei-GigabitEthernet1/0/0] **dhcp select global**	使指定接口采用全局地址池，从该接口上线的用户可以从全局地址池中获取 IP 地址等网络参数。 默认情况下，未使能接口采用全局地址池的 DHCP 服务器功能，可用 **undo dhcp select global** 命令关闭接口采用全局地址池的 DHCP 服务器功能

表 10-3　接口地址池的配置步骤

步骤	命令	说明
1	**system-view** 例如：< Huawei >**system-view**	进入系统视图
2	**dhcp enable** 例如：[Huawei] **dhcp enable**	使能 DHCP 功能，其他说明参见本节表 10-2 中的第 2 步
3	**interface** *interface-type interface-number* 例如：**interface** gigabitethernet 1/0/0	进入 DHCP 服务器三层接口视图或子接口视图
4	**dhcp select interface** 例如：[Huawei-GigabitEthernet1/0/0] **dhcp select interface**	使能以上接口采用接口地址池的 DHCP 服务器功能。接口地址池可动态分配的 IP 地址范围就是接口的 IP 地址所在的网段，且只在此接口下有效。如果设备作为 DHCP 服务器为多个接口下的客户端提供 DHCP 服务，需要分别在多个接口上重复执行此步骤使能 DHCP 服务功能。 默认情况下，系统未使能接口采用接口地址池的 DHCP 服务器功能，可用 **undo dhcp select interface** 命令去使能接口采用接口地址池的 DHCP 服务器功能

续表

步骤	命令	说明
5	**dhcp server ip-range** *start-ip-address end-ip-address* 例如：[Huawei-GigabitEthernet1/0/0]**dhcp server ip-range** 192.168.1.2 192.168.1.100	（可选）指定 DHCP 服务器预分配给 DHCP 客户端的 IP 地址范围。参数 *start-ip-addressend-ip-address* 分别用来指定可分配的 IP 地址范围中的起始、结束 IP 地址，**但必须是 DHCP 服务器接口 IP 地址所在网段中的 IP 地址。** 默认情况下，未指定 DHCP 服务器预分配给 DHCP 客户端的 IP 地址范围，即为 DHCP 服务器接口 IP 地址的整个网段，可用 **undo dhcp server ip-range** 命令删除可分配 IP 地址范围配置
6	**dhcp server mask** { *mask* | *mask-length* } 例如：[Huawei-GigabitEthernet1/0/0]**dhcp server mask** 255.255.255.0	（可选）指定 DHCP 服务器预分配给 DHCP 客户端的 IP 地址的子网掩码，**掩码长度等于 DHCP 服务器接口 IP 地址的子网掩码。** 默认情况下，未指定 DHCP 服务器预分配给 DHCP 客户端的 IP 地址的子网掩码，即为 DHCP 服务器接口 IP 地址的子网掩码，可用 **undo dhcp server mask** 命令删除可分配 IP 地址的子网掩码配置
7	**dhcp server lease** { **day** *day* [**hour***hour* [**minute** *minute*]] | **unlimited** } 例如：[Huawei-GigabitEthernet1/0/0]**dhcp server lease day** 2 **hour** 2 **minute** 30	（可选）配置接口地址池中的 IP 地址租期。命令中的参数说明参见本节表 10-2 第 8 步。 默认情况下，接口地址池中 IP 地址的租用有效期限为 1 天，可用 **undo dhcp server lease** 命令恢复 IP 地址的租用有效期为默认配置
8	**dhcp server excluded-ip-address** *start-ip-address* [*end-ip-address*] 例如：[Huawei-GigabitEthernet1/0/0]**dhcp server excluded-ip-address**10.10.10.11 10.10.10.20	（可选）配置接口地址池中要排除分配的 IP 地址。命令中的参数说明参见本节表 10-2 第 6 步。 默认情况下，地址池中所有 IP 地址都参与自动分配，可用 **undo dhcp server excluded-ip-address** *start-ip-address* [*end-ip-address*] 命令删除指定的要被排除的 IP 地址范围
9	**dhcp server static-bind ip-address** *ip-address* **mac-address** *mac-address* 例如：[Huawei-GigabitEthernet1/0/0]**dhcp serverstatic-bindip-address**10.10.10.10 **mac-address** dcd2-fc96-e4c0	（可选）配置为指定 DHCP Client 分配固定 IP 地址。命令中的参数说明参见本节表 10-2 第 7 步。 默认情况下，没有配置为指定 DHCP Client 分配固定 IP 地址，可用 **undo dhcp server static-bind** [**ip-address** *ip-address* | **mac-address** *mac-address*] 命令删除接口地址池下 IP 地址与 DHCP Client 的 MAC 地址的绑定
10	**dhcp server dns-list** *ip-address* &<1-8> 例如：[Huawei-Ethernet1/0/0] **dhcp server dns-list** 10.10.10.10	（可选）指定接口地址池下的 DNS 服务器 IP 地址，最多可以配置 8 个，用空格分隔 默认情况下，接口地址池下未配置 DNS 服务器地址，可用 **undo dhcp server dns-list** { *ip-address* | **all** }命令删除接口地址池下指定的或者全部 DNS 服务器 IP 地址
11	**dhcp server gateway-list** *ip-address*&<1-8> 例如： [Huawei-Ethernet1/0/0]**dhcp server gateway-list** 10.1.1.1 10.1.1.2	（可选）指定接口地址池下的网关 IP 地址，最多可以配置 8 个，用空格分隔。**这些网关 IP 地址可以不是 DHCP 服务器接口 IP 地址**

配置好后，我们可用 **display ip pool** 用户视图命令查看所有 IP 地址池信息。管理员可以查看地址池的网关、子网掩码、IP 地址统计信息、发生冲突的 IP 地址等内容，监控地址池的使用情况，了解已分配的 IP 地址数量，以及其他使用统计信息。

【示例 1】创建一个名为 global1 的全局地址池，地址池中的 IP 地址网段为 10.1.1.0/24，排除 10.10.10.10～10.10.10.20 的 IP 地址，租用有效期为 2 天 2 小时 30 分，网关地址为 10.1.1.1，DNS 服务器的 IP 地址为 10.10.10.10。

```
<Huawei>system-view
[Huawei] dhcp enable #---启动 DHCP 服务，包括 DHCP 服务器功能
[Huawei]ip pool global1
[Huawei-ip-pool-global1] network 10.1.1.0 mask 24#---指定分配给客户端的 IP 地址所在网段 10.1.1.0/24
[Huawei-ip-pool-global1] leaseday 2 hour 2 minute 30 #---设置 IP 地址租用期为 2 天 2 小时 30 分
[Huawei-ip-pool-global1] dns-list 10.10.10.10 #---为客户端配置 IP 地址为 10.10.10.10 的 DNS 服务器
[Huawei-ip-pool-global1] gateway-list 10.1.1.1 #---设置为客户端分配 IP 地址为 10.1.1.1 的网关
[Huawei-ip-pool-global1] excluded-ip-address 10.1.1.10 10.1.1.20#--排除 10.1.1.10～10.1.1.20 之间的地址
[Huawei-ip-pool-global1]exit
[Huawei] interface gigabitethernet 1/0/0
[Huawei-GigabitEthernet1/0/0] ip address 10.1.1.1 24
[Huawei-GigabitEthernet1/0/0] dhcp select global#---启用全局 DHCP 地址池功能
[Huawei-GigabitEthernet1/0/0]quit
```

【示例 2】 在 GE1/0/0 接口上配置 DHCP 服务器，预分配给 DHCP 客户端的 IP 地址范围为 10.1.1.2～10.1.1.100，子网掩码为 255.255.255.0，租用有效期为 2 天 2 小时 30 分，网关地址为 10.1.1.1，DNS 服务器的 IP 地址为 10.10.1.254。

```
<Huawei>system-view
[Huawei] dhcpenable
[Huawei] interface gigabitethernet 1/0/0
[Huawei-GigabitEthernet1/0/0] ipaddress 10.1.1.1 24
[Huawei-GigabitEthernet1/0/0] dhcp server ip-range 10.1.1.2 10.1.1.100#---设置允许分配给客户端的 IP 地址范围为
10.1.1.2～10.1.1.100，默认为 DHCP 服务器接口所在网段的全部 IP 地址
[Huawei-GigabitEthernet1/0/0] dhcp server mask 255.255.255.0#--设置为客户端分配的 IP 地址的子网掩码，默认为
DHCP 服务器接口 IP 地址对应的子网掩码
[Huawei-GigabitEthernet1/0/0] dhcp server lease day 2 hour 2 minute 30#---设置 IP 地址租用期为 2 天 2 小时 30 分
[Huawei-GigabitEthernet1/0/0] dhcp server excluded-ip-address 10.1.1.10 10.1.1.20#---设置 10.1.1.10～10.1.1.20 范围内
的 IP 地址不能分配给客户端
[Huawei-GigabitEthernet1/0/0] dhcp server gateway-list 10.1.1.1#---为客户端配置 IP 地址为 10.1.1.1 的网关，可以不是
DHCP 服务器接口 IP 地址
[Huawei-GigabitEthernet1/0/0] dhcp server dns-list 10.10.1.254#---为客户端配置 IP 地址为 10.10.1.254 的 DNS 服务器
[Huawei-GigabitEthernet1/0/0] dhcp select interface#---启用接口 DHCP 地址池功能
[Huawei-GigabitEthernet1/0/0]quit
```

10.2　NAT 的服务基础及配置

随着 Internet 的发展和网络应用的增多，IPv4 地址枯竭已成为制约网络发展的瓶颈。尽管 IPv6 可以从根本上解决 IPv4 地址空间不足的问题，但目前众多网络设备和网络应用大多是基于 IPv4 的，因此在 IPv6 广泛应用之前，仍然需要采取一定的技术手段来解决这一问题，其中最有效的手段就是本节将要介绍的 NAT。

NAT 是将 IPv4 报文头部中的 IP 地址（可以是源 IP 地址，也可以是目的 IP 地址）转换为另一个网络中合法 IP 地址的过程，主要用于实现内部网络（私网地址）访问外部网络（公网地址）的功能，因为私网 IPv4 地址不能在公网中路由。通过地址重用的方法来满足 IPv4 地址的需要，在一定程度上可以缓解 IP 地址空间枯竭的压力。NAT 是通过

IPv4 地址重用的方法来满足 IPv4 地址的需要，在一定程度上可以缓解 IPv4 地址空间枯竭的压力。但由于要对 IPv4 数据包头部中的 IP 地址进行转换，所以**进入 NAT 设备的 IPv4 数据包不能被加密**。

NAT 一般部署在连接内网和外网的网关设备上，如图 10-7 中的 RTA。当收到的报文源地址为私网地址、目的地址为公网地址时，NAT 可以将源私网地址转换成一个公网地址。这样公网目的地就能够收到报文，并做出响应。此时，NAT 设备上还会创建一个 NAT 映射表，以便判断从公网收到的报文经过 NAT 设备时进行反向目的地址转换后发往私网内的目的主机。

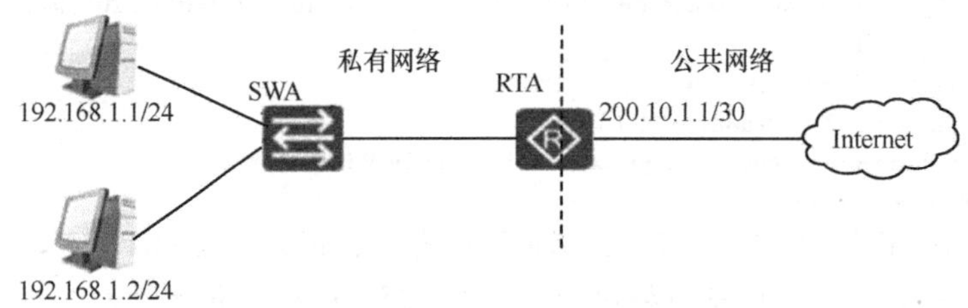

图 10-7 NAT 应用的基本网络结构

10.2.1 NAT 的分类

根据报文中 IP 地址的转换过程以及 NAT 技术的主要应用，在 AR G3 系列路由器中把所支持的 NAT 特性分为三大类：动态 NAT、静态 NAT 和 NAT Server（NAT 服务器）。在实际应用中，它们分别对应动态地址转换、静态地址转换和内部服务器。

1. 动态 NAT

动态 NAT 中的私网 IP 地址与公网 IP 地址之间的转换是不固定的，具有动态性，是通过把需要访问公网的私网 IP 地址动态地与公网 IP 地址建立临时映射关系，并将报文中的私网 IP 地址进行对应的临时替换，待返回报文到达设备时再根据映射表“反向”把公网 IP 地址临时替换回对应的私网 IP 地址，然后转发给主机，实现内网用户和外网的通信。

在华为设备中，动态 NAT 的实现方式包括 Basic NAT（基本 NAT）和动态 NAPT（Network Address Port Translation，网络地址端口转换）两种（Easy IP 是 NAPT 的一种特例，主要应用于中小型企业 Internet 接入时的 NAT 地址转换）。

Basic NAT 是一种“一对一”的动态地址转换，即一个私网 IP 地址与一个公网 IP 地址进行映射；动态 NAPT 则通过引入“端口”变量，在进行地址转换的同时转换传输层端口，这是一种“多对一”的动态地址转换，即多个私网 IP 地址可以与同一个公网 IP 地址进行映射（**但所映射的公网传输层端口必须不同**）。目前使用最多的是动态 NAPT 方式，因为它能提供一对多的映射功能，节省公网 IP 地址的使用，达到 NAT 技术设计的初衷。有关 Basic NAT、动态 NAPT 和 Easy IP 这 3 种 NAT 的详细实现原理将在本章后面具体介绍。

2. 静态 NAT

动态 NAT 在转换地址时无法在不同时间固定地使用同一个公网 IP 地址、端口号替换同一个私网 IP 地址、端口号，因为在动态 NAT 中，具体用哪个公网 IP 地址、端口与私网 IP 地址、端口进行映射，纯粹是从地址池和端口表中随机选取空闲的地址和端口号。这虽然可以提高公网 IP 地址的利用率，但无法让一些内网重要主机固定地使用同一个公网 IP 地址访问外网。

静态 NAT 可以建立固定的一对一的公网 IP 地址和私网 IP 地址的映射（**如果是静态 NAPT，则还包括传输层端口之间的静态映射**），特定的私网 IP 地址只会被特定的公网 IP 地址替换，相反亦然。这样，就保证了重要主机使用固定的公网 IP 地址访问外网，可同时应用双向通信。但在实际应用中，这种情形并不多见，因为采用固定公网 IP 地址的通常是内部网络服务器，而这时通常是采用 NAT Server，用于外网用户对内部服务器的访问。

3. NAT Server

静态 NAT 和动态 NAT 主要应用于由内网向外网发起的访问（**静态 NAT 还可同时应用于由外向内访问的 IP 地址转换**），且都不是基于特定应用的访问，这时通过 NAT 一方面可以实现多个内网用户共用一个或者多个公网 IP 地址访问外网，同时又因为私网 IP 地址都经过了转换，具有“屏蔽”内部主机 IP 地址的作用。

有时内网需要向外网提供特定的应用服务，如架设于内网的各种应用服务器要向外网用户提供服务。这时就不能再依靠静态 NAT 和动态 NAT 来实现了，因为它们通常没有针对特定应用服务器的应用服务传输层端口进行映射（**但静态 NAPT 也可同时进行 IP 地址和传输层端口转换**），也就无法对位于内网中的应用服务器进行访问。

NAT Server 可以很好地解决以上这个问题。当外网用户访问内网服务器时，它通过事先配置好的基于应用服务器的“公网 IP 地址:端口号”与应用服务器的“私网 IP 地址:端口号”间的固定映射关系，将服务器的“公网 IP 地址:端口号”根据映射关系替换成对应的“私网 IP 地址:端口号”，以实现外网用户对位于内网的应用服务器的访问。**从私网 IP 地址与公网 IP 地址的映射关系看，这也是一种静态映射关系**，但与静态 NAT 相比，它增加了传输层端口的转换，其目的是使外网用户可以通过固定的公网 IP 地址和传输层端口号访问位于内网中的各种所需访问的应用服务器。

10.2.2　NAT 工作原理

本节具体介绍各种 NAT 方式的基本工作原理。

1. 静态 NAT 原理

静态 NAT 实现了私有地址和公有地址的一对一映射。如果希望一台主机优先使用某个特定的公网 IP 地址进行转换，则可以使用静态 NAT。但是在大型网络中，这种一对一的 IP 地址映射无法解决公用地址短缺的问题。

如图 10-8 所示，内网中有主机 A 和主机 B，假设两台主机需要经常访问处于 Internet 中的主机 C，且它们之间可能要实现数据交换，这时主机 A 和主机 B 就可以使用静态 NAT 方式进行地址转换。配置主机 A 访问主机 C 时转换的公网 IP 地址为 100.10.10.1，主机 B 访问主机 C 时转换的公网 IP 地址为 100.10.10.2。

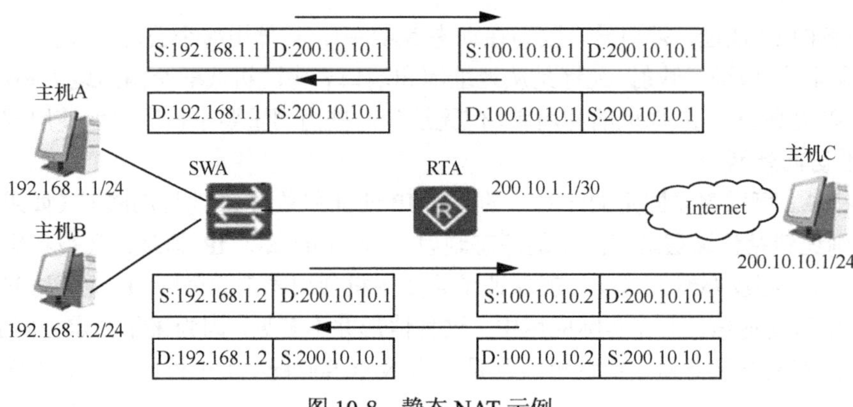

图 10-8 静态 NAT 示例

① 源主机 A 访问目的主机 C 时，发送的报文中的源 IP 地址是自己的私网 IP 地址 192.168.1.1，目的 IP 地址是主机 C 的公网 IP 地址 200.10.10.1。

② 报文到了 NAT 设备 RTA 后，根据静态 NAT 配置，将报文中的源 IP 地址转换为映射的公网 IP 地址 100.10.10.1，目的 IP 地址不变，仍为主机 C 的公网 IP 地址 200.10.10.1；然后，RTA 通过公网路由把报文转发到主机 C。

③ 目的主机 C 如果要对源主机 A 进行应答，就会对调原来所收到的来自主机 A 的报文中的源 IP 地址和目的 IP 地址，即发送一个以自己 IP 地址为源 IP 地址、所接收的报文中的源 IP 地址（主机 A 所映射的公网 IP 地址 100.10.10.1）为目的 IP 地址的报文。

④ 来自目的主机 C 的应答报文到了 RTA 后，根据公网 IP 地址 100.10.10.1 将报文中的目的 IP 地址反向转换为主机 A 对应的私网 IP 地址 192.168.1.1，源 IP 地址不变，仍为主机 C 的公网 IP 地址 200.10.10.1；然后再通过私网转发到源主机 A 上。

主机 B 与主机 C 通信时的地址转换原理与上述一样。

2. Basic NAT 原理

静态 NAT 为每一个要转换的私网地址固定配置一个映射的公网地址，Basic NAT 通过地址池来实现各私网主机动态的 IP 地址转换，不固定使用某个公网 IP 地址进行转换。

在 Basic NAT 中，当内部网络主机需要与公网中的目的主机通信时，NAT 设备会从配置的公网地址池中选择一个未使用的公网地址与之进行映射，每台用户主机使用地址池中的唯一公网 IP 地址进行转换。当网关收到来自目的主机的应答报文后，会根据之前的映射再次进行反向转换，然后转发送给源主机。但当动态 NAT 地址池中的公网地址用尽以后，其他主机只能等待被占用的公用地址被释放后，才能使用它来访问公网。当用户不再需要此应用连接时，对应的地址映射将会被删除，原来被映射的公网地址也会被恢复到地址池中待用。

如图 10-9 所示，内部网络中的主机 A、主机 B 均需要与 Internet 中的主机 C 通信，但一般不会同时与主机 C 通信。为了节省公网 IP 地址的使用，可以选择动态 NAT 方式进行地址转换。

① 源主机 A 要与目的主机 C 通信时，首先发送的报文中的源 IP 地址是自己的私网 IP 地址 192.168.1.1，目的 IP 地址是主机 C 的公网 IP 地址 200.10.10.1。

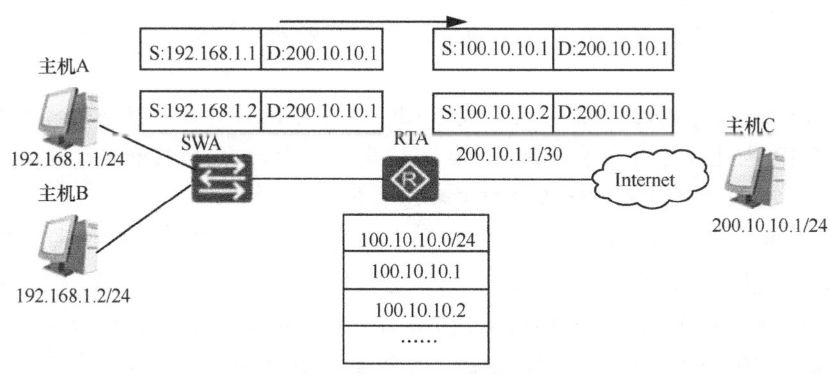

图 10-9　Basic NAT 示例

② 报文到了 NAT 设备 RTA 后，根据动态 NAT 配置，从公网地址池中找到一个未使用的公网 IP 地址，然后把报文中的源 IP 地址转换为该公网 IP 地址，如 100.10.10.1，目的 IP 地址不变，仍为主机 C 的公网 IP 地址 200.10.10.1；同时会创建一个私网地址与公网地址的映射表。然后，RTA 通过公网路由把报文转发到主机 C。

③ 目的主机 C 如果要对源主机 A 进行应答，就会对调原来所收到的来自主机 A 的报文中的源 IP 地址和目的 IP 地址，即发送一个以自己 IP 地址为源 IP 地址、所接收的报文中的源 IP 地址（主机 A 所映射的公网 IP 地址 100.10.10.1）为目的 IP 地址的报文。

④ 来自目的主机 C 的应答报文到了 RTA 后，根据上次创建的主机 A 私网地址与公网地址映射表项，把报文中的目的 IP 地址反向转换为主机 A 对应的私网 IP 地址 192.168.1.1，源 IP 地址不变，仍为主机 C 的公网 IP 地址 200.10.10.1；然后再通过私网转发到源主机 A 上。

当主机 B 要与主机 C 通信时，基本原理与主机 A 与主机 C 的通信原理是一样的，只不过，此时主机 B 要从公网地址池中选择另一个未使用的公网 IP 地址进行转换，如 100.10.10.2。

采用动态 NAT 方式，并且公网地址池中的公网地址均在使用时，如果内网中还有新的用户要访问主机 C，就不能进行了，因为此时已无可用的公网 IP 地址进行转换，只有等原来占用了公网 IP 地址的用户不再使用时，才能重新分配公网 IP 地址进行转换。

3. NAPT 工作原理

Basic NAT 虽然在一定程度上可以节省公网 IP 地址，但是一个公网 IP 地址在同一时间仍只能被一个私网主机使用。如果内部网络中有大量用户要同时访问公网，所需的公网 IP 地址仍然会非常多，这是不现实的。此时要采用 NAPT 方式以允许多个内部地址映射到同一个公有地址，即多个内部网络主机可以使用同一个公网 IP 地址进行转换，达到真正节省公网 IP 地址的目的。当然，此时转换的不仅是 IP 地址，还包括传输层端口，映射同一个公网地址的私网地址所对应的传输层端口必须不同。

这样，NAT 设备收到一台私网主机发送的报文后，会从配置的公网地址池中选择一个空闲的公网 IP 地址和传输层端口号，并建立相应的 NAPT 表项。这些 NAPT 表项指定了报文的私网 IP 地址、端口号与公网 IP 地址、端口号的映射关系。之后，NAT 设备将报文的源 IP 地址、端口号转换成对应的公网地址、公网端口号，并转发报文到公网。NAT 设备收到回复报文后，会根据之前的映射表再次进行反向转换，然后转发给内网主机。

【说明】此处所介绍的 NAT 特指动态 NAPT。其实 NAPT 也有静态转换方式，即通过同时配置 IP 地址和传输层端口静态映射，实现报文中的 IP 地址和传输层端口同时转换。此时不需要配置地址池，但需要配置静态映射表项。

如图 10-10 所示，内部网络中的主机 A 和主机 B 使用同一个公网 IP 地址 100.10.10.1 进行转换，但进行 IP 地址转换的同时，还要进行传输层端口的转换，如主机 A 转换为公网 IP 地址 100.10.10.1 时同时转换的传输层端口为 2048，而主机 B 转换为同一个公网 IP 地址 100.10.10.1 时，转换的传输层端口为 2049。这样两台主机实际上是使用同一个公网 IP 地址进行转换，实现访问外部网络的。当然还允许更多用户使用同一个公网 IP 地址进行转换，因为一个 IP 地址理论上可以对应 65536 个传输层端口。

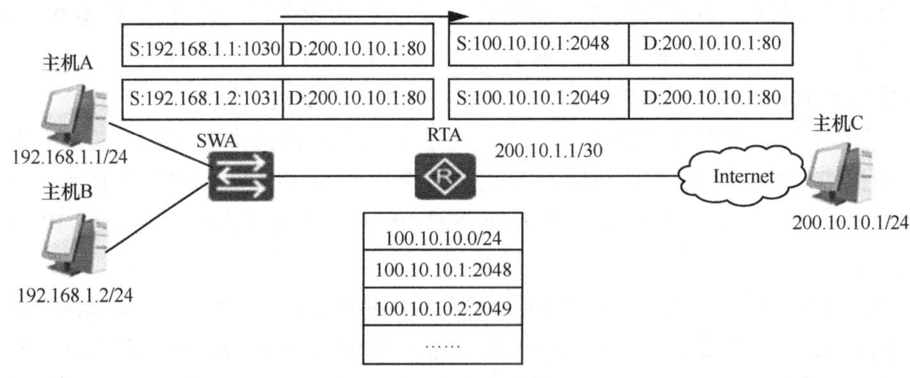

图 10-10　NAPT 示例

4. Easy-IP 工作原理

前面的 NAPT 可以满足绝大部分企业用户的需求，但是对于一些小型企业用户，他们可能申请不到多个公网 IP 地址，甚至申请不到固定使用的公网 IP 地址，这时就没办法使用 NAPT 来配置公网地址池。此时要进行地址转换，就需要使用 Easy-IP 方式，因为它可以实现内部主机使用 WAN 接口的公网 IP 地址访问 Internet，而且这个公网 IP 地址还可以是 ISP 动态分配的。

如图 10-11 所示，企业只申请到一个公网 IP 地址，配置在了网关设备 RTA 的 S1/0/0 接口上。但内部网络用户都需要访问 Internet，此时就需要使用 Easy-IP 方式。

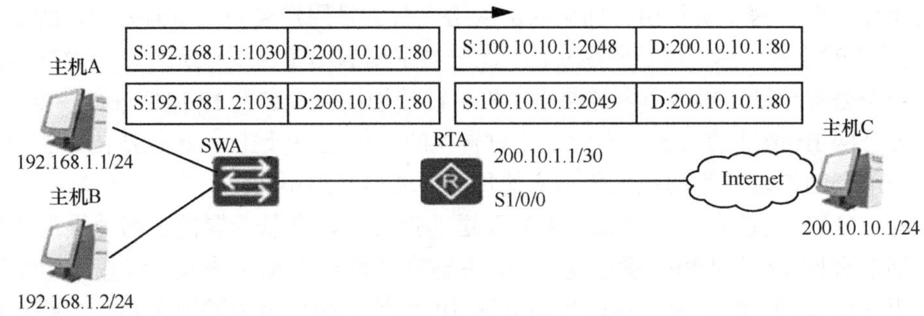

图 10-11　Easy-IP 示例

Easy-IP NAT 方式的地址转换原理与动态 NAPT 的转换原理是一样的，只不过，这里不用配置公网地址池，因为可以使用的公网 IP 地址只是某个 WAN 接口的 IP 地址，所以 Easy-IP 是 NAPT 的一种特例。此时，所有内部网络用户均使用这一个公网 IP 地址进行转换，但转换后的传输层端口号必须不同，以此来标识不同应用。如图 10-11 所示，主机 A 和主机 B 发送的报文到了 RTA 后，源 IP 地址均转换为 S1/0/0 接口（也可以是其他公网接口的 IP 地址）的 IP 地址 200.10.1.1，但传输层端口分别为 2048 和 2049，是不同的。

5. NAT Server 原理

NAT Server 用于外网用户使用固定公网 IP 地址访问内部网络应用服务器的情形，此时的访问是由外向内的，**转换的是报文中的目的 IP 地址**。

NAT Server 是通过事先配置好的服务器的“公网 IP 地址+端口号”与服务器的“私网 IP 地址+端口号”间的静态映射关系来实现的。NAT 路由器在收到一个公网主机的请求报文后，根据报文的目的 IP 地址和端口号查询地址映射表项，将报文的目的 IP 地址和端口号转换成内部服务器的私网 IP 地址和端口号，并转发报文到私网服务器。NAT Server 的具体地址、端口转换原理如图 10-12 所示。

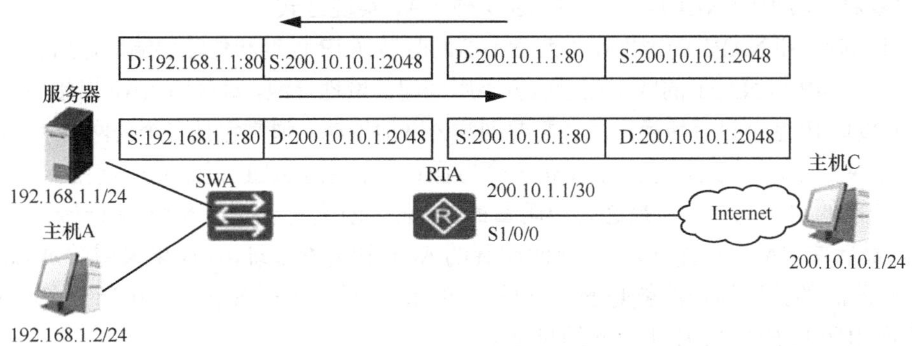

图 10-12 NAT Server 示例

① 外部网络中的主机 C 需要访问内部网络中的服务器时，发送的报文中的目的 IP 地址、目的端口是服务器所映射的公网 IP 地址、公网端口号，即 200.10.1.1:80，源 IP 地址和端口是主机自己所用的公网 IP 地址和端口号，即 200.10.10.1:2048。

② 报文到达 NAT 路由 RTA 时，根据静态配置的映射表项将报文中的目的 IP 地址和端口转换为 192.168.1.1:80，即服务器的私网 IP 地址和端口号。

③ 当内部服务器对外部主机 C 的访问请求进行应答时，发送的报文将原来所接收的报文中的源 IP 地址、端口与目的 IP 地址、目的端口对调。

④ 来自服务器的应答报文到达 NAT 路由器 RTA 时，根据静态配置的映射表项将报文中的源 IP 地址和端口转换为对应的公网 IP 地址和端口，即由 192.168.1.1:80 转换为 200.10.1.1:80，然后通过公网路由把报文转发到目的主机 C。

从以上可以看出，NAT Server 也是同时转换了 IP 地址和传输层端口，所以它也可以将多个内部网络服务器转换成同一个公网 IP 地址，只要转换后的公网端口号不同即可。

10.2.3 配置 NAT

在华为设备中，NAT 功能非常强大，有许多针对特定应用的网络地址转换配置，如静态 NAPT，以及专门针对 ICMP、TCP、UDP 报文的地址转换，但 HCIA 层次只需要掌握最基本的配置方法。

1. 静态 NAT 配置

静态 NAT 可以实现私网 IP 地址和公网 IP 地址固定的一对一映射，其基本的配置思想就是配置用户私网 IP 地址与公网 IP 地址之间的一对一静态映射表项。

静态 NAT 的基本配置就是在连接外网的接口上为每个内部网络主机通过 **nat static global** *global-address* **inside** *host-address* 命令创建静态 NAT 表项。命令中的参数 *global-address* 是转换后的公网 IP 地址，*host-address* 是转换前的私网 IP 地址。可在用户视图下执行 **display nat static** 命令查看静态 NAT 的配置信息。

2. 动态 NAT 配置

配置动态 NAT 可以动态地建立私网 IP 地址和公网 IP 地址的映射表项，实现私网用户访问公网，同时节省了所需拥有的公网 IP 地址数量。动态 NAT 包括一对一转换的 Basic NAT 和多对一转换的 NAPT、Easy-IP 这 3 种 NAT 实现方式。

Basic NAT 和 NAPT 的区别在于前者不能同时转换 IP 地址和传输层端口，后者可以同时转换。Easy-IP 与 NAPT 的区别在于前者不用创建公网地址池，直接用 NAT 出接口或者其他 WAN 接口 IP 地址进行转换，后者需要创建公网地址池，通常包括多个公网 IP 地址。

动态 NAT 的基本配置思想主要有 3 个方面：首先通过 ACL 指定允许使用 NAT 进行 IP 地址转换的用户范围（**这是必须要配置的**）；然后创建用于动态 NAT 地址转换的公网地址池；最后在 NAT 的出接口上把前面配置的 ACL 和公网地址池（如果采用的是 Easy-IP 方式，则此时的公网地址池就是 NAT 出接口的 IP 地址）进行关联，即相当于在 NAT 出接口上应用所配置的 ACL 和公网地址池。

表 10-4 是 Basic NAT 和 NAPT 的配置步骤，表 10-5 是 Easy-IP 的配置步骤。

表 10-4 Basic NAT 和 NAPT 的配置步骤

步骤	命令	说明
1	**system-view** 例如：< Huawei > **system-view**	进入系统视图
2	**acl** [**number**] *acl-number* [**match-order** { **auto** | **config** }]	创建一个基本 ACL 或者高级 ACL（如果仅需要过滤 NAT 应用报文中的源 IP 地址，则可配置基本 ACL，否则要配置高级 ACL）
3	根据实际情况配置基本 ACL 规则或者高级 ACL 规则	
4	**nat address-group** *group-index* *start-address end-address* 例如：[Huawei]**nat address-group** 1 202.110.10.10 202.110.10.15	配置 NAT 公网地址池。 • *group-index*：指定 NAT 地址池索引号，整数形式，不同机型的取值范围不同。 • *start-address*：指定地址池中的起始公网 IP 地址。 • *end-address*：指定地址池中的结束公网 IP 地址。 地址池的起始地址必须小于等于结束地址，且起始地址到结束地址之间的地址个数不能大于 255。 默认情况下，系统未配置 NAT 地址池，可用 **undo nat address-group** *group-index* 命令删除 NAT 地址池

续表

步骤	命令	说明
5	**interface** *interface-type interface-number* 例如：[Huawei] **interface** gigabitethernet 1/0/0	键入 NAT 路由器的**出接口**（只能是 3 层接口，但不包括 Loopback 接口和 NULL 接口），进入接口视图
6	**nat outbound** *acl-number* **address-group** *group-index* [**no-pat**] 例如：[Huawei-GigabitEthernet1/0/0] **nat outbound** 2001 **address-group** 1 **no-pat**	将前面第 2 步创建的 ACL 和第 4 步配置的公网地址池在第 5 步出接口上进行关联，使符合 ACL 中规定的私网 IP 地址可以使用公网地址池进行地址转换。 • *acl-number*：指定用于控制 NAT 应用的 ACL 的编号。 • **address-group** *group-index*：指定要与 ACL 关联的地址池索引号，在第 4 步配置。 • **no-pat**：可选项，表示使用一对一的地址转换，只转换数据报文的 IP 地址而不转换传输层端口，对应 Basic NAT。不选择此可选项时，则要同时转换传输层端口，对应 NAPT。 【注意】可以在同一个接口上配置不同的地址转换关联，对来自不同内网中的用户报文进行不同的地址转换。 默认情况下，系统未配置地址转换规则，可用 **undo nat outbound** *acl-number* [**address-group** *group-index* [**no-pat**] | **interface** *interface-type interface-number*]命令删除相应的地址转换规则

表 10-5　Easy-IP 的配置步骤

步骤	命令	说明
1	**system-view** 例如：< Huawei >**system-view**	进入系统视图
2	**acl** [**number**] *acl-number* [**match-order** { **auto** | **config** }]	创建一个基本 ACL 或者高级 ACL（如果仅需要过滤 NAT 应用报文中的源 IP 地址，则可配置基本 ACL，否则要配置高级 ACL）
3	根据实际情况配置基本 ACL 规则或者高级 ACL 规则	
4	**interface** *interface-type interface-number* 例如：[Huawei] **interface** gigabitethernet 1/0/0	键入 NAT 路由器的**出接口**（只能是 3 层接口，但不包括 Loopback 接口和 NULL 接口），进入接口视图
5	**nat outbound** *acl-number* [**interface** *interface-type interface-number* [*.subnumber*] 例如：[Huawei-GigabitEthernet1/0/0]**nat outbound** 2001	配置 Easy-IP 地址转换。 • *acl-number*：指定用于控制 NAT 应用的 ACL 编号 • **interface** *interface-type interface-number* [*.subnumber*]：可选参数，配置以指定的接口或子接口的 IP 地址作为转换后的地址。**不指定本参数时，则使用当前接口 IP 地址作为转换后的公网 IP 地址。** 默认情况下，系统未配置 Easy-IP 地址转换，可用 **undo nat outbound** *acl-number* 命令删除相应的 Easy-IP 方式的 NAT 地址转换规则

配置好动态 NAT 后，可在用户视图下执行 **display nat address-group** *group-index* 命令查看 NAT 地址池配置信息，执行 **display nat outbound** 命令查看动态 NAT 配置信息。

3. NAT Server 配置

NAT Server 的配置比较简单，仅需要在 NAT 出接口的视图下通过 **nat server protocol** { *protocol-number* | **tcp** | **udp** } **global** { *global-address* | **current-interface** | **interface**

interface-type interface-number [*.subnumber*] } *global-port* [*global-port2*] **inside** *host-address* [*host-address2*] [*host-port*] [**acl** *acl-number*] [**description** *description*]命令定义一个内部服务器的映射表，即可使外网用户通过公网地址和端口来访问所映射的内部服务器。命令中的参数和选项说明见表 10-6。

表 10-6　NAT Server 的配置步骤

参数或选项	说明
protocol	指定协议类型
protocol-number	多选一参数，协议号，整数形式，取值范围是 1～255
icmp	多选一选项，服务器通信采用 ICMP
tcp	多选一选项，服务器通信采用 TCP
udp	多选一选项，服务器通信采用 UDP
global	设置服务器外部信息
global-address	多选一参数，指定提供给外部网络用户访问的内部服务器全局 IP 地址
current-interface	多选一选项，指定内部服务器的 global 地址为当前接口的 IP 地址
interface *interface-type interface-number* [*.subnumber*]	多选一选项，指定内部服务器的 global 地址为指定接口的 IP 地址
global-port	提供给外部网络用户访问的起始传输层端口号，整数形式，取值范围是 0～65535。常用的端口号可以用关键字代替，例如 FTP 服务端口号为 21，同时可以使用 ftp 代替。如果不配置此参数，则表示是 any 的情况，即端口号为零，任何类型的服务都提供
global-port2	可选参数，指定公网结束传输层端口，整数形式，取值范围是 0～65535。常用的端口号可以用关键字代替，例如 FTP 服务端口号为 21，同时可以使用 ftp 代替。如果不配置此参数，则表示是 any 的情况，任何类型的服务都提供
inside	设置服务器的内部信息
host-address	指定内部服务器的起始内部 IP 地址（通常是私网 IP 地址）
host-address2	可选参数，指定内部服务器的结束内部 IP 地址
host-port	可选参数，指定内部服务器的传输层端口号，整数形式，取值范围是 0～65535。常用的端口号可以用关键字代替，例如 FTP 服务端口号为 21，同时可以使用 ftp 代替。如果不配置此参数，则和 *global-port* 参数的配置一致
acl *acl-number*	可选参数，指定控制外部网络用户访问内部服务器的 ACL 编号，整数形式，取值范围是 2000～3999，包括基本 ACL 和高级 ACL
description *description*	可选参数，指定此 NAT 表项的描述信息，字符串形式，支持空格，区分大小写，长度为 1～255

配置好 NAT Server 后，可在用户视图下执行 **display nat server** 命令查看详细的 NAT 服务器配置信息。

10.2.4　静态 NAT 配置示例

本示例的基本拓扑结构如图 10-13 所示，某公司需要采用静态方式进行地址转换来访问 Internet。担当 NAT 设备的 Router 的出接口 G1/0/1 的 IP 地址为 200.10.1.10/24，LAN 侧网关 G1/0/0 接口的 IP 地址为 192.168.1.1/24，对端运营商侧地址为 200.10.1.1/24。现 IP 地址为 192.168.1.10/24 的内网主机需要使用固定的公网 IP 地址 200.10.1.3/24 来访问 Internet。

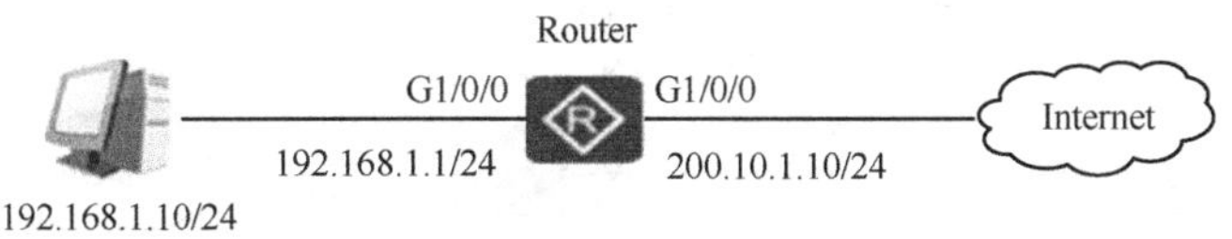

图 10-13　静态 NAT 配置示例的基本网络结构

1. 基本配置思路分析

这是一个为所有协议类型报文配置纯 IP 地址的静态地址映射的配置示例。根据 10.2.3 节介绍的配置方法，我们可以知道最基本的配置就是在 NAT 出接口视图下配置静态地址转换表。当然，同样需要在 NAT 设备上配置到达 Internet 的默认路由，以指导经过转换后的报文的转发。

2. 具体的配置步骤

① 配置各接口 IP 地址。根据图中标注，本示例中的 LAN 和 WAN 接口都是 3 层接口，均可直接配置 IP 地址。

```
<Huawei>system-view
[Huawei] sysname Router
[Router] interface ethernet 1/0/0
[Router-Ethernet1/0/0] ip address 192.168.1.1 24
[Router-Ethernet1/0/0] quit
[Router] interface gigabitethernet 1/0/1
[Router-GigabitEthernet1/0/1] ip address 200.10.1.10 24
[Router-GigabitEthernet1/0/1] quit
```

② 配置出接口 G1/0/1 静态 NAT 映射表项。

```
[Router] interface gigabitethernet 1/0/1
[Router-GigabitEthernet1/0/1] nat static global 200.10.1.3 inside 192.168.1.10
[Router-GigabitEthernet1/0/1] quit
```

③ 配置访问 Internet 的默认路由，下一跳地址为运营商侧 IP 地址 200.10.1.1。

```
[Router] ip route-static 0.0.0.0 0.0.0.0 200.10.1.1
```

配置好以上信息后，可在 Router 上执行 **display nat static** 命令查看地址池映射关系，具体如下。

```
<Router>display nat static
  Static Nat Information:
  Interface   : GigabitEthernet2/0/0
    Global IP/Port      : 200.10.1.3/----
    Inside IP/Port      : 192.168.1.10/----
    Protocol : ----
    VPN instance-name   : ----
    Acl number          : ----
    Netmask   : 255.255.255.255
    Description : ----

  Total :     1
```

10.2.5 动态 NAT 配置示例

本示例的拓扑结构如图 10-14 所示，某公司 A 区和 B 区的私网用户和 Internet 相连，Router 上出接口 G1/0/0 的公网地址为 200.10.1.1/24，对端运营商侧地址为 200.10.1.2/24。

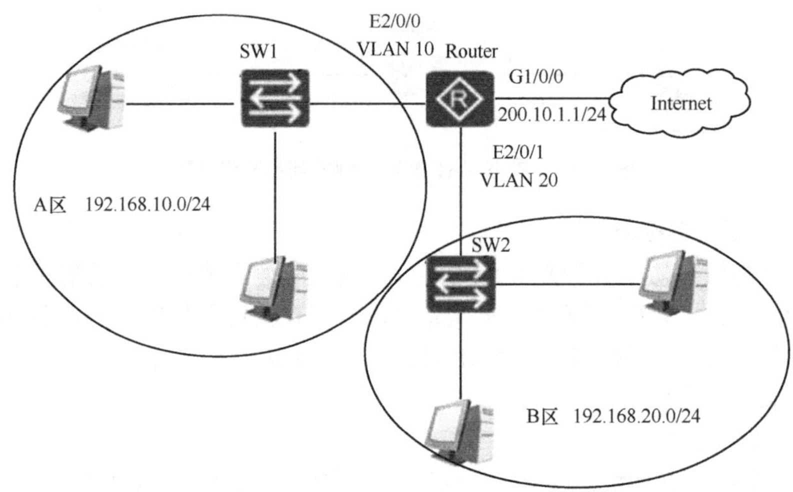

图 10-14 动态 NAT 地址转换配置示例的拓扑结构

A 区用户希望使用公网地址池（200.10.1.100～200.10.1.200）中的地址，采用 Basic NAT 方式（只进行 IP 地址替换，不替换传输层端口）动态替换 A 区内部的主机 IP 地址（网段为 192.168.10.0/24）访问 Internet；B 区用户希望结合 B 区的公网 IP 地址比较少的情况，使用公网地址池（200.10.1.80～200.10.1.83），采用 IP 地址和端口同时替换的方式（动态 NAPT 方式）替换 B 区内部的主机 IP 地址（网段为 192.168.20.0/24）访问 Internet。

1. 基本配置思路分析

本示例中有两个不同的内网用户区域，这两个不同的用户区域采用了不同的公网地址池、不同的地址转换方式，所以要在 NAT 路由器上配置两个 NAT 地址池，其中 A 区用户采用 Basic NAT（仅转换 IP 地址）方式，B 区用户采用动态 NAPT（同时转换 IP 地址和传输层端口）方式。然后通过两个 ACL 限制两个用户区域中允许使用对应动态地址转换应用的内部网络用户。

基于以上分析可以得出本示例的如下基本配置思路：

① 根据图示在 Router 上创建 VLAN，并把接口加入对应的 VLAN 中，配置各 VLANIF 接口 IP 地址。

② 创建两个基本 ACL，分别用于控制可进行 NAT 地址转换的 A 区用户和 B 区用户。

③ 创建两个 NAT 公网地址池，分别用于 A 区和 B 区用户报文的地址转换，A 区进行 Basic NAT 地址转换，B 区进行动态 NAPT 地址/端口转换。

④ 配置指向 Internet 的默认路由，用于指导那些经过地址转换、需要访问 Internet 的报文的转发。

2. 具体配置步骤

① 在 Router 上创建并配置 VLAN，然后配置各 VLANIF 接口和 WAN 接口 IP 地址。

假设 VLANIF10 接口 IP 地址为 192.168.10.1/24，VLANIF20 接口 IP 地址为 192.168.2.1/24。

```
<Huawei>system-view
[Huawei] sysname Router
[Router] vlan batch 10 20
[Router] interface vlanif 10
[Router-Vlanif10] ip address 192.168.10.1 24
[Router-Vlanif10] quit
[Router] interface ethernet 2/0/0
[Router-Ethernet2/0/0] port link-type access  #---因为该接口连接的是单个 VLAN，所以仅需要配置为不带标签的Access，或者不带标签的 Hybrid 类型接口即可。Ethernet 2/0/1 的接口类型配置一样
[Router-Ethernet2/0/0] port default vlan 10
[Router-Ethernet2/0/0] quit
[Router] interface vlanif 20
[Router-Vlanif20] ip address 192.168.20.1 24
[Router-Vlanif20] quit
[Router] interface ethernet2/0/1
[Router-Ethernet2/0/1] port link-type access
[Router-Ethernet2/0/1] port default vlan 20
[Router-Ethernet2/0/1] quit
[Router] interface gigabitethernet 1/0/0
[Router-GigabitEthernet1/0/0] ip address 200.10.1.1 24
[Router-GigabitEthernet1/0/0] quit
```

② 配置两个用于控制 A 区和 B 区用户应用动态 NAT 地址转换的 ACL。因为这里仅需要控制作为源 IP 地址的用户私网 IP 地址，所以仅需配置基本 ACL 即可。

```
[Router] acl 2000
[Router-acl-basic-2000] rule 5 permit source 192.168.10.0 0.0.0.255
[Router-acl-basic-2000] quit
[Router] acl 2001
[Router-acl-basic-2001] rule 5 permit source 192.168.20.0 0.0.0.255
[Router-acl-basic-2001] quit
```

③ 配置两个动态 NAT 出接口地址池，然后在 NAT 出接口 G1/0/0 接口上应用 NAT 地址池和前面创建的 NAT ACL，A 区进行 Basic NAT 地址转换，B 区进行动态 NAPT 地址/端口转换。

```
[Router] nat address-group 1 200.10.1.100 200.10.1.200
[Router] nat address-group 2 200.10.1.80 200.10.1.83
[Router] interface gigabitethernet 1/0/0
[Router-GigabitEthernet1/0/0] nat outbound 2000 address-group 1 no-pat
[Router-GigabitEthernet1/0/0] nat outbound 2001 address-group 2
[Router-GigabitEthernet1/0/0] quit
```

④ 配置一条访问 Internet 的默认路由，指定下一跳地址为运营商侧设备 IP 地址 200.10.1.2，用于指导那些经过地址转换、需要访问 Internet 的报文的转发。

```
[Router] ip route-static 0.0.0.0 0.0.0.0 200.10.1.2
```

3. 配置结果验证

以上配置任务完成后，可以在 Router 上执行 **display nat outbound** 命令查看地址转换配置信息，具体如下。

```
<Router>display nat outbound
 NAT Outbound Information:
 ----------------------------------------------------------------
 Interface                  Acl       Address-group/IP/Interface     Type
 ----------------------------------------------------------------
```

```
GigabitEthernet1/0/0    2000        1    no-pat
GigabitEthernet1/0/0    2001        2    pat
----------------------------------------------------------------
 Total : 2
```

10.2.6 NAT Server 配置示例

本示例的基本拓扑结构如图 10-15 所示，某公司的网络为外网用户提供 Web 服务器，且 Web 服务器是通过 Router 设备的 LAN 接口加入 VLAN 10 中的。Web 服务器的内部 IP 地址为 192.168.1.10/24，提供服务的端口为 8080，对外公布的公网 IP 地址为 200.10.1.5/24，对端运营商侧 IP 地址为 200.10.1.2/24。现要求通过 NAT Server 功能的配置，使得外网用户可以通过公网 IP 地址访问位于内网中的 Web 服务器。

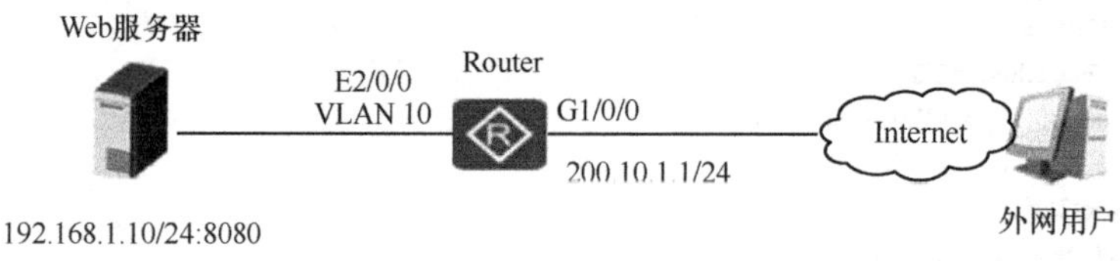

图 10-15 NAT Server 配置示例的拓扑结构

1. 基本配置思路分析

本示例的要求比较简单，仅要求把内部 Web 服务器发布到 Internet 上，而没有要求采用域名访问 Web 服务器，也没有要求内网用户能通过服务器的公网 IP 地址或域名访问 Web 服务器，所以仅需要配置基本的 NAT Server 即可。

基于以上分析，本示例的基本配置思路如下。

① 配置各接口的 IP 地址。NAT 的内、外部接口必须是三层的，Eth2/0/0 接口是二层的，可通过配置 VLANIF 接口来转换，作为 NAT 的内部接口。

② 配置 Web 服务器的公网/私网 IP 地址/端口号映射。

③ 配置用于指导内网 Web 服务器的应答报文通过 Internet 转发到外网用户的默认路由。

2. 具体配置步骤

① 配置各接口的 IP 地址。这里假设连接 Web 服务器的接口是 2 层的，必须将其先加入 VLAN 10 中，然后在 VLANIF10 接口上配置 IP 地址（假设为 192.168.1.1/24）。

```
<Huawei>system-view
[Huawei] sysname Router
[Router] vlan 10
[Router-vlan10] quit
[Router] interface ethernet 2/0/0
[Router-Ethernet2/0/0] port link-type access
[Router-Ethernet2/0/0] port default vlan 10
[Router-Ethernet2/0/0] quit
[Router] interface vlanif 10
[Router-Vlanif10] ip address 192.168.1.1 24
[Router-Vlanif10] quit
[Router] interface gigabitethernet 1/0/0
[Router-GigabitEthernet1/0/0] ip address 200.10.1.1 24
[Router-GigabitEthernet1/0/0]quit
```

② 配置 Web 服务器 IP 地址、端口映射。Web 服务器的内网端口号为 TCP 8080，

外网端口号采用 Web 服务默认的 80 号端口。

```
[Router-GigabitEthernet1/0/0] nat server protocol tcp global 200.10.1.5www inside 192.168.1.10 8080
[Router-GigabitEthernet1/0/0] quit
```

③ 配置内网访问 Internet 的默认路由，下一跳地址为运营商侧的 IP 地址 200.10.1.2。

```
[Router] ip route-static 0.0.0.0 0.0.0.0 200.10.1.2
```

3. 配置结果验证

配置好以上信息后，可在 Router 上执行 **display nat server** 命令检查 NAT Server 配置，验证配置结果，具体如下。

```
<Router>display nat server
  Nat Server Information:
 Interface    : gigabitethernet 1/0/0
   Global IP/Port        : 200.10.1.5/80(www)
   Inside IP/Port        : 192.168.1.10/8080
   Protocol : 6(tcp)
   VPN instance-name    : ----
   Acl number              : ----
   Description            : ----

 Total :      1
```

第 11 章
静态路由和 OSPF 路由

本章主要内容

11.1 IP 路由基础

11.2 静态路由配置与管理

11.3 OSPF 协议基础

11.4 OSPF 邻接关系的建立

11.5 OSPF 配置与管理

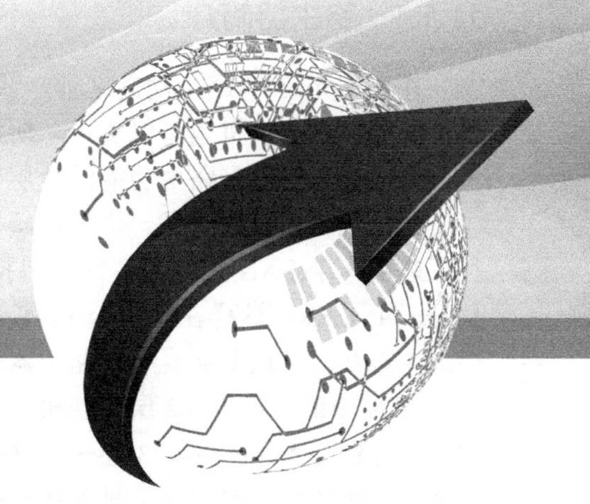

IP 数据包跨网段传输需要用到 IP 路由功能，IP 路由功能可以由多种路由协议实现，不同路由协议的工作原理不一样，应用的主要场景也有所区别。

本章我们首先要学习的是 IP 路由的一些基础知识，如 IP 路由的分类、路由表项的构成和 IP 路由选优策略，然后再学习静态路由的配置方法。静态路由虽然配置方法简单，但每一条路由都需要由管理员手工配置，工作量大，而且还容易出错，所以通常只是作为其他类型路由的补充。

本章还会重点介绍 IPv4 网络中 OSPFv2（本章后面直接以 OSPF 替代）路由协议的工作原理和相关功能的配置方法。OSPF 是一个无环路、基于链路状态，工作在体系结构网络层的路由协议。虽然 OSPF 协议的工作原理比较复杂，功能也非常强大，但其配置方法却很简单，特别是在中小型企业网络中，往往只需要简单的几条命令就可以把各网络互联起来，所以应用非常广泛。

11.1 IP 路由基础

IP 路由是由工作在体系结构中的网络层的设备来实现的，用于实现不同 LAN 之间的互联互通。本节先来学习一些基本的 IP 路由基础知识，如 IP 路由的分类、IP 路由表项的组成和 IP 路由选优策略。

11.1.1 路由器简介

在正式介绍 IP 路由功能之前，我们先来了解提供 LAN 间互联的主要设备——路由器。当然 3 层交换机也可以实现，所以这里所说的路由器也包括了 3 层交换机，通常所说的交换机是指不带路由功能的 2 层交换机。

计算机网络最初就是一个 LAN，但随着网络技术的发展和应用，现在的企业网络往往很难用一个 LAN 来定义，而是包括多个 LAN。如企业网络中每个部门可能就会单独划分一个 LAN，这样在同一个 LAN 内的用户主机可以直接互访。而如果要实现不同部门的用户互访，通常需要用到路由器来连接。

LAN 中的交换机（2 层交换机）工作在体系结构中的第 2 层——数据链路层，而路由器工作在体系结构的第 3 层——网络层。一个网段的广播数据包只能在该网段内传输，不能跨网段传输。路由器又是连接不同 LAN 的，所以路由器可以隔离广播域，而交换机只能隔离冲突域（非 VLAN 场景下）。

在图 11-1 中，两台路由器连接了 5 个 IP 网段（假设路由器的各接口均为 3 层端口），每一个 IP 网段都可以被看成是一个 LAN，各自对应一个广播域。

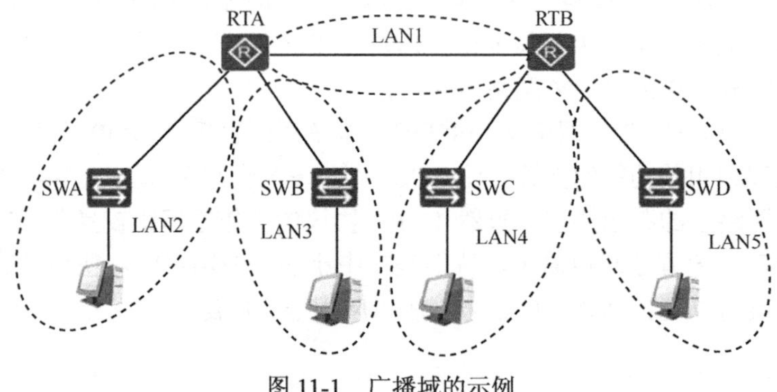

图 11-1 广播域的示例

路由器负责为不同 LAN 之间的数据包选择一条最优转发路径，直到到达最终的目的设备。当然，每个路由器只负责把数据包正确地转发到下一跳设备，然后再由下一跳设备以接力的方式继续向下游设备传输。

11.1.2 IP 路由分类

为 IP 数据包提供转发功能的 IP 路由有多种，我们可以根据不同的分类标准对其进行分类。

① 根据来源的不同，路由表中的 IP 路由通常可分为以下 3 类。

- 链路层协议发现的路由（也称为接口路由或直连路由）。
- 由网络管理员手工配置的静态路由。
- 动态路由协议发现的路由。

② 根据路由目的地类型的不同，IP 路由可划分为以下两类。

- 网段路由：路由目的地为一个 IP 网段，IPv4 地址子网掩码长度小于 32 位，或 IPv6 地址前缀长度小于 128 位。
- 主机路由：路由目的地为一台主机或一个接口，IPv4 地址子网掩码长度为 32 位，或 IPv6 地址前缀长度为 128 位。

③ 根据目的地与该路由器是否直接相连，IP 路由又可划分为以下两类。

- 直连路由：路由目的地所在网络与本地路由器设备直接相连，无须配置，只要链路状态为 Up，则一直存在。当然，如果链路状态为 Down，也不会有对应的直连路由了。直连路由的下一跳地址并不是其他设备上的接口地址，因为该路由的目的网段为接口所在网段，本接口就是最后一跳，不需要再转发给下一跳，所以在路由表中的下一跳地址就是接口自身地址。直连路由进行转发时，路由器会查看本地的 ARP 表项，将报文直接转到目的地址，此时本地路由器为路由转发的最后一跳路由器，所以使用直连路由进行路由转发时，转发的动作不是交给下一跳，而是查询 ARP 表项，将报文发送到目的 IP 地址。另外，直连路由不会传播，仅可用于本地设备指导数据包进行单跳转发，但可以被引入其他协议路由表中，在网络中进行传播。
- 间接路由：路由目的地所在网络与本地路由器不是直接相连。

④ 根据目的地址类型的不同，IP 路由还可以分为以下两类。

- 单播路由：表示数据包转发的路由目的地址是一个单播 IPv4 地址或 IPv6 地址。
- 组播路由：表示数据包转发的路由目的地址是一个组播 IPv4 地址或 IPv6 地址。

⑤ 根据生成的方式，IP 路由还可分为以下两类。

- 静态路由：通过网络管理员手动配置生成的路由。静态路由由管理员手工配置，对系统要求低，适用于拓扑结构简单并且稳定的小型网络。但不能自动适应网络拓扑的变化，需要人工干预。
- 动态路由：通过动态路由协议自动发现并生成的路由，可生成动态路由的协议，包括 RIP、OSPF、IS-IS、BGP 等多种。动态路由协议有自己的路由算法，能够自动适应网络拓扑的变化，适用于具有一定数量 3 层设备的网络；缺点是对系统的要求高于静态路由，配置比较复杂，并将占用一定量的网络资源和系统资源。

11.1.3　路由表分类及 IP 路由表的组成

路由器转发数据包的依据就是本地设备中保存的各种路由表，本节介绍路由表的分类以及 IP 路由表的组成。

1. 路由表分类

每台运行动态路由协议的路由器中至少有一个路由表，即保存了所有最优路由表项的本地核心路由表（也就是通常所说的 IP 路由表），还可能有另一个路由表，即保存了对应运行的路由协议路由表项的协议路由表，如 RIP 路由表、OSPF 路由表、BGP 路由表等。

（1）IP 路由表

IP 路由表也称“本地核心路由表”，用来保存本地路由器到达网络中各目的地的当前最优协议路由。只有最优路由才会进入 IP 路由表中，路由器负责把这些最优路由下发到 FIB（Foreword Information dataBase，转发信息库）表，并生成对应的 **FIB** 表项来指导数据包的转发。

对于支持 L3VPN（Layer 3 Virtual Private Network，3 层 VPN）的路由器，每一个 VPN-Instance 拥有一个自己的 IP 路由表。

（2）协议路由表

协议路由表中存放着该路由协议已发现的所有路由信息，但协议路由表中的路由不一定是最优路由，因此不一定会进入本地核心路由表中，也就是说最终不一定会用来指导数据包的转发。路由协议还可以引入并发布其他协议生成的路由，如 OSPF 协议可引入直连路由、静态路由或者 IS-IS 路由等。

2. IP 路由表的组成

在协议路由表中，只有进入 IP 路由表中的表项才能指导数据包的转发。IP 路由表中的表项包括由各种协议动态生成的或者管理员手工配置的静态路由，也包括不用配置、由链路自动生成的直连路由。

IP 路由表的表项有一些固定的参数结构，华为设备可以通过 **display ip routing-table** 命令查看本地 IP 路由表中的所有表项及结构，各字段说明如下。

```
<Huawei>display ip routing-table
Route Flags: R - relay, D - download to fib
------------------------------------------------------------------------------
Routing Tables: Public
         Destinations : 14        Routes : 14

Destination/Mask    Proto   PreCost  Flags  NextHop           Interface

0.0.0.0/0           Static  60       0      RD   10.137.216.1     GigabitEthernet  2/0/0
10.10.10.0/24       Direct  0        0      D    10.10.10.10      GigabitEthernet  1/0/0
10.10.10.10/32      Direct  0        0      D    127.0.0.1        InLoopBack0
10.10.11.255/32     Direct  0        0      D    127.0.0.1        InLoopBack0
10.137.216.0/23     Direct  0        0      D    10.137.217.208   GigabitEthernet  2/0/0
```

① Destination：表示此路由的目的地址，用来标识 IP 数据包要转发的最终目的 IP 地址或目的 IP 网络。

② Mask：表示此目的地址的子网掩码长度，与目的地址一起来标识目的主机或目的网络所在的 IP 网段。

③ Proto：表示学习此路由的路由协议，包括静态路由（Static）协议、直连路由（Direct）协议和各种动态路由协议等。

④ Pre：即 Preference，表示此路由的路由协议优先级，用来比较不同协议类型、相同目的地址的多条路由的优先级。同一目的地可能存在不同下一跳、出接口等多条路由，这些不同的路由可能是由不同的路由协议发现的。

⑤ Cost：路由开销，这是用来比较同一种协议类型、相同目的地址的多条路由的优先级。当到达同一目的地的多条路由具有相同的路由优先级时，路由开销最小的路由将成为当前的最优路由，并在 IP 路由表中显示。但不同类型协议路由的开销类型不同，不能直接依据路由的开销值来比较不同协议路由的优先级。

⑥ Flags：路由标记，即路由表头的 Route Flags。其中 R 为 Relay（中继）的意思，表明该路由是迭代路由，需根据路由的下一跳 IP 地址获取出接口；D 是 Download to fib 的意思，表示该路由表项已成功下发到 FIB 表中，是到达同一目的地的多条 IP 路由中的最优路由。

【说明】配置静态路由时如果只指定下一跳 IP 地址，而不指定出接口，那么就是迭代路由，需要根据下一跳 IP 地址的路由获取出接口。

⑦ NextHop：表示此路由的下一跳 IP 地址。指明数据转发路径中的下一个 3 层设备。

⑧ Interface：表示通过此路由转发数据时从本地设备发出的出接口。

11.1.4 IP 路由选优策略

路由器收到一个数据包后，会检查数据包中的目的 IP 地址，然后查找本地 IP 路由表。查找到匹配的 IP 路由表项之后，路由器会根据该表项所指示的出接口信息和下一跳信息将数据包转发到下一跳。

如果有多个路由表项与数据包的目的 IP 地址匹配，则要进行路由选优，具体流程如下。

（1）比较各匹配路由表项的掩码长度

因为在 IPv4 封装中，IPv4 数据包头部只封装了源 IP 地址和目的 IP 地址，没有封装对应的子网掩码，所以当数据包到达路由器时，路由器不能直接匹配唯一的路由表项，需要先根据数据包中的目的 IP 地址查找本地 IP 路由表，查找的方法是将数据包的目的 IP 地址与路由表中某 IP 路由表项中的子网掩码字段做逻辑“与”运算，再将运算结果与该路由表项的目的 IP 地址比较，从高位开始，有连续相同的部分则表示匹配上，否则就没有匹配上。

当有多条路由表项匹配时，路由器会选择一个前缀最长的匹配路由表项。现有一个目的地址为 172.16.1.10 的数据包进入设备，该选择下面哪个路由表项来转发呢？

```
Destination/Mask      Proto    Pre    Cost    NextHop        Interface
① 172.16.1.0/28       RIP      100    1       100.1.1.1      GE0/0/0
② 172.16.0.0/16       Static   60     0       100.1.1.1      GE0/0/0
③ 172.16.1.0/24       Ospf     10     10      101.200.2.1    GE0/0/1
④ 172.16.1.0/26       Ospf     10     20      101.200.2.1    GE0/0/1
```

以上 4 条路由表项都与目的 IP 地址 172.16.1.10 匹配，因为它们至少都匹配了数据包目的 IP 地址中最高的两个字节 172.16。然后根据最长匹配原则（路由表项的掩码越长越优先），很容易可以得知第①项匹配的长度最长，达 28 位，所以最终会选择第①条路由表项为该 IP 数据包提供转发。

【说明】默认路由与所有报文目的 IP 地址均匹配，因为默认路由中的目的 IP 地址 0.0.0.0 可以代表任意 IP 地址，只不过它是最差的匹配项，所以也只能作为最后的选择。

（2）比较路由协议优先级

路由器可以通过多种不同协议学习到去往同一目的网络的路由，**当有多条路由的掩**

码相同，且都是最长匹配时，必须要决定哪条路由优先，这时就要依据这些路由协议的优先级来决定了。每个路由协议都有一个协议优先级（**取值越小，优先级越高**）。当有多个到达同一目的地的路由表项具有相同的掩码长度时，优先级最高的路由即为最佳路由。

路由协议的优先级又分"外部优先级"和"内部优先级"两种，分别见表 11-1 和表 11-2。路由的外部优先级，仅当 IP 路由表中有两条或多条 IP 路由与数据包中目的 IP 地址匹配且匹配的长度均为最长时使用。

表 11-1　IP 路由协议的默认外部优先级

路由协议的类型	路由协议的外部优先级
DIRECT	0
OSPF	10
IS-IS	15
STATIC	60
RIP	100
OSPF ASE	150
OSPF NSSA	150
IBGP	255
EBGP	255

表 11-2　IP 路由协议的内部优先级（不可修改）

路由协议的类型	路由协议的内部优先级
DIRECT	0
OSPF	10
IS-IS Level-1	15
IS-IS Level-2	18
STATIC	60
RIP	100
OSPF ASE	150
OSPF NSSA	150
IBGP	200
EBGP	20

在不同的路由协议配置了相同的外部优先级值后，系统会通过内部优先级确定最优路由。**因为不同路由协议的内部优先级是不同的，且不能修改，所以不同协议产生的路由永远不可能成为等价路由。**

（3）相同协议不同根据路由度量进行比较

路由器如果无法通过路由协议优先级来决定路由的优先级决定最优路由，则要使用路由度量值（Metric）来决定需要加入 IP 路由表的路由。常用的度量值有跳数、带宽、时延、代价、负载、可靠性等。

跳数是指到达目的地所通过的 3 层设备的数目，带宽是指链路的容量。高速链路开销（度量值）越小，Metric 值越小，优先级越高。如果在 IP 路由表中有多条**到达同一目的地且协议类型、路由度量值均相同**的路由，则这些路由将成为等价路由，可实现负载分担。否则这些路由仅可用于相互备份。

Destination/Mask	Proto	Pre	Cost	NextHop	Interface
192.168.1.0/28	RIP	100	1	192.168.1.1	GE0/0/0
172.16.0.0/16	Static	60	0	100.1.1.1	GE0/0/0
10.1.1.0/24	Static	60	0	1.1.2.1	GE0/0/1
	Static	60	0	2.2.2.1	GE0/0/2
	Static	60	0	3.3.3.1	GE0/0/3
172.16.1.0/26	Ospf	10	20	101.200.2.1	GE0/0/1

在上述 IP 路由表中，到达 10.1.1.0/24 网络有 3 条路由，且都是静态路由，度量值也一样（均为 0），所以这 3 条路由就是等价路由，可为到达 10.1.1.0/24 网络的数据包提供负载分担。

11.2　静态路由配置与管理

了解了 IP 路由基础之后，接下来就要正式学习路由的配置了。首先介绍的是最简单，且无论在大、中、小型网络中都可能要用到的静态路由的配置与管理方法。

11.2.1　静态路由的特点

静态路由有一些特点必须要清楚，这对理解静态路由的数据转发原理非常重要。这些特点如下。

（1）配置简单，资源消耗低

静态路由的配置很简单，仅需要一条配置命令，且无须像动态路由那样占用路由器的 CPU 资源来计算和分析路由更新。

（2）单跳性

一条静态路由只负责把数据包从本地设备传输到下一跳，数据包的后续转发是通过后面 3 层设备一级级接力传输的，直到到达目的地。其实所有路由都具有此特性。

如图 11-2 所示，从 PC1 发送的 IP 数据包要到达 PC2，至少需要两条静态路由，即 R1 上配置到达 PC2 所在网段 10.16.4.0/24 的静态路由（图中的正向路由①），负责把从 PC，接收的数据包转发到该静态路由配置的下一跳 R2 的 C 接口；然后再在 R2 上配置一条到达 PC2 所在网段的静态路由（图中的正向路由②），再把该数据包转发到所配置的下一跳 R3 的 E 接口。因为 PC2 是直接与 R3 路由器连接的，因此数据包到了 R3 后可以直接通过直连路由转到 PC2 上。当然这只是一个方向的数据转发流程。

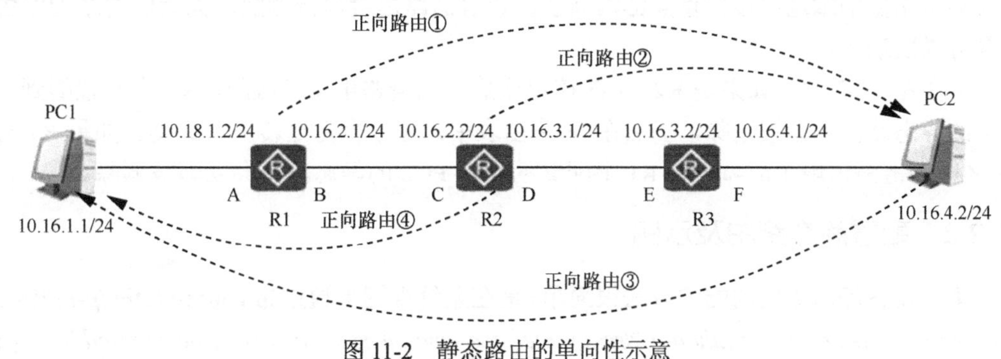

图 11-2　静态路由的单向性示意

（3）单向性

每条静态路由表项只负责一个方向的 IP 数据包转发，要实现数据通信必须双向配置。

如在图 11-2 中，PC1 发送数据到 PC2 时至少要配置图中①、②两条静态路由，但要实现 PC1 与 PC2 的双向通信，仅有这两条路由是不够的，因为这两条静态路由仅指导从 PC1 发往 PC2 的数据包转发，PC2 发往 PC1 的数据包仍没有路由来指导，所以还需要在路径中的路由器上配置用于指导从 PC2 发往 PC1 的数据包转发的静态路由，即对应图中的③、④两条静态路由，否则 PC1 和 PC2 之间不能实现双向通信。

（4）静态性

静态路由的静态性表现在只有明确配置了对应静态路由条目的目的地址才可达。

我们前面已针对图 11-2 中 PC1 和 PC2 的通信配置好了正、反两个方向各两条静态路由，在两的 PC 上配置好它们的网关后就可以实现双向通信了。虽然看起来，PC1 与 PC2 之间整条路径的路由都是通的，但事实上并非如此。此时如果在 PC1 上 ping R2 的 D 接口或 R3 的 E 接口的 IP 地址，或者在 PC2 上 ping R2 上的 C 接口或 R1 的 B 接口 IP 的地址，**会发现都不通。**

原因就是静态路由的静态性，它不像动态路由那样可以动态传播和生成。虽然 R1 上配置了到达 PC2 所在的 10.16.4.0/24 网段的静态路由，但并没有配置到达 R2 的 D 接口、R3 的 E 接口所在的 10.16.3.0/24 网段的静态路由。所以，一个目的 IP 地址为 10.16.3.2/24 的数据包到达 R1 时，找不到可以匹配的路由，自然就会被丢弃。同理，虽然 R3 上配置了到达 PC1 所在的 10.16.1.0/24 网段的静态路由，但并没有配置到达 R2 的 C 接口、R1 的 B 接口所在的 10.16.2.0/24 网段的静态路由。一个目的 IP 地址为 10.16.2.1/24 的数据包到达 R3 时，找不到可以匹配的路由，所以也会被丢弃。

因为 PC1 所在网段 10.16.1.0/24 与 10.16.2.0/24 网段连接在同一路由器 R1 上，PC2 所在网段 10.16.4.0/24 与 10.16.3.0/24 网段连接在同一路由器 R3 上，即数据包可直接通过直连路由转发，所以 PC1 可以 ping 得通 R1 的 B 接口、R2 的 C 接口，PC2 可以 ping 得通 R3 的 E 接口、R2 的 D 接口。

（5）不能自动收敛

静态路由的缺点在于，当网络拓扑发生变化时，静态路由不会自动适应拓扑改变，而是需要管理员手动进行调整。即使对应的路径上某个中间节点链路（**不是静态路由本地出接口直连链路**）中断了，本地路由器也发现不了，所配置的静态路由仍然存在，仍然会试图进行数据包转发，不会自动调整转发路径，除非人为删除或重新配置。**但是，如果静态路由的本地出接口直连链路断了，该静态路由会自行删除，因为此时本地路由器是可以发现的。**

如在图 11-2 中，如果是 R2 的 D 接口或后面的链路出现了故障，R1 上配置的到达 PC2 的静态路由不会被删除，仍然在 IP 路由表中，但数据肯定转发不成功。如果 R1 与 R2 之间的链路出现了故障，则 R1 上配置的到达 PC2 的静态路由会立即被删除。

11.2.2 配置静态路由及示例

华为设备静态路由的配置方法很简单，是在系统视图下通过 **ip route-static** *ip-address* { *mask* | *mask-length* } { *nexthop-address* | *interface-type interface-number* [*nexthop-address*] }

[**preference** *preference*]命令进行的。命令中的参数说明如下。

① *ip-address*：指定目的 IP 地址，可以是网络地址，也可以是主机地址。

② *mask*：二选一参数，指定目的 IP 地址子网掩码。主机静态路由的子网掩码为 255.255.255.255。

③ *mask-length*：二选一参数，指定目的 IP 地址子网掩码前缀长度。主机静态路由的子网掩码长度为 32。

④ *nexthop-address*：二选一参数，指定下一跳 IP 地址。

⑤ *interface-type interface-number*：二选一参数，指定静态路由出接口。

⑥ **preference** *preference*：可选参数，指定静态路由的优先级，整数形式，取值范围是 1～255，值越小，优先级越高，默认值是 60。

【注意】命令关键字 **ip route-static** 不能简写成 **ip route**，否则就是另一个命令了。

在静态路由配置命令中，参数 *nexthop-address* 和 *interface-type interface-number* [*nexthop-address*]虽然是二选一的关系，但不是可以任意选择的，要根据链路类型来选择，下面具体介绍。

1．以太网中的静态路由配置

在广播类型接口，如以太网接口和 VE（虚拟以太网）接口中的静态路由**必须指定下一跳地址**，可同时指定出接口，即可选择 *nexthop-address* 或 *interface-type interface-number nexthop-address*。

如图 11-3 所示，如果在 RTA 配置到达 PC2 所在网段的静态路由，以下 4 种配置方式都是可以的（**下一跳 IP 地址是必须的**）。

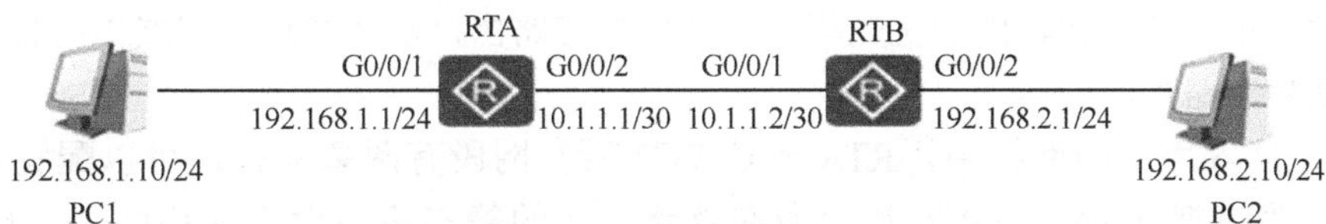

图 11-3　以太网链路静态路由配置示例

```
① [RTA] ip route-static 192.168.2.0 255.255.255.0 10.1.1.2
② [RTA] ip route-static 192.168.2.0 24 10.1.1.2
③ [RTA] ip route-static 192.168.2.0 255.255.255.0 g0/0/2 10.1.1.2
④ [RTA] ip route-static 192.168.2.0 24 g0/0/2 10.1.1.2
```

其中，第②种配置方式最简单。有时出接口也是必须同时指定的。至于是否要同时指定出接口，主要是看到达同一个下一跳是否有多条路径，如果有，则必须同时指定。

如图 11-4 所示，RTA 通过 SWA 到达下一跳 RTB 有两条路径，那么在 RTA 上配置到达 PC2 所在网段的静态路由时，就需要同时指定出接口 G0/0/2 或 G0/0/3 了。

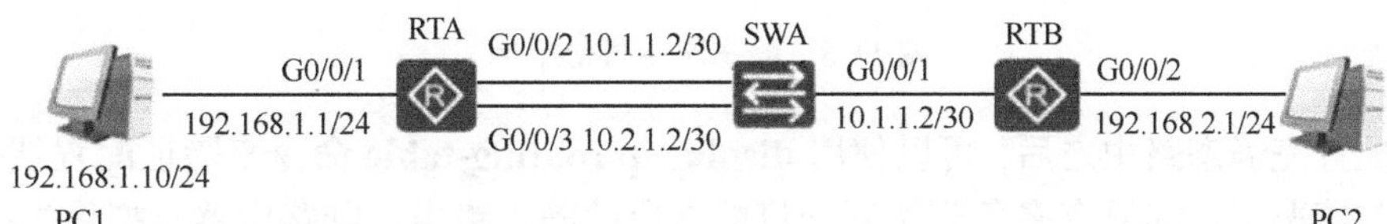

图 11-4　到达同一个下一跳存在多条路径的情形示例

2. 串行网络中的静态路由配置

点对点网络的串行链路中的静态路由，**可以只指定下一跳 IP 地址，或只指定出接口**，即可选择 *nexthop-address* 或 *interface-typeinterface-number*，当然也可同时选择下一跳和出接口 *interface-type interface-number nexthop-address*。

在图 11-5 所示的串行链路中，在 RTA 上配置到达 PC2 所在网段的静态路由，以下 6 种配置方式都可以。

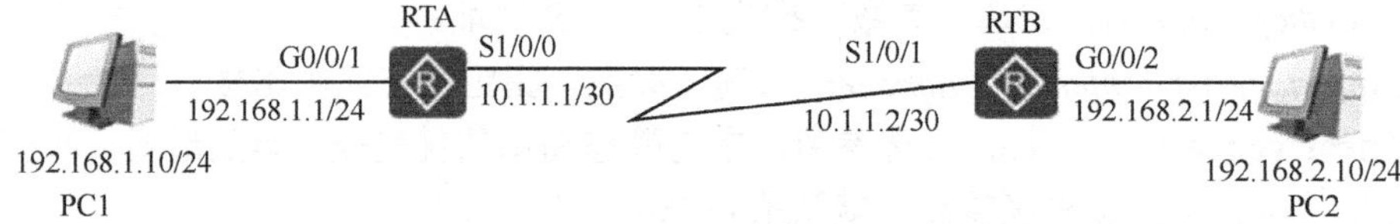

图 11-5 串行链路静态路由配置示例

①[RTA] **ip route-static** 192.168.2.0 255.255.255.0 10.1.1.2
②[RTA] **ip route-static** 192.168.2.0 24 10.1.1.2
③[RTA] **ip route-static** 192.168.2.0 255.255.255.0 s1/0/0 10.1.1.2
④[RTA] **ip route-static** 192.168.2.0 24 s1/0/0 10.1.1.2
⑤[RTA] **ip route-static** 192.168.2.0 255.255.255.0 s1/0/0
⑥[RTA] **ip route-static** 192.168.2.0 24 s1/0/0

以上 6 种配置方式中，第⑥种方式最简单。

3. 静态路由优先级

当源网络和目的网络之间存在多条链路时，数据包可以通过等价静态路由来实现流量负载分担。这些等价静态路由具有相同的目的地址、子网掩码、优先级和度量值。

在配置多条到达同一目的地的静态路由时，可以修改其中一条或多条静态路由的优先级，使其中一条静态路由的优先级高于其他静态路由，从而实现静态路由的备份，这也叫浮动静态路由。

如图 11-6 所示的网络中，RTA 到达 PC2 所在网段有两条路径，可以配置两条静态路由。假设把 RTA G0/0/2 端口所在链路到达的静态路由设为主路由，而把 RTA G0/0/3 所在链路到达的静态路由设为备份路由，则可以默认主静态路由的优先级，同时把备份静态路由的优先级值改为大于默认的 60（优先级值越大，优先级越低）即可，如 80。

① 主静态路由：[RTA] **ip route-static** 192.168.2.0 24 g0/0/2 10.1.1.2

② 备份静态路由：[RTA] **ip route-static** 192.168.2.0 24 g0/0/3 10.2.1.2 **preference** 80

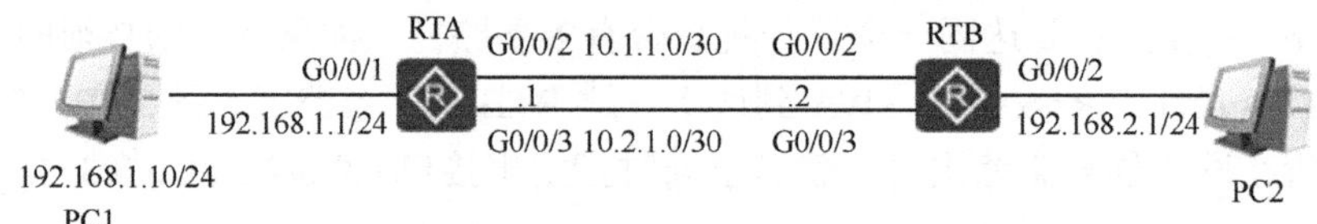

图 11-6 静态路由备份示例

在配置完静态路由之后，可以使用 **display ip routing-table** 命令来验证配置结果。此时，正常情况下，如果有多条到达同一目的网段的静态路由，则路由器只把优先级最高的静态路由加入 IP 路由表中。当加入 IP 路由表中的主静态路由出现故障时，优先级低的备份静态路由才会加入 IP 路由表中并承担数据转发任务。

4. 默认路由

当路由表中没有与数据包中的目的地址匹配的表项时，设备可以选择默认路由作为数据包的转发路径。但默认路由不是路由器自带的，是需要手动配置的。

默认路由的目的地址为 0.0.0.0，掩码也为 0.0.0.0，代表目的网络未知（或任意），目的网络子网掩码也未知（或任意）。静态默认路由的默认优先级是 60。在路由选择过程中，默认路由会被最后匹配，即当 IP 数据包找不到与之匹配的具体路由表项时，如果配置了默认路由，则会采用默认路由对该数据包进行转发。但不一定能成功转到目的地，因为路由路径可能是错的。

默认路由有时非常有用，如在一个内部网络中，多个网段的用户都是通过唯一的转发路径访问外部网络的，此时可直接配置一条默认路由，而不用为每个网段分别配置静态路由。

11.3 OSPF 协议基础

OSPF 协议是 IETF 组织开发的一个基于链路状态的 AS 内部的 IGP（Interior Gateway Protocol，内部网关协议），广泛应用在接入网和城域网中。

在 OSPF 出现前，网络上广泛使用 RIP 作为内部网关协议。但由于 RIP 是基于距离矢量算法的路由协议，存在着收敛慢、路由环路、可扩展性差等问题，因此逐渐被 OSPF 所取代。

所谓 AS，是指由一个单一实体管理的网络。这个实体可以是一个 ISP 或一个大型机构、一个企业。每个 AS 有唯一的一个编号，但它与 IPv4 地址一样，也有公用和私用之分。公用 AS 是在 Internet 公网中使用的，全球唯一。私用 AS 是在组织内部网络使用的，仅要求在同一组织网络内部唯一，不同组织可以重复使用相同的 AS 编号。一个 AS 内部最初只运行一个路由协议，遵循单一且明确的路由策略，然而随着网络应用的发展，现在可以同时运行多个路由协议。

OSPF 有 3 张重要的表项：OSPF 邻居表、LSDB（Link State Data Base，链路状态数据库）表和 OSPF 路由表。

① OSPF 邻居表：邻居之间交互链路状态信息之前，需先建立 OSPF 邻居关系。邻居关系是通过交互 Hello 报文建立的。可以通过 **display ospf peer** 命令查看 OSPF 路由器之间的邻居状态。

② LSDB 表：LSDB 中保存着自己产生或从邻居收到的 LSA（link State Advertisement，链路状态通告），但并不是所有 LSA 均可在整个网络中传播，具体要由 LSA 的 Type（类型）而定。可使用 **display lsdb** 命令查看本地路由器上的 LSDB 表。

③ OSPF 路由表：OSPF 路由表中包含了以本地 LSDB 中 LSA 为素材、SPF（Shortest Path First，最短路径优先）为算法生成的各 OSPF 路由表项。可使用 **display ospf routing** 命令查看本地 OSPF 路由表。

总体而言，OSPF 主要有以下几个特点。

① OSPF 是一个基于链路状态的路由协议，**从设计上保证了无路由环路。**

② OSPF 支持区域的划分，区域内部的路由器使用最短路径算法，保证了区域内部的无环路。OSPF 还利用区域间的连接规则保证了区域之间无路由环路。

③ **OSPF 支持触发更新**，能够快速检测并通告自治系统内的拓扑变化。

④ OSPF 可以将每个自治系统划分为多个区域，并限制每个区域的范围。这种分区域的特点，使得 OSPF 适用于大中型网络。

⑤ OSPF 可以提供认证功能，可以有效防止非法路由器接入内部网络。

11.3.1 OSPF 路由计算基本流程

OSPF 是一个典型的链路状态路由协议，直接运行在 IP 上，使用 IP 号 89，是一个网络层的协议。目前 OSPF 主要有两种版本：IPv4 网络使用的是 OSPFv2（RFC2328）版本；IPv6 网络使用 OSPFv3（RFC2740）版本。以下“OSPF”均是指应用于 IPv4 网络的 OSPFv2 版本。

OSPF 要求每台运行 OSPF 的路由器都能了解整个网络的链路状态信息，这样才能计算出到达任一目的地址的最优路径。OSPF 把 AS 划分成逻辑意义上的一个或多个区域，在一个区域内部，OSPF 路由计算的基本流程如图 11-7 所示，具体说明如下。

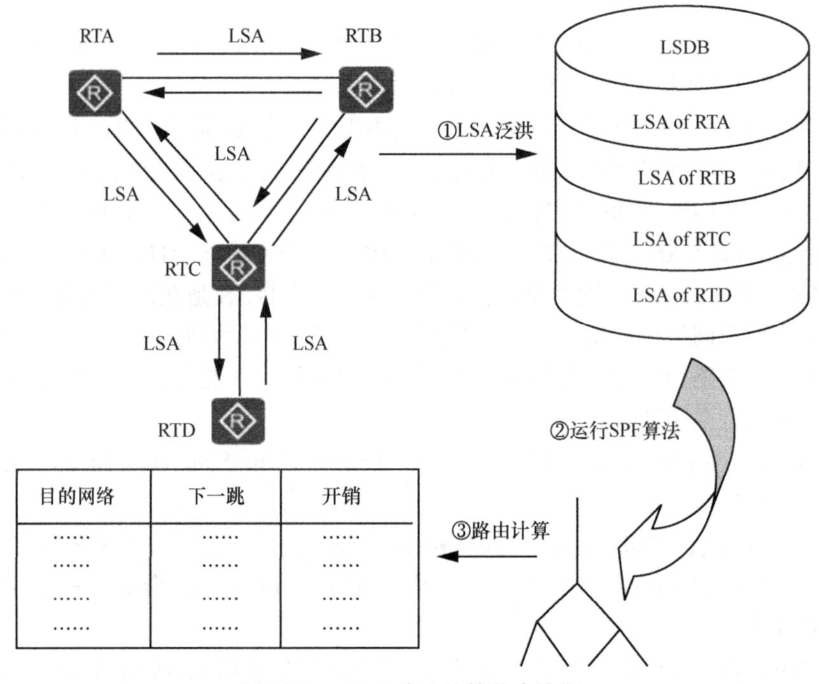

图 11-7 OSPF 路由计算基本流程

OSPF 的路由计算过程是由 LSA 泛洪开始的，LSA 中包含了路由器已知的接口 IP 地址、子网掩码、开销和网络类型等信息。收到邻居发来的 LSA 的路由器可以根据 LSA 提供的信息建立自己的 LSDB。然后在 LSDB 的基础上，以自己为根，以其他节点路由器为叶子进行 SPF 运算，建立到达每个网络的 SPT（Shortest Path Tree，最短路径树）；最后，通过 SPT 得出到达目的网络的最优路由，并将其加入 IP 路由表中，指导到达对应目的网络的 IP 数据包的转发。当然，生成的 OSPF 路由表项最终是否可以加入 IP 路由表还要经过路由选优策略进行确定。

11.3.2　OSPF Router ID

为了区别 LSDB 中不同路由器的链路状态信息，OSPF 网络中的每个路由器都需要有一个唯一的标识——Router ID。

Router ID 是用于在自治系统中唯一标识一台运行 OSPF 的路由器的 32 位整数，格式和 IPv4 地址的格式一样。Router ID 可以针对不同 OSPF 路由进程分别进行手工配置，但如果没有手工指定，系统会从当前 OSPF 路由进程中自动选择一个接口的 IP 地址作为 Router ID。选择的规则如下：

① 优先从 Loopback 地址中选择最大的 IP 地址；

② 如果没有配置 Loopback 接口，则在其他接口地址中选取最大的 IP 地址。

推荐使用 Loopback 0 地址作为路由器的 Router ID。

以下 3 种情况系统会进行 Router ID 的重新选举：

- 系统视图下执行 **ospf** [*process-id*] **router-id** *router-id* 命令重新配置 OSPF 的 Router ID，并且重新启动 OSPF 进程。
- 系统视图下执行 **router id** 命令重新配置系统的 Router ID，并且重新启动 OSPF 进程。
- 原来被选举为系统的 Router ID 的 IP 地址被删除并且重新启动 OSPF 进程。

11.3.3　OSPF 报文类型

OSPF 把自治系统划分成逻辑意义上的一个或多个区域，路由器通过 LSA 的形式发布路由信息，然后各台设备在 OSPF 区域内通过各种 OSPF 报文的交互达到区域内路由信息的统一，最终区域内部路由器构建成完全同步的 LSDB。因为 OSPF 是专为 TCP/IP 网络设计的路由协议，所以 OSPF 的各种报文是封装在 IP 报文内的，可以采用单播或组播的形式发送。

OSPF 报文主要有 5 种：Hello 报文、DD（Database Description，数据库描述）报文、LSR（LinkState Request，链路状态请求）报文、LSU（LinkState Update，链路状态更新）报文和 LSAck（LinkState Acknowledgment，链路状态应答）报文。LSA 信息是在 LSU 报文中携带的。

1. Hello 报文

Hello 报文用于建立和维护邻接关系。使能了 OSPF 功能的接口会周期性地向 OSPF 邻居设备发送 Hello 报文。Hello 报文中包括一些定时器的数值、本网段中的 DR、BDR 以及已知的邻居信息。

2. DD 报文

两台路由器在邻接关系初始化时，DD 报文（也称 DBD 报文）用来协商主、从关系，此时报文中不包含 LSA 头（Header）。在两台路由器交换 DD 报文的过程中，一台为 Master，另一台为 Slave。由 Master 规定起始序列号，每发送一个 DD 报文序列号加 1，Slave 方使用 Master 的序列号作为确认。

邻接关系建立之后，路由器使用 DD 报文描述本端路由器的 LSDB，进行数据库同步。DD 报文里包括本地 LSDB 中每一条 LSA 头部（LSA 头部可以唯一标识一条 LSA），即所有 LSA 的摘要信息。LSA 头部只占一条 LSA 的整个数据量的一小部分，这样可以减少路由器之间的协议报文流量。对端路由器根据收到的 DD 报文中包含的 LSA 头部就可判断出是否已有这条 LSA。如果已有该 LSA，则不用再通过 LSR 报文向对方请求该 LSA。

3. LSR 报文

两台路由器互相交换过 DD 报文之后，需要通过向对端 OSPF 邻居设备发送 LSR 报文请求对端有、而本端没有的 LSA。LSR 报文里包括所需要的 LSA 的摘要信息，即也仅包含所需 LSA 的头部。

4. LSU 报文

LSU 报文是用来对收到的 LSR 报文响应的，向对端路由器发送对端在 LSR 报文中所请求的 LSA，或者主动向 OSPF 邻居设备泛洪本端的 LSA，其报文内容是多条完整的 LSA 的集合。

5. LSAck 报文

为了实现 LSU 报文泛洪的可靠性传输，对端在收到 LSU 报文后需要使用 LSAck 报文进行确认（内容是需要确认的 LSA 头）。没有收到 LSAck 确认报文的 LSA 需要本端进行重传，重传的 LSA 是直接以单播方式发送到对应邻居设备。LSAck 报文用来对接收到的 LSU 报文进行确认。一个 LSAck 报文可对多个 LSA 进行确认。

11.3.4 OSPF 支持的网络类型

OSPF 定义了 4 种网络类型，分别是 P2P 网络、广播（Broadcast）网络、NBMA（Non-Broadcast Multiple Access，非广播多路访问）网络和 P2MP（Point To Multiple-Point）网络，它们各自的特点见表 11-3。

表 11-3 OSPF 支持的 4 种网络的特点

网络类型	特点	默认选择
广播网络	• 以组播方式发送 Hello 报文、LSU 报文和 LSAck 报文。 • **以单播形式发送 DD 报文和 LSR 报文。** • DR 和 BDR 向非 DR 设备（DROther）发送的组播报文的目的 IP 地址为 224.0.0.5（代表所有 OSPF 路由器），DROther 设备向 DR 和 BDR 发送的组播报文的目的 IP 地址为 224.0.0.6（代 DR 和 BDR）	当链路层协议是 Ethernet、FDDI 时，默认情况下 OSPF 认为网络类型是广播
NBMA 网络	**以单播方式发送所有 OSPF 报文**，其中包括 Hello 报文、DD 报文、LSR 报文、LSU 报文、LSAck 报文。NBMA 网络必须是全连通的，即网络中任意两台路由器之间都必须直接可达	当链路层协议是 ATM 时，默认情况下 OSPF 认为网络类型是 NBMA
P2P 网络	**以组播方式发送所有 OSPF 报文**，其中包括 Hello 报文、DD 报文、LSR 报文、LSU 报文、LSAck 报文	当链路层协议是 PPP、HDLC 和 LAPB 时，默认情况下 OSPF 认为网络类型是 P2P
P2MP 网络	• **以组播方式发送 Hello 报文；** • 以单播方式发送 DD 报文、LSR 报文、LSU 报文、LSAck 报文	没有一种链路层协议会被默认为是 P2MP 类型，必须是由其他的网络类型强制更改的

【注意】DR：Designated Router，指定路由器；BDR：Back-up Designated Router，备份指定路由器；HDLC：High-Level Data Link Control，高级数据链路控制；LAPB：Link Access Procedure Balanced for X.25，链路访问过程平衡；ATM：Asynchronous Transfer Mode，异步传输模式。

OSPF 可以在不支持广播的多路访问网络上运行，此类网络包括在 Hub-Spoke 拓扑上运行的帧中继（Frame Relay，FR）和 ATM 网络，这些网络的通信依赖于虚电路。OSPF 定义了两种支持多路访问的网络类型：NBMA 和 P2MP。

① NBMA：在 NBMA 网络上，OSPF 模拟在广播网络上的操作，但是每个路由器的邻居需要手动配置。NBMA 方式要求网络中的路由器通过虚电路全连接。

② P2MP：将整个网络看成是一组点到点网络，网络中的路由器不用全连接。对于不能组成全连接的网络应当使用此类型，例如只使用 PVC 的不完全连接的帧中继网络。

11.3.5　OSPF 路由器类型

根据路由器在 AS 中的不同位置，运行 OSPF 的路由器可以分为以下 4 类。

① 内部路由器（Internal Routers，IR）：该类设备的**所有接口都在同一个 OSPF 区域内**，同一个区域的 IR 维护相同的 LSDB，图 11-8 中的 RTA 和 RTE 就是 IR。

② 区域边界路由器（Area Border Routers，ABR）：该类设备接口可以分别属于不同区域，**其中一个接口位于骨干区域中**。ABR 用来连接骨干区域和非骨干区域，图 11-8 中的 RTB 和 RTD 均为 ABR。ABR 为每一个所连接的区域各维护一个 LSDB。

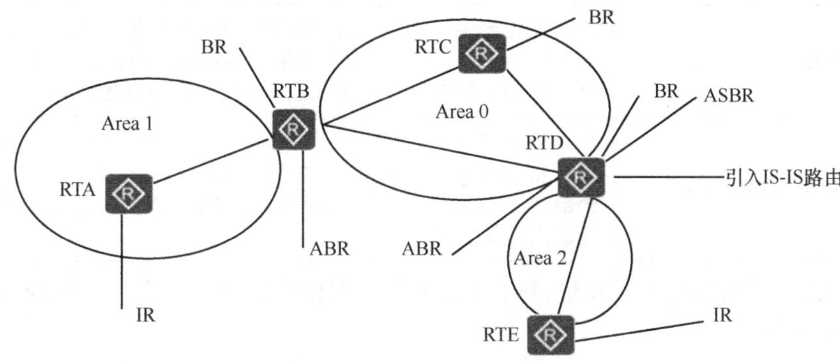

图 11-8　4 种 OSPF 路由器示例

③ 骨干路由器（Backbone Routers，BR）：该类设备**至少有一个接口属于骨干区域**。所有的 ABR 和位于骨干区域的内部设备都是骨干路由器，图 11-8 中的 RTB、RTC 和 RTD 都是 BR。

④ AS 边界路由器（AS Boundary Routers，ASBR）：与其他 AS 中的设备交换路由信息的设备，图 11-8 中的 RTD 引入了 IS-IS 路由，所以是一台 ASBR。

从以上介绍可以看出，一台路由器可以是多种 OSPF 路由器类型，如 RTB 既是一台 BR，同时又是一台 ABR，RTC 同时是 BR、ABR 和 ASBR。

另外，虽然 ASBR 通常是位于 AS 的边界，但也可以是 IR 或者 ABR，可以属于骨干区域，也可以不属于骨干区域。只要一台 OSPF 设备引入了外部路由（包括直连路由、静态路由、RIP、IS-IS 路由、BGP 路由，或者其他 OSPF 进程路由等）的信息，就是 ASBR。

11.3.6　OSPF LSA 类型

OSPF 是通过邻居路由器彼此交互 LSA 来实现路由信息传递的，但 LSA 中包含的并不是直接路由表项，而是 OSPF 路由表项计算所需要的拓扑信息。

常见的 OSPF LSA 包括以下 6 类：Router-LSA（Type 1）、Network-LSA（Type 2）、Network-Summary- LSA（Type 3）、ASBR-Summary-LSA（Type 4）、AS-External-LSA（Type 5）和 NSSA-External-LSA（Type 7），见表 11-4。

表 11-4　OSPF LSA 类型

类型	LSA 名称	说明
1	Router-LSA	每台路由器都会生成。描述某区域内路由器端口链路状态的集合，只在所描述的区域内泛洪
2	Network-LSA	由 DR 或 BDR 生成，描述广播网络或 NBMA 网络中各接口所在网段的链路状态，在所属的区域内泛洪
3	Network-Summary-LSA	由 ABR 产生，描述从 AS 内部区域到外部区域（一定是非 Totally Stub 或 NSSA 区域）某网段的汇总路由信息，在所连接的外部区域内泛洪
4	ASBR-Summary-LSA	由 ABR 产生，描述从 ABR 到达某一自治系统边界路由器（ASBR）的路由信息，在 ABR 所连的区域内泛洪，但不包括 Stub 区域、Totally Stub 区域、NSSA 区域和 Totally NSSA 区域
5	AS-External-LSA	由 ASBR 产生，描述从 ASBR 到达 AS 外部某一网段的路由信息，在整个 AS 内部泛洪，但仅可在普通区域中泛洪，不能在 Stub 区域、Totally Stub 区域、NSSA 区域和 Totally NSSA 区域泛洪
6	NSSA External LSA	由 ASBR 产生，内容几乎和 Type5 是相同的，但它专用于 NSSA 区域和 Totally NSSA 区域连接的 ASBR，向这两个区域内泛洪**到达外部 AS 的路由**，经过 NSSA 区域 ABR 转换成 Type5 向 OSPF 路由域内其他区域传播

OSPF LSA 采用组播方式发送，每台 OSPF 路由器根据其分类会产生一种或多种 LSA 向邻居路由器发布，具体如下。

① 在广播/NBMA 网络中，DR/BDR 发送 LSA 时的目的 IP 地址为 224.0.0.5（代表所有 OSPF 路由器）；DROther 发送 LSA 时的目的 IP 地址为 224.0.0.6（代表 DR 和 BDR）。

② 在其他类型网络中，发送 LSA 时的目的 IP 地址为 224.0.0.5。

11.3.7 OSPF 区域

网络中路由器的增多会产生以下诸多问题：

① 每台路由器都会生成自己的 LSA，导致 LSDB 占用大量的内存空间，同步时间长。

② 运行 SPF 算法的复杂度增加，占用更多的 CPU 资源。

③ 拓扑结构发生变化的概率增大，造成网络中会有大量的 OSPF 协议报文在传递，导致网络的带宽利用率降低；且每一次变化都会导致网络中所有的路由器重新进行路由计算，引起网络震荡。

OSPF 协议通过将自治系统划分成不同的区域（Area）来解决上述问题。区域是从逻辑上将路由器划分为不同的组，具体规定如下。

① **一个物理网段的整条链路的两端接口必须属于同一个区域**，但一台路由器的不同接口可以分属于不同区域。

② Area 0 为骨干区域，骨干区域负责在非骨干区域之间发布由区域边界路由器汇总的路由信息。单区域 OSPF 网络中的区域 ID 可以任意。

③ 非骨干区域之间必须经过骨干区域连接，所以非骨干区域都必须与骨干区域连接。

④ 为了避免区域间路由环路，**非骨干区域之间不允许直接相互发布区域间路由信息**。因此，所有区域边界路由器都至少有一个接口属于 Area 0。

⑤ 每个区域都有自己的 LSDB，不同区域 LSDB 所包含的 LSA 不同。

⑥ 路由器会为每一个自己所连接到的区域维护一个单独的 LSDB。但由于区域内的详细链路状态信息不会被发布到区域以外，因此路由器上的 LSDB 的规模大大缩小了。

图 11-9 为 Area 与 AS 之间的关系示意，即一个 AS 中可以包括多个区域，不同的协议路由域使用不同的 AS。不同路由域中的路由需要经过 BGP 进行连接。

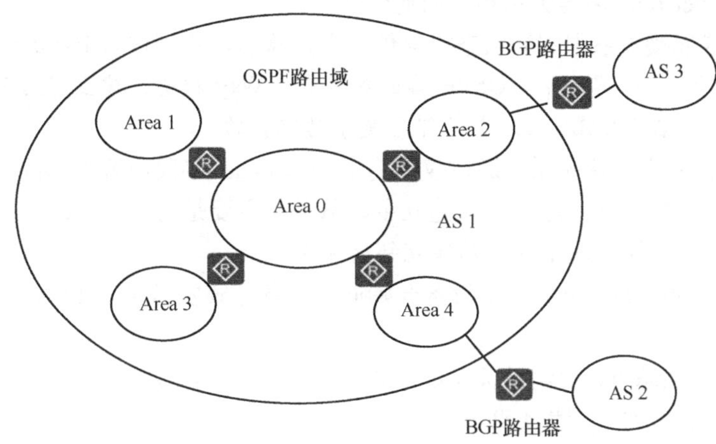

图 11-9　OSPF 网络的区域划分示例

11.4　OSPF 邻接关系的建立

运行 OSPF 的路由器之间需要交互链路状态信息，而在交互这些信息之前，邻居路由器之间需要建立邻接关系。但“邻接关系”和“邻居关系”是不一样的，邻接关系是在邻居关系的基础上建立的。

11.4.1　OSPF 邻居状态机

在整个 OSPF 邻接关系的建立过程中，OSPF 路由器的工作状态也在不断发生变化，这些工作状态被称为“邻居状态机”或者“有限状态机”。“邻居状态机”是指本地设备与特定邻居设备之间邻接关系建立过程中进入不同时期的状态，所以它是**针对特定邻居设备而言的**。

OSPF 的邻居状态机共有 8 种，可通过 **display ospf peer** 命令查看本地路由器与各邻居路由器之间建立邻接关系时的状态。

Down：邻居会话的初始阶段。表明在邻居失效时间间隔（DeadInterval，至少为

HelloInterval 定时器时长的 4 倍）内没有收到来自邻居设备的 Hello 报文。

此时，除了 NBMA 网络 OSPF 路由器会以 PollInterval 时间对处于 Down 状态的邻居路由器轮询发送 Hello 报文外，其他网络不会向失效的邻居路由器发送 Hello 报文。

Attempt：此状态仅适用于 NBMA 网络，邻居路由器是通过 **peer** 命令手工指定的。邻居关系处于本状态时，路由器会以 HelloInterval 时间向自己手工配置的邻居发送 Hello 报文，尝试建立邻居关系。

Init：此状态表示本端已经收到了邻居的 Hello 报文，但是对端还没有收到本端发送的 Hello 报文，因为在收到 Hello 报文的邻居列表中并没有包含本端的 Router ID，双向通信仍然没有建立。

2-Way：此状态表示双方互相收到了对端发送的 Hello 报文，报文中的邻居列表已包含本端的 Router ID，邻居关系和双向通信建立。

如果不形成邻接关系则邻居状态机就停留在此状态，否则进入 ExStart 状态。

【注意】在 NBMA 网络中，OSPF 路由器没有 2-Way 状态，建立邻居关系时也无须进入该状态，因为在 NBMA 网络中的邻居是手动配置的。

ExStart：协商主、从关系，通过仅带有 LSA Header 字段内容的 DD 报文协商主、从关系，并确定 DD 报文的序列号。建立主、从关系主要是为了保证后续能够有序地发送 DD 报文。此时邻居间才正式开始建立邻接关系。

Exchange：交换 DD 报文，主设备开始向从设备正式发送带有 LSA Header 字段内容的 DD 报文。

Loading：此状态下，两端设备发送 LSR 报文向邻居请求对方的 LSA，并以 LSU 报文对对方请求进行应答，同步 LSDB。

Full：当设备收到对端发来的 LSA 报文后向对端发送 LSAck 报文，同时在给对端发送 LSA 后也收到了来自对端的 LSAck 报文，即本端向对端发送了 LSAck 报文，也收到了对方发来的 LSAck 报文后，本地设备自动切换为 Full 状态，本端设备和邻居设备建立了完全的邻接关系。

11.4.2 DR 和 BDR 选举

在广播网络或 NBMA 网络的一个 IP 网段中，任意两台路由器之间都要传递路由信息。如果一个 IP 网段中有 n 台路由器，则需要建立 $n\times(n-1)/2$ 个邻接关系，使得任何一台路由器的路由变化信息都会导致多次传递，浪费了带宽资源。

为解决这一问题，OSPF 定义了 DR。DR 是在同一 IP 网段中的路由器进行选举的。选举产生 DR 后，其他设备都只将信息发送给 DR，由 DR 将网络链路状态 LSA 广播出去。为了防止 DR 发生故障，路由器还会选举一个 BDR。这样除 DR 和 BDR 之外的路由器之间将不再需要建立邻接关系，也不再交换任何路由信息，减少了广播网络和 NBMA 网络中的一个 IP 网段中各路由器之间建立邻接关系的数量。

为了稳定地进行 DR 和 BDR 选举，OSPF 规定了一系列的选举规则，如选举制、终身制和继承制。

1. 选举制

选举制是指 DR 和 BDR 不是人为指定的，而是由本 IP 网段中所有的路由器共同选举出来的。路由器接口的 DR 优先级决定了该接口在选举 DR、BDR 时所具有的资格，本 IP 网段内 DR 优先级大于 0 的路由器都可作为“候选人”。

选举中使用的“选票”就是 Hello 报文，每台路由器将自己选出的 DR 写入 Hello 报文中，发给网段上的其他路由器。在初始状态下，每台路由器都认为自己是 DR，没有选举 BDR。当处于同一 IP 网段的两台路由器同时宣布自己是 DR 时，**优先级高者为 DR（数值越大，优先级越高），另外一台为 BDR。如果优先级相等，则 Router ID 大者胜出。**如果一台路由器的优先级为 0，则它不会被选举为 DR 或 BDR。

如图 11-10 所示，3 台路由器通过一台交换机连接到同一 IP 网段，根据选举规则可得出 10.1.1.0/24 网段的 RTA 为 DR，RTC 为 BDR，因为 RTA 的 DR 优先级最高，RTC 次之。

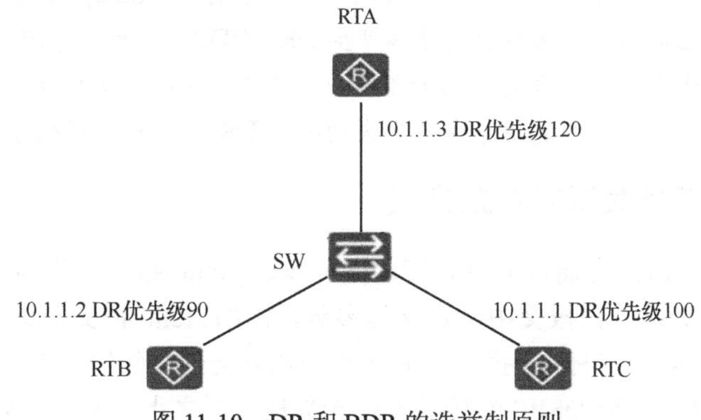

图 11-10　DR 和 BDR 的选举制原则

2. 终身制

因为一个 IP 网段中的每台路由器都只和 DR、BDR 建立邻接关系（DROther 之间仅需建立邻居关系），如果 DR 频繁更换，则会引起本网段内的所有路由器重新与新的 DR、BDR 建立邻接关系，导致短时间内网段中有大量的 OSPF 协议报文在传输，降低网络的可用带宽。

终身制也叫非抢占制。每一台新加入的路由器并不急于参加选举，而是先考察一下本网段中是否已存在 DR，观察时长为 Waiting 定时器时间。在 Waiting 定时器（与 DeadInterval 定时器一样，等于 4 倍 HelloInterval 定时器时长）时间内，发送的 Hello 报文中不会带有 DR 和 BDR 信息，即本地设备不能被选举为 DR 或 BDR。但是如果在 Waiting 定时器时间内所收到来自邻居的 Hello 报文中都没有 DR、BDR 信息，则在 Waiting 定时器超时后发送以本地路由器作为 DR 的 Hello 报文给本网段其他路由器。

如果本地路由器在 Waiting 定时器时间内，收到了其他路由器发来的 Hello 报文中带有 DR 和 BDR 信息，则表明目前网段中已经存在 DR、BDR，这样即使本地路由器的 DR 优先级比现有的 DR 还高，也不会再声称自己是 DR，而是承认现有的 DR。

仍以图 11-10 为例进行介绍，假设 RTA 是后加入网络的，在此之前 RTB 和 RTC 之间已选举好了 DR 和 BDR：RTC 为 DR，RTB 为 BDR。RTA 在收到 RTB、RTC 的 Hello 报文后，发现 RTC 为 DR，RTB 为 BDR，这时虽然 RTA 的优先级（120）要高于当前 DR（RTC）的优先级，但也不参与 DR、BDR 选举，而是直接承认原来的 DR 和 BDR。

终身制有利于增加网络的稳定性，提高网络的可用带宽。实际上，在一个广播网络或 NBMA 网络中，最先启动的两台具有 DR 选举资格的路由器将成为 DR 和 BDR。

3. 继承制

继承制是指如果原来 DR 发生故障了，**那么下一个当选为 DR 的一定是 BDR**，其他的路由器只能去竞选 BDR 的位置。这个原则可以保证 DR 的稳定，避免频繁地进行选举。由于 DR 和 BDR 的数据库是完全同步的，因此当 DR 故障后，BDR 立即成为 DR，履行 DR 的职责。在 BDR 成为新的 DR 之后，还会选举出一个新的 BDR，虽然这个过程所需的时间比较长，但不会影响路由的计算。

我们再以图 11-10 为例进行介绍。原来的 DR 是 RTA，现假设其出现了故障，则原来的 BDR RTC 会直接成为新的 DR，而原来为 DROther 的 RTB 成为新的 BDR。

【说明】只有连接在同一网段中的不同 Router ID，或者配置不同 DR 优先级的路由器接口同时 Up，在同一时刻进行 DR 选举（即在同一时间它们的 Waiting 定时器超时）才会在整个网段路由器中真正应用 DR 选举规则选举产生 DR、BDR。否则，总有至少一台路由器不能真正参与 DR、BDR 选举，最先启动的都将成为 DR，因为这台路由器在 Waiting 定时器超时前不会收到任何同网段中其他路由器发来的带有 DR、BDR 字段信息的 Hello 报文。

11.4.3 OSPF 邻接关系的建立流程

OSPF 设备启动后，会通过 OSPF 接口向外发送 Hello 报文。网络中其他收到 Hello 报文的 OSPF 设备会检查该报文中所定义的参数，比如 Hello 报文发送间隔、网络类型、IP 地址掩码等。如果双方 Hello 报文中的参数一致就会形成邻居关系，两端设备互为邻居，进入 **2-Way 状态**。但 OSPF 邻接关系位于邻居关系之上，两端需要进一步交换 DD 报文、交互 LSA 信息才能建立邻接关系，**达到 ExStart 或以上状态**。

在广播网络或 NBMA 网络中，**因为 DROther 之间不需要交换 LSA 信息，所以它们之间建立的仅是邻居关系**。而 DR 与 BDR 之间，DR、BDR 与 DROther 之间需要交互 LSA 信息，所以需要建立邻接关系。

如图 11-11 所示，两台 DROther 各有 3 个邻居，但是分别只与 DR 和 BDR 建立邻接关系，如图中虚线所示。而 **P2P 网络上和 P2MP 网络中只有 OSPF 邻接关系**。

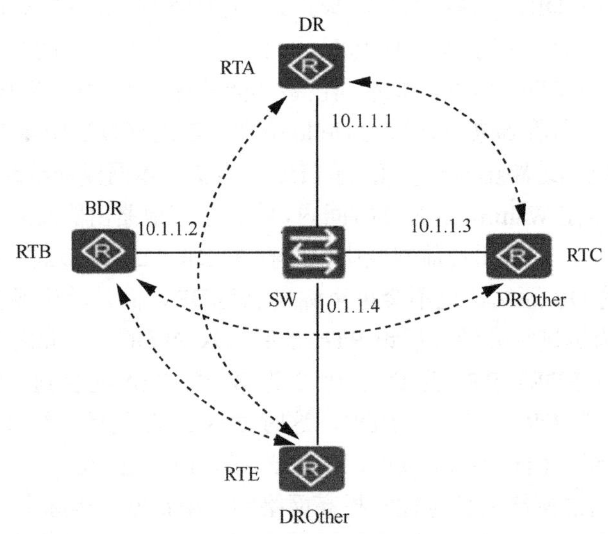

图 11-11 广播网络和 NBMA 网络中的 OSPF 邻居关系和邻接关系

在广播网络中，DR、BDR 和网段内的每一台路由器都要形成邻接关系，但 DRother 之间只形成邻居关系。在广播网络中，OSPF 邻接关系建立的流程如图 11-12 所示（**假设两台设备同时启动、同时参与 DR、BDR 选举**），总体分为三大部分：邻居关系建立，主从关系协商、DD 报文交换和 LSDB 同步。

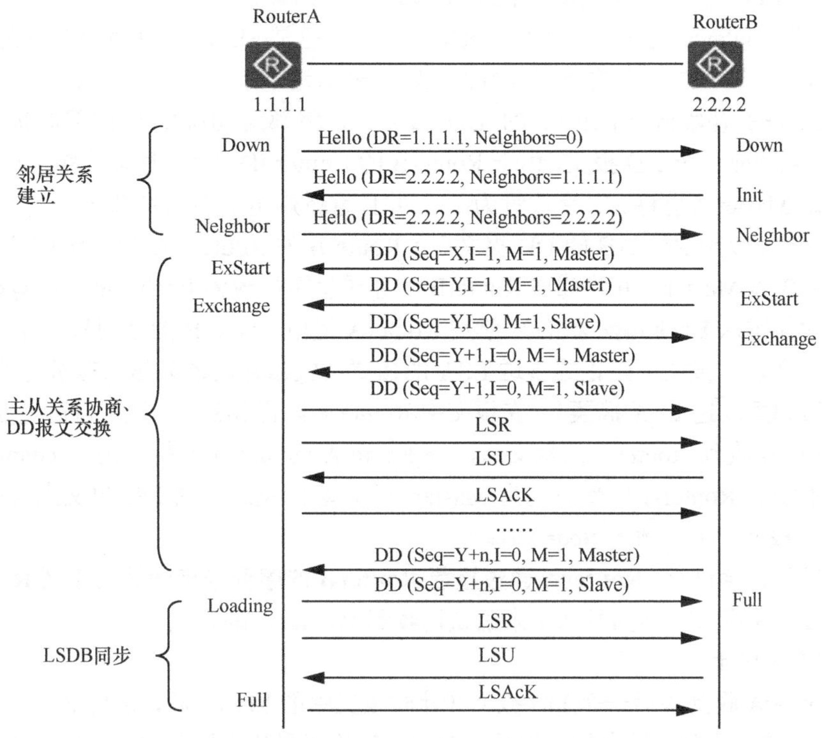

图 11-12　广播网络 OSPF 邻接关系的建立流程

1. 邻居关系建立

① RouterA 连接到广播类型网络的接口上使能了 OSPF 协议后，以组播方式发送一个 Hello 报文（目的 IP 地址为组播地址 224.0.0.5，代表所有 OSPF 路由器）。初始状态下，在发送的 Hello 报文中，RouterA 认为自己是 DR 设备，即 DR 字段值为 1.1.1.1，但不确定邻居是哪台设备，所以 Neighbor 字段值为 0。

② RouterB 收到 RouterA 发送的 Hello 报文后，从报文中获知了 RouterA 的 IP 地址，故以单播方式发送一个 Hello 报文回应给 RouterA，并且在报文的 Neighbors 字段中填入 RouterA 的 Router ID，即 Neighbor=1.1.1.1，表示已收到 RouterA 的 Hello 报文。因为 RouterB 的 Router ID 较大，根据选举规则，可以得知，RouterB 仍将成为 DR，故 RouterB 在发送的 Hello 报文中仍以自己为 DR，即 DR=2.2.2.2，然后 RouterB 的邻居状态机置为 Init。

③ RouterA 收到 RouterB 回应的 Hello 报文后，发现 RouterB 的 Router ID 比自己的大，于是接受 RouterB 为 DR，自己即为 BDR，同时将邻居状态机置为 2-Way 状态。

此时已建立好它们之间的邻居关系，下一步双方开始发送各自的链路状态数据库。**如果这两台设备是在广播网络中，且这两台设备间连接的接口状态是 DR Other 的设备之间，则将停留在此步。**

2. 主从关系协商、DD 报文交换

为了保证报文在传输过程中的可靠性，DD 报文在发送过程中需要确定双方的主从关系（Router ID **大的一端为** Master，小的一端为 Slave）。作为 Master 的一方定义一个序列号，每次发送一个新的 DD 报文序列号将加 1；**作为 Slave 的一方，每次发送 DD 报文时使用接收到的上一个 Master 的 DD 报文中的序列号**。

① 假设 RouterA 先发送一个 DD 报文，宣称自己是 Master，并将 DD 报文中的 MS 字段设为 1。假设 DD 报文的序列号为 *X*。*M*=1 表示这不是最后一个报文。

② RouterB 在收到 RouterA 的 DD 报文后，将邻居 RouterA 的邻居状态机改为 ExStart，并且回应一个 DD 报文。由于 RouterB 的 Router ID 较大，所以在报文中 RouterB 认为自己是 Master（也将 MS 字段设为 1），并且重新规定了序列号 Seq=*Y*。

③RouterA 收到 RouterB 的 DD 报文后，RouterB 的 Router ID 确实比自己大，于是接受 RouterB 为 Master，并将邻居 RouterB 的邻居状态机改为 Exchange（**只有确定了主从关系后才能进入 Exchange 状态**）。然后 RouterA 使用 RouterB 的序列号 Seq=Y 来发送新的 DD 报文，该报文开始正式传送 LSA 的摘要（**仅当邻居的邻居状态机为 Exchange 时才会向该邻居发送 LSA 摘要**）。在报文中 RouterA 设置 MS=0，说明自己是 Slave。

④RouterB 收到 RouterA 的报文后，将 RouterA 的邻居状态机改为 Exchange（因为已从报文中获悉 RouterA 接受自己为 Master 了），然后发送新的 DD 报文来描述自己的 LSA 摘要，报文序列号改为 Seq=*Y*+1。

上述过程持续进行，**RouterA 通过重复 RouterB 的序列号来确认已收到 RouterB 的报文。RouterB 通过将序列号加 1 来确认已收到 RouterA 的报文。**

3. LSDB 同步

① RouterA 收到最后一个 DD 报文（此时报文中的 M=0）后，发现 RouterB 的数据库中有许多 LSA 是自己没有的，于是将 RouterB 的邻居状态机改为 Loading 状态，表明要从 RouterB 下载自己没有的 LSA。此时 RouterB 也收到了 RouterA 的最后一个 DD 报文，但 RouterA 的 LSA，RouterB 都已经有了，不需要再请求，**所以直接将邻居 RouterA 的邻居状态机改为 Full 状态。**

② RouterA 发送 LSR 报文向 RouterB 请求更新 LSA。RouterB 用 LSU 报文来回应 RouterA 的请求（DROther 向 DR、BDR 发送 LSU 时采用 224.0.0.6 作为目的 IP 地址，其他设备发送 LSU 报文的目的 IP 地址是 224.0.0.5）。RouterA 收到后，发送 LSAck 报文确认。

上述过程持续到 RouterA 中的 LSA 与 RouterB 的 LSA 完全同步为止，此时 RouterA 将邻居 RouterB 的邻居状态机改为 Full 状态。当路由器交换完 DD 报文并更新所有的 LSA 后，**此时 RouterA 与 RouterB 之间的双向邻接关系建立完成。**

11.5 OSPF 配置与管理

OSPF 的一个最大优点就是配置简单，要使各网络互通，仅需要少数的几条命令即可，不用担心会形成路由环路，因为 OSPF 的 SPF 路由算法已确保不会形成路由环路。

正因如此，OSPF 主要适用于大中型网络。其实在小型网络中 OSPF 应用也非常广泛。

11.5.1　OSPF 基本功能配置与管理

配置 OSPF 基本功能包括 3 个步骤：①创建 OSPF 进程；②创建 OSPF 区域；③使能 OSPF。另外，还可选配置接口开销和安全认证功能。

1. 创建 OSPF 进程

OSPF 是支持多进程的，要使用 OSPF 协议首先要创建一个 OSPF 协议进程。另外，一台路由器如果要运行 OSPF 协议，必须存在 Router ID。Router ID 可以通过自动选举得到，也可通过手动配置指定。为保证 OSPF 运行的稳定性，便于网络管理，用户在进行网络规划时应该规划好各路由器的 Router ID。

创建 OSPF 进程的方法很简单，仅需在系统视图下通过 **ospf** [*process-id* | **router-id** *router-id*] *命令配置即可。配置此命令后，可启动对应的 OSPF 进程，进入 OSPF 视图。命令中的参数说明如下。

process-id：可多选参数，指定要启动的 OSPF 进程的编号，取值是 1～65535 的整数，默认值为 1。**设备的一个接口只能属于一个 OSPF 进程，且进程号是本地概念，用于本地不同 OSPF 进程的路由隔离，但不影响与其他路由器之间的 OSPF 路由信息交换**，因此**链路两端的 OSPF 路由器可以运行不同的进程号**。

router-id *router-id*：可多选参数，指定本地路由器的 Router ID，为点分十进制格式，即 IPv4 地址形式，但又不起 IP 地址的作用。也可以单独用 **router id***router-id* 系统视图命令创建路由器的 Router ID。

Router ID 一旦确定，不会随便改变，**即使对应的 IP 地址的接口关闭了**，只要不重新启动对应的 OSPF 路由进程，Router ID 也不会改变，有关 Router ID 重新选举的规则参见本章 11.3.2 节。

默认情况下，在没有手动配置 Router ID 时，系统会优先从已配置的 Loopback 接口 IP 地址中选择最大的 IP 地址作为设备的 Router ID，如果没有配置 Loopback 接口，则在其他接口 IP 地址中选取最大的 IP 地址作为设备的 Router ID。

手动配置路由器 ID 时，必须保证同一 AS 中任意两台路由器的 Router ID 都不相同，但同一路由器的不同进程中的 Router ID 可以相同。通常的做法是将 Router ID 配置为与该设备某个接口的 IP 地址一致。

2. 创建 OSPF 区域

OSPF 区域的创建是在对应的 OSPF 进程视图下进行的，因此区域也是针对特定 OSPF 进程而言的。创建 OSPF 区域的方法很简单，就是在对应的 OSPF 进程视图下使用 **area** *area-id* 命令配置。参数 *area-id* 是用来指定区域的标识，**可以采用十进制整数或 IPv4 地址形式输入，但显示的是 IPv4 地址形式**。采取整数形式时，取值为 0～4294967295。其中 0 固定为骨干区域的 ID。默认情况下，系统未创建 OSPF 区域，可用 **undo area** *area-id* 命令删除指定区域。但在删除一个区域后，该区域中的所有配置都将同时被删除。

在区域划分和配置中要注意以下事项：①区域的边界是路由器，不是链路，即**一条链路两端的接口只能属于同一个区域**；②骨干区域负责区域之间的路由，非骨干区域之间的路由信息必须通过骨干区域来转发；③所有非骨干区域必须与骨干区域保持连通，骨干区域自身也必须保持连通；④**单区域 OSPF 网络中的区域 ID 可随意，只要符合区域 ID 的取值范围即可**。

3. 使能 OSPF

使能 OSPF 是指定要在哪些接口上运行对应进程的 OSPF 协议，需要分别在所创建的各个区域中指定所包含的接口所连接的 IP 网段。方法是在 OSPF 区域视图下通过 **network** *ip-address wildcard-mask* 命令配置。命令中的参数说明如下。

① *ip-address*：指定要使能 OSPF 的网络 IPv4 地址。

② *wildcard-mask*：IPv4 地址的反码，相当于将 IPv4 地址的子网掩码反转（0 变 1，1 变 0）。它是用来与参数 *ip-address* 一起确定要使能 OSPF 进程，并加入同一个 OSPF 区域的网段范围或路由器接口，其中，“1”表示忽略 IPv4 地址中对应的位，“0”表示必须匹配的位，这样就可以通过一条 **network** 命令同时在多个接口上使能 OSPF。

同时满足下面两个条件，对应的接口才会使能对应的 OSPF 进程，加入对应的 OSPF 区域：

① 接口的 IPv4 地址子网掩码长度≥**network** 命令中的掩码长度。OSPF 使用反掩码，例如 0.0.0.255 表示掩码长度为 24 位。

② 接口的主 IP 地址必须在 **network** 命令指定的网段范围之内。

默认情况下，接口不属于任何区域，可用 **undo network** *address wildcard-mask* 命令从该区域中删除运行 OSPF 协议的对应接口。

配置好 OSPF 基本功能后，可以执行以下管理命令，查看对应的信息：

在任意视图下执行 **display ospf** [*process-id*] **peer** 命令，查看 OSPF 邻居的信息。

在任意视图下执行 **display ospf** [*process-id*] **interface** 命令，查看 OSPF 接口的信息。

在任意视图下执行 **display ospf** [*process-id*] **routing** 命令，查看 OSPF 路由表的信息。

在任意视图下执行 **display ospf** [*process-id*] **lsdb** 命令，查看 OSPF 的 LSDB 信息。

11.5.2 OSPF 基本功能配置示例

如图 11-13 所示，3 台路由器串连，AR2 的 Serial2/0/0 接口连接骨干区域 0 中的设备，Serial2/0/1 接口连接普通区域 1 中的设备。现要通过 OSPF 路由实现 AR1 和 AR3 上 Loopback0 接口代表的网段 3 层互通，假设 AR1、AR2 和 AR3 的 Router ID 采用手动指定，分别为 1.1.1.1、2.2.2.2 和 3.3.3.3。

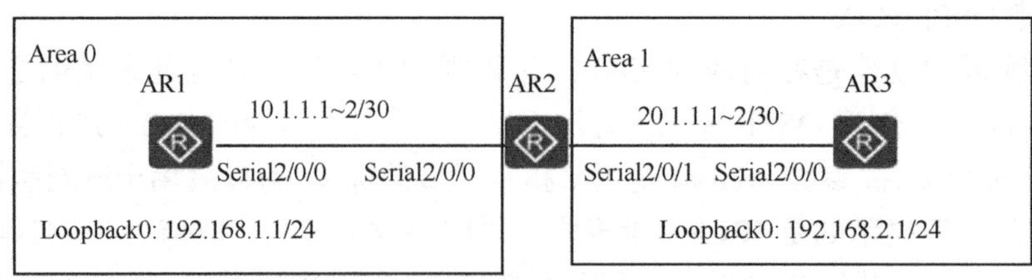

图 11-13 OSPF 配置示例拓扑结构

小型网络的 OSPF 基本功能配置很简单，只有两个步骤：一是配置各路由器接口（当然也可以是 3 层交换机的 VLANIF 接口，或者以太网子接口等其他类型的 3 层接口）的

IP 地址，二是创建 OSPF 路由进程，然后通过 **network** 命令将各路由器接口加入对应 OSPF 路由进程的对应区域中。

1. 各路由器接口 IP 地址配置

（1）AR1 上的配置

```
<Huawei>system-view
[Huawei] sysname AR1
[AR1] interface serial 2/0/0
[AR1-serial2/0/0] ipaddress 10.1.1.1 30
[AR1-serial2/0/0] quit
[AR1] interface loopback 0
[AR1-Loopback0] ipaddress 192.168.1.1 24
[AR1-Loopback0]ospf network-type broadcast#---配置 Loopback 接口为广播网络，否则生成的 OSPF 路由表项只是 32 位掩码的主机路由
[AR1-Loopback0] quit
```

（2）AR2 上的配置

```
<Huawei>system-view
[Huawei] sysname AR2
[AR2] interface serial 2/0/0
[AR2-serial2/0/0] ipaddress 10.1.1.2 30
[AR2-serial2/0/0] quit
[AR2] interface serial 2/0/1
[AR2- serial 2/0/1] ipaddress 20.1.1.1 30
[AR2-serial2/01] quit
```

（3）AR3 上的配置

```
<Huawei>system-view
[Huawei] sysname AR3
[AR3] interface serial 2/0/0
[AR3-serial2/0/0] ipaddress 20.1.1.2 30
[AR3-serial2/0/0] quit
[AR3] interface loopback 0
[AR3-Loopback0] ipaddress 192.168.2.1 24
[AR3-Loopback0] quit
```

2. OSPF 基本功能配置

假设启动 OSPF 1 进程（相邻路由器接口上运行的 OSPF 路由进程号可以相同，也可以不同），手动指定各路由器的 Router ID，不采用自动选举方式。

（1）AR1（位于骨干区域 0 中）上的配置

```
[AR1] ospf 1 router-id 1.1.1.1
[AR1-ospf-1] area 0
[AR1-ospf-1-area-0.0.0.0] network 10.1.1.0 0.0.0.3   #---使 Serial2/0/0 接口加入区域 0 中
[AR1-ospf-1-area-0.0.0.0] network 192.168.1.0 0.0.0.255
[AR1-ospf-1-area-0.0.0.0] quit
```

（2）AR2（两个接口分别位于骨干区域 0 和普通区域 1 中）上的配置

```
[AR2] ospf 1 router-id 2.2.2.2
[AR2-ospf-1] area 0
[AR2-ospf-1-area-0.0.0.0] network 10.1.1.0 0.0.0.3   #---使 Serial2/0/0 接口加入区域 0 中
[AR2-ospf-1-area-0.0.0.0] quit
[AR2-ospf-1] area 1
```

```
[AR2-ospf-1-area-0.0.0.1] network 20.1.1.0 0.0.0.3     #---使 Serial2/0/1 接口加入区域 1 中
[AR2-ospf-1-area-0.0.0.1] quit
```

（3）AR3（位于普通区域 1 中）上的配置

```
[AR3] ospf 1 router-id 3.3.3.3
[AR3-ospf-1] area 1
[AR3-ospf-1-area-0.0.0.1] network 20.1.1.0 0.0.0.3   #---使 Serial2/0/0 接口加入区域 0 中
[AR3-ospf-1-area-0.0.0.1] network 192.168.2.0 0.0.0.255
[AR3-ospf-1-area-0.0.0.1] quit
```

配置好以上信息后，在各路由器上执行 **display ospf peer brief** 命令，可查看彼此之间是否已成功建立了 OSPF 邻接关系。以下是在 AR2 上执行该命令得到的输出结果，显示 AR2 已成功与 AR1 和 AR3 建立了 OSPF 邻接关系。

```
<AR2>display ospf peer brief

        OSPF Process 1 with Router ID 2.2.2.2
                Peer Statistic Information
 ----------------------------------------------------------------------------
 Area Id          Interface                       Neighbor id        State
 0.0.0.0          Serial2/0/0                     1.1.1.1            Full
 0.0.0.1          Serial2/0/1                     3.3.3.3            Full
 ----------------------------------------------------------------------------
```

对于本应建立邻接关系而实际未建立邻接关系的，要排查相关配置，可执行 **display ospf routing** 命令查看各路由器上建立的 OSPF 路由表项，看是否已成功学习到 OSPF 路由。以下是在 AR1 上执行该命令的输出，可以看到 AR1 已成功学习到 OSPF 路由域中所有非直连网段的 OSPF 路由。

```
<AR1>display ospf routing

        OSPF Process 1 with Router ID 1.1.1.1
                Routing Tables

 Routing for Network
 Destination        Cost   Type          NextHop          AdvRouter     Area
 10.1.1.0/30        48     Stub          10.1.1.1         1.1.1.1       0.0.0.0
 192.168.1.1/24     0      Stub          192.168.1.1      1.1.1.1       0.0.0.0
 20.1.1.0/30        96     Inter-area    10.1.1.2         2.2.2.2       0.0.0.0
 192.168.2.1/24     96     Inter-area    10.1.1.2         2.2.2.2       0.0.0.0

 Total Nets: 4
 Intra Area: 2   Inter Area: 2   ASE: 0   NSSA: 0
```

11.5.3 配置 OSPF 的接口开销

OSPF 接口开销值影响报文的路由选择，开销值越大，优先级越低。OSPF 既可以根据接口的带宽自动计算其链路开销值，也可以通过命令配置。根据该接口的带宽自动计算开销值的公式为：接口开销=带宽参考值/接口带宽，取计算结果的整数部分作为接口开销值（当结果小于 1 时取 1）。改变带宽参考值可以间接改变接口的开销值。

调整 OSPF 的接口开销有两种方式：一种是直接通过命令配置接口的开销值；另一

种通过改变带宽参考值调整接口开销值。这两种方法的具体配置步骤见表 11-5。

表 11-5　OSPF 接口开销的配置步骤

步骤	命令	说明
1	**system-view** 例如：< Huawei >**system-view**	进入系统视图
方式 1：直接配置方法		
2	**interface** *interface-type interface-number* 例如：[Huawei] **interface** gigabitethernet 1/0/0	键入要配置 OSPF 开销的接口，进入接口视图
3	**ospf cost** *cost* [Huawei-GigabitEthernet1/0/0] **ospf cost** 65	直接配置接口的 OSPF 开销，取值为 1～65535 的整数。默认情况下，OSPF 会根据该接口的带宽自动计算其开销值，可用 **undo ospf cost** 命令恢复接口上运行 OSPF 所需开销的默认值
方式 2：通过改变带宽参考值间接调整接口开销的方法		
2	**ospf** [*process-id*] 例如：[Huawei] **ospf** 10	启动对应的 OSPF 进程，进入 OSPF 视图
3	**bandwidth-reference** *value* 例如：[Huawei-ospf-10] **bandwidth-reference** 1000	设置带宽参考值，取值为（1～2147483648）Mbit/s。默认情况下，OSPF 的带宽参考值为 100Mbit/s，可用 **undo bandwidth-reference** 命令恢复带宽参考值为默认值。主要类型接口的默认开销值如下。 • 56kbit/s 串口：1785； • 64kbit/s 串口：1562； • E1（2.048Mbit/s）：48； • Ethernet（100Mbit/s）：1； • GigabitEthernet（1000Mbit/s）：1。 配置成功后，进程内所有接口的带宽参考值都会改变，**必须保证该进程中所有路由器的带宽参考值一致**

第12章 ACL和AAA

本章主要内容

12.1 ACL基础

12.2 配置ACL

12.3 AAA基础及配置

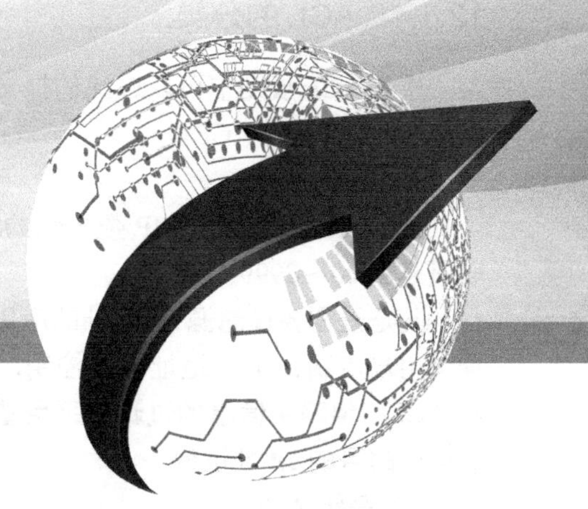

在网络应用中，出于安全或者应用考虑，有时要限制某些网段之间的通信，或限制个别用户的网络访问，或者限制某些类型的报文在网络上传输，还可能针对一些特定的应用，如 Telnet、NAT、FTP 等进行用户控制，仅允许符合规则的用户进行这些应用，这时就需要用到报文过滤功能，这就是本章要讲的 ACL。

另外，有些场景虽然允许用户访问特定的网络资源，但是需要对不同用户有不同的授权要求，使不同用户具有不同的访问权限，这时就要用到 AAA（认证—授权—计费）。AAA 首先对用户资格进行认证，认证通过后才根据配置为不同用户授权不同的访问权限，同时可以针对特定用户进行计费。

ACL 和 AAA 可以看成是网络中的两个“大法官”，可以根据用户需求对通信中的报文或用户主体的资格、权限进行检查、判定，凡是没有达到预定规则的都将被拒绝通过，或者仅授予特定的访问权限。本章会介绍有关华为设备中 ACL 和 AAA 基础知识及其相关功能的基本配置与管理方法。

12.1 ACL 基础

ACL 由一系列允许（Permit）或拒绝（Deny）的规则组成，设备可以根据这些规则对报文进行分类，然后对不同类型的报文采取不同的处理方式。其主要目的是为了实现对用户访问动作的控制，限制用户流量和防止网络攻击等。

12.1.1 ACL 的分类

根据ACL规则中可以过滤的报文属性，华为设备中最常用的ACL有3类：基本ACL、高级 ACL 和二层 ACL。

（1）基本 ACL

基本 ACL 可以使用 IP 数据包的源 IP 地址、分片标记和时间段信息来匹配，其编号取值是 2000～2999。

凡是只需要过滤源 IP 地址的应用均可采用基本 ACL，如 FTP 用户访问控制、Telnet 登录用户控制、NAT 地址转换控制，以及基于源 IP 地址的 IP 数据包过滤等都可使用基本 ACL。**但路由信息的过滤也采用基本 ACL，此时 ACL 规则的源 IP 地址是针对路由信息中的目的 IP 地址的。**

（2）高级 ACL

高级 ACL 可以综合使用 IP 数据包中的源/目的 IP 地址、源/目的端口号以及协议类型等信息进行匹配，比基本 ACL 更准确、更丰富、更灵活，其编号取值是 3000～3999。

凡是要通过目的 IP 地址或者要同时基于源 IP 地址，以及基于报文的协议类型、TCP 标志位等 IP 数据包过滤的应用都需要使用高级 ACL。如要过滤到达某个指定目的地的 IP 数据包，或者要过滤来自指定源设备到达指定目的设备的 IP 数据包，或者针对特定的协议类型（TCP、IP、ICMP、UDP 等）的报文过滤等。

以上基本 ACL 和高级 ACL 均**既可在二层端口上应用，也可以在三层端口上应用，**且既可以是物理三层端口，也可以是逻辑三层端口（如 VLANIF 接口）或物理三层端口的子接口。当然，基本 ACL 和高级 ACL 不仅可以基于接口进行报文过滤，还可以在全局或者 VLAN 内部应用。

（3）二层 ACL

二层 ACL 可以使用帧中源/目的 MAC 地址，以及二层协议类型等二层信息进行匹配，其编号取值是 4000～4999。其**仅可在二层以太网端口应用**，用于过滤数据帧。

12.1.2 ACL 的组成

一个 ACL 可以由多条“**deny | permit**”语句组成，每一条语句描述了一条规则。设备收到报文后，会逐条匹配 ACL 规则，看其是否匹配。如果不匹配，则继续匹配下一条；**一旦找到一条匹配的规则，则执行规则中定义的动作，不再继续与后续规则进行匹配。**需要注意的是，ACL 中定义的这些规则可能存在重复或矛盾的地方，不同规则的匹配顺序决定了它们的匹配优先级，ACL 就是通过设置规则的优先级来处理规则之间重复或矛

盾的问题。

图 12-1 是一个基本 ACL。不同类型的 ACL 的组成部分会有所不同，因为其中所包括的过滤属性不完全相同。

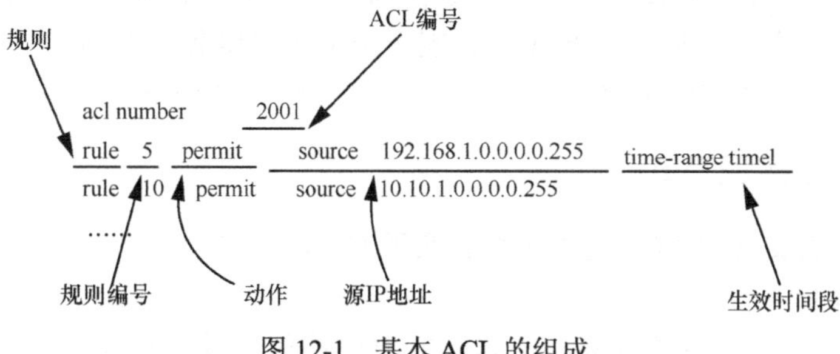

图 12-1　基本 ACL 的组成

1. ACL 编号

ACL 编号用于标识 ACL，表明该 ACL 是数字型 ACL。

根据 ACL 规则功能的不同，华为设备中的 ACL 被划分为基本 ACL、高级 ACL、二层 ACL、用户自定义 ACL 和用户 ACL 几种类型，每类 ACL 编号的取值范围不同。

除了可以通过 ACL 编号标识 ACL，设备还支持通过名称来标识 ACL，就像用域名代替 IP 地址一样，更加方便记忆。这种 ACL 称为名称型 ACL。

名称型 ACL 实际上是“名字+数字”的形式，可以在定义名称型 ACL 时同时指定 ACL 编号。如果不指定编号，则由系统自动分配。例如，下面就是一个既有名字“deny-telnet-login”又有编号“3998”的 ACL。

```
#
acl name deny-telnet-login 3998
rule 0 deny tcp source 10.152.0.0 0.0.63.255 destination 10.64.0.97 0 destination-port eq telnet
rule 5 deny tcp source 10.242.128.0 0.0.127.255 destination 10.64.0.97 0 destination-port eq telnet
#
```

2. 规则

规则是描述报文匹配条件的判断语句，包括规则编号、动作和匹配项。

① **规则编号**：用于标识一条 ACL 规则。规则编号可以自行配置，也可以由系统自动分配。ACL 规则的编号范围是 0～4294967294，所有规则均按照规则编号从小到大进行排序，系统按照顺序，将规则依次与报文匹配，一旦匹配上一条规则即停止匹配。

系统自动为 ACL 规则分配编号时，每个相邻规则编号之间会有一个差值，这个差值称为“步长”。默认步长为 5，所以规则编号就是 5/10/15……以此类推。

- 如果手工指定了一条规则，但未指定规则编号，系统就会使用大于当前 ACL 内最大规则编号且是步长整数倍的最小整数作为规则编号。
- 步长可以调整，如果将步长改为 2，系统则会自动从当前步长值开始重新排列规则编号，规则编号就变成 2、4、6……。

设置一定长度的步长的作用，是方便后续在旧规则之间插入新的规则。

② **动作**：包括 **permit**、**deny** 两种动作，表示允许和拒绝。

③ **匹配项**：ACL 定义了极其丰富的匹配参数。除了图 12-1 中的源 IP 地址和生效时间段，ACL 还支持很多其他规则匹配参数。例如，二层以太网帧头信息（如源 MAC 地

址、目的 MAC 地址、以太帧协议类型）、三层数据包报头信息（如源 IP 地址、目的 IP 地址、三层协议类型），以及四层报文信息（如 TCP/UDP 端口号）等。

IP 地址进行匹配的时候，后面跟着 32 位掩码位，这 32 位掩码位被称为“通配符”。“0”表示“匹配”，“1”表示“不关心”。通配符中的 1 或者 0 是可以不连续的。

- 当通配符用全 0 来匹配 IP 地址时，表示精确匹配某个 IP 地址；
- 当通配符用全 1 来匹配 IP 地址时，表示匹配所有 IP 地址。

12.1.3 ACL 的实现方式

目前华为设备支持的 ACL 有以下两种实现方式。

1. 软件 ACL

针对与本机交互的协议报文，由运行的对应协议软件来过滤报文的 ACL，比如 ICMP、TCP、UDP、FTP、TFTP、Telnet、SNMP（Simple Network Management Protocol，简单网络管理协议）、HTTP 以及各种路由协议、组播协议中引用的 ACL。

软件 ACL 被上层协议软件引用来实现报文的过滤，会消耗 CPU 资源。如果报文未匹配上 ACL 中的规则，则设备对该报文采取的动作为 **deny，相当于 ACL 最后隐含了一条“拒绝所有”的规则**。用于路由信息过滤、控制 Telnet 用户登录、FTP 用户访问，以及控制 NAT 地址转换等所用的 ACL 都属于软件 ACL。

2. 硬件 ACL

一般是针对转发的用户数据报文，通过下发 ACL 资源到硬件来过滤报文的 ACL。比如接口报文过滤、QoS 流策略、简化 QoS 流策略，以及为接口收到的特定报文添加外层 VLAN Tag 功能中所使用的 ACL 都属于硬件 ACL。

硬件 ACL 是被下发到硬件来实现报文过滤的。如果报文未匹配上 ACL 中的规则，那么设备对该报文采取的动作为 **permit，相当于 ACL 最后隐含了一条“允许所有”的规则**。

12.1.4 ACL 匹配顺序

华为设备的 ACL 规则编号可以手动指定，也可以由系统自动分配。如果是手动指定，则 ACL 中各规则的匹配顺序就是各规则指定的编号大小顺序，也称为“配置顺序”。如果规则编号是由系统自动分配的，这时规则编号的分配方案有两种：一种是采用配置顺序的匹配规则，即各规则的编号自动按所设置的步长或默认长，根据配置顺序依次递增；另一种是规则的编号并不是完全按照各规则的配置顺序递增，而是当多条规则之间存在一定包含关系时，按照规则匹配的精度大小从小到大进行分配，这种规则的匹配顺序称为“自动排序”。

无论哪种匹配顺序，都是按照规则编号由小到大进行匹配的。

1. 配置顺序（config 模式）

配置顺序是按照用户配置规则编号的大小顺序进行匹配的，**默认采用配置顺序进行匹配**。这就意味着规则的前后配置顺序很重要，因为最终各规则的编号是按照配置的先后次序依次递增的。

在采用配置顺序进行 ACL 规则配置时，通常要遵循以下几项原则。

① 如果多条规则存在包含关系，一定要先配置小范围的规则，然后再配置大范围

的规则。如仅允许某个网段的一台或几台主机，拒绝其他主机，这时一定要先配置允许小范围的几台主机的规则，然后再配置拒绝整个网段的规则。

② 在应用硬件 ACL 过滤用户数据报文时：

- 如果各规则之间不存在包含关系，且仅需禁止部分主机间的通信，则只需要把明确要禁止的规则配置好即可，因为硬件 ACL 最后隐含了一条“允许所有”的规则，只要没有在 ACL 规则中明确禁止的，就是允许的；
- 当仅需允许部分主机间的通信，禁止其他通信时，则只需要配置好允许的规则，然后在最后加上一条“拒绝所有”的规则即可。同样，这是因为硬件 ACL 最后隐含了一条“允许所有”的规则，如果不明确禁止其他通信的话，则其他通信也是允许的，这时 ACL 就不起作用了。

③ 在应用软件 ACL 过滤协议报文时：

- 一定要为允许的报文配置明确允许的规则，因为软件 ACL 最后隐含了一条“拒绝所有”的规则；
- 如果仅需要禁止某类少部分报文，允许该类其他大部分报文，则要先配置明确禁止少部分报文的规则，然后配置允许大部分报文的规则，否则禁止少部分报文的规则不会生效；
- 如果仅需禁止一部分报文，允许其他报文，则在最后一定要配置一条“允许所有”的规则，否则全部报文都被禁止了。

在配置顺序的匹配原则中，ACL 规则编号可以手动指定，也可以由系统自动分配。由系统自动分配时，ACL 规则号一般不是连续的，而是有一定步长的，默认为 5，也可以重新设置。当没有明确指定规则编号时，系统会为不同规则按照步长自动编号。如采用默认步长 5 时，则第一条规则的编号为 5，第二条为 10，第三条为 15，以此类推。

规则编号的步长使得各规则之间的编号有一定的空间，我们可利用这一特点在原来规则前、后或者中间插入新的规则，以修改原来的规则匹配结果。因此，后插入的规则如果编号较小也有可能先被匹配。

如图 12-2 所示，在 RTA 上配置一个基本 ACL，其中第①条规则的编号为 5，假设默认为 5 的步长设置 5，虽然第②～⑤条规则没有手动配置编号，但最终这 4 条规则的编号仍依次为 10、15、20、25。

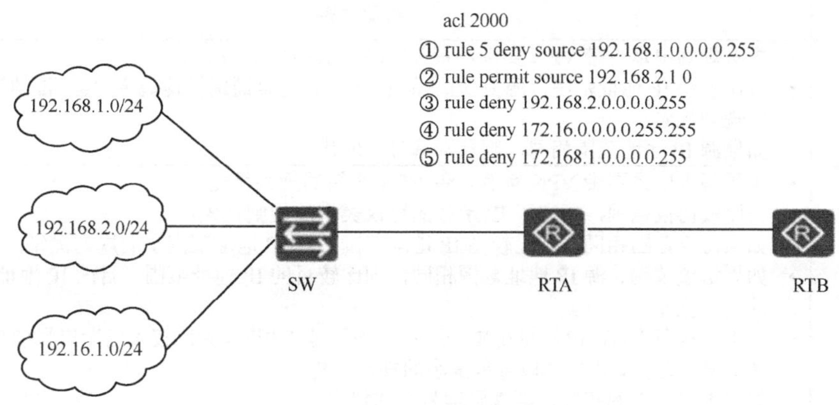

图 12-2　配置顺序 ACL 匹配示例

如果 192.168.1.0/24 网段用户发送一个要到达 RTB 所连网段的目的主机的数据包（用户数据过滤的 ACL 是硬件 ACL），其经过 RTA 时，发现匹配上了第①条规则，但是拒绝的动作，所以 RTA 会丢弃该数据包，到达不了目的主机。

如果 192.168.2.0/24 网段用户发送一个要到达 RTB 所连网段的目的主机的数据包，其经过 RTA 时，发现不匹配第①条规则，则继续去匹配第②条规则，发现只有 192.168.2.1/24 主机发送的数据包与该规则匹配，且允许通过。该网段的其他主机发送的数据包不匹配第②条规则，于是继续去匹配第③条规则，发现匹配上了，但是被拒绝通过。所以在 192.168.2.0/24 网段中，只有主机 IP 地址为 192.168.2.1/24 的用户可以访问 RTB 所连网段的目的主机。

再看 172.16.1.0/24 网段的用户主机，如果发送一个要到达 RTB 所连网段的目的主机的数据包，其经过 RTA 时，发现与第①、②、③条规则均不匹配，继续去匹配第④条规则，匹配上了其父网络 172.16.0.0/16，但是，是拒绝的，所以这个网段的数据包也到达不了 RTB 所连网段的目的主机。尽管第⑤条规则是完全匹配 172.16.1.0/24 网段的，但因为 172.16.1.0/24 网段发送的数据包已在前面匹配上了第④条规则，不会再继续向下匹配了。

【经验之谈】 数据包在匹配时，IP 地址范围小的数据包可以与 IP 地址范围大的规则进行匹配，如前面的 172.16.1.0/24 网段范围要小于第④条规则中 172.16.0.0/16 网段，所以可以匹配上。但 192.168.2.0/24 网段中除了 IP 地址 192.168.2.1/24 外，其他主机的 IP 地址范围要比第②条规则的 IP 地址范围大，所以不能匹配。也就是匹配范围是由规则中的 IP 地址范围决定的。

图 12-2 中未标识的其他网段的用户发往 RTB 所连网段目的主机的数据包是可以通过 RTA 转发到达的，因为硬件类型的 ACL 最后隐含一条“允许所有”的规则，即如果没有匹配 ACL 中的所有规则，则直接允许通过。

2. 自动排序（auto 模式）

自动排序是按照“深度优先”原则由深到浅进行匹配。“深度优先”即根据规则的精确度排序，匹配条件（如协议类型、源 IP 地址和目的 IP 地址范围等）限制越严格越精确，优先级越高。基本 ACL、高级 ACL 和二层 ACL 的深度优先匹配原则见表 12-1。

表 12-1 ACL 深度优先匹配原则

ACL 类型	匹配原则
基本 ACL	• 先看规则中是否带 VPN 实例，带 VPN 实例的规则优先； • 再比较源 IP 地址范围，源 IP 地址范围小（**IP 地址通配符掩码中“0”位的数量多**）的规则优先； • 如果源 IP 地址范围相同，则规则编号小的优先
高级 ACL	• 先看规则中是否带 VPN 实例，带 VPN 实例的规则优先； • 再比较协议范围，指定了 IP 承载的协议类型的规则优先； • 如果协议范围相同，则比较源 IP 地址范围，源 IP 地址范围小的规则优先； • 如果协议范围、源 IP 地址范围相同，则比较目的 IP 地址范围，目的 IP 地址范围小的规则优先； • 如果协议范围、源 IP 地址范围、目的 IP 地址范围相同，则比较 4 层端口号（TCP/UDP 端口号）范围，4 层端口号范围小的规则优先； • 如果上述范围都相同，则规则编号小的优先

续表

ACL 类型	匹配原则
二层 ACL	• 先比较二层协议类型通配符掩码，通配符掩码大（**协议类型通配符掩码中"1"位的数量多**）的规则优先； • 如果二层协议类型通配符掩码相同，则比较源 MAC 地址范围，源 MAC 地址范围小（**MAC 地址通配符掩码中"1"位的数量多**）的规则优先； • 如果源 MAC 地址范围相同，则比较目的 MAC 地址范围，目的 MAC 地址范围小的规则优先； • 如果源 MAC 地址范围、目的 MAC 地址范围相同，则规则编号小的优先

在自动排序的 ACL 中配置规则时，不允许自行指定规则编号。系统能自动识别出该规则在这条 ACL 中对应的优先级，并为其分配一个适当的规则编号。

如果在图 12-2 中去掉第①条规则的规则编号，其他不变，此时如果采用自动排序的匹配顺序，则结果会与前面的配置顺序的匹配结果有所不一样。

图 12-2 中第⑤条规则中源 IP 地址通配符掩码中的 0（3 个）比第④条规则中的 0（2 个）多，这两条规则比较后，系统会认为第⑤条规则的优先级高些，所以最终系统给第⑤条规则分配的编号要小于给第④条规则分配的编号，所以第⑤条规则优先进行匹配。这样，172.16.1.0/24 网段主机发往 RTB 连接网段的目的主机的数据包先匹配了 ACL 中的第⑤条规则，并允许通过，而不会像前面采用"配置顺序"那样，因为先匹配了第④条规则而不能再与第⑤条规则进行匹配，被拒绝了。

12.2　配置 ACL

12.2.1　配置基本 ACL

基本 ACL 是最简单的一种 ACL，可用于进行报文匹配的参数比较少，主要是报文的源 IP 地址，即基本 ACL 主要基于源 IP 地址进行报文过滤。

1. 配置基本 ACL

基本 ACL 的配置主要有两个步骤，一是创建数据型基本 ACL，二是为它配置所需的各条规则，其他各项配置步骤均为可选，具体配置步骤见表 12-2。

表 12-2　基本 ACL 的配置步骤

配置任务	步骤	命令	说明
（可选）配置 ACL 生效时间段	1	**system-view** 例如：<Huawei> **system-view**	进入系统视图
	2	**time-range** *time-name* { *start-time* **to** *end-time* *days* | **from** *time1 date1* [**to** *time2 date2*] } 例如：[Huawei] **time-range** test 14:00 **to** 18:00 **off-day**	创建一个指定 ACL 生效的时间段。 • *time-name*：定义时间段的名称，作为一个引用时间段的标识。为 1～32 个字符的字符串，**区分大小写**，但必须以英文字母 a～z 或 A～Z 开头，不允许使用英文单词 all，但**同一名称时间段下面可以配置多个不同的时间段**。

续表

配置任务	步骤	命令	说明
（可选）配置ACL 生效时间段	2	**time-range** *time-name* { *start-time* **to** *end-time* *days* | **from** *time1 date1* [**to** *time2 date2*] } 例如：[Huawei] **time-range** test 14:00 **to** 18:00 **off-day**	• *start-time* **to** *end-time*：二选一参数，指定周期时间段的时间范围，参数 *start-time* 和 *end-time* 分别表示起始时间和结束时间，格式均为 hh:mm（小时:分钟）。hh 的取值范围为 0～23，mm 的取值范围为 0～59。 • *days*：与上面的"*start-time* **to** *end-time*"参数一起构成一个二选一参数，指定周期时间段在每周的周几生效。有如下输入格式。 ① 0～6 的数字表示周日期，其中 0 表示星期日。此格式支持输入多个参数，各个值之间以空格分开。 ② **Mon**、**Tue**、**Wed**、**Thu**、**Fri**、**Sat**、**Sun** 英文表示周日期，分别对应星期一到星期日。此格式支持输入多个参数，各个值之间以空格分开。 ③ **daily** 表示一周的所有日子，包括一周，共 7 天。 ④ **off-day** 表示休息日，包括星期六和星期日。 ⑤ **working-day** 表示工作日，包括从星期一到星期五。 • **from** *time1 date1*：二选一参数，指定绝对时间段的开始日期，表示从某一天某一时间开始。它的表示形式为 hh:mm YYYY/MM/DD（小时：分钟 年/月/日）或 hh:mm MM/DD/YYYY（小时：分钟 月/日/年）。 • **to** *time2 date2*：可选参数，指定绝对时间段的结束日期，表示到某一天某一时间结束。它的表示形式也为 hh:mm YYYY/MM/DD 或 hh:mm MM/DD/ YYYY。 默认情况下，设备没有配置时间段，可用 **undo time-range** *time-name* [*start-time* **to** *end-time* { *days* }<1-7> | **from** *time1 date1* [**to** *time2 date2*]]命令删除一个指定的时间段，或者指定名称下的所有时间段。**但在删除生效时间段前，需要先删除关联生效时间段的 ACL 规则或者整个 ACL**
配置基本ACL	3	**acl** [**number**] *acl-number* [**match-order** { **auto** | **config** }] 例如：[Huawei] **acl number** 2100	创建数字型的基本 ACL，并进入基本 ACL 视图。 • **number**：可选项，指定创建数字型 ACL，默认也是数字型的，所以也可以不选择此项。 • *acl-number*：用来指定基本 ACL 的编号，取值范围为 2000～2999。 • **match-order** { **auto** | **config** }：可选项，用来指定规则的匹配顺序。**auto** 表示按照自动排序（即按"深度优先"原则）进行规则匹配，若"深度优先"的顺序相同，则按规则编号由小到大的顺序进行匹配；**config** 表示按照配置顺序进行规则匹配，即在用户没有指定规则编号时按用户的配置顺序进行匹配；如果用户指定了规则编号，则按规则编号由小到大的顺序进行匹配。**默认情况下，规则的匹配顺序为配置顺序。** 默认情况下，不存在任何 ACL，可用 **undo acl** { [**number**] *acl-number* | **all** }命令删除指定的或者所有基本 ACL。删除 ACL 时，如果删除的 ACL 被其他业务引用，可能造成该业务中断，所以在删除 ACL 时请先确认是否有业务正在引用该 ACL

续表

配置任务	步骤	命令	说明
配置基本 ACL	4	**description** *text* 例如：[Huawei-acl-basic-2100] **description** This acl is used in Qos policy	（可选）定义 ACL 的描述信息，主要目的是便于理解，比如可以用来描述该 ACL 规则列表的具体用途。参数 *text* 表示 ACL 的描述信息，为 1～127 个字符的字符串，区分大小写。 默认情况下，ACL 没有描述信息，可用 **undo description** 命令删除 ACL 的描述信息
	5	**step** *step* 例如：[Huawei-acl-basic-2100] **step** 8	（可选）为一个 ACL 规则组中的规则编号配置步长，取值范围是 1～20 的整数。默认情况下，步长值为 5，可用 **undo step** 命令将其恢复为默认值
	6	**rule** [*rule-id*] { **deny** | **permit** } [**source** { *source-address source-wildcard* | **any** } | **fragment** | **logging** | **time-range** *time-name*] * 例如：[Huawei-acl-basic-2100] **rule permit source** 192.168.32.1 0	配置基本 ACL 的规则（**各个过滤参数全是可选的，所有过滤参数都不选时，直接按规则动作允许或拒绝所有报文通过**）。 • *rule-id*：可选参数，用来指定 ACL 规则的编号，取值范围为 0～4294967294 的整数，**仅当采用"配置顺序"时才可配置。如果指定规则号的规则已经存在，则会在原规则基础上添加新定义的规则参数，相当于编辑一个已经存在的规则**；如果指定规则号的规则不存在，则使用指定规则号创建一个新规则，并且按照规则号的大小决定规则插入的位置。 如果不指定本参数，增加一个新规则时，设备自动会为这个规则分配一个规则号，规则号按照大小排序。系统自动分配规则号时会留有一定的空间，相邻规则号的范围由 **step** *step* 命令指定，**且最小的规则编号一定不是 0**。 • **deny**：二选一选项，设置拒绝型操作，表示拒绝符合条件的报文通过。 • **permit**：二选一选项，设置允许型操作，表示允许符合条件的报文通过。 • **source** { *source-address source-wildcard* | **any** }：可多选项，指定规则的源地址信息。二选一参数 *source-address source-wildcard* 分别表示报文的源 IP 地址和通配符。通配符是用来确定源 IP 地址中对应位是否需要匹配的，**值为"0"的位表示需要匹配**（即报文中的源 IP 地址与规则中指定的源 IP 地址对应位必须一致），**值为"1"的位表示不需要匹配**，任意。**当全为 0 时表示源 IP 地址为主机地址，表示报文中的源 IP 地址中的每一位都必须与规则中指定的源 IP 地址一致**。二选一选项 **any** 表示任意源 IP 地址，相当于 *source-address* 为 0.0.0.0（代表任意 IP 地址），*source-wildcard* 为 255.255.255.255（**此为每一位均无须匹配**）。 • **fragment**：多选项，**表示该规则仅对非首片分片报文有效，而对非分片报文和首片分片报文无效**。如果没有指定本参数，则表示该规则对非分片报文和分片报文均有效。 • **logging**：多选项，指定对该规则匹配的报文的 IP 信息进行日志记录。 • *time-range-name*：多选项，指定该规则生效的时间段，就是第 2 步创建的 ACL 生效时间段。 默认情况下，未配置任何规则，可用 **undo rule** { **deny** | **permit** } [**source** { *source-address source-wildcard* | **any** } | **fragment** | **logging** | **time-range** *time-name*] *命令在对应 ACL 视图下删除指定的一条规则或一条规则中的部分内容

续表

配置任务	步骤	命令	说明
配置基本ACL	7	**rule** *rule-id* **description** *description* 例如：[Huawei-acl-basic-2001] **rule 5 description** permit 192.168.32.1	（可选）配置基本 ACL 规则的描述信息。 • *rule-id*：指定要描述的 ACL 规则的编号，取值范围为 0～4294967294 的整数。 • *description*：指定某规则号的规则描述信息。用户可以通过这个描述信息更详细地记录规则，便于识别规则的用途，为 1～127 个字符。 默认情况下，各规则没有描述信息，可用 **undo rule** *rule-id* **description** 命令删除指定规则的描述信息

【示例 1】仅允许源 IP 地址是 192.168.1.3 主机地址的报文通过，拒绝源 IP 地址是 192.168.1.0/24 网段其他地址的报文通过。

```
<Huawei>system-view
[Huawei] acl 2001
[Huawei-acl-basic-2001] rule permit source 192.168.1.3 0
[Huawei-acl-basic-2001] rule deny source 192.168.1.0 0.0.0.255
```

【示列 2】创建 working-time（周一到周五每天 8:00 到 18:00），并在名称为 work-acl 的 ACL 中配置规则，在 working-time 限定的时间范围内，拒绝源 IP 地址是 192.168.1.0/24 网段地址的报文通过。

```
<Huawei>system-view
[Huawei] time-range working-time 8:00 to 18:00 working-day
[Huawei] acl2001
[Huawei-acl-basic-2001] rule deny source 192.168.1.0 0.0.0.255 time-range working-time
```

2. 应用基本 ACL

基本 ACL 所包括的应用方式比较广，但我们只需掌握其基于接口的报文过滤应用方式即可。其配置方法是在对应的接口视图下执行 **traffic-filter** { **inbound** | **outbound** } **acl** *acl-number* 命令。命令中的选项和参数说明如下。

① **inbound**：指定在接口入方向上配置报文过滤。

② **outbound**：指定在接口出方向上配置报文过滤。

③ *acl-number*：指定要应用的基本 ACL 编号，取值范围为 2000～2999。

基本 ACL 可以在二层或三层接口上应用，**既可以是物理接口，也可以是逻辑接口**（如 VLANIF 接口），**但在 VLANIF 接口上应用时只能在入方向应用。**

配置好基本 ACL 后，可在任意视图下执行 **display acl** *acl-number* 命令验证基本 ACL 配置，还可执行 **display traffic-filter applied-record** 命令查看设备上所有基于 ACL 进行报文过滤的记录。

以下是一个执行 **display acl** *acl-number* 命令的输出示例，其中显示了 ACL 类型、编号、规则数、步长以及所包括的各条规则（采用系统自动分配规则号时，此命令的输出中也会显示各条规则最终分配的规则编号）。

```
<AR1>display acl 2001
Basic ACL 2001, 2 rules
Acl's step is 5
 rule 5 permit source 192.168.1.10 0
 rule 10 deny source 192.168.1.0 0.0.0.255
```

12.2.2　基本 ACL 配置和应用示例

如图 12-3 所示，现要求通过基于接口报文过滤的基本 ACL 应用，实现仅禁止 192.168.2.0/24 网段的用户访问 Server，而 192.168.1.0/24 和其他任意网段中的用户均允许访问 Server。

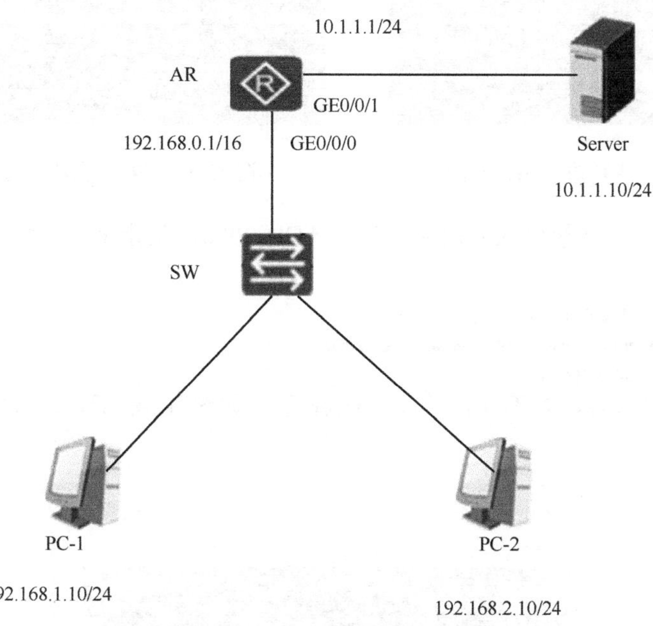

图 12-3　基本 ACL 配置和应用示例拓扑结构

基于接口的报文 ACL 应用属于硬件 ACL 应用，在最后隐含了一条"允许所有"的规则。而本示例仅要求禁止 192.168.2.0/24 网段的用户访问 Server，而允许其他网段用户访问 Server，所以只需配置禁止 192.168.2.0/24 网段用户的报文进入的规则即可。具体配置如下。

（1）配置接口 IP 地址

```
<Huawei>system-view
[Huawei] sysname AR
[AR]interface GigabitEthernet0/0/0
[AR-GigabitEthernet0/0/0]ip address 192.168.0.1 255.255.0.0
[AR-GigabitEthernet0/0/0] quit
[AR] interface GigabitEthernet0/0/1
[AR-GigabitEthernet0/0/1] ip address 10.1.1.1 255.255.255.0
[AR-GigabitEthernet0/0/1] quit
```

（2）创建基本 ACL，禁止 192.168.2.0/24 网段的报文通过，允许其他网段的报文通过

```
[AR] acl number 2000
[AR-acl-basic-2000]rule 5 deny source 192.168.2.0 0.0.0.255
[AR-acl-basic-2000] quit
```

（3）应用基本 ACL

在没有应用 ACL 进行报文过滤前，PC-1 和 PC-2 均可访问 Server，分别如图 12-4 和图 12-5 所示。

```
PC>ping 10.1.1.10

Ping 10.1.1.10: 32 data bytes, Press Ctrl_C to break
From 10.1.1.10: bytes=32 seq=1 ttl=254 time=31 ms
From 10.1.1.10: bytes=32 seq=2 ttl=254 time=47 ms
From 10.1.1.10: bytes=32 seq=3 ttl=254 time=47 ms
From 10.1.1.10: bytes=32 seq=4 ttl=254 time=47 ms
From 10.1.1.10: bytes=32 seq=5 ttl=254 time=31 ms

--- 10.1.1.10 ping statistics ---
  5 packet(s) transmitted
  5 packet(s) received
  0.00% packet loss
  round-trip min/avg/max = 31/40/47 ms

PC>
```

图 12-4 PC-1 成功访问 Server 的示例

图 12-5 PC-2 成功访问 Server 的示例

在 AR 的 GE0/0/0 接口入方向应用基本 ACL 2000，禁止来自 192.168.2.0/24 网段用户的报文进入。

```
[AR] interface GigabitEthernet0/0/0
[AR-GigabitEthernet0/0/0] traffic-filter inbound acl 2000
[AR-GigabitEthernet0/0/0] quit
```

配置好信息后，PC-2 不能再访问 Server 了，如图 12-6 所示，PC-1 仍然可以访问 Server。

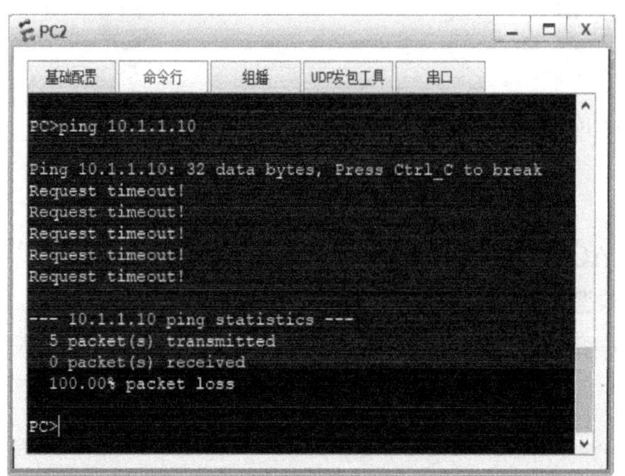

图 12-6 应用 ACL 过滤后，PC-2 不能访问 Server 的示例

12.2.3 配置并应用高级 ACL

高级 ACL 除了可以根据基本 ACL 中的报文源 IP 地址进行规则匹配外，还可以根据报文的目的 IP 地址信息、IP 报文的上层协议类型、协议的特性（如 TCP 或 UDP 的源端口、目的端口，ICMP 的消息类型、消息码等）等信息进行匹配。当用户需要使用源 IP 地址、目的 IP 地址、源端口号、目的端口号、协议类型、优先级、时间段等信息对 IPv4 数据包进行过滤时，可以使用高级 ACL。

在高级 ACL 的配置任务中，ACL 生效时间段，以及 ACL 的应用配置方法与基本 ACL 的配置方法完全一样。高级 ACL 的配置方法见表 12-3。

表 12-3　高级 ACL 的配置步骤

步骤	命令	说明
1	**system-view** 例如：<Huawei>**system-view**	进入系统视图
2	**acl** [**number**] *acl-number* [**match-order** { **auto** | **config** }] 例如：[Huawei]**acl number** 3100	创建数字型的高级 ACL，并进入高级 ACL 视图。参数 *acl-number* 的取值范围为 3000～3999，其他说明参见 12.2.1 节表 12-2 第 3 步
3	**description** *text* 例如：[Huawei-acl-adv-2100] **description** This acl is used in Qos policy	（可选）定义 ACL 的描述信息，其他说明参见 12.2.1 节表 12-2 第 4 步
4	**step** *step* 例如：[Huawei-acl-adv-2100] **step** 8	（可选）为一个 ACL 规则组中的规则编号配置步长，其他说明参见 12.2.1 节表 12-2 第 5 步
5	**rule** [*rule-id*] { **deny** | **permit** } { *protocol-number* | **icmp** } [**destination** { *destination-address* *destination-wildcard* | **any** } | { **fragment** | **first-fragment** } | **logging** | **icmp-type** { *icmp-name* | *icmp-type* [*icmp-code*] } | **source** { *source-address source-wildcard* | **any** } | **time-range** *time-name* | **ttl-expired**] * 例如：[Huawei-acl-adv-3001] **rule** 1 **permit icmp**	（多选一）**参数** *protocol* **为** ICMP（**协议号为** 1）**的高级** ACL **规则配置命令，专门过滤** ICMP **报文**。下面仅介绍在基本 ACL 中没有介绍的参数和选项。 • **destination** { *destination-address destination-wildcard* | **any** }：可多选参数，指定 ACL 规则匹配报文的目的 IP 地址和通配符掩码信息，如果不配置，表示报文的任何目的 IP 地址都匹配。**any** 表示报文的任意目的 IP 地址。 • **source**{ *source-address source-wildcard* | **any** }：可多选参数，指定 ACL 规则匹配报文的源 IP 地址和通配符掩码信息，如果不配置，表示报文的任何源 IP 地址都匹配。**any** 表示报文的任意源 IP 地址。 • **first-fragment**：二选一可选项，指定该规则是否仅对首片分片报文有效。当包含此参数时表示该规则仅对首片分片报文有效。 • **icmp-type** { *icmp-name* | *icmp-type* [*icmp-code*] }：可多选参数，指定 ACL 规则匹配报文的 ICMP 报文的类型和消息码信息，仅在报文协议是 ICMP 的情况下有效。如果不配置，表示任何 ICMP 类型的报文都匹配。其中：*icmp-name* 表示 ICMP 消息的名称；*icmp-type* 表示 ICMP 消息的类型，取值范围是 0～255；*icmp-code* 表示 ICMP 消息的代码，取值范围是 0～255。 • **ttl-expired**：**可多选选项，指定可依据报文中的** TTL 字段值是否为 1 进行过滤，如果不配置，表示报文的任何 TTL 值都匹配。 默认情况下，未配置高级 ACL 规则，可用直接在前面加 **undo 关键字的格式命令删除**指定的一条规则或一条规则中的部分内容

续表

步骤	命令	说明
5	**rule** [*rule-id*] { **deny** | **permit** } { *protocol-number* | **tcp** } [**destination** { *destination-address destination-wildcard* | **any** } | **destination-port** { **eq** *port* | **gt** *port* | **lt** *port* | **range** *port-start port-end* } | { { **precedence** *precedence* | **tos** *tos* } * | **dscp** *dscp* } | { **fragment** | **first-fragment** } | **logging** | **source** { *source-address source-wildcard* | **any** } | **source-port** { **eq** *port* | **gt** *port* | **lt** *port* | **range** *port-startport-end* } | **tcp-flag** { **ack** | **established** | **fin** | **psh** | **rst** | **syn** | **urg** } * | **time-range** *time-name* | **ttl-expired**] * 例如：[Huawei-acl-adv-3001] **rule permit tcp source** 10.9.8.0 0.0.0.255 **destination** 10.38.160.0 0.0.0.255 **destination-port eq** 128	（多选一）**参数** *protocol* **为** TCP（**协议号为** 6）**的高级** ACL **规则配置命令，专门过滤各种采用** TCP **封装的报文**。本命令中大部分命令与过滤 ICMP 报文的规则命令一样，参见即可。下面仅介绍前面没有介绍的参数或选项。 • **destination-port** { **eq** *port* | **gt** *port* | **lt** *port* | **range** *port-start port-end* }：可多选参数，指定 ACL 规则匹配报文中携带的目的端口，其中 **eq** *port* 指定等于目的端口；**gt** *port* 指定大于目的端口；**lt** *port* 指定小于目的端口；**range** *port-start port-end* 指定目的端口的范围。 • **source-port** { **eq** *port* | **gt** *port* | **lt** *port* | **range** *port-start port-end* }：可多选参数，指定 ACL 规则匹配报文中携带的源端口，其中 **eq** *port* 指定等于源端口；**gt** *port* 指定大于源端口；**lt** *port* 指定小于源端口；**range** *port-start port-end* 指定源端口的范围。 • **tcp-flag** { **ack** | **established** | **fin** | **psh** | **rst** | **syn** | **urg** }：可多选选项，指定 ACL 规则匹配报文的 TCP 头部中的 Flag 字段值，即 ack(010000)、ack(010000) 或 rst(000100) 、fin(000001) 、psh(001000) 、rst(000100) 、syn(000010) 、urg(100000)标志位。 **【注意】** ACL 规则中各可多选的参数或选项的先后配置顺序不固定，可任意，只要正确带上对应的关键字即可，如可以先指定目标 IP 地址/端口，后指定源 IP 地址/端口，也可以反过来。此规则适用于所有类型高级 ACL 规则的配置。 默认情况下，未配置高级 ACL 规则，可用直接在前面加 **undo** 关键字的格式命令删除指定的一条规则或一条规则中的部分内容
	rule [*rule-id*] { **deny** | **permit** } { *protocol-number* | **udp** } [**destination** { *destination-address destination-wildcard* | **any** } | **destination-port** { **eq** *port* | **gt** *port* | **lt** *port* | **range** *port-start port-end* } | | { **fragment** | **first-fragment** } | **logging** | **source** { *source-address source-wildcard* | **any** } | **source-port** { **eq** *port* | **gt** *port* | **lt** *port* | **range** *port-start port-end* } | **time-range** *time-name* | **ttl-expired**] * 例如：[Huawei-acl-adv-3001] **rule permit udp source** 10.9.8.0 0.0.0.255 **destination** 10.38.160.0 0.0.0.255 **destination-port eq** 128	（多选一）**参数** *protocol* **为** UDP（**协议号为** 17）**的高级** ACL **规则配置命令，专门过滤各种采用** UDP **封装的报文（除了协议类型外，其他各个过滤参数均为可选）**。 本命令中涉及的参数和选项均已在前面介绍，参见即可，不同的只是这里的端口是 UDP 端口。 默认情况下，未配置高级 ACL 规则，可用直接在前面加 **undo 关键字的格式命令删除**指定的一条规则或一条规则中的部分内容

续表

步骤	命令	说明
5	**rule** [*rule-id*] { **deny** | **permit** } *protocol-number* | **destination** { *destination-address destination-wildcard* | **any** } | { { **precedence** *precedence* | **tos** *tos* } * | **dscp** *dscp* } | { **fragment** | **first-fragment** } | **logging** | **source** { *source-address source-wildcard* | **any** } | **time-range** *time-name* | **ttl-expired**] * 例如：[Huawei-acl-adv-3001]**rule permit ip source** 10.9.0.0 0.0.255.255 **destination** 10.38.160.0 0.0.0.255	（多选一）过滤其他类型（如 IP、IGMP、OSPF 等）IP 报文的高级 ACL 规则配置命令，其中的各个参数和选项参照前面介绍即可
6	**rule** *rule-id* **description** *description* 例如：[Huawei-acl-adv-3001] **rule** 5 **description** permit 192.168.32.1	（可选）配置高级 ACL 规则的描述信息，其他说明参见 12.2.1 节表 12-2 中的第 7 步

【示例 1】 允许从 10.9.0.0/16 网段的主机向 10.38.160.0/24 网段的主机发送所有 IP 报文。

```
<Huawei>system-view
[Huawei] acl 3001
[Huawei-acl-adv-3001] rule permit ip source 10.9.0.0 0.0.255.255 destination 10.38.160.0 0.0.0.255
```

【示例 2】 允许 10.9.8.0/16 网段内的主机与 10.38.160.0/24 网段内的主机通过 UDP 128 端口进行 UDP 通信。

```
<Huawei>system-view
[Huawei] acl 3001
[Huawei-acl-adv-3001] rule permit udp source 10.9.8.0 0.0.0.255 destination 10.38.160.0 0.0.0.255 destination-port eq 128
```

12.3　AAA 基础及配置

AAA 是 Authentication（认证）、Authorization（授权）和 Accounting（计费）的简称，是网络安全的一种管理机制，提供了认证、授权、计费 3 种安全功能，可防止非法用户登录（如 Consol、Telent、STelnet 等）或接入设备，还可对用户的网络接入提供计费支持。其中“认证”是用来验证用户是否有资格获得网络访问权；“授权”是对通过认证的用户授予可以使用的服务；“计费”则是记录通过认证的用户使用网络资源的情况。当然，在实际网络应用中，可以只使用 AAA 提供的一种或两种安全服务。

12.3.1　AAA 的基本构架

AAA 是采用“客户端/服务器”结构，如图 12-7 所示。其中 AAA 客户端就是使能了 AAA 功能的网络设备（**交换机、路由器等都可以，但不一定是接入设备，而且可以在网络中多个设备上使能**），而 AAA 服务器就是专门用来提供认证、授权和计费功能的服务器（可在服务器主机上配置，也可在提供了对应服务器功能的网络设备上配置）。

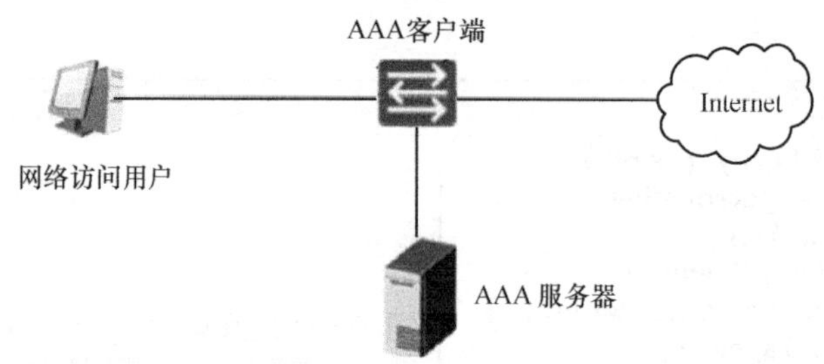

图 12-7　AAA 的基本构架

目前支持 AAA 功能的服务器系统主要有 RADIUS（Remote Authentication Dial In User Service，远程认证拨号用户服务）、HWTACACS（Huawei Terminal Access Controller Access Control System，华为终端访问控制器控制系统）两种。

在设备（AAA 客户端）上使能了 AAA 功能后，用户通过该设备访问某个网络前，要先从 AAA 服务器中获得访问该网络的权限。但这个任务通常不是由 AAA 客户端来完成的，而是通过设备把用户的认证、授权、计费信息发送给 AAA 服务器，最终由 AAA 服务器来完成的。当然，如果在 AAA 客户端的设备上同时配置了相应的 AAA 服务器功能，则 AAA 客户端和 AAA 服务器就合为一体了，这时实现的是 AAA 本地认证和授权（**本地方式不提供计费功能**）。

1. AAA 认证

华为设备的 AAA 功能支持以下认证方式。

① 不认证：对用户非常信任，不对其进行合法检查，如用户的内部局域网访问一般不需要进行认证。

② 本地认证：将用户信息配置在本地设备上，由本地设备对接入用户的合法性进行验证。本地认证的优点是速度快，缺点是存储信息量受设备硬件条件限制。启用 AAA 认证功能后的默认认证方式就是本地认证。

③ 远端认证：将用户信息配置在远端 AAA 认证服务器（如 RADIUS 或 HWTACACS 服务器）上，由远端 AAA 服务器对用户的合法性进行验证。

2. AAA 授权

华为设备的 AAA 功能主要支持以下 4 种授权方式。

① 不授权：不对用户进行授权处理。

② 本地授权：根据本地设备为本地用户账号配置的相关属性进行授权。

③ 远端授权：由远端的 RADIUS 或 HWTACACS 服务器对用户访问权限进行授权。

④ if-authenticated 授权：如果用户通过验证即通过授权，否则授权不通过。但在 RADIUS 认证方式下，if-authenticated 授权配置不生效。

3. 计费

华为设备的 AAA 功能支持以下计费方式。

① 不计费：不对用户计费。

② 远端计费：由远端 RADIUS 或 HWTACACS 服务器完成对用户的计费。

12.3.2　RADIUS 的基本工作原理

AAA 可以通过多种协议来实现，最常用的是 RADIUS 协议。RADIUS 协议是一种分布式的、客户端/服务器结构的信息交互协议，可以实现对用户的认证、计费和授权功能。

RADIUS 最初仅是针对拨号用户的 AAA 协议，后来随着用户接入方式的多样化发展，RADIUS 也适应多种用户接入方式，如以太网接入等。NAS（Network Access Server，网络访问服务器），一般由接入设备担当，如接入交换机，通常作为 RADIUS 客户端，负责将用户信息传输到指定的 RADIUS 服务器，然后根据从服务器返回的信息进行相应处理。

RADIUS 服务器一般运行在中心计算机或工作站上，维护相关的用户认证和网络服务访问信息，负责接收用户连接请求并认证用户，然后给客户端返回需要的信息。RADIUS 使用 UDP 作为传输协议，并规定 UDP 端口 1812、1813 分别作为认证、计费端口。同时 RADIUS 支持重传机制和备用服务器机制，具有较好的可靠性。

RADIUS 的认证、授权和计费报文交互流程如图 12-8 所示，具体说明如下。

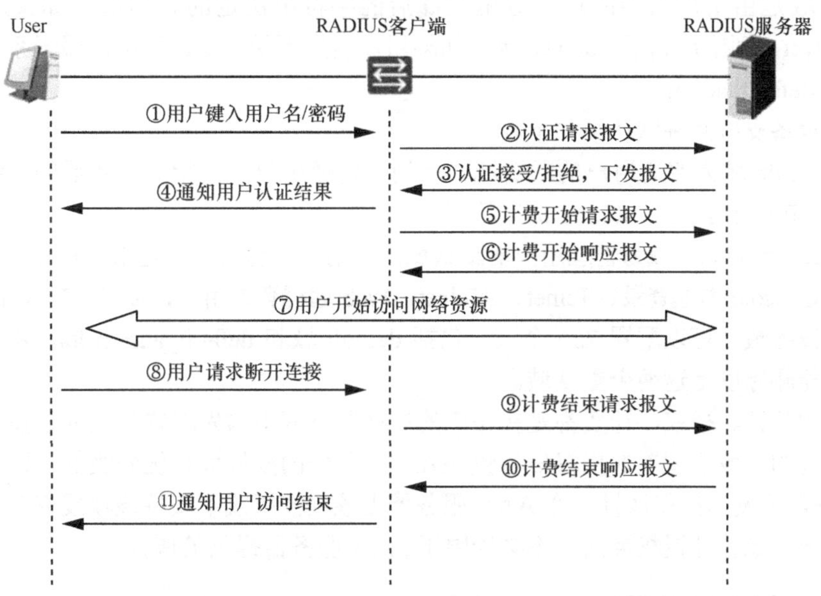

图 12-8　RADIUS 的认证、授权和计费报文交互流程

① 当用户需要访问外部网络时，用户发起连接请求，向 RADIUS 客户端（即接入设备）发送用户名和密码。

② RADIUS 客户端根据获取的用户名和密码，向 RADIUS 服务器提交认证请求报文。该报文中包含用户名、密码等用户的身份信息。

③ RADIUS 服务器对用户身份的合法性进行检验。

- 如果用户身份合法，则 RADIUS 服务器向 RADIUS 客户端返回认证接受报文，允许用户进行下一步工作。由于 RADIUS 协议合并了认证和授权的过程，因此认证接受报文中也包含了用户的授权信息。
- 如果用户身份不合法，则 RADIUS 服务器向 RADIUS 客户端返回认证拒绝报文，拒绝用户访问接入网络。

④ RADIUS 客户端通知用户认证是否成功。

⑤ RADIUS 客户端根据接收到的认证结果接入/拒绝用户。如果允许用户接入，则RADIUS 客户端向 RADIUS 服务器发送计费开始请求报文。

⑥ RADIUS 服务器返回计费开始响应报文，并开始计费。

⑦ 此时，用户可正式访问网络资源了。

⑧ 当用户不再想要访问网络资源时，用户发起下线请求，请求停止访问网络资源。

⑨ RADIUS 客户端向 RADIUS 服务器提交计费结束请求报文。

⑩ RADIUS 服务器返回计费结束响应报文，并停止计费。

⑪ RADIUS 客户端通知用户访问结束，用户结束访问网络资源。

12.3.3 AAA 域

华为设备是基于域来对用户进行管理的，每个域都可以配置不同的认证、授权和计费方案，用于对该域下的用户进行认证、授权和计费。每个用户都属于某一个域。用户属于哪个域是由用户名中的域名分隔符@后的字符串决定的。例如，如果用户名是user@huawei，则用户属于 huawei 域。如果用户名后不带有@，则用户属于系统默认域default 或 default_admin。

华为设备支持两种默认域如下。

① default 域为普通用户的默认域。所谓“普通用户”是指进行普通的网络访问，以及 PPP、PPPoE 拨号，802.1x 认证等用户。

② default_admin 域为管理用户的默认域。所谓“管理用户”是指各种登录到设备的用户，如 Console 本地登录、Telnet、STelnet、Web 远程登录用户，以及 FTP 访问用户。

一台设备最多可以配置 256 个域，包括 default 域和 default_admin 域。**用户可以修改，但不能删除以上这两个默认域。**

用户的认证、授权、计费都是在相应的域视图下应用预先配置的认证、授权、计费方案来实现的。域下配置的授权信息较 AAA 服务器的授权信息优先级低，即优先使用AAA 服务器下发的授权属性，在 AAA 服务器无该项授权或不支持该项授权时，域的授权属性生效。域管理授权灵活，不必受限于 AAA 服务器提供的属性。

12.3.4 配置 AAA 方案

华为设备上的 AAA 方案包括的基本配置任务如下。

① 创建认证、授权和计费方案，配置步骤见表 12-4。

② 配置 AAA 域，应用 AAA 方案，并配置本地账户，具体的配置步骤见表 12-5。

创建的认证和授权方案，只有在对应的用户所属域下应用后才能生效。其实就是在用户所属的域下绑定所需的认证方案、授权方案，以及相应的授权规则，对应域下的用户在登录设备或者访问网络资源时，这些方案和规则才能生效。采用本地方式进行认证和授权时，不计费。仅当不采用默认 AAA 域时才需要配置 AAA 域。

③ （可选）配置用于远程认证、授权和计费的远程服务器。

表 12-4　创建 AAA 认证、授权和计费方案的步骤

<table>
<tr><th>步骤</th><th>命令</th><th>说明</th></tr>
<tr><td>1</td><td>system-view
例如：<Huawei>system-view</td><td>进入系统视图</td></tr>
<tr><td>2</td><td>aaa
例如：[Huawei] aaa</td><td>进入 AAA 视图</td></tr>
<tr><td colspan="3">配置 AAA 认证方案</td></tr>
<tr><td>3</td><td>authentication-scheme authentication-scheme-name
例如：[Huawei-aaa] authentication-scheme scheme0</td><td>创建一个认证方案，并进入认证方案视图或直接进入一个已存在的认证方案视图。参数 scheme-name 用来指定认证方案名，为 1～32 个字符，不支持空格，不区分大小写，且不能包含以下字符：“\” “/” “:” “<” “>” “|” “@” “'” “%” “*” “"” “?”。
默认情况下，系统中有两个认证方案，认证方案名称分别是 default 和 radius，均不能删除，但能修改方案中的参数。
• default 认证方案的策略为：认证模式采用本地认证，认证失败则强制用户下线。
• radius 认证方案的策略为：认证模式采用 radius 认证，认证失败则强制用户下线。
可用 undo authentication-scheme authentication-scheme-name 命令删除指定的认证方案</td></tr>
<tr><td>4</td><td>authentication-mode { hwtacacs | radius | local }
例如：[Huawei-aaa-authen-scheme0]authentication-mode local</td><td>配置 AAA 认证方式，参见 12.3.1 节
默认情况下，认证模式为本地认证，可用 undo authentication-mode 命令恢复当前认证方案使用的认证模式为默认的本地认证</td></tr>
<tr><td colspan="3">配置 AAA 授权方案</td></tr>
<tr><td>5</td><td>authorization-scheme authorization-scheme-name
例如：[Huawei-aaa] authorization-scheme scheme0</td><td>创建一个授权方案，并进入授权方案视图或直接进入一个已存在的授权方案视图。参数说明与本表第 3 步的说明是完全一样的（不同的只是这里是授权方案），参见即可
默认情况下，系统中有一个名称为 default 的授权方案，不能删除，但可以修改方案中的参数。default 授权方案的策略为：授权模式采用本地授权，不启用按命令行授权
可用 undo authorization-scheme authorization- scheme-name 命令删除指定的授权方案</td></tr>
<tr><td>6</td><td>authorization-mode { [hwtacacs | ifauthenticated| local]* [none] }
例如：[Huawei-aaa-author-scheme0] authorization-mode local</td><td>配置 AAA 授权方式，参见 12.3.1 节
默认情况下，授权模式为本地授权模式。如果同时选择了 none 可选项，则表示无须授权</td></tr>
<tr><td colspan="3">配置 AAA 计费方案</td></tr>
<tr><td>7</td><td>accounting-schemeaccounting-scheme-name
例如：[Huawei-aaa] accounting-scheme scheme1</td><td>配置域的计费方案
默认情况下，系统中有一个名为 default 的计费方案，不能删除，但能修改该方案中的参数</td></tr>
<tr><td>8</td><td>accounting-mode { hwtacacs | none | radius}
例如：[Huawei-aaa] accounting-mode radius</td><td>配置当前计费方案使用的计费方式，参见 12.3.1 节。默认情况下，不计费，即计费方式为 none</td></tr>
</table>

表 12-5 创建管理域，应用 AAA 方案，配置本地账户的步骤

步骤	命令	说明
1	**system-view** 例如：<Huawei>**system-view**	进入系统视图
2	**aaa** 例如：[Huawei] **aaa**	进入 AAA 视图
3	**domain** *domain-name* [**domain-index***domain-index*] 例如：[Huawei-aaa] **domain** mydomain	创建 AAA 域并进入域视图或进入一个已存在的域视图。 • *domain-name*：指定 AAA 域名，为 1～64 个字符，不支持空格，**不区分大小写**，且不能包含以下字符："-""*""?""""" • **domain-index***domain-index*：可选参数，指定域的索引，整数形式，取值范围是 0～31。设备最多可以配置 32 个域，包括 default 域和 default_admin 域。 **【说明】**用户认证时，如果输入不带域名的用户名，将在默认域中进行认证，可在系统视图下通过 **domain***domain-name* [**admin**]命令配置在 AAA 视图下，通过本步命令创建的某个域为全局默认域或默认管理域（选择 **admin** 可选项时）。 默认情况下，**设备存在两个** AAA **域**：default 和 default_admin。default 用于普通接入用户的域，default_admin 用于管理员的域。可用 **undo domain***domain-name* 命令删除指定域
4	**authentication-scheme** *authentication-scheme-name* 例如： [Huawei-aaa-domain-mydomain] **authentication-scheme** scheme1	在以上 AAA 域中绑定要使用的认证方案。**与创建认证方案的命令相同，只是此处是在 AAA 域视图下配置的**。设置域的认证方案之前，需要创建认证方案并完成认证方案中的相关配置，如认证方式、用户提升级别时的认证方式等。 默认情况下，default 域使用名为 radius 的认证方案，default_admin 域使用名为 default 的认证方案，其他域使用名为 radius 的认证方案，可用 **undo authentication-scheme** 命令将域的认证方案恢复为默认配置
5	**authorization-scheme** *authorization-scheme-name* 例如： [Huawei-aaa-domain-mydomain] **authorization-scheme** author1	在以上 AAA 域中绑定要使用的授权方案。**与创建授权方案的命令相同，只是此处是在 AAA 域视图下配置的**。设置域的授权方案之前，需要创建授权方案并完成授权方案中的相关配置，如授权方式、是否按命令行授权等。 默认情况下，域下没有绑定授权方案，可用 **undo authorization-scheme** 命令取消域的授权方案
6	**accounting-scheme** *accounting-scheme- name* 例如： [Huawei-aaa-domain-mydomain] **accounting-scheme** account1	在以上 AAA 域中绑定要使用的计费方案。**与创建计费方案的命令相同，只是此处是在 AAA 域视图下配置的**。设置域的计费方案之前，需要创建计费方案并完成计费方案中的相关配置，如计费方式、开始计费失败策略等。 默认情况下，AAA 域使用名为 default 的计费方案。default 计费方案的策略为：计费模式为不计费，关闭实时计费开关。可用 **undo accounting-scheme** 命令恢复认证域的计费方案为 default

续表

步骤	命令	说明
7	**quit** 例如：[Huawei-aaa-domain-mydomain] **quit**	退出域视图，返回 AAA 视图
8	**local-user** *user-name* **password** 或 **local-user** *user-name* **password** { **cipher** | **irreversible-cipher** } *password* 例如：[Huawei-aaa] **local-user** user1@mydomain **password cipher** admin	创建本地用户账号，以交互方式输入，或者直接配置本地用户账号的登录密码。 • *user-name*：指定本地用户的用户名，为 1～64 个字符，**不支持空格、星号、双引号和问号，不区分大小写**。如果用户名中带域名分隔符，如@，则认为@前面的部分是用户名，后面部分是域名。如果没有@，则整个字符串为用户名，域为默认域 **default**。 • **cipher** *password*：二选一选项，指定对用户口令采用可逆算法进行了加密，非法用户可以通过对应的算法解密密文后得到明文，安全性较低。 • **irreversible-cipher**：**二选一选项**，表示对用户密码采用不可逆算法（如 MD5）进行了加密，非法用户无法通过解密算法特殊处理后得到明文。 【注意】如果配置某用户采用不可逆加密算法加密本地用户登录密码，则设备不支持该用户通过 CHAP 方式认证，因为如果密码是经过不可逆加密的，则被质询方（通常是指被认证方）无法从本地配置中得到用户的原始密码，也就无法利用这个原始密码和认证方发送的随机质询消息、用户账户名等生成 MD5 摘要消息发送给对方进行用户验证。 • *password*：配置用户账户密码，字符串形式，**区分大小写，字符串中不能包含“？”和空格，**选择 **cipher 选项时**，可以是 8～128 位的明文密码，也可以是 48、68、88、108、128、148、168、188 位的密文密码；选择 **irreversible-cipher 选项时**，可以是 8～128 位的明文密码，也可以是 68 位的密文密码。 【注意】如果在 AAA 视图下通过 **user-password complexity-check** 命令使能对密码进行复杂度检查，则用户输入的明文必须包括大写字母、小写字母、数字和特殊字符中的至少两种，且不能与用户名或用户名的倒写相同。 默认情况下，系统中存在一个名称为 admin 的本地用户，该用户的密码为 admin@huawei.com，采用不可逆算法加密，没有用户级别，服务类型为 http，可用 **undo local-user** *user-name* 删除指定的本地用户账户

续表

步骤	命令	说明
9	**local-user** *user-name* **service-type** { **ftp** | **http** | **ppp** | **ssh** | **telnet** | **terminal** | **web** }* 例如：[Huawei-aaa] **local-user** user1@mydomain **service-type** **ppp**	（可选）配置允许本地用户的接入类型。 • *user-name*：指定要配置接入类型的本地用户，必须在本表第 8 步已创建。 （2）**ftp**：可多选项，指定用户类型为 FTP 用户 • **http**：可多选项，指定用户类型为 HTTP 用户，通常用于 Web 网管登录。 • **ppp**：可多选项，指定用户类型为 PPP 用户。 • **ssh**：可多选项，指定用户类型为 SSH 用户。 • **telnet**：可多选项，指定用户类型为 Telnet 登录用户。 • **terminal**：可多选项，指定用户类型为 Console 登录用户。 • **web**：可多选项，指定用户类型为 Portal 认证用户。 本地用户的接入类型分为以下两类。 ➢ 管理类：包括 ftp、http、ssh、telnet 和 terminal。 ➢ 普通类：包括 8021x、ppp 和 web。 **【注意】**配置本地用户的接入类型前，本地用户密码为空，不允许配置普通类与管理类的混合类接入类型，因为管理类用户必须配置密码。配置本地用户的接入类型前，如果用户不存在，则只允许配置管理类的接入类型；如果用户已经存在，要注意以下两点： ➢ 若密码使用的是不可逆加密算法，只允许配置管理类的接入类型； ➢ 若使用的是可逆加密算法，允许配置普通类或者管理类的接入类型，但不允许配置普通类与管理类的混合类接入类型，并且当配置为管理类的接入类型时，加密算法自动转换成不可逆加密算法。 默认情况下，本地用户关闭所有的接入类型，可用 **undo local-user** *user-name* **service-type** 命令将指定的本地用户的接入类型恢复为默认配置
10	**local-user** *user-name* **privilege level** *level* 例如：[Huawei-aaa] **local-user** user1@mydomain **privilege level** 10	（可选）配置本地用户的级别，取值为 0～15 的整数，**值越大，级别越高**。不同级别的用户登录后，只能使用等于或低于自己级别的命令。 **默认情况下，所有本地用户的用户级别为** 0，可用 **undo local-user** *user-name* **privilege level** 命令将指定的本地用户的优先级恢复为默认配置

以上配置好后，可通过 **display domain**[**name** *domain-name*]命令查看域的配置信息；通过 **display aaa offline-record** 命令查看系统中用户下线的记录。

【示例】配置终端用户通过 AAA 本地认证方式 Telnet 登录到设备（仅含 AAA 相关部分）。

```
<Huawei>system-view
[Huawei] aaa#---进入 AAA 配置模式。采用默认的管理域 default_admin
[Huawei-aaa] local-user dage password cipher huawei123#---创建本地用户 dage，密码为 huawei123
[Huawei-aaa] local-user dage service-type telnet#---指定本地用户 dage 支持 Telnet 服务
[Huawei-aaa] local-user dage privilege level 10#---设备本地用户 dage 登录设备后的用户级别为 10
[Huawei-aaa] quit
[Huawei]user-inerface vty 0 4#---配置 VTY 0～4 共 5 条虚拟线路
[Huawei-ui-vty0-4]authentication-mode aaa#---指定使用以上 5 条 VTY 虚拟线路的用户采用 AAA 认证模式
```

第 13 章 网络管理

本章主要内容

13.1 网络管理简介

13.2 SNMP 基础及配置

13.3 基于华为 iMaster NCE 的网络管理

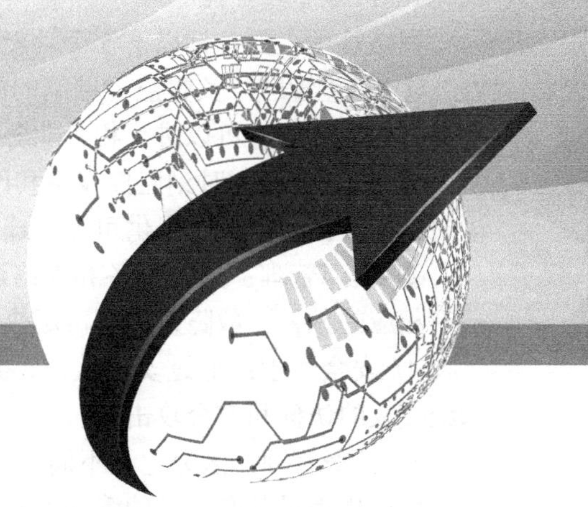

网络管理的目的就是管理和维护网络，使网络中的设备都能正常、高效、稳定地工作，各种网络应用通信都能高效、可靠、安全地进行。

网络管理的方式有很多种，如我们日常采用 CLI 的 Console、Telnet、Stelnet 登录到设备的管理方式，通过 Web 界面登录到设备的管理方式，通过专门的 NMS（Network Management System，网络管理系统）远程集中数据采集的 SNMP 管理方式。在小型网络中，这几种管理方式都可以采用，且各自没有明显的优劣势，但对于中大型的网络来说，CLI 和 Web 这种针对单设备的管理方式就显得不再适合了，而可以集中进行数据采集的 SNMP 网络管理方式则成为了首要之选。

虽然 SNMP 是公有、通用的网络通信协议，所有品牌设备都支持，但单纯基于 SNMP 开发的网管系统仍然存在可操作性差、效率低、灵活性差和智能化弱等不足。于是各主要品牌厂商基于一些新协议、新技术开发了智能化程度更高、效率更高、应用更广的网管系统，如华为的 iMaster NCE。

本章主要学习华为设备的 SNMP 管理方式，然后简单介绍华为私有的网管系统 iMaster NCE 中涉及的一些技术。

13.1 网络管理简介

网络管理是通过对网络中的设备和网络通信的管理，保证设备正常、高效、稳定地工作，保证网络通信高效、可靠、安全地进行。我们通常所说的网络管理是指对构成网络的硬件，即网元，如防火墙、交换机、路由器等的管理。

1. 网络管理功能

网络管理主要包括以下 5 个功能模块。

① 配置管理：负责监控网络的配置信息，可以生成、查询和修改硬件、软件的运行参数和条件，并可以进行相关业务功能的配置。

② 性能管理：时刻监控设备和网络运行性能，保证在使用较少设备/网络资源和较短时延的前提下，能够提供可靠、连续的网络通信能力。

③ 故障管理：监控设备和网络运行状态，通过适当的预警机制，确保在故障发生前有相应的预警，故障发生后可尽快将其恢复。

④ 安全管理：通过安全认证、数据加密、数据过滤等机制，确保设备和网络免受未经授权的访问和安全攻击。

⑤ 计费管理：区分记录不同用户使用网络资源的情况并计算相关费用。

由于华为设备有自己的管理方式，因此在此把华为设备支持的网络管理方式分为传统网络管理方式和华为私有网络管理方式两类。

2. 网络管理方式

（1）传统网络管理方式

所谓传统网络管理方式就是各大品牌设备通用的网络管理方式，主要包括以下几种方式。

① Web 网管方式：利用设备内置的 Web 服务器，为用户提供图形化的操作界面。用户需要从终端通过 HTTPS（Hypertext Transfer Protocol over Secure Socket Layer，超文本传输安全协议）登录到设备进行管理。

② CLI 方式：用户利用设备提供的命令行，通过 Console、Telnet 或 SSH 等方式登录到设备，对设备进行管理与维护。此方式可以实现用户对设备的精细化管理，但是要求用户要熟悉命令行。

③ 基于 SNMP 集中管理：SNMP 提供了一种通过运行网络管理软件来管理网元（如路由器、交换机）的方法。此方式可以实现对全网设备集中式、统一化管理，大大提升了管理效率。

（2）华为私有网络管理方式

华为设备除了可以采用以上传统网络管理方式外，还有一种华为设备私有网络管理方式，那就是基于 iMaster NCE 的网络管理方式。

iMaster NCE 是集管理、控制、分析和 AI（Artificial Intelligence，人工智能）功能于一体的网络自动化与智能化运维平台，包括四大关键能力：全生命周期自动化、基于大数据和 AI 的智能闭环、开放可编程使能场景化 App 生态、超大容量全云化平台，不仅是一个网管系统那么简单。iMaster NCE 在支持 SNMP、CLI 管理方式的基础上，还采用了当前最新的一些技术，如比 SNMP 功能更强大的 NETCONF（Network Configuration Protocol，网络配置协议）、状态数据模型建构的 YANG 语言，以及可用于批量数据采集、实时流量监控的 Telemetry 技术等，大大提高了网络管理的操作效率、智能化水平和通信的安全性。

当网络规模较小时，CLI 和 Web 管理方式是最常用的网络管理方式。管理员可以通过 Console、Telnet、Stelnet 和 HTTPS 等方式登录设备，对设备逐一进行配置、管理。这些管理方式不需要在网络中安装任何程序或部署服务器，所以成本很低，但对网络管理人员自身的技能要求比较高，不仅要求管理人员熟练掌握网络理论知识，还要求其掌握各厂商设备的配置命令。另外，当网络规模比较大时，这种一台台逐一配置、管理的方式，会有很大的局限性，因此管理员更多是采用 SNMP 或者厂商私有网络管理系统，如华为的 iMaster NCE。

13.2　SNMP 基础及配置

SNMP 是广泛应用于 TCP/IP 网络的一种通用网络管理协议，可以实现对全网中所有设备的集中管理，远比 CLI 和 Web 管理方式高效。而且，因为 SNMP 是国际通用协议，所以各大品牌设备都支持。一套支持 SNMP 的网络管理系统可以对不同种类和不同厂商的设备进行统一管理，从而提升网络的管理效率。

13.2.1　SNMP 版本及系统架构

SNMP 最早是在 1990 年 5 月由 IETF 发布的 RFC 1157 定义的，对应于 SNMPv1，提供了一种监控和管理计算机网络的系统方法。但 SNMPv1 基于团体名认证，安全性较差，且返回报文的错误码也较少。

1996 年，IETF 颁布了 RFC 1901，定义了 SNMPv2c 版本。SNMPv2c 在许多方面对 SNMPv1 版本进行了改进，如：提供了更多的操作类型；支持更多的数据类型；提供了更丰富的错误代码，能够更细致地区分错误类型。但 SNMPv2c 仍然采用基于团体名认证方式，安全性仍然没有得到改善。

鉴于 SNMPv2c 在安全性方面仍没有得到改善，1998 年 IETF 又颁布了 SNMPv3 版本，提供了基于 USM（User Security Module，用户安全模块）的认证加密和基于 VACM（View-based Access Control Model，基于视图的访问控制模型）的访问控制功能，各项功能分别由 RFC 2571～2576 定义。USM 提供了认证和加密功能，VACM 确定用户是否允许访问特定的 MIB（Management Information Base，管理信息库）对象以及访问方式。

在基于 SNMP 进行管理的网络中，有两类重要的实体，一类是负责整个网络监控、管理的系统——NMS，另一类是各个被管理的网络设备。NMS 是一个采用 SNMP 对网络设备进行监控、管理的应用层软件系统，在一台主机上运行着网络管理进程，使用 UDP 162 端口，可以被看成是 SNMP 客户端。每个被管理设备在配置了 SNMP 功能后，使用 UDP 161 端口运行代理（Agent）进程，可以被看成是 SNMP 服务器。代理进程负责维护被管理设备的信息数据，并响应来自 NMS 的请求，把管理数据汇报给发送请求的 NMS。

NMS 上的网络管理进程与被管理设备上的代理进程之间通过 SNMP 报文进行通信。NMS 上的网络管理进程可以向被管理设备上的代理进程发出请求，查询或修改一个或多个具体的参数值；也可以接收被管理设备上代理进程主动发送的 Trap 信息，以获知被管理设备当前的状态。NMS 与网络管理进程、被管理设备与代理进程之间的关系，以及网络管理进程与代理进程之间的 SNMP 报文交互如图 13-1 所示。

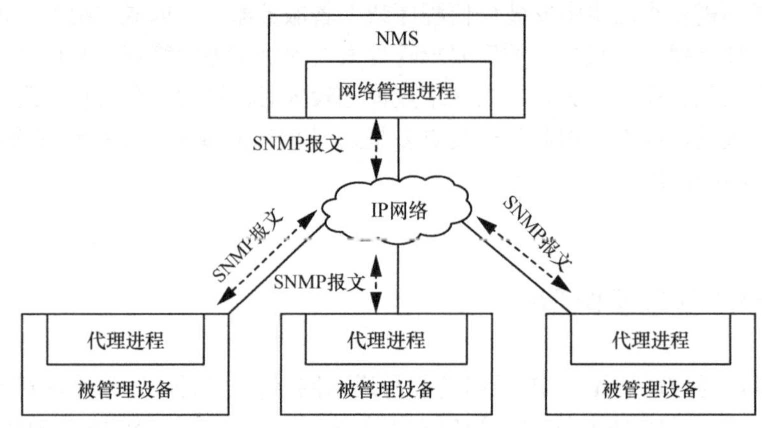

图 13-1 基于 SNMP 管理的网络架构

13.2.2 SNMP MIB

表面上看，NMS 管理的是设备，事实上管理的是设备上的一个个被管理对象。每台设备可能包括多个被管理对象，可以是设备中的某个硬件（如某个设备接口），也可以是在硬件、软件（如路由协议）上配置的参数集合。SNMP 通过 MIB 描述被管理设备上的各个对象。

被管理设备上的代理进程收到 NMS 的请求信息，通过 MIB 完成相应指令后，并把操作结果响应给 NMS。当系统发生故障或者发生其他事件时，设备也会通过代理进程主动发送 Trap 信息给 NMS，报告设备当前的状态变化。

SNMP 中的 MIB 是一个分层结构，我们称之为对象命名树，或对象标识符（Object Identifier，OID）树，如图 13-2 所示。

在 MIB 对象命名树中，每一个节点代表一类对象。每类对象既有一个名称，又有一个节点标识（就是旁边小括号中的数字）。节点标识只要求在树中同层次节点间唯一。分支中各节点标识以小圆点（.）分隔，由上至下串行连接起来就形成了 OID。每个对象的 OID 在整个对象命名树中是唯一的。

MIB 对象命名树的顶级对象有 3 个，即 CCITT（现已改名为 ITU-T）的 ccitt(0)，ISO 的 iso(1)和 ITU-T、ISO 两个组织的联合体 join-iso-ccitt(2)，形成 3 个子树。这 3 个顶级对象旁边的数字代表了它们对应的标识，分别是 0、1、2。

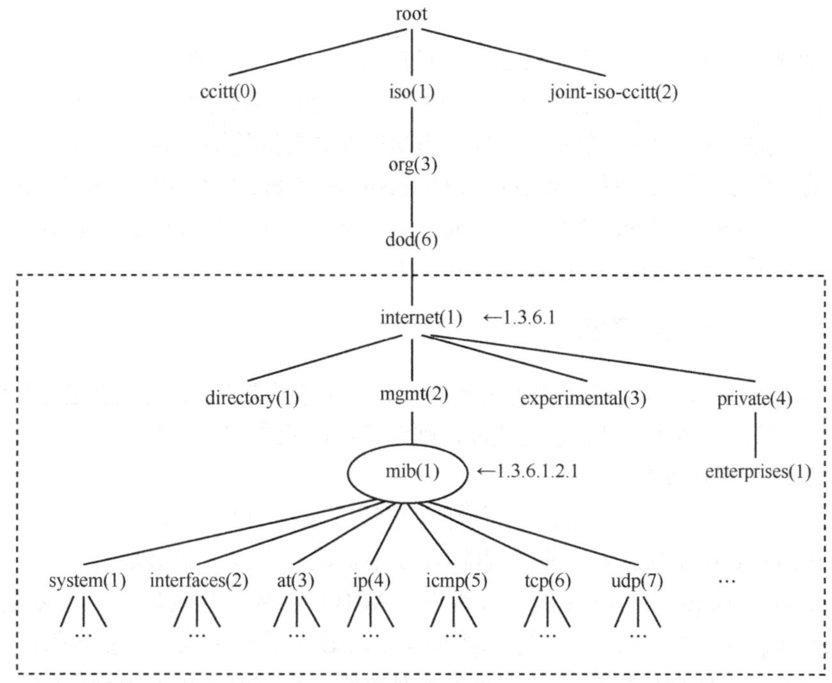

图 13-2　SNMP MIB 对象命名树示例

MIB 可以分为公有 MIB 和私有 MIB 两种。

① 公有 MIB：一般由 RFC 定义，主要用来对各种公有协议（如 IP、ICMP、TCP、UDP 等）进行结构化设计和接口标准化处理。大多数的设备制造商都需要按照 RFC 的定义来提供 SNMP 接口。这部分对应的 MIB 是对象命名树中的 mib 节点下面的对象，如图 13-2 所示。

② 私有 MIB：是公有 MIB 的必要补充。公司自行开发私有协议或者特有功能时，可以利用私有 MIB 来完善 SNMP 接口的管理功能，同时对第三方网络管理软件管理存在私有协议或特有功能的设备提供支持。这部分对应的 MIB 是在 internet（1）- private（4）- enterprise（1 节点）下面的对象，如华为公司企业节点 OID 为：1.3.6.1.4.1.2011。

因为此处所介绍的 mib 对象（节点标识为 1）位于 iso 对象下面，所以在此仅介绍 iso 对象子树。iso 对象下面又包括了许多分支和层次，mib 这个分支从上到下的节点依次是 org（3）、dod（6）、internet（1）、mgmt（2）、mib（1）。根据 OID 的形成机制可得出，mib 的 OID 就是 1.3.6.1.2.1。mib 对象下面又包括许多分支和层次，包含了网络中所有可能的被管理对象的集合，如 System 对象的 OID 为 1.3.6.1.2.1.1，Interfaces 对象的 OID 为 1.3.6.1.2.1.2。

MIB 数据库中定义了被管理设备的以下基本属性。

① 对象标识符：就是由对象所在分支中各节点对象的节点标识，自上而下以小圆点分隔组成的一串数字，如 mib 对象的 OID 为 1.3.6.1.2.1。

② 对象的状态：包括 current（当前可用）、mandatory（必备）、optional（可选）、obsolete（禁用）、deprecate（已废弃）等，不同的 SNMP 版本支持的状态类型不完全

一样。

③ 对象的访问权限：包括 read-only（只读）、read-write（读写，可以读取、修改配置信息）、read-create（可以读取信息、修改配置、新增配置和删除配置）和 no-accessible（不可存取，无法进行任何操作），不同的 SNMP 版本支持的访问权限不完全一样。

④ 对象的数据类型：包括 Integer32、OctetString、Object Identifier、Null、IpAddress、Counter32、Counter64、Gauge32、Unsigned32、TimeTicks、Opaque、BIT STRING 等，不同的 SNMP 版本支持的数据类型不完全一样。

13.2.3 SNMPv1 工作原理

SNMPv1 采用团体名（类似于共享密码）认证，用来限制 NMS 对代理进程的访问。如果 SNMP 报文携带的团体名没有通过认证，则该 SNMP 报文将被丢弃。

1. SNMPv1 操作类型

SNMPv1 定义了以下 5 种操作，对应的交互方式如图 13-3 所示。

① Get-Request：NMS 从代理进程的 MIB 中提取一个或多个参数值。

② Get-Next-Request：NMS 从代理进程的 MIB 中按照排序提取下一个参数值。

③ Set-Request：NMS 请求设置代理进程的 MIB 中的一个或多个参数值。

④ Response：代理进程返回一个或多个参数值，是对前 3 种请求操作的响应。

⑤ Trap：代理进程主动向 NMS 发送报文，告知设备上发生的紧急或重要事件（如 CPU 使用率过高），但 SNMPv1 中的 Trap 报文无须 NMS 进行响应。

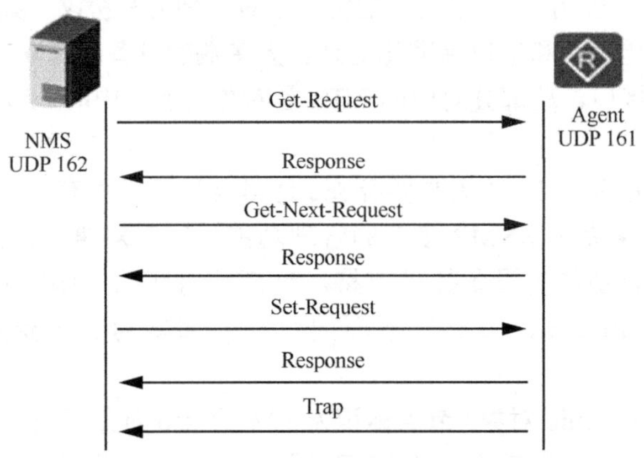

图 13-3 SNMPv1 各种操作的交互方式

以上 5 种操作中，Get-Request、Get-Next-Request、Set-Request 3 种请求操作与 Response 响应操作采用的是拉（Pull）的方式，必须是先有请求，后有应答，即应答是非主动的。而 Trap 操作是推（Push）的方式，是由代理进程主动向 NMS 发送的，无须 NMS 请求。

2. SNMPv1 报文格式

以上 5 种 SNMPv1 操作均有对应的 SNMP 报文［称为 PDU（Protocol Data Unit，协议数据单元）］，采用相同的 SNMP 头部，基本格式如图 13-4 所示。

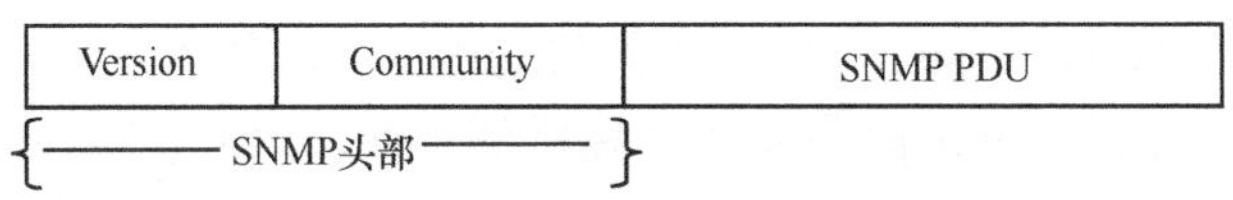

图 13-4 SNMPv1 报文格式

① Version：SNMP 版本，是对应的版本号减 1。如 SNMPv1 的本字段值为 0。

② Community：团体名，用于代理进程与 NMS 之间的认证，有可读和可写两种，如果是执行 Get、GetNext 操作，则采用可读团体名进行认证；如果是执行 Set 操作，则采用可写团体名进行认证，这样可对不同管理人员的权限进行区分。

③ SNMP PDU：是 SNMPv1 中的 5 种操作的消息内容，格式如图 13-5 所示。下面是各字段的具体介绍。

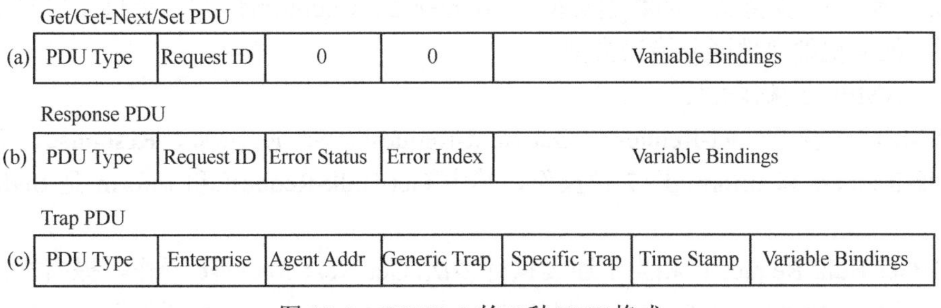

图 13-5 SNMPv1 的 5 种 PDU 格式

④ PDU Type：代表 PDU 类型，Get-Request、Get-Next-Request、Response、Set-Request 和 Trap PDU 的取值分别为 0～4。

⑤ Request ID：请求 PDU ID，Response PDU 的 Request ID 要与对应的 Get-Request、Get-Next-Request 和 Set-Request 请求 PDU 中的 Request ID 一致。

⑥ Error Status：表示在处理请求 PDU 时出现的错误状态，如 noError（无错误）、tooBig（响应内容太多，无法封装在 PDU 中）、noSuchName（请求操作了一个不存在的变量）、badValue（Set 操作使用了一个无效值或语法错误值）、readOnly（Set 操作试图修改一个只读属性的变量）、genErr（其他通用错误）。SNMPv1 支持的错误类型比较少，没有细分，不便于故障分析。

⑦ Error Index：差错索引。当出现异常情况时，提供变量绑定列表中导致异常的变量的信息。

⑧ Variable Bindings：变量绑定列表，由变量名和对应变量值组成。一个变量绑定列表中可以包括多个变量。

【说明】其实 Get-Request、Get-Next-Request、Set-Request 和 Response 这 4 种 PDU 的格式是一样的，只是 Get-Request、Get-Next-Request、Set-Request 中的两个“0”字段分别代表 Error Status 和 Error Index 两个字段值均为固定的 0。因为它们是 PDU，没有错误信息。

⑨ Enterprise：生成 Trap 信息的设备类型，以 OID 表示。

⑩ Agent Addr：Trap 源（代理进程）的 IP 地址。

⑪ Generic Trap：通用 Trap 类型，以具体的 ID 值表示，包括 coldStart（发生了冷

启动事件，取值为 0）、warmStart（发生了热启动事件，取值为 1）、linkDown（发生了链路关闭事件，取值为 2）、linkUp（发生了链路激活事件，取值为 3）、authenticationFailure（发生了认证失败事件，取值为 4）、egpNeighborLoss（发生了 EGP 邻居丢失事件，取值为 5）、enterpriseSpecific（发生了厂商自定义的事件，取值为 6）。

⑫ Specific Trap：企业自定义的私有 Trap 信息。

⑬ Time Stamp：自上次重新初始化网络实体开始，到产生 Trap 消息时已持续的时间，即 sysUpTime 对象的取值。

13.2.4 SNMPv2c 工作原理

SNMPv2c 在兼容 SNMPv1 的同时又扩充了功能，如提供了更多的操作类型（GetBulk 和 Inform 操作）；支持更多的数据类型（Counter32、Counter64 等）；提供了更丰富的错误代码，能够更细致地区分错误类型。

1. SNMPv2c 操作类型

SNMPv2c 包括 Get-Request、Get-Next-Request、Set-Request、Response、Trap、Get-Bulk-Request 和 Inform 共 7 种操作，其中 Get-Bulk-Request 和 Inform 是 SNMPv2c 新增的。

① Get-Bulk-Request：相当于连续执行多次 Get-Next-Request 操作，提高执行请求的效率，但每次也都是以 Response 操作进行响应。NMS 上可以设置被管理设备在一次 Get-Bulk-Request 操作时可执行 Get-Next-Request 操作的最多次数。

② Inform：被管理设备向 NMS 主动发送告警。与 Trap 告警不同的是，被管理设备发送 Inform 告警后，需要 NMS 通过 Response 进行接收确认。如果被管理设备没有收到 Response 确认信息则会将告警消息暂时保存在 Inform 缓存中，并且会重复发送该告警，直到 NMS 确认收到了该告警或者发送次数已经达到了最大重传次数。

代理进程在收到 NMS 发送的 Get-Bulk-Request 和 Inform 后都会通过对应的 Response PDU 进行响应，如图 13-6 所示。

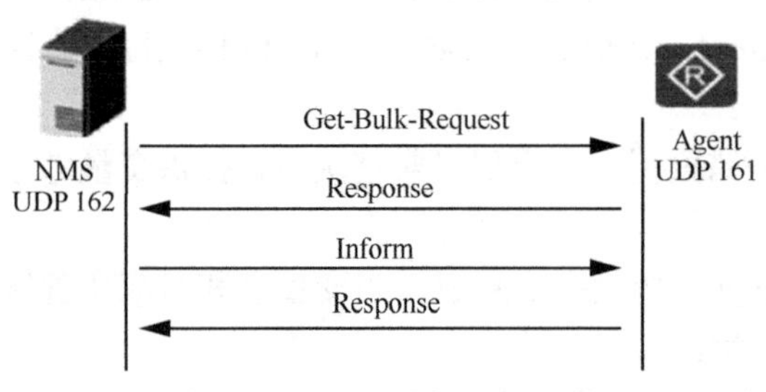

图 13-6 SNMPv2c 两种新操作的交互方式

2. SNMPv2c 报文格式

以上 7 种 SNMP 报文均使用如图 13-4 所示的 SNMP 报头，但 SNMPv2c 的版本号为 1。

（1）Get-Request 、Get-Next-Request、Set-Request、Response 和 Inform PDU 的格式

Get-Request 、Get-Next-Request、Set-Request、Response 这 4 种 PDU 的格式与 SNMPv1 对应的 PDU 格式一样，Inform PDU 格式与 SNMPv1 Get-Request、Get-Next-Request 和

Set Request 这 3 种 PDU 的格式一样，见图 13-5（a）所示。Get-Request、Get-Next-Resquest、Response、Set-Request4 种 PDU 的 PDU Type 字段值仍分别为 0～3，但 Get-Bulk-Request、Inform 和 Trap PDU 的 PDU Type 字段值分别为 5～7。

在 SNMPv2c 版本中 Response PDU 的 Error Status 字段增加了更多的错误类型，具体如下。

① wrongValue：进行 set 操作时候把变量修改为一个无效的值。

② wrongEncoding：错误的编码字段值。

③ wrongType：进行 set 操作时候把变量修改为一个无效的类型。

④ wrongLength：进行 set 操作时候把一个变量值设置成与它长度不一致的值。

⑤ inconsistentValue：把一个变量设置为当前情况下无效的值。

⑥ noAccess：试图设置一个不可访问的值。

⑦ notWritable：试图修改一个存在，但不能修改的值。

⑧ noCreation：试图修改一个存在，但不能创建的值。

⑨ inconsistentName：试图设置一个当前不存在且当前不能创建的变量。

⑩ resourceUnavailable：设置过程中申请某些资源失败。

⑪ commitFailed：set 操作失败。

⑫ undoFailed：进行 set 操作失败，有些赋值无法回复。

⑬ genErr：除以上错误外的其他错误。

（2）SNMPv2c Trap PDU 的格式

SNMPv2c 中的 Trap PDU 格式与 SNMPv1 中的 Trap PDU 格式有所不同，它采用了如图 13-5(a)所示的请求 PDU 格式，但其 PDU Type 字段值为 7，并将 sysUpTime 和 snmpTrapOID 作为 Variable Bindings 中的变量来构造报文。

（3）Get-Bulk-Request PDU 的格式

Get-Bulk-Request PDU 的 PDU Type 字段值为 5，格式与其他 PDU 的格式有所不同，具体如图 13-7 所示。

PDU Type	Request ID	Non repeaters	Max repetitons	Variable Bindings

图 13-7　SNMPv2c Get-Bulk-Request PDU 格式

① Non repeaters：指出在变量绑定列表中每次只返回一个后继变量（**每次返回只包含一个变量**）的变量数，告诉 Get-Bulk 命令可以通过简单的 Get-Next 操作检索前 N 个对象。

② Max repetitions:指出在变量绑定列表中除 Non repeaters 字段指定范围的变量外，其他变量可以返回的最大的后继变量数（**每次可以返回多个变量**），告诉 Get-Bulk 命令尝试使用 M 次 Get-Next 操作来检索变量绑定表中其余的变量。

假设一个 Get-Bulk 变量绑定列表中有 1～10 号共 10 个变量，如果在 Get-Bulk 操作中 Non repeaters 字段值设为 3，Max repetitions 字段值设为 4，则一次请求后将发生以下多次应答。

① 因为 Non repeaters 字段值为 3，所以变量绑定列表中 1～3 号 3 个变量相当于对每个变量执行一次 Get-Next 操作，每次只请求返回后面的一个变量的值，这样一来，第

一次的 Response 报文中只返回第一个变量的值，第二次的 Response 报文中只返回第二个变量的值，第三次的 Response 报文中只返回第三个变量的值。在这些 Response 报文中每个只包含一个变量对应的值。

② 变量绑定表中前 3 个变量的值返回后，要对其余变量进行请求。因为 Non repeaters 字段值为 4，所以每次最多可返回 4 个变量的值。第一次（总共是第 4 次）的 Response 报文中返回 4～7 号共 4 个变量的值，第二次（总共是第五次）的 Response 报文中返回 8～10 号共 3 个变量的值（因为变量列表中没有其余变量了，所以本次仅返回 3 个变量的值）。

13.2.5 SNMPv3 工作原理

SNMPv3 是在 SNMPv2 基础之上增加了完全机制，完善了管理机制，提供了 USM 的认证加密和 VACM 的访问控制，包括多个 RFC。

1. SNMPv3 操作类型

SNMPv3 的操作类型与 SNMPv2c 基本是一样的，包括 Get-Request、Get-Next-Request、Set-Request、Response、Trap、Get-Bulk-Request 和 Inform 7 种（还包括一个未定义具体的操作 Report PDU）。

USM 引入了用户名和组的概念，可以设置认证和加密功能。认证用于验证报文发送方的合法性，避免非法用户的访问；加密则是对 NMS 和 Agent 之间传输的报文进行加密，以免被窃听。通过有无认证和有无加密等功能组合，可以为 NMS 和 Agent 之间的通信提供更高的安全保障。

VACM 技术定义了组、安全等级、上下文、MIB 视图、访问策略 5 个元素。这些元素同时决定用户是否具有访问的权限，只有具有了访问权限的用户才能管理操作对象。同一个 SNMP 实体上可以定义不同的组，组与 MIB 视图绑定，组内又可以定义多个用户。当使用某个用户名进行访问的时候，只能访问对应的 MIB 视图定义的对象。

图 13-8 所示的是一个 Get 请求/响应过程的报文交互流程，其他报文的交互流程类似。

① NMS 向代理进程发送不带安全参数，认证、加密标志位均置 0 的 Get-Request 消息，以获取参数信息。主要从 Agent 获取 AuthoritativeEngineID（标识一个 SNMP 实体）信息。

② 代理进程发送不带安全参数，认证、加密标志位均置 0 的 Response 消息响应 NMS 的请求，回复 NMS 所请求的参数。

③ NMS 向代理进程发送带安全参数，认证、加密标志位均置 1 的 Get-Request 消息，请求 AuthoritativeEngineBoots 和 AuthoritativeEngineTime 信息。

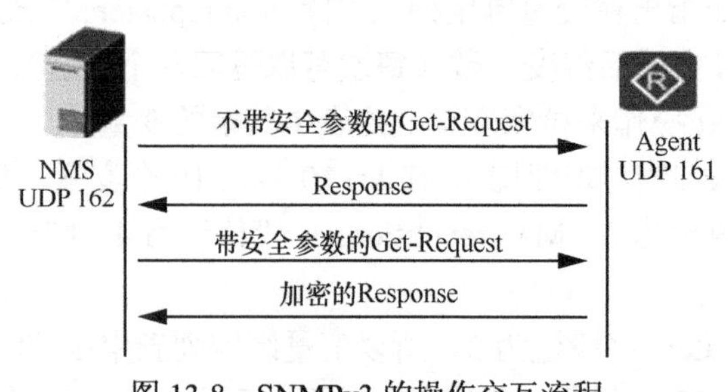

图 13-8 SNMPv3 的操作交互流程

④ 代理进程对 NMS 发送的 Get-Request 消息进行认证，认证通过后对消息进行解密，认证标志位置 1、加密标志位均置 0，向 NMS 发送加密的 Response 消息，回复 SNMP 所请求的 AuthoritativeEngineBoots 和 AuthoritativeEngineTime 信息。

后续的数据发送将同时启用用户认证和数据加密功能，即认证、加密标志位均置 1。

从以上流程可以看出，NMS 发送第一个请求报文的目的仅是希望获取 Agent 的 SNMP 引擎 ID，然后 NMS 再发送带相应安全参数的请求报文，从而获得 Agent 的其他参数值。

2. SNMPv3 报文格式

SNMPv3 支持的 7 种主要操作所对应的 PDU 均采用图 13-9 所示的报文格式，各字段说明如下。

Version	Msg ID	Msg Max size	Msg Sec Model	Msg Flag	Security Parameters	Context Egine ID	Context Name	Data

图 13-9　SNMPv3 报文格式

① Version：SNMP 版本号，SNMPv3 的版本号为 3。

② Msg ID：消息序列号（与 SNMPv1 和 SNMPv2c 中的 Request ID 字段意义类似），响应报文中的 Msg ID 和请求报文中的值相同。

③ Msg Max size：消息发送者支持的最大的消息尺寸，同时表明了发送者能够接收到的最大字节数。

④ Msg Sec Model：指明了发送方采用的安全模式，取值为 0～3。0 表示任何模型，1 表示采用 SNMPv1 安全模型，2 表示采用 SNMPv2c 安全模型，3 表示采用 SNMPv3 安全模型。

⑤ Msg Flag：请求报文指定是否要求回应 report 消息，消息是否进行了加密和认证。

⑥ Security Parameters：包括了用户名、密钥、加密参数等安全信息，对应以下几个子字段。

- Auth Engin ID：AuthoritativeEngineID，认证引擎标识，是 SNMP 的 snmpEngineID，用于 SNMP 实体的识别、认证和加密。该取值在 Trap、Response、Report 报文中是源端的 snmpEngineID，在 Get、Get-Next、Get-Bulk、Set 报文中是目的端的 snmpEngineID。
- Auth Engin Boots：AuthoritativeEngineBoots，从初次配置开始，认证引擎初始化或重新初始化的次数。
- Auth Engin Time：AuthoritativeEngineTime，从配置认证引擎到现在的时间。
- User Name：认证用户名，NMS 和代理进程必须配置相同的用户名。
- Auth Para：AutheriticationParameters，认证参数值，对应认证密钥。如果没有使用认证则为空。
- Priv Para：Privacy Parameters，加密参数值。如果没有使用加密则为空。

⑦ Context Engine ID：上下文引擎 ID，SNMP 实体唯一标识符，对于接收消息，该字段确定消息该如何处理；对于发送消息，该字段在发送一个消息请求时由应用提供。

⑧ Context Name：上下文名称，唯一识别在相关联的上下文引擎范围内部特定的上

下文。

⑨ Data：报文的数据内容，具体的 PDU 内容。

13.2.6 SNMP 配置

HCIA 层次只需掌握各个 SNMP 版本基本功能的配置方法。基本功能配置比较简单，可以划分为以下几个方面，具体配置步骤见表 13-1。

① 使能 SNMP 代理服务，配置 SNMP 协议版本；

② 通过 MIB 视图限制对设备的管理权限；

③ 通过团体名（SNMPv1 和 SNMPv2c 版本）或用户/用户组（SNMPv3 版本）配置安全认证/加密；

④ （可选）打开 Trap 告警开关，配置告警参数。

表 13-1 SNMP 基本配置步骤

步骤	命令	说明
1	**system-view** 例如：<Huawei>**system-view**	进入系统视图
2	**snmp-agent** 例如：[Huawei]**snmp-agent**	使能 SNMP 代理服务，启用代理进程。默认情况下，SNMP Agent 服务未使能
3	**snmp-agent sys-info version [[v1 | v2c | v3] * | all]** 例如：[Huawei] **snmp-agent sys-info version v2c**	配置 SNMP 协议版本。SNMPv1、SNMPv2c 版本支持基于团体名、MIB 视图的访问控制，SNMPv3 版本支持基于用户、用户组的访问控制，支持认证和加密机制； 默认情况下，为 SNMPv3 版本
4	**snmp-agent mib-view** *view-name* { **exclude** | **include** } *subtree-name* [**mask** *mask*] 例如：[Huawei] **snmp-agent mib-view** v1 **included** myview 1.3.6.1.2.1 或 [Huawei] **snmp-agent mib-view** v1 **excluded** myviewsystem.7	（可选）创建或者更新 MIB 视图的信息。MIB 视图是所有被管理对象的抽象集合，网络管理系统通过读写 MIB 中的被管对象实现对设备的管理。一个 MIB 视图定义了包含在这个视图之中以及排除在这个视图之外的管理信息。 • *view-name*：MIB 视图名称，字符串形式，不支持空格，区分大小写，长度范围是 1～32，但当输入的字符串两端使用双引号时，可在字符串中输入空格。视图名是该视图的唯一标识，因此相同的视图名重复配置时，即相当于向该视图内添加子树；当重复配置子树而覆盖时，系统会给出提示信息，但是默认视图不能修改。 • **excluded**：二选一选项，表示该 MIB 视图排除该 MIB 子树 • **included**：二选一选项，表示该 MIB 视图包括该 MIB 子树。 【说明】当执行 **include** 和 **exclude** 操作时，若所操作的对象存在包含关系，则以最末端的节点操作权限为准。例如，snmpV2、snmpModules、snmpUsmMIB 3 个节点是由上自下的包含关系，若先对 snmpUsmMIB 节点执行 **exclude** 操作，再对 snmpV2 节点执行 **include** 操作，则最终的结果仍然会排除 snmpUsmMIB 节点，因为操作对象存在包含关系，以最末端的节点操作权限为准。

续表

步骤	命令	说明
4	**snmp-agent mib-view** *view-name* { **exclude** | **include** } *subtree-name* [**mask** *mask*] 例如：[Huawei] **snmp-agent mib-view** v1 **included** myview 1.3.6.1.2.1 或 [Huawei] **snmp-agent mib-view** v1 **excluded** myviewsystem.7	• *subtree-name*：配置 MIB 视图中包括的子树名称。用于唯一标识此子树，**可以是 OID 类型的数字串，也可以是对象名类型的字符串**，例如 1.4.5.3.1 或者 system。**配置的子树必须是 MIB 树中存在的子树**，且所有视图的子树个数加起来不能超过 20。MIB 树的叶子节点定义了设备上的被管理对象。 • **mask** *mask*：可选参数，指定子树掩码，用于确定用户操作节点与该视图包含子树的匹配方式和匹配长度，十六进制字符，可输入的字符串长度为 1～32 个字符。没有输入掩码的视图表示与该视图中子树完全匹配。子树掩码对应的二进制位长度不能小于视图子树 OID 标识的位数，二进制为 1 的位前面必须出现 0。**该掩码中二进制为 1 的位表示与子树对应的子标识精确匹配，二进制为 0 的位表示与子树对应的子标识通配。** 默认情况下，视图名为 ViewDefault，MIB 子树中包括 lagMIB 节点，以及除 snmpVacmMIB 和 snmpUsmMIB 之外的其他 internet 子节点，可以满足绝大多数网络管理需求，所以小型网络通常不用新建 MIB 视图
5	**snmp-agent community** { **read** | **write** } *community-name* [**mib-view** *view-name*] 例如：[Huawei] **snmp-agent community write** system.7	（可选）配置 SNMPv1、SNMPv2c 的读写团体名，仅 SNMPv1、SNMPv2c 支持。 • **read**：二选一选项，指定使用该团体名的用户在指定 MIB 视图内有只读权限。 • **write**：二选一选项，指定使用该团体名的用户在指定 MIB 视图内有读写权限。 • *community-name*：指定团体名字符串，字符串形式，不支持空格，区分大小写，长度是 6～32 或 80，但当输入的字符串两端使用双引号时，可在字符串中输入空格。当输入的字符串长度为 6～32 时，系统默认为是明文输入，会自动加密；当输入的字符串长度为 80 时，系统默认为是密文输入，判断该密文能否解析。查看配置文件时将以密文方式显示。 默认情况下，**对配置的团体名进行复杂度检查，若检查不通过，则配置不成功**。设备对团体名复杂度的要求如下：最小长度为 6 个字符；至少包含 2 种字符，包括大写字母、小写字母、数字、特殊字符。 • **mib-view** *view-name*：可选参数，指定团体名可以访问的 MIB 视图名，字符串形式，不支持空格，区分大小写，长度范围是 1～32。当输入的字符串两端使用双引号时，可在字符串中输入空格。 若不指定团体名可访问的 MIB 视图名，则该团体名对默认 MIB 视图名 ViewDefault 具有访问权限；若指定团体名可以访问的 MIB 视图名，则该团体名仅对指定的 MIB 视图名具有访问权限。 默认情况下，系统中没有配置团体名

续表

步骤	命令	说明
6	**snmp-agent groupv3** *group-name* { **authentication** | **noauth** | **privacy** } [**read-view** *read-view* | **write-view** *write-view* | **notify-view** *notify-view*] * 例如：[Huawei] **snmp-agent group v3** g1 **privacy read-view** public	（可选）创建一个新的 SNMP 用户组（即把 SNMP 用户映射到 SNMP 视图），并对该 SNMP 用户组进行配置，仅 SMNPv3 支持。 • *group-name*：指定 SNMP 用户组名，字符串形式，不支持空格，区分大小写，长度范围是 1～32，但当输入的字符串两端使用双引号时，可在字符串中输入空格。 • **authentication** | **noauth** | **privacy**：指定 SNMP 用户组的安全级别。其中 **authentication** 指定对报文进行认证但不加密；**noauth** 指定对报文不认证不加密；**privacy** 指定对报文进行认证和加密。 • **read-view** *read-view* | **write-view** *write-view* | **notify-view** *notify-view*：可多选参数，指定对应 SNMP 用户组的只读、读写、通知视图名。视图参数由 **snmp-agent mib-view** 命令定义。 默认情况下，系统中没有配置 SNMP 用户组
7	**snmp-agentusm-user v3** *user-name* **group** *group-name* 例如：[Huawei] **snmp-agent usm-user v3** u1 **group** g1	（可选）为 SNMP 用户组添加新用户，仅 SMNPv3 支持。 • *user-name*：指定要添加的用户的名称，字符串形式，不支持空格，区分大小写，长度范围是 1～32，但当输入的字符串两端使用双引号时，可在字符串中输入空格。 • *group-name*：指定用户所要加入的组的名称。 默认情况下，SNMP 用户组没有用户
8	**snmp-agentusm-user v3** *user-name* **authentication-mode** { **md5** | **sha** } 例如：[Huawei] **snmp-agentusm-user v3** u1 **authentication-mode sha** Please configure the authentication password (<8-64>) Enter Password: Confirm Password:	（可选）配置 SNMPv3 用户认证算法和认证密码（**密码是以交互方式配置的，8～64 位**），仅 SMNPv3 支持。 • *user-name*：指定用户名。 • **md5**：二选一选项，使用 HMAC MD5 算法进行认证。通信双方共享一个私有密钥，发送方使用此密钥来创建一个 MAC（Message Authentication Code，消息鉴别码）；接收方使用密钥来计算出此 MAC，如果与发送方的 MAC 相互匹配，就通过了认证。 • **sha**：二选一选项，使用 HMAC SHA 算法进行鉴别。HMAC SHA 算法的工作原理与 HMAC MD5 算法类似，只是生成 MAC 的方法不一样
9	**snmp-agentusm-user v3** *user-name* **privacy-mode** { **aes128** | **des56** } 例如：[Huawei] **snmp-agentusm-user v3** u1 **privacy-mode aes128** Please configure the privacy password (<8-64>) Enter Password: Confirm Password:	（可选）配置 SNMPv3 用户加密算法和加密密码（**密码是以交互方式配置的，8～64 位**），仅 SMNPv3 支持。 • *user-name*：指定用户名。 • **aes128**：二选一选项，指定使用 128 位 AES 加密算法对报文中的 PDU 部分进行加密。 • **des56**：二选一选项，使用 56 位 DES 加密算法对报文中的 PDU 部分进行加密

续表

步骤	命令	说明
10	**snmp-agent target-host trap-params name** *paramsname* { { **v1** | **v2c** } **securityname** *securityname* | **v3 securityname** *securityname* { **authentication** | **noauthnopriv** | **privacy** } } 例如：[Huawei] **snmp-agent target-host trap-paramsname** aaa **v3 securityname** u1 **authentication**	配置 Trap 报文的发送参数信息（这些参数信息组成一个列表，被称为发送参数信息列表）。 • *paramsname*：指定 Trap 报文发送参数信息列表的名称，字符串类型，可输入的字符串长度：1～32。 • **securityname** *securityname*：生成 Trap 报文的主体名。SNMPv1、SNMPv2c 版本时为对应的团体名，SNMPv3 时为用户名。 • **authentication**：多选一选项，指定对 Trap 报文进行认证但不加密，当需要对报文进行认证（接收端）但不加密（发送端），使用此选项。 • **noauthnopriv**：多选一选项，指定对 Trap 报文不认证、不加密，当不需要对报文进行认证（接收端）或加密（发送端），使用此选项。 • **privacy**：多选一选项，指定对 Trap 报文认证并加密，当需要对报文进行认证（接收端）并加密（发送端），使用此选项
11	**snmp-agent target-host trap-hostname** *hostname* **address** *ipv4-addr* **trap-paramsname** *paramsname* 例如：[Huawei] **snmp-agent target-host trap-hostname** aaa **address** 10.1.1.1 **trap-paramsname** aaa	配置 Trap 报文的目的主机。 • *hostname*：指定目的主机（NMS 主机）的名称。 • **address** *ipv4-addr*：指定目的主机的 IPv4 地址。 • **trap-paramsname** *paramsname*：指定目的主机使用的 Trap 报文发送参数信息列表的名称。 默认情况下，没有配置 Trap 报文的目的主机
12	**snmp-agent trap source** *interface-type interface-number* [Huawei] **snmp-agent trap source** gigabitethernet 1/0/0	（可选）指定发送告警通告的接口，必须是已经配置了 IP 地址的接口，且设备端配置的 Trap 报文的源接口和 NMS 端配置的发送报文的接口需要保持一致，否则 NMS 端无法接收设备发送的 Trap 报文。为了保证设备的安全性，发送的源地址最好配置为本地的 loopback 地址。 默认情况下，未指定发送 Trap 的源接口
13	**snmp-agent trap enable** 例如：[Huawei] **snmp-agent trap enable**	（可选）激活代理主动向 NMS 发送 Trap 告警消息的功能，打开所有模块的告警开关。Trap 功能激活后，设备将向 NMS 上报异常事件

【示例】创建并更新 MIB 视图信息，名字为 mibtest，先创建一个 OID 为“1.3.6.1”子树所有对象的 MIB 视图，再更新为不包含 OID 为“1.3.6.1.2.1.1”（对象名称为 system）子树所有对象的 MIB 视图。最终名为 mibtest 的 MIB 视图就是除 1.3.6.1.2.1.1 子树以外，其余所有在 1.3.6.1 子树中的对象。

```
<Huawei>system-view
[Huawei] snmp-agent sys-info version v1
[Huawei] snmp-agent mib-view mibtest included 1.3.6.1
[Huawei] snmp-agent mib-view mibtest excluded system
```

配置好后，可在任意视图下执行 **display snmp-agent sys-info** 命令查看系统维护的相关信息，包括设备的物理位置和 SNMP 版本。

13.3 基于华为 iMaster NCE 的网络管理

华为 iMaster NCE 是一个集管理（eSight 网管）、控制（Agle 控制器）、分析（Insight 分析器）和 AI 功能于一体的网络自动化驾驶平台，如图 13-10 所示，它不仅是一个网络管理系统，还是一套华为 SDN（Software Defined Network，软件定义网络）解决方案。

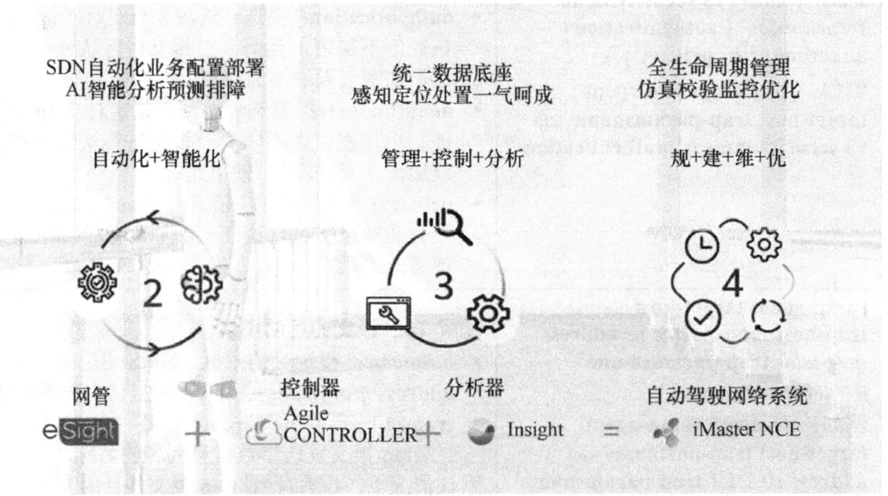

图 13-10 iMaster NCE 关键特性

13.3.1 iMaster NCE 关键能力

iMaster NCE 通过 SNMP、Telemetry 等协议采集网络数据，结合 AI 算法进行大数据智能分析，通过 Dashboard（仪表盘）、报表等方式多维度呈现设备及网络状态，帮助运维人员快速发现设备和网络异常，并进行扩时处理，保障设备和网络的正常工作。

iMaster NCE 包含四大关键能力。

（1）全生命周期自动化

iMaster NCE 以统一的资源建模和数据共享服务为基础，提供跨多个网络技术域的全生命周期的自动化能力，可实现设备即插即用、网络即换即通、业务自助服务、故障自愈和风险预警。

（2）基于大数据和 AI 的智能闭环

iMaster NCE 基于用户意图、自动化、分析和智能四大子引擎构建完整的智能化闭环系统。它基于 Telemetry 采集并汇聚海量的网络数据，实现了实时网络态势感知；通过统一的数据建模构建基于大数据的网络全局分析能力，并注入基于华为 30 多年电信领域经验积累的 AI 算法，面向用户需求进行自动化闭环的分析、预测和决策，从而提升客户满意度，持续提升网络的智能化水平。

（3）开放可编程使能场景化 App 生态

iMaster NCE 对外提供可编程的集成开发环境 Design Studio 和开发者社区，实现南向与第三方网络控制器或网络设备对接，北向与云端 AI 训练平台和 IT 应用快速集成，并支持客户灵活选购华为原生 App。客户可自行开发或寻求第三方系统集成商的支持来进行 App 的创新与开发。

（4）大容量全云化平台

iMaster NCE 基于 Cloud Native 的云化架构，支持在私有云、公有云中运行，也支持 On-premise 部署模式，具备大容量和弹性可伸缩能力，支持大规模系统容量和用户接入，让网络从数据分散、多级运维的离线模式转变为数据共享、流程打通的在线模式。

iMaster NCE 在网络管理方面主要涉及 NETCONF、YANG 语言和 Telemetry 技术，下面仅予以简单介绍。

13.3.2　NETCONF 协议简介

NETCONF 是一种基于 XML（eXtensible Markup Language，可扩展标记语言）的网络管理协议，提供了一种可编程、可对网络设备进行配置和管理的方法。

网络设备通过 NETCONF 协议可以提供一组完备规范的 API。应用程序可以直接使用这些 API，向网络设备下发命令，从设备中获取配置。用户可以通过该协议设置参数、获取参数值、获取统计信息等。

XML 是一种结构性（可分层）的标记语言，类似于 HTTP 中的 HTML 标记语言。XML 可以为不同类型的数据标记、分类，最终形成一张大表，也可形成更容易标记、检索、过滤的 MIB 对象树。

NETCONF 报文使用 XML 格式，从而可具有强大的过滤能力，而且每一个数据项都有一个固定的元素名称和位置，这使得同一厂商的不同设备具有相同的访问方式和结果呈现方式，不同厂商的设备也可以经过映射 XML 得到相同的效果，使它在第三方软件的开发上非常便利，很容易在混合不同厂商、不同设备环境下开发出特殊定制的网络管理软件。在 XML 的协助下，NETCONF 功能会使网络设备的配置管理工作变得更简单、更高效。

1. NETCONF 基本网络架构

NETCONF 协议采用 C/S（客户端/服务器）模型，总体通信模型与 SNMP 类似。

（1）NETCONF 客户端

NETCONF 客户端指网络管理系统（NMS），如华为的 iMaster NCE 系统，其可以通过 NETCONF 对网络设备进行系统管理。客户端可以向服务器发送<rpc>请求，查询或修改一个或多个具体的参数值。同时，客户端也可以接收由服务器发送的告警和事件，获取被管理设备的状态。

（2）NETCONF 服务器

NETCONF 服务器是指被管理的网络设备，如交换机、路由器等，维护被管理设备的信息数据，并通过<rpc-reply>响应客户端的请求，把管理数据汇报给发送请求的客户端。当设备发生故障或其他事件时，服务器利用 Notification 机制（类似于 SNMP 的 Trap 机制）将设备的告警和事件通知给客户端，向网络管理系统报告设备的当前状态变化。

NETCONF 客户端与服务器之间需要先建立基于 SSH 或 TLS（Transport Layer

Security，传输层安全性协议）等的安全传输连接，然后通过 Hello 报文交换双方支持的能力，接着使用 NETCONF 协议建立 NETCONF 会话，最后通过 RPC（Remote Procedure Call，远程过程调用）实现信息的交互，基本流程如图 13-11 所示，具体说明如下。

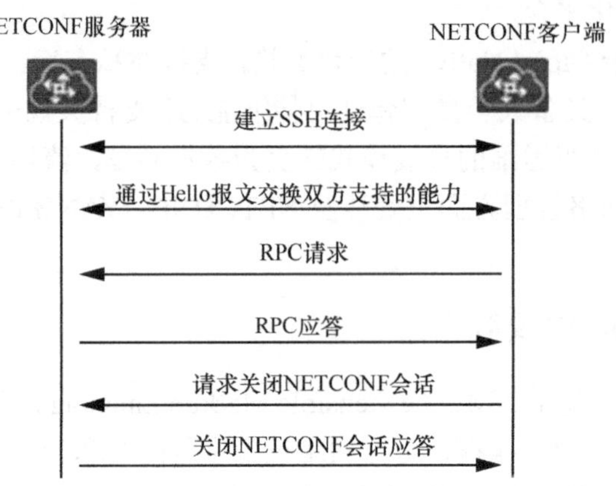

图 13-11　NETCONF 客户端与服务器之间的基本交互流程

① NETCONF 服务器与客户端建立 SSH 连接。

② NETCONF 服务器与客户端通过 Hello 报文相互交换支持的能力。

③ NETCONF 客户端与服务器建立 NETCONF 会话后，即可发送 RPC 操作请求至服务器，进行配置管理。

④ NETCONF 服务器在收到 RPC 操作请求后进行解析与处理，并发送 RPC 应答给客户端。

⑤ 所有操作完成后，NETCONF 客户端可以向服务器发送关闭 NETCONF 会话的 RPC 请求，以节省 NETCONF 服务器和客户端不必要的资源开销。

⑥ NETCONF 服务器收到客户端的关闭会话请求后关闭本端的 NETCONF 会话，同时发送 RPC 应答给客户端，确认客户端关闭会话请求。

NETCONF 会话是客户端与服务器之间的逻辑连接。客户端从运行的服务器上获取的信息包括配置数据和状态数据，同时它还可以修改配置数据，并通过操作配置数据，使服务器的状态调整到用户期望的状态。但客户端不能修改状态数据，因为状态数据主要是服务器的运行状态和统计信息。

NETCONF 功能特性与 SNMP 类似，但弥补了 SNMP 在扩展性、安全性和操作效率等方面的不足，具体比较见表 13-2。

表 13-2　NETCONF 与 SNMP 的比较

特性	SNMP	NETCONF
配置管理	SNMP 在进行设备数据操作时，如果多个用户对同一个配置量进行操作，协议没有提供保护锁定机制	NETCONF 提供保护锁定机制，防止多用户操作产生冲突
操作效率	SNMP 能够对某个表的一条或多条记录进行操作，但查询中需要多次交互才能够完成，效率较低	NETCONF 基于对象建模，对象操作一次交互即可，支持过滤、批处理执行等操作，效率较高

续表

特性	SNMP	NETCONF
扩展性	扩展性差	扩展性好，主要体现在以下两个方面： • 协议模型采取分层定义，各层之间相互独立，当对协议中的某一层进行扩展时，能够最大限度地不影响到其上层协议。 • 协议采用了 XML 编码，使得协议在管理能力上和系统兼容性方面具有一定的可扩展性
安全性	SNMPv1/v2c 安全性很差，SNMPv3 也不支持安全性传输协议，仅支持本地的用户认证和数据加密	NETCONF 利用现有的传输层安全协议（如 SSH、TLS 等）提供安全保证，且并不与具体的安全协议绑定。在使用中，NETCONF 要比 SNMP 更灵活

2. NETCONF 的协议结构

NETCONF 协议也采用了分层结构，将整个功能实现分为由下至上的 4 层：安全传输层、RPC 层、操作层和内容层，见表 13-3。每层分别对协议的某一方面进行包装，并向上层提供相关服务。分层结构使每层只关注协议的一个方面，实现起来更简单，同时将各层之间的依赖、内部实现的变更对其他层的影响降到最低。

表 13-3　NETCONF 协议的 4 层结构

层次	示例	说明
安全传输层	SSH、TLS、BEEP/TLS 等	NETCONF 本身是一个应用层协议，其协议内容承载在安全传输层之上。NETCONF 的一大优势就是它从协议层面就已经规定其传输层必须使用带有安全加密功能、面向连接的承载协议，例如 SSH、TLS 等，用户认证、数据完整性验证和数据加密功能全部由本层提供。SSH 是 NETCONF 使用最广泛的传输层协议
RPC 层	<rpc>，<rpc-reply>	RPC 层为 RPC 模块的编码提供了一个简单的、与传输协议无关的机制。客户端采用<rpc>元素封装操作请求信息，并通过一个安全的、面向连接的会话将请求发送给服务器，而服务器将采用<rpc-reply>元素封装 RPC 请求的响应信息（即操作层和内容层的内容）并将其发送给请求者。 在正常情况下，<rpc-reply>元素封装客户端所需的数据或配置成功的提示信息，但当客户端请求报文存在错误或服务器处理不成功时，服务器在<rpc-reply>元素中会封装一个包含详细错误信息的<rpc-error>元素反馈给客户端
操作层	<get-config>，<edit-config>，<notification>	操作层定义了一系列在 RPC 中应用的基本操作，这些操作组成了 NETCONF 基本能力。NETCONF 全面地定义了对被管理设备的各种基础操作
内容层	配置数据、状态数据、统计信息等	内容层表示的是被管理对象的集合，它们可以是配置数据、状态数据、统计信息等

3. NETCONF 的建模语言

NETCONF 协议之所以要使用建模语言，是因为 NETCONF 中的“内容层”还没有标准化，不同厂商采用了自己的定义方式，导致互不兼容。

数据建模就是建立数据模型，而数据模型是对数据特征的抽象表达，可以简单地将其理解为建立数据之间的关联关系。一般，我们通过把各个厂商定义的数据对象当作模型中一个个元素加入这个模型中来实现相互兼容。

NETCONF 支持 Schema 和 YANG 两种建模语言。

① Schema 是为了描述 XML 文档而定义的一套规则。Schema 文件中定义了设备所有管理对象，以及管理对象的层次关系、读写属性和约束条件。设备通过 Schema 文件向网管提供配置和管理设备的接口。Schema 文件类似于 SNMP 的 MIB 文件。

② YANG 是专门为 NETCONF 协议设计的数据建模语言（但不是高级语言，因为它不是一种编程语言），用来为 NETCONF 设计可操作的配置数据、状态数据模型、远程调用模型和通知机制等。

YANG 数据模型定位为一个面向机器的模型接口，明确定义数据结构及其约束，可以更灵活、更完整地进行数据描述。

13.3.3 NETCONF 的基本概念

NETCONF 客户端和服务器之间使用 RPC 制进行通信，所以客户端必须和服务器成功建立一个安全的、面向连接的会话才能进行通信。这个过程中会涉及一些在传统网络维护中比较少见的概念，在此集中进行介绍。

1. XML 编码

XML 作为 NETCONF 协议的编码格式，用文本文件表示复杂的层次化数据，即支持使用传统的文本编译工具，也支持使用 XML 专用的编辑工具读取、保存和操作配置数据。

基于 XML 网络管理的主要思想是利用 XML 的强大数据表示能力，使用 XML 描述被管理数据和管理操作，使管理信息成为计算机可以理解的数据库，提高计算机对网络管理数据的处理能力，从而提高网络管理能力。

XML 编码格式文件头为<?xml version="1.0" encoding="UTF-8"?>，其中：

① <?：表示一条指令的开始。

② xml：表示此文件是 XML 文件。

③ version：表示 NETCONF 协议版本号。"1.0"表示使用 XML1.0 标准版本。

④ encoding：表示字符集编码格式，当前仅支持 UTF-8 编码。

⑤ ?>：表示一条指令的结束。

2. RPC 模式

NETCONF 协议使用 RPC 通信模式，客户端向服务器发送一个<rpc>元素请求，服务器处理完用户请求后，给客户端发送一个<rpc-reply>元素应答消息。客户端的<rpc>请求和服务器的<rpc-reply>应答消息全部使用 XML 编码，基本的 RPC 元素见表 13-4。

表 13-4 基本 RPC 元素说明

元素	说明
<rpc>	<rpc>元素用来封装客户端发送给 NETCONF 服务器的请求
<rpc-reply>	<rpc-reply>元素用来封装<rpc>请求的应答消息，NETCONF 服务器给每个<rpc>操作回应一个使用<rpc-reply>元素封装的应答消息
<rpc-error>	处理<rpc>请求过程中，如果发生任何错误，则在<rpc-reply>元素内只封装<rpc-error>元素返回给客户端

续表

元素	说明
<ok>	处理<rpc>请求过程中，如果没有发生任何错误，则在<rpc-reply>元素内封装一个<ok>元素返回给客户端

3. 能力集

NETCONF 会话一旦建立，客户端和服务器会立即向对端发送 Hello 消息（含有本端支持的能力集列表<hello>元素），通告各自支持的能力集，即支持的操作。这样双方就能利用共同支持的能力实现特定的管理功能。在交换过 Hello 消息后，服务器等待客户端发送<rpc>请求，服务器为每个<rpc>请求回应<rpc-reply>，基本过程如图 13-12 所示。

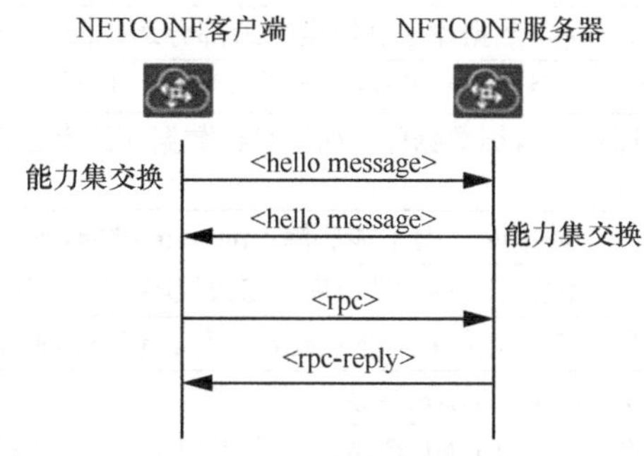

图 13-12　能力集交互示意

NETCONF 协议提供了定义能力集的语法语意规范，协议允许客户端与服务器交互各自支持的能力集，客户端只能发送服务器支持的能力集范围内的操作请求。

能力集是一组基于 NETCONF 协议实现的基础功能和扩展功能的集合。设备可以通过能力集增加协议操作，扩展已有配置对象的操作范围。每个能力使用一个唯一的 URI（Uniform Resource Identifier，统一资源标识符）进行标识。NETCONF 定义的能力集的 URI 格式如下：

urn:ietf:params:xml:ns:netconf:capability:{name}:{version}。

4. 配置数据库

配置数据库是关于设备的一套完整的配置参数的集合。NETCONF 协议定义的配置数据库见表 13-5。

表 13-5　NETCONF 协议定义的配置数据库

配置数据库	说明
<running/>	此数据库存放当前设备上运行的生效配置、状态信息和统计信息等。除非 NETCONF 服务器支持 candidate 能力，否则<running/>是唯一强制要求支持的标准数据库。**对<running/>数据库进行修改操作，使其必须具有 writable-running 能力**
<candidate/>	此数据库存放设备将要运行的配置数据。管理员可以在<candidate/>配置数据库上进行操作，但对<candidate/>数据库的任何改变不会直接影响网络设备。设备支持此数据库，就必须支持 candidate configuration 能力
<startup/>	此数据库存放设备启动时所加载的配置数据，相当于已保存的配置文件。设备支持此数据库，则必须支持 Distinct Startup 能力

13.3.4 NETCONF 支持的能力和操作

NETCONF 协议的能力有基本能力、标准能力和扩展能力，在此仅简单介绍基本能力和标准能力及其所支持的操作。

基本能力定义了一系列操作，用于修改数据库配置、从数据库获取信息等，是 NETCONF 必须实现的功能的最小集合，而不是功能的全集。基本能力定义的操作见表 13-6。

表 13-6 NETCONF 基本能力定义的操作

操作	说明
<get-config>	用来从<running/>、<candidate/>和<startup/>数据库中获取全部或部分配置数据
<get>	用来从<running/>数据库中获取全部或部分运行配置数据或设备的状态数据
<edit-config>	用来对<running/>或<candidate/>数据库新增、修改、删除配置数据
<copy-config>	用源数据库替换目标数据库。如果目标数据库没有创建，则直接创建数据库，然后进行拷贝
<delete-config>	用来删除一个数据库，但不能删除<running/>数据库
<lock>	用来锁定一个数据库，独占数据库的修改权限，防止多用户并行操作设备产生冲突
<unlock>	用来取消用户自己之前执行的<lock>操作，但不能取消其他用户的<lock>操作
<close-session>	用来正常关闭 NETCONF 会话
<kill-session>	用来强制关闭 NETCONF 会话，只有管理员才有权限执行<kill-session>操作

除了基本能力，NETCONF 协议还定义了一系列标准能力。这些标准能力定义了一些新的操作，使 NETCONF 功能更加强大，并使其在容错性、可扩展性等方面得到加强，从而有利于实现基于 NETCONF 的开放式网络管理体系结构，为设备厂商扩展功能提供有效的途径。NETCONF 协议标准能力及其定义的操作见表 13-7。

表 13-7 NETCONF 协议标准能力及其定义的操作

能力	功能说明及所定义的操作
Writable-Running 能力	表明设备支持对<running/>数据库进行<edit-config>和<copy-config>操作
Candidate Configuration 能力	表明设备支持<candidate/>数据库，用来在不影响<running/>的情况下，对<candidate/>中的配置数据进行以下操作： • <commit>：将<candidate/>数据库中的所有数据全部提交，转化为设备当前运行的配置数据，即修改<running/>数据库中对应的配置数据； • <discard-changes>：放弃执行<candidate/>数据库中还未提交的配置数据，使这部分配置数据恢复到与当前<running/>数据库中的配置数据一致
Rollback on Error 能力	表明设备具备错误回滚能力。如果<edit-config>操作时产生一个错误元素<rpc-error>，网管将会停止<edit-config>操作，并把配置恢复至执行<edit-config>操作前的状态
Distinct Startup 能力	表明设备具备独立启动的能力，支持<startup/>数据库
Notification 能力	表明设备支持发送告警和事件给网管，通过<notification>操作，设备可主动上报告警和事件给网管，网管通过收到的告警和事件对设备进行管理
Interleave 能力	表明设备支持 NETCONF 会话多功能重用。用户可在同一个 NETCONF 会话上同时对设备进行维护操作和告警、事件管理，提升管理效率

13.3.5　YANG 语言简介

YANG 是 NETCONF 协议的数据建模语言，实现了 NETCONF 数据内容的标准化。NETCONF 客户端可以将 RPC 操作编译成 XML 格式的报文，XML 遵循 YANG 模型约束进行客户端和服务器之间的通信。

虽然 YANG 起源于 NETCONF，但不仅用于 NETCONF。虽然目前统一了 YANG 建模语言，但是 YANG 文件没有统一，所以目前存在以下 3 类 YANG 文件：厂商私有 YANG 文件、IETF 标准 YANG 和 OpenConfig YANG。

YANG 数据建模的对象包括配置数据、状态数据、RPC 和 Notification，它可以对 NETCONF 客户端和服务器之间发送的所有数据进行一个完整的描述。YANG 模型最终是以.yang 为后缀的文件呈现的。**YANG 文件可以看成是一个仅带有字段（变量）的空表，**可以与任何对应类型的数据进行关联。目前华为官方针对不同管理和应用定义了许多 YANG 文件。

YANG 语言在网络管理过程中的基本工作流程如下：

① 在 NETCONF 客户端（如网络管理平台、SDN 控制器）加载 YANG 文件。

② YANG 文件将数据转换为 XML 格式的 NETCONF 消息并将其发送到被管理设备上。

不同类型的数据有不同结构的 YANG 文件（可以包括特定的操作），就像不同用途的表格有不同的表格格式，包括不同的字段一样。图 13-13 左边是一个 YANG 文件，其中包括一些可变字段，中间部分是与 YANG 文件字段对应的数据。通过 YANG 语言对所读取的数据进行格式转换，最终成为了 XML 的 NETCONF 消息。

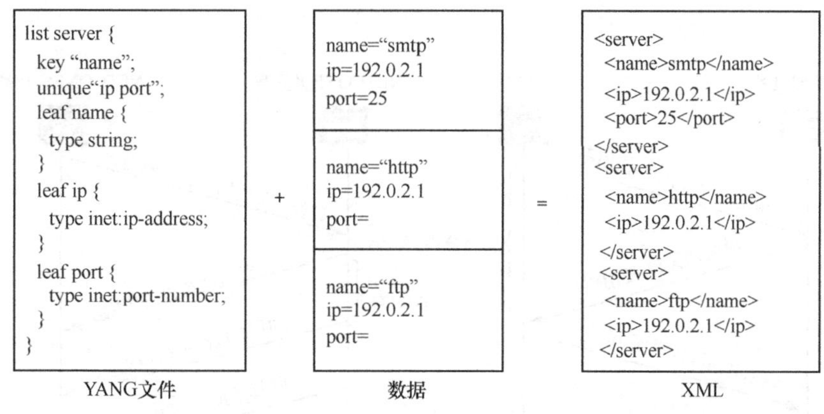

图 13-13　在 NETCONF 客户端通过 YANG 文件将数据转换为 XML 消息的示例

③ 在 NETCONF 服务器加载与在 NMS 上使用的相同 YANG 文件。然后再通过 YANG 文件将接收到的 XML 格式的 NETCONF 消息反向转换为对应的数据，并做后续处理，如图 13-14 所示。从中可以看出它在服务器端执行的是与客户端（NMS）相逆的过程。如果把图 13-13 看成是“编码”过程的话，图 13-14 的过程就是“解码”过程了。

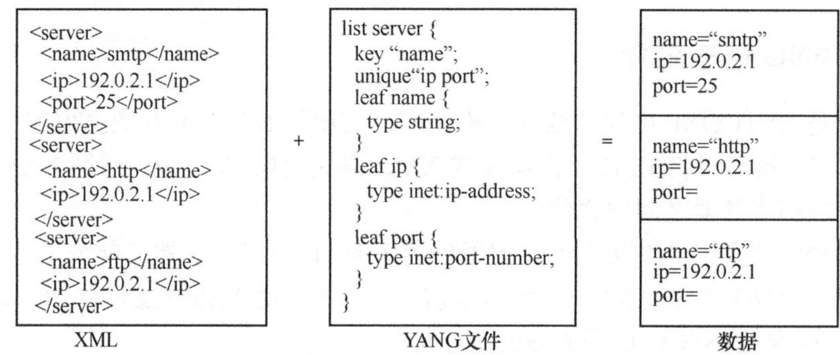

图 13-14 在 NETCONF 服务端通过 YANG 文件将 XML 消息转换为数据的示例

13.3.6 Telemetry 技术简介

Telemetry 也称为 Network Telemetry,即网络遥测技术，是一项以远程方式从物理设备或虚拟设备上高速采集数据的技术，可以作为 NETCONF 协议的补充技术，用于弥补传统 SNMP 数据采集效率低的不足。

采用 Telemetry 技术后，设备会通过推模式（Push Mode）周期性地主动向采集器上送设备的接口流量统计、CPU 或内存数据等信息。相对传统拉模式（Pull Mode）的一问一答式交互，Telemetry 技术提供了更实时、更高速的数据采集功能。另外，Telemetry 可将上送数据打包一起发送，进一步提高了传输效率。

图 13-15 是 Telemetry 与 SNMP 在数据采集效率方面的对比示意，很明显可以看出，Telemetry 的数据采集效率要远高于 SNMP 的数据采集效率。业界也有一种看法，将 SNMP 认为是传统的 Telemetry 技术，把当前 Telemetry 叫作 Streaming Telemetry 或 Model-Driven Telemetry。

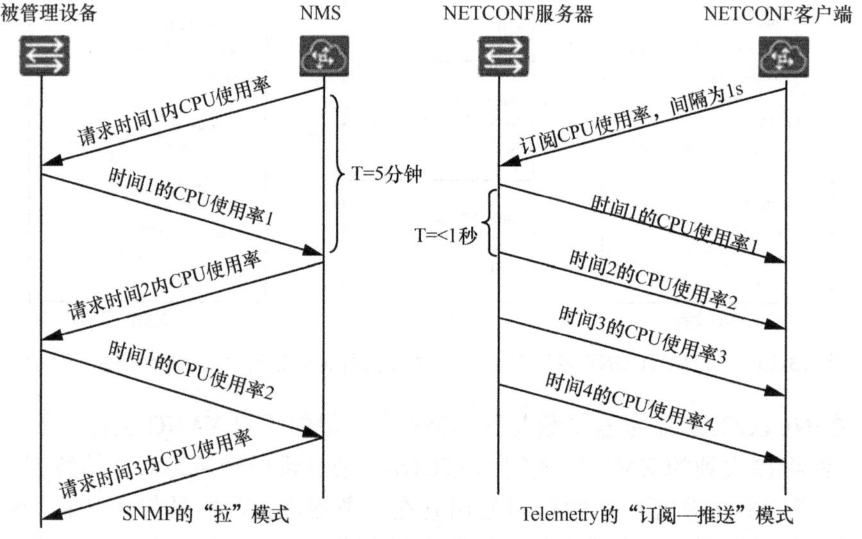

图 13-15 SNMP 的"拉"模式与 Telemetry 的"订阅—推送"模式效率对比示意

表 13-8 列出了 Telemetry 与传统网络监控方式的比较。SNMP Trap 和 SYSLOG（系

统日志）虽然是推模式的，但是其推送的数据范围有限，仅是告警或者事件，对于类似接口流量等的监控数据不能采集上送。

表 13-8　Telemetry 与传统网络监控方式的对比

对比项	Telemetry	SNMP Get	SNMP Trap	CLI	SYSLOG
工作模式	推模式	拉模式	推模式	拉模式	推模式
精度	亚秒级	分钟级	秒级	分钟级	秒级
是否结构化	YANG 模型定义结构	MIB 定义结构	MIB 定义结构	非结构化	非结构化

第 14 章 广域网技术

本章主要内容

14.1　广域网简介

14.2　串行链路的数据传输方式

14.3　PPP 基础及工作原理

14.4　PPP 配置与管理

14.5　PPPoE 的基础及配置

14.6　MPLS 基础

14.7　SR 基础

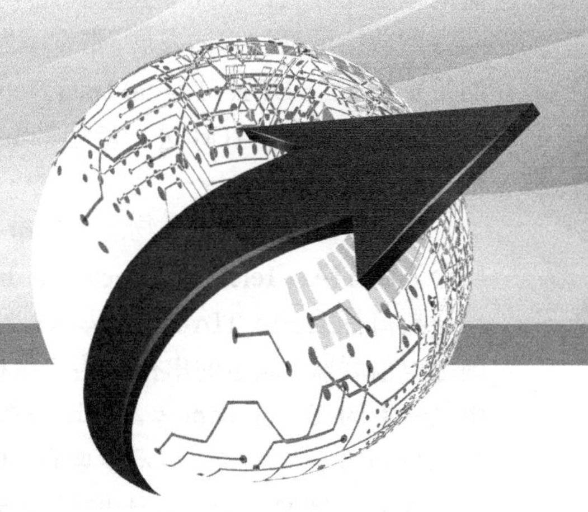

互联网是最大的广域网，本章专门介绍一些广域网的基础技术。

相比于一个组织内部的局域网，广域网所连接的网络分布很广，且距离很远，不便于连接，通常不能直接采用局域网中的以太网技术，而是采用 PPP 和 PPPoE 技术进行拨号连接，或者远程光纤连接。

PPP 和 PPPoE 是广域网接入技术中两种应用最广泛的技术，特别是在中小型企业拨号广域网连接中。其中 PPP 是最基础的技术，许多其他广域网接入技术都是基于PPP应用的发展而开发的，本章介绍的PPPoE就是在以太网链路上运行PPP的技术，如 Modem 拨号、ISDN（Integrated Services Digital Networ，综合业务数字网）拨号、SDH（Synchronous Digital Hierarchy，同步数字体系）、POS[Packet Over SONET/SDH，基于 SONET（Synchronous Optical Network，同步光纤网络）/SDH 的 IP 分组]、L2TP，另外，3G、LTE 移动通信都要用到 PPP 技术。

本章主要向大家介绍 PPP 和 PPPoE 技术，包括 PPP 链路建立、地址协商和认证工作原理，PPPoE 会话建立原理，PPP 接口和认证，PPPoE 客户端和服务器的配置与管理方法。

14.1 广域网简介

广域网其实是一个个局域网通过专用的远程网络连接技术，相互连接而成的。用于远程局域网连接的那部分网络称为“骨干网”，由 Internet 服务提供商（ISP）构建。骨干网可以把位于不同城市、地区，甚至不同国家的局域网连接起来。所以广域网通常覆盖的范围比较大，从几十公里到几千公里，甚至是全球，如 Internet 是最大的广域网。

随着广域网技术的发展，带宽不断升级，早期出现的 X.25 分组网络只能提供 64kbit/s 的带宽，之后，DDN（Digital Data Network，数字数据网）和 FR 提供的带宽到了 2Mbit/s，再后来的 SDH 和 ATM 进一步把带宽提升到 10Gbit/s，今天的以 IP 为基础的广域网络的带宽速率则更高。

初期，广域网常用的物理层标准有 EIA（Electronic Industries Association，电子工业协会）和 TIA（Telecommunications Industry Association，电信工业协会）制定的公共物理层接口标准 EIA/TIA-232（即 RS-232）、ITU（International Telecommunicaiton Union，国际电信联盟）制定的串行线路接口标准 V.24 和 V.35，以及有关各种数字接口的物理和电气特性的 G.703 标准等。广域网常见的数据链路层标准有：HDLC、PPP、FR、ATM 等。早期的广域网接入技术主要有 SDH、SONET 和 PPPoE 等。

因为广域网是通过骨干网远程连接不同局域网的，所以根据设备所处的位置，我们把广域网连接的设备划分为 3 种角色：CE（Cusomer Edge，用户边缘设备）、PE（Provider Edge，服务提供商边缘设备）和 P（Provider，服务提供商设备）。其中 CE 是用户端连接 ISP 骨干网络的边缘设备，可以连接一个或多个 PE；PE 是 ISP 骨干网的边缘设备，一端与用户端的 CE 连接，另一端与骨干网的 P 连接；P 是 ISP 骨干网内部的设备，仅与 PE 设备或其他 P 设备连接。图 14-1 是广域网中 3 种设备角色所处位置的基本示意。

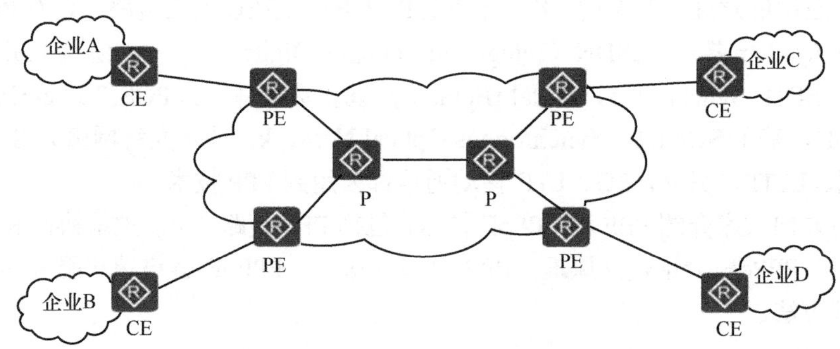

图 14-1　广域网中的 3 种设备角色

早期的广域网技术主要是针对不同的物理链路类型，对上述各种角色设备在体系结构中的数据链路层进行不同的协议封装。在 CE 与 PE 之间常用的协议包括 PPP、HDLC 和 FR，用于解决用户接入广域网的长距离传输问题。而 ISP 内部的骨干网通常采用 ATM 技术，解决骨干网高速转发的问题。

现在有许多新的广域网技术，如 E1、T1、E3、T3、SDH、MSTP、MPLS、SR 等。

广域网与局域网的区别主要体现在以下几个方面：

① 局域网带宽速率高但是传输距离短，无法满足广域网长距离传输的需求；

② 局域网属于某一个单位或者组织，广域网一般由 ISP 提供，为广大用户服务；

③ 广域网与局域网一般仅在物理层和数据链路层采用不同的协议或技术，其他层次基本没有差异；

④ 银行、政府、军队、大型公司的专用网络也属于广域网，且与 Internet 实现物理隔离；

⑤ Internet 只是广域网的一种，小企业借用 Internet 作为广域网连接。

14.2　串行链路的数据传输方式

PPP 和 PPPoE 技术对应的是串行链路技术，因此本小节先介绍一下串行链路的两种数据传输方式。

广域网主要采用串行链路连接，所采用的数据传输方式一般不是并行传输方式而是串行传输方式。在并行传输方式中，同一个数据流中的不同数据单元（如字节或帧）在多条数据线上同时传输，传输效率比较高，且容易实现数据单元同步；在串行传输方式中，同一个数据流的各个单元在同一条数据线上传输。正因如此，串行传输方式要解决的一个主要问题是数据单元同步，即发送端一位一位地把数据通过传输介质发往接收端，接收端必须能识别出一个个数据单元的起始和结束部分。只有这样，接收端才能从传输线路上将收到的比特流正确组装、还原出原来的数据单元。

串行传输方式中的数据单元同步技术有同步传输和异步传输两种模式。本章后面将要着重介绍的 PPP 既支持同步传输，又支持异步传输。

1. 同步传输

“同步传输”中的“同步”是指通信双方在传输过程中时钟是同步的，同步的依据就是双方有相同的时钟参考，能同时开始数据的发送和接收。通常这个时钟参考由同步时钟芯线或同一个时钟源提供，比如，由 DCE（Data Communication Equipment，数据通信设备）为 DCE 和 DTE（Data Terminal Equipment，数据终端设备）之间通信提供时钟信号。

同步传输是以数据块为传输单位（**通常是以“帧”为单位**），以相同的时钟参考进行传输的数据传输模式，因此也称为“区块传输”。为了能实现接收端与发送端数据单元同步，同步传输模式中的数据块在开始和结尾部分都加上了一个用于数据块同步的特殊字符、特定的字节或特定的帧，分别对应“面向字符”“面向比特”和“面向字节”这 3 种同步方式。

仅支持同步传输模式的协议代表有 SDH、STM（Synchronous Transfer Module，同步传输模块）和 HDLC 等。

与“异步传输”方式比较，同步传输模式在技术上实现较为复杂，但因为同步传输模式是基于以帧为单位（一帧最高可达数千比特）进行同步、加装额外开销的，不需要对每个字符加装单独的“起始”和“停止”比特，因此传输效率高，常用于较高速的数据传输。

2. 异步传输

“异步传输”中的“异步”是指通信双方没有相同的时钟参考（也就是发送端和接收端不需要同时开始工作）。异步传输是以字符为单位（**通常是一个字节**，如 ASCⅡ编码方式）进行数据传输的。在发送的每一个字符代码的前面均加上一个 Start（起始位）信号（1 比特的“0”），用于标记一个字符的开始；在一个字符代码的最后加上一个 Stop（停止位）信号（1 比特的“1”），用于标记一个字符的结束。

在异步传输模式中，以字节为编码单位的字符在传输时的数据结构如图 14-2 所示。图 14-3 是一个异步传输模式的数据传输示例，假设所传输的一个字节的字符二进制代码为“11111011”，经过加装“起始位”和“停止位”后变为 **1**11111011**0**。

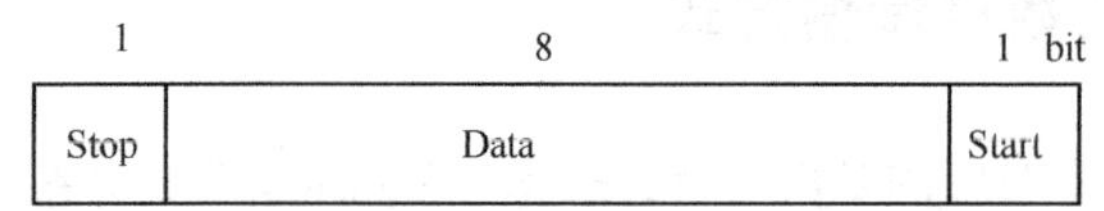

图 14-2 以字节为单位的异步传输模式的数据传输格式

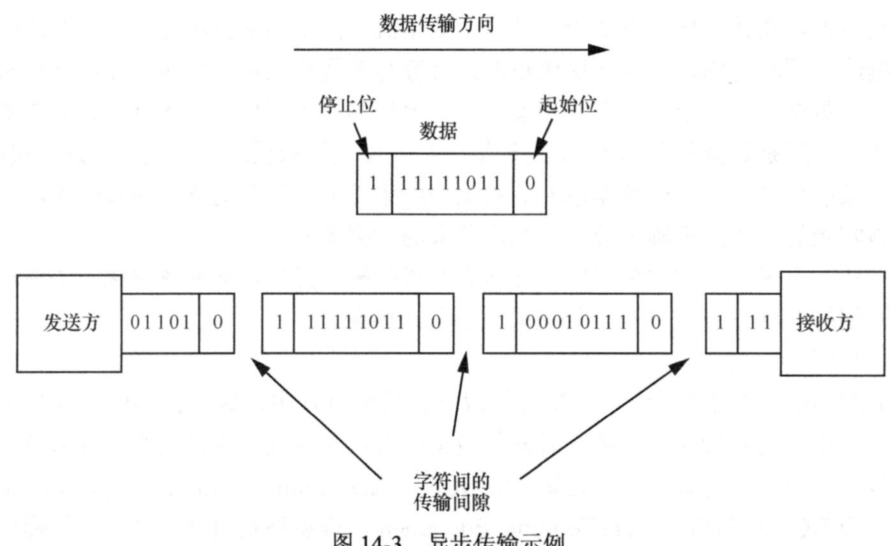

图 14-3 异步传输示例

仅支持异步传输的典型代表就是 ATM 技术。通过 FTP 以 ASCII 方式进行的数据传输也是异步传输模式。

14.3 PPP 基础及工作原理

PPP 是一种典型的串行链路协议，主要用在全双工的同/异步链路上进行点到点的数据传输。华为 AR G3 系列路由器中的 Serial 接口链路默认运行的协议就是 PPP。

14.3.1　PPP 组件

PPP 是在 SLIP（Serial Line Internet Protocol，串行线路因特网协议）的基础上发展起来的。SLIP 由于存在仅支持异步传输方式、无协商过程，且只支持 IP 这一种网络层协议等缺陷，因此在发展过程中逐步被 PPP 替代。相比之下，PPP 具有以下明显的优势：

① 同时支持同步和异步传输方式。

② 支持多种网络层协议，除 IP 外，还支持 IPX（Internet Packet Exchange Protocol，因特网包交换协议）、Appletalk 等网络层协议。

③ 支持链路层和网络层参数协商，特别是 IP 地址协商。

④ 具有很好的扩展性，例如，当需要在以太网链路上承载 PPP 时，可以扩展为 PPPoE，当在 ATM 链路上承载 PPP 时，可以扩展为 PPPoA。

⑤ 网络开销小（帧头小），速度快，但无重传机制。

PPP 包含以下 3 类子协议，用于实现不同功能模块。

① LCP（Link Control Protocol，链路控制协议）：主要用来建立、拆除和监控 PPP 数据链路。LCP 可以自动检测链路环境，如检测是否存在环路；协商链路参数，如最大数据包长度、使用何种认证协议等。

② NCP（Network Control Protocol，网络层控制协议）：用于各网络层参数的协商，更好地支持多种网络层协议。PPP 定义了一组 NCP，每一个 NCP 对应了一种网络层协议，用于协商网络层地址等参数，例如，IPCP（Internet Protocol Control Protocol，网际协议控制协议）用于协商控制 IP，IPXCP 用于协商控制 IPX 协议等。

③ CHAP（Challenge-Handshake Authentication Protocol，质询握手认证协议）和 PAP（Password Authentication Protocol，密码认证协议）：用于网络安全方面的验证。

14.3.2　PPP 帧格式

PPP 帧格式如图 14-4 所示，与 HDLC 的帧格式是一样的，各字段的含义如下。

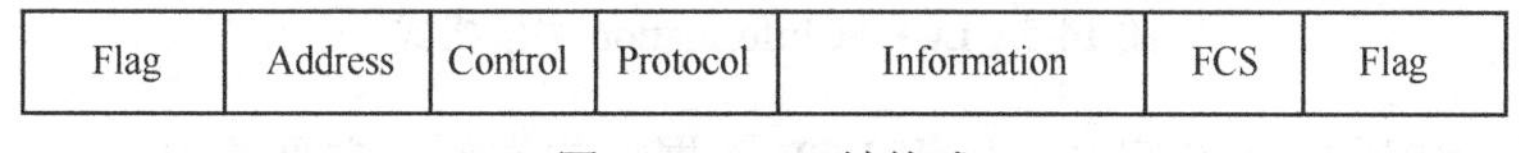

图 14-4　PPP 帧格式

① Flag（标志）：1 个字节，标识一个 PPP 帧的起始和结束，该字节固定值为 01111110，与 HDLC 帧的 Flag 字段的作用和取值一样。

② Address（地址）：1 个字节，目的端链路层地址，可以唯一标识对端。但因为 PPP 对应的是点对点链路，使用 PPP 的两个通信设备在连接时无须知道对方的链路层地址，所以将该字节填充为全 1 的广播地址。对于 PPP 来说，该字段无实际意义。

③ Control（控制）：1 个字节，默认值为 0x03，表明是无序号帧，因为 PPP 默认没有采用序列号和确认进行应答，也没有重传机制来实现可靠传输。

④ Protocol（协议）：1 或 2 个字节，标识上层协议类型（**不一定是网络层协议**），可用来区分 PPP 数据帧中 Information 字段所承载的数据包类型。常见的协议类型代码（十六进制）见表 14-1。

表 14-1 PPP 帧可以承载的上层协议信息的类型及代码

协议代码	协议类型
0021	Internet Protocol，即 IPv4 协议
002b	Novell IPX，即 IPX
002d	Van Jacobson Compressed TCP/IP，压缩版的 TCP/IP
002f	Van Jacobson Uncompressed TCP/IP，非压缩版 TCP/IP
8021	Internet Protocol Control Protocol，即 IPCP
802b	Novell IPX Control Protocol，即 IPXCP
C021	Link Control Protocol，即 LCP
C023	Password Authentication Protocol，即 PAP
C223	Challenge Handshake Authentication Protocol，即 CHAP

⑤ Information（信息）：可变长，包括填充的内容，最大长度是 1500 个字节。Information 字段的最大长度称为 MRU（Maximum Receive Unit，最大接收单元），默认值为 1500 个字节，在实际应用当中可根据实际需要进行 MRU 的协商。

如果 Information 字段长度不足，可被填充，但不是必须的。如果填充则需通信双方的两端能辨认出填充信息和真正需要传送的信息，方可正常通信。

⑥ FCS（帧校验序列）：2 个字节，用于对 PPP 数据帧的完整性和正确性进行检测。

14.3.3 LCP 帧格式

在运行 PPP 的串行链路上，两端必须先建立 PPP 链路连接才能进行正常的数据通信。在链路建立阶段，PPP 通过 LCP 帧进行链路的建立和链路参数的协商。此时 LCP 帧作为 PPP 的净荷被封装在 PPP 帧的 Information 字段中，帧中的 Protocol 字段（参见图 14-4）的值固定为 0xC021，代表 LCP。LCP 帧 Information 字段格式如图 14-5 所示，各子字段的说明如下。

Code	Identifier	Length	Data

图 14-5 LCP 帧 Information 字段格式

① Code（代码）：1 个字节，标识 LCP 数据帧的类型，常见的 Code 字段值及其所代表的帧类型见表 14-2。

表 14-2 常见 Code 值及其代表的帧类型

Code 值	帧类型
0x01	Configure-Request （配置请求）
0x02	Configure-Ack （配置确认）
0x03	Configure-Nak （配置否认）
0x04	Configure-Reject （配置拒绝）
0x05	Terminate-Request （结束请求）
0x06	Terminate-Ack （结束确认）
0x07	Code-Reject （代码拒绝）
0x08	Protocol-Reject （协议拒绝）

续表

Code 值	帧类型
0x09	Echo-Request （回显请求）
0x0A	Echo-Reply （回显应答）
0x0B	Discard-Request （丢弃请求）
0x0C	Reserved （保留）

在链路建立阶段，如果本端接收到的 LCP 数据帧中的 Code 字段值无效，就会向对端发送一个 LCP 的代码拒绝帧（Code-Reject 帧）。

② Identifier（标识符）：1 个字节，相当于帧序列号（PPP 帧头没有序列号字段），用来匹配请求和响应帧，即响应帧的标识符必须与对应的请求帧中的标识符一致（通常是从 0x01 开始逐步加 1 的）。当 Identifier 字段值为非法时，该帧将被丢弃。

③ Length（长度）：2 个字节，标识 LCP 帧总长度，即图 14-5 中 4 个字段的总长度，但不包括 PPP 头部分。

④ Data（数据）：承载各种 TLV（Type/Length/Value，类型/长度/值）参数，用于协商配置选项，包含以下子字段。

- Type（类型）：1 个字节，协商选项类型，其中包括 MRU、认证协议、Magic-Number（魔术字）等。

MRU 参数使用接口配置的最大传输单元值来表示，其包括 PPP 信息字段和填充字段的总长度。

常用的 PPP 认证协议有 PAP 和 CHAP，**一条 PPP 链路的两端可以使用不同的认证协议认证对端**，但是被认证方必须支持认证方要求使用的认证协议，并正确配置用户名和密码等认证信息。

魔术字是一个随机产生的整数，用来检测链路环路和其他异常情况。魔术字的随机机制保证两端产生相同魔术字的可能性几乎为 0。当收到一个 Configure-Request 帧之后，其中包含的魔术字需要和本地产生的魔术字做比较，**如果不同，表示链路无环路**，使用 Confugure-Ack 帧确认，魔术字协商成功；否则认为链路有环路，发送 Confugure-Nak 帧否认。在后续发送的帧中，如果含有魔术字字段，则该字段设置为协商成功的魔术字。

- Length（长度）：1 个字节，协商选项长度，是指当前协商选项的总长度，包含其 Type、Length 和 Value 3 个子字段的总长度。
- Value（值）：可变长，包括具体协商选项的详细信息。

14.3.4　PPP 链路建立流程

运行 PPP 的串行链路在正式发送数据前，两端必须先建立 PPP 链路连接。整个 PPP 链路建立过程分为 5 个阶段，即 Dead（死亡）阶段、Establish（链路建立）阶段、Authenticate（身份认证）阶段、Network（网络控制协商）阶段和 Terminate（链路结束）阶段，其中主要涉及链路层参数协商、认证参数协商（可选）和网络层参数协商。只有前面的协商完成后，才能转入下一个阶段的协商。

PPP 链路的基本建立过程如图 14-6 所示，具体描述如下。

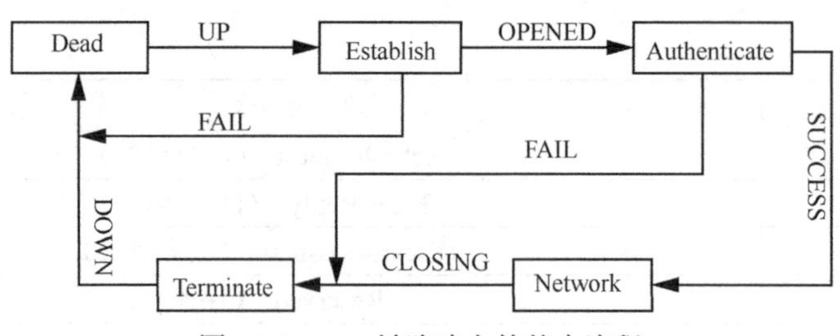

图 14-6 PPP 链路建立的基本流程

① Dead 阶段也称为物理层不可用阶段。通信的两端检测到物理线路被激活时，就会将其从 Dead 阶段迁移至 Establish 阶段，即链路建立阶段。

② 在 Establish 阶段，PPP 链路进行 LCP 参数协商。协商内容包括 MRU、认证方式、魔术字等选项。LCP 参数协商成功后会进入 Opened 状态，表示链路层参数协商已完成。

③ 如果链路两端设备配置了 PPP 认证功能，LCP 参数协商完成后，则进入 Authenticate 阶段。认证方式是在链路建立阶段双方进行协商的。如果在这个阶段再次收到了 Configure-Request 帧，则会返回到 Establish 阶段。

④ 在 Network 阶段，PPP 链路进行 NCP 协商，即通过 NCP 协商来选择和配置一个网络层协议并进行网络层参数协商，如 IP 地址协商。只有相应的网络层协议协商成功后，该网络层协议才可以通过这条 PPP 链路发送帧。如果 PPP 链路这个阶段收到了 Configure-Request 帧，也会返回到 Establish 阶段。

⑤ NCP 协商成功后，PPP 链路将保持通信状态。PPP 在运行过程中，可以随时中断连接。例如，物理链路断开、认证失败、超出定时器时间、管理员通过配置关闭连接等动作都可能导致链路进入 Terminate 阶段。

⑥ 在 Terminate 阶段，如果所有的资源都被释放，通信双方将回到 Dead 阶段，直到通信双方重新建立 PPP 连接。

14.3.5 LCP 链路层参数协商

链路层参数协商阶段，主要是协商通信双方 MRU、认证方式和魔术字等选项，协商成功后即进入 Opend 状态，表示底层链路已建立。

LCP 用于链路层参数协商，主要使用以下 4 种帧。

① Configure-Request（配置请求）：Code 字段值为 1，链路层协商过程中发送的第一个帧，该帧表明点对点双方开始进行链路层参数的协商。

② Configure-Ack（配置确认）：Code 字段值为 2，如果完全接受对端发来的 Configure-Request 帧中的参数取值，则以此帧响应。

③ Configure-Nak（配置否认）：Code 字段值为 3，如果对端发来的 Configure-Request 帧中的**参数取值**不被本端接受，则发送此帧并且携带本端可接受的对应参数取值。

④ Configure-Reject（配置拒绝）：Code 字段值为 4，如果本端**不能识别**对端发送的 Configure-Request 中的**某些参数**，则发送此帧并且携带本端不能识别的配置参数。

Configure-Ack、Configure-Nak 和 Configure-Reject 帧在不同链路参数协商时使用，Configure-Request 帧在不同协商中包含的参数也不一样。下面介绍以两个路由器通过

PPP 串行链路连接时的 LCP 链路参数协商流程。

如图 14-7 所示，当物理层链路变为可用状态之后，RTA 和 RTB 使用 LCP 协商链路参数。在此假设 RTA 首先发送一个 Configure-Request 帧，此帧中包含 RTA 上配置的链路层参数。RTB 收到 RTA 发来的配置请求帧后，会根据不同情形做出不同的响应。

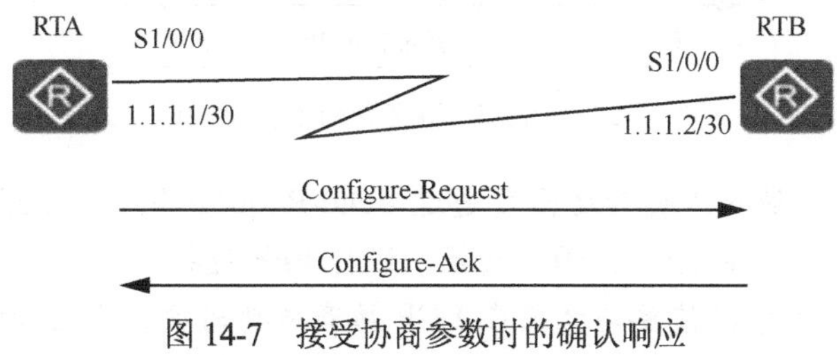

图 14-7 接受协商参数时的确认响应

① 如果 RTB 能识别并接受 RTA 发送的 Configure-Request 帧中的所有链路层参数，则向 RTA 回应一个 Configure-Ack 帧，如图 14-7 所示。

【说明】 RTA 在没有收到 Configure-Ack 帧的情况下，会每隔 3s 重传一次 Configure-Request 帧，如果连续 10 次发送 Configure-Request 帧仍然没有收到配置响应帧，则认为对端不可用，停止发送 Configure-Request 帧。

另外，完成上述过程只是表明 RTB 认为 RTA 上的链路参数配置是可接受的。RTB 也需要向 RTA 发送 Configure-Request 帧，使 RTA 检测 RTB 上的链路参数是否为可接受。

② 如果 RTB 能识别 RTA 发送的 Configure-Request 帧中携带的所有链路层参数，但是认为部分或全部参数的**取值**不能接受，即参数的取值协商不成功，则 RTB 需要向 RTA 回应一个 Configure-Nak 帧。

Configure-Nak 帧中，**只包含不能接受的链路层参数**，并且此帧所包含的链路层参数均被修改为 RTB 上可以接受的取值（或取值范围）。RTA 在收到 Configure-Nak 帧之后，根据此帧中的链路层参数重新选择本地配置的其他参数，并重新发送一个 Configure-Request 帧，如图 14-8 所示。

③ 如果 RTB 不能识别 RTA 发送的 Configure-Request 帧中携带的部分或全部链路层**参数**，则 RTB 需要向 RTA 回应一个 Configure-Reject 帧。

Configure-Reject 帧中，**只包含不能被识别的链路层参数**。RTA 在收到 Configure-Reject 帧之后，需要向 RTB 重新发送一个 Configure-Request 帧，新的 Configure-Request 帧中，删除了对端（RTB）不可识别的参数，如图 14-9 所示。

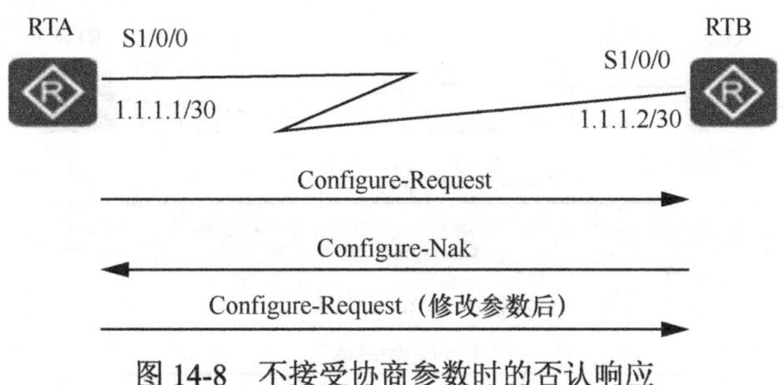

图 14-8 不接受协商参数时的否认响应

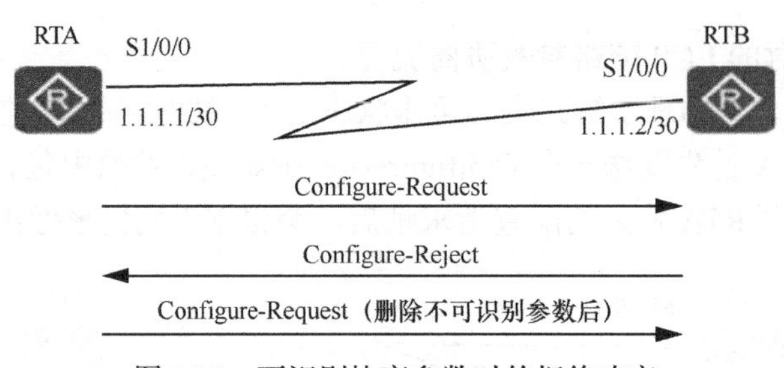

图 14-9　不识别协商参数时的拒绝响应

【说明】PPP 链路协商成功后还需要通过 Echo-Request 报文（Code 字段值为 9）和 Echo-Reply 报文（Code 字段值为 10）交互，进行 PPP 连接维护。此时，双方报文中所使用的 Magic-Number 字段值要与之前在 LCP 协商成功时彼此在 Configure_Ack 报文中使用的 Magic-Number 字段值一致。一端收到对端发来的 Echo-Request 报文后，会将报文中的 Magic-Number 字段值与本地存储的 Magic-Number 字段值进行比较，如果相同，则认为链路处于正常状态，并回应携带自己 Magic-Number 字段值的 Echo-Reply 报文。

14.3.6　PPP 链路 IP 地址协商

PPP 接口 IP 地址协商是在网络层参数协商阶段完成的。运行 PPP 的串行链路两端接口的 IP 地址可以协商，一方面，检查两端接口的 IP 地址是否有冲突，这是 IPCP 的静态 IP 地址协商功能；另一方面，一端的 IP 地址可以通过 IPCP 由对端进行动态协商分配，这是 IPCP 的动态地址协商功能。

IPCP 使用与 LCP 相同的协商机制、帧类型。

1. IPCP 静态 IP 地址协商

静态 IP 地址的协商过程其实就是一个 IP 地址合法性、地址冲突检查的过程，具体介绍如下。

① 每一端都要发送 Configure-Request 帧，在此帧中包含本地配置的 IP 地址。

② 收到对端发来的 Configure-Request 帧后，检查其中的 IP 地址，如果 IP 地址是一个合法的单播 IP 地址，且和本地配置的 IP 地址不同（没有 IP 冲突，**但不要求在同一 IP 网段**），则认为对端可以使用该地址，回应一个 Configure-Ack 帧。

图 14-10 显示了两端路由器配置的 IP 地址分别为 1.1.1.1/30 和 1.1.1.2/30 的静态 IP 地址协商过程。要注意的是，**PPP 链路两端的接口 IP 地址可以不在同一 IP 网段**，这一点与以太网接口的 IP 地址的配置要求是不一样的。

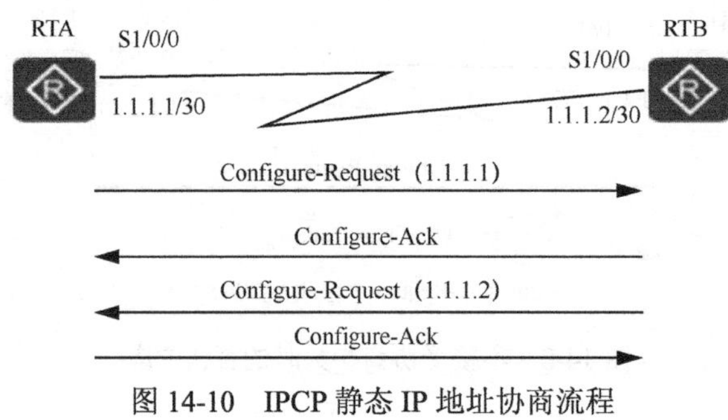

图 14-10　IPCP 静态 IP 地址协商流程

2. IPCP 动态 IP 地址协商

PPP 链路两端可以只配置一端接口的 IP 地址，另一端接口的 IP 地址可以通过 IPCP 由对端进行动态协商分配。未配置 IP 地址的一端称为 PPP 客户端，为对端进行 IP 地址分配的一端称为 PPP 服务器。

从图 14-11 中我们可知，RTA 的 S1/0/0 接口没有配置 IP 地址，为 PPP 客户端，RTB 的 S1/0/0 接口配置了 IP 地址 1.1.1.2/30，为 PPP 服务器。

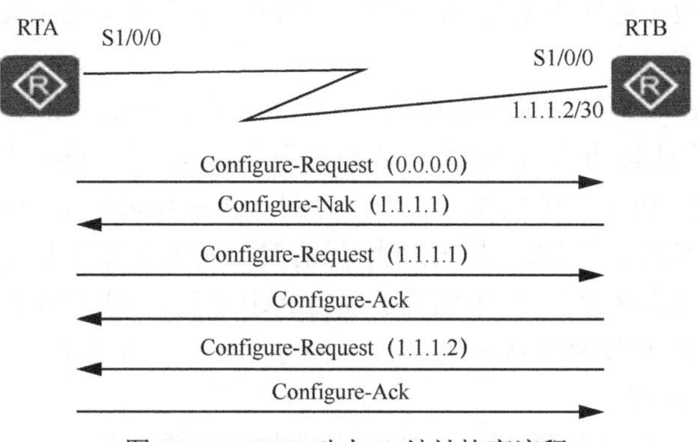

图 14-11　IPCP 动态 IP 地址协商流程

① RTA（PPP 客户端）向 RTB（PPP 服务器）发送一个 Configure-Request 帧，此帧中会包含一个 IP 地址 0.0.0.0（未配置 IP 地址），表示向对端请求 IP 地址。

② RTB 收到上述 Configure-Request 帧后，认为其中包含的地址（0.0.0.0）不合法，于是使用 Configure-Nak 回应一个为对端分配的新 IP 地址 1.1.1.1（这个 IP 地址可以在 PPP 服务器上静态指定，也可以通过 PPP 服务器配置的 IP 地址池分配）。

③ RTA 收到此 Configure-Nak 帧后，更新本地 IP 地址，并重新发送一个 Configure-Request 帧，其中包含新的 IP 地址 1.1.1.1。

④ RTB 收到 Configure-Request 帧后，认为其中包含的 IP 地址为合法地址，回应一个 Configure-Ack 帧。

同时，RTB 也要向 RTA 发送 Configure-Request 帧，请求使用地址 1.1.1.2，RTA 认为此地址合法，回应 Configure-Ack 帧，这属于 IPCP 静态 IP 地址协商。

14.3.7　PPP 认证原理

PPP 支持 PAP 和 CHAP 两种邻居认证方式，**这是可选的**，即可以不配置认证功能。但如果配置了认证功能，仅在通过认证后，串行链路两端的接口才能建立 PPP 链路。

1. PAP 认证原理

如果配置了 PAP 认证，在完成 LCP 协商后，认证方就会要求被认证方使用 PAP 进行认证。PAP 认证的工作原理较为简单，使用**两次握手**过程，密码以明文方式在链路上发送。如图 14-12 所示为一个单向 PAP 认证过程，RTA 是被认证方，RTB 是认证方，具体认证过程说明如下。双向 PAP 认证是认证方和被认证方的角色互换，在配置时要在两端同时进行认证方和被认证方的配置。

图 14-12 PAP 认证过程

① **被认证方 RTA 主动**将配置的用户名和密码信息使用 Authenticate-Request 帧以明文方式发送给认证方。

② 认证方 RTB 收到被认证方发送的用户名和密码信息后，根据本地配置的用户名和密码信息检查被认证方发来的用户名和密码信息是否正确，如果正确，则返回 Authenticate-Ack 帧，表示认证成功。否则，返回 Authenticate-Nak 帧，表示认证失败。

这就是一个完整的单向 PAP 认证过程，只需要两次报文交互即可得出最终的认证结果，因此被称为“两次握手”。如果配置了双向 PAP 认证，则 RTB 作为被认证方，RTA 作为认证方实施对 RTB 发来的认证用户名和密码的验证，这也是一个两次握手过程。

2. CHAP 认证原理

相比 PAP 认证的两次握手过程，CHAP 认证的原理要复杂一些，认证过程需要三次握手。为了匹配请求帧和响应帧，LCP 帧中含有 Identifier 字段，一次认证过程所使用的帧均使用相同的 Identifier 信息。图 14-13 所示为一个单向 CHAP 认证过程，RTA 是被认证方，RTB 是认证方，具体认证过程说明如下。

① LCP 协商完成后，**认证方 RTB 主动**向被认证方 RTA 发送一个 Challenge 帧，帧中含有 Identifier 信息和一个随机产生的 Challenge 字符串，此 Identifier 也为后续认证帧所使用的 Identifier。

② 被认证方 RTA 收到此 Challenge 帧后，首先接收端口上配置的用于 CHAP 认证的用户密码。然后进行一次加密运算，运算公式为 MD5{ Identifier＋用户密码＋Challenge 字符串 }，即将 Identifier、用户密码和 Challenge 三部分连成一个字符串，并对此字符串做 MD5 运算，得到一个 16 个字节长的摘要信息，然后将此摘要信息和接收端口上配置的 CHAP 用户名一起封装在 Response 帧中发回认证方。

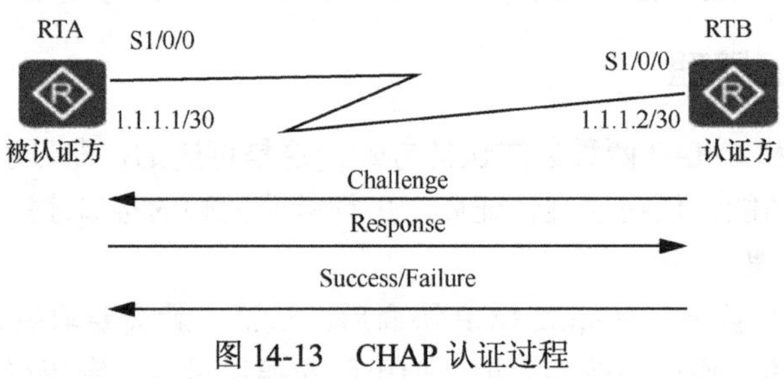

图 14-13 CHAP 认证过程

③ 认证方 RTB 接收到被认证方发送的 Response 帧后，按照其中的用户名在本地用户数据库中查找相应的密码信息，然后再与原来发送的质询帧一起进行加密运算。运算方式和被认证方的加密运算方式相同，最后将加密运算得到的摘要信息和从被认证方发来的 Response 帧中封装的摘要信息进行比较，相同则认证成功，不相同

则认证失败。因为两端进行 MD5 加密运算的素材是一样的，都包括相同的质询帧（包括 Challenge 字符串和 Identifier）和同一用户密码，所以正常情况下两次加密运算的结果是相同的。

以上为单向 CHAP 认证的三次握手过程。被认证方的密码被加密在摘要消息中传输，而不是直接明文传输（但用户名是明文传输），极大地提高了安全性。

14.4　PPP 配置与管理

PPP 接口的配置比较简单，最基本的只需为两端接口配置 IP 地址就可以了。但在广域网中，有时 PPP 接口不能直接配置 IP 地址，而采用 IPCP 动态地址协商方式，如一些按需拨号方式，客户端的 IP 地址都是由服务器（如 ISP 设备）动态分配的。

14.4.1　接口 PPP 和 IP 地址配置

华为路由器的串行接口默认运行的是 PPP，所以如果网络管理人员没有修改该接口的链路层协议类型，则可直接配置接口 IP 地址，否则网络管理人员先要通过 **link-protocol ppp** 命令配置接口运行 PPP，然后再用命令配置接口 IP 地址。

串行接口 IP 地址有两种方式可以获得，一是直接通过 **ip address** *ip-address* { *mask* | *mask-length* } [**sub**]命令静态配置，或者通过 **ip address unnumbered interface** *interface-type interface-number* 命令借用其他接口的 IP 地址；另一种方式是采用 IPCP 协商方式获得，由服务器（配置了 IP 地址的一端）为客户端（没有配置 IP 地址的一端）分配 IP 地址。

采用 IPCP 协商方式获取 IP 地址时，要分别在链路两端配置。

① 若从服务器协商分配 IP 地址的 PPP 客户端的对应 PPP 接口视图下执行 **ip address ppp-negotiate** 命令配置接口的 IP 地址可协商属性。

② 在 PPP 服务器上配置为客户端 PPP 接口分配 IP 地址，有两种方式：一种直接在本地 PPP 接口视图下通过执行 **remote address** *ip-address* 命令为客户端 PPP 接口分配一个固定的 IP 地址；另一种是通过 IP 地址池为客户端 PPP 接口动态分配 IP 地址。这两种分配方式的具体配置步骤见表 14-3。

表 14-3　IPCP 地址协商时服务器的配置步骤

步骤	命令	说明
1	**system-view** 例如：< Huawei > **system-view**	进入系统视图
2	**interface** *interface-type interface-number* 例如：[Huawei] **interface serial** 1/0/0	键入 PPP 接口，进入接口视图
3	**link-protocol ppp** 例如：[Huawei-Serial1/0/0] **link-protocol ppp**	配置接口封装的链路层协议为 PPP。 默认情况下，除以太网接口外，其他接口封装的链路层协议均为 PPP

续表

步骤	命令	说明
4	**ip address** *ip-address* { *mask* | *mask-length* } 例如：[Huawei-Serial1/0/0] **ip address** 192.168.1.1 24	配置以上 PPP 接口的 IP 地址
5	**remote address** *ip-address* 例如：[Huawei-Serial1/0/0] **remote address** 192.168.1.2 24	（二选一）配置直接为 PPP 客户端分配 IP 地址。参数 *ip-address* 用来指定为对端分配 IP 地址，可与本端接口 IP 地址不在同一 IP 网段。 默认情况下，本端不为对端分配 IP 地址，可用 **undo remote address** 命令恢复默认值
	remote address pool *pool-name* 例如：[Huawei-Serial1/0/0] **remote address pool** global1	（二选一）配置采用全局 IP 地址池为 PPP 客户端分配 IP 地址。参数 *pool-name* 用来指定为对端分配 IP 地址的 IP 地址池名称，将指定地址池中的一个 IP 地址分配给对端，1～64 个字符，不支持空格，区分大小写。 默认情况下，本端不为对端分配 IP 地址，可用 **undo remote address** 命令恢复默认值
6	**quit** 例如：[Huawei-Serial1/0/0] **quit**	退出接口视图，返回系统视图
7	**ip pool** *ip-pool-name* 例如：[Huawei] **ip pool** global1	（可选）创建全局地址池，**仅当在第 5 步中采用了全局 IP 地址池为 PPP 客户端分配 IP 地址时才需要配置。**参数 *ip-pool-name* 用来指定地址池名称，1～64 个字符，不支持空格，区分大小写。 默认情况下，没有创建全局地址池，可用 **undo ip pool** *ip-pool-name* 命令删除指定的全局地址池
8	**network** *ip-address* [**mask** { *mask* | *mask-length* }] 例如：[Huawei-ip-pool-global1] **network** 192.1.1.0 **mask** 24	（可选）配置全局 IP 地址池下可分配的网段地址，**仅当在第 5 步中采用了全局 IP 地址池为 PPP 客户端分配 IP 地址时才需要配置**。命令中的参数说明如下。 • *ip-address*：指定全局地址池中的 IP 地址段，是一个网络地址，**不是一个主机 IP 地址**。 • **mask** { *mask* | *mask-length* }：可选参数，指定以上 IP 地址段所对应的子网掩码（选择 *mask* 参数时）或子网掩码长度（选择 *mask-length* 参数时），**掩码长度不能为 0、1、31 和 32**。 默认情况下，系统未配置全局地址池下动态分配的 IP 地址范围，可用 **undo network** 命令恢复网段地址为默认值
9	**gateway-list** *ip-address*&<1-8> 例如： [Huawei-ip-pool-global1]**gateway-list** 10.1.1.1	（可选）地址池的出口网关地址最多可配置 8 个。**仅当在第 5 步中采用了全局 IP 地址池为对 PPP 客户端分配 IP 地址时才需要配置**。 默认情况下，未配置出口网关地址，可用 **undo gateway-list** { *ip-address* | **all** }命令删除已配置的出口网关地址

14.4.2 PAP 认证配置

PPP 支持 PAP 和 CHAP 两种接口认证方式，但都是可选的。PAP 认证分为 PAP 单向认证和 PAP 双向认证：PAP 单向认证是指一端作为认证方，另一端作为被认证方进行认证；双向认证是单向认证的简单叠加，两端即可作为认证方又可作为被认证方进行认证。在配置 PPP 的 PAP 认证之前，我们需完成 14.4.1 节介绍的 PPP 和接口 IP 地址配置。

表 14-4 所示为 PAP 单向认证配置步骤，其必须在对应的 PPP 接口视图下配置。如果进行 PAP 双向认证，两端设备就要同时配置表中的认证方和被认证方，**不同方向的认证所采用的认证账户信息可以一样，也可以不一样。**

表 14-4　PAP 单向认证配置步骤

步骤	命令	说明
1	**system-view** 例如：< Huawei >**system-view**	进入系统视图
2	**interface** *interface-type interface-number* 例如：[Huawei] **interface serial**1/0/0	键入要配置 PAP 认证的 PPP 接口，进入串行接口视图
认证方配置		
3	**ppp authentication-mode pap** [[**call-in**] **domain** *domain-name*] 例如：[Huawei-Serial1/0/0] **ppp authentication-mode pap domain** lycb	配置本端设备对对端设备采用 PAP 认证方式。命令中的参数和选项说明如下。 • **call-in**：可选项，指定只在远端用户呼入时才认证对方，**即仅进行 PPP 服务器对 PPP 客户端的单向认证，PPP 客户端无须对 PPP 服务器进行认证**。如果不选择此可选项，则表示要进行双向认证，PPP 服务器也需要主动向 PPP 客户端发送认证请求。 • **domain** *domain-name*：可选参数，指定用户认证采用的域名，1～64 个字符，**不支持空格，区分大小写，且不能使用"*""?""""等**。所指定的域必须已通过 **domain** *domain-name* [**domain-index** *domain-index*]命令创建。 **【说明】**如果不指定域，则以 PPP 客户端发送的用户名中带的域认证用户；如果 PPP 客户端发送的用户名中也不包含域，则使用默认域 default 认证用户。 默认情况下，PPP 协议不进行认证，可用 **undo ppp authentication-mode** 命令恢复为默认情况
4	**quit** 例如：[Huawei-Serial1/0/0] **quit**	退出接口视图，返回系统视图
5	**aaa** 例如：[Huawei] **aaa**	进入 AAA 视图
6	**local-user** *user-name* **password** 例如：[Huawei-aaa] **local-user** winda **password**	创建本地用户的用户名和密码。参数 *user-name* 用来指定用于认证的本地用户名字符串形式，不区分大小写，长度范围为 1～64，不支持空格、星号、双引号和问号。 **密码采取交互方式配置**，字符串形式，区分大小写，长度范围为 8～128。为了防止密码过于简单导致的安全隐患，用户输入的密码**必须包括大写字母、小写字母、数字和特殊字符中的至少两种，且不能与用户名或用户名的倒写相同**。如果创建本地用户时没有配置密码，则密码为空，本地用户将无法登录设备

续表

步骤	命令	说明
7	**local-user** *user-name* **service-type ppp** 例如：[Huawei-aaa] **local-user** winda **service-type ppp**	配置参数 *user-name* 指定的本地用户（**要与上一步配置的用户名一致**）使用的服务类型为 PPP。 默认情况下，本地用户**关闭**所有的接入类型，可用 **undo local-user** *user-name* **service-type** 命令将指定的本地用户的接入类型恢复为默认配置
被认证方配置		
3	**ppp pap local-user** *username* **password** { **cipher** | **simple** } *password* 例如：[Huawei-Serial1/0/0] **ppp pap local-user** winda **cipher** huawei	配置本地进行 PAP 认证时发送的 PAP 认证用户名和密码。命令中的参数和选项说明如下。 • *username*：指定发送的 PAP 认证用户名，1～64 个字符，**不支持空格，区分大小写，要与认证方用户数据库中保存的一个本地用户名一致。** • **cipher**：二选一选项，指定密码为密文显示。 • **simple**：二选一选项，指定密码为明文显示。 • *password*：指定 PAP 认证用户的密码，**支持空格，区分大小写**，如果选择 **simple** 选项，则必须是 1～32 个字符的明文密码；如果选择 **cipher** 选项，则既可以是 24～68 个字符的密文密码，也可以是 1～32 个字符的明文密码，**但要与认证方配置的对应本地用户名的密码一致**

认证方或被认证方完成上述 PAP 认证配置后，必须在对应的接口视图下依次执行 **shutdown** 和 **undo shutdown** 重启接口，PAP 认证才能生效。

14.4.3 PAP 单向认证配置示例

本示例的基本网络结构如图 14-14 所示，RTA 的 Serial1/0/0 和 RTB 的 Serial1/0/0 相连。用户希望 RTA 对 RTB 进行 PAP 认证，而 RTB 不需要对 RTA 进行认证。

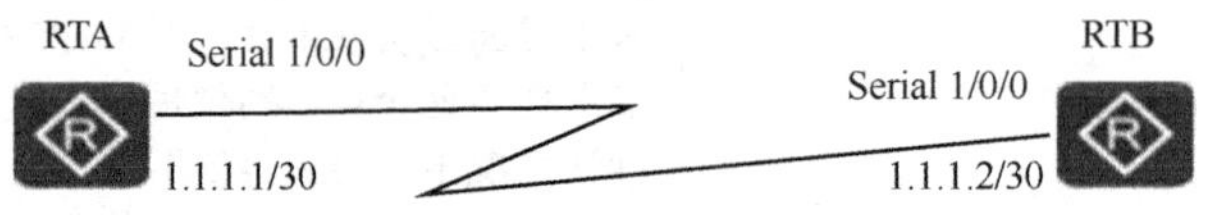

图 14-14 PAP 单向认证配置示例的拓扑结构

图 14-14 中，RTA 作为认证方，RTB 作为被认证方。在此仅以 AAA 本地认证方案（用户名为 winda@system）为例进行介绍，具体的配置步骤如下。

1. 认证方 RTA 上的配置

认证方涉及的配置包括 Serial 接口 IP 地址，PAP 认证方式、ISP 域（本示例采用默认的 system 域，可不用配置）、AAA 本地认证方案（这是默认 AAA 认证方案，可不配置），并创建用于对被认证方进行验证的本地用户账户（指定其支持 PPP 服务）。

① 配置接口 Serial1/0/0 的 IP 地址及封装的链路层协议为 PPP。本示例中明确指定了双方接口的 IP 地址，因此可直接为双方配置 IP 地址，不采用 IP 地址协商方式。

```
<Huawei> system-view
[Huawei] sysname RTA
[RTA] interface serial 1/0/0
[RTA-Serial1/0/0] link-protocol ppp
```

```
[RTA-Serial1/0/0] ip address 1.1.1.1 30
```

② 配置 PPP 认证方式为 PAP、认证域采用默认的 system 域，可不配置。

```
[RTA-Serial1/0/0] ppp authentication-mode pap domain system
[RTA-Serial1/0/0] quit
```

③ 配置本地用户账户和域。因为要对被认证方进行认证，所示本地要创建用于认证的用户名和密码。此处仅以 AAA 本地认证方案为例进行介绍。

```
[RTA] aaa
[RTA-aaa] authentication-scheme system_a                  #---创建名为 system_a 的 AAA 认证方案
[RTA-aaa-authen-system_a] authentication-mode local       #---指定以上认证方案采用本地认证方式
[RTA-aaa-authen-system_a] quit
[RTA-aaa] domain system                                   #---进入默认的 system 域视图下
[RTA-aaa-domain-system] authentication-scheme system_a    #---指定 system 域采用 system_a 认证方案
[RTA-aaa-domain-system] quit
```

【说明】因为采用默认的 system 域，所以上述配置可不配置。但如果采用其他域的话，则必须配置。AAA 本地认证方式也可不配置，因为采用默认的 AAA 本地认证方式。

```
[RTA-aaa] local-user winda@system password #---创建本地用户账户 winda@systemm，并以交互方式配置其密码 huawei123
[RTA-aaa] local-user winda@system service-type ppp    #---指定 winda@systemm 为 PPP 用户
[RTA-aaa] quit
```

④ 重启接口，保证配置生效（**必须要执行**）。

```
[RTA] interface serial 1/0/0
[RTA-Serial1/0/0] shutdown
[RTA-Serial1/0/0] undo shutdown
```

2. 被认证方 RTB 上的配置

在单向认证中，被认证方式的配置比较简单，主要包括配置 Serial 接口 IP 地址、指定发送的 PAP 认证用户账户。

① 配置接口 Serial1/0/0 的 IP 地址及封装的链路层协议为 PPP。

```
<Huawei> system-view
[Huawei] sysname RTB
[RTB] interface serial 1/0/0
[RTB-Serial1/0/0] link-protocol ppp
[RTB-Serial1/0/0] ip address 1.1.1.2 30
```

② 配置向认证方 RTA 发送 PAP 认证的 PAP 用户名和密码（要与在 RTA 配置的本地用户名和密码一致）。

```
[RTB-Serial1/0/0] ppp pap local-user winda@system password simple huawei123
```

③ 重启接口，保证配置生效（**必须要执行**）。

```
[RTB-Serial1/0/0] shutdown
[RTB-Serial1/0/0] undo shutdown
```

配置好后执行 **display interface** serial 1/0/0 命令查看接口的配置信息，验证配置结果。从中我们可以看出接口的物理层和链路层的状态都是 **Up**，并且 PPP 的 LCP 和 IPCP 都是 **opened** 状态（参见输出信息中粗体部分），说明链路的 PPP 协商已经成功，并且 RTA 和 RTB 可以互相 Ping 通对方。

```
[RTB] display interface serial 1/0/0
Serial1/0/0 current state : UP
Line protocol current state : UP
Last line protocol up time : 2020-03-25 11:10:10
```

```
Description:HUAWEI, AR Series, Serial1/0/0 Interface
Route Port,The Maximum Transmit Unit is 1500, Hold timer is 0(sec)
Internet Address is 1.1.1.1/30
Link layer protocol is PPP
LCP opened, IPCP opened
Last physical up time     : 2020-03-25 11:10:10
Last physical down time : 2020-03-25 11:10:01
……
```

14.4.4 CHAP 认证配置

CHAP 认证分为 CHAP 单向认证与 CHAP 双向认证两种。另外，CHAP 认证过程分为两种情况：认证方配置了用户名和认证方没有配置用户名。推荐使用认证方配置用户名的方式，这样可以对认证方的资格进行确认。

在配置 PPP 的 CHAP 认证之前，我们需完成 14.4.1 节介绍的 PPP 和接口 IP 地址配置。认证方配置了用户名的 CHAP 认证的具体配置步骤见表 14-5。**认证方与被认证方都要配置认证用户名，创建用于验证对方认证的本地用户账户**，因为被认证方需要同时对认证的资格进行确认。该认证适用于安全性较高的环境。

表 14-5 认证方配置了用户名的 CHAP 认证的具体配置步骤

步骤	命令	说明
1	**system-view** 例如：< Huawei >**system-view**	进入系统视图
2	**interface** *interface-type interface-number* 例如：[Huawei] **interface** serial1/0/0	进入串行接口视图
	认证方配置	
3	**ppp authentication-mode chap**[[**call-in**] **domain** *domain-name*] 例如：[Huawei-Serial1/0/0] **ppp authentication-mode chap domain** lycb	配置本端设备对对端设备采用 CHAP 认证方式。命令中的参数和选项说明参见表 14-4 中认证方配置的第 3 步
4	**ppp chap user** *username* 例如：[Huawei-Serial1/0/0] **ppp chap user** grfw	配置 CHAP 认证时自己所用的用户名。参数 *username* 用来指定发送到被认证方设备进行 CHAP 验证时使用的用户名（用于被认证方确认认证方资格，**无须在认证方本地创建**），1～64 个字符，**不支持空格，区分大小写。在被认证方上为认证方配置的本地用户的用户名必须与此处配置的一致**，即与表 14-5 中被认证方配置的第 7 步通过 **local-user** 命令创建的用户名一致。 【说明】还可通过 **ppp chap password** { **cipher** | **simple** } *password* 命令为该用户配置密码。当被认证方已通过本命令配置了被认证方的认证用户密码时可不配置。 默认情况下，CHAP 认证的用户名为空，可用 **undo ppp chap user** 命令删除 CHAP 认证的用户名
5	**quit** 例如：[Huawei-Serial1/0/0] **quit**	退出接口视图，返回系统视图

续表

步骤	命令	说明
6	**aaa** 例如：[Huawei] **aaa**	进入 AAA 视图
7	**local-user** *user-name* **password** 例如：[Huawei-aaa] **local-user** winda **password**	创建本地用户的用户名和密码，用来对被认证方发送的用户名进行用户信息认证，**需在认证方本地创建，要与被认证方配置的认证用户名一致**，即与表 14-5 中被认证方配置的第 3 步通过 **ppp chap user** 命令配置的用户名一致。命令中的参数说明参见表 14-4 中认证方配置的第 6 步
8	**local-user** *user-name* **service-type ppp** 例如：[Huawei-aaa]**local-user** winda **service-type ppp**	配置参数 *user-name* 指定的本地用户（**要与上一步配置的用户名一致**）使用的服务类型为 PPP。其他说明参见表 14-4 中认证方配置的第 7 步
被认证方配置		
3	**ppp chap user** *username* 例如：[Huawei-Serial1/0/0]**ppp chap user** winda	配置 CHAP 认证的用户名。参数 *username* 用来指定被认证方向认证方发送的用户名（用于认证方对被认证方的认证，**无须在被认证方本地创建**），在认证方上为被认证方配置的本地用户的用户名必须与此处配置的一致，即与表 14-5 中认证方配置的第 7 步通过 **local-user** 命令创建的用户名一致。 其他说明参见表 14-5 中认证方配置的第 4 步
4	**ppp chap password** { **cipher** | **simple** } *password* 例如：[Huawei-Serial1/0/0]**ppp chap password cipher** huawei@123	配置 CHAP 验证的口令，**要与本表中认证方配置的第 7 步通过 local-user 命令创建的用户密码一致**。命令中的参数和选项说明参见表 14-4 中被认证方配置的第 3 步
5	**quit** 例如：[Huawei-Serial1/0/0] **quit**	退出接口视图，返回系统视图
6	**aaa** 例如：[Huawei] **aaa**	进入 AAA 视图
7	**local-user** *user-name* **password** 例如：[Huawei-aaa] **local-user** grfw **password**	创建本地用户的用户名和密码，用于验证认证方的资格，**需在被认证方本地创建，要与认证方配置的认证用户名一致**，即与表 14-5 中认证方配置的第 4 步通过 **ppp chap user** 命令配置的用户名一致。命令中的参数说明参见**表 14-4 中认证方配置的第 6 步**
8	**local-user** *user-name* **service-type ppp** 例如：[Huawei-aaa] **local-user** grfw **service-type ppp**	配置参数 *user-name* 指定的本地用户（**要与上一步配置的用户名一致**）使用的服务类型为 PPP。其他说明参见表 14-4 中认证方配置的第 7 步

认证方没有配置用户名的 CHAP 认证的具体配置步骤见表 14-6，此时**被认证方不需要对认证的资格进行确认**。

此认证适用于安全性较好的环境。表 14-6 只对 CHAP 单向认证进行介绍，双向认证时需双方同时配置表中的认证方和被认证方。

表 14-6　认证方没有配置用户名时的 CHAP 认证的具体配置步骤

步骤	命令	说明
1	**system-view** 例如：< Huawei >**system-view**	进入系统视图

续表

步骤	命令	说明
2	**interface** *interface-type interface- number* 例如：[Huawei] **interface** serial 1/0/0	进入串行接口视图
	认证方配置	
3	**ppp authentication-mode chap**[[**call-in**] **domain** *domain-name*] 例如：[Huawei-Serial1/0/0]**ppp authentication-mode chap domain** lycb	配置本端设备对对端设备采用 CHAP 认证方式。命令中的参数和选项说明参见表 14-4 中认证方配置的第 3 步
4	**quit** 例如：[Huawei-Serial1/0/0] **quit**	退出接口视图，返回系统视图
5	**aaa** 例如：[Huawei] **aaa**	进入 AAA 视图
6	**local-user** *user-name* **password** 例如：[Huawei-aaa] **local-user** winda **password cipher** huawei	创建本地用户的用户名和密码，用来对被认证方发送的用户名进行用户信息认证，**需在认证方本地创建，要与被认证方配置的认证用户名一致**，即与表 14-6 中被认证方配置的第 3 步和第 4 步配置的用户名和密码一致。命令中的参数说明参见表 14-4 中认证方的第 6 步
7	**local-user** *user-name* **service-typeppp** 例如：[Huawei-aaa] **local-user** winda **service-type ppp**	配置参数 *user-name* 指定的本地用户（**要与上一步配置的用户名一致**）使用的服务类型为 PPP。其他说明参见表 14-4 中认证方配置的第 7 步
	被认证方配置	
3	**ppp chap user** *username* 例如：[Huawei-Serial1/0/0]**ppp chap user** winda	配置 CHAP 认证的用户名，是指被认证方向认证方发送的用户名（用于认证方对被认证方的认证，**不需要在被认证方本地创建**），**认证方为被认证方配置的本地用户的用户名必须与此处配置的一致**，即与表 14-6 中认证方配置的第 6 步通过 **local-user** 命令创建的用户名一致。其他说明参见表 14-5 中认证方配置的第 4 步
4	**ppp chap password** { **cipher** | **simple** } *password* 例如：[Huawei-Serial1/0/0] **ppp chap password cipher** huawei	配置 CHAP 验证的密码，**要与表 14-6 中认证方配置的第 6 步通过 local-user 命令创建的用户密码一致**。命令中的参数和选项说明参见表 14-4 中被认证方配置的第 3 步。 默认情况下，未配置 CHAP 验证的密码，可用 **undo ppp chap password** 命令删除配置的密码

14.4.5 CHAP 单向认证配置示例

本示例的基本网络结构如图 14-15 所示，用户希望 RTA 对 RTB 采用更可靠的 CHAP 认证方式，而 RTB 不对 RTA 进行认证。即 RTA 作为 CHAP 认证的认证方，RTB 作为 CHAP 认证的被认证方。

图 14-15 CHAP 单向认证配置示例的拓扑结构

为了更加安全可靠，本示例的认证方配置了用户名，具体配置步骤如下（在此仅以AAA 中的本地认证方案为例进行介绍）。

1. 认证方 RTA 上的配置

本示例要求认证方配置认证用户名，根据表 14-5 介绍的配置方法可知此时认证方需要配置 Serial 接口 IP 地址、CHAP 认证方式、用于被认证方验证的用户名、ISP 域、AAA 本地认证方案，以及用于验证被认证方式的本地用户账户。

① 配置接口 Serial1/0/0 的 IP 地址及封装的链路层协议为 PPP。

```
<Huawei>system-view
[Huawei] sysname RTA
[RTA] interface serial1/0/0
[RTA-Serial1/0/0] link-protocol ppp
[RTA-Serial1/0/0] ip address 1.1.1.1 30
```

② 配置 PPP 认证方式为 CHAP，用于被认证方 RTB 进行认证方验证的用户名为 winda@system、认证域为 system。**如果认证方采用不配置用户名认证方式，则本步无须配置。**

```
[RTA-Serial1/0/0] ppp authentication-mode chap domain system
[RTA-Serial1/0/0] ppp chap user winda@system
[RTA-Serial1/0/0] quit
```

③ 配置本地用户及域。本地用户（假设名为 lycb@system）是用来对被认证方 RTB 进行认证的。

```
[RTA] aaa
[RTA-aaa] authentication-scheme system_a
[RTA-aaa-authen-system_a] authentication-mode local
[RTA-aaa-authen-system_a] quit
[RTA-aaa] domain system
[RTA-aaa-domain-system] authentication-scheme system_a
[RTA-aaa-domain-system] quit
```

【说明】因为采用的是默认域，所以上述配置可不配置。但采用其他域则必须配置。AAA 本地认证方式也可不配置，因为采用默认的 AAA 本地认证方式。

```
[RTA-aaa] local-user lycb@system password    #----创建本地用户账户 lycb@system，并以交互方式配置其密码
[RTA-aaa] local-user lycb@system service-type ppp
[RTA-aaa] quit
```

④ 重启接口，保证配置生效。

```
[RTA] interface serial 1/0/0
[RTA-Serial1/0/0] shutdown
[RTA-Serial1/0/0] undo shutdown
```

2. 被认证方 RTB 上的配置

在认证方配置了认证用户名的情况下，被认证方主要配置 Serial 接口 IP 地址、本地发送的 CHAP 认证凭据，以及用来验证认证方的本地账户。

① 配置接口 Serial1/0/0 的 IP 地址及封装的链路层协议为 PPP。

```
<Huawei>system-view
[Huawei] sysname RTB
[RTB] interface serial 1/0/0
[RTB-Serial1/0/0] link-protocol ppp
[RTB-Serial1/0/0] ip address 1.1.1.2 30
```

② 配置本地向认证方 RTA 发送的 CHAP 认证用户名和密码，必须与在认证方 RTA

上创建的本地用户名和密码一致。

```
[RTB-Serial1/0/0] ppp chap user lycb@system
[RTB-Serial1/0/0] ppp chap password cipher huawei123
```

③ 配置用于验证认证方的本地用户账户。**如果采用认证方不配置用户名认证方式，则本步无须配置。**

```
[RTB] aaa
[RTB-aaa] local-user winda@system password #----创建本地用户账户 winda@system，并以交互方式配置其密码
[RTB-aaa] local-user winda@system service-type ppp
[RTB-aaa] quit
```

④ 重启接口，保证配置生效。

```
[RTB-Serial1/0/0] shutdown
[RTB-Serial1/0/0] undo shutdown
```

配置好后，网络管理人员可以通过 **display interface serial**1/0/0 命令查看接口的配置信息，验证配置结果。如果接口的物理层和链路层的状态都是 **Up** 状态，并且 PPP 的 LCP 和 IPCP 都是 **opened** 状态，说明链路的 PPP 协商已经成功，具体输出示例略。

14.5 PPPoE 的基础及配置

前几年，家中所使用的有线宽带接入方案中大多为 ADSL（Asymmetric Digital Subscriber Line，非对称数字用户线）方案（目前多为光纤接入方案），而 ADSL 中就需要用到 PPPoE，以实现 PPP 拨号上网。

ADSL 属于整个 DSL（Digital Subscriber Line，数据用户线路）技术中的一种。DSL 是一种利用有线电话网络实现用户 Internet 接入的数据通信宽带接入技术。DSL 接入的基本网络结构如图 14-16 所示。

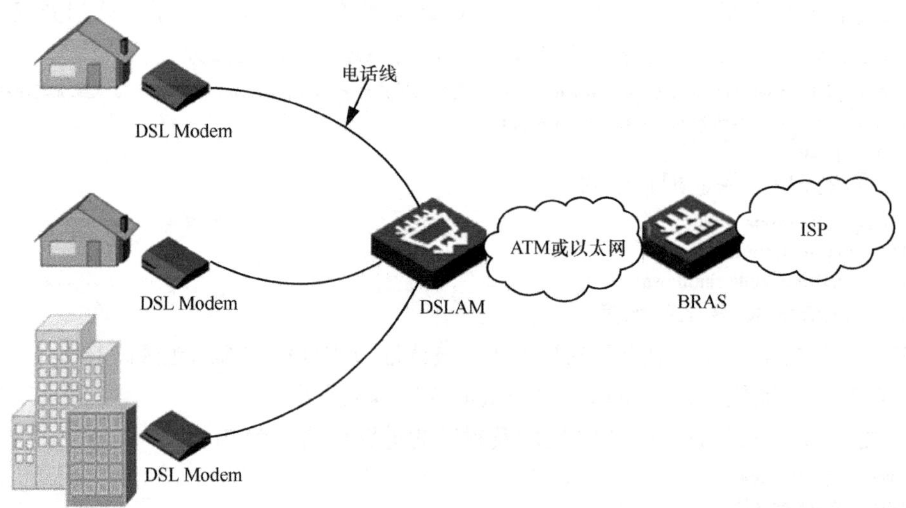

图 14-16 DSL 接入基本网络结构

首先，我们要在用户侧安装 DSL Modem，然后通过现有的电话线与各种 DSL 系统的局端设备——DSLAM（Digital Subscriber Line Access Multiplexer，数字用户线路接入

复用器）设备相连。最后，DSLAM 通过 ATM（异步传输模式）网络或以太网将用户的数据流量转发给 ISP 的 BRAS（Broadband Remote Access Server，宽带远程接入服务器），实现 Internet 接入。

14.5.1 PPPoE 的典型应用

PPPoE 是一种把 PPP 帧封装到以太网帧中的链路层协议，可以使以太网中的多台主机连接到远端的宽带接入服务器上。PPPoE 集中了 PPP 和以太网两种技术的优点，既有以太网的灵活组网优势，又可以利用 PPP 实现与拨号上网类似的认证、计费等功能。

PPPoE 常被用到用户拨号上网场景中。根据 PPP 会话的起始、终止所在位置的不同，PPPoE 有两种部署方式。第一种部署方式将企业中的路由器设备作为 PPPoE 客户端，与运营商中担当 PPPoE 服务器的路由器设备间建立 PPPoE 会话。

图 14-17 所示为典型的企业 ADSL（PPPoE 支持在所有 DSL 技术中的应用）互联网接入组网方案。Router A 作为 PPPoE 客户端（有的设备同时集成图中的 ADSL Modem）下行连接局域网用户，Router B 是运营商的设备，作为 PPPoE 服务器。局域网中所有的用户主机不用安装 PPPoE 客户端拨号软件，它们共享 Router A 配置好的同一个用户账号，并通过 Router A 与 Router B 建立 PPPoE 会话，然后连接 Internet。

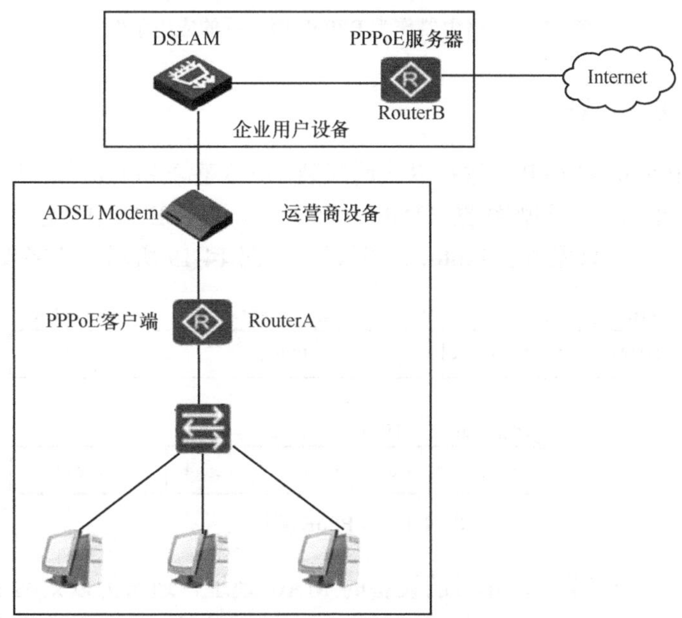

图 14-17 路由器作为 PPPoE 客户端的应用示例

此方案是中小型企业用户使用最多的一种宽带接入方案，其实在家庭用户中也基本采用这种宽带接入方式，当然这时所用的路由器通常为家庭宽带路由器，而不是企业级路由器。这种方案的最大优点是配置简单，用户只需在作为 PPPoE 客户端的路由器上配置拨号账户，并配置以 PPPoE 客户端路由器的 LAN 接口 IP 地址作为默认网关即可。

第二种部署方式是将路由器设备作为 PPPoE 服务器，支持动态分配 IP 地址，提供多种认证方式，适用于校园、智能小区等通过以太网接入 Internet 的组网应用。

如图 14-18 所示，RouterA 作为 PPPoE 服务器时，内网的所有用户主机上均安装 PPPoE 客户端拨号软件。此时，每个主机都是一个 PPPoE 客户端，分别与 RouterA 建立一个 PPPoE 会话。然后 RouterA 采用其他 Internet 接入方式连接互联网。每个主机单独使用一个账号，方便运营商对用户进行计费和控制。

很显然，这种接入方式不是直接通过 PPPoE 拨号接入 Internet ，只是在内网中出于对用户计费的需求，先通过 PPPoE 拨号连接到企业网络边缘路由器，然后由边缘路由器通过其他 Internet 接入方式（通常是各种专线接入，也可以是另一条连接 Internet 的 PPPoE 拨号接入线路）连接到 Internet，并对各内网用户进行计费。

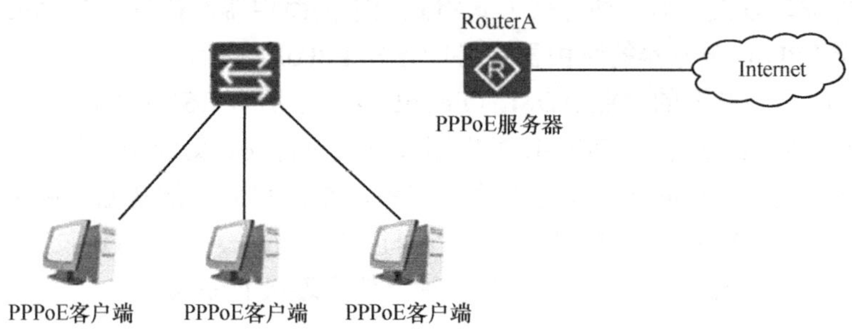

图 14-18 路由器作为 PPPoE 服务器的应用示例

14.5.2 PPPoE 帧格式

前面说到，PPPoE 对 PPP 帧进行以太网封装，所以整个 PPPoE 帧（长度范围为 46～1500 个字节）封装在以太网帧数据（Data 字段）中，PPPoE 帧中又包括了 PPP 帧（对应 Payload 部分，头部只保留了 Protocol 字段），如图 14-19 所示。各字段说明如下。

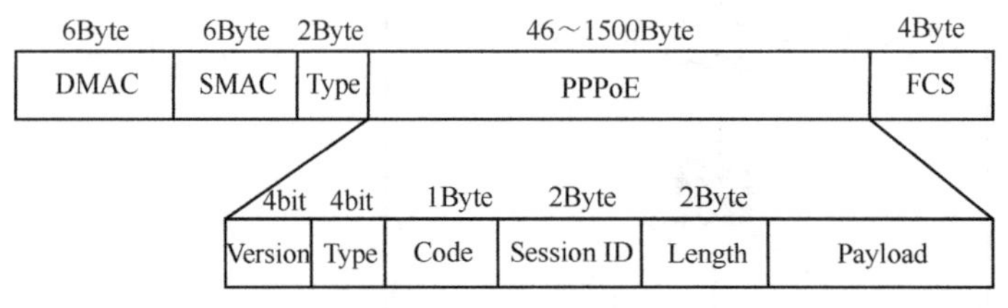

图 14-19 PPPoE 帧格式

① DMAC：6 个字节，表示目的设备的 MAC 地址，通常为以太网单播目的 MAC 地址或以太网广播 MAC 地址（0xFFFF-FFFF-FFFF）。对于 Discovery（发现）阶段来说，该字段的值可能是单播目的 MAC 地址或广播 MAC 地址；对于 Session（会话）阶段来说，该字段必须是 Discovery 阶段已确定通信的对方的单播 MAC 地址。

② SMAC：6 个字节，表示源设备的 MAC 地址。

③ Type：2 个字节，表示协议类型，当值为 0x8863 时表示为 Discovery 或 Terminate 阶段；当值为 0x8864 时表示为 Session 阶段。

④ FCS：4 个字节，用于对以太网帧中除本字段外的其他各字段内容进行 CRC 校验。

PPPoE 字段中的各字段解释如下（包括了被封装的 PPP 帧）。

① Version：4 比特，表示 PPPoE 版本号，值为 0x01。

② Type：4 比特，表示 PPPoE 类型，值固定为 0x01。

③ Code：1 个字节，表示 PPPoE 帧类型，不同取值标识不同的 PPPoE 帧类型。0x00 表示 Session 阶段的数据。在 Discovery 阶段中，0x09 表示 PADI（PPPoE Active Discovery Initiation，PPPoE 激活发现初始化）帧，0x07 表示 PADO（PPPoE Active Discovery Offer，PPPoE 激活发现提供）帧，0x19 表示 PADR（PPPoE Active Discovery Request，PPPoE 激活发现请求）帧，0x65 表示 PADS（PPPoE Active Discovery Session-Configuration，PPPoE 激活发现会话确认）帧。Terminate 阶段的 PADT（PPPoE Active Discovery Terminate，PPPoE 激活发现终止）帧为 0xa7。

④ Session ID（会话 ID）：2 个字节，与以太网 SMAC 和 DMAC 一起定义了一个 PPPoE 会话。对一个给定的 PPPoE 会话来说该值是一个固定值的。值 0xFFFF 保留，目前不允许使用。

⑤ Length：2 个字节，表示 PPPoE 帧中 Payload 字段的长度，不包括以太网头部和 PPPoE 头部的长度。

⑥ Payload：长度可变，在 PPPoE 的 Discovery 阶段，该部分会填充一些 Tag（标记），以 TLV（类型-长度-值）格式填充；而在 PPPoE 的 Session 阶段，该部分携带的是标准的 PPP 帧。因为整个以太网帧的最小长度为 64 个字节，最大为 1518 个字节，而以太网帧头/帧尾和 PPPoE 共 24 个字节。因封装 PPP 帧时保留了其头部的 Protocl（2 个字节）字段，所以实际上 Payload 字段为 38 个字节（不够时可进行填充），最大值为 1492 个字节。PPPoE 的 MTU 值也为 1492 个字节。

14.5.3 PPPoE 会话

PPPoE 组网结构采用客户端/服务器模型，整个 PPPoE 会话过程可分为 3 个阶段：Discovery 阶段、Session 阶段和 Terminate（结束）阶段，用到以下 5 种 PPPoE 报文（除 PADT 报文在 PPPoE 终结阶段使用外，其他 4 种均是在发现阶段使用）：

① PADI：PPPoE 客户端发送的 PPPoE 服务器探测报文，目的 MAC 地址为广播地址。

② PADO：PPPoE 服务器收到 PADI 报文后的应答报文，目的 MAC 地址为 PPPoE 客户端的 MAC 地址。

③ PADR：PPPoE 客户端收到 PPPoE 服务器应答的 PADO 报文后以单播方式发送的请求报文，目的地址为此用户选定的 PPPoE 服务器的 MAC 地址。

④ PADS：PPPoE 服务器分配一个唯一的 Session ID（会话 ID），并通过 PADS 报文发送给 PPPoE 客户端。

⑤ PADT：当 PPPoE 客户端或者 PPPoE 服务器需要终止会话时，可以发送 PADT 报文。

1. Discovery 阶段

① PPPoE 客户端首先在本地以太网中广播一个 PADI 报文，用于查找网络中可提供服务的 PPPoE 服务器，如图 14-20 所示。此 PADI 报文中包含了客户端需要的服务信息，目的 MAC 地址是一个广播地址，Code 字段为 0x09，Session ID 字段为 0x0000。所有 PPPoE 服务器收到 PADI 报文后，会将报文中所请求的服务与自己能够提供的服务进行

比较。

【说明】以上 Session ID 0x0000 只是初始 Session ID，在 Discovery 阶段，PADI、PADO 和 PADR 报文中的 Session ID 均使用相同的初始 Session ID，但在 Discovery 阶段最后会由 PPPoE 服务器分配并使用新的 Session ID（最初包括在 PADS 报文中）。

② 如果某 PPPoE 服务器可以提供客户端请求的服务，就会回复一个 PADO 报文，如图 14-20 所示。这样，PPPoE 客户端可能会收到多个 PPPoE 服务器发送的 PADO 报文，如图 14-21 中的 PPPoE 服务器 A 和 PPPoE 服务器 B 都回复了 PADO 报文。

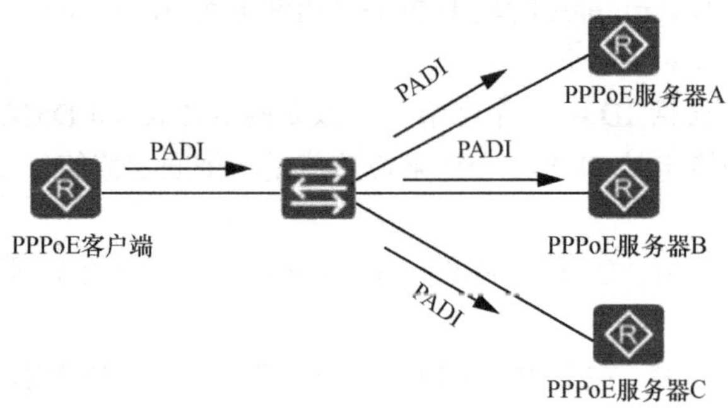

图 14-20 PPPoE 客户端发送 PADI 报文

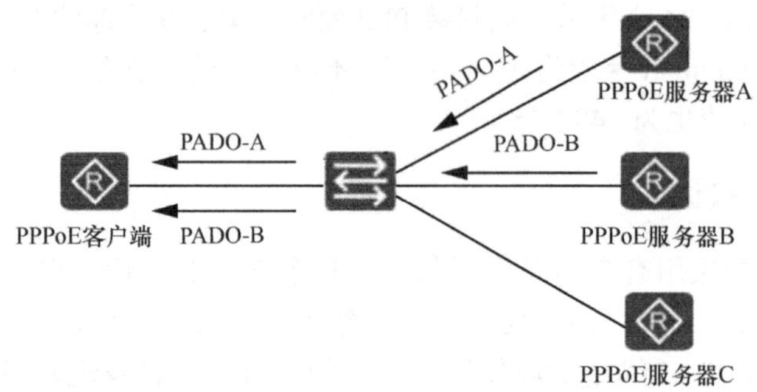

图 14-21 PPPoE 服务器以 PADO 报文响应

在 PADO 报文中，目的地址是发送 PADI 报文的客户端 MAC 地址（单播方式），Code 字段为 0x07，Session ID 字段为 0x0000。

③ 在接收到的所有 PADO 报文中，PPPoE 客户端选择**最先收到**的 PADO 报文对应的 PPPoE 服务器，并以单播方式发送一个 PADR 报文给这个服务器。在图 14-21 中假设最先收到 PPPoE 服务器 A 的 PADO 报文，所以会选择 PPPoE 服务器 A，并向它发送一个 PADR 报文，如图 14-22 所示。

在 PADR 报文中，目的地址是选中的服务器的 MAC 地址，Code 字段为 0x19，Session ID 字段为 0x0000。

④ PPPoE 服务器 A 收到 PADR 报文后，会生成一个唯一的 Session ID 来标识和 PPPoE 客户端的会话，并通过一个 PADS 报文把 Session ID 以单播方式发送给 PPPoE 客户端，如图 14-23 所示。

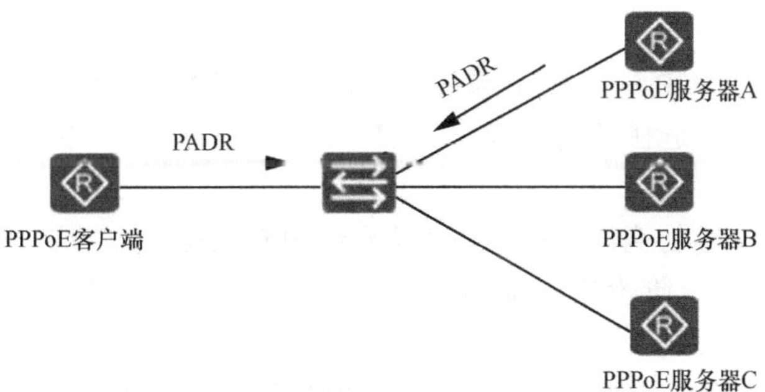

图 14-22　PPPoE 客户端发送 PADR 报文

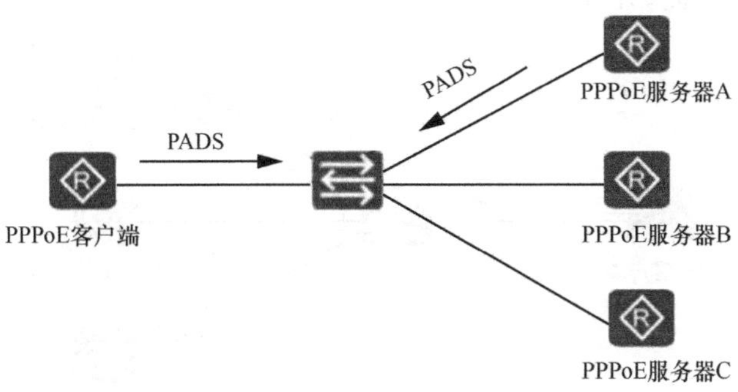

图 14-23　PPPoE 服务器以 PADS 报文响应

在 PADS 报文中，目的地址是 PPPoE 客户端的 MAC 地址，Code 字段为 0x65，Session ID 字段是 PPPoE 服务器为本次 PPPoE 会话产生新的唯一 Session ID。随后，PPPoE 客户端和 PPPoE 服务器进入 PPPoE 会话阶段。

2. Session 阶段

PPPoE Session 阶段可分为：PPP 协商阶段和 PPP 报文传输阶段。

该阶段是在 PPPoE 客户端和 PPPoE 服务器之间进行的，如图 14-24 所示。

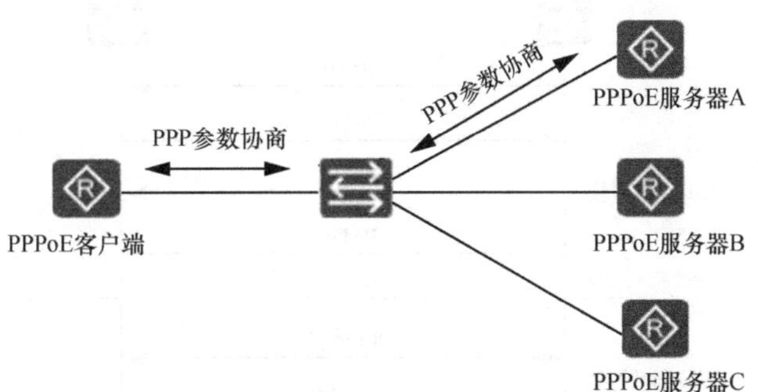

图 14-24　PPPoE 客户端与 PPPoE 服务器进行 PPP 参数协商

PPPoE 会话上的 PPP 协商和普通的 PPP 协商方式一致，分为 LCP 协商、认证协商、NCP 协商 3 个阶段。

① LCP 协商阶段主要完成链路层参数协商，以及检测、建立数据链路连接。

② LCP 协商成功后，PPP 开始进行认证参数协商，认证协议类型由 LCP 协商结果

决定。

③ 认证成功后，PPP 进入 NCP 参数协商阶段。NCP 是一个协议簇，用于配置不同的网络层协议，常用的是 IP 控制协议（IPCP），它负责协商用户的 IP 地址和 DNS 服务器地址等。

PPPoE 会话的 PPP 协商成功后，就可以承载 PPP 数据报文。这一阶段传输的数据包中必须包含在 Discovery 阶段最后确定的新 Session ID，并保持不变。

3. Terminate 阶段

PPPOE 客户端希望关闭连接时，可以向 PPPoE 服务器端发送一个 PADT 报文，如图 14-25 所示。同样，PPPoE 服务器端如果希望关闭连接，也可以向 PPPoE 客户端发送一个 PADT 报文，此报文用于关闭连接。

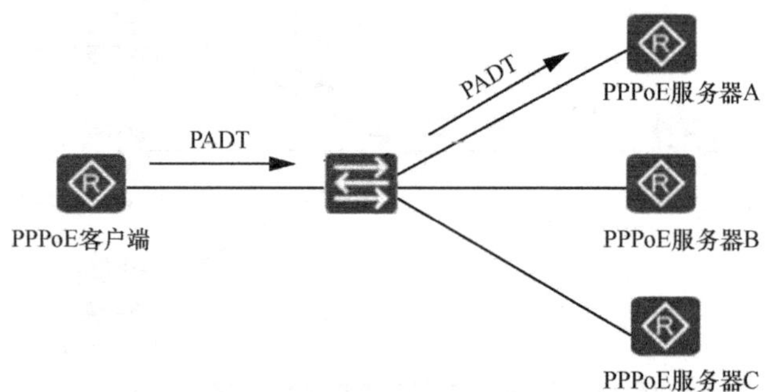

图 14-25 PPPoE 客户端发送 PADT 报文

在 PADT 报文中，目的 MAC 地址为单播地址，仅向指定的对端（可能是 PPPoE 服务器，也可能是 PPPoE 客户端）发送，Session ID 为希望关闭连接的 Session ID，即 Session 阶段所使用的 Session ID。一旦收到一个 PADT 报文后，连接随即关闭。

以上整个 PPPoE 会话建立过程如图 14-26 所示。

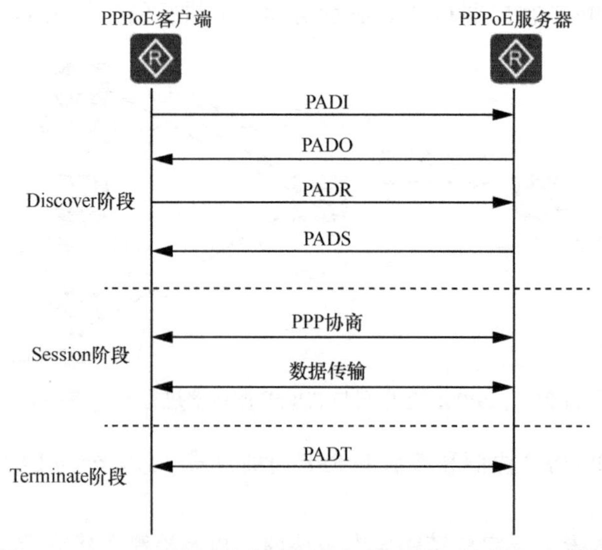

图 14-26 PPPoE 会话建立过程中各种 PPPoE 帧的交互流程

14.5.4 PPPoE 客户端配置

PPPoE 拨号时使用的是一种称之为 Dialer 的逻辑拨号接口。因为 PPPoE 客户端通常使用的是以太网端口，不能运行 PPP，而 Dialer 接口运行的是 PPP，所以 PPPoE 客户端要先创建一个 Dialer 拨号接口，并配置相应的拨号规则，然后把拨号接口与实际的以太网出接口进行关联，使能以太网接口的 PPPoE 客户端功能。PPPoE 客户端的配置步骤如下：

① 配置 Dialer 接口；

② 配置 Dialer 接口的 IP 地址；

③ 在以太网出接口上使能 PPPoE 客户端功能；

④ （可选）配置 PPPoE 客户端作为被认证方（参见 14.4.2 节或 14.4.4 节）。

【说明】 PPPoE 拨号接入 Internet 的应用涉及 NAT，它把用户主机的私网 IP 地址转换成 ISP 为 Dialer 接口分配的公网 IP 地址。这是华为设备 NAT 功能的 Easy-IP NAT 方式，已在本书第 10 章介绍。

另外，PPPoE 客户端还需要配置静态路由（通常是以 Dialer 接口为出接口的默认静态路由），使得访问外网的流量触发 PPPoE 拨号。

1. 配置 Dialer 接口

在配置 PPPoE 客户端之前，我们需要先配置一个 Dialer 接口，并在该接口上配置 Dialer Bundle，具体步骤见表 14-7。

表 14-7 Dialer 接口的配置步骤

步骤	命令	说明
1	**system-view** 例如：< Huawei >**system-view**	进入系统视图
2	**dialer-rule** 例如：[Huawei] **dialer-rule**	进入 Dialer-rule 视图
3	**dialer-rule** *dialer-rule-number* { **acl**{ *acl-number* | **name** *acl-name* } | **ip** { **deny** | **permit** } | **ipv6** { **deny** | **permit** } } 例如：[Huawei-dialer-rule] **dialer-rule** 1 **ip permit**	配置某个拨号访问组对应的拨号访问控制列表，指定发起 DCC 呼叫的条件。命令中的参数和选项说明如下。 • *dialer-rule-number*：指定拨号访问组的编号，取值范围为 1～255 的整数。取值要与第 8 步 **dialer-group** 命令中的 *group-number* 参数值一致。 • **acl** { *acl-number* | **name** *acl-name* }：多选一选项，通过指定的 ACL 来配置 DCC 报文过滤规则。 • **ip** { **deny** | **permit** }：多选一选项，直接配置 DCC 的 IPv4 协议数据报文过滤规则，即禁止或允许。 • **ipv6** { **deny** | **permit** }：多选一选项，直接配置 DCC 的 IPv6 数据报文过滤规则，即禁止或允许。 默认情况下，未配置任何拨号访问控制列表，可用 **undo dialer-rule** *dialer-rule-number* [**acl** | **ip** | **ipv6**] 命令取消对应拨号访问组的拨号访问控制设置
4	**quit** 例如：[Huawei-dialer-rule] **quit**	退出 Dialer-rule 视图，返回系统视图

续表

步骤	命令	说明
5	**interface dialer** *interface-number* 例如：[Huawei] **interface dialer** 0	创建 Dialer 接口，并进入 Dialer 接口视图
6	**dialer user** *username* 例如：[Huawei-Dialer0] **dialer user** winda	（可选）配置拨号用户名，1～32 个字符，**不支持空格，区分大小写，仅在采用 PPP 认证时需要配置**，且必须与 PPPoE 服务器上配置的 PPP 认证用户名一致。 可用 **undo dialer user** [*user-name*]命令删除已经配置的拨号用户名，如果不指定 *user-name* 可选参数，则删除所有已经配置的拨号用户名
7	**dialer bundle** *number* 例如：[Huawei-Dialer0] **dialer bundle** 1	指定以上 Dialer 接口使用的 Dialer bundle（拨号捆绑），取值范围为 1～255 的整数。Dialer bundle 用于指定有哪些物理端口与本地 Dialer 接口关联，**但一个 Dialer 接口只能对应一个 Dialer bundle，相同设备上不同 Dialer 接口的捆绑号必须不一样。** 默认情况下，Dialer 接口没有对应的 Dialer bundle，可用 **undo dialer bundle** 命令删除共享 DCC 的对应 Dialer 接口使用的 Dialer bundle
8	**dialer-group** *group-number* 例如：[Huawei-Dialer0] **dialer-group** 1	（可选）配置以上 Dialer 接口置于一个特定的拨号访问组，**采用按需拨号时才需配置**。组编号**要与第 3 步 dialer-rule 命令中指定的访问规则号一致，一个接口只能属于一个拨号访问组**。若配置第二次，则覆盖第一次的配置

2. 配置 Dialer 接口的 IP 地址

配置 Dialer 接口的 IP 地址主要有以下两种方式：

① 在接口上静态配置 IP 地址；

② 通过 IP 地址协商获取 IP 地址。

采用 PPPoE 方式接入的用户，也可以利用 PPP 的 IPCP 地址动态协商功能，由 PPPoE 服务器为客户端分配 IP 地址。若本端接口封装的链路层协议为 PPP 且未配置 IP 地址，而对端已有 IP 地址时，本端接口可配置 IP 地址协商属性，用来接收 PPP 协商产生的由对端分配的 IP 地址。这种方式主要用在通过 ISP 访问 Internet 时，获得由 ISP 分配的 IP 地址。

以上两种 Dialer 接口 IP 地址配置方式的具体配置步骤见表 14-8。

表 14-8 Dialer 接口 IP 地址配置方式的具体配置步骤

步骤	命令	说明
1	**system-view** 例如：< Huawei >**system-view**	进入系统视图
2	**interface dialer** *interface-number* 例如：[Huawei] **interface dialer** 0	进入 Dialer 接口视图
3	**ip address** *ip-address* { *mask* | *mask-length* } 例如：[Huawei-Dialer0]**ip address** 10.1.0.1 255.255.255.0	（二选一）静态配置 Dialer 接口的 IP 地址
	ip address ppp-negotiate 例如：[Huawei-Dialer0] **ip address ppp-negotiate**	（二选一）配置本端接口接受 PPP 协商产生的由对端分配的 IP 地址

3. 在物理拨号接口上使能 PPPoE 客户端功能

用户需要将 Dialer 接口绑定到实际的以太网出接口（即物理拨号接口），才可以实现 PPPoE 客户端功能。PPPoE 客户端可以配置在物理以太网接口或 PON（Passive Optical Network，无源光纤网络）接口上，也可以配置在虚拟以太网接口上，此处是绑定在以太网接口上。网络管理人员还需要配置一条到达 PPPoE 服务器的默认路由，指导用户数据通过 PPPoE 拨号访问 PPPoE 服务器，具体步骤见表 14-9。

表 14-9　在以太网出接口上使能 PPPoE 客户端功能

步骤	命令	说明
1	**system-view** 例如：< Huawei > **system-view**	进入系统视图
2	**interface** *interface-type interface-number* 例如：[Huawei] **interface** serial 1/0/0	键入要绑定在与以上 Dialer 接口对应的 Dialer bundle 的物理以太网接口上，然后进入相应的接口视图
3	**dialer bundle-member** *number* [**priority** *priority*] 例如：[Huawei-Serial1/0/0] **dialer bundle-member** 1 **priority** 50	把以上物理拨号接口加入指定的 Dialer bundle 中，并为它设置拨号优先级。命令中的参数说明如下。 • *number*：指定以上物理拨号接口要加入的 Dialer bundle 编号，取值范围为 1～255 的整数。**一定要与表 14-7 第 7 步 dialer bundle** *number* **命令配置的捆绑号一致。** • *priority*：可选参数，指定物理接口在这个 Dialer bundle 中的优先级，取值范围为 1～255 的整数。数值越大表示优先级越高。拨号过程中，优先选择优先级高的物理接口。 【**说明**】此命令只能在物理接口下执行，一个物理接口可以是多个 Dialer bundle 的成员。 在同一个视图下多次执行本命令，新配置不会覆盖旧配置多次配置的结果是一个物理接口属于多个 Dialer bundle。 默认情况下，物理接口不属于任何 Dialer bundle，可用 **undo dialer bundle-member** *number* 命令将本地物理接口脱离指定的 Dialer bundle
4	**quit**	返回系统视图
5	**ip route-static** 0.0.0.0 0 *interface-type interface-number*}例如：[Huawei] **ip route-static** 0.0.0.0 0 dialer0	配置到达 PPPoE 服务器的默认静态路由。此处仅指定以 Dialer 接口作为出接口，**不用指定下一跳**，因为 Dialer 接口运行的是 PPP

配置好后，网络管理人员可在用户视图下执行 **display interface dialer**[*number*]命令查看拨号接口的配置信息，便于定位拨号接口的故障。图 14-27 所示为一个执行 **display interface dialer** 1 命令的输出示例。

网络管理人员也可在用户视图下执行 **display pppoe-client session summary** 命令查看 PPPoE 客户端的 PPPoE 会话状态和统计信息，如图 14-28 所示。**State** 表示 PPPoE 会话的状态，包括以下 4 种。

① **IDLE**：表示当前会话状态为空闲。

② **PADI**：表示 PPPoE 会话处于 Discovery 阶段，并已经发送 PADI 帧。

③ **PADR**：表示 PPPoE 会话处于 Discovery 阶段，并已经发送 PADR 帧。

④ **UP**：表示 PPPoE 会话建立成功。

```
<AR1>display interface dialer 1
Dialer1 current state : UP
Line protocol current state : UP (spoofing)
Description:HUAWEI, AR Series, Dialer1 Interface
Route Port,The Maximum Transmit Unit is 1500, Hold timer is 10(sec)
Internet Address is 1.1.1.1/24
Link layer protocol is PPP
LCP initial
Physical is Dialer
Current system time: 2020-02-27 16:39:34-08:00
    Last 300 seconds input rate 0 bits/sec, 0 packets/sec
    Last 300 seconds output rate 0 bits/sec, 0 packets/sec
    Realtime 17 seconds input rate 0 bits/sec, 0 packets/sec
    Realtime 17 seconds output rate 0 bits/sec, 0 packets/sec
    Input: 0 bytes
    Output:0 bytes
    Input bandwidth utilization  :    0%
    Output bandwidth utilization :    0%
Bound to Dialer1:0:
Dialer1:0 current state : UP ,
Line protocol current state : UP

Link layer protocol is PPP
LCP opened, IPCP opened
Packets statistics:
  ---- More ----
```

图 14-27 **display interface dialer 1** 命令输出示例

```
<AR1>display pppoe-client session summary
PPPoE Client Session:
ID   Bundle  Dialer  Intf              Client-MAC    Server-MAC    State
1    1       1       GE0/0/0           00e0fcbc4a69  00e0fc3650e7  UP
```

图 14-28 **display pppoe-client session summary** 命令输出示例

14.5.5 PPPoE 服务器配置

华为路由器可配置为 PPPoE 服务器，可以在物理以太网接口或 PON 接口上，或在由 ADSL 接口生成的虚拟以太网接口上配置。在此仅介绍在物理以太网接口上的配置方法。主要包括的配置任务如下。

① 配置虚拟接口模板。

② 配置为 PPPoE 客户端分配 IP 地址。

③ （可选）配置为 PPPoE 客户端指定 DNS 服务器地址。

④ 在接口上使能 PPPoE 服务器功能。

⑤ （可选）配置 PPPoE 服务器作为认证方（参见本章 14.4.2 节或 14.4.4 节）。

1. 配置虚拟模板接口

虚拟模板（Virtual Template，VT）接口的配置步骤见表 14-10。

表 14-10　虚拟模板接口的配置步骤

步骤	命令	说明
1	**system-view** 例如：< Huawei >**system-view**	进入系统视图
2	**interface virtual-template** *vt-number* 例如：[Huawei] **interface virtual-template** 10	创建虚拟模板接口并进入虚拟模板接口视图。参数 *vt-number* 用来指定虚拟模板接口的编号，不同机型的取值范围有所不同
3	**ip address** *ip-address* { *mask* | *mask-length* } 例如：[Huawei-Virtual-Template10] **ip address** 192.168.1.1 24	配置虚拟模板接口的 IPv4 地址

2. 配置为 PPPoE 客户端分配 IP 地址和指定 DNS 服务器地址

采用 PPP 方式接入的用户（包括通过 Dialer 接口拨号的 PPPoE 用户），可以利用 PPP 的地址协商功能，由 PPPoE 服务器为 PPPoE 客户端分配 IP 地址。另外， PPPoE 服务器可以为 PPPoE 客户端指定 DNS 服务器的 IP 地址，这样 PPPoE 客户端可以通过 PPPoE 服务器获取 DNS 服务器地址，进而通过 DNS 服务器提供的域名服务访问 Internet。

PPPoE 服务器为客户端分配 IP 地址的方式有两种：一种是直接为客户端分配一个静态 IP 地址，另一种是从本地 IP 地址池中为客户端随机分配一个 IP 地址。所分配的 IP 地址要与 PPPoE 服务器上创建的虚拟模板接口的 IP 地址在同一网段，否则会造成用户上不了线。

PPPoE 服务器为客户端分配 IP 地址的配置频骤见表 14-11。

表 14-11　PPoE 服务器为客户端分配 IP 地址的配置步骤

步骤	命令	说明
1	**system-view** 例如：< Huawei >**system-view**	进入系统视图
2	**ppp ipcp dns** *primary-dns-address* [*secondary-dns-address*] 例如：[Huawei-Virtual-Template10] **ppp ipcp dns** 1.1.1.1	配置设备为对端设备指定主、从 DNS 服务器的 IP 地址。命令中的参数说明如下。 • *primary-dns-address*：为对端设备配置主 DNS 服务器 IP 地址。 • *secondary-dns-address*：可选参数，为对端设备配置从 DNS 服务器 IP 地址。 【说明】当主机与设备通过 PPP 相连时，主机若想通过域名直接访问 Internet，则需要设备为主机指定 DNS 服务器地址。 默认情况下，设备不为对端设备指定 DNS 服务器的 IP 地址，可用 **undo ppp ipcp dns** *primary-dns-address* [*secondary-dns-address*]命令删除设备为对端设备配置的指定主、从 DNS 服务器 IP 地址
方式一：直接为客户端分配静态 IP 地址		
3	**remote address** *ip-address* 例如：[Huawei-Virtual-Template10] **remote address** 192.168.1.2 24	配置为以上接口所连接的 PPPoE 客户端分配的 IP 地址。**这种 IP 地址分配方式仅适用于单个客户端连接的情况，**如 PPPoE 客户端是华为路由器设备 默认情况下，本端不为对端分配 IP 地址，可用 **undo remote address** 命令恢复为默认值

续表

步骤	命令	说明
方式二：从 IP 地址池中为客户端动态分配 IP 地址		
3	**ip pool** *ip-pool-name* 例如：[Huawei] **ip pool** global1	创建全局地址池并进入全局地址池视图。参数 *ip-pool-name* 指定为客户端分配 IP 地址的地址池名称
	network *ip-address* [**mask** { *mask* | *mask-length* }] 例如：[Huawei-ip-pool-global1] **network** 192.168.1.0	配置地址池下的 IP 地址范围。命令中的参数说明如下。 • *ip-address*：指定地址池中的网段地址（是网络地址）。 • *mask* | *mask-length*：可选参数，指定以上网段地址对应的子网掩码（选择 *mask* 参数时）或子网掩码长度（选择 *mask-length* 参数时），不能配置为 0、1、31 和 32。如果不指定此可选参数，则使用以上网段 IP 地址所对应的自然网段子网掩码。 默认情况下，系统未配置全局地址池下动态分配的 IP 地址范围，可用 **undo network** 命令恢复网段地址为默认值
	gateway-list *ip-address*&<1-8> 例如：[Huawei-ip-pool-global1] **gateway-list** 10.1.1.1	地址池的出口网关地址最多可以分别配置 8 个，用空格分隔。服务器上配置了网关地址后，客户端会获取该网关地址，并自动生成该网关地址的默认路由。 默认情况下，未配置出口网关地址，可用 **undo gateway-list** { *ip-address* | **all** }命令删除已配置的出口网关地址
4	**quit** 例如：[Huawei-ip-pool-global1] **quit**	退回到系统视图
5	**interface virtual-template** *vt-number* 例如：[Huawei] **interface virtual-template** 10	进入虚拟接口模板视图
6	**remote address pool** *pool-name* 例如：[Huawei-Virtual-Template10]**remote address pool** global1	配置为 PPPoE 客户端分配指定地址池，参数 *pool-name* 用来指定为对端分配 IP 地址的地址池，即将指定地址池中的一个 IP 地址分配给对端，1～64 个字符，不支持空格，**区分大小写**。 本种 IP 地址分配方式适用于单个或多个客户端的连接。 默认情况下，本端不为对端分配IP地址，可用 **undo remote address** 命令恢复为默认值

3. *在接口上使能 PPPoE 服务器功能*

虚拟模板接口被绑定到三层物理以太网接口（也可以是 PON 接口，或者由 ADSL 接口生成的虚拟以太网接口）时，才可以实现 PPPoE 服务器功能。

PPPoE 服务器功能的使能方法为在物理以太网接口视图下配置 **pppoe-server virtual-template** *vt-number* 命令，将指定的虚拟模板绑定到当前接口上，并在当前接口上使能 PPPoE 服务器功能。

配置好 PPPoE 服务器功能后，网络管理人员可用以下 **display** 任意视图命令查看相关配置及验证配置结果，或者在用户视图下执行以下 **reset** 命令清除相关统计信息。

① **display access-user**：查看当前在线用户信息。

② **display pppoe-client session** { **packet** | **summary** } [**dial-bundle-number** *number*]：

查看 PPPoE 客户端的 PPPoE 会话状态和统计信息。

③ **display pppoe-server session** { **all** | **packet** }：查看 PPPoE 会话状态和统计信息。

④ **reset pppoe-server** { **all** | **interface** *interface-type interface-number* | **virtual-template** *number* }：清除 PPPoE 服务器上建立的 PPPoE 会话。

⑤ **reset pppoe-client** { **all** | **dial-bundle-number** *number* }：复位 PPPoE 客户端上的 PPPoE 会话。

网络管理人员也可在 AAA 视图下执行 **cut access-user user-id** *begin-number* [*end-number*] 命令强制断开指定 ID 的 PPPoE 会话。

14.6　MPLS 基础

在运营商骨干网中，正广泛使用两种新的数据交换、路由技术，那就是 MPLS 和 SR。本节先简单介绍 MPLS，在 HCIA 层次仅需作基本的概念性了解。

14.6.1　MPLS 的诞生背景

MPLS 是一种应用于运营商 IP 骨干网的数据交换技术。MPLS 位于数据链路层和网络层之间，在无连接的 IP 网络上引入面向连接（即邻居设备间必须先建立某种连接，如 LSP 连接）的标签交换机制，将第三层的路由技术和第二层的交换技术相结合，充分发挥了 IP 路由的灵活性和二层交换的简捷性，因此 MPLS 又被称为"2.5 层协议"。

MPLS 可解决传统 IP 路由效率较低的问题，因为 IP 路由技术存在以下几方面的不足：

① IP 路由具有全局意义，必须全网唯一，各设备需要知道全网路由，不便于配置与维护。

② 每一跳设备都要分析 IP 报头目的 IP 地址信息，然后在本地查找对应的 IP 路由表项，效率较低。

③ 每一跳可能要经过最长匹配原则、路由优先级、路由开销等最优路由选择，影响了路由转发效率。

之所以要进行选优路由选择，其根本原因为在 IP 报头中仅含有"目的 IP 地址"字段，而没有对应的"子网掩码"字段（当然这不是 IP 的不足，反而是它的优点，因为这样不仅在进行数据路由转发时路径选择更加灵活，还可大大减小 IP 路由表规模），所以根据 IP 报文不可直接确定所用的 IP 路由表项，IP 报文的转发需从当前 IP 路由表中根据"最长匹配原则"选择一条最佳的路由。这样一来，每一跳都要进行 IP 路由表项选择，所以 IP 路由转发方式虽然简单，但比较耗费资源。早年并没有现在 ASIC 这样的集成电路技术，IP 路由表项的选择纯粹依据软件系统计算完成，效率更低。

④ IP 路由方式是无连接方式，无法提供较好的端到端 QoS 保证。

正因 IP 路由转发有以上不足，于是有人考虑是不是可以采用像我们日常生活中所见的"路标"方式实现报文经过每一跳设备直接查看"路标"就可以知道如何转发。这就是 ATM 技术诞生的背景。

ATM 采用固定长度标签（称"信元"），并且只需要维护比路由表规模小得多的标签表（仅包括出/入端口、出/入标签），能够提供比 IP 路由方式更高的转发性能。但 ATM 的设计过于复杂导致没有多少厂商能够完全领会并成功生产所需的软、硬件产品，而且无法与 IP 网络很好地融合。但 ATM 技术仍有其可取之处：首先它摒弃了烦琐的路由表查找过程，改为简单快速的标签交换；其次是把具有全局意义的路由表改为只有本地意义的标签表，配置和维护更简单。

如何将 IP 与 ATM 的优点相结合成为当时热门话题。MPLS 技术就是在这种背景下诞生的。

14.6.2 MPLS 的基本工作原理

MPLS 采用了类似 ATM 信元的标签转发方式，同时利用 IP 路由为不同目的网段提供特定的标签分发路径，从源端到目的端建立一条基于特定目的网段的 LSP（Label Switching Path，标签交换路径），被称之为 MPLS 隧道。其中，MPLS 标签插在原来数据帧中的二层协议帧头和三层协议头（通常为 IP 协议头）之间，长度固定为 4 个字节。MPLS 标签可以是手工静态配置的，也可以由一些协议，如 LDP（Label Distribution Protocol，标签分发协议）等自动分配。采用自动分配时，MPLS 是从目的端沿着对应网段的路由路径向源端依次进行的。一个 MPLS 报文可以携带一个或多个 MPSL 标签。

MPLS 网络中的各路由器（也可以是三层交换机）称为 LSR（Label Switching Router，标签交换路由器）。由这些 LSR 构成的网络区域称为 MPLS 域（MPLS Domain），其中位于 MPLS 域边缘、连接其他网络（如 IP 网络）的 LSR 称为 LER（Label Edge Router，标签边缘路由器），它分为入节点和出节点，MPLS 域内的 LSR 称为核心 LSR（Core LSR），又称中间节点。

MPLS 标签转发的基本思想是让 MPLS 域中的每个设备为每个网段（在 MPLS 中称为“FEC”，英文为 Forwarding Equivalent Class，中文为转发等价类）分配一个仅有本地意义的 MPLS 标签。**不同设备上同一 FEC 分配的 MPLS 标签值可以相同，但同一设备为不同 FEC 分配的 MPLS 标签必须不同。**

MPLS 标签又与报文转发的下一跳和出接口相映射，使得 MPLS 报文在骨干网中传输时可以直接依据各设备上为该网段报文所分配的 MPLS 标签进行转发。但 MPLS 报文上的标签不是固定不变的，而是随着报文的传输，每经过一跳设备都需要进行替换，以获得从当前设备向下游节点继续转发报文的路径。因此从本质上来讲，MPLS 报文在骨干网中的转发过程实质上是 MPLS 报文中 MPLS 标签的逐跳交换过程。

图 14-29 中，LER-1 是入节点，LER-2 是出节点，中间的 Core LSR-1 和 Core LSR-2 是中间节点。基本的标签交换过程如下。

① 入节点 LER-1 的三层接口收到 IP 数据帧时，去掉帧头，然后根据 IP 报头中的目的网络 IP 地址，找到对应的 MPLS 标签，在 IP 报头字段前添加一个本地 MPLS 标签（假设此处标签为 MPLS 标签 1，为一个整数），此标签已通过手动配置或者标签分发协议自动分配好。

② LER-1 根据本地 MPLS 标签（即 MPLS 标签 1）映射的下一跳和出接口，找到转发路径，并向中间节点 Core LSR-1 发送携带 MPLS 标签的 MPLS 报文。

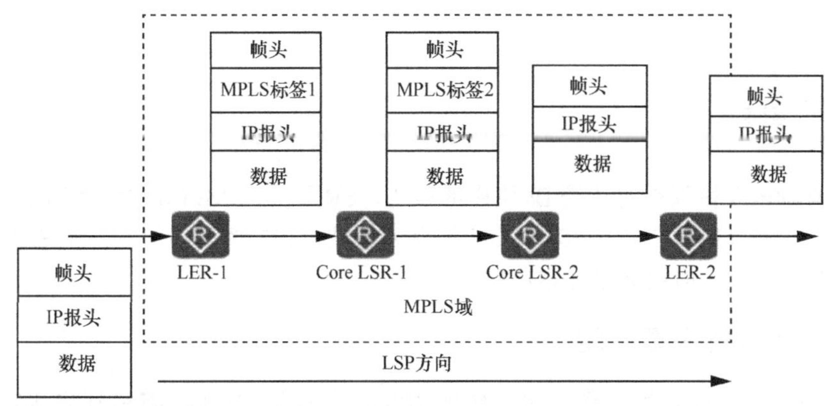

图 14-29 MPLS 标签交换示例

③ Core LSR-1 收到 MPLS 报文后，同样先去掉帧头，然后根据 IP 报头中的目的网络地址，找到本地为该网段分配的 MPLS 标签（假设此处标签为 MPLS 标签 2，也为一个整数），并用该 MPLS 标签替换 MPLS 报文中原来的 MPLS 标签。

④ Core LSR-1 根据本地 MPLS 标签（即 MPLS 标签 2）映射的下一跳和出接口，找到转发路径，向中间节点 Core LSR-2 发送携带 MPLS 标签的 MPLS 报文。

⑤ Core LSR-2 收到 MPLS 报文后，同样先去掉帧头，然后根据 IP 报头中的目的网络地址，找到本地为该网段分配的 MPLS 标签（如 3）。因为 Core LSR-2 是倒数第二跳设备，通常分配的本地 MPLS 标签是带有强制弹出特性的标签，即弹出原来所接收的 MPLS 报文中的 MPLS 标签，还原为原始的 IP 报文，然后根据分配的本地 MPLS 标签（即 3）所映射的下一跳和出接口，向出节点 LER-2 转发。

⑥ 出节点 LER-2 收到的是原始的 IP 报文，此时直接根据 IP 路由表进行转发。

14.6.3 MPLS 的主要优势

MPLS 转发与传统 IP 路由转发方式相比具有以下 3 个方面的优势。

1. 转发效率高

MPLS 通过事先分配好的标签，为特定类型的报文建立了一条专用的传输路径，报文在传输途中，每一跳设备只需进行快速的标签交换即可，不用进行复杂的 IP 报头分析和路由选优，提高了转发效率。

2. 更好的 QoS 保证

MPLS 是一种在网络层提供面向连接的交换技术，能够提供较好的 QoS 保证，所以广泛应用于 TE（流量）工程。

MPLS 转发过程中使用的标签，既可以通过手工方式静态配置，又可以通过标签分发协议动态分配。但是，**MPLS 离不开 IP 路由**，因为实现 LSP 的建立和 MPLS 标签的分发的前提是路径中的路由畅通。

3. 支持多协议报文转发

MPLS 虽然起源于 IPv4 网络，但目前其核心技术可通过扩展支持多种网络层协议，如 IPv6、IPX 和 CLNP（Connectionless Network Protocol，无连接网络协议）等，在数据链路层上支持以太网、HDLC 等多种协议，这也就是其名称中“多协议”的含义。

14.7 SR 基础

如果说 MPLS 协议是对传统 IP 路由的改进，SR 则是对 MPLS 协议的改进，所以又被称为“下一代的 MPLS”。因其与 SDN 具有天然结合的特性，所以又逐渐成为 SDN 的主流网络架构标准，应用前景非常广阔。

14.7.1 MPLS 的主要不足

MPLS 的主要不足之一就是与传统的 IP 路由一样，**控制平面与转发平面仍然没有分离**，每台设备既担当控制器角色，又担当转发器角色，这样一来网络中每台设备既是控制器，又是转发器，呈分布式架构，不仅浪费了设备资源，同时也使配置更为复杂。

MPLS 的另一个主要不足就是控制平面的标签分发协议太复杂，网络部署、配置和维护均比较困难。若采用手动配置 MPLS 标签则不适用于较大型的网络，就像静态路由一样。

MPLS 的控制平面主要依赖 LDP 技术以及 RSVP-TE（Resource Reservation Protocol-Traffic Engineering，基于流量工程扩展的资源预留协议）技术。LDP 的优势是部署简单，在配置上只需在接口上使能 LDP 功能即可，且 IGP 都支持 LDP，所以扩展性也比较好，还可通过 IGP 实现 ECMP（Equal Cost Multi-Path，等价多路径路由）负载均衡。但 LDP 存在以下几方面的不足。

① LDP 需要为每条隧道单独分配标签，网络部署和状态维护所占用的设备和网络资源较大，不利于组建大规模的网络。

② LDP 是利用 IGP 路由来进行路径计算的，自身没有路径计算能力，且分配的 MPLS 标签仅具有本地意义，无法指定严格显示路径，也就没办法实现基于业务需求进行流量调度，即不支持 TE。

③ LDP 本身所起的作用并不大，仅相当于把网段前缀地址转换成了标签，并且严重依赖 IGP，LDP 和 IGP 状态不一致时，还可能产生流量黑洞的问题。

RSVP-TE 解决了 LDP 不支持流量工程问题，即可按业务需求调度流量，而且引入了源路由的概念，即当流量进入 RSVP 网络后，在源节点即可依靠信令计算出完整的显示转发路径。但 RSVP-TE 存在以下不足。

① RSVP-TE 是一种面向连接的技术，节点之间需要发送和处理大量的报文，严重消耗了设备 CPU 性能和网络带宽资源。

② RSVP-TE 的信令非常复杂，需要为每个节点进行复杂的配置，又要维护大量的链路信息数据库。而且一旦业务发生变化，每个节点需重新进行配置调整，配置和维护难度大。

③ 每条 RSVP-TE 隧道只会选择一条最优路径进行数据转发，无法实现 ECMP 下的负载均衡。要实现负载均衡，就必须配置和维护多条 RSVP-TE 隧道，配置和维护成本较高。

14.7.2　SR 的主要优势

SR 的主要优势体现在以下几个方面。

1. 采用“业务驱动网络”模型，更好地满足了不同业务需求

随着网络应用多样化的发展，网络业务种类越来越多，不同的业务对网络的要求不尽相同，例如，实时通信应用程序通常更喜欢低时延、低抖动的路径，而大体积数据传输则更喜欢低丢包率的高带宽通道。如果仍按照传统的“网络适配业务”（就是按照业务需求调整网络配置）的网络模型，不但无法适应业务的快速发展，而且会使网络部署越来越复杂，变得难以维护。于是就有了新的网络架构模型——“业务驱动网络”模型。

“业务驱动网络”模型由业务确定网络架构，先由应用业务提出需求（时延、带宽、丢包率等），然后由网络中的控制器收集网络拓扑、带宽利用率、时延等信息，根据业务需求计算显式路径（明确的路径）。而且网络转发路径可以适时动态调整，快速满足变化的应用需求。SR 就是在这样的背景下产生的“业务驱动网络”模型新技术。

2. 控制平面与转发平面分离，简化了控制平面

SR 将 MPLS 控制平面与转发平面分离，且存在于各节点中的分布式架构，采用了更先进的控制平面与转发平面分离的架构，如图 14-30 所示。但 SR 部署可以没有专门的控制器，只是推荐采用控制器部署方式。

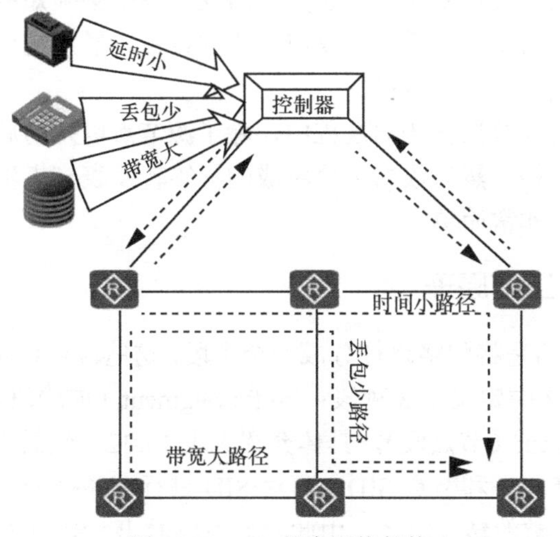

图 14-30　SR 基本网络架构

“控制平面与转发平面分离”是指把原来分布在各设备上的控制平面功能收回，集中由一台设备担当，这台设备称为“控制器”。而网络中的其他节点仅需要实现转发平面的功能，担当转发器的角色。这样简化了网络设备配置，便于集中控制，同时传输路径上的其他节点只需运行、配置转发器相关的协议和功能，工作压力大大减轻，可以更好地履行转发职责。

SR 中的控制器通过简单的指令即可完成信息收集和指令下发任务，无须通过 RSVP-TE 复杂的信令来获取网络中各节点的状态信息，所有转发控制信息均通过控制器

向入节点下发，生成对应的转发表项，不同类型的业务数据直接依据这些转发表项选择不同路径进行数据转发。

另外，在控制平面，SR 也对 MPLS 进行了优化，放弃了 MPLS 中的标签分发协议，直接采用 IGP、BGP 路由进行 SID（Segment ID，段 ID）分发。目前支持 SR 的 IGP 只有 OSPF 和 IS-IS，OSPF 中的 Opaque LSA、IS-IS 中的 IS-IS Router Capability TLV-242、IS-IS Extended IS reachability TLV-22 等携带 SR 属性。

3. 基于源路由理念，转发效率更高

"基于源路由"就是指通过在源节点（也称"入节点"）嵌入标签栈，即可控制数据包在整个网络中各节点上的转发路径。配合集中选路计算功能，即可灵活简便地实现路径控制与调整，而不像 IGP 路由那样转发路径的计算要依据目的节点的路由信息通告。

当然，源节点有时不是仅根据路径中各段链路的开销进行选路的，还会根据不同类型业务的特点、应用需求，如时延、抖动、带宽等都可能是考虑的因素。而且 SR 的源路由特性可以使业务在发生变化时，只需在源节点调整相关配置即可。源节点的这些路径控制信息均是通过与控制器交互实现的。

源路由的概念其实可以联想日常生活中经常使用的导航系统。当我们打开导航 App 时，只要输入目的地址，该系统会立即为我们呈现当前到达目的地的最佳路径信息，我们在不同时间查看，所选择的路径可能不同，因为不同时间，道路的拥堵、关闭状况可能不同。原来畅通的道路，可能因一起交通事故，造成拥堵甚至关闭，不能成为当前的首选路径。当然，事实上要得到这样一条完整路径，系统必须知道路径中每条道路的名称、长度、拥堵状况等信息，然后再计算出最优的路径，最后把这条最优路径中的每条道路串起来就是一条最优的出发路径。

基于源路由的好处为数据在传输过程中，除了源节点以外的后续其他节点只需按照在源节点上打上的标签栈，然后依据本地生成的标签转发表一步步转发即可，不用重新根据路由查找下一跳，非常简单。

14.7.3 SR 的基本工作原理

SR 的基本设计思路是将网络路径分成一个个段，这些段可以是某段路径，也可以是路径上的某个节点。SR 中定义了 3 种段：Prefix Segment（前缀段）、Adjacency Segment（邻接段）、Node Segment（节点段），具体介绍见表 14-12。然后为这些段分配 SID，分别对应前缀 SID、邻接 SID 和节点 SID。再对 SID 进行有序排列，形成段列表后（又称标签栈）可得到一条完整的转发路径。由此我们可以看出，SR 的转发依据为 SID，类似于 MPLS 的转发依据为 MPLS 标签。

表 14-12 Segment（段）类型及说明

Segment 分类	生成方式	说明
Prefix Segment（前缀段）	手工配置	Prefix Segment 用于标识网络中的某个目的地址前缀（Prefix），相当于 IGP 路由中的目的地址，MPLS 中所说的 FEC，**可以理解为一个城市或地区的名称或编码**。Prefix Segment 以 Prefix Segment ID（Prefix SID）标识，**必须手工配置，全局可见，全局有效，且必须全局唯一**

续表

Segment 分类	生成方式	说明
Adjacency Segment（邻接段）	源节点通过 IGP 协议动态分配或手工配置	Adjacency Segment 用于标识网络中的某个邻接，相当于 IGP 路由中的出接口（相当于指定了转发链路），**可以理解为一条道路的名称或编码。** Adjacency Segment 以 Adjacency Segment ID（Adjacency SID）标识，可以手工配置，也可以由控制器分配，**全局可见，但仅本地有效**，即网络其他节点的邻接段 ID 可以重复
Node Segment（节点段）	手工配置	Node Segment 是一种特殊的 Prefix Segment，用于标识特定的节点（Node）本身（不指定转发链路或出接口），**可以理解为一个单位的名称或编码。Node Segment 必须手工配置**，通常是以可代表一个节点的 Loopback 接口 IP 地址作为前缀，以 Node SID（节点 SID）标识，**全局可见，全局有效，且必须全局唯一**

图 14-31 是一个仅依据邻接 SID（代表一段链路）建立严格显示路径的数据转发的示例，携带有 SR 标签栈的报文到了一个节点后，就会去掉标签栈中的顶部标签，然后继续根据新的顶部标签所代表的下一跳节点进行转发。

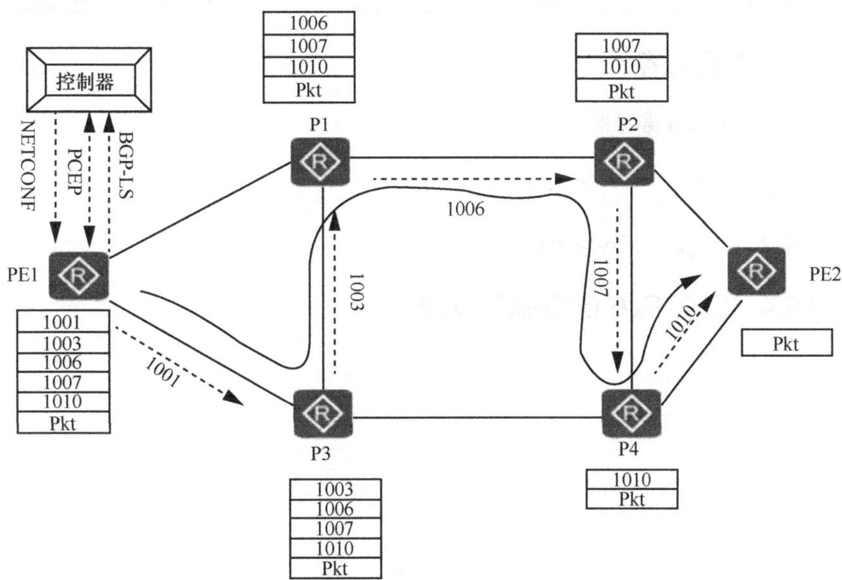

图 14-31　基于邻接 SID 的 SR 转发示例

在实际应用中还可以仅依据节点 SID 建立松散显示路径，或者同时结合节点 SID 和链路 SID 建立松、紧有度的灵活转发路径。有关 SR 的详细工作原理将在 HCIP 层次学习。

第 15 章 IPv6、IPv6 静态路由和 DHCPv6

本章主要内容

15.1 IPv6 基础

15.2 IPv6 单播地址配置

15.3 IPv6 静态路由

15.4 DHCPv6 的基础及配置

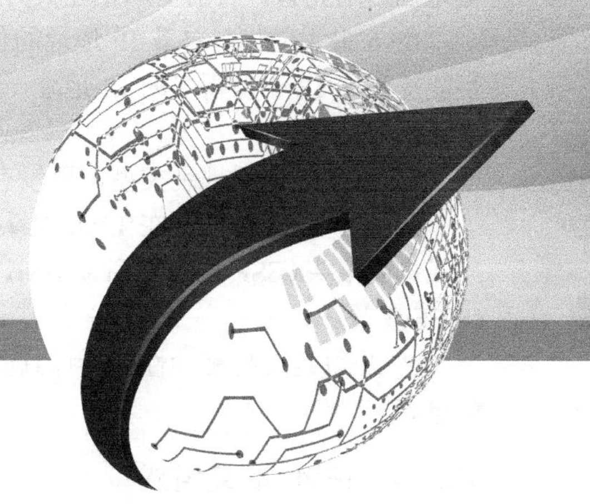

本章主要介绍在中小型企业网络中最基础的 IPv6 方面的三方面技术：一是全面、深入地了解 IPv6 本身，包括 IPv6 地址表示形式、IPv6 地址类型及各自格式、IPv6 数据包格式，以及接口 IPv6 地址配置方法和无状态地址分配原理；二是 IPv6 静态路由的配置与管理方法；三是在 IPv6 企业局域网中常用的 DHCPv6 的有状态 IPv6 地址分配原理，以及 DHCPv6 服务器和客户端的配置与管理方法。

15.1 IPv6 基础

随着计算机网络的普及和应用的高速发展，IPv4 公网地址早已用完，虽然出现了一些临时性的解决方案，如 VLSM、CIDR 和 NAT 技术，但均不能从根本上解决 IPv4 公网地址严重不足的问题。早在 20 世纪 90 年代就开发了新的 IP——IPv6，持续至今其技术体系已日渐完善，目前全球正在大力推广、普及 IPv6 的应用。

IPv6 最大的优势是其 IP 地址的位数扩展到了 128 位（IPv4 地址保有 32 位），因此字能提供比 IPv4 多得多的 IP 地址，解决了 IP 地址不足的问题。另外 IPv6 还具有以下特点。

① 取消了广播地址类型，即没有广播通信方式，在具体应用中可用组播替代。

② 内置安全特性：在 IPv6 报头就可以有专门的认证扩展报头（AH 报头）和安全净载扩展报头（ESP 报头），所以 IPv6 环境下的各种路由协议中没有认证功能，如 RIPng、OSPFv3 等。

③ 更好地支持移动性："目的选项"扩展报头携带了一些只有目的节点才会处理的信息。

15.1.1 IPv6 报文格式

RFC 2460 定义了 IPv6 报文格式。总体结构上，IPv6 报文格式与 IPv4 报文格式是一样的，是由"IP 报头"和"数据"（或"有效载荷"，是上层协议数据单元）两部分组成，但在 IPv6 报头中还包括固定的 40 字节基本报头和可选、且长度可变的一个或多个 IPv6 扩展报头（Extension Headers）。

1. IPv6 的基本报头格式

IPv6 的基本报头格式如图 15-1 所示，各字段说明如下。

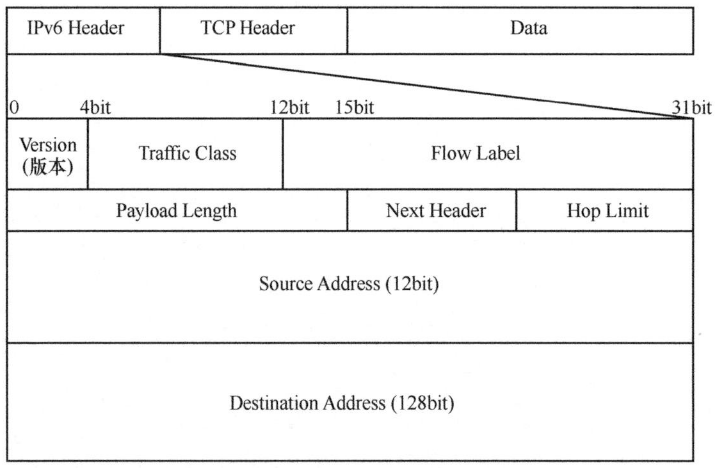

图 15-1 IPv6 基本报头格式

① Version（版本）：4bit。对于 IPv6，值为 0x06。

② Traffic Class（流类别）：8bit，它等同于 IPv4 报头中的 TOS 字段，表示 IPv6 报文的类别或优先级，主要应用于 QoS。

③ Flow Label（流标签）：20bit，它用于区分实时流量。

流可以理解为特定应用或进程的来自某一源地址发往一个或多个目的地址的连续报文。不同的流标签+源 IP 地址可以唯一确定一条数据流，中间网络设备可以根据这些信息更加高效率地区分数据流，因为同一数据流的基本属性在传输过程中是不会改变的。报文在 IP 网络中传输时会保持原有的顺序，提高了处理效率。随着三网合一的发展趋势，IP 网络不仅要求能够传输传统的报文，还需要能够传输语音、视频等报文。这种情况下，流标签字段的作用就显得更加重要。

④ Payload Length（有效载荷长度）：16bit，**包括可选的扩展报头和上层协议数据单元**。但该字段只能表示最大长度为 65535 字节（2^{16}）的有效载荷，超过这个值时该字段会置 0，此时有效载荷的长度用“逐跳选项”扩展报头中的超大有效载荷选项来表示。

⑤ Next Header（下一个报头）：8bit。该字段定义了紧跟在 IPv6 报头后面的第一个扩展报头（如果存在）的类型，或者上层协议数据单元中的协议类型。

⑥ Hop Limit（跳数限制）：8bit。该字段类似于 IPv4 报头中的 TTL 字段，定义了 IPv6 报文所能经过的最大跳数，即三层设备数。每经过一个路由器，该数值减去 1，当该字段的值为 0 时，报文将被丢弃。

⑦ Source Address（源地址）：128bit，表示发送方的 IPv6 地址。

⑧ Destination Address（目的地址）：128bit，表示接收方的 IPv6 地址。

从前文中我们可以看出，与第 2 章我们学习的 IPv4 报头格式比较，IPv6 的基本报头格式更为简单，去除了 IPv4 报头中的头部长度、标识（IP 报文序号）、标志（是否分片、是否是最后分片的标志）、片偏移（以 8 个字节为单位给出本分片中数据部分相对原 IP 报文的数据部分偏移长度）、校验和（头部校验）、选项、填充字段，只增了一个“流标签”（Flow Label）字段。因此 IPv6 报头的处理较 IPv4 大大简化，提高了处理效率。另外，为了让 IPv6 更好地支持各种选项处理，相关人员提出了扩展头的概念，在新增选项时不必修改现有 IPv6 报头结构。

2. IPv6 扩展报头格式

IPv6 增加了扩展报头，而且这些扩展报头可以根据不同需要进行选择，使得 IPv6 报头更加简化。一个 IPv6 报文可以包含 0 个、1 个或多个扩展报头，仅当需要路由路径中的路由器或目的节点做某些特殊处理时，才由发送方添加一个或多个扩展头。IPv6 支持在一个报文中携带多个扩展报头，**各扩展报头中都含有一个“下一个报头”字段**，用于指明下一个扩展报头的类型。

IPv6 扩展报头中的主要字段如图 15-2 所示，各字段说明如下。

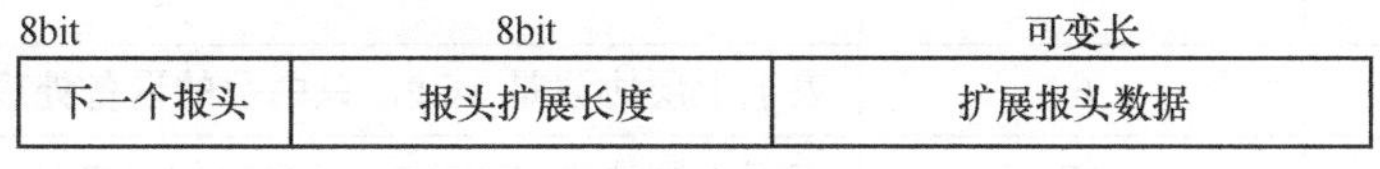

图 15-2　扩展报头中的主要字段

① Next Header（下一个报头）：8bit。它与基本报头中的 Next Header 的作用相同，

用于指明下一个扩展报头（如果存在）或上层协议的类型（与 IPv4 报头中的“协议类型”字段的作用类似），不同扩展报头和上层协议类型的本字段值不同。

路由设备转发时根据基本报头中 Next Header 字段值来决定是否要处理该扩展头，并不是所有的扩展报头都需要被转发路由器查看和处理。当根据扩展报头的类型判断不需要转发路由器处理该扩展报头时，转发路由器将直接根据基本报头进行转发，提高转发效率。

② Extension Header Length（报头扩展长度）：8bit，表示扩展报头的长度（不包含 Next Header 字段）。

③ Extension Header Data（扩展报头数据）：其长度可变，包含了扩展报头的具体内容，为一系列选项字段和填充字段的组合。

目前，RFC 2460 中定义了 6 个 IPv6 扩展头：逐跳选项报头、目的选项报头、路由报头、分段报头、认证（AH）报头、封装安全载荷（ESP）报头，具体说明见表 15-1。

表 15-1 主要 IPv6 扩展报头的类型说明

扩展报头类型	代表该类报头的 Next Header 字段值	描述
逐跳选项	0	该报头主要用于为在传输路径上的每跳转发指定发送参数，**传输路径上的每台中间节点设备都要读取并处理该扩展报头**。逐跳选项报头目前的主要应用有以下 3 种。 • 用于巨型载荷（载荷长度超过 65535 字节）。 • 用于设备提示，使设备检查该选项的信息，而不是简单地转发出去。 • 用于资源预留
目的选项	60	**目的选项报头携带了一些只有目的节点设备才会处理的信息**。目前，目的选项报文头主要应用于移动 IPv6
路由	43	路由报头能够被 IPv6 **源节点**用来强制数据包到达目的地址所必须经过的中间节点设备
分段	44	它与 IPv4 的分片功能一样，IPv6 报文发送也受到 MTU 的限制。当报文长度超过对应链路的 MTU 时就需要将报文分段发送，而在 IPv6 中，分段发送使用的是分段报头，**只由目的设备处理**
认证	51	认证报头由 IPsec 使用，提供认证、数据完整性以及重放保护。它还对 IPv6 基本报头中的一些字段进行保护，**只由目的设备处理**
封装安全载荷	50	封装安全载荷报头由 IPsec 使用，提供认证、数据完整性以及重放保护和 IPv6 数据报的保密，**只由目的设备处理**
ICMPv6（Internet Control Message Protocol Version 6，因特网控制消息协议第六版本）	58	表示上层协议是 ICMPv6，**只由目的设备处理**
TCP	6	表示上层协议是 TCP，**只由目的设备处理**
UDP	17	表示上层协议是 UDP，**只由目的设备处理**

当超过一种扩展报头被用在同一个分组里时，扩展报头必须按照以下顺序出现。

① IPv6 基本报头。
② 逐跳选项扩展报头。
③ 目的选项扩展报头。
④ 路由扩展报头。
⑤ 分片扩展报头。
⑥ 认证扩展报头。
⑦ 封装安全有效载荷扩展报头。
⑧ 目的选项扩展报头。
⑨ 上层协议报文。

【说明】与 IPv4 不同，IPv6 扩展报头长度任意，不受 40 字节限制，这样便于日后扩充新增选项。但是为了提高处理选项头和传输层协议的性能，**扩展报头总是 8 字节长度的整数倍**。

只有逐跳选项报头、路由报头才需要中间设备处理。另外，**除了目的选项扩展报头外，每个扩展报头在一个报文中最多只能出现一次。目的选项扩展报头在一个报文中最多只能出现两次**，一次是在路由扩展报头之前，另一次是在上层协议扩展报头之前。

15.1.2　IPv6 地址的格式

IPv6 地址的长度为 128bit，分成八段，每段用 4 位十六进制数表示（等同于 16 个二进制数），每段之间用冒号分隔，即 xxxx:xxxx:xxxx:xxxx:xxxx:xxxx:xxxx:xxxx 格式。

一个 IPv6 地址由 IPv6 地址前缀和接口 ID 组成，如图 15-3 所示。IPv6 地址前缀用来标识 IPv6 网络，相当于 IPv4 地址中的网络 ID；接口 ID 用来标识接口，相当于 IPv4 地址中的主机 ID。

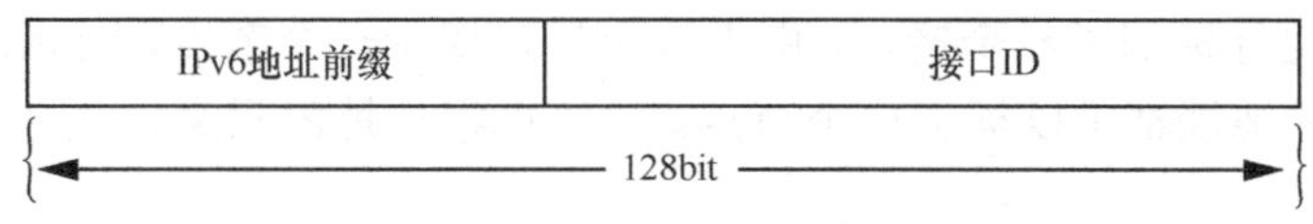

图 15-3　IPv6 地址的基本组成

接口 ID 可通过 3 种方法生成：手工配置、系统通过软件自动生成或由 IEEE EUI-64 规范生成。其中，由 EUI-64 规范自动生成方式最为常用。

IEEE EUI-64 规范是将接口的 48 位 MAC 地址转换为 IPv6 接口标识的过程。如图 15-4 所示，MAC 地址的前 24 位（用 c 表示的部分）为公司标识，后 24 位（用 n 表示的部分）为扩展标识符。从高位数，第 7 位是 0 表示了 MAC 地址本地唯一。转换的第一步将 FFFE 插入 MAC 地址的公司标识和扩展标识符之间，第二步将从高位数，第 7 位的 0 改为 1 表示此接口 ID 全球唯一。

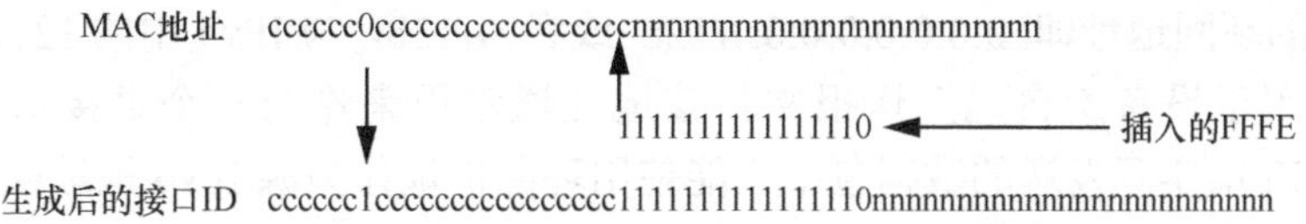

图 15-4　MAC 地址转换为 IPv6 接口标识的过程

这种由 MAC 地址产生 IPv6 地址接口标识的方法可以减少配置的工作量，但这种方式也有一个最大的缺点，就是任何人都可以通过二层 MAC 地址推算出三层 IPv6 地址。

另外，由于 IPv6 地址长度为 128bit，书写时会非常不方便。而且，IPv6 地址的巨大地址空间，使得 IPv6 地址中往往会包含多个 0。因此我们可以采用以下压缩规则，使 IPv6 地址更为简洁。

① 每个 16 比特组中的前导 0 可以省略。

② 如果一个 16 比特组全为 0，可用一个 0 表示。

③ 如果包含连续两个或多个均为 0 的 16 比特组，可以用一个"::"来代替。**但在一个 IPv6 地址中只能使用一次"::"**，否则，设备将压缩后的地址恢复成 128 位时，无法确定每段中 0 的个数。

如图 15-5 所示，2001:0ABC:0000:0000:0000:4329:0000:3843 的 IPv6 地址经过压缩后最终可简化为 2001:ABC::4329:0:3843。

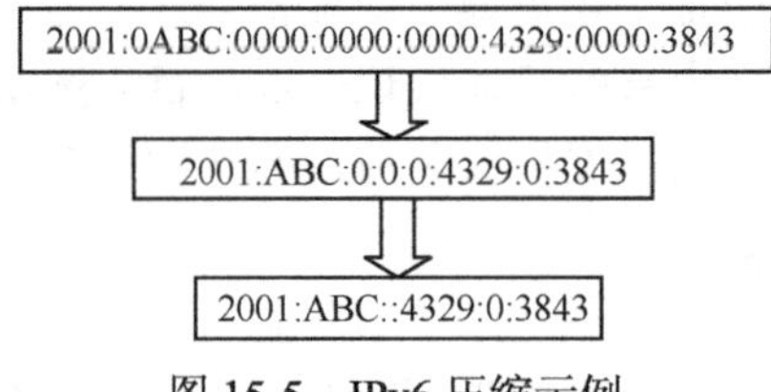

图 15-5 IPv6 压缩示例

15.1.3 IPv6 单播地址

IPv6 地址分为单播地址、任播地址、组播地址 3 种类型。IPv6 地址中没有广播类型的地址，是以更丰富的组播地址代替广播地址，同时增加了任播地址类型。

IPv6 单播地址标识了一个接口，由于每个接口属于一个节点，因此每个节点的任何接口上的单播地址都可以标识这个节点。发往单播地址的报文，由此地址标识的接口接收。

IPv6 定义了多种单播地址，目前常用的单播地址有：未指定地址、环回地址、全球单播地址（Global Unicast Address，GUA）、链路本地地址（Link-Local Address，LLA）、唯一本地地址（Unique Local Address，ULA）。

1. 未指定地址

IPv6 中的未指定地址即 0:0:0:0:0:0:0:0/128 或者::/128，类似于 IPv4 中的 0.0.0.0/32 地址。该地址可以表示某个接口或者节点还没有 IPv6 地址，也可作为某些报文的源 IPv6 地址，如在邻居请求（Neighbor Solicitation，NS）报文的重复地址检测中会出现。源 IPv6 地址是::的报文，因此不会被路由设备转发。

2. 环回地址

IPv6 中的环回地址即 0:0:0:0:0:0:0:1/128 或者::1/128，与 IPv4 中的 127.0.0.0/8 作用相同，主要用于设备给自己发送报文。该地址通常用来作为一个虚接口的地址（如 Loopback 接口）。实际发送的数据包中不能使用环回地址作为源 IPv6 地址或者目的 IPv6 地址。**但 IPv6 中的环回地址只有这一个。**

3. 全球单播地址

全球单播地址是带有全球单播前缀的 IPv6 地址，其作用类似于 IPv4 中的公网地址。这种类型的地址允许路由前缀的聚合，因此限制了全球路由表项的数量。

全球单播 IPv6 地址由全球路由前缀（固定为 001）、子网 ID 和接口 ID 组成，如图 15-6 所示。

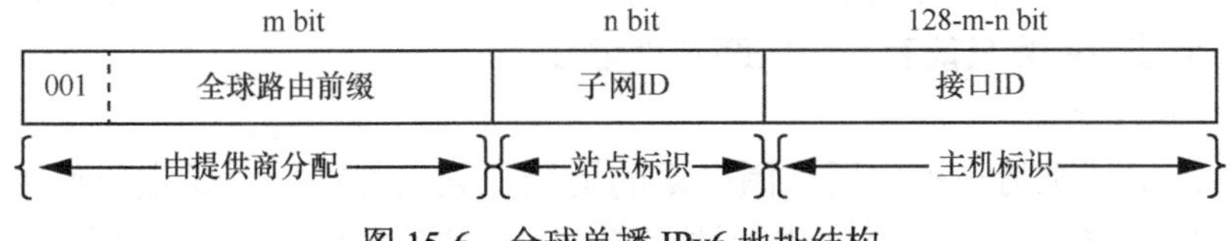

图 15-6 全球单播 IPv6 地址结构

① 全球路由前缀（Global routing prefix）：它用来标识一个网络，类似于 IPv4 地址的网络 ID。由提供商指定给一个组织机构，通常全球路由前缀至少为 45 位（加上最高 3 位，则至少是 48 位）。目前已经分配的全球路由前缀的最高 3bit 均为 001。

② 子网 ID（Subnet ID）：它与 IPv4 中的子网 ID 作用类似，用于组织机构划分本地子网络。

③ 接口 ID（Interface ID）：它用来标识一个设备，可看成主机部分。

通常接口 ID 部分为 64 位，其余三部分一起可看成是网络部分，也是 64 位。

目前，有一小部分全球单播地址已经由 IANA（互联网名称与数字地址分配机构，ICANN 的一个分支）分配给了用户，地址前缀为 2000::/3。IANA 负责将该段地址范围内的地址分配给多个区域互联网注册管理机构（RIR），如 2400::/12 (APNIC)、2600::/12(ARIN) 、2800::/12 (LACNIC) 、2A00::/12 (RIPE NCC) 和 2C00::/12(AfriNIC) ，它们使用单一地址前缀标识特定区域中的所有地址。

4. 链路本地地址

链路本地地址是 IPv6 中的应用范围受限制的地址类型，只能在连接到同一本地链路的节点之间通信使用，如 IPv6 地址无状态自动配置、IPv6 邻居发现，**但仅限物理接口配置（由同一个物理接口划分的各个子接口的链路本地地址相同）**，类似于 IPv4 网络中的 169.254.XXX.XXX 网段地址。它使用了特定的本地链路前缀 FE80::/10（最高 10 位值为 1111111010），同时将接口标识添加在后面作为地址的低 64bit，如图 15-7 所示。

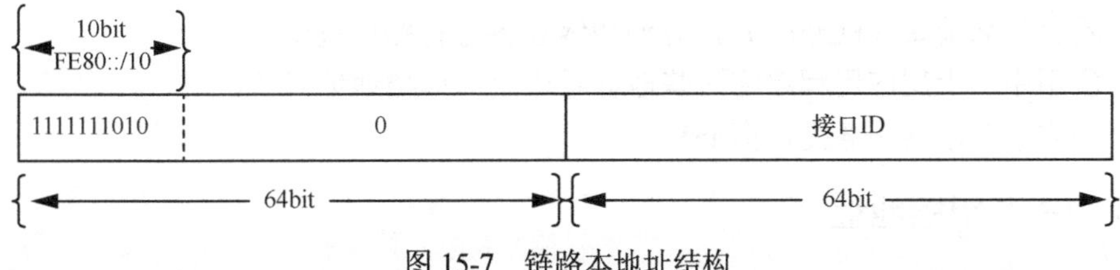

图 15-7 链路本地址结构

【说明】 中间 54 位填充任意值都会被当 0 来处理，链路两端接口的链路本地地址只需前缀满足 FE80::/10 的要求，最低 64 位接口 ID 必须不同。但最高双字节中前三位十六进制可以是 FE8、FE9、FEA、FEB（但不能是 FEC～FEF），而不仅是 FE8。

当一个节点使能 IPv6，且接口使能了接口自动生成链路本地地址功能，则接口会自动配置一个链路本地地址（其固定的前缀+EUI-64 规则形成的接口标识）。这种机制使得两个连接到同一链路的 IPv6 节点不需要做任何配置就可以通信。**以链路本地地址为源地址或目的地址的 IPv6 报文不会被路由器转发到其他链路。**

链路本地地址用于邻居发现协议和 IPv6 全球单播或唯一本地地址无状态自动配置（将在本章后面介绍）过程中链路本地上节点之间的通信。一个接口的配置多个 IPv6 地址，**但是每个接口有且只能有一个链路本地地址**。

5. 唯一本地地址

唯一本地地址是另一种应用范围受限的地址，它仅能在一个站点内使用，相当于 IPv4 中的局域网 IP 地址，仅要求本地站点唯一，其地址结构如图 15-8 所示，各组成部分说明如下。

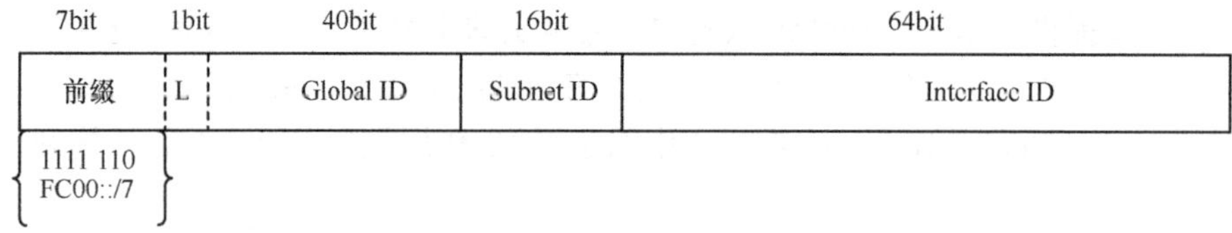

图 15-8 唯一本地地址结构

① 前缀（Prefix）：固定为 FC00::/7，**仅表示前面 7 位必须是** 1111 110。

② L 标志位（L）：它的值为 1，代表该地址为在本地网络范围内使用的地址，**这样专用于本地网络（不能在其他网络中路由）使用的唯一本地地址的前 8 位固定为 1111 1101，对应为 FD00::/8**；值为 0（即 FC00::/8）被保留，用于以后扩展。

③ Global ID：全球唯一前缀，通过伪随机（使用随机函数）方式产生。

④ Subnet ID：子网 ID，划分子网使用。

⑤ Interface ID：接口标识。

任何没有申请到提供商分配的全球单播地址的组织机构都可以使用唯一本地地址。唯一本地地址只能在本地网络内部被路由转发，不能在全球网络中被路由转发。唯一本地地址具有如下特点。

① 具有全球唯一的前缀（虽然随机方式产生，但是冲突概率很低），故如果出现路由泄漏，该地址不会和其他地址冲突，不会造成 Internet 路由冲突。

② 可以进行网络之间的私有连接，而不必担心地址冲突等问题。

③ 具有知名前缀（FC00::/7），方便边缘设备进行路由过滤。

④ 应用中，上层应用程序将这些地址看作全球单播地址对待。

⑤ 独立于互联网服务提供商 ISP。

15.1.4 IPv6 组播地址

IPv6 组播地址与 IPv4 组播地址的用途相同，均是用来标识一组接口，一般这些接口属于不同的节点。一个节点可能属于 0 到多个组播组。发往组播地址的报文被组播地址标识的所有接口接收。

一个 IPv6 组播地址由前缀、标志（Flag）字段、范围（Scope）字段，以及组播组 ID（Global ID）四部分组成，如图 15-9 所示，各部分说明如下。

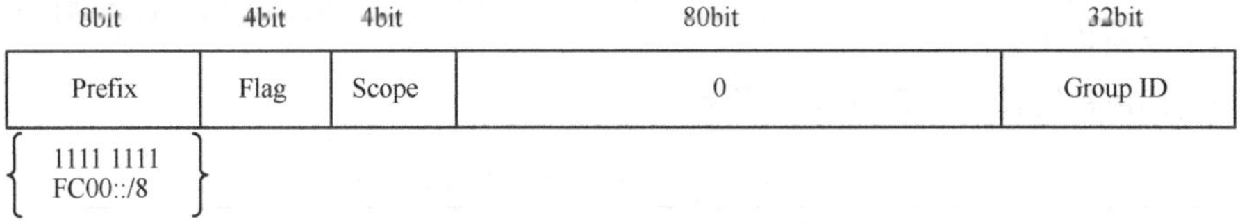

8bit	4bit	4bit	80bit	32bit
Prefix	Flag	Scope	0	Group ID
1111 1111 FC00::/8				

图 15-9 IPv6 组播地址结构

① Prefix：IPv6 组播地址的前缀是 FF00::/8，**即最高字节全为 1 的 IPv6 地址即为 IPv6 组播地址**。

② Flag：4bit，为 0 时，表示当前的组播地址是由 IANA 所分配的一个永久分配地址，相当于公网 IPv6 组播地址；为 1、2 时，表示当前的组播地址是 ASM（任意源组播）范围的组播地址；为 3 时，表示当前的组播地址是 SSM（指定源组播）范围的组播地址。其他值暂时未分配。

【说明】Flag字段的4位从高到低分别可用0、T、P和R表示，具体说明如下。

- 最高bit为保留，必须设置为0。
- T位置0时表示永久分配或者是well-known组播地址，置1时表示临时分配动态的组播地址。
- P位置1时表示此组播地址是一个基于单播前缀的IPv6组播地址。默认为0，表示此组播地址是一个非基于单播前缀的IPv6组播地址。如果P位设置为1，那么T位必须为1。
- R位置1时表示此组播地址是一个嵌入式RP（Embedded Rendezvous Point）地址的IPv6组播地址。默认为0，为非嵌入式RP地址。

③ Scope：4bit，用来限制组播数据流在网络中发送的范围，该字段的十六进制取值和含义的对应关系见表 15-2。

表 15-2 IPv6 组播地址 Scope 字段的取值含义

取值	含义
0、3、F	保留（reserved）
1	节点（或接口）本地范围（node/interface-local scope）
2	链路本地范围（link-local scope）
4	管理本地范围（admin-local scope），即可本地管理的范围
5	站点本地范围（site-local scope），即本地站点范围
6、7、9～D	未分配（unassigned）
8	机构本地范围（organization-local scope），即本地组织范围
E	全球范围（global scope）
其他	未分配

④ Group ID：112bit，用以在由 Scope 字段所指定的范围内唯一标识组播组，该标识可能是永久分配的或临时的，这由 Flags 字段的 T 位决定。目前，RFC2373 并没有将所有的 112 位都定义成组 ID，而是建议仅使用该 112 位的最低 32 位作为组播组 ID，将其余的 80 位都置为 0。

常用的 IPv6 组播地址及其含义见表 15-3。

表 15-3 常用的 IPv6 组播地址及其含义

范围	IPv6 组播地址	含义
节点（或接口）本地范围	FF01::1	本地接口连接的所有节点
	FF01::2	本地接口连接的所有路由器
链路本地范围	FF02::1	本地链路中的所有节点
	FF02::2	本地链路中的所有路由器
	FF02::3	未定义
	FF02::4	本地链路中的所有 DVMRP（Distance Vector Multicast Routing Protocol，距离矢量组播路由选择协议）路由器
	FF02::5	本地链路中的所有 OSPF 路由器
	FF02::6	本地链路中的 OSPF 指定路由器
	FF02::9	本地链路中的所有 RIP 路由器
	FF02::A	本地链路中的所有 EIGRP（Enhanced Interior Gateway Routing Protocol，增强内部网关路由线路协议）路由器
	FF02::B	本地链路中的移动代理
	FF02::D	本地链路中的所有 PIM（Personal Information Management System，个人信息管理器）路由器
	FF02::1:FFXX:XXXX	Solicited-Node（被请求节点）地址，XX:XXXX 表示节点 IPv6 地址的后 24 位
站点本地范围	FF05::2	本地站点中的所有路由器
	FF05::1:3	本地站点中的所有 DHCPv6 服务器
	FF05::1:4	本地站点中的所有 DHCPv6 中继
	FF05::1:1000～FF05::1:13FF	服务位置

表 15-3 中的 Solicited-Node 地址是一种特殊的组播地址，主要用于邻居发现机制和地址重复检测功能详细介绍见 15.2.2 节。

IPv6 中没有广播地址，也不使用 ARP，但是仍然需要从 IP 地址解析到 MAC 地址的功能。在 IPv6 中，这个功能通过邻居请求报文完成。当一个节点需要解析某个 IPv6 地址对应的 MAC 地址时，该节点会发送 NS 报文。该报文的目的 IPv6 地址是需要解析的 IPv6 地址对应的 Solicited-Node 组播地址，只有具有该组播地址的节点会被检查处理。

Solicited-Node 组播地址由通过节点（或接口）的单播或 IPv6 任播地址生成，具体**是由前缀 FF02:0:0:0:0:1:FF00::/104 和单播地址或 IPv6 任播地址的最后 24 位组成**。一个节点（或接口）具有单播或任播地址后，就会对应生成一个 Solicited-Node 组播地址，并且加入这个组播组。如一个单播唯一本地地址为 FC00::1，因其最后 24 位::1，所以可得出其 Solicited-Node 组播地址为 FF02:0:0:0:0:1:FF00::1。

由于 Solicited-Node 组播地址仅利用了单播地址或 IPv6 任播地址的最低 24 位，这样一来，凡是低 24 位相同的 IPv6 单播地址或任播地址具有相同的 Solicited-Node 组播地址。同时，在采用 EUI-64 格式配置的 IPv6 单播地址或任播地址中的后 64 位都是该接口的接口标识符（Interface Identifier，即 Interface ID），即 IPv6 单播地址或任播地址的最低 24 位实际就是取自于 64 位接口标识符的后 24 位，是相同的。这也就使得，一个接口无论配置了多少 IPv6 地址，它们对应的 Solicited-Node 组播地址是相同的。

15.1.5　IPv6 任播地址

任播地址标识一组网络接口（通常属于不同的节点），共享 IPv6 单播地址空间，**但仅可作为目的 IPv6 地址，且仅可被分配给路由设备，不能应用于主机**。以任播地址作为目的地址时，数据包将发送给到该任播地址中路由意义上最近的一个网络接口。任播地址在给多个主机或者节点提供相同服务的同时，提供冗余功能和负载分担功能，如最常用的各种应用或网络服务器的负载分担、用户使用最近的服务器进行应用访问。

子网路由器任播地址是已经定义好的一种任播地址（RFC3513）。发送到路由器任播地址的报文会被发送到该地址标识的子网中路由意义上最近的一个设备，但所有设备都必须支持子网任播地址。子网路由器任播地址用于节点需要和远端子网上所有设备中的一个（不关心具体是哪一个）通信时使用。例如，一个移动节点需要和它的“家乡”子网上的所有移动代理中的一个进行通信。

子网路由器任播地址由 n bit 子网前缀（Subnet Prefix）标识子网，其余用 0 填充，如图 15-10 所示。

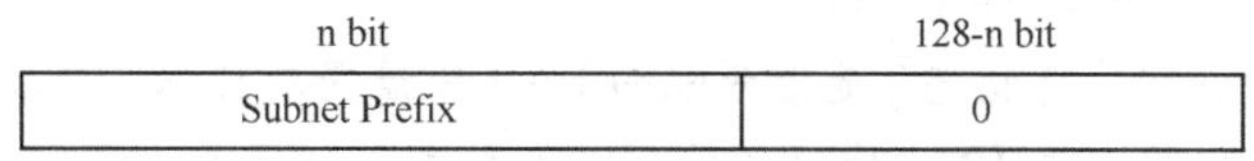

图 15-10　子网路由器任播地址结构

最后，我们将 IPv6 与 IPv4 做基本对比，具体见表 15-4。

表 15-4　IPv6 与 IPv4 的基本对比

对比项	IPv6	IPv4
地址长度	128bit	32bit
报文格式	固定的 40 字节基本报头，另外可以有长度可变的一个或多个扩展报头	固定的 20 字节基本字段，另外最长不超过 40 字节的可选字段
地址类型	单播、组播、任播	单播、组播、广播
地址配置方式	静态、DHCPv6、SLAAC（Stateless address autoconfiguration，无状态地址自动配置）	静态、DHCP
重复地址检测	通过 ICMPv6 实现	通过免费 ARP 实现
地址解析	通过 ICMPv6 实现	通过 ARP 实现

15.2 IPv6 单播地址配置

IPv6 地址配置分为静态配置和自动配置两种方式，静态方式就是通过管理员手动为接口或主机配置具体的 IPv6 地址，自动配置又分有状态自动配置和无状态自动配置两种。有状态自动配置通过 DHCPv6 服务为接口或主机自动分配 IPv6 地址，无状态自动配置通过 ICMPv6 中的 RS/RA 报文交互实现接口 IPv6 地址自动分配。

15.2.1 IPv6 无状态自动配置功能

IPv6 的自动配置方式又分为有状态(Stateful)和无状态(Stateless)两种，通过 ICMPv6 RA（Router Advertisement，路由器通告）报文中的 M 标志和 O 标志来控制终端自动获取 IPv6 地址。

① 如果 M、O 标志位均置 1，则对应有状态地址配置方式，采用 DHCPv6，DHCPv6 客户端将从 DHCPv6 服务器端获取完整的 128 bit IPv6 地址，同时包括 DNS、SNTP 服务器等地址参数。有关采用 DHCPv6 有状态配置方式将在本章后面介绍。

② 如果 M、O 标志位均置 0，则对应无状态地址配置方式，使能了 ICMPv6 RA 功能的路由器会周期性地通告该链路上的 IPv6 地址前缀，或主机发送路由器查询的 ICMPv6 RS(Router Solicitation，路由器请求)报文，路由器回复 RA 报文告知该链路 IPv6 地址前缀。主机根据路由器回应的 RA 报文，获得 IPv6 地址前缀信息，使用该地址前缀，加上本地产生的接口标识，形成单播 IPv6 地址。

③ 若主机还想获得其他配置信息，可以通过 DHCPv6 来获得除 IPv6 地址外的其他信息。当使用这种方式时，M=0，O=1。

【说明】这里所谓的“有状态”是指分配的 IPv6 地址是有记录（分配完后会记录 IPv6 地址分给了哪个客户端，该 IPv6 地址的使用状态信息等记录）、可集中管理的，只有通过 DHCPv6 服务器自动分配的 IPv6 地址才称之为有状态。“无状态”指所分配的 IPv6 地址没有记录，也不能集中管理。

SLAAC 是 IPv6 的一个亮点功能，它使得 IPv6 主机能够非常便捷地接入 IPv6 网络中，即插即用，无须手工配置 IPv6 地址，无须部署应用服务器（例如 DHCPv6 服务器）就可以为主机分发 IPv6 地址。

IPv6 无状态地址自动配置功能是通过路由器发现功能发现与本地链路相连的设备，并获取与地址自动配置相关的 IPv6 地址前缀和其他网络配置参数来实现的，主要用到 RS 和 RA 两种报文，具体如图 15-11 所示。

RS 是一种 ICMPv6 报文，Type 字段值固定为 133，Code 字段值为 0（表示没有到达目标设备的路由）。RS 是**主机**接入网络后主动以组播方式发送的请求报文，请求本地链路中的路由器通告网段路由信息。RS 报文中的源 IPv6 地址为接口的链路本地地址，**目的 IPv6 地址为代表链路本地作用域所有路由器的组播地址 FF02::2**。网络上的路由器在收到 RS 报文后将以 RA 报文响应，告知主机该网段的默认路由器和相关网络参数。

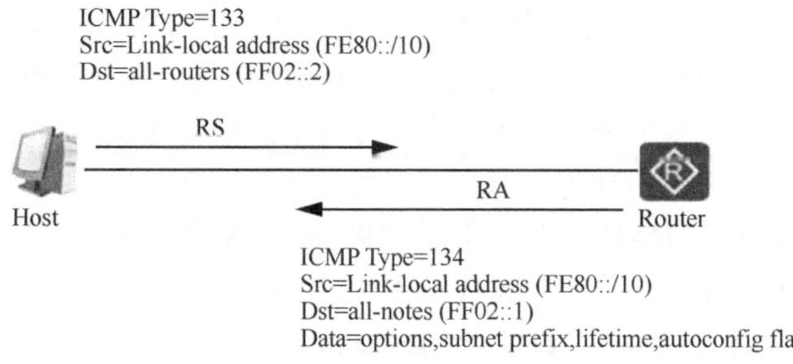

图 15-11　IPv6 的 RS 和 RA 报文交互

RA 也是一种 ICMPv6 报文，Type 字段值固定为 134，Code 字段值为 0。每台路由器为了让同一网段上的主机和其他路由器知道自己的存在，会定期或者在响应 RS 请求时以组播方式发送携带所需网络参数的 RA 报文，并向接口所连网段主机通告本网段的路由信息。RA 报文中的源 IPv6 地址为发送接口的链路本地地址，目的 IPv6 地址为代表链路本地作用域所有节点（包括路由器和主机）的组播地址 FF02::1。

在 RA 报文中，定义了本地设备优先级的"默认路由器优先级"（01 为高优先级；00 为中优先级，且为默认值；11 为低优先级；10 保留，未使用）的标志位和本地设备所连网段的"路由前缀信息"选项，帮助主机在发送报文时选择合适的转发设备。

主机收到包含路由前缀信息的 RA 报文后，会更新自己的路由表，这样在向其他设备发送报文时，通过查询该路由表的前缀信息，来选择合适的路由发送报文。主机收到包含默认路由器优先级信息的 RA 报文后，会更新自己的默认路由器列表，在向其他设备发送报文时，如果没有路由可选，则先查询该列表，然后选择本链路内默认路由器优先级最高的设备发送报文；如果该设备故障，主机根据优先级从高到低的顺序，依次选择其他设备。

15.2.2　IPv6 无状态地址 DAD 检查功能

路由器在给接口分配 IPv6 单播地址（特指全球单播地址和唯一本地地址）后，在使用该 IP 地址前，接口都会进行 DAD（Duplicate Address Detect，重复地址检测），确认是否有其他节点使用了该地址。这与 IPv4 中当 DHCP 服务器为 DHCP 客户端分配了 IP 地址后，DHCP 客户端发送免费 ARP 检测 IPv4 地址冲突类似。

一个 IPv6 单播地址在分配一个接口后，在通过重复地址检测前称为试验地址，此时该接口不能使用这个试验地址进行单播通信，但是仍然会加入两个组播组：本地链路范围 ALL-nodes 组播组 FF02:1 和 Solicited-Node 组播组。Solicited-Node 组播组由单播或任播地址的后 24 位加上地址前缀 FF02:0:0:0:0:1:FF00::/104 组成。例如，试验地址为 2000::1，则该地址被加入 Solicited-Node 组播组 FF02::1:FF00:1，具体介绍参见 15.1.4 节。

DAD 使用 ICMPv6 NS 报文和 ICMPv6 NA 报文确保网络中无两个相同的单播地址。所有接口在使用单播 IPv6 地址前都需要做 DAD。

① NS 报文：一种 ICMPv6 报文，Type 字段值为 135，Code 字段值为 0，在地址解析中的作用类似于 IPv4 中的 ARP 请求报文。

② NA 报文：一种 ICMPv6 报文，Type 字段值为 136，Code 字段值为 0，在地址解析中的作用类似于 IPv4 中的 ARP 应答报文。

在 DAD 中，节点向一个自己将使用的试验地址所在的 Solicited-Node 组播组发送一个以该试验地址为请求的目的地址的 NS 报文。如果收到某个其他站点响应的 NA 报文，则证明该地址已被网络上其他节点使用，本节点将不能使用该试验地址进行通信。在这种情况下，网络管理员需要手动为该节点分配另外一个地址。

图 15-12 所示为一个 DAD 示例。假设主机 Host A 新分配到了一个唯一本地地址 FC00::10，而在同网段内有另一台主机 Host B 的 IPv6 地址也为 FC00::10。主机 Host A 在分配到这个新的 IPv6 地址后会发起一个 DAD 过程，具体如下。

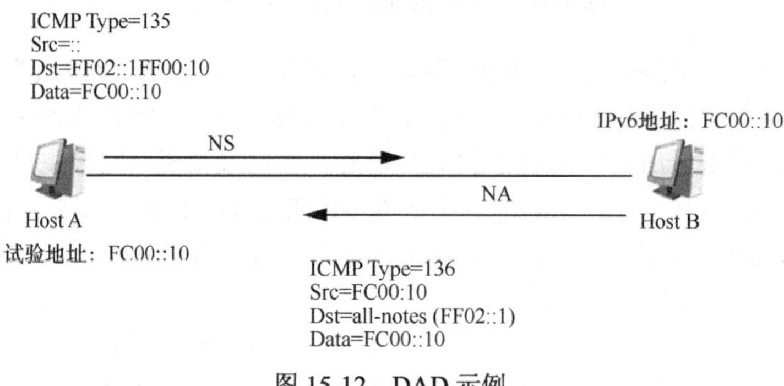

图 15-12　DAD 示例

① Host A 向 FC00::10 所加入的 Solicited-Node 组播组（该组播地址为 FF02::1:FF00:10，有关 Solicited-Node 组播地址的生成方法参见 15.1.4 节）发送一个以 FC00::10 为请求的目的地址的 NS 报文进行重复地址检测。由于 FC00::10 并未最终使用，所以 NS 报文中此时的源地址为未指定地址，即任意地址::/128。

② Host B 收到该 NS 报文后有以下两种处理方法。

- 如果 Host B 发现 FC00::10 也是其自身的一个试验地址（表示也是刚分配，并没有正式使用），则 Host B 放弃使用这个地址作为本地接口的 IPv6 地址，也不会向 Host A 发送 NA 报文。
- 如果 Host B 发现 FC00::10 是自己的一个已经正常使用的地址，Host B 会向 FF02::1（代表本地链路所有节点）组播组发送一个 NA 报文，该消息中会包含试验地址 FC00::10。这样，Host A 收到这个消息后就会发现自身的试验地址是重复的，被标识为 duplicated（重复）状态，不正式使用，需要通过 RS 报文重新向路由器请求新的 IPv6 地址。

【说明】 Host A 如果没有收到任何 NA 报文，则认为网络中没有其他设备使用该试验地址，Host A 可以正式使用该地址。

另外，IPv6 中的地址解析功能由 NDP（Neighbor Discovery Protocol，邻居发现协议）替代了原来 IPv4 网络中的 ARP，使用的也是 NS 和 NA 报文。

15.2.3 接口 IPv6 地址的配置

本节介绍 IPv6 全球单播地址、链路本地地址和任播地址的配置方法。

【注意】 在配置 IPv6 地址时要注意以下几点：

① 对于 IPv6 全球单播地址和唯一本地地址，链路两端接口的地址前缀均必须对应

相同，否则链路两端进行 ping 测试会不通。

② 链路本地地址的最高 10 位前缀必须满足 FE80::/10 的要求（具体参见 5.1.3 节），链路两端接口的 IPv6 链路本地地址的最低 64 位接口 ID 必须不同，否则就会认为两个链路本地地址相同，造成 IPv6 地址冲突，导致该接口的 IPv6 状态显示 DOWN，所配置的 IPv6 地址显示 TENTATIVE（表示是未经检测的试验地址），如下所示。

```
Serial1/0/0 current state : UP
IPv6 protocol current state : DOWN
IPv6 is enabled, link-local address is FEA2::1 [TENTATIVE]
  Global unicast address(es):
    2002::2, subnet is 2002::/64 [TENTATIVE]
```

1. 接口 IPv6 全球单播地址的配置

IPv6 全球单播地址类似于 IPv4 公网地址，最高三位固定为“001”。IPv6 全球单播地址有以下 3 种配置方式。

① 采用 EUI-64 格式形成：接口的 IPv6 地址的前缀就是所配置的地址前缀，而接口 ID 通过 EUI-64 规范自动生成，**接口 ID 为固定的 64 位**。

基于 IEEE EUI-64 格式的 IPv6 地址的生成是基于已存在的 MAC 地址来创建 64 位接口 ID 符的，这样生成的接口 ID 是唯一的，能唯一地标识每个网络接口。接口通过从 RA 报文获得的地址前缀和 EUI-64 格式生成的接口 ID 可以实现 IPv6 地址自动配置。

② 手工配置：用户手工配置 IPv6 全球单播地址。**唯一本地地址的配置方法一样**。

③ 自动配置：自动配置包括通过 DHCPv6 进行的有状态地址分配和通过 RS 报文、RA 报文进行的无状态配置两种。

作者在此仅介绍无状态配置方式。无状态方式下生成的 IPv6 全球单播地址的格式为**对端接口的前缀+根据 EUI-64 规范把 48 位的 MAC 地址转换成 64 位的接口标识**。

以上 3 种 IPv6 全球单播地址的具体配置方法见表 15-5。每个接口最多可以有 10 个地址前缀不同的 IPv6 全球单播地址。**手工配置的全球单播地址的优先级高于自动生成的全球单播地址**。即如果在接口已经自动生成全球单播地址的情况下，手工配置前缀相同的全球单播地址，自动生成的地址将被覆盖。**此后，即使删除手工配置的全球单播地址，已被覆盖的自动生成的全球单播地址也不会恢复。仅当再次接收到 RA 报文后，设备根据报文携带的地址前缀信息，重新生成全球单播地址**。

如果某个接口原来已经配置了 IPv6 地址，在收到 RA 报文自动生成新的 IPv6 全球单播地址后，原有的 IPv6 全球单播地址也不会被删除。如果停止发送 RA 报文，并且等接口自动生成的 IPv6 全球单播地址有效时间（在 RA 报文中携带）到期后，自动生成的地址会被删除，接口会使用原来配置的 IPv6 全球单播地址。

表 15-5　IPv6 全球单播地址的配置步骤

步骤	命令	说明
1	**system-view** 例如：< Huawei >**system-view**	进入系统视图
2	**ipv6** 例如：[Huawei] **ipv6**	使能 IPv6 报文转发功能。**默认情况下，IPv6 报文转发功能处于未使能状态**，可用 **undo ipv6** 命令去使能设备转发 IPv6 单播报文

续表

步骤	命令	说明
3	**interface** *interface-type interface-number* 例如：[Huawei] **interface** gigabitethernet 1/0/0	进入接口视图，必须是三层接口
4	**ipv6 enable** 例如：[Huawei-GigabitEthernet1/0/0] **ipv6 enable**	使能接口的 IPv6 功能。默认情况下，**接口上的 IPv6 功能处于未使能状态**。只有接口视图下和系统视图下都使能了 IPv6，接口才具有 IPv6 转发功能
5	**ipv6 address** { *ipv6-address prefix-length* | *ipv6-address/prefix-length* } 例如：[Huawei-GigabitEthernet1/0/0] **ipv6 address** 2001::1 64	（三选一）手工配置 IPv6 全球单播地址。命令中的参数说明如下。 • *ipv6-address prefix-length*：二选一参数，以空格分隔的形式指定 IPv6 地址及前缀长度。IPv6 地址为 128 位，通常分为 8 组，每组为 4 个十六进制数的形式。格式为 X:X:X:X:X:X:X:X；前缀长度的取值范围为 1～128。 • *ipv6-address/prefix-length*：二选一参数，以“/”分隔形式指定 IPv6 地址及前缀长度，取值范围同上。 **一个接口上最多可配置 10 个全球单播地址。为接口配置全球单播地址后，如果没有为该接口配置链路本地地址，系统会根据链路本地地址前缀和接口 MAC 地址自动生成一个链路本地地址**。前缀长度是 128 位的 IPv6 地址只能配置在 Loopback 接口上。**在同一设备的接口上，不允许配置网段重叠的 IPv6 地址**。 默认情况下，接口没有配置全球单播地址，可用 undo **ipv6 address** [*ipv6-address prefix-length* | *ipv6-address/prefix-length*]命令删除接口的全球单播地址。**如果未指定 IPv6 地址和前缀长度，则删除该接口上的所有 IPv6 地址**
	ipv6 address { *ipv6-address prefix-length* | *ipv6-address/prefix-length* } **eui-64** 例如：[Huawei-GigabitEthernet1/0/0] **ipv6 address** 2001:: 64 **eui-64**	（三选一）采用 EUI-64 格式形成 IPv6 全球单播地址。参数与前面介绍的 **ipv6 address** 命令中的对应参数一致，**但参数** *ipv6-address* **仅可指定高 64 位，低 64 位即使指定了也会被自动生成的 EUI-64 格式覆盖**，*prefix-length* **取值不能大于 64（通常为 64 位）**。 **一个接口上最多可配置 10 个全球单播地址**。执行本命令为接口配置 EUI-64 格式的 IPv6 全球单播地址后，如果没有为该接口配置链路本地地址，系统也会根据链路本地地址前缀和接口 MAC 地址自动生成一个链路本地地址。不能为环回地址（::1/128）、未指定地址（::/128）、组播地址、任播地址配置 EUI-64 格式的 IPv6 地址。 默认情况下，接口没有配置 EUI-64 格式的全球单播地址，可用 **undo ipv6 address** { *ipv6-address prefix-length* | *ipv6-address/prefix-length* } **eui-64** 命令删除接口的 EUI-64 格式的全球单播地址
	ipv6 address auto global 例如：[Huawei-GigabitEthernet1/0/0] **ipv6 address auto global**	（三选一）使能无状态自动生成 IPv6 全球单播地址，**接受由对端设备发送的 RA 报文进行无状态地址自动配置**。收到 RA 报文的接口可自动生成 IPv6 全球单播地址，生成的 IPv6 地址中带有 RA 报文的前缀和设备的接口标识。如果设备没有收到 RA 报文，设备只能自动配置链路本地地址，实现与本地节点的互通。 默认情况下，无状态自动生成 IPv6 全球单播地址功能处于未使能状态，可用 **undo ipv6 address auto global** 命令恢复默认配置

续表

步骤	命令	说明
6	**undo ipv6 nd ra halt** 例如：[Huawei-GigabitEthernet1/0/0]**undo ipv6 nd ra halt**	（可选）**在对端设备接口上**使能系统发布 RA 报文功能。仅在需要为所连接的主机或接口进行无状态 IPv6 配置时才需配置，使所连接的主机或接口可以自动配置 IPv6 全球单播地址。一般情况下，当设备与路由设备相连时，即网络内没有主机时，不需要使能系统发布 RA 报文的功能。 默认情况下，系统发布 RA 报文功能处于未使能状态，可用 **ipv6 nd ra halt** 命令恢复默认配置

2. 接口 IPv6 链路本地地址配置

链路本地地址常用于邻居发现协议和无状态自动配置。与 IPv6 全球单播地址一样，IPv6 链路本地地址也可以通过以下两种方式获得（仅可在物理接口上配置，由同一物理接口划分的各个子接口的链路本地地址相同）。

① 自动生成：设备根据固定的**链路本地地址前缀（FE80::/10）+根据 EUI-64 规范把 48 位的 MAC 地址转换成 64 位的接口 ID**，自动为接口生成链路本地地址（除开头的 10 前缀和最后的 64 位接口 ID 外，中间的 54 位全为 0）。

② 手工指定：用户手工配置 IPv6 链路本地地址，当然，手工指定的链路本地地址的前缀也必须是 FE80::/10。

IPv6 链路本地地址的配置步骤见表 15-6。

表 15-6 IPv6 链路本地地址的配置步骤

步骤	命令	说明
1	**system-view** 例如：< Huawei > **system-view**	进入系统视图
2	**ipv6** 例如：[Huawei] **ipv6**	使能 IPv6 报文转发功能，其他说明参见表 15-5 第 2 步
3	**interface** *interface-type interface-number* 例如：[Huawei] **interface** gigabitethernet1/0/0	进入接口视图，必须是三层接口
4	**ipv6 enable** 例如：[Huawei-GigabitEthernet1/0/0] **ipv6 enable**	使能接口的 IPv6 功能，其他说明参见表 15-5 第 4 步
5	**ipv6 address** *ipv6-address* **link-local** 例如：[Huawei-GigabitEthernet1/0/0] **ipv6 address** fe80::1 **link-local**	（二选一）手工配置接口的链路本地地址。参数 *ipv6-address* 用来指定接口的 IPv6 链路本地地址，总长度为 128 位，通常分为 8 组，每组为 4 个十六进制数的形式。格式为 X:X:X:X:X:X:X:X，**地址前缀必须是 FE80::/10**。 【注意】在配置链路本地地址时要注意以下几方面。 • 可以为接口配置多个 IPv6 地址，**但是每个接口只能有一个链路本地地址**。 • 接口下若存在自动分配的链路本地地址，执行本命令后，原链路本地地址将被覆盖。 默认情况下，接口没有配置链路本地地址，可用 **undo ipv6 address** *ipv6-address* **link-local** 命令删除接口的链路本地地址

续表

步骤	命令	说明
5	**ipv6 address auto link-local** 例如： [Huawei-GigabitEthernet1/0/0] **ipv6 address auto link-local**	（二选一）为接口配置自动生成的链路本地地址。 默认情况下，接口没有配置自动生成的链路本地地址，可用 **undo ipv6 address auto link-local** 命令删除自动生成的链路本地地址

【说明】可通过 **ping ipv6** 命令以链路本地地址测试同一链路两端设备的连通性，但**必须指定出接口**。

3. 接口 IPv6 任播地址的配置

任播地址共享单播地址空间，用来标识一组接口，具体配置方法见表 15-7。在使用任播地址时要注意以下两点。

① **任播地址只能作为目的地址使用**。

② 发送到任播地址的数据包被传输给此地址所标识的一组接口中距离源节点路由意义上最近的一个接口。

表 15-7 IPv6 任播地址的配置步骤

步骤	命令	说明
1	**system-view** 例如：< Huawei >**system-view**	进入系统视图
2	**ipv6** 例如：[Huawei] **ipv6**	使能 IPv6 报文转发功能，其他说明参见表 15-5 第 2 步
3	**interface** *interface-type interface-number* 例如：[Huawei] **interface** gigabitethernet 1/0/0	进入接口视图，必须是三层接口
4	**ipv6 enable** 例如：[Huawei-GigabitEthernet1/0/0] **ipv6 enable**	使能接口的 IPv6 功能，其他说明参见表 15-5 第 4 步
5	**ipv6 address** { *ipv6-address prefix-length* | *ipv6-address/prefix-length* } **anycast** 例如：[Huawei-GigabitEthernet1/0/0] **ipv6 address** fc00:c058:6301:: 48 **anycast**	配置接口的 IPv6 任播地址，参数 *ipv6-address prefix-length* | *ipv6-address/ prefix-length* 的说明与表 15-5 介绍的 IPv6 全球单播地址的参数说明一样。任播地址不能作为报文的源地址，因此当设备需要发送报文时，需要配置全球单播地址。前缀长度为 128 位的 IPv6 地址只能配置在 Loopback 接口上。 默认情况下，系统没有配置 IPv6 任播地址，可用 **undo ipv6 address** [*ipv6- address prefix-length* | *ipv6-address/ prefix- length*] 命令删除指定的 IPv6 任播地址

配置好接口 IPv6 单播地址后，我们可在任意视图下执行 **display ipv6 interface** [*interface-type interface-number* | **brief**] 命令查看接口的 IPv6 地址信息。我们在接口视图下执行 **display this ipv6 interface** 命令查看当前接口的 IPv6 地址信息。

15.3　IPv6 静态路由

介绍完 IPv6 自身的基础知识后，我们接下来介绍在中小型企业网络中 IPv6 静态路由的配置方法。IPv6 静态路由的主要特点与第 11 章中介绍的 IPv4 静态路由的特点是一样的，我们在此直接介绍华为设备中 IPv6 静态路由的配置与管理方法。但在配置 IPv6 静态路由之前，我们要配置好接口的链路层协议参数和 IPv6 地址，使相邻节点网络层可达。

15.3.1　IPv6 静态路由的配置与管理

与 IPv4 中的静态路由配置一样，我们在创建 IPv6 静态路由时，对于不同的链路类型，指定出接口和下一跳 IPv6 地址需要遵循一定原则，具体如下。

① 对于点到点接口，只需指定出接口或下一跳 IPv6 地址，**且下一跳不能是 IPv6 链路本地地址，也不能同时指定出接口和下一跳 IPv6 地址**。

② 对于 NBMA 接口，只需指定下一跳 IPv6 地址，**且下一跳不能是 IPv6 链路本地地址，也不能同时指定出接口和下一跳 IPv6 地址**。

③ 对于广播类型接口，必须指定下一跳 IPv6 地址，可同时指定出接口。当下一跳存在多个出接口时，必须同时指定出接口（不能是子接口）。下一跳可以是 IPv6 链路本地地址，**但此时必须同时指定出接口**。

在创建多条目的地相同的 IPv6 静态路由时，如果指定了相同的路由优先级（默认也是 60），则可实现负载分担，如果指定了不同的路由优先级，则可实现路由备份。在创建 IPv6 静态路由时，如果将目的地址与前缀长度配置为全 0，则表示配置的是 IPv6 静态默认路由。默认情况下，没有创建 IPv6 静态默认路由。这些都与 IPv4 网络中的静态路由特点是一样的。

配置 IPv6 静态路由的基本命令为 **ipv6 route-static** *dest-ipv6-address prefix-length* {*interface-type interface-number* [*nexthop-ipv6-address*] | *nexthop-ipv6-address* } [**preference** *preference*]，其中的参数和参数说明见表 15-8。

表 15-8　IPv6 静态路由创建命令的参数和参数说明

参数	参数说明	取值
dest-ipv6-address	指定目的 IPv6 地址	32 位十六进制数，格式为 X:X:X:X:X:X:X:X
prefix-length	指定 IPv6 前缀的长度	整数形式，取值范围为 0～128
interface-type interface-number	指定出接口的类型和编号	
nexthop-ipv6-address	指定设备的下一跳 IPv6 地址，通常是链路本地地址	32 位十六进制数，格式为 X:X:X:X:X:X:X:X
preference *preference*	指定路由优先级	整数形式，取值范围为 1～255。默认值为 60

默认情况下，系统没有配置任何 IPv6 静态路由，相关人员可用 **undo ipv6 route- static** *dest-ipv6-address prefix-length* [*interface-type interface-number* [*nexthop-ipv6-address*] |

nexthop-ipv6-address] [**preference** *preference*]或 **undo ipv6 route-staticall** 命令删除指定的或所有 IPv6 静态路由。

相关人员可在系统视图下通过 **ipv6 route-static default-preference** *preference* 命令配置 IPv6 静态路由的默认优先级，整数形式，取值范围为 1～255。默认情况下，IPv6 静态路由的默认优先级与 IPv4 静态路由的默认优先级一样，均为 60。重新设置默认优先级后，仅对新增的 IPv6 静态路由有效。

IPv6 静态路由配置好后，相关人员可在任意视图下执行 **display ipv6 routing-table** 命令查看 IPv6 路由表摘要信息；执行 **display ipv6 routing-table verbose** 命令查看 IPv6 路由表详细信息。

15.3.2 IPv6 静态路由的配置示例

如图 15-13 所示，IPv6 网络中属于不同网段的主机通过几台路由器相连，要求采用静态路由实现不同网段的任意两台主机之间能够互通。

1. 基本配置思路分析

IPv6 静态路由的工作原理与 IPv4 静态路由的工作原理和基本配置思路是一样的，具体如下。但要特别注意的是：在广播类型的以太网中，**IPv6 静态路由的出接口必须是指定的，下一跳 IPv6 地址反而是可选配置**，这与以太网中的 IPv4 静态路由配置要求不一样。

① 配置各接口的 IPv6 地址。

② 在各台 Router 上配置 IPv6 静态路由及默认路由。

③ 在各主机上配置 IPv6 默认网关。

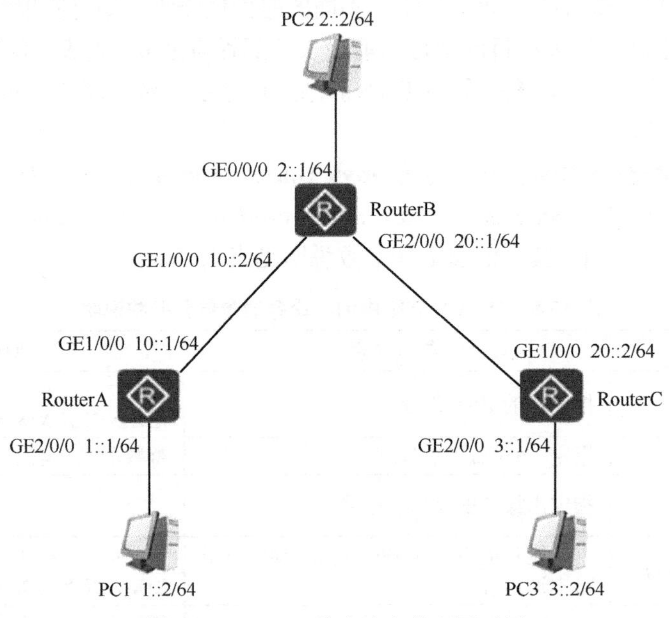

图 15-13 IPv6 静态路由的配置示例

2. 具体配置步骤

① 按图中标识配置各路由器接口的 IPv6 全球单播地址。在此，仅以 RouterA 为例

进行介绍，RouterB 和 RouterC 上各接口 IPv6 地址的配置方法与 RouterA 相同。

```
<Huawei>system-view
[Huawei] sysname RouterA
[RouterA] ipv6
[RouterA] interface gigabitethernet 1/0/0
[RouterA-GigabitEthernet1/0/0] ipv6 enable
[RouterA-GigabitEthernet1/0/0] ipv6 address 10::1/64
[RouterA-GigabitEthernet1/0/0] quit
[RouterA] interface gigabitethernet 2/0/0
[RouterA-GigabitEthernet2/0/0] ipv6 enable
[RouterA-GigabitEthernet2/0/0] ipv6 address 1::1/64
```

② 配置 IPv6 静态路由。

PC1 通过 RouterA 以及 PC3 通过 RouterC 访问外部网络时仅一个出接口，因此这两台路由器可以采用静态默认路由配置方式。PC2 通过 RouterB 访问外部网络的出接口不唯一，因此不能采用静态默认路由配置方式，需要配置明细路由。

在 RouterA 上配置 IPv6 默认路由，必须指定出接口。

```
[RouterA] ipv6 route-static :: 0 gigabitethernet 1/0/0 10::2
```

在 RouterB 上配置两条分别访问 PC1、PC3 所在网段的 IPv6 静态路由。

```
[RouterB] ipv6 route-static 1:: 64 gigabitethernet 1/0/0 10::1
[RouterB] ipv6 route-static 3:: 64 gigabitethernet 2/0/0 20::2
```

在 RouterC 上配置 IPv6 默认路由。

```
[RouterC] ipv6 route-static :: 0 gigabitethernet 1/0/0 20::1
```

③ 配置主机地址和网关。

根据图中标识配置好各主机的 IPv6 地址，并将 PC1 的默认网关配置为 RouterA 的 GE2/0/0 接口 IPv6 地址 1::1，PC2 的默认网关配置为 RouterB 的 GE0/0/0 接口 IPv6 地址 2::1，主机 3 的默认网关配置为 RouterC 的 GE2/0/0 接口 IPv6 地址 3::1。

3. 配置结果验证

在各路由器上执行 **display ipv6 routing-table** 命令查看 RouterA 的 IPv6 路由表。以下是在 RouterA 上执行该命令的输出示例。在输出信息中，第 1 条静态路由是手动配置的，其他 6 条均为直连（Direct）路由。各 PC 之间也可通过 **ping ipv6** 命令互通了。

```
[RouterA] display ipv6 routing-table
Routing Table : Public
        Destinations : 7        Routes : 7

Destination   : ::                        PrefixLength : 0
 NextHop         : 10::2                   Preference     : 60
 Cost            : 0                       Protocol       : Static
 RelayNextHop : ::                          TunnelID        : 0x0
 Interface      : GigabitEthernet1/0/0    Flags            : RD

 Destination    : ::1                      PrefixLength : 128
 NextHop          : ::1                     Preference      : 0
 Cost             : 0                       Protocol        : Direct
 RelayNextHop : ::                          TunnelID         : 0x0
 Interface       : InLoopBack0              Flags             : D
 ......
```

15.4 DHCPv6 的基础及配置

IPv6 地址有 3 种分配方式：一是手工配置；二是 RS/RA 交互的无状态自动配置；三是 DHCPv6 有状态自动配置。前两种已在 15.2 节介绍过，本节我们专门介绍有状态的 DHCPv6 服务器自动分配 IPv6 地址的配置方法。

15.4.1 DHCPv6 简介

当主机采用 RS/RA 报文交互方式进行无状态地址自动配置方式来获取 IPv6 地址时，路由器并不记录主机的 IPv6 地址信息，可管理性差。而且这种 IPv6 地址分配方式的 IPv6 主机只能获取 IPv6 地址，无法获取 DNS 服务器地址等网络配置信息，可用性也较差。

DHCPv6 属于一种有状态地址自动配置协议，与 IPv4 网络中，DHCPv4 服务器的 IPv4 地址的分配方式的基本原理相同。在有状态地址配置过程中，DHCPv6 服务器可为主机分配 IPv6 地址和网络配置参数，并对已经分配的 IPv6 地址和 DHCPv6 客户端进行集中管理。

DHCPv6 服务器与 DHCPv6 客户端之间使用 UDP 来交互 DHCPv6 报文，**客户端使用的 UDP 端口号为 546，服务器使用的 UDP 端口号为 547**。在 IPv4 中，DHCPv4 客户端使用的是 UDP 68 号端口，DHCPv4 服务器使用的是 UDP 67 号端口。

DHCPv6 架构中主要包括以下 3 种角色（与 IPv4 网络中的 DHCPv4 架构一样）。

① DHCPv6 客户端：通过与 DHCPv6 服务器进行交互，获取 IPv6 地址/前缀和网络配置信息，完成自身的 IPv6 地址配置功能。

② DHCPv6 服务器：负责处理来自 DHCPv6 客户端或中继的地址分配、续约、释放等请求，为 DHCPv6 客户端分配 IPv6 地址/前缀和其他网络配置信息。

③ DHCPv6 中继：负责转发来自 DHCP 客户端方向或服务器方向的 DHCPv6 报文，协助 DHCPv6 客户端和 DHCPv6 服务器完成地址配置功能。

DHCPv6 中继是可选的设备，仅当 DHCPv6 客户端和 DHCPv6 服务器不在同一链路范围内，或者 DHCPv6 客户端和 DHCPv6 服务器无法以单播方式进行交互的情况下，DHCPv6 中继才会参与。

在 DHCPv6 中，每个 DHCPv6 服务器或客户端有且只有一个唯一标识符——DUID（DHCPv6 Unique Identifier，DHCP 唯一标识符）。DHCPv6 客户端/服务器 DUID 的内容分别通过 DHCPv6 报文中的 Client Identifier 或 Server Identifier 选项来携带。两种选项的格式一样，通过 **option-code** 字段的取值来区分是 Client Identifier 选项还是 Server Identifier 选项。

注意，IPv4 网络中的 DHCP 服务器进行 IP 地址分配过程中，4 种 DHCP 报文是采用广播方式发送的，但是在 IPv6 中没有了广播类型的通信方式，且接口会自动生成链路本地地址，因此在 DHCPv6 服务器进行 IPv6 地址分配过程中采用的是组播+单播的发送方式。

DHCPv6 在 IPv6 分配过程中会用到以下两个 IPv6 组播地址。

① FF02::1:2（所有 DHCPv6 服务器和中继代理的组播地址）：这个地址是链路范围的，**用于 DHCPv6 客户端向相邻的服务器及中继代理发送 DHCPv6 报文**，网络中所有 DHCPv6 服务器和中继代理都是该组的成员。**DHCPv6 服务器和中继向客户端发送报文时采用单播方式，目的 IPv6 地址为客户端的链路本地地址。**

② FF05::1:3（所有 DHCPv6 服务器组播地址）：这个地址是站点范围的，**用于中继代理和服务器之间的通信**，同一站点内的所有 DHCPv6 服务器都是此组的成员。

15.4.2　DHCPv6 报文

DHCPv6 进行 IPv6 地址自动分配、续约、释放的过程是通过各种 DHCPv6 报文交互方式进行的。目前，DHCPv6 定义了 13 种类型报文，各报文说明及与 DHCPv4 报文的对应关系见表 15-9（自上至下，各报文的对应类型值为 1～13）。

表 15-9　DHCPv6 报文的类型及与 DHCPv4 报文的对应关系

DHCPv6 报文	DHCPv4 报文	说明
Solicit	Discover	DHCPv6 客户端使用 Solicit 报文来发现 DHCPv6 服务器的位置
Advertise	Offer	DHCPv6 服务器发送 Advertise 报文来对 Solicit 报文进行响应，宣告自己能够为该 DHCPv6 客户端提供 DHCPv6 服务
Request	Request	DHCPv6 客户端发送 Request 报文来向 DHCPv6 服务器请求 IPv6 地址和其他配置信息
Confirm	—	DHCPv6 客户端向任意可达的 DHCPv6 服务器发送 Confirm 报文检查自己目前获得的 IPv6 地址是否适用与它所连接的链路
Renew	Request	DHCPv6 客户端向为其分配 IPv6 地址、提供配置信息的 DHCPv6 服务器发送 Renew 报文来延长租约地址的租约期，即进行 IPv6 地址更新
Rebind	Request	如果 Renew 报文没有得到应答，DHCPv6 客户端向任意可达的 DHCPv6 服务器发送 Rebind 报文来续租、更新 IPv6 地址
Reply	Ack/Nak	DHCPv6 服务器在以下场合发送 Reply 报文。 • DHCPv6 服务器发送携带了 IPv6 地址和配置信息的 Reply 消息来响应从 DHCPv6 客户端收到的 Solicit、Request、Renew、Rebind 报文。 • DHCPv6 服务器发送携带配置信息的 Reply 消息来响应收到的 Information-Request 报文。 • 响应 DHCPv6 客户端发来的 Confirm、Release、Decline 报文
Decline	Decline	DHCPv6 客户端向 DHCPv6 服务器发送 Decline 报文，声明 DHCPv6 服务器分配的一个或多个地址在客户端所在链路上已被使用
Reconfigure	—	DHCPv6 服务器向 DHCPv6 客户端发送 Reconfigure 报文，提示 DHCPv6 客户端，在 DHCPv6 服务器上存在新的网络配置信息
Information-Request	Inform	DHCPv6 客户端向 DHCPv6 服务器发送 Information-Request 报文来请求除 IPv6 地址以外的网络配置信息
Relay-Forw	—	中继代理通过 Relay-Forward 报文向 DHCPv6 服务器转发 DHCPv6 客户端请求报文
Relay-Repl	—	DHCPv6 服务器向中继代理发送 Relay-Reply 报文，其中携带了转发给 DHCPv6 客户端的报文

15.4.3 DHCPv6 地址分配原理

当 DHCPv6 收到路由器发送的 RA 报文中，M 和 O 两标识位均为 1 时（或者 M=0，O=1 时），要采用 DHCPv6 有状态地址配置方式。IPv6 主机通过有状态 DHCPv6 方式获取 IPv6 地址和其他配置参数的过程有以下两类。

① DHCPv6 四步交互分配过程。

② DHCPv6 两步交互快速分配过程。

1. *四步交互方式*

四步交互方式常用于网络中存在多个 DHCPv6 服务器的情况下，它的分配流程如图 15-14 所示，具体说明如下。

① DHCPv6 客户端首先以**组播**方式（源地址为客户端自己的 IPv6 链路本地地址，**目的地址为** FF02::1:2）发送 Solicit 报文来查找可以为其提供 IPv6 地址分配的 DHCPv6 服务器。

② DHCPv6 服务器收到 DHCPv6 客户端发来的 Solicit 报文后，如果认为可以为该客户端进行 IPv6 分配，会以**单播**方式（源地址为 DHCPv6 服务器自己的 IPv6 链路本地地址，目的地址为客户端的 IPv6 链路本地地址）发送 Advertise 报文。

③ 当收到多个 DHCPv6 服务器返回的 Advertise 报文时，DHCPv6 客户端根据 DHCPv6 Advertise 报文中携带的 DHCPv6 服务器的优先级选择其中一个为其分配地址和配置信息，然后通过**组播**方式（源地址为客户端自己的 IPv6 链路本地地址，目的地址仍为 FF02::1:2）发送 Request 报文请求分配 IPv6 地址。

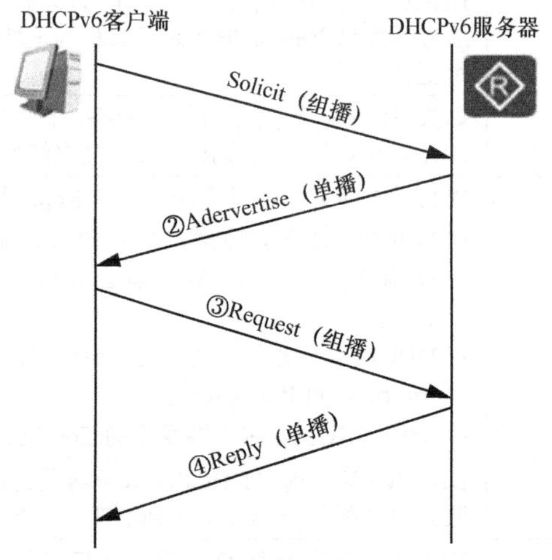

图 15-14 四步交互方式的 DHCPv6 服务器 IPv6 地址的分配流程

④ 选定的 DHCPv6 服务器在收到来自 DHCPv6 客户端的 Request 报文后，以**单播**方式（源地址为 DHCPv6 服务器自己的 IPv6 链路本地地址，目的地址为客户端的 IPv6 链路本地地址）向客户端发送 Reply 报文，进行确认或否认，完成整个 IPv6 地址的申请和分配过程。

2. *两步交互方式*

两步交互常用于网络中只有一个 DHCPv6 服务器的情况下，它的分配流程如图 15-15 所示，具体说明如下。

① DHCPv6 客户端首先通过组播方式（源地址为客户端自己的 IPv6 链路本地地址，**目的地址为 FF02::1:2**）发送一个包含“Rapid Commit”（快速确认）选项的 Solicit 报文来查找可以为其提供 IPv6 地址分配服务的 DHCPv6 服务器。

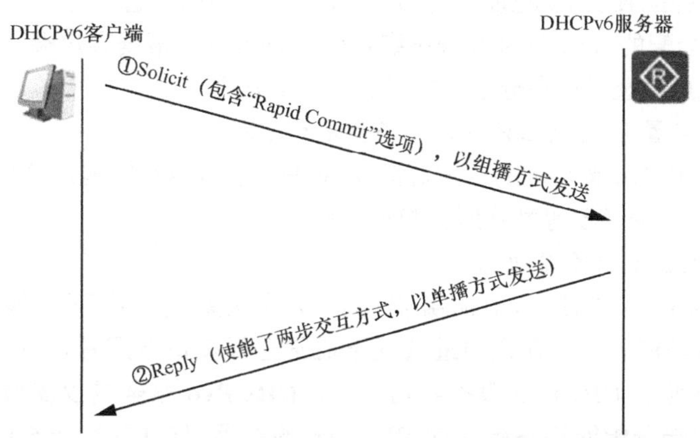

图 15-15 两步交互方式的 DHCPv6 服务器 IPv6 地址的分配流程

② DHCPv6 服务器收到客户端的 Solicit 报文后，如果 DHCPv6 服务器配置使能了两步交互，并且发现来自客户端的 Solicit 报文中也包含 Rapid Commit 选项，则直接以单播方式（源地址为 DHCPv6 服务器自己的 IPv6 链路本地地址，目的地址为客户端的 IPv6 链路本地地址）响应 Reply 报文，为客户端分配 IPv6 地址和网络配置参数，完成地址申请和分配过程。

两步交互方式可以提高 DHCPv6 地址分配效率，但在网络中存在多个 DHCPv6 服务器的情况下，这样会造成多个 DHCPv6 服务器都向客户端响应 Reply 报文，为客户端分配 IPv6 地址，但是客户端实际只可能使用其中一个服务器为其分配 IPv6 地址和配置信息。为了防止这种情况的发生，管理员可以配置 DHCPv6 服务器是否支持两步交互地址分配方式。DHCPv6 服务器端如果没有配置使能两步交互方式，则无论客户端的 Solicit 报文中是否包含“Rapid Commit”选项，服务器都采用四步交互方式为客户端分配地址和配置信息。

15.4.4 DHCPv6 服务器的配置

本节介绍采用 DHCPv6 服务器进行有状态 IPv6 地址分配的配置方法，但在配置之前，管理员需完成以下任务。

① 在系统视图和对应接口视图下使能了 IPv6 功能。

② 保证 DHCPv6 客户端和路由器之间链路正常，能够通信。

③（可选）对于存在 DHCPv6 中继的场景，配置路由器到 DHCPv6 中继或 DHCPv6 客户端的路由。HCIA 层次不需要掌握存在 DHCPv6 中继情形时的配置。

DHCPv6 服务器上进行配置的基本配置任务如下，具体配置步骤见表 15-10。

1. 配置 DHCPv6 DUID

每个 DHCPv6 服务器或客户端有且只有一个唯一标识符，服务器使用 DUID 来识别不同的客户端，客户端则使用 DUID 来识别服务器。相关人员可以用 **display dhcpv6 duid** 命令查看当前设备的 DUID。

2. 配置 IPv6 地址池

DHCPv6 服务器需要从地址池中选择合适的 IPv6 地址分配给 DHCPv6 客户端，用户需要创建地址池并配置 IPv6 地址池的相关属性，包括 IPv6 地址范围、配置信息刷新时间、不参与自动分配的 IPv6 地址和静态绑定的 IPv6 地址。根据客户端的实际需要，IPv6 地址的分配方式可以选择动态分配方式或静态绑定方式。

3. （可选）配置 IPv6 地址池网络服务器地址信息

为了保证 DHCPv6 客户端的正常通信，DHCPv6 服务器在给客户端分配 IPv6 地址的同时，需指定 DNS 服务器等网络服务配置信息。

4. 使能 DHCPv6 服务器功能

当配置设备作为 DHCPv6 服务器时，支持在系统视图下或接口视图下使能 DHCPv6 服务器功能。在不存在中继情况下通常选择接口下配置，因为此种情况下选择在系统视图下使能 DHCPv6 服务器功能时，**DHCPv6 服务器仅支持以 DHCPv6 无状态方式为客户端分配网络参数**（即 DHCPv6 服务器只分配除 IPv6 地址以外的配置参数，包括 DNS、NIS、SNTP 服务器等，**客户端的 IPv6 地址仍然通过路由通告方式自动生成**）。**如果想以 DHCPv6 有状态方式为客户端分配网络参数，可以在接口视图下使能 DHCPv6 服务器。**

另外，无论采用在接口视图下使能 DHCPv6 服务器，还是在系统视图下使能 DHCPv6 服务器，均无须配置网关，因为均是以 DHCPv6 报文的出接口的链路本地地址作为网关。

表 15-10 DHCPv6 服务器的配置步骤

步骤	命令	说明
1	**system-view** 例如：<Huawei>**system-view**	进入系统视图
2	**dhcpv6 duid** { **ll** | **llt** } 例如：[Huawei] **dhcpv6 duid ll**	（可选）配置 DUID。 • **ll**：二选一选项，指设备采用链路层地址（即 MAC 地址）方式生成 DUID。 • **ll**：二选一选项，指定设备采用链路层地址（即 MAC 地址）+时间的方式生成 DUID。 默认情况下，设备以 **ll** 方式生成 DUID
3	**dhcpv6 pool** *pool-name* 例如：[Huawei] **dhcpv6 pool** pool1	创建 IPv6 地址池，进入 IPv6 地址池视图。参数 *pool-name* 用来配置 DHCPv6 地址池名称，字符串形式，不支持空格，区分大小写，长度范围为 1～31。可以设定为包含数字、字母和“_”或“.”的组合。 默认情况下，系统没有创建 IPv6/IPv6 PD 地址池

续表

步骤	命令	说明
4	**address prefix** *ipv6-prefix/ipv6-prefix-length* [**life-time** { *valid-lifetime* | **infinite** } { *preferred-lifetime* | **infinite** }] 例如：[Huawei-dhcpv6-pool-pool1] **address prefix** fc00:1::/64 **life-time infinite infinite**	指定 IPv6 地址池绑定的网络前缀和前缀长度。 • *ipv6-prefix*：地址池网络地址，总长度为 128 位，通常分为 8 组，每组为 4 个十六进制数的形式。格式为 X:X:X:X:X:X:X:X。 • *ipv6-prefix-length*：地址池的网络前缀长度，整数形式，取值范围为 1～128。 • **life-time**：可选项，指定地址池有效期。 • *valid-lifetime*：二选一可选参数，指定分配的 IPv6 地址的有效生命周期（即地址租期），整数形式，取值范围为 60～172799999，单位为秒，默认值为 172800，即 2 天。 • **infinite**：二选项一可选项，指定有效生命周期或优先生命周期为无穷大。当优先生命周期配置为无穷大时，则有效生命周期必须配置为无穷大。 • *preferred-lifetime*：二选一参数，指定优先有效生命周期（即发送地址租约更新的有效期），整数形式，取值范围为 60～172799999，单位为秒，默认值为 86400，即 1 天（即为有效生命周期的 50%），必须要小于等于有效生命周期。 默认情况下，IPv6 地址池没有配置地址前缀和生命周期
5	**excluded-address** *start-ipv6-address* [**to** *end-ipv6-address*] 例如：[Huawei-dhcpv6-pool-pool1] **excluded-address** fc00:1::1 to fc00:1::10	配置 IPv6 地址池中不参与自动分配的起始、结束 IPv6 地址。 **【注意】DHCPv6 服务器网关接口 IP 地址没有像 DHCPv4 那样自动排除，所以也必须包括在被排除的范围。** 默认情况下，地址池中所有 IPv6 地址都参与自动分配。如果只有一个 IPv6 地址不参与自动分配，则指定参数 *start-ipv6-address* 即可。多次执行该命令可以排除多个不参与自动分配的 IPv6 地址或 IPv6 地址段
6	**static-bind address** *ipv6-address* **duid** *client-duid* [**life-time** { *valid-lifetime* | **infinite** }] 例如：[Huawei-dhcpv6-pool-pool1] **static-bind address** fc00:1::2 **duid** abcdef **life-time infinite**	（可选）静态绑定 IPv6 地址与客户端的 DUID。客户端主机的 DUID 可通过 **ipconfig /all** 命令查询。 • *ipv6-address*：指定地址池下静态绑定的 IPv6 地址。 • **duid***client-duid*：配置与参数 *ipv6-address* 指定的 IPv6 地址静态绑定的 DHCPv6 客户端的 DUID。 • *valid-lifetime*：二选一参数，指定绑定表项的有效期，整数形式，取值范围为 60～172799999，单位为秒，默认值为 172800，即 2 天。 • **infinite**：二选一选项，指定绑定表项永久有效。 默认情况下，地址池下没有绑定 IPv6 地址与客户端 DUID
7	**dns-server** *ipv6-address* 例如：[Huawei-dhcpv6-pool-pool1] **dns-server** fc00:1::1	（可选）配置为 DHCPv6 客户端分配的 DNS 服务器 IPv6 地址

续表

<table>
<tr><th>步骤</th><th>命令</th><th colspan="2">说明</th></tr>
<tr><td>8</td><td>**dns-domain-name** *dns-domain-name*
例如：[Huawei-dhcpv6-pool-pool1] **dns-domain-name** huawei.com</td><td colspan="2">（可选）配置为 DHCPv6 客户端分配的域名后缀</td></tr>
<tr><td>9</td><td>**quit**
例如：
[Huawei-dhcpv6-pool-pool1]**quit**</td><td colspan="2">返回系统视图</td></tr>
<tr><td>10</td><td>**dhcp enable**
例如：[Huawei] **dhcp enable**</td><td colspan="2">全局使能 DHCPv6 服务</td></tr>
<tr><td>11</td><td>**dhcpv6 server** {**allow-hint** |**preference** *preference-value* | **rapid-commit** | **unicast** } *
例如：[Huawei] **dhcpv6 server preference** 255</td><td colspan="2">（二选一）在系统视图下使能 DHCPv6 服务器。
• **allow-hint:**可多选选项，指定 DHCPv6 服务器优先为客户端分配它期望的 IPv6 地址或者前缀。如果客户端期望的前缀不在接口可分配的前缀池中，或者已经分配给其他客户端，则服务器忽略客户端的期望前缀选项，并为客户端分配其他空闲前缀。
• **preference** *preference-value*：可多选参数，指定设备发送的 DHCPv6 Advertise 报文中的服务器优先级，取值范围为 0～255 的整数，默认值为 0。**值越大，优先级越高**。通常仅在网络中存在多台 DHCPv6 服务器时才需要指定。**DHCPv6 客户端会根据 DHCPv6 Advertise 报文中服务器优先级的高低来选择级别最高的服务器为自己分配 IPv6 地址或前缀。**
• **rapid-commit**：可多选选项，指设备支持快速分配地址或前缀功能，即采用两步交互方式，默认为四步交互方式。
• **unicast**：可多选选项，指在地址续租过程中 DHCPv6 客户端和服务器之间采用单播通信。
默认情况下，系统视图下 DHCPv6 服务器功能处于未使能状态</td></tr>
<tr><td>12</td><td>**interface** *interface-type interface-number*
例如：[Huawei] **interface** gigabitethernet 0/0/1</td><td rowspan="2">（二选一）在接口下使能 DHCPv6 服务器功能</td><td>进入 DHCP 服务器接口视图</td></tr>
<tr><td>13</td><td>**dhcpv6 server** *pool-name* [**allow-hint** |**preference** *preference-value* | **rapid-commit** | **unicast**] *
例如：[Huawei-GigabitEthernet0/0/1] **dhcpv6 server** pool1 **preference** 255</td><td>在以上接口下绑定所使用的 DHCPv6 地址池，使能 DHCPv6 服务器功能。其中的 *pool-name* 参数用来指定所使用的 DHCPv6 地址池名称，其他参数和选项的说明参见本表第 11 步在系统视图下使能 DHCPv6 服务器功能的配置命令，但均只作用于所绑定的地址池。**一个接口下只能指定一个 DHCPv6 地址池。**
默认情况下，接口下 DHCPv6 服务器功能处于未使能状态。</td></tr>
</table>

配置好后，相关人员可在任意视图下执行 **display dhcpv6 pool** 命令用来查看 DHCPv6 服务器上配置的地址池信息，执行 **display dhcpv6 server** 命令查看 DHCPv6

服务器配置信息；执行 **display dhcpv6 duid** 命令查看当前 DHCPv6 设备的 DUID。

15.4.5　DHCPv6 服务器和客户端配置示例

如图 15-16 所示，一公司内部网络需要采用 DHCPv6 服务器自动为客户端分配 IPv6 地址和 DNS 服务器配置。AR1 担当 DHCPv6 服务器的角色，G0/0/0 接口的 IPv6 地址为 fc00:0:02001::1/64，为客户端分配的 IPv6 地址网段为一局域网专用的唯一本地地址段 fc00:0:02001::/64，担当 DHCPv6 客户端的用户主机和路由器接口（R2 的 G0/0/0 接口）。网络中还有一台 DNS 服务器，IPv6 地址为 fc00:0:0:2001::2/64，对应的 DNS 域名为 lycb.com。

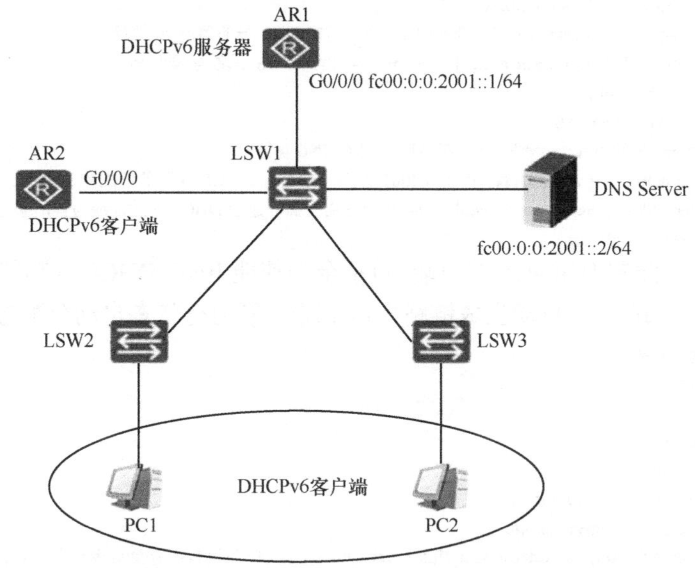

图 15-16　DHCPv6 服务器和客户端的配置示例

1. 基本配置思路分析

本示例中的 DHCPv6 客户端同时包括用户主机和华为 AR，因此本示例需要同时在华为设备上配置 DHCPv6 服务器和客户端功能，其中 AR1 为 DHCPv6 服务器，AR2 为 DHCPv6 客户端。根据本示例的要求及前面介绍的 DHCPv6 服务器和 DHCP 客户端的配置方法，我们可得出如下的基本配置思路：

① 在 AR1 上配置 DHCPv6 服务器功能，指定地址池为 fc00:0:0:2001::/64，排除 AR1 的 DHCPv6 服务器 G0/0/0 接口的 IPv6 地址和 DNS 服务器 IPv6 地址，采用有状态方式为客户端提供 DNS 服务器和 DNS 域名信息。

② 在 AR2 的 G0/0/0 接口和各 PC 上配置 DHCPv6 客户端功能。

在进行以上配置前，先要使能各设备的全局和接口 IPv6 功能，并在设备的 DHCPv6 客户端接口配置好链路本地地址后才能进行后面的 DHCPv6 配置。但在配置了全局 IPv6 地址的接口上，链路本地地址会自动生成，无须另外配置链路本地地址。在配置 DHCPv6 服务器和客户端功能之前要全局使能 DHCPv6 服务。

2. 具体配置步骤

① 在 AR1 上配置 DHCPv6 服务器，包括全局使能 IPv6、DHCPv6 功能，配置 DUID，

以及 DHCPv6 地址池，在 DHCPv6 服务器接口上使能 IPv6、配置唯一本地地址，指定为客户端分配 IPv6 地址的 DHCPv6 地址池。本示例采用基于接口使能的 DHCPv6 功能。

```
<Huawei>system-view
[Huawei]sysname AR1
[AR1]ipv6  #---全局使能 IPv6 功能
[AR1] dhcp enable  #---全局使能 DHCP 服务
[AR1]dhcpv6 duid ll  #--配置采用设备的 MAC 地址生成 DUID
AR1]dhcpv6 pool pool1  #---创建名为 pool1 的 DHCPv6 地址池
[AR1-dhcpv6-pool-pool1]address prefix fc00:0:0:2001::/64  #---指定 DHCPv6 地址池网络前缀为 fc00:0:0:2001::/64，必须与 DHCPv6 服务器接口 IPv6 地址在同一网段
[AR1-dhcpv6-pool-pool1]exclude-address fc00:0:0:2001::1 to fc00:0:0:2001::2  #---在地址池中排除网关接口地址 fc00:0:0:2001::1 和 DNS 服务器地址 fc00:0:0:2001::2
[AR1-dhcpv6-pool-pool1]dns-server fc00:0:0:2001::2  #---指定 DNS 服务器 IPv6 地址
[AR1-dhcpv6-pool-pool1]dns-domain-name lycb.com  #---指定 DNS 域名为 lycb.com
[AR1-dhcpv6-pool-pool1]quit
[AR1] interface gigabitethenrt0/0/0
[AR1-GigabitEthernet0/0/0]ipv6 enable  #---在接口上使能 IPv6 功能
[AR1-GigabitEthernet0/0/0]ipv6 address fc00:0:0:2001::1 64  #---为 DHCPv6 服务器配置 IPv6 唯一本地址
[AR1-GigabitEthernet0/0/0]dhcpv6 server pool1  #---指定使用前面创建的 DHCPv6 地址池为客户端进行 IPv6 地址分配
[AR1-GigabitEthernet0/0/0]quit
```

② 在 AR2 上配置 DHCPv6 客户端，包括全局使能 IPv6、DHCPv6 功能，配置 DUID，以及客户端接口的 IPv6 和自动生成链路本地地址，采用有状态自动分配方式。

```
<Huawei>system-view
[Huawei]sysname AR2
[AR2]ipv6
[AR2] dhcp enable
[AR2]dhcpv6 duid ll
[AR2]interface gigabitethernet0/0/0
[AR2-GigabitEthernet0/0/0]ipv6 enable
[AR2-GigabitEthernet0/0/0]ipv6 address auto link-local  #---因为接口在没有配置全局地址前，不能自动生成链路本地地址，所以必须启动自动生成链路本地地址功能，或者手工配置接口链路本地地址
[AR2-GigabitEthernet0/0/0]ipv6 address auto dhcp  #---使能 DHCPv6 客户端以 DHCPv6 有状态自动分配方式获取 IPv6 地址及其他网络配置参数
[AR2-GigabitEthernet0/0/0]quit
```

在各 PC 上配置好采用 DHCPv6 自动分配 IP 地址方式。如在 ENSP 模拟器的 PC 上只需按图 15-17 所示选择 DHCPv6 选项即可。

图 15-17　ENSP 模拟器中 PCDHCPv6 客户端的配置界面

3. 实验结果验证

以上配置全部完成后，我们即可进行实验结果验证。我们查看 DHCPv6 服务器配置，验证配置是否正确，并查看 DHCPv6 客户端是否可以成功获取所需分配的 IPv6 地址和其他网络配置参数。

① 验证 DHCPv6 服务器的配置。

相关人员在 AR1 上的任意视图下执行 **display dhcpv6 pool** 命令可查看 DHCPv6 地址池配置，执行 **display dhcpv6 server** 查看 DHCPv6 服务器配置，验证配置是否正确，如下所示。

```
<AR1>display dhcpv6 pool
DHCPv6 pool: pool1
  Address prefix: FC00:0:0:2001::/64
    Lifetime valid 172800 seconds, preferred 86400 seconds
    3 in use, 0 conflicts
  Excluded-address FC00:0:0:2001::1 to FC00:0:0:2001::2
  2 excluded addresses
  Information refresh time: 86400
  DNS server address: FC00:0:0:2001::2
  Domain name: lycb.com
  Conflict-address expire-time: 172800
  Active normal clients: 3

<AR1>display dhcpv6 server
 Interface                                     DHCPv6 pool
 Giga bit Ethernet0/0/0                          pool1
```

② 相关人员在 AR2 上的任意视图下执行 **display ipv6 interface brief** 命令查看接口摘要配置，从中可以验证 DHCPv6 客户端接口是否已成功分配到 IPv6 地址，如下所示。相关人员发现 AR2 的 G0/0/0 接口已成功分到了一个 IPv6 地址 FC00:0:0:2001::5。

```
<AR2>display ipv6 interface brief
*down: administratively down
(l): loopback
(s): spoofing
Interface                    Physical             Protocol
Giga bit Ethernet0/0/0         up                   up
[IPv6 Address] FC00:0:0:2001::5
```

相关人员在 ENSP 模拟器的 PC 上（Windows 系统物理主机上也可以）执行 **ipconfig** 命令可验证 PC 是否已成功分配到了 IPv6 地址，如下所示。相关人员发现 PC1 已成功分到了一个 IPv6 地址 FC00:0:0:2001::3（**显示的前缀长度为 128，不正确，可能是模拟器的问题**）。

```
PC1>ipconfig

Link local IPv6 address...........: fe80::5689:98ff:fe6f:325
IPv6 address......................: fc00:0:0:2001::3 / 128
IPv6 gateway......................: fe80::2e0:fcff:fe37:29e7
IPv4 address......................: 0.0.0.0
Subnet mask.......................: 0.0.0.0
Gateway...........................: 0.0.0.0
Physical address..................: 54-89-98-6F-03-25
DNS server........................: fc00:0:0:2001::2 /128
```

第 16 章 SDN 和 NFV 基础

本章主要内容

16.1　SDN 基础

16.2　NFV 基础

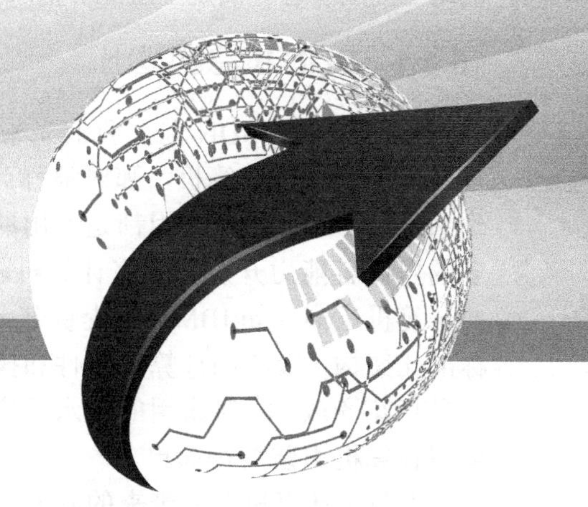

本章主要介绍 SDN 和 NFV（Network Functions Virtualization，网络功能虚拟化）的基础知识和基本的工作原理，以及华为的 SDN 和 NFV 方案。

16.1 SDN 基础

SDN 是由美国斯坦福大学 Clean State 课题研究组提出的一种新型网络创新架构，是网络虚拟化的一种实现方式。SDN 的本质是希望通过软件定义不同类型业务传输所需的个性化网络（必须具有一定的智能化网络分析功能才能实现），就是希望软件可以参与对网络的控制管理，满足上层业务需求，通过自动化业务部署简化网络运维。

16.1.1 SDN 概念的提出

在正式介绍 SDN 前，我们先来回顾一下计算机的演变。最初只有少数几家厂商可以开发、生产计算机，那时被称为大型机，如 IBM 的大型机。大型机从硬件到操作系统，再到计算机应用都是专用的，属于垂直集成。后来随着技术的发展，越来越多的厂商有能力开发、生产计算机软/硬件产品，于是有了半垂直集成的小型机，主要计算机厂商（如 IBM）只提供部分关键部件。当今的 PC 时代，由于采用了开放的标准化架构，核心的计算机硬件和操作系统就有许多厂商可以开发、生产，应用软件更是百花齐放。此时采用的是水平集成的方式，用户可自由选择任意厂商的产品，这使得计算机组装变得简单。

得益于计算机演变带来的好处，业界也开始考虑计算机网络的演变，于是就有了 SDN 的概念。其目的是希望计算机网络设备也能像计算机一样，走开放的标准化架构之路，使计算机网络由原来的垂直集成方式变为水平集成方式，使计算机网络变得更开放，配置更灵活、更简单。

但 SDN 只是一种架构、一种思想，不是一项具体的技术，具体的实现方式多种多样，目前所使用的主要核心技术是 OpenFlow（开放流）协议。OpenFlow 协议通过将网络设备的控制平面与数据平面分离，实现了网络可以根据各路径的实时流量情形灵活地进行转发控制的功能，使网络变得更加智能。但 OpenFlow 也只是实现 SDN 的一种技术方案。

16.1.2 传统 IP 网络的设备结构

传统 IP 网络是一个转发平面、控制平面和管理平面的功能均由各设备自己承担，呈分布式控制的网络。也就是每台网络设备存在独立的转发平面、控制平面和管理平面，各自仅负责自己的数据转发、转发控制和设备管理，具体如图 16-1 所示。

下面我们具体介绍交换机中 3 个平面的基本功能。

1. 转发平面

转发平面也称“数据平面”。

它对交换机各端口上所接收的各类型的数据进行处理和转发，实现各个业务模块之间的业务交换功能。二/三层交换、路由、单播/组播/广播通信、ACL、QoS、报文过滤及安全预防等各种具体的数据处理转发过程都属于转发平面的任务范畴。

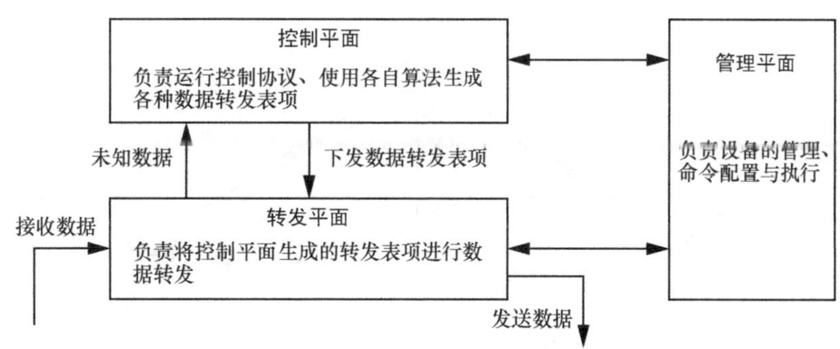

图 16-1　控制平面、转发平面和管理平面的关系

2. 控制平面

控制平面控制和管理与所有网络功能相关的协议的运行，负责业务的协议处理（如协议头的封装和解封装）、路由计算、转发路径控制、隧道建立、业务调度、流量统计等功能，为数据平面提供数据处理转发前所必须的各种网络信息和转发表项。

3. 管理平面

管理平面提供给网络管理人员使用 Console、Telnet、Web、SSH 和 SNMP 等方式来管理设备，并支持、理解和执行管理人员对网络设备中的各网络协议的配置命令，完成系统的运行状态监控、环境监控、日志和告警信息处理、系统加载、系统升级等功能。

16.1.3　传统 IP 网络的不足

在 16.1.2 节所介绍的 3 个平面中，从数据通信效率方面来讲，控制平面是关键，因为它控制了数据的转发路径，而不同路径即时的通信性能最终决定了通信效率。但各设备的业务控制是由本地的控制平面负责的，因此数据在本地设备转发时只能从本地设备状态来选择最优路径，不能从整个网络通信的全局角度来优化调整数据转发路径，所以整个计算机网络的数据转发策略缺乏足够的全局考虑，也缺乏智能化。

总体而言，传统 IP 网络的这种各设备独立控制数据转发行为的方式存在以下问题。

1. 网络容易阻塞

因为数据的转发行为是由各台网络设备根据自己的静态转发表选择转发路径的，所以每台设备在选择路径时没有全局考虑当前网络各路径的实际流量，最终可能会造成原本最佳的路径变成了最拥堵、性能最差的路径，因为到达相同目的地的所有流量都走同一条转发路径了。反之，原来不佳的路径可能成为当时性能最好的路径。

如图 16-2 所示，AR1 到达 AR4，根据最短路径路由算法可能会选择 AR1—AR2—AR4 这条转发路径，即所有从 AR1 到达 AR4 的数据流都走第①条路径转发。

现假设 AR2—AR4 这段链路因某种原因当前流量太大，造成这段链路发生了拥堵，数据流转发效率很低。同时，AR2—AR3—AR4 这段链路没什么流量，尽管链路开销大些，但当时的转发性能可能要高于开销更低的 AR2—AR4 这段链路。如果软件能发现这种情况，并及时调整一部分到达 AR4 的流量走第②条转发路径，这样不仅可以使数据尽快到达 AR4，还可以消除 AR2—AR4 这段链路的拥塞。

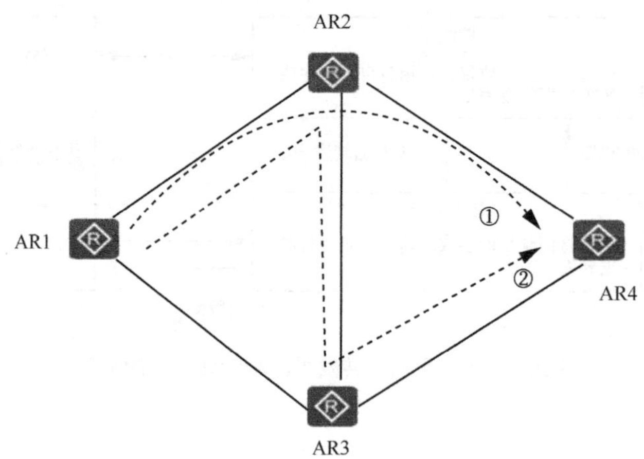

图 16-2 传统 IP 网络形成网络拥堵的情形

2. 学习困难、部署效率低

同样是因为各设备的数据转发控制由本地设备的控制平台负责，所以每台设备都需要配置相关的控制协议功能，如 ARP、各种路由协议、MPLS 等，以便生成各种数据转发表项。不同厂商设备控制平面的实现机制也有较大的不同，各厂商的私有协议，不仅使设备的操作命令繁多，而且不同厂商的设备的操作界面差异很大，运维复杂。这样一来，负责网络配置的网络管理人员需要学习并深入理解各种网络技术及各种功能的配置与管理方法。而现在计算机网络技术体系已非常庞大、非常复杂，而且更新频繁，网络管理人员要全面、及时、深入地学习和理解这些功能和技术非常困难。

如果有一种方法，可以在一台设备上通过网络协议自动根据当前网络拓扑结构、实时流量情形进行智能化分析，自动生成所需的转发表项，为网络中各台设备的数据转发选择最适宜的路径，那就省事了。就像导航软件一样，不同时间从同一地点到达同一目的地，可能走的路径不完全一样，因为导航软件会自动根据当时各条道路上的实时车流情况进行智能化分析，提出合理的路径选择建议。

同样，因为每台设备需要网络管理人员进行各种协议功能配置，当设备数量多时，需要耗费很长的时间，且容易出错。而且一旦有新的业务需求，每台设备不仅要新增相关功能的配置，可能还要对原有的配置进行修改、调试、优化。如果把整个网络的控制平面功能集中在一台设备上进行配置，那就省事了。且如果能加上 AI 功能，可像堆积木一样新增业务，即只需要把对应的新业务加入模块组中，让系统自动为其配置相关资源、选择适合的转发路径，无须改变原有的网络配置，那就更省事了。

3. 故障定位、诊断困难

运营商网络应用了较多复杂的通信协议，一旦网络出现故障，其影响非常大。

虽然现在的网络设备有一些监控功能，但仅靠一些简单的设备监控功能是很难做到事先全面预警的，大多数网络故障不是设备本身软、硬件的问题，而是网络运行状态的问题。

目前设备上带有的这些监控功能通常不能实时地结合用户和网络使用情况进行关联分析，大多数情况下，只有等故障出现后才会发现。而网络出现故障时，仅靠人工方式快速、准确地找到故障位置不是件容易的事，可能要执行无数次的 **display**、**debug** 命令进行信息查看、故障诊断，从头到尾把所学的知识回顾一遍，还可能要跑无数次的现场。这样一圈下来，不知要耗费多少工时。

16.1.4　SDN 网络的基本模型

斯坦福大学于 2009 年正式提出了可以解决传统 IP 网络问题的 SDN 概念。SDN 并不是一个具体的技术和协议，而是一种思想、一个框架。

SDN 有 3 个突出的特征：**转控分离、集中控制**和**开放可编程接口**。

SDN 最核心的思想是把各设备的控制平面和转发平面进行分离，并且把分布于各台设备的控制平面功能集中起来，由网络中的专门一台设备（SDN 控制器）负责协议计算，生成流表，实现控制平面功能的集中。此时，SDN 控制器是整个网络的控制、管理中心，网络中的其他网络设备仅保留转发平面和管理平面的功能，但各台设备的转发平面的转发行为所依据的是 SDN 控制器下发的转发表项。另外，SDN 提供了可编程的开放接口，第三方应用只需要通过控制器提供的开放接口，通过编程方式定义一个新的网络功能，然后在控制器上运行即可，实现不同厂商的软、硬件的兼容。

SDN 网络最关键的技术是 OpenFlow 协议，它运行在 SDN 控制器上，是控制器和转发器之间的控制协议。SDN 控制器控制的各台网络设备就是一台台 OpenFlow 虚拟交换机（物理交换机运行 OpenFlow 协议后的虚拟实体）。OpenFlow **交换机是转发平面**，通过 OpenFlow 协议与控制器建立 SSL/TCP 连接会话。图 16-3 所示为 SDN 网络的基本模型。

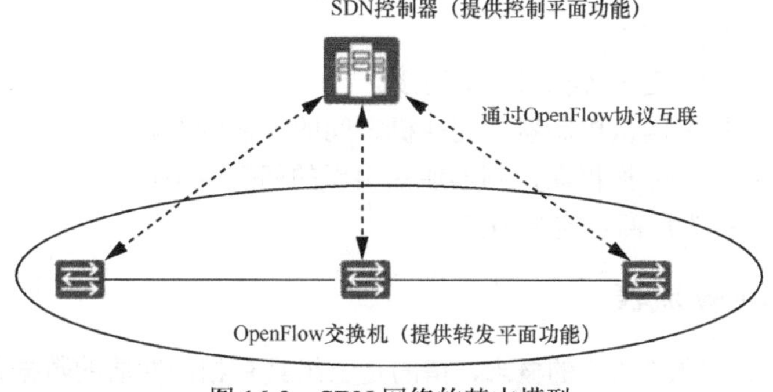

图 16-3　SDN 网络的基本模型

OpenFlow 是控制器与交换机之间的一种开放标准的南向（即“下行”）接口协议，是控制平面（代表 SDN 控制器）和转发平面（各 OpenFlow 交换机）的通信通道。通过标准化开放接口，控制平面和转发平面进行分离，控制平面实现对转发平面的控制和管理。

OpenFlow 协议定义了 3 种类型的消息：Controller-to-Switch、Asynchronous 和 Symmetric，每种消息又包括了多个子类型，实现了包括配置交换机、发送流表、状态通告、在线检测等功能。

① Controller-to-Switch：**由控制器发送**，用于管理交换机，查询交换机的相关信息及修改交换机配置，它又包括以下子类消息。

- Features 消息：请求获取交换机的相关特性信息。交换机收到该消息后必须应答自己支持的特性，包括接口名、接口 MAC 地址、接口支持的速率等基本信息。

- Configuration 消息：用于控制器配置交换机。
- Modify-Statc 消息：用于控制器管理交换机的状态，包括增加/删除、更改流表，并设置交换机的端口属性。
- Packet-out 消息：包含数据包发送的动作列表，使交换机对 Packet-Out 消息所携带的报文执行该动作列表中的转发行为（如从某个接口转发该报文）。如果动作列表为空，Packet-Out 消息所携带的报文将被交换机丢弃。
- Read-State 消息：用于控制器收集交换机上的统计信息。
- Send-Packet 消息：用于控制器向交换机发送数据包。

② Asynchronous（异步）消息：**由交换机向控制器发送**，用于交换机发生状态变化时向控制器进行通告。例如，当某一条规则因为超时而被删除时，交换机将自动发送一条 Flow-Removed 消息通知控制器，方便控制器做出相应的操作，如重新设置相关规则等。

- Packet-in 消息：当接收报文在 Flow Table（流表）中没有找到可以与之匹配的表项，或者匹配“send to Controller”表项时，交换机将向控制器发送该消息。
- Flow-Removed 消息：交换机增加一条表项时会设定超时周期，超时后该条目就会被删除，交换机向控制器发送 Flow-Removed 消息。另外，当交换机流表中有条目要删除时，交换机也会给控制器发送该消息。
- Port-status 消息：用于转发路径上的接口被添加、删除、修改时通知控制器。

③ Symmetric（对称）消息：**控制器和交换机都可以发送这类消息**，主要用来建立连接和检测对方是否在线等。

- Hello 消息：用来建立 OpenFlow 连接。
- Echo 消息：用来确认控制器与交换机之间的连接状态。
- Error 消息：用于交换机向控制器通知出现的问题或错误。
- Vendor 消息：为厂商自定义消息。

16.1.5 OpenFlow 流表

OpenFlow 协议引入“流”的概念，指的是一组具有相同性质的数据包，如基于“五元组”（SIP、DIP、SPORT、DPORT 和 Protocol）。控制器根据某次通信中“流”的第一个数据分组的特征，使用 OpenFlow 协议提供的接口对转发平面设备部署策略，即在交换机上部署流表，同一流的后续流量则按照相应流表在交换机上进行匹配、转发。

OpenFlow 交换机基于流表转发报文，流表是一种与具体业务无关的转发表。每个流表项由匹配域（用来识别该条表项对应的流）、优先级（定义流表项的优先顺序）、计数器（用于保存与流表项相关的统计信息）、指令（定义匹配表项后需要对数据包执行的动作）、超时、Cookie、Flag 组成，如图 16-4 所示。

流表中最关键的是“匹配域”和“指令”两个字段，OpenFlow 交换机转发器根据流表中的“匹配域”字段中的匹配项对报文进行匹配，然后执行“指令”字段中的转发行为。如流表的“匹配域”中的匹配项是源 MAC 地址，“指令”是向某个端口转发，则转发器根据这个流表对匹配这个 MAC 的报文进行向该端口转发的动作。一台交换机上可以包含一个或者多个流表。

OpenFlow 通过流表定义转发设备的转发行为，控制器通过下发流表控制各台交换机中转发器的转发行为，实现控制器对转发器的控制。“匹配域”字段包括许多具体匹配规则的子字段（不一定全选，且图中仅包括主要部分），如图 16-4 所示。

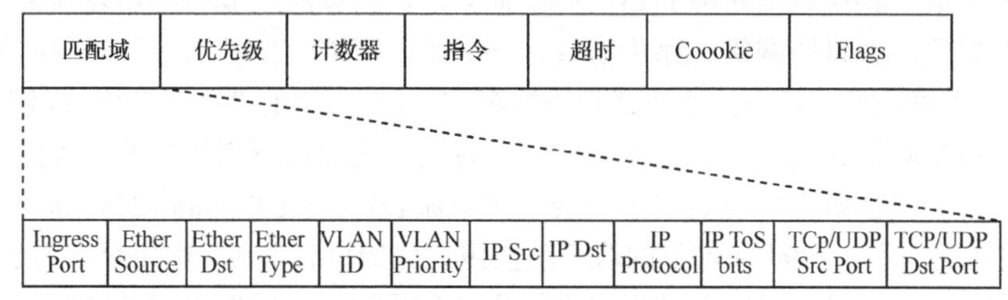

图 16-4　流表项组成

① 匹配域（Match Fields）：包含流表项中的许多匹配表项。OpenFlow v1.0 中包括了 12 个字段，称其为 12 元组（12-Tuple），提供了体系结构中 1～4 层的网络控制标识信息，具体介绍如下。在最新版的 OpenFlow 1.5.1 版本中支持多达 45 个可选匹配项，为流分类提供更精细的粒度。

- 物理层标识：交换机入端口（Ingress Port）。
- 链路层标识：包括 Ether Source（以太网源 MAC 地址）、Ether Dst（以太网目的 MAC 地址）、Ether Type（以太网类型）、VLAN ID（VLAN 标识符）、VLAN Priority（VLAN 优先级）。
- 网络层标识：包括 IP Src（源 IP 地址）、IP Dst（目的 IP 地址）、IP Protocol（IP 报文上层协议）、IP ToS bits（IP 服务类型）。
- 传输层标识：包括 TCP/UDP Src Port（TCP/UDP 源端口号）、TCP/UDP Dst Port（TCP/UDP 目的端口号）。

② 优先级（Priority）：流表项优先级，定义流表项之间的匹配顺序，优先级高的先匹配。

③ 计数器（Counters）：流表项统计计数，统计有多少个报文和字节匹配到该流表项。

④ 指令（Instructions）：流表项动作指令集，定义匹配到该流表项的报文需要进行的处理，主要包括以下指令，这些指令会影响到报文、动作集以及管道流程。

- Meter：对匹配到流表项的报文进行限速。
- Write-Action：添加指定动作到动作集。
- GoTo-Table：转到另一个流表处理。
- Apply-Actions：应用动作列表中的动作。
- Clear-Actions：清空动作集。
- Write-Metadata：写入元数据。

⑤ 超时（Timeouts）：流表项的超时时间，包括 Idle Time 和 Hard Time。

- Idle Time：在 Idle Time 时间超时后如果没有报文匹配到该流表项，则此流表项被删除。
- Hard Time：在 Hard Time 时间超时后，无论是否有报文匹配到该流表项，此流表项都会被删除。

⑥ Cookie：控制器下发的流表项的标识。

⑦ Flags：该字段的取值可能会改变流表项的管理方式。

传统的 IP 网络转发方式是网络依据存储在本地的转发表来指导报文转发的。转发表依据路由表生成，路由表由对应的路由协议依据特定的算法生成。路由表项是定长的，包括固定的定段，如目的网络、路由协议、下一跳、开销、出接口等，一台网络设备只有一个 IP 路由表。路由表项的选择就是依据第 11 章中介绍的“路由选优策略”进行的。

在 OpenFlow 协议基于流表转发方式中，各交换机通过查询控制器下发的流表指导报文转发。一台交换机上可以有多个流表，多个流表以 table0～table255 标识，优先从 table0 开始匹配。同一个 table 内部的流表项按照优先级进行匹配，优先级高的优先匹配。流表项是变长的，可以在“匹配域”字段的几十个匹配项中根据实际需要选择，拥有丰富的匹配规则和转发规则。

16.1.6　SDN 网络架构

SDN 是对传统网络的一次重构，由原来的分布式控制的网络架构重构变为集中控制的网络架构。SDN 网络架构分为三层：协同应用层（也称应用层）、控制器层（也称控制层）和设备层（也称转发层或基础设施层），如图 16-5 所示。不同层次之间通过开放接口连接。以控制器层为主要视角，区分面向设备层的南向接口（Southbound Interface，SBI）和面向协同应用层的北向接口（Northbound Interface，NBI），OpenFlow 属于南向接口协议的一种。

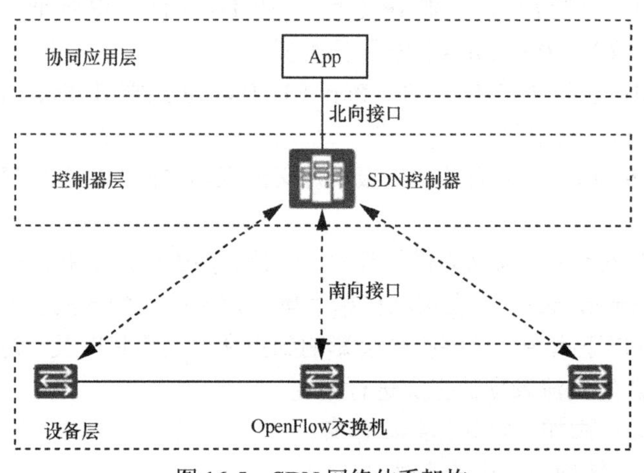

图 16-5　SDN 网络体系架构

【说明】管理平面功能仍然是分布在各设备中的，但因为与 SDN 没什么关联，所以在 SDN 网络架构中没有体现。

1. 协同应用层

协同应用层专注于网络服务扩展的解决方案，主要是完成用户意图的各种上层应用程序，通过向API接口与控制器通信。典型的协同层应用包括OSS（Operation Support System，运营支撑系统）、OpenStack等。OSS是支撑电信业务开展和运营所必需的平台，可以负责整个网络的业务协同；OpenStack是一款开源软件，一般在数据中心负责网络、计算、存储的业务协同。还有其他的协同层应用，具体要根据南向协议的不同而不同。

2. 控制器层

控制器层的实体就是 SDN 控制器，是 SDN 网络架构中最核心的部分，其核心功能是实现网络业务编排。控制器同时也是 SDN 系统的大脑，集中管理网络中所有设备，虚拟整个网络为资源池，然后根据用户不同的需求，以及全局网络拓扑，灵活动态地分配资源。

3. 设备层

设备层就是所有的 OpenFlow 交换机，专注于单纯的业务数据转发，并与控制器进行安全通信，接收控制器指令，基于流表指令执行数据转发。

① NBI：北向接口为控制器对接协同应用层的接口，主要为 RESTful（Representational State Transfer，表现状态转移）。

② SBI：南向接口为控制器与设备交互的协议，包括 NETCONF、SNMP、OpenFlow、OVSDB（OpenvSwatch Database，开放虚拟交换机数据库）等协议。

16.1.7 SDN 的主要优势

SDN 让网络更加开放、灵活和简单，还可以带来以下好处，实现以下价值。

① 集中管理，简化网络管理与运维。

SDN 的实现方式是为网络构建一个集中的大脑，通过全局视图集中控制，所有控制平面功能均只需在 SDN 控制器上完成，简化了网络管理和运维。

另外，因为 SDN 采用了集中控制，网络内部的路径计算和建立全部在控制器上完成，控制器计算出流表，直接下发给转发器就可以了，并不需要协议，所以很多网络内部控制协议基本上不用了，如 RSVP、LDP、MBGP（Multiprotocol Border Gateway Protocol，多协议边界网关协议）、PIM 等。

② 屏蔽技术细节，降低网络复杂度，降低运维成本。

在 SDN 架构下，整个网络归属控制器控制，控制器可以自己完成网络业务的部署，提高各种网络服务，屏蔽网络内部细节，提供网络业务自动化能力，不需要另外的系统进行配置分解。

③ 自动化调整，提高网络利用率。

传统 IP 网络的路径选择是依据路由协议计算出的“最优”路径，但结果可能会导致“最优”的路径上流量最拥塞，而其他非“最优”的路径反而更空闲。当采用 SDN 网络架构时，控制器可以根据网络流量状态智能调整流量路径，提高网络利用率。

④ 快速业务部署，缩短业务上线时间。

SDN 控制器的可编程和开放性，使网络设备功能软件化，使我们可以快速地开发新的网络业务，加速业务创新。

⑤ 网络更开放，网络设备白牌化。

基于 SDN 架构，如果将控制器和转发器之间的接口标准化，在 OpenFlow 协议逐渐成熟后，网络设备的白牌化（可简单理解为“通用化”）将成为可能，比如专门的 OpenFlow 转发芯片供应商、专门的控制器厂商等。计算机网络最终从垂直集成走向水平集成。

16.1.8 华为 SDN 解决方案

华为的 SDN 解决方案名为 iMaster NCE，是集“管理—控制—分析”于一体的自动驾驶网络管理与控制系统，可助力企业网络从 SDN 时代迈向自动驾驶时代。iMaster NCE 在原来 SDN 自动化系统的基础上，叠加了智能化系统，面向业务意图将传统的网络管理功能、SDN 控制功能和网络数据分析功能融为一体，支撑企业业务全生命周期的管理。

华为 iMaster NCE 的网络架构如图 16-6 所示，支持丰富的南、北向接口，如 OpenFlow、OVSDB、NETCONF、PCEP（Path Computation Element Protocol，路径计算单元协议）、RESTful、SNMP、BGP、JsonRPC（一种无状态 RPC 协议）和 RESTCONF（也是一种网络配置协议，与 NETCONF 类似）等。

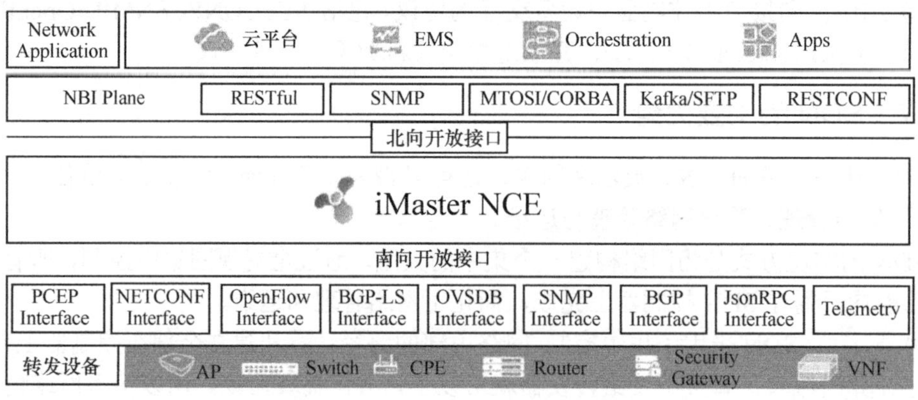

图 16-6 华为 iMaster NCE 的网络架构

iMaster NCE 有效连接了物理网络与用户的商业意图。南向实现全局网络的集中管理、控制和分析，面向商业和业务意图可使能资源云化、全生命周期网络自动化，以及数据分析驱动的智能闭环。北向提供开放网络 API 与 IT 快速集成。

iMaster NCE 自动驾驶网络管理与控制系统。主要包括如图 16-7 所示的几种不同应用场景的 SDN 解决方案，如企业数据中心网络（DCN）、企业园区（Campus）、企业分支互联（SD-WAN）等场景的 SDN 解决方案。下面仅简单介绍最常用的 iMaster NCE-Fabric 方案和 iMaster NCE-Campus 方案的一些基本特性。

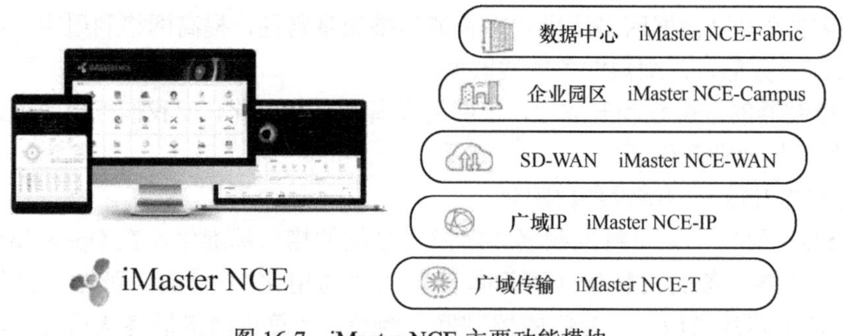

图 16-7 iMaster NCE 主要功能模块

1. iMaster NCE-Fabric

iMaster NCE-Fabric 是华为 CloudFabric 云数据中心网解决方案的核心组件，可实现对网络资源的统一控制和动态调度，实现云业务的快速部署。iMaster NCE-Fabric 可为数据中心网络提供规划—建设—运维—调优的全生命周期服务。即使在没有云平台的场景下，iMaster NCE-Fabric 也可为用户提供独立业务发放 GUI。

iMaster NCE-Fabric 采用开放架构，开放丰富的标准接口，如北向支持与业界主流 OpenStack 云平台实现体系结构中第二至第七层的对接，接收以用户为中心的业务诉求，并将其转换为网络配置、批量下发，实现网络自动化；南向支持管理物理交换机、虚拟交换机、防火墙等物理和虚拟网络设备。

iMaster NCE-Fabric 具有如下几方面的关键特性。

（1）规划建设一体，部署简单

网络管理人员只需点击“启动 ZIP 任务”，设备就会自动获取 IP 地址访问控制器，可实现规划建设一体、ZTP（Zero Touch Provisioning，零配置开局）。控制器通过判断设备角色，对上线设备下发管理 IP 地址、SNMP、NETCONF 等配置，并通过管理 IP 地址管理设备。设备上线成功后，管理员可通过 NCE 查看全网信息。

（2）业务意图自动理解和转换部署、业务快速部署

iMaster NCE-Fabric 支持对接主流云平台 OpenStack、虚拟化平台 vCenter/SystemCenter 和容器编排平台 Kubernetes；支持虚拟化、云计算和容器网络的自动化快速部署；支持对接用户 IT 系统，为用户意图匹配意图模型，通过 NETCONF 下发配置到设备上实现业务快速部署。

（3）网络变更仿真，预判变更风险

iMaster NCE-Fabric 先收集各台交换机上现有的配置信息、拓扑信息和资源信息，然后使用建模工具建立物理、逻辑和应用网络模型，通过形式化验证算法求解，最后分析资源充足度、互访连通性和对原有业务影响等方面的变更对原有业务的影响。

（4）AI 智能运维

数据中心 AI 智能运维能力由 iMaster NCE-FabricInsight 提供，可基于知识图谱和专家规则进行快速故障发现、定位，以及基于专家规则和住址分析的快速故障恢复。

2. iMaster NCE-Campus

iMaster NCE-Campus 是华为面向园区网络的新一代自动驾驶网络管理控制系统，是集管理、控制、分析和 AI 功能于一体的网络自动化与智能化平台。它提供了园区网络的全生命周期自动化、基于大数据和 AI 的故障智能闭环能力，可帮助企业降低 OPEX（Operating Expense，运维成本），加速企业云化与数字化转型，让网络管理更自动、网络运维更智能。

iMaster NCE-Campus 的关键特性如下。

（1）设备即插即用，网络极简部署

iMaster NCE-Campus 提供 ZTP、场景导航和模板配置三大设备即插即用功能；提供 App 扫码开局、DHCP 开局、注册查询中心开局、邮件开局等网络设备即插即用方式，适应不同的网络场景；通过图形化界面实现网络规划和部署，分钟级网络发放，可大幅度降低网络部署难度，缩短网络建设周期。

（2）构建一网多用的虚拟化园区

iMaster NCE-Campus 支持网络资源池化，可实现一网多用。一个物理网络可以创建多个虚拟网络，不同的虚拟网络应用于不同的业务，如可以分别创建办公网、研发网、物联网（Internet of Things，IoT）等虚拟网络。还可实现全网设备集中管理，业务自动化发放，并可将网络业务意图“翻译”成设备命令，通过 NETCONF 协议将配置下发到各台设备，实现网络的自动驾驶。

（3）业务随行，基于安全组的策略管理

iMaster NCE-Campus 不管用户身处何地，使用哪个 IP 地址，都能保证用户拥有相同的网络权限和一致的用户策略。

另外 iMaster NCE-Campus 引入安全组概念。安全组是拥有相同网络访问策略的一组用户。管理员可定义基于安全组的权限控制策略、用户体验策略，然后将策略下发到各网络设备上。用户通过准入认证后即可获得相应安全组的权限，当用户流量进入网络后，网络设备即可执行对应安全组策略。

（4）有线与无线融合

iMaster NCE-Campus 支持有线网络与无线 WLAN 网络融合，由交换机的随板 AC（也叫本地 AC）担当 WLAN AC 角色。相比于采用独立 AC，或者插卡 AC 方案，采用随板 AC 方案具有以下优势：①不会形成无线流量瓶颈，也没有新增故障节点；②实现有线/无线集中管理、统一业务管理和融合转发；③有线与无线用户融合管理和网关融合；④有线与无线认证点融合；⑤有线与无线统一策略执行。

（5）终端智能识别，安全接入

内置终端指纹库，能够识别 1000 种以上的办公网或物联网终端；通过综合运用智能识别以及多种识别方法，大幅度提高终端类型识别的准确率，可实现海量 IOT 终端智能接入、策略自动匹配、自动下发、即插即用。

（6）园区网络 AI 智能运维

传统网络监控方式（如 SNMP get 和 CLI），因存在诸多不足，管理效率越来越低，已不能满足用户需求。iMaster NCE-Campus 方案中采用的 Telemetry 技术可以实现亚秒级数据采集，满足用户要求，支持智能运维系统管理更多的设备、监控数据更加实时且拥有更高精度、监控过程对设备自身功能和性能影响小，为网络问题的快速定位、网络质量优化调整提供了最重要的大数据基础，将网络质量分析转换为大数据分析，有力地支撑了智能运维的需要。

16.2 NFV 基础

SDN 是基于网络架构的一种虚拟化，把网络中各设备虚拟为资源池，NFV 则是基于设备架构的一种虚拟化技术，是硬件和软件的解耦，即把具体的网络功能从硬件基础设施中解耦出来。NFV 将硬件网络设备（如交换机、路由器、防火墙等）的网络功能虚拟化，以便在基于行业标准的 x86 服务器、存储和交换设备上通过软件实现传统硬件网络设备所具备的网络功能，实现网络设备软件化。

由于网络功能已虚拟化，因此在单个通用设备上可运行多种网络功能，如一台服务器可以同时担当交换机、路由器和防火墙等硬件设备角色。这就意味着所需的物理硬件得以减少，故而可以进行资源整合，以降低物理空间占用、功耗和总体成本。正因如此，有人说，NFV 的出现将颠覆传统通信网络设备市场的格局。

16.2.1 NFV 的发展历程和主要价值

NFV 起源于欧洲的运营商，诞生时间要晚于 SDN，所以 SDN 和 NFV 既可以相互独立，又可以相互协同。在 NFV 的发展历程中，主要经历了以下几个主要的时间节点。

2012 年 10 月，包括 AT&T、VDF、Verizon、DT、T-Mobile、BT 等在内的 13 家顶级运营商在 SDN 和 OpenFlow 世界大会上发布了 NFV 第一版白皮书。白皮书中倡议将许多网络设备功能由目前的专用平台迁移到通用的 x86 平台（如通用服务器），帮助运营商和数据中心更加敏捷地为客户创建和部署网络特性，降低设备投资和运营费用。同时在 ETSI（European Telecommunications Standards Institute，欧洲电信标准化协会）下成立了专门的 NFV ISG（Industry Specification Group，行业规范组），来推动网络虚拟化的需求定义和系统架构制定。

2013 年，ETSI NFV ISG 进行第一阶段研究，定义了网络功能虚拟化的需求和架构，并梳理了不同接口的标准化进程。

2015 年，NFV 研究进入第二阶段。其主要研究目标是建设一个可互操作的 NFV 生态，推动更广泛的行业参与，并且确保满足阶段一中定义的需求。同时明确 NFV 与 SDN 等相关标准、开源项目的协作关系等。NFV 研发的第二阶段主要分为 5 个工作组：IFA（Interface and Architecture，架构与接口）、EVE（生态圈）、REL（可靠性）、SEC（安全）、TST（测试、执行、开源）。各工作组主要讨论交付件文档框架和交付计划。

ETSI NFV 标准组织与 Linux 基金会合作，启动开源项目 OPNFV（NFV 开源项目，提供一个集成、开放的参考平台），汇聚业界的优势资源，积极打造 NFV 产业生态。2015 年，OPNFV 发布了首个版本，进一步促进了 NFV 商用部署。

NFV 在重构电信网络的同时，也给运营商带来以下价值。

1. 缩短业务上线时间

在 NFV 架构的网络中，增加新的业务节点变得异常简单，不再需要复杂的工勘、硬件安装过程。业务部署只需申请虚拟化资源（计算/存储/网络等），加载软件即可，网络部署变得更加简单。同时，如果需要更新业务逻辑，也只需要更新软件或加载新业务模块，完成业务编排即可，业务创新变得更加简单。

2. 降低建网成本

首先，虚拟化后的网元能够合并到通用设备（COTS，Commercial Off-The-Shelf）中，获取规模经济效应。其次，提升网络资源利用率和能效，降低整网成本。NFV 采用云计算技术，利用通用化硬件构建统一的资源池，根据业务的实际需要动态按需分配资源，实现资源共享，提高资源使用效率。

3. 提升网络运维效率

自动化集中式管理提升运营效率，降低运维成本。例如数据中心硬件单元集中管理的自动化，基于 MANO（Manager and Orchestration，管理和编排）的应用生命周期管理的自动化，基于 NFV/SDN 协同的网络自动化。

4. 构建开放的生态系统

传统电信网络专有软硬件的模式，决定了它是一个封闭系统。NFV 架构下的电信网络，基于标准的硬件平台和虚拟化的软件架构，更易于开放平台和开放接口，引入第三方开发者，使得运营商可以共同和第三方合作伙伴共建开放的生态系统。

16.2.2 NFV 的关键技术

NFV 最基本的功能就是对设备的网络功能进行虚拟化，但除了这项功能之外，还有一项“云化”功能，即各种业务通信可从网络中各种虚拟化的网络功能（代替对应的硬件设备）资源池中调用所需资源进行计算，这样简化了单一通用硬件设备的功能复杂度，同时也可集中管理，高效利用网络中的虚拟设备资源。

1. 虚拟化

在传统电信网络中，各个网元都是由专门硬件实现，成本高、运维难。虚拟化具有分区（单个物理服务器上可同时运行多个虚拟机）、隔离（同一服务器上的不同虚拟机之间彼此隔离）、封装（可通过移动和复制方式来移动、复制虚拟机）和相对于硬件独立（无需修改即可在任何服务器上运行虚拟机，就像 VM 虚拟机一样）的特征，能很好地匹配 NFV 的需求。

运营商引入此模式后，可将网元软件化运行在通用基础设施上，如 x86 服务器、存储设备和交换机上。使用通用硬件，首先，运营商可以减少采购专用硬件的成本；其次，业务软件可以快速地进行迭代开发，也使得运营商可以快速进行业务创新、提升自身的竞争力；最后，这也赋予了运营商进入云计算市场。

2. 云化

这里所说的“云化”就是“云计算化”，是一种集中计算模式。NIST（National Institute of Standards and Technology，美国国家标准与技术研究院）定义：云计算是一种模型，可以实现随时随地，便捷地，随需应变地从可配置资源共享池中获取所需的资源（如网络、服务器、存储、应用和服务等），资源能够快速供应并释放，使管理的工作量和与服务提供商的交互减小到最低限度。

云计算拥有以下诸多好处，运营商网络中网络功能的云化更多的是利用了资源池化和快速弹性伸缩这两个特征。

① 按需自助服务：云计算实现了 IT 资源的按需自助服务，不需要 IT 管理员的介入即可申请和释放资源。

② 广泛网络接入：有网络即可随时、随地的使用。

③ 资源池化：资源池中的资源包括网络、服务器、存储等资源，提供给用户使用。

④ 快速弹性伸缩：资源能够快速的供应和释放。申请即可使用，释放立即回收资源。

⑤ 可计量服务：计费功能。计费依据就是所使用的资源可计量。例如按使用小时为时间单位，以服务器 CPU 个数、占用存储的空间、网络的带宽等综合计费。

16.2.3 NFV 架构

ETSI 定义了 NFV 标准架构，由 VNF、NFVI（Network Functions Virtualization Infrostructure，网络功能虚拟化基础设施）和 NFV MANO 3 个部分组成，如图 16-8 所示。

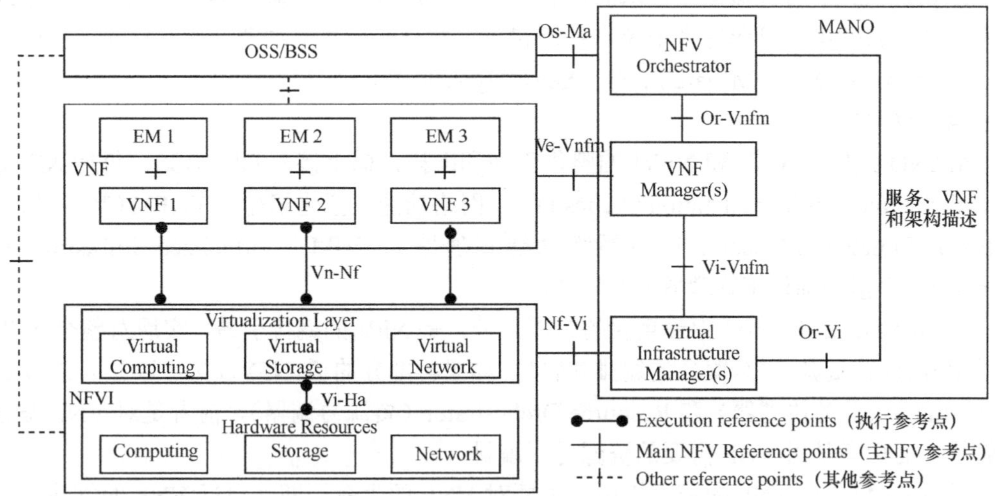

图 16-8 NFV 架构

简单来说，VNF 提供了网络功能的软件实现；NFVI 是硬件和软件环境，包括通用的硬件设施及其虚拟化；MANO 负责 NFV 架构的管理，控制一切数据存储和接口。同时还要支持现有的 BSS/OSS（Business support system/Operation support system，业务支撑系统/运营支撑系统）应用。

1. NFV 主要功能模块

（1）OSS/BSS

OSS/BSS（运营支撑系统/业务支撑系统）是服务提供商的管理功能，不属于 NFV 框架内的功能组件，但 MANO 和网元需要提供对 OSS/BSS 的接口支持。

（2）VNF

VNF 可以理解为各种不同网络功能的 APP，是虚拟化后的一个个网络功能单元。一个 VNF 是一个网络功能的虚拟化实例（可理解为一台虚拟机），是运营商传统网元（IMS，EPC，BRAS，CPE…）的软件实现，可以部署在虚拟化或非虚拟化的网络中。在某些情况下，VNF 也可以运行在物理服务器上，并通过物理服务器的监控管理程序（Hypervisor and Provisioning System，管理程序和资源调配系统）进行管理。

一个 VNF 一般由 EM（Element Management，元管理）管理，负责安装、监控、错误日志记录、配置、记账、性能和安全等管理功能。在运营商环境中，EM 还提供 OSS/BSS 所需要的基本信息，通过北向接口连接。OSS/BSS 是支撑各种端到端的电信服务（如订单、账单、续约、排障等）所需要的主要管理系统。需要注意的是，NFV 的规范主要集中在于现有 OSS/BSS 解决方案的整合，而不是虚拟化 OSS/BSS 的能力升级。

（3）NFVI

NFVI 是用来托管和连接虚拟功能的一组资源，是一种包含服务器、虚拟化管理程序、操作系统、虚机、虚拟交换机和网络资源的云数据中心。这些资源又划分为硬件资源和虚拟化层，参考如图 16-8 所示。硬件资源包括提供计算、网络、存储资源能力的硬件设备；虚拟化层主要完成对硬件资源的抽象，形成虚拟资源，如虚拟计算资源、虚拟存储资源和虚拟网络资源，由 Hypervisor 实现。

Hypervisor 是所有虚拟化技术的核心，是一种运行在物理服务器和虚拟机操作系统之间的中间软件层，可允许多个操作系统和应用共享一套基础物理硬件。目前，主流的 Hypervisor 有 KVM、VMWare ESXi、Xen、HyperV 等。

（4）MANO

MANO 提供了 VNF 和 NFVI 的整体管理和编排，向上接入 OSS/BSS，包括 NFVO（Network Functions Virtualization Orchestrator，网络功能虚拟化编排）、VNFM（Virtualized Network Function Manager, 虚拟网络功能管理器）、VIM（Virtualized Infrastructure Manager，虚拟基础设施管理器）3 个部分。

① NFVO：是 MANO 中最重要的组成部分，是 NFV 的编排引擎，实现对整个 NFV 基础架构、软件资源、网络服务的编排和管理。如果再细分的话，NFVO 又可以分为 Service Orchestrator（业务协调器）和 Resource Orchestrator（资源协调器），前者是对 VNF 服务的编排，而后者是对 VNF 需要的资源进行编排。

② VNFM：是 VNF 的管理模块，主要对 VNF 的生命周期（包括 VNF 的创建、删除、状态监控、数据上报等操作）进行控制。VNFM 可以存在多个。

③ VIM：是 NFVI 的管理模块，管理支持虚拟化的硬件软件资源，包括权限管理，增加/回收 VNF 的资源，分析 NFVI 的故障，收集 NFVI 的信息等。VIM 可以存在多个。Openstack 和 VMWare 都可以作为 VIM，前者是开源的，后者是商业的。

2．NFV 架构接口

在图 16-8 所示的 NFV 架构中，不同层或者不同组成部分之间的对接都是通过一些逻辑接口实现的，主要接口见表 16-1。

表 16-1　NFV 架构接口

接口类型	功能描述
Vi-Ha	在 NFVI 中，是虚拟化层与硬件资源之间的逻辑接口可实现对基础硬件设施的虚拟化，满足基础硬件兼容性要求
Vn-Nf	是 VNF 与 NFVI 之间的逻辑接口，确保虚拟机可以部署在 NFVI 上，满足性能、可靠性和扩展性的要求。NFVI 满足虚拟机操作系统对兼容性的要求
Nf-Vi	是虚拟化层管理软件与 NFVI 之间的逻辑接口，提供 NFVI 虚拟计算、存储和网络系统管理；提供虚拟基础架构配置和连接；提供系统利用率、性能监控和故障管理
Ve-Vnfm	是 VNFM 与 VNF 之间的逻辑接口，实现 VNF 生命周期管理、VNF 配置、性能和故障管理
Os-Ma	OSS/BSS 与 MANO 之间的逻辑接口，实现网络服务器和 VNF 的生命周期管理
Vi-Vnfm	在 MANO 中，是 VNFM 与 VIM 之间的逻辑接口，提供业务应用管理系统/业务编排级系统与虚拟化层管理软件之间的交互接口
Or-Vnfm	在 MANO 中，是 NFVO 与 VNFM 之间的逻辑接口，完成 Orchestrator 与 VNFM 的对接，给一个 VNF 分配 NFVI 资源，交换 VNF 信息
Or-Vi	在 MANO 中，是 VIM 与 NFVO 之间的逻辑接口，负责 Orchestrator 需要的资源预定及资源分配的请求，以及虚拟硬件资源配置及状态信息的交换

16.2.4　华为 NFV 解决方案

华为 NFV 架构如图 16-9 所示。我们对比图 16-8 可发现，在华为 NFV 架构中，标准 NFV 架构 NFVI 中的虚拟化层和 MANO 中的 VIM 功能均可由华为云 Stack 平台实现。

华为云 Stack（目前最新是 8.0 版本）可以实现计算资源、存储资源和网络资源的全面虚拟化，并能够对物理硬件虚拟化资源进行统一管理、监控和优化。华为提供运营商无线网、承载网、传输网、接入网、核心网等全面云化的解决方案。华为云 Stack 方案的网络方案可选择采用 SDN 方案，也可以选择采用非 SDN 方案。

华为云 Stack 解决方案为客户提供业务感知、商业智能、统一管理和统一服务的云数据中心，包括虚拟化层 FusionSphere Virtualization、云平台层 FusionSphere OpenStack、云服务层（由各个服务组件提供不同的云服务能力）、统一管理层 ManageOne，以及联接公有云实现混合云部署的 FusionBridge。

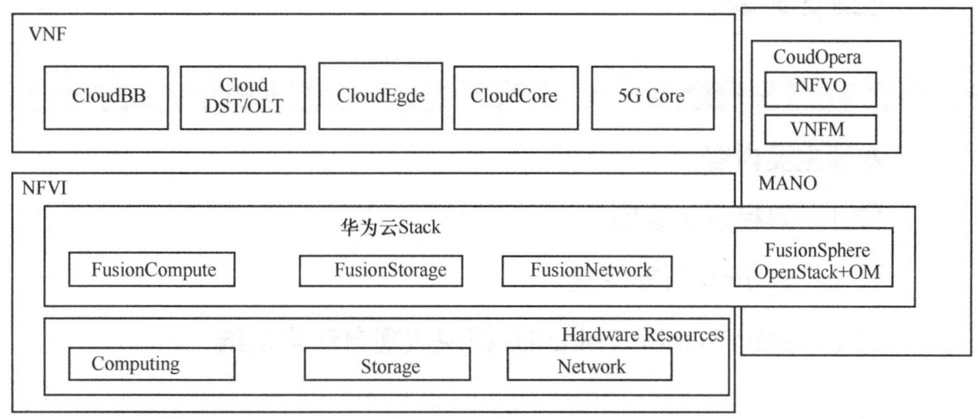

图 16-9　华为 NFV 架构

华为 FusionSphere OpenStack 是华为 OpenStack 商用发行版，内置华为 KVM 虚拟化引擎，基于开源 OpenStack，针对计算管理、存储管理、网络管理、安装运维、安全、可靠性等方面做了丰富的企业级增强，是企业私有云、运营商 NFV、公有云服务提供商的最佳商用 OpenStack 选择。

ManageOne 提供统一的数据中心管理平台，提出“敏捷运营，精简运维”的理念，针对分布云数据中心的服务保障和服务编排提供先进管理方案。ManageOne 能够做到：物理分布、逻辑集中；多数据中心统一管理、异构虚拟平台统一管理、运营和运维统一管理；可基于 VDC（虚拟数据中心）的模式，为不同的部门、业务提供不同的资源服务，实现资源的建设与使用分离，更加匹配企业和运营商的管理模式。

第 17 章 Python 自动化运维基础

本章主要内容

17.1　编程语言基础

17.2　Python 语言基础

17.3　通过 Python Telnetlib 模块实现自动化运维

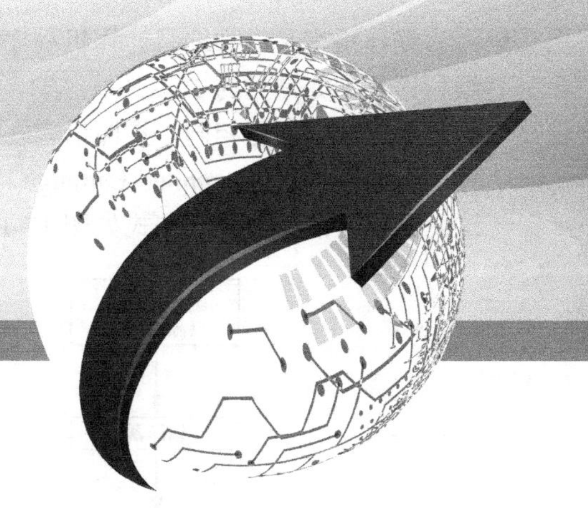

在网络运维中，大家都面临着一个现实问题，如果设备太多，就可能需要在众多设备上重复进行相同的配置输入。这样一方面大大增加了简单劳动的工作量，同时也增加了配置错误的机率。另一方面，严重依靠人工的运维方式，也很难做到真正有效的运维，因为许多故障是很难事先预知的。正因如此，现在出现了许多自动化运维工具，如 Ansible、Puppet、Chef 等，但这些自动化运维工具仍然不够智能，因为它们不能以编程方式更加灵活地实现运维自动化。

Python 是一种高级的编程语言，尽管它的开发初衷或者主要功能不是用于网络运维自动化，但它的确可用于网络运维自动化管理，因为它不仅有一些适用于网络运维的专门模块，同时还具有类似人工的从网络设备中读取命令，或者向设备写入命令的操作功能，可用于批量登录设备，批量配置设备。当然，Python 在自动化运维方面的功能远不止 Telnet 自动登录这么简单，还可以实现路由、链路性能、网络故障等方面的自动化监控。现在，华为设备也支持 Python 应用，华为也专门为此开发了许多适用于网络运维自动化的功能模块和库。

本章我们首先介绍一些基本的编程语言基础知识，然后着重介绍 Python 的基本使用方法，以及利用 Telnetlib 模块实现自动化登录的方法。

17.1 编程语言基础

Python 是一种编程语言，虽然它可应用于网络运维，但它的主要功能并不是网络运维。在正式介绍 Python 之前，我们先来简单了解一下编程语言的分类及一些基础知识。

17.1.1 编程语言分类

编程语言是一种编写计算机程序的语言，用于控制计算机的行为。有许许多多各种编程语言，如常见的 C、C++、VC、VC++、Java、FoxPro、Pascal 等。但这些编程语言的基本工原理不尽相同，按照语言在执行之前是否需要编译，可将编程语言分为需要编译的编译型语言（Compiled Languge）和不需要编译的解释型语言（Interpreted Language），这两种编程语言的执行方式如图 17-1 所示。

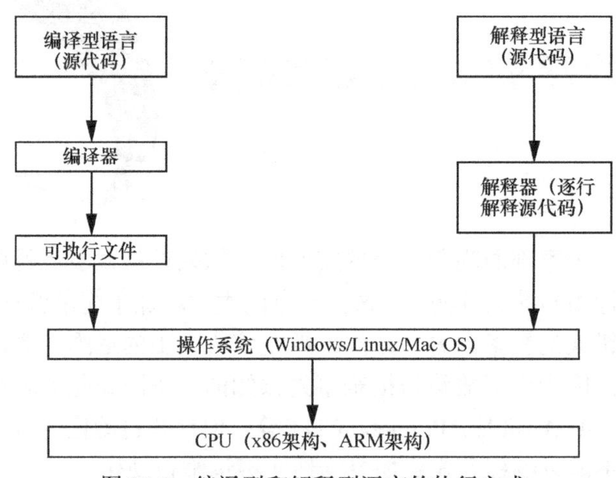

图 17-1 编译型和解释型语言的执行方式

以上两种语言编程生成的源代码都不是机器可以直接识别的机器码（计算机可以识别的只是用 0、1 表示的二进制代码，称之为“机器码”），所以它们的源代码在执行前或执行中需要先经过编译或翻译。

编译型的程序**在执行之前需要一个专门的编译过程**，把程序编译成为机器语言的文件，在后面的**运行过程中不需要重新翻译**，直接使用编译的结果即可，相当于只需做一次编译过程，就可生成可永久执行的机器语言文件，所以程序**执行效率高，但其依赖具体类型的编译器，跨平台性较差**。

解释型的程序则相反，**在执行之前不会被编译，而是只在每次运行时由对应的解释器进行翻译**。即解释型语言程序每执行一次就要翻译一次，所以效率比较低，但因为程序无需编译器编译，可直接通过对应的解释器翻译即可让机器执行，所以跨平台性能好。而一些网页脚本、服务器脚本及辅助开发接口这样的对速度要求不高、对不同系统平台间的兼容性有一定要求的程序则通常使用解释型语言，如 Java、JavaScript、VBScript、Perl、Python、Ruby、MATLAB 等。

编译型语言由于程序执行速度快，同等条件下对系统要求较低，因此像开发操作系统、大型应用程序、数据库系统等时都会采用该语言，如 C、C++、Pascal、Object Pascal（Delphi）等都是编译型语言。

我们还可将语言在计算技术栈中的层次分为机器语言、汇编语言和高级语言这 3 种。

机器语言由 0 和 1 组成的指令（二进制机器码）构成，可以直接被机器识别、执行。但由于机器语言晦涩难懂，于是将 0 和 1 的硬件指令做了简单的封装，用一些容易理解和记忆的字母、单词来代替一个特定的指令，比如用“ADD”代表数字逻辑上的加减，“MOV”代表数据传递等，这就形成了汇编语言，也称为“符号语言”。

在不同的设备中，汇编语言对应着不同的机器语言指令集，通过汇编过程转换成机器指令。特定的汇编语言和特定的机器语言指令集是一一对应的，不同平台之间不可直接移植。机器语言和汇编语言都属于低级语言，其他语言称之为高级语言，如我们前面所说的 C、C++、VC、VC++、Java、Pascal 等，包括这里介绍的 Python 语言。高级语言就包括了前面所介绍的编译型语言和解释型语言两大类。

高级语言是一种独立于机器硬件，面向过程或对象的语言。高级语言是参照数学语言而设计的近似于日常会话的语言。高级语言与计算机的硬件结构及指令系统无关，可阅读性更强，能够方便的表达程序的功能，也更好地描述使用的算法。同时，它更容易被初学者学习、掌握。但高级语言编译生成的程序代码一般比用汇编程序语言设计的程序代码要长，执行的速度也慢。高级语言编写的程序同样不能直接被计算机识别，也必须经过转换成机器语言才能被执行。

无论哪种语言，最终都要形成一个个可以被计算机识别的指令程序或数据存储在磁盘上，是大量的二进制机器码，也就是我们通常说的二进制文件。

根据上述描述得出，高级语言、汇编语言、机器语言在程序执行时的关系可用图17-2来描述。最终，生成的指令还得依靠计算机硬件来执行，这些硬件由下到上分为最底层为物理材料、晶体管器件，实现门电路和寄存器，再组成CPU的微架构。CPU内部的指令集是低层硬件和上层应用软件的接口，应用程序通过集中定义的指令驱动硬件完成计算。

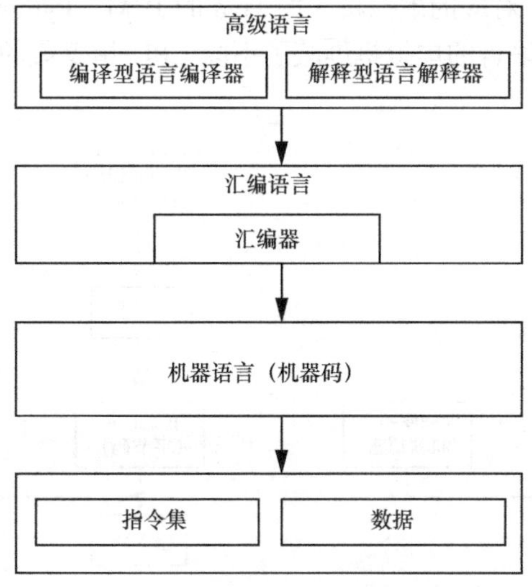

图 17-2　高级语言、汇率语言和机器语言之间的工作关系

17.1.2 编译型语言和解释型语言的执行流程

17.1.1 节介绍了编译型语言和解释型语言都属于高级语言，也介绍了这两类语言各自的主要特点，本节再简单介绍这两类语言对应的程序执行流程。

1. 编译型语言执行流程

编译型语言的程序在执行之前有一个编译过程，把程序直接编译成机器语言的文件（如.exe、.dll、ocx 格式文件），故在运行时不需要重新翻译。

在编译型语言的程序编译过程中，我们需要用到编译器、汇编器来把源代码翻译成机器指令，然后再通过链接器链接库函数（是机器语言）生成机器语言程序。我们所使用的机器语言必须与 CPU 的指令集匹配，在运行时通过加载器加载到内存，再由 CPU 执行指令。整个编译型语言源代码生成程序的过程如图 17-3 所示。

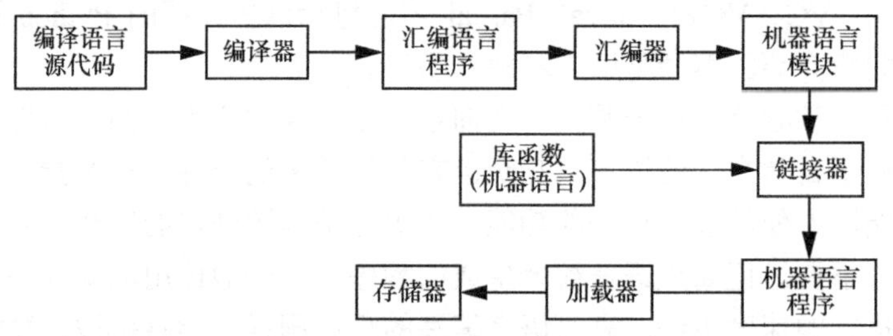

图 17-3 从编译型语言源代码到机器语言程序的执行流程

因为不同 CPU 的指令架构不一样，所以不同 CPU 架构的编译型语言生成的指令不能跨平台执行，如 x86 架构的程序不能在 ARM 架构的服务器上运行。

2. 解释型语言执行流程

解释型语言生成的程序不需要在运行前进行编译，只需在运行程序时逐行翻译执行的动作即可。

解释型语言的源代码生成最终的可执行机器语言程序的流程比较简单，首先由编译器生成字节码，然后再由对应的虚拟机（如 Java 的 JVM，Python 的 PVM）解释执行，如图 17-4 所示。解释型语言的虚拟机屏蔽了不同 CPU 指令集的差异，所以解释型语言的可移植性相对较好。

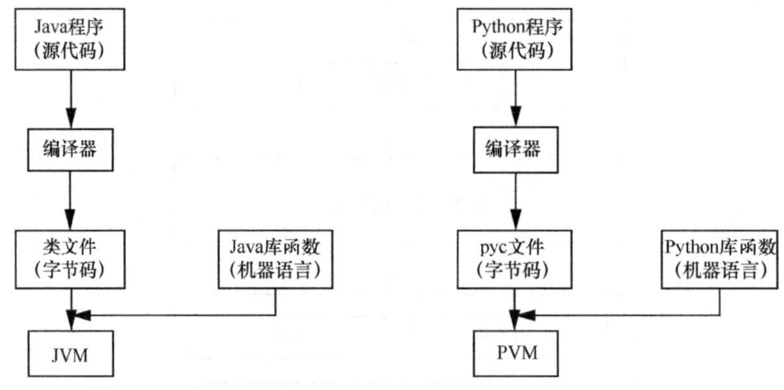

图 17-4 从解释型语言的源代码到机器语言程序的执行流程

17.2　Python 语言基础

大家对计算机程序语言有了基本了解后，下面我们就正式来学习 Python 语言。但网络工程师需要掌握基本的 Python 语言基础知识，以及如何利用 Python 语言开发应用于自动化运维的程序。

17.2.1　自动化运维简介

传统的网络运维是由网络工程师手动登录设备，然后人工查看、执行配置命令，通过肉眼筛选配置结果，是一种严重依赖“人”的工作方式。这种人工方式效率低下、难以进行配置审计，准确性较低。在一些大型网络中，如采用这种纯人工运维方式，人工成本也是非常高的，甚至到了根本无法实现的程度。如网络中有数千台设备，需要周期性地、批量性地对设备进行升级；企业需要每年进行年度配置审计，从数千台设备中要能快速地找出不符合配置需求的设备；或者因为安全需求，必须每隔一定时间对所有设备的管理账户信息进行刷新等。这一切，如果采用纯人工方式操作，其难度是难以想象的。

正因人工运维方式存在以上难以克服的问题和不足，于是就有人设想利用工具软件实现网络运维自动化，在减少对“人”的依赖的同时也提高运维的效率和准确性。目前，业界已有许多自动化运维的开源（即免费）工具，如 Ansible、SaltStack、Puppet 和 Chef 等。但从自动化运维能力、可扩展性、应用灵活性等方面考虑，更推荐采用具有编程能力的解决方案，如本节将要向大家介绍的 Python 语言。目前 Python 语言最新版本为 3.8.2，可以在官方网站免费下载，在 Windows 或 Linux 等系统下安装。

在网络运维方面，通过 Python 编写的自动脚本能够很好地执行重复、耗时、有规则的操作，如前面所提到的定期设备系统、管理账户批量更新、配置审计，当然也可以用于看似简单，却存在大量重复性的工作，如设备的开局和登录配置。

17.2.2　Python 程序的运行

Python 是一种解释型的高级编程语言，功能非常强大，而且是开源的，可免费下载、使用的语言。它的作者是 Guido Ban Rossum。当我们运行 Python 代码的时候，Python 解释器首先将源代码转换为字节码，然后由 Python 虚拟机（Python VM，PVM）执行这些字节码。

Python 程序有两种运行方式：一种是交互式，另一种是脚本式。

交互式不需要创建脚本文件，直接在 Python 软件命令行界面下的“>>>”提示符后面编写代码，然后由 Python 解释器（也有写成“编译器”的）解释、执行相关代码操作，如图 17-5 所示。退出 Python 命令行界面时只需键入 exit()操作即可。

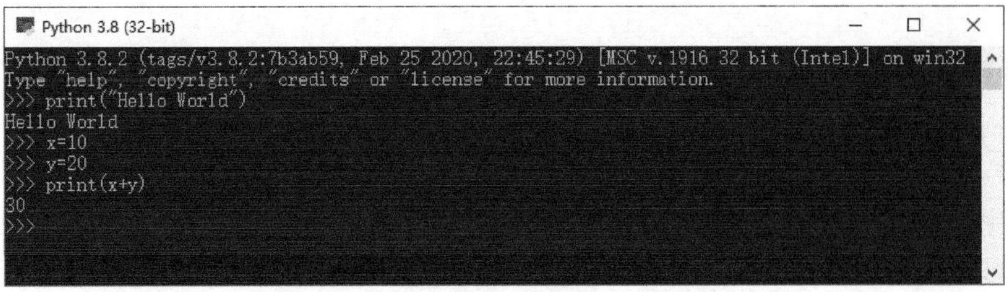

```
Python 3.8 (32-bit)
Python 3.8.2 (tags/v3.8.2:7b3ab59, Feb 25 2020, 22:45:29) [MSC v.1916 32 bit (Intel)] on win32
Type "help", "copyright", "credits" or "license" for more information.
>>> print("Hello World")
Hello World
>>> x=10
>>> y=20
>>> print(x+y)
30
>>>
```

图 17-5 Python 交互式运行方式示例

【说明】图 17-5 中的 print()是 Python 的一个操作，就是在屏幕上显示括号内用引号括住的字符串（如“Hello World”），或者算式计算（如 x+y）的结果。

Python 中的关键字必须全部使用英文小写，小括号、引号等各种符号的输入必须全部是英文半角格式，否则会出现语法错误。

直接在 Python 程序主界面中进行的交互式有一个最大的不足就是一次只能执行一行代码，这显然不符合程序开发的应用需求，所以更多是采用脚本方式。另外，程序员在 Python 程序主界面中编写代码时，代码颜色是纯色的，如图 17-5 中的代码都是白色的，不方便阅读。

交互式也可以运行包含多行代码的 Python 程序文件，只需在 Windows 系统的命令行窗口（在“运行”窗口中执行 cmd 命令打开）下的提示符键入：python *python* 文件名（包括完整路径）即可。如要运行 D 盘根目录下面的 jys.py 文件，则在命令行窗口下输入“python d:\jys.py”，按下回车键页面即可显示程序运行结果，如图 17-6 所示。

如果执行 python 命令后，页面显示“python 不是内部命令或外部命令，也不是可运行的程序可批处理文件”的错误提示，这是因为当前系统找不到 python.exe 可执行文件的原因，修改环境变量即可。修改方法是单击右键，选择“属性”菜单项，然后在“高级系统设置”，打开如图 17-7 所示的“系统属性”对话框。

单击“环境变量”按钮，打开如图 17-8 所示的“环境变量”对话框，双击“Path”行，在打开如图 17-9 所示对话框中添加所要添加的 Python 程序安装目录即可。

图 17-6 交互式运行 Python 文件示例

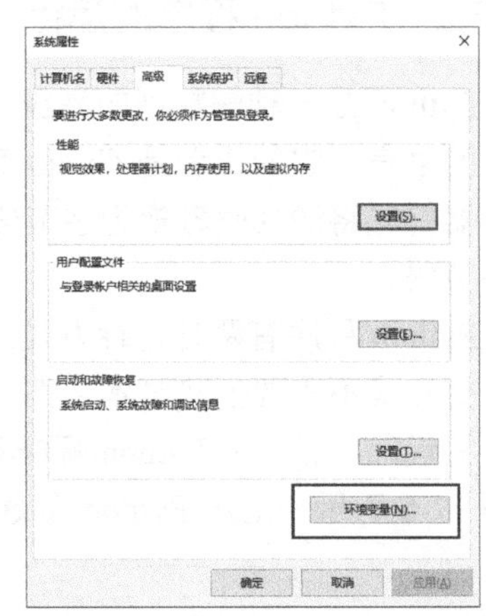

图 17-7 “系统属性”对话框

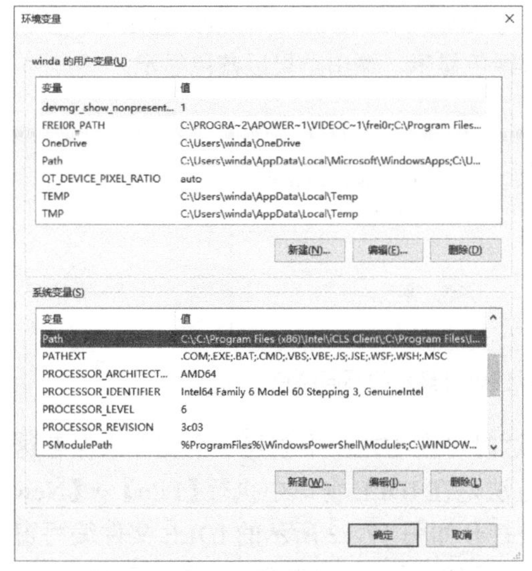

图 17-8　“环境变量”对话框

图 17-9　“编辑环境变量”对话框

脚本式是需要先通过 Pyhton 源码编辑器创建脚本文件（一个脚本文件可以包括许多行程序代码），然后可以在各种 Python 解释器、安装 Python 程序的设备或者是在集成开发环境上运行。Python 源码编辑器可以使用任意纯文本的编辑器，如记事本程序，当然更好是使用专业程序编辑器，如 IDLE、Atom、Pycharm、Sublime Text 和 Anaconda 等。下节将介绍 Python 自带的 IDLE 编辑器。

17.2.3　IDLE 编辑器

IDLE 是 Python 自带的一款编辑器，在安装 Python 后就已在计算机上自动安装。IDLE 是一个 Python Shell，程序开发人员可以利用它与 Python 主程序进行交互，可在 Pyhton 程序安装菜单中执行 IDLE 子菜单，如图 17-10 所示。下面的“Python 3.8(32-bit)”菜单项是 Python 主程序。

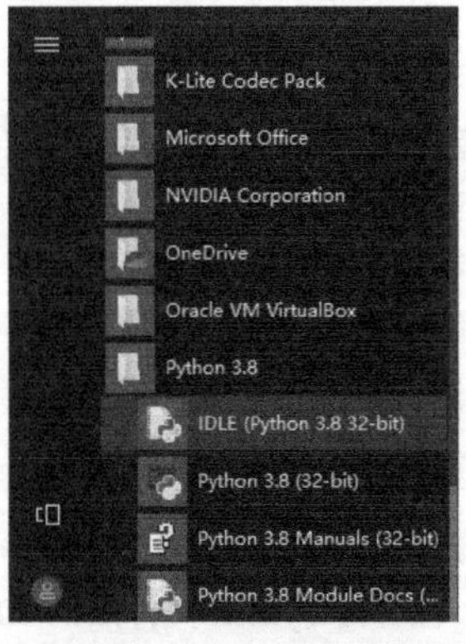

图 17-10　IDLE 子菜单

执行 IDLE 子菜单后，打开如图 17-11 所示的 IDLE 编辑窗口，然后在“>>>”提示符下面也可像在 Python 主程序窗口中那样执行一行代码，如“print（"人生苦短，我用

Python")”。但此时的代码分成了不同颜色。关键字部分（如“print”）以紫红色显示，参数部分（包括引号，如“生苦短，我用 Python”以绿色显示，输出结果以蓝色显示。

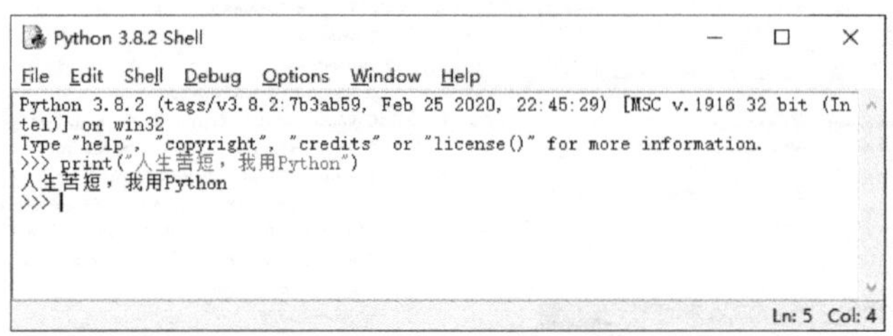

图 17-11 在 IDLE 窗口下执行代码时显示的不同颜色

在实际的程序开发中，代码远不止一行，这时可在 IDLE 中创建一个文件来保存这些代码，在全部编写完成后再一起执行。操作方法是在 IDLE 窗口中执行【File】→【New File】菜单操作，或按下<Ctrl+N>组合键，都可打开如图 17-12 所示的 IDLE 文件编写窗口。在这个窗口中可以直接编写 Python 代码（代码的不同部分也会显示不同颜色），输入完一行后直接回车键将自动切换到下一行，可继续输入新一行的代码。

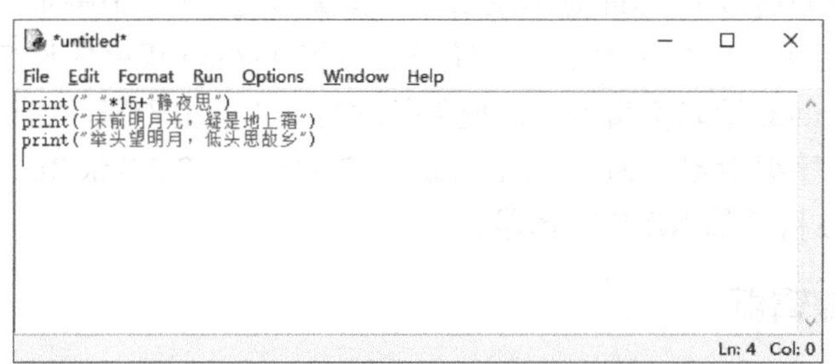

图 17-12 IDLE 编写 Python 文件的窗口

【说明】图 17-12 中输入的” ”*15 代表 15 个空格，引号中间有一个空格，+是连接符。

编写好代码后，执行【File】→【Save】菜单操作，或按下<Ctrl+S>组合键，保存文件，其中的文件扩展名必须是“.py”，保存好后，窗口顶端会显示文件保存位置和文件名，如图 17-13 所示。

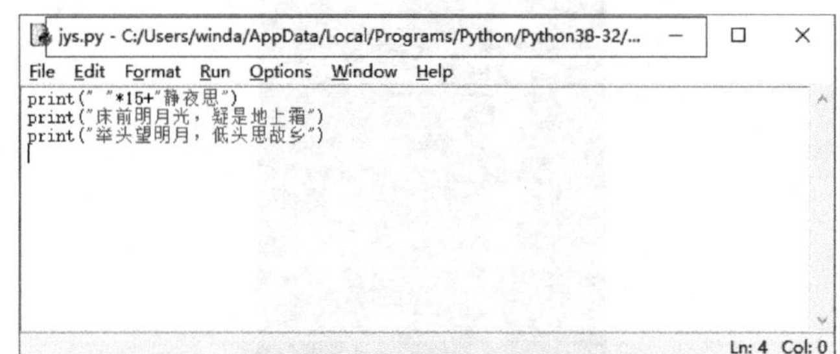

图 17-13 保存好 Python 文件后的 IDLE 窗口

如果网络管理员要显示程序运行的结果，则可在当前 Python 文件窗口中执行【Run】→【Run Module】菜单操作，或按<F5>快捷键，运行当前的 Python 程序，Python 解释器窗口中会显示最终的运行结果，如图 17-14 所示。

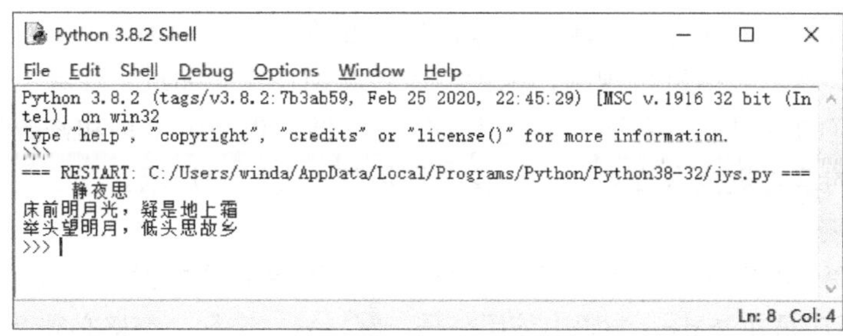

图 17-14　运行 Python 文件后在 Python 主程序中显示的结果

如果想要在 IDLE 中运行以前保存的 Python 文件，可在图 17-12 的 IDLE 程序主窗口中执行【File】→【Open】菜单操作，或按<Ctrl+O>组合键打开对应的 Python 文件，会显示如图 17-13 所示的文件编辑窗口，再执行【Run】→【Run Module】菜单操作，或按<F5>快捷键即可。

Python 主程序和 IDLE 编辑器中均内置了许多操作快捷键，程序人员合理地使用快捷键，可以提高代码编辑效率，减少交涉代码的错误率，见表 17-1。

表 17-1　Python 主程序和 IDLE 常用快捷键

F1	打开 Python 帮助文档	Python 主程序窗口和 IDLE 均可用
Alt+P	浏览历史命令（上一条）	仅 IDLE 窗口可用
Alt+N	浏览历史命令（下一条）	仅 IDLE 窗口可用
Alt+/	自动补全前面曾经出现过的单词，如果之前有多个单词具有相同前缀，可以连续按下该快捷键，在多个单词中间循环选择	Python 主程序窗口和 IDLE 窗口均可用
Alt+3	注释代码块	仅 Python 主程序窗口可用
Alt+4	取消代码块注释	仅 Python 主程序窗口可用
Alt+g	转到某一行	仅 Python 主程序窗口可用
Ctrl+Z	撤销一步操作	Python 主程序窗口和 IDLE 均可用
Ctrl+Shift+Z	恢复上一次的撤销操作	Python 主程序窗口和 IDLE 均可用
Ctrl+S	保存文件	Python 主程序窗口和 IDLE 均可用
Ctrl+]	缩进代码块	仅 Python 主程序窗口可用
Ctrl+[	取消代码块缩进	仅 Python 主程序窗口可用
Ctrl+F6	重新启动 Python Shell	仅 IDLE 窗口可用

在网络自动化运维方面，Python 主要是通过脚本运行方式。Python 脚本文件其实类似于批量处理文件，需要事先把需要配置的操作代码按照规则写进一个文件中，然后以.py 作为文件扩展名保存。如果所配置的自动化操作需要在设备上自动运行，则需要把保存的 py 脚本文件上传到设备上，由设备上集成的 Python 程序自动按照一定的规则执行其中的操作，以达到自动配置和维护的目的。

17.2.4　Python 编码规范

任何编程语言都有一整套自己的编码规范，否则对应的编译或解释器就无法对其进行识别。Python 的编码规范比较简单，且比较容易理解，因为其中的大多数对象名称基本上是与对应的英文单词含义一样，更适合初学者学习。

Python 编写规范包括符号规则、标识符命名规则、代码缩进、注释、代码和语句分割方式等。良好的编码规范有助于提高代码的可读性，也便于维护和修改代码。要说明的是，Python 的编码规范有许多，在此仅介绍最基本的编码规范。

1．符号规范

Python 源码中的所有符号都**必须是西文格式，不能是中文格式**，如逗号、冒号、圆括号、引号等。程序员在 Python 源码中使用分号、圆括号、空行、空格必须遵循以下规则：

① 允许在行尾添加分号，但不建议使用分号来分隔语句，每个语句建议单独占一行；

② 不同函数或语句之间可以使用空行来分隔，用以区分两段代码，提供代码的可读性；

③ 不建议在括号内使用空格，运算符（如“+”、“-”、“=”号等）两边可以根据个人喜好决定是否插入空格；

④ 圆括号可用于长语句的续行。

2．标识符规范

Python 标识符是用于表示常量、变量、函数及其他对象的名称，通常由字母、数字和下划线组成。程序员在给对象命名时要注意以下规范，否则会出现 SyntaxError 语法错误的提示内容。

① **不能以数字开头，且区分大小写**，不允许重名。

如 User_ID 与 user_id 是不同的标识符，因为标识符区分大小写；5_User 这样的标识符是不符合规范的，因为它是以数字开头的。

② 如果标识符的值是字符串（中间可以包括空格），**字符串两端要加西文、半角双引号或单引号**，如 Username="winda"，或 Username= 'winda'。

③ 不能使用 Python 中的保留字。

Python 中有许多保留字，已被赋予了特定意义，所以不能作为变量、函数、类、模块和其他对象的名称。这些保留字信息见表 17-2。

表 17-2 Python 保留字

and	as	assert	break	class	continue
def	del	elif	else	except	finally
for	from	False	global	if	import
in	is	lambda	nonlocal	not	None
or	pass	raise	return	try	True
while	with	yield			

【说明】Python 中所有保留字是区分大小写的，必须与表 17-2 中完全一致的名称才是保留字，否则不是保留字。

④ 谨慎使用以下划线开头的标识符。

Python 中用以下划线开头的标识符有特殊意义，应尽量少用。以单下划线开头的标识符表示不能直接访问的类属性，如_width；以双下划线开头的标识符表示类的私有成员，如__add；以双下划线开头和结尾的是 Python 里专用的标识，如__int__()表示构造函数。

3．代码缩进规范

在 Python 程序中，会采用代码缩进和冒号“:”来区分代码之间的层次。缩进可以使用空格键或<Tab>键来实现，其中使用空格键时通常采用 4 个空格作为缩进量，而使用<Tab>键时，则采用一个 Tab 作为一个缩进量。对于 Python 而言，代码缩进是一种必须遵守的语法规则，**两个代码块之间的语句必须使用相同的缩进量**。

在 Python 中，对于类、函数定义，以及流程控制语句、异常处理语句等，行尾的冒号和下一行的缩进表示一个代码块的开始，而缩进的结束则表示一个代码块的结束。

如以下代码是正确的。

```
if 5 > 2:
    print("Five is greater than two!")
```

而如果写成以下格式，则会产生语法错误，因为 print("Five is greater than two!")语句没有缩进。

```
if 5 > 2:
print("Five is greater than two!")
```

下面的格式也是错误的，因为同一个代码块中的两个语句缩进量不一致。

```
if 5 > 2:
    print("Five is greater than two!")
        print("Hello,World!")
```

Python 对于缩进要求非常严格，同一层次的代码块的缩进量必须相同，否则会出现语法错误。对于一些逻辑判断类的语句，如 if…else…，这是一个完整的代码块，里面的语句应拥有相同的缩进量。下列格式中，在执行时就会出现语法错误提示，因为最后一个语句 print("b is not greater than a")与 print("b is greater than a")语句是在同一个代码块中，应保持相同的缩进量。

```
a = 200
b = 66
if b > a:
    print("b is greater than a")
else:
print("b is not greater than a")
```

在 IDLE 编辑器中，一般是以 4 个空格作为基本缩进单位，但也可以通过执行【Options】→【Configure IDLE】菜单操作，在打开的如图 17-15 对话框中修改基本的缩进单位。

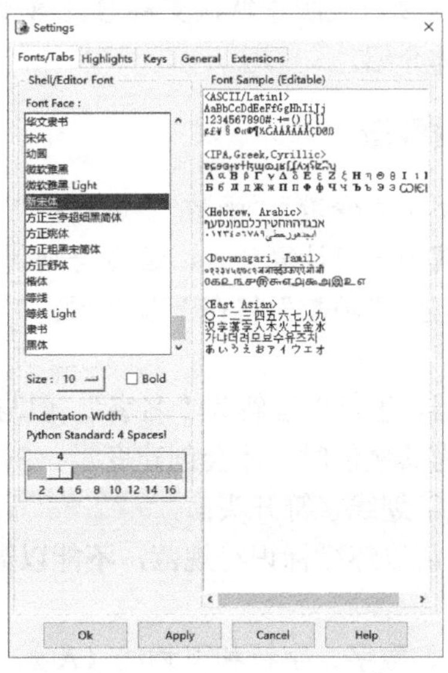

图 17-15　“Settings”对话框

4．注释规范

注释是在程序中添加解释说明（**Python 3.0 版后可以是中文**），用于增强程序的可读性。注释部分的内容不会执行。在 Python 程序中，注释分为单行注释和多行注释两种。单行注释以“#”字符开始，直到行尾结束，如下所示。

```
#This is a comment
print("Hello, 达哥!")
```

单行注释通常是放在要注释的代码的前一行，也可以放在要注释代码的右侧，Python 将忽略该行的剩余部分，如下所示。

```
print("Hello,达哥!") #This is a comment
```

多行注释可以包括多行内容，这些内容包括在一对三单引号（'''……'''），或三双引号（"""……"""）之间，如下所示。当三引号是作为某语句的一部分时，就不是注释了，而是字符串。

```
"""
This is a comment
written in
more than just one line
"""
print("Hello, 达哥!")
```

多行注释通常用来为 Python 文件、模块、类或者函数等添加版权、功能等信息。

5．Python 源码文件结构

一个完整的 Python 源码文件一般包括解释器、编码格式声明、文件注释、模块导入和运行代码几个部分。如果程序员在程序中调用标准库或其他第三方库的类时，需要先使用 **import** 或 **from... import** 语句导入相关的模块。导入语句始终在文件的顶部，但在模块注释或文件说明之后。

解释器声明的作用是在指定运行本文件的编译器的路径（非默认路径安装编译器或有多个 Python 编译器），Windows 操作系统上可以省略。编码格式声明的作用是指定本程序使用的编码类型，以指定的编码类型读取源代码。Python 2 版本默认使用的是 ASCII 编码（不支持中文），Python 3 及以上版本默认支持 UTF-8 编码（支持中文）。文件注释的作用是对本程序功能的总体介绍。

17.2.5 Python 变量和运算符

任何编程语言几乎都少不了“变量”“函数”“运算符”等元素。变量相当于我们通常所说的参数，函数可以理解为一组计算公式，运算符则代表运算法则。本节先来介绍“变量”和“运算符”这两部分，“函数”将在下节介绍。

1. 变量

变量是存放数据值的容器，也可以理解为“名字”，但与其他编程语言不同，Python 没有声明变量的命令，首次为其赋值时，才会创建变量。Python 变量命名规则如下：

① 变量名必须以字母或下划线字符开头；

② 变量名也是标识符，所以遵循标识符规范，**不能以数字开头，不能使用 Python 保留字**；

③ 变量名只能包含字母、数字、字符和下划线（A-z、0-9 和_），不能包括不可见

符号；

④ **变量名区分大小写**（age、Age 和 AGE 是 3 个不同的变量）

给变量的赋值是用“=”，“=”前后可以有空格也可以没有空格。变量值可以是数字、字符串（**包括中文**）。如果是字符串（可以包含空格）须以使用单引号或双引号指定其范围。

```
x = 10
y = "Python is "
z = "达哥网络"
```

变量不需要使用任何特定类型声明，甚至可以在设置后更改其类型。

Python 允许您在一行中为多个变量赋不同的值，各值间用逗号分隔，如下示例中 x、y、z 变量分别赋值 10、20、My name is 这 3 个值。

```
x, y, z = 10, 20, "My name is"
```

也可以在一行中为多个变量分配相同的值，如下示例中 x、y、z 的值均赋为 10。

```
x = y = z =10
```

还可以使用 + 字符将一个变量与另一个变量相加，如下所示。

```
x = "Python is "
y = "awesome"
z =   x + y
```

Python 是一种动态类型的语言，变量的类型可以随时变化。如先为一个变量赋值一个字符串，则该变量为字符串类型，如果随后再给该变量赋值一个整数，则该变量又变成了整数类型。

Python 的基本数据类型包括数字型、字符串型和布尔型这 3 种，其中，数字型中又包括整数、浮点数和复数 3 种类型，而布尔型中主要用来表示值的真或假，对应 True 和 False。复数是由实部分虚部组成，使用 j 或 J 表示虚部，**但复数不能比较大小**。当表示一个复数时，可以将实部与虚部相加，如一个复数的实部为 5，虚部为 2.5j，则这个复数为 5+2.5j。因 Python 数据类型涉及内容比较多，故在此不作具体介绍。

2. 运算符

运算符代表运算法则，用于对变量值执行相应的运算操作。Python 有以下类型运算符：算术运算符、赋值运算符、比较运算符、逻辑运算符、身份运算符、成员运算符和位运算符。我们在此仅介绍算术运算符、赋值运算符（见表 17-3）、比较运算符和逻辑运算符（见表 17-4）。

表 17-3　常见的 Python 算术运算符和赋值运算符

算术运算符	名称	含义	实例	赋值运算符	含义	实例	等同于
+	加	x + y	9+3=12	=	x=y	x = 10	x = 10
−	减	x − y	9−3=6	+=	x+=y	x += 1	x = x +1
*	乘	x * y	9*3=27	−=	x−=y	x−= 1	x = x − 1
/	除	x / y	9/3=3	*=	x*=y	x *= 2	x = x * 2
%	求余（取除尘的余数）	x % y	9%4=1	%=	x%=y	x%=y	x=x%y
//	取整除（取除法商的整数）	x//y	9//4=2	/=	x//=y	x /= 2	x = x / 2
**	幂（x 的 y 次方）	x ** y	2**4=16	**=	x**=y	x **= 2	x = x ** 2

表 17-4 常见的 Python 比较运算符和逻辑运算符

比较运算符	名称	含义	实例	结果	逻辑运算符	名称	公式
==	等于	x == y	c==c	True	and	逻辑与	表达式 1 and 表达式 2
!=	不等于	x != y	y!=t	True			仅当两表达式均为真时，结果才为真（True），其余结果均为假（False）
>	大于	x > y	4>5	False	or	逻辑或	表达式 1 or 表达式 2
<	小于	x < y	4<5	True			仅当两个表达式均为假时，结果才有假，其余情形结果均为真
>=	大于或等于	x>=y	46>=45	True	not	逻辑非	not 表达式
<=	小于或等于	x<=y	54<=55	True			直接对表达式结果的否定，即原来为真是变为假，原来为假时变为真

17.2.6 基本输入和输出

基本输入和输出是指我们平时从键盘上输入字符，然后在屏蔽上显示的功能。我们在前面多次使用了 print()函数来在屏幕上显示字符，这就是 Python 的基本输出函数。print()函数会显示小括号里面变量计算的结果，或者引号中间的字符。如下示例，其运行结果如图 17-16 所示。

```
X=2
Y=3
P=X+Y
print(p)
print(“这是一个测试程序”)
```

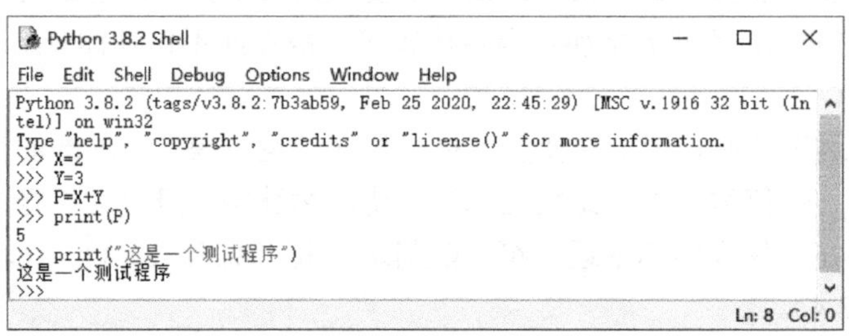

图 17-16 print()函数应用示例

除此之外，Python 还提供了一个用于进行标准输入的 input()函数，用于接收用户从键盘上输入的内容。这在网络自动化运维中很重要，因为我们有时在执行自动化运维 Python 程序时要先停下来等待用户的输入，然后才能继续后面的程序执行，如等待用户输入用于用户认证的用户名和密码等。

input()函数的格式如下。

```
变量=input（"提示说明"）
```

其中，“变量”用来赋值输入结果。引号内的字符用于提示用户要输入的内容，如要让用户输入用户名，则可用以下 input()函数，用户输入的结果赋值给变量 Username。

```
Username=input("请输入用户名")
```

在 Python 3.x 中，无论输入的是数字还是字符都将被作为字符处理。如果想要接收数值，则需要把接收到的字符串进行类型转换。如想要接收整数的数字，并赋值给变量，则要用使用 int 函数对 input 函数的结果进行转换，示例如下。

```
Number=int(input("请输入要执行的次数"))
```

【说明】在 Python 2.x 版本中，input()函数接收数字内容时，当用户输入的是数字则直接被作为数字处理，但要输入字符串类型的内容时，需要将应对字符串用引号括起来。

17.2.7 Python 的函数与模块

Python 的“函数”可被看作是一组计算公式，如在 Excel 中就经常用到求和、求平方根的函数。在 Python 中的函数不仅用于数值运算，还可以是任何其他操作，或只是一个常量。Python 的“模块”可以被理解为一个个具有特定功能的 Python 小程序，可以被其他 Python 调用。最常用的函数为用于屏幕输出的 print()函数。

1. 函数

函数是组织好的、可重复调用的一段仅包括参数的代码。像其他语言那样，Python 中的参数通常为变量，但也可以为常量，因为在 Python 中函数可以为参数赋一个默认值。调用函数时只需把参数值放到函数中，即可得到对应参数下的函数值。函数其实是一种功能实现的框架，其最终目的是为方便重新调用，因为给里面的参数赋予不同值时，最终的结果也可能不同。

除了可以直接 Python 的标准函数外，Python 还支持自定义函数。使用 **def** 关键字定义函数，其格式如下（**最后的冒号不能少**）。

```
def 函数名(参数列表):
```

函数名就是前文中介绍的“标识符”，是一个字符串，它包括字母、符号和数字，**但不能以数字开头，且区分大小写**。参数在函数名后的括号内指定。可以根据需要添加任意数量的参数，只需用逗号分隔即可，也可没有参数，但小括号必须有。

创建函数的目的是为了调用该函数。调用函数的格式如下，可没有参数值，但小括号必须有，也可把函数赋给一个变量。

```
函数名(参数值列表)
```

如下示例定义了一个带参数 name（是个变量）的函数 my_name()。当调用此函数时，传递一个名字到 print 操作，分别印出 3 个函数值+“Gates”字符串的人的姓名：Da Wang、Wen Shou Wang、Si Jiu Wang。

```
def my_anme(name):
    print(name + "Wang")

my_name("Da")
my_name("Wen Shou")
my_name("Si Jiu")
```

如下是一个调用了不带参数的函数时使用默认值的示例。在函数 my_country 中已为参数 country 赋了一个默认值“China”，无参数（即无变量）的函数可直接使用。如示例中的 4 个函数，第三个“my_function()”没有参数值，所以最后会调用默认值“China”。这样一来，最终在屏幕上显示的结果分别为：I am from America、I am from India、I am from China、I am from Japan。

```
def my_country(country = "China"):
    print("I am from " + country)

my_conutry("America")
my_country("India")
my_country()
my_country("Japan")
```

当然，函数功能非常多，函数结构也行变万化，不可能都像以上这么简单，不过，在 HCIA 层次我们只需要简单了解 Python 函数定义的方法和基本结构即可。

2. 模块

模块是一个保存好的 Python 文件，文件扩展名必须为.py。如果一个函数相当于一块积木，则一个模块可被看成装了多个积木（函数）的盒子。我们通常把能够实现某一特定功能的代码放置在一个文件中作为一个模块，以便其他程序和脚本导入并使用。另外，使用模块也可以避免函数名和变量名的冲突，因为不同模块中的函数名和变量名可以相同。

在 Python 程序中自带了许多标准的模块（如后面将要介绍的 telnetlib 模块），同时也可由用户自定义模块。自定义模块主要分为两部分：一是创建模块，二是导入模块。创建模块时可以将模块中的相关代码编写在一个单独的 Python 文件中保存（文件扩展名必须为.py），模块名不能是 Python 自带的标准模块名称。

模块创建好后，其他程序中也可以使用该模块，这就是模块的导入，其格式如下。

```
import 模块名
```

另外，还可调用指定模块下的特定函数，此时模块下的函数名前面要加上模块名，然后再加上小圆点(.)与后面的函数名分隔。下面的示例是先创建了一个名为 my_module 的模块文件，在其中定义了一个以 name 为参数，名为 greeting 的函数，然后其他 Python 程序调用这个名为 my_module 的模块，并在指定参数 name 值为 DaGe 时调用其中的 greeting 函数。运行的结果为“Hello,DaGe”。

```
def greeting(name):
    print("Hello, " + name)

import my_module
my_module.greeting("DaGe")
```

在使用 **import** 语句时，可一次性导入多个模块，此时多个模块之间只要用半角西文逗号分隔即可。如下示例，一次性导入了 3 个模块。

```
import bmi,tips,differ
```

17.2.8 Python 的对象、类、方法和实例

前面的变量、运算符、函数、模块，似乎在其他编程语言中都有用，且含义基本一样，但在 Python 中还有些特别的概念比较难以理解，如本节将要介绍的“对象”“类”“方法”和“实例”，特别是要理解它们之间的关系。

1. 对象

Python 是一种既支持面向过程编程，又支持向对象编程的语言。对象是一个抽象的概念，表示任意存在的事物，是事物存在实体。对象可以被理解成一个个实体，如每个人、每个动物、每个班级等。在 Python 中，一切皆是对象，包括字符串、函数等。

任何对象都有自身固有的属性，如人的性别、姓名、身高等，这属于静态属性。还

有动态属性，即对象可执行的动作（行为），如人在吃饭、睡觉、跑步、打球、爬山等。动态属性又称为“方法”。

2. 类

类（Class）可以理解为“分类”，是指一组具有相似属性和方法的对象集合，如同一类人、同一类动物等，所以类包括对象，当然对象也可以不属于任何类。

定义类的关键字是 **class**，格式如下，类名中每个单词的第一个字母大写，其余小写，这是惯例，但不是强制的。**后面的小括号可以有，也可以没有，但冒号不能少**。类下面可以定义对象和对象属性。

```
class 类名():
```

在该语句下面还可写上帮助信息，这些帮助信息要用单引号或三引号括住，且相对类的定义要缩进。然后再在下面（与类的帮助信息具有相同的缩进）定义类体，主要由变量、方法和属性语句组成。如果要定义类时没想好类的具体功能，可在类体中直接用 pass 语句代替。

下面是定义了一个名为 Myclass 的类，并在类体部分指定一个变量 Class（注意：变量不能与任何关键词相同，Python 中的关键字全是小写，所以这里的变量为了区分关键字 class，把第一个字母改为大写 C），其属性为常数 5（也可以是字符串或变量）。

```
class MyClass():
    '''班级'''
    Class = 5
```

3. 方法

类下面的“类体”部分可以定义方法，可以理解为“类”中所使用的函数。定义方法的关键字与定义普通函数的关键字一样，也是 **def**，格式如下（**后面的冒号不能少**）。

```
def 方法名():
```

在 Python 中所有类都有一个名为 __init__() 的初始化函数，它始终在启动类时执行，主要用于为类定义初始的属性或操作，即将值赋给类中对象属性，或者在创建对象时需要执行的其他操作。**每次使用类创建新对象时，程序都会自动调用__init__()函数**。

如下示例是创建名为 Person 的类，使用__init__()函数为属性参数 name 和 age 赋值，其中 p1 是新建的一个对象。其中的 self 代表一个指向类实例（即类对象）自身，用于访问类中配置的属性和方法。有关类实例将在本节后面介绍。

```
class Person:
    def __init__(self, name, age):
    self.name = name
    self.age = age

p1 = Person("Bill", 63)

print(p1.name)
print(p1.age)
```

以上示例中两个 print 语句的输出结果分别为：Bill、63，因为 print(p1.name)只需要打印 p1 对象的 name 属性，这在 p1=Person(“Bill”,63)对象中赋予了一个常量值“Bill”，而 print(p1.age)只需要打印 p1 对象的 age 属性，同样在 p1=Person(“Bill”,63)对象中已赋予了一个常量值 63。

除了 Python 中自带的__init__()类方法外，用户也可以自己定义方法。下例中增加了一个显示问候语的函数 myfunc(self)，然后作为新建对象 p1 调用的函数。

```
class Person:
    def __init__(self, name, age):
    self.name = name
    self.age = age

def myfunc(self):
    print("Hello my name is " + self.name)

p1 = Person("Bill", 63)
p1.myfunc()
```

以上执行的结果显示为：Hello my name is Bill。

4. 实例

实例可以看成类的对象化，即把类赋给一个对象（在类名称后面要加上圆括号），也相当于把对象加入指定的类中，如把前面创建的类 Person 赋给一个名为 P2 的对象，具体如下。

```
P2=Person()
```

每个实例都可以用 self 关键字代表类实例本身，如前面的"def __init__(self, name, age):"和"def myfunc(self):"函数中都有一个 self 关键字，就是代表 Person 这个类的具体实例。此时 self 可以被理解为"类"的实际代言人，**而且必须是类方法（类中的函数）的第一个参数**，表示此函数要调用本类中其他的参数属性。

self 只是默认的类实例名称，也可以用其他任意名称来替代，只要是在类下面定义的方法（函数）的第一个参数都是代表类实例本身。如以下示例分别使用单词 dage 和 winda 来在两个方法中代替 self，其执行的结果与上一示例一样。

```
class Person:
    def __init__(dage, name, age):
    dage.name = name
    dage.age = age

def myfunc(winda):
    print("Hello my name is " + winda.name)

p1 = Person("Bill", 63)
p1.myfunc()
```

17.2.9 Phton 字符串编码

最早的字符串编码是美国标准信息交换码，即 ASCII 码。它仅可对 10 个数字、26 个大写英文、26 个小写英文及一些常用的其他符号进行编码。ASCII 编码最多只能表示 256 个符号，每个符号占一个字节。后来各国的文字都需要进行编码，于是出现了 GBK、GB2312、UTF-8 等格式编码。UTF-8 是国际通用的编码，它对全世界所有国家需要用到的字符进行了编码，采用一个字节表示一个英文字符，三个字节表示一个中文，有效地解决了中文乱码的问题。在 Python 3.x 中，默认采用的编码格式为 UTF-8。

在 Python 中，有两种字符串类型，分别为 str 和 bytes。其中 str 表示 Unicode 字符（包括 ASCII 及其他一些编码格式），bytes 表示二进制数据，也可以是经过编码的文本。通常情况下，str 在内存中以 Unicode 表示，一个字符对应若干（由不同编码格式确定）个字节。但 str 字符要在网络中传输或在磁盘中存储时还必须转换成 bytes 类型。bytes

类型的数据是带有 b 前缀的字符串，字符串可以用**半角西文**单引号或双引号括住，如 b'我用 Python'或 b"我用 Python"都可以。

str 和 bytes 类型字符之间可通过 encode()和 decode()方法进行转换。encode()是一种将字符串转换为二进制数据，即字节（bytes）数据的方法，也称之为编码，其语法格式如下，各部分参数说明见表 17-5。

```
str.encode([encoding="utf-8"][,errors="strict"])
```

表 17-5　encode()方法参数说明

参数	含义
str	表示要进行转换的字符串
encoding = "utf-8"	指进行编码时采用的字符编码，该选项默认采用 utf-8 编码。例如，如果想使用简体中文，我们可以设置 gb2312，也可以 ascii 编码。 当方法中只使用这一个参数时，我们可以省略前边的"encoding="，直接写编码格式，例如 str.encode("UTF-8")
errors = "strict"	错误处理方式如下。 • strict：遇到非法字符就显示异常消息，这是默认选项。 • ignore：忽略非法字符。 • replace：用"?"替换非法字符。 • xmlcharrefreplace：使用 xml 的字符引用

图 17-17 是一个简单的 encode() 方法应用示例，输出后显示以"b"为前缀的字符串"Huawei@123.com"，表示二进制数据。

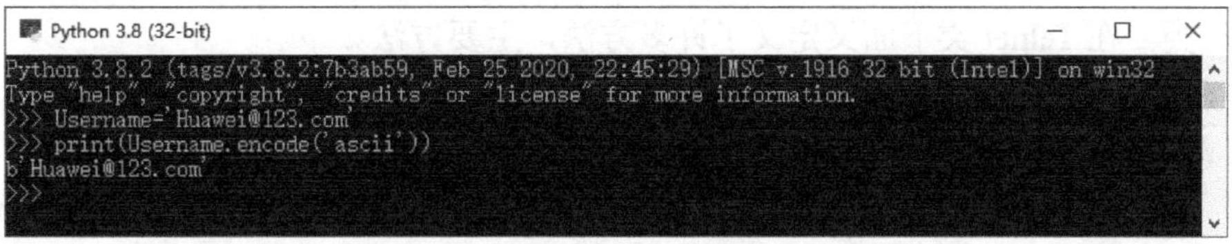

```
Python 3.8 (32-bit)
Python 3.8.2 (tags/v3.8.2:7b3ab59, Feb 25 2020, 22:45:29) [MSC v.1916 32 bit (Intel)] on win32
Type "help", "copyright", "credits" or "license" for more information.
>>> Username='Huawei@123.com'
>>> print(Username.encode('ascii'))
b'Huawei@123.com'
>>>
```

图 17-17　encode() 方法应用示例

与 encode() 方法正好相反，decode()方法用于将 bytes 类型的二进制数据转换为 str 类型，这个过程被称为"解码"。其语法格式如下，各部分参数说明见表 17-6。

```
bytes.decode([encoding="utf-8"][,errors="strict"])
```

表 17-6　decode()方法参数说明

参数	含义
bytes	表示要进行转换的二进制数据
encoding="utf-8"	指定解码时采用的字符编码，默认采用 utf-8 格式。当方法中只使用这一个参数时，可以省略"encoding="，直接写编码方式即可。 注意：对 bytes 类型数据解码，要选择和当初编码时一样的格式
errors = "strict"	错误处理方式中，其可选择值如下。 • strict：遇到非法字符就显示异常消息，这是默认选项。 • ignore：忽略非法字符。 • replace：用"?"替换非法字符。 • xmlcharrefreplace：使用 xml 的字符引用

图 17-18 是一个简单的 decode() 方法应用示例，输入的数据是 bytes 类型数据，输

出后还原为原始的数据类型，即默认的 UTF-8 编码的字符串为‘Huawei@123.com’。

```
Python 3.8 (32-bit)
Python 3.8.2 (tags/v3.8.2:7b3ab59, Feb 25 2020, 22:45:29) [MSC v.1916 32 bit (Intel)] on win32
Type "help", "copyright", "credits" or "license" for more information.
>>> Username='Huawei@123.com'
>>> print(Username.encode('ascii'))
b'Huawei@123.com'
>>> name=b'Huawei@123.com'
>>> print(name.decode())
Huawei@123.com
>>>
```

图 17-18　decode()方法应用示例

17.3　通过 Python Telnetlib 模块实现自动化运维

Telnetlib 模块是一个自带的 Python 程序文件，可用于自动化 Telnet 设备登录。我们可在 Python 软件安装目录的 Lib 子目录下找到这个文件，该文件可以用 IDLE 编辑器，甚至记事本程序打开。调用 Telnetlib 模块的方法是用 import 关键字，即 **import telnetlib**。

17.3.1　Telnetlib 模块的主要参数

Telnetlib 模块文件包括许多内置好的 Telnet 登录通用参数配置，并创建了一个名为 Telnet 的类。在 Telnet 类下面又定义了许多方法，主要方法如下。

① read_until(expected, [*timeout*])：读取数据，直到遇到给定的字符串或者超时。

② read_all()：读取所有数据直到文件尾或者关闭连接。

③ read_very_eager()：读取已进入队列或套接字上的所有可用数据。连接关闭或没有数据时触发 EOFError 错误。

④ wirte(buffer)：将字符串写入套接字，使任何 IAC（Interpret As Command，解释为命令）字符加倍。

【说明】 Telnet 通信采用带内信令方式，即 Telnet 命令在数据流中传输。为了区分 Telnet 命令和普通数据，Telnet 采用转义序列。每个转义序列由两个字节构成，前一个字节值是 0xFF，叫作 IAC，标识了后面一个字节是命令字符串。EOF 是一种 Telnet 命令，十进制编码是 236。

⑤ clse():关闭连接。

编写用于 Telent 登录的 Python 文件，首先要在被登录设备上配置好相应的 Telnet 登录配置，具体配置会因采取不同的安全认证方式有所不同。在采用手工方式登录时，要用 telnet 命令指定被登录设备的管理 IP 地址，然后根据系统提示输入所配置的认证用户名（采用 AAA 认证时）和密码。要通过 Python 文件实现自动登录至少需要实现以下功能。

① 自动指定被登录设备的管理 IP 地址（改变默认的 TCP 23 端口时还要指定端口号）。

② 在系统出现提示输入用户名时，自动输入用户名。

③ 在系统出现提示输入密码时，自动输入密码。

编写 Python 文件，利用 Telnetlib 模块进行自动 Telnet 登录的 Python 程序文件包括以下基本方面。

① 利用 **import** 关键字调用 Telnetlib 模块。

② 定义用于 Telnet 登录的主机名（如 Host）、用户名（如 Username）和密码（Password）3 个基本的变量（或参数）。

③ 定义一个函数，通过 telnetlib.Telnet()调用 telnetib 模块下的 Telnet 类，然后才能调用 Telnet 类下面的方法。在调用类时可以指定要调用的 Telnet 登录参数（在 Telnet 类的__int__方法中指定），如 IP 地址和传输层端口号，不填写端口信息时表示采用默认的 TCP 23 端口。

④ 调用 telnetib 类下的 read_until()方法，读取信息，直到显示输入密码、用户名；调用 telnetib 类下的 write()方法，输入密码、用户名。

⑤（可选）如果要执行其他配置操作，可继续执行 telnetib 类下的 write()方法，进入对应的配置视图下，或执行相关配置。

17.3.2 利用 Telnetlib 模块自动 Telnet 登录配置示例

我们通过图 17-19 所示的 Telnet 登录示例介绍 Telnetlib 模块中的一些主要语句格式及作用。假设采用的是 AAA 本地认证方案，则用户名为 winda，密码为 lycb。首先我们要在 AR 路由器上进行如下配置。

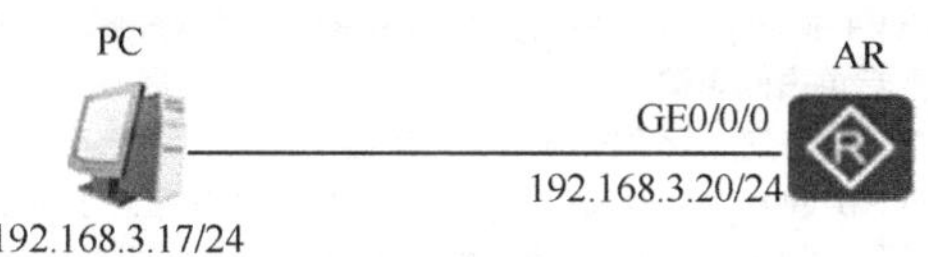

图 17-19　Telnet 登录示例拓扑结构

```
<Huawei>system-view
[Huawei]system-name AR
[AR]telnet server enable
[AR]interface gigabitethernet 0/0/0
[AR-gigabitethernet0/0/0]ip address 192.168.3.20 24
[AR-gigabitethernet0/0/0]quit
[AR]user-interface vty 0 4
[AR-ui-vty0-4]authentication aaa
[AR-ui-vty0-4]quit
[AR] aaa
[AR-aaa]local-user winda password cipher lycb
[AR-aaa]local-user winda privilege level 15
[AR-aaa]local-user winda service-type telnet
[AR-aaa]quit
```

配置好后，在 PC 的命令行中执行 telnet 192.168.3.20 命令，会按顺序提示输入用户名和密码，正确输入后就可成功登录到设备上，如图 17-20 所示。

下面是一个调用 Telnetlib 模块，根据上述要求自编的 Telnet 登录 Pyhton 文件示例（可在任一编辑器中进行源码编辑，最后的扩展文件名一定要是.py,“#”后面是注释）实现 Telnet 自动登录的目的（如果是 Python 3.x 则可以不用执行转换为 ASCII 字符的操作）。

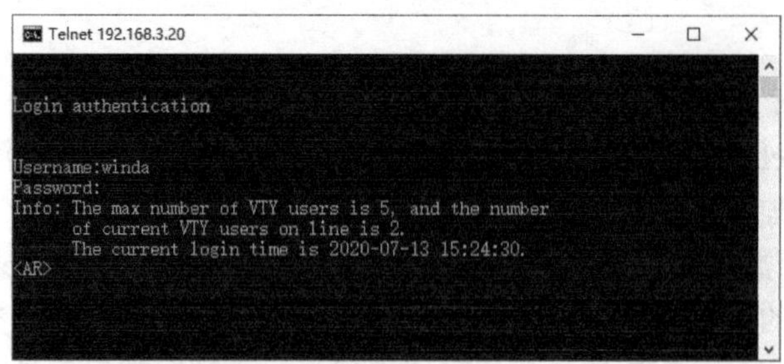

图 17-20 在 PC 上成功手动 Telnet 登录设备的界面

```
import telnetlib    #---调用 telnetlib 模块
import time   #---调用 time 模块，主要用调用下面的 sleep 方法暂停程序执行一定时间

host = '192.168.3.10'   #---定义一个名为 host（Telnet 目的主机 IP 地址）的变量，值为字符串"192.168.3.10"
username = 'winda'   #---定义一个名为 username（用户名）的变量，值为字符串"winda"
password = 'lycb'    #---定义一个名为 password（用户密码）的变量，值为字符串"lycb"

tn = telnetlib.Telnet(host)    #---调用 telnetlib 模块中 Telnet 类，使用的参数为前面定义的 host 参数，进行 Telnet 登录。这里 tn 可以理解为一个变量，可以是其他名称，但调用后，后面调用类中的方法时，方法名前要加上一个变量名，中间用小圆点（.）分隔

tn.read_until(b"Username:")    #---读取到显示"Username:"为止。前面的"b"表示将默认的 unicode 编码转换为字节，这是函数对数据输入的要求
tn.write(username.encode('ascii') + b"\n")    #---写入变量 username 的值 winda。'ascii'表示把输入的密码转换为 ASCII 字符串，"\n"是换行符，相当于输入后单击回车键
tn.read_until(b"Password:")  #  读取到显示"Password:"为止。
tn.write(password.encode('ascii')+b"\n")   #---写入变量 password 的 ASCII 格式字符串值 lycb 并换行
tn.write(b'display cu \n')   #---写入"display cu"命令，然后换行
time.sleep(1)   #---等待 1 秒（可以是更长一些时间），等待回显完信息

print(tn.read_very_eager().decode('ascii'))   #---尽可能多地读取数据,并转换为 ASCII 字符串
tn.close()   #---关闭 Telnet 连接
```

【说明】以上单引号或双引号均可根据自己的喜好选择，但必须用半角西文格式。

在 IDLE 编辑器中执行【File】→【New File】菜单操作，在找开的对话框中输入以上代码，然后执行【File】→【Save】菜单操作，最后以 telnet.py 文件名保存，Python 文件如图 17-21 所示。

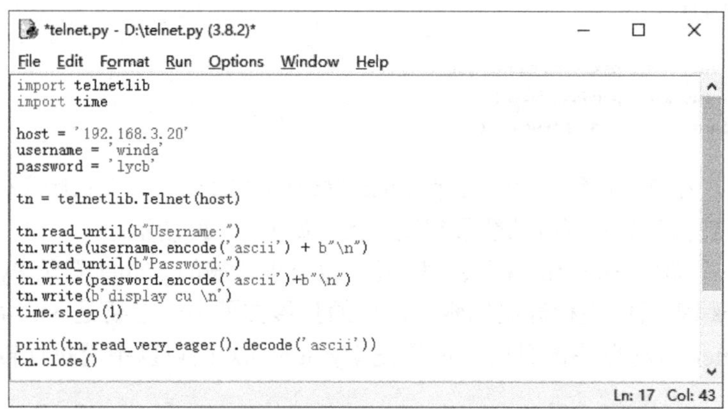

telnet.py - D:\telnet.py (3.8.2)
File Edit Format Run Options Window Help
import telnetlib
import time

host = '192.168.3.20'
username = 'winda'
password = 'lycb'

tn = telnetlib.Telnet(host)

tn.read_until(b"Username:")
tn.write(username.encode('ascii') + b"\n")
tn.read_until(b"Password:")
tn.write(password.encode('ascii')+b"\n")
tn.write(b'display cu \n')
time.sleep(1)

print(tn.read_very_eager().decode('ascii'))
tn.close()
Ln: 17 Col: 43

图 17-21 在 IDLE 中编写的 telnet 自动登录 Python 文件

然后在 Telnet 登录到设备的终端命令行提示符下执行以下命令，自动登录的界面如图 17-22 所示。登录成功后自动执行“**display cu**”命令，查看当前运行配置。

```
python d:\telnet.py
```

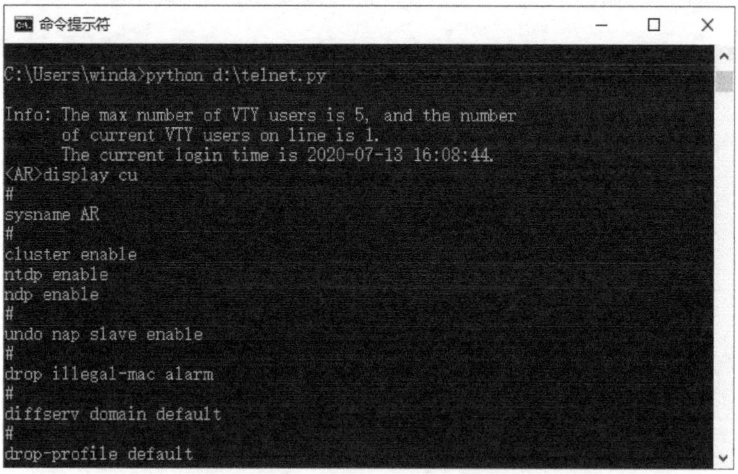

```
命令提示符
C:\Users\winda>python d:\telnet.py

Info: The max number of VTY users is 5, and the number
      of current VTY users on line is 1.
      The current login time is 2020-07-13 16:08:44.
<AR>display cu
#
sysname AR
#
cluster enable
ntdp enable
ndp enable
#
undo nap slave enable
#
drop illegal-mac alarm
#
diffserv domain default
#
drop-profile default
```

图 17-22　Python 自动 Telnet 登录成功后的界面

以上是仅针对 Telnet 登录编写的源代码。事实上在自动 Telnet 登录后同样可以自动进行一些功能配置，这时只需要利用 tn.write()函数就可以达到了。源代码的编写方法是按照正确的配置顺序用这个函数一条条配置即可。如现已进入用户视图<AR>下，要创建一个 VLAN 10，则只需在 tn.close()函数前插入以下两条代码即可。执行结果如图 17-23 所示。

```
tn.write(b'sys \n')    #--- 进入系统视图
time.sleep(1)
tn.write(b'vlan 10 \n')    #---创建 VLAN 10
time.sleep(1)
```

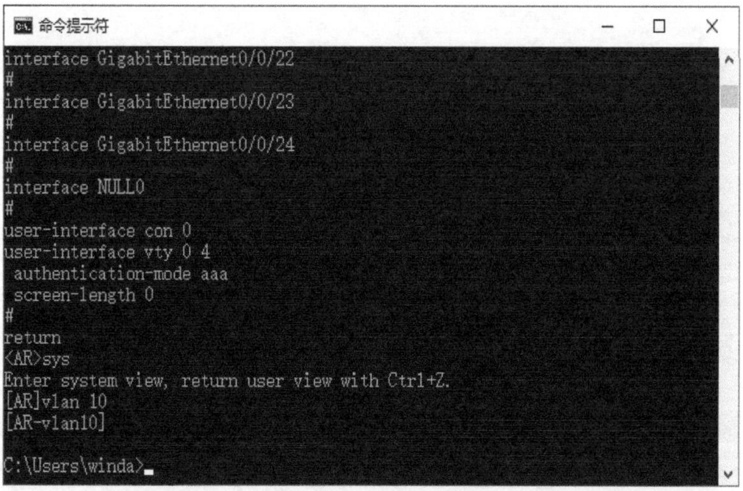

```
命令提示符
interface GigabitEthernet0/0/22
#
interface GigabitEthernet0/0/23
#
interface GigabitEthernet0/0/24
#
interface NULL0
#
user-interface con 0
user-interface vty 0 4
 authentication-mode aaa
 screen-length 0
#
return
<AR>sys
Enter system view, return user view with Ctrl+Z.
[AR]vlan 10
[AR-vlan10]

C:\Users\winda>
```

图 17-23　自动创建 VLAN 10 的执行结果

VLAN 10 被创建完成后，还要对 G0/0/1 接口配置 IP 地址 192.168.1.10/24，则插入以下代码。

```
tn.write(b'quit \n')    #---返回系统视图
time.sleep(1)
tn.write(b'interface gigabitethernet 0/0/1 \n')    #---进入 G0/0/1 接口视图
time.sleep(1)
tn.write(b'ip address 192.168.1.10 24 \n')    #---为 G0/0/1 接口配置 IP 地址 192.168.1.10/24
time.sleep(1)
tn.write(b'quit \n')    #---返回系统视图
```